国外计算机科学经典教材

MATLAB 编程和工程应用

(第 4 版)

[美] 威廉·帕尔姆(William J. Palm III) 著

张鼎 等译

清华大学出版社

北 京

William J. Palm III
MATLAB for Engineering Applications，Fourth Edition
EISBN：978-1-260-08471-9
Copyright © 2019 by McGraw-Hill Education.
All Rights reserved. No part of this publication may be reproduced or transmitted in any form or by any means, electronic or mechanical, including without limitation photocopying, recording, taping, or any database, information or retrieval system, without the prior written permission of the publisher.
This authorized Chinese translation edition is jointly published by McGraw-Hill Education and Tsinghua University Press Limited. This edition is authorized for sale in the People's Republic of China only, excluding Hong Kong, Macao SAR and Taiwan.
Translation copyright © 2019 by McGraw-Hill Education and Tsinghua University Press Limited.
版权所有。未经出版人事先书面许可，对本出版物的任何部分不得以任何方式或途径复制或传播，包括但不限于复印、录制、录音，或通过任何数据库、信息或可检索的系统。
本授权中文简体字翻译版由麦格劳-希尔(亚洲)教育出版公司和清华大学出版社有限公司合作出版。此版本经授权仅限在中国大陆地区销售，不能销往中国香港、澳门特别行政区和中国台湾地区。
版权©2019 由麦格劳-希尔(亚洲)教育出版公司与清华大学出版社有限公司所有。
北京市版权局著作权合同登记号　图字：01-2018-4941

本书封面贴有 McGraw-Hill Education 公司防伪标签，无标签者不得销售。
版权所有，侵权必究。侵权举报电话：010-62782989　13701121933

图书在版编目(CIP)数据

MATLAB 编程和工程应用(第 4 版) / (美) 威廉 • 帕尔姆 (William J. Palm III) 著；张鼎等 译. —北京：清华大学出版社，2019
(国外计算机科学经典教材)
书名原文: MATLAB for Engineering Applications, Fourth Edition
ISBN 978-7-302-52725-1

Ⅰ. ①M… Ⅱ. ①威… ②张… Ⅲ. ①Matlab 软件－程序设计－教材 Ⅳ. ①TP317

中国版本图书馆 CIP 数据核字(2019)第 063185 号

责任编辑：王　军　韩宏志
封面设计：孔祥峰
版式设计：思创景点
责任校对：牛艳敏
责任印制：丛怀宇

出版发行：清华大学出版社
网　　址：http://www.tup.com.cn，http://www.wqbook.com
地　　址：北京清华大学学研大厦 A 座　　邮　　编：100084
社 总 机：010-62770175　　邮　　购：010-62786544
投稿与读者服务：010-62776969，c-service@tup.tsinghua.edu.cn
质 量 反 馈：010-62772015，zhiliang@tup.tsinghua.edu.cn
印 装 者：三河市龙大印装有限公司
经　　销：全国新华书店
开　　本：190mm×260mm　　印　　张：27.25　　字　　数：882 千字
版　　次：2019 年 6 月第 1 版　　印　　次：2019 年 6 月第 1 次印刷
定　　价：98.00 元

产品编号：080740-01

译者序

MATLAB 是当今最重要的科学计算与工程设计工具软件之一。它具有强大的数值分析、矩阵计算、数据可视化及系统建模与仿真功能，在工程计算、控制系统设计、信号处理、图像处理、金融分析等领域得到广泛应用并深受欢迎。各行各业的工程师和理工科大学生都离不开它的帮助。

市面上介绍 MATLAB 的图书很多，有系统介绍所有操作和各类功能的工具书，也有聚焦于高级功能的应用示例书，还有专注编程的代码大全。而集上述三者于一身，并适合零基础读者的教科书却十分少见。本书填补了该方面的空白，可以为目标读者提供一站式服务。

本书作者 William J. Palm III 教授长期从事控制系统教学和科研工作，具有丰富的行业和教学经验。本书就是他多年为大一学生开设的 MATLAB 课程的珍贵经验总结，内容详明，示例生动，思考题和习题丰富，使得读者能快速上手，从基础运算到解决应用问题，逐步掌握 MATLAB 最重要和最核心的功能，并始终感受到 MATLAB 操作简洁、界面友好、功能强大等突出特点。

本书主要由张鼎翻译。此外，参与本书翻译的还有肖国尊、杨明军、肖新友、肖有文、颜炯、韩智文、张杰良、胡季红、李辉、马蓉、李新军、易民全、姚建军、鲍春雷、甘信生、郝雪松、凌栋、王发云、王继云、赵建军、朱宝庆、朱钱等。Be Flying 工作室负责人肖国尊负责本书翻译质量和进度的控制与管理。敬请广大读者提供反馈意见。我们会仔细查阅读者发来的每一封邮件，尽快回应读者的问题。

作者简介

William J. Palm III 现任罗德岛大学机械工程系荣誉教授。1966 年，他获得巴尔的摩洛约拉大学学士学位；1971 年获得伊利诺伊州埃文斯顿(Evanston, Illinois)西北大学机械工程和航天学博士学位。

在 44 年的教学生涯中，他讲授了 19 门课程。其中的一门就是他为大一学生开设的 MATLAB 课程，并先后编写了 8 本教科书，涉及建模与仿真、系统动力学、控制系统和 MATLAB。其中包括 *System Dynamics,* 3rd ed (McGraw-Hill，2014)。他还在 *Mechanical Engineers' Handbook*, 3rd ed(Wiley，2016)中撰写过一章有关控制系统的内容，并且是 J. L. Meriam 和 L. G. Kraige 合著的 *Statics and Dynamics* (Wiley, 2002)的特约撰稿人。

Palm 教授的研究和行业经验涉及控制系统、机器人、振动和系统建模。1985 年到 1993 年，他担任罗德岛大学机器人研究中心主任，是机械手专利的共同持有者；2002 年到 2003 年，他代理系主任。此外，他还具有自动化制造、海军系统建模和仿真(包括水下航行器和跟踪系统)、水下航行器发动机试验装置控制系统设计等行业实践经验。

前　言

以前，MATLAB 主要在信号处理和数值分析领域供专业人员使用，如今，它已经受到整个工程界广泛而热情的欢迎。许多工科院校都在教学计划的初期安排有完整或部分基于 MATLAB 的课程。MATLAB 还支持编程，并且具有与其他编程语言相同的逻辑、关系、条件和循环结构，因此，它也可用于讲授编程原理。大多数院校还将 MATLAB 作为教学中使用的主要计算工具。在信号处理和控制系统等技术专业中，MATLAB 被当作分析和设计的标准软件包。

MATLAB 之所以普及，首先是因为它历史悠久、功能强大且经过了充分测试，用户都信赖它的计算结果。其次是因为它的用户界面包含易于使用的交互式环境，且具备可扩展的数值计算和可视化能力。再次，MATLAB 非常简洁也是一大优势。例如，您只需要使用三行代码就能求解包含许多线性代数方程的方程组，而这是传统编程语言难以做到的。最后，MATLAB 还是可扩展的；目前，它包含超过 30 个涉及不同应用领域的"工具箱"，以用于增加新的命令和功能。

MATLAB 支持 MS Windows 和 Macintosh 个人电脑及其他操作系统。它兼容所有这些平台，使得用户可以共享他们的程序、见解和想法。本书针对的软件版本是 MATLAB 9.3 (R2017b)。第 9 章中的部分内容基于 Control System toolbox(控制系统工具箱)10.3 版，第 10 章的内容基于 Simulink 9.0 版，第 11 章基于 Symbolic Math toolbox(符号数学工具箱)8.0 版。

本书的目标和先决条件

本书的首要目标是专门介绍 MATLAB，它既可作为入门课程的自学教材或补充教材，也可作为参考书。本书的内容以作者为工科院校大一学生开设的 MATLAB 必修双学分学期课程的教案为基础。书中许多表格及附录中的参考资料都是基于这个目标而设计的。本书的第二个目标是介绍和加强问题求解方法的运用，这些方法在工程专业的实践中通常都会用到，且特别适用于采用计算机求解问题。第 1 章将重点介绍这种方法。

本书的读者应具备基本的代数和三角学知识。前 7 章的内容不需要微积分的知识。为了理解部分例题，还需要掌握一些高中的化学、物理知识，主要是基本的电路、基础静力学和动力学知识。

内容组织

与上一版相比，本书做了更新，包含新功能、新函数以及语法和函数名变更等内容，还采纳了审稿人和其他用户提出的许多建议，并增加了例题和作业习题。

全书共分 11 章。前 5 章是 MATLAB 的基础课程。其余 6 章的内容相互独立，涵盖了 MATLAB、控制系统工具箱、Simulink 以及符号数学工具箱等高级应用。

第 1 章概述 MATLAB 的功能，包括它的窗口和菜单结构，并介绍了问题求解方法学。

第 2 章介绍数组的概念——数组是 MATLAB 中最基本的数据元素，该章还描述了如何使用数值数组、单元数组和结构数组进行基本的数学运算。

第 3 章介绍函数和文件的使用。MATLAB 自带了数量极其庞大的内置数学函数，而且允许用户定义自己的函数，并将其保存为文件以便重用。

第 4 章介绍 MATLAB 编程，涉及关系运算符、逻辑运算符、条件语句、for 循环、while 循环以及 switch 结构。本章主要介绍在仿真方面的应用，占用一节的篇幅专门对此做了介绍。

第 5 章介绍二维和三维绘图。首先介绍具有专业外观且重要的图形的标准。根据作者的经验，很多新生并不了解这些标准，因此需要在该章中重点介绍一下。接下来，该章还介绍用于生成不同类型图形以及控制图形外观的 MATLAB 命令。5.1 节特别介绍新版本 MATLAB 增加的实时编辑器(Live Editor)。实时编辑器非常重要。

第 6 章涵盖函数探索。函数探索既可以用数据图揭示数据的数学描述，又是构建模型的实用工具。函数探索是常见的图形应用，因此用了单独一节篇幅专门讨论这个主题。该章还涉及多项式和多元线性回归建模。

第 7 章首先回顾统计和概率论基础知识，然后展示如何利用 MATLAB 生成直方图并用正态分布进行计算，以及如何创建随机数生成器。最后介绍线性和三阶样条插值。

第 8 章介绍在所有工程领域中都存在的线性代数方程的求解方法。首先建立一些对于正确使用计算机方法必需的相关术语和重要概念，接着展示如何用 MATLAB 求解具有唯一解的线性方程组。该章还介绍欠定和超定系统。

第 9 章讨论求解微积分和微分方程的数值方法，包括数值积分法和数值微分法。还介绍包含在 MATLAB 核心程序中的常微分方程求解器，以及 Control System toolbox(控制系统工具箱)中的线性系统求解器。对于那些不熟悉微分方程的读者来说，该章可为第 10 章提供一些背景知识。

第 10 章介绍 Simulink，它是构建动态系统仿真的图形界面。Simulink 越来越受欢迎，在工业上的应用也越来越多。MathWorks 公司为 LEGO MINDSTORMS、Arduino 和 Raspberry Pi 这些深受无人机和机器人控制研究人员和爱好者欢迎的计算机硬件提供了 Simulink 支持包。利用这些支持包，就能开发和仿真相关算法，并最终能在所支持的硬件上独立运行。支持包还包括用于配置和访问硬件传感器、执行器和通信接口的 Simulink 模块库。当算法在硬件上实时运行时，还可以通过 Simulink 模块在线调整参数。MathWorks 提供了在线的活跃用户社区，在那里可以浏览应用程序并下载文件。第 10 章还介绍一些有关机器人车辆的应用。

第 11 章介绍处理代数表达式，以及求解代数和超越方程、微积分、微分方程和矩阵代数问题的符号方法。微积分应用包括积分和微分、最优化、泰勒级数、级数计算和极限等。该章还介绍如何利用拉普拉斯变换法求解微分方程。该章需要使用 Symbolic Math(符号数学)工具箱。

附录 A 是本书涉及的命令和函数的使用指南。附录 B 介绍利用 MATLAB 制作动画和声音，虽然这对学习 MATLAB 并不是必要的，但这些功能有助于培养学生的兴趣。附录 C 总结了创建格式化输出的函数。附录 D 是参考文献列表。附录 E 位于本书网站上，其中包括对课程计划的建议，而且基于作者为大一学生讲授 MATLAB 课程的经验。本书最后是部分习题的答案。

本书所有的图、表格、公式和习题都按照章节编号。例如，图 3.4-2 是第 3 章第 4 节的第 2 个图。这种编码规则能帮助读者迅速找到这些内容。为了避免与章内思考题编号混淆，每章末尾的习题并没有按照上述规则编号，而是按照数字 1、2、3 的自然顺序编号。

本书特色

本书具有以下特色，因此具有较强的参考性。

- 每一章都用表格总结该章介绍的命令和函数。
- 附录 A 是对本书所有命令和函数的全面总结。并按照类别分组。
- 每章结尾处都列出了该章介绍的关键术语。

教学辅助

本书使用的教学辅助方法包括：

- 每章开头都有概述。
- 每章的相关内容附近都有思考题来检验读者的理解情况。这些相对简单的思考题可帮助读者在阅读过程中及时评估对所学内容的理解情况。大多数情况下，思考题的答案都伴随思考题一起给出。在遇到这些题目时，学生应该完成它们。

- 每章结尾都有许多根据节的顺序分组的习题。
- 每章都包含许多实例。重要的例题还有编号。
- 每章都有一节总结内容，其中回顾了该章的目标。
- 本书的最后给出了部分章尾习题的答案。

本书的两大特色可以激励学生学习 MATLAB 和工程专业：

- 大部分例题和习题都涉及工程应用。它们都来自各工程领域，并且展示出 MATLAB 的实际应用。
- 每章的首页上都有一张最新工程成就的照片，展示了 21 世纪的工程师们面临的挑战和有趣的机遇。每张照片还配有描述、与之相关的工程学科，以及 MATLAB 如何在这些学科中应用等内容。

本书格式约定

本书的格式约定比较复杂。在阅读本书前，请注意以下约定。

(1) 对于所有 MATLAB 命令(包括命令中涉及的向量名、矩阵名以及其他变量名)、用户在计算机输入的任何文本，以及屏幕上出现的任何 MATLAB 响应，都显示为正体。具体分为两种情况：

a. 在代码块中用等宽字体表示，例如：

```
>>x=0:0.01:7;
>>y=3*cos(2*x);
>>plot(x,y),xlabel('x'),ylabel('y')
```

b. 在正文的文字描述中(非代码部分)，用新罗马字体表示。例如：“在 MATLAB 中，当您输入 y=logical(9)时，y 就会被赋值为逻辑 1 并发出警告”。

(2) 对于正规数学课本中的向量名、矩阵名以及其他变量名(指在 MATLAB 之外使用的名称；对于在 MATLAB 中使用、输入和输出的名称，仍遵循第(1)条)，分为以下两种情况：

a. 向量名、矩阵名用斜体加粗表示，例如：“用向量 $\boldsymbol{c}$ 代替矩阵 $\boldsymbol{B}$ 的第 2 行”。

b. 其他一般数学意义的变量名用斜体表示，例如 $y=6x$。

网上资源

网上有教师手册可供采用本书的教师使用。该手册包含了所有测试理解情况的思考题和所有章习题的完整答案。还有可供下载的文件，包括涉及课程内容和建议的 PowerPoint 幻灯片。

如果需要获得这些资料，请填写本书末尾的“麦格劳-希尔教育教师服务表”，与销售代表联系。

MATLAB 的信息

有关 MATLAB 和 Simulink 的产品信息，请联系：

MathWorks 公司
3 Apple Hill Drive
Natick, MA, 01760-2098 USA
电话：508-647-7000
传真：508-647-7001
电子邮箱：info@mathworks.com
网址：www.mathworks.com
如何购买：www.mathworks.com/store

致谢

很多人都为本书做出了值得称赞的帮助。与罗得岛大学的教员一起开发和讲授大一学生 MATLAB 课程的经历，对本书的帮助极大。许多读者还通过电子邮件提出了很多有用的建议。为此，作者对他们的贡献表示感谢。

MathWorks 公司一直以来都非常支持教育出版事业。我特别要感谢 MathWorks 公司 Naomi Fernandes 给予我的帮助。McGraw-Hill 教育出版社的 Thomas Scaife、Jolynn Kilburg、Laura Bies、Lora Neyens 和 Kate Scheinman 高效地完成了手稿审查并指导了本书的出版工作。

我的姐姐 Linda 和 Chris，还有我的妈妈 Lillian 一直为我的工作加油。我的父亲生前也一直支持我。最后，我要感谢我的妻子 Mary Louise，以及我的孩子 Aileene、Bill 和 Andy，感谢他们对我编写本书的理解和支持。

William J. Palm Ⅲ

于罗德岛金士顿市

目　录

第 1 章　MATLAB 概述 …… 2
1.1　MATLAB 交互式会话 …… 3
1.2　工具条 …… 11
1.3　内置函数、数组和图形 …… 12
1.4　文件操作 …… 16
1.5　MATLAB 帮助系统 …… 21
1.6　问题求解方法论 …… 23
1.7　总结 …… 28
习题 …… 29

第 2 章　数值数组、单元数组和结构数组 …… 35
2.1　一维和二维数值数组 …… 35
2.2　多维数值数组 …… 42
2.3　对应元素运算 …… 42
2.4　矩阵运算 …… 50
2.5　使用数组的多项式运算 …… 59
2.6　单元数组 …… 62
2.7　结构数组 …… 63
2.8　总结 …… 67
习题 …… 67

第 3 章　函数 …… 80
3.1　基本数学函数 …… 80
3.2　自定义函数 …… 85
3.3　其他函数类型 …… 95
3.4　文件函数 …… 100
3.5　总结 …… 102
习题 …… 102

第 4 章　MATLAB 编程 …… 107
4.1　程序设计与开发 …… 107
4.2　关系运算符和逻辑变量 …… 112
4.3　逻辑运算符和函数 …… 114
4.4　条件语句 …… 119
4.5　for 循环 …… 125
4.6　while 循环 …… 134
4.7　switch 结构 …… 137
4.8　调试 MATLAB 程序 …… 139
4.9　仿真 …… 141
4.10　总结 …… 146
习题 …… 146

第 5 章　高级绘图 …… 159
5.1　*xy* 绘图函数 …… 159
5.2　其他命令和图形类型 …… 166
5.3　MATLAB 中的交互式绘图 …… 176
5.4　三维图 …… 180
5.5　总结 …… 185
习题 …… 185

第 6 章　建模与回归 …… 193
6.1　函数探索 …… 193
6.2　回归 …… 201
6.3　Basic Fitting 界面 …… 210
6.4　总结 …… 213
习题 …… 213

第 7 章　统计、概率和插值 …… 221
7.1　统计和直方图 …… 221
7.2　正态分布 …… 225
7.3　生成随机数 …… 229
7.4　插值 …… 235
7.5　总结 …… 242
习题 …… 243

第 8 章　线性代数方程组 …… 248
8.1　线性方程组的矩阵方法 …… 248
8.2　左除法 …… 251
8.3　欠定系统 …… 255
8.4　超定系统 …… 262
8.5　通用方程组求解程序 …… 264
8.6　总结 …… 266
习题 …… 267

第 9 章 微积分和微分方程的数值解法……276
9.1 数值积分……276
9.2 数值微分……282
9.3 一阶微分方程……285
9.4 高阶微分方程……291
9.5 线性微分方程的特殊解法……294
9.6 总结……303
习题……304

第 10 章 Simulink……311
10.1 仿真图……311
10.2 Simulink 简介……313
10.3 线性状态变量模型……317
10.4 分段线性模型……319
10.5 传递函数模型……324
10.6 非线性状态变量模型……326
10.7 子系统……328
10.8 模型的死区时间……332
10.9 非线性车辆悬挂模型的仿真……334
10.10 控制系统和“硬件在回路”测试……337
10.11 总结……344
习题……344

第 11 章 MATLAB 的符号处理……352
11.1 符号表达式和代数……353
11.2 代数和超越方程……359
11.3 微积分……364
11.4 微分方程……373
11.5 拉普拉斯变换……378
11.6 符号线性代数……385
11.7 总结……388
习题……389

附录 A 本书使用的命令和函数指南……397

附录 B MATLAB 中的动画和声音……409

附录 C MATLAB 中的格式化输出……416

附录 D 参考文献……419

部分习题答案……420

图片来源：NASA

21 世纪的工程学……

远程勘查

还要很多年人类才能到其他星球旅行。在此之前，我们对宇宙认知的快速增长还主要依赖于无人探测器。随着技术的发展，无人探测器更加可靠、功能更多，因此未来的使用也会更趋广泛。我们需要更好的传感器来完成成像和其他数据收集任务。改进后的机器人装置将使这些探测器更加自动化，它不仅能观察环境，还能更好地与环境互动。

1997 年 7 月 4 日，美国宇航局的“旅居者”(Sojourner)行星探测车在火星上着陆，地球上兴奋的人们看着它成功地在火星表面勘查，确定车轮与土壤的相互作用关系，分析岩石和土壤成分，并且回传着陆器的图像以便进行损伤评估。

到 2004 年初，两款改进的探测车，“勇气号”(Spirit)和“机遇号”(Opportunity)，在火星的另一面着陆。作为 21 世纪重大发现之一，它们获得了火星上曾经存在大量水的强有力证据。虽然它们计划只在火星上工作 90 天，但是“勇气号”却一直工作了 5 年，直到 2009 年才陷入困境，并在 2010 年停止通信。由于内部温度过低，“勇气号”很可能已经失去了动力。截至 2016 年，“机遇号”仍处于活跃状态，它已经超龄运行了 12 个地球年，这几乎是其设计寿命的 50 倍。

2012 年，“好奇号”(Curiosity)探测车经过 5.63 亿千米的飞行之后在火星上着陆，着陆地点距离其预定位置仅相差不到 2.4 千米。“好奇号”主要用于调查火星的气候和地质；评估盖尔(Gale)陨石坑是否拥有适合微生物生存的环境，进而确定其作为未来人类探索站的可居住性。“好奇号”的质量为 899 千克，其中包括 80 千克的仪器。探测车长 2.9 米、宽 2.7 米、高 2.2 米。

除了携带的科学仪器外，“好奇号”的主要系统还包括用于供电的放射性同位素热电发电机、由电子加热器和泵浦流体系统组成的温度管理系统、两台计算机、带有摄像头的导航系统以及数套通信系统。“好奇号”采用的摇杆-转向架(rocker-bogie)悬挂系统，安装有 6 个 50 厘米直径的轮子，离地间隙达到 60 厘米，从而能够越过近 65 厘米高的障碍物。根据条件，当使用自动导航系统时，好奇号最大平均速度约为 200 米/天。

探测车项目涉及各个工程学科。从运载飞船火箭推进系统设计、行星轨道计算，到探测车系统设计，这些应用中很多都要用到 MATLAB。MATLAB 非常适合辅助设计师设计像火星探测车这样的未来探测器和自动化车辆。

第 1 章

MATLAB 概述

内容提要

1.1 MATLAB 交互式会话
1.2 工具条
1.3 内置函数、数组和图形
1.4 文件操作
1.5 MATLAB 帮助系统
1.6 问题求解方法论
1.7 总结
习题

这是本书最重要的一章。学完本章后，您就能够使用 MATLAB 解决很多类型的问题。第 1.1 节简要介绍 MATLAB 作为交互式计算器的功能。第 1.2 节介绍主菜单和工具条。第 1.3 节介绍内置函数、数组和图形。第 1.4 节讨论如何创建、编辑和保存 MATLAB 程序。第 1.5 节介绍强大的 MATLAB 帮助系统。第 1.6 节介绍工程问题的解决方法。

如何学习本书

本书的章节组织非常灵活，可以满足不同用户的需要。但是，前四章最好按照顺序来阅读，这很重要。第 2 章介绍数组，这是 MATLAB 的基本构件。第 3 章介绍文件的使用、MATLAB 内置函数以及自定义函数。第 4 章介绍使用关系和逻辑运算符、条件语句和循环语句进行编程。

第 5 到 11 章的内容相互独立，可以按照任意的顺序阅读。这几章深入讨论如何使用 MATLAB 解决几种常见问题。第 5 章详细介绍二维图和三维图。第 6 章展示如何使用绘图工具根据数据构建数学模型。第 7 章介绍概率、统计和插值应用。第 8 章对超定和欠定的线性代数方程求解方法进行更深入的研究。第 9 章介绍求解微积分和常微分方程的数值方法。第 10 章的主题是 Simulink*，它为求解微分方程模型提供了一个图形用户界面。第 11 章介绍如何利用 MATLAB 的符号数学工具箱进行符号处理，并应用于代数、微积分、微分方程、变换和特殊函数。请注意，本书格式约定较复杂，请参阅前言中的“本书格式约定”。

参考信息和学习辅助材料

本书旨在作为一本 MATLAB 参考书和学习工具。为了实现这个目的，本书具有以下特点：

* Simulink 和 MuPAD 是 MathWorks 公司的注册商标。

- 每章的页边注中都标明了新介绍的术语。
- 每章中都有简短的“您学会了吗？”思考题，并且在适当的地方将答案直接附在思考题后面，以便考查您对新知识的掌握程度。
- 每章结尾都有作业习题。这些题通常比“您学会了吗？”思考题更难。
- 每章都有本章介绍的 MATLAB 命令汇总表。
- 每章的结尾都有：
  - 学完本章后您能做什么的总结。
  - 您应该掌握的关键术语列表。
- 附录 A 包含 MATLAB 命令表，这些命令按照类别分组。

1.1 MATLAB 交互式会话

现在演示如何启动 MATLAB、如何进行基本计算，以及如何退出 MATLAB。

启动 MATLAB

桌面

在 Windows 系统中，双击 MATLAB 图标就能启动 MATLAB。然后就会看到 MATLAB 桌面(Desktop)。桌面用于管理命令窗口、帮助浏览器和其他工具。不同版本的 MATLAB，其桌面样式可能略有不同，但是基本功能与我们接下来介绍的内容十分相似。MATLAB R2017b 版本的默认桌面外观如图 1.1-1 所示，共包含四个窗口。中央是命令窗口(Command Window)，右边是工作空间(Workspace)窗口，左下角是详情(Details)窗口，左上角是当前文件夹(Current Folder)窗口。桌面的顶部依次是一行菜单名和一行图标，这些图标又被称为工具条(Toolstrip)。默认桌面显示三个选项卡，分别是 HOME(主页)、PLOT(图形)和 APPS(应用)，如何使用它们将在 1.2 节介绍。在选项卡的右边是一个快捷按钮框，它们使您能够轻松地访问常用的功能。快捷按钮框中的其他项用于更高级的功能，在初始时并未激活。本章随后介绍各个菜单。

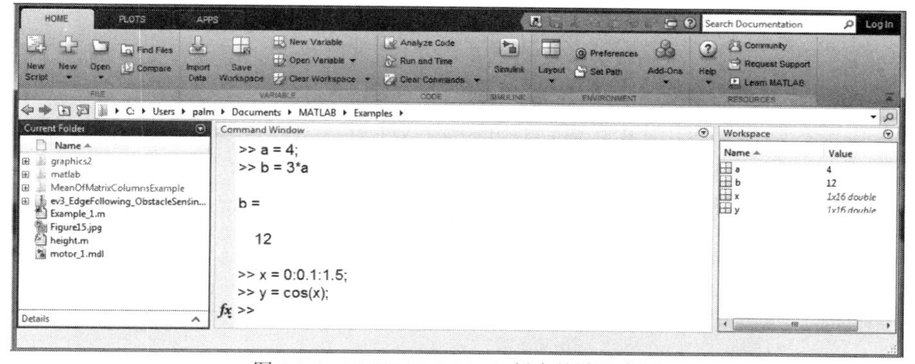

图 1.1-1 MATLAB R2017b 版本的默认桌面

命令窗口

通过在命令窗口中输入“命令”“函数”或“语句”等各种指令，您就能与 MATLAB 程序进行通信。稍后，我们还将讨论这些指令的区别。为简单起见，我们先将这些指令统称为“命令”。MATLAB 显示提示符(>>)表明它已经准备好接收指令了。在给 MATLAB 下达指令前，要确保光标位于提示符之后。如果光标位置不对，请用鼠标移动光标。学生版 MATLAB 的提示符是 EDU >>。本书都采用正规的提示符>>来说明这是一条命令。图 1.1-1 的命令窗口中显示了一些命令及其计算结果。这些命令将在本章后面介绍。

默认的桌面上还有另外三个窗口。当前文件夹窗口很像文件管理器窗口；您可以用它访问文件。双击扩展名为.m 的文件名，就能在 MATLAB 编辑器中打开该文件。第 1.4 节将介绍 MATLAB 编辑器。图 1.1-1 显示了本书作者的 Examples 文件夹中的文件。

当前文件夹窗口的下面是详情窗口。它显示该文件的第一个注释(如果有的话)。请注意，当前文件夹显示四种类型的文件，依次是 MATLAB 脚本文件、JPEG 图形文件、MATLAB 自定义文件以及 Simulink 模型文件。这些文件的扩展名分别是.M、.jpg、.m 和.mdl。每个文件类型都有各自的图标。文件夹中允许包含其他类型的文件。

Workspace(工作空间)窗口位于屏幕右侧，它可以显示在命令窗口中创建的变量。双击变量名就可以打开 Variables Editor(变量编辑器)，这将在第 2 章中讨论。

如果愿意，还可以改变桌面的外观。例如，要想关闭一个窗口。只要单击右上角的关闭窗口按钮(×)即可。若想使窗口浮动或将它从桌面上分离出来，只要单击弯曲箭头按钮即可。浮动窗口可以在屏幕上自由移动。可用同样的方式操作其他窗口。要恢复到默认配置，可以单击工具栏中的 Layout (布局)按钮，然后选择 Default (默认)。

您学会了吗？

T1.1-1 请在 MATLAB 桌面上试一试。在提示符后输入 ver，就可以查看正在使用的 MATLAB 的版本号以及有关计算机的详细配置。如果使用的 MATLAB 版本不是 R2017a，则请设法找出本节介绍的那些窗口。请查看一下工具栏，然后将其调整成图 1.1-1 的样子。

输入命令和表达式

会话

要想知道使用 MATLAB 是多么简单，那不妨试试看。首先将光标调整到命令窗口的提示符后面。若要计算 8 除以 10，就输入 8/10 (“/”是 MATLAB 的除法运算符)，再按下 Enter 键。您输入的内容和 MATLAB 的响应结果在屏幕上显示如下(我们将您和 MATLAB 的这种交互称为交互式会话(interactive session)，简称为会话(session)。请注意，符号>>会自动出现在屏幕上，并不需要您输入。

```
>> 8/10
ans=
      0.8000
```

MATLAB 会截断数值结果。MATLAB 在计算时采用高精度格式，但是在显示时，除非结果是整数，默认情况下通常只显示结果的小数点后四位。

如果您输入错了，则只要按下 Enter 键，再重新输入即可。暂时忽略掉您看到的任何错误消息吧。

使用变量 MATLAB 将最新的答案赋值给变量 ans。ans 是 answer(答案)的缩写。MATLAB 中的变量是用来保存数值的符号。您可以用变量 ans 做进一步的计算；例如，使用 MATLAB 的乘法运算符(*)，可以得到：

```
>> 5*ans
ans=
      4
```

请注意，完成乘法计算后，变量 ans 的值变成了 4。

还可以用各种变量来写数学表达式。不是必须要用默认变量 ans，也可以将结果赋值给您自己选择的变量。例如用变量 r，完成如下操作：

```
>> r=8/10
r=
    0.8000
```

我们称之为赋值语句。变量(且只有变量)总是位于＝号左边。符号＝被称为赋值(assignment)或替换(replacement)运算符，它和数学等号的用法不同。上述语句的意思是“将 8 除以 10 的结果赋给变量 r”。

如果再在提示符后输入 r 并按 Enter 键，就将看到：

```
>> r
r=
    0.8000
```

从而可以证明变量 r 的值已变为 0.8。还可以使用该变量继续进行计算。例如：

```
>> s=20*r
s=
    16
```

常见的一种错误是忘记输入乘法符号*，而像代数中那样输入表达式，比如 s=20r。如果在 MATLAB 中输入这条语句，就会得到一条错误消息。

在语句行中增加空格可以提高表达式的可读性；例如，在等号=和乘号*的前、后各加一个空格(若您想这样做的话)。因此，也可以这样输入：

```
>> s=20*r
```

MATLAB 在进行计算时会自动忽略空格。但有一种例外情况，我们将在第 2 章中讨论。

优先级

标量(scalar)是单独的一个数字。标量型变量(scalar variable)是只包含一个数字的变量。MATLAB 使用符号+、−、*、/、^分别对标量进行加、减、乘、除和指数(幂)计算，具体见表 1.1-1。例如，输入 x=8+3*5 得到的答案是 x=23，输入 2^3-10 得到的答案是 ans=-2。正斜杠(/)代表右除(right division)，这和平时熟悉的正规除法运算符一样。输入 15/3 得到的答案是 ans=5。

标量

MATLAB 还有一个除法运算符，称之为左除(left division)，用反斜杠(\)表示。左除运算符对求解线性代数方程组很有用，我们后面还会介绍。要想记住左除和右除运算符的区别，最好的方法就是注意斜杠向分母的方向倾斜。例如，7/2=2\7 =3.5。

优先级

运算符+、−、*、/和^表示的数学运算都遵循优先级规则。通常从数学表达式的左边开始计算，指数运算的优先级最高，其次是具有相同优先级的乘法和除法，最后是具有相同优先级的加法和减法。

圆括号可用来改变优先级顺序。从最内层的圆括号开始计算，依次向外。表 1.1-2 总结了上述规则。例如，请注意优先级对下面一个会话的影响。

表 1.1-1　标量的算术运算

符号	运算	MATLAB 形式
^	指数：a^b	a^b
*	乘法：$a*b$	a*b
/	右除：$a/b=\frac{a}{b}$	a/b
\	左除：$a\backslash b=\frac{b}{a}$	a\b
+	加法：$a+b$	a+b
−	减法：$a-b$	a−b

```
>>8 + 3*5
ans=
      23
>>(8 + 3)*5
ans=
      55
>>4^2 - 12 - 8/4*2
ans=
      0
>>4^2 - 12 - 8/(4*2)
ans=
      3
>>3*4^2 + 5
```

```
ans=
      53
>>(3*4)^2 + 5
ans=
      149
>>27^(1/3) + 32^(0.2)
ans=
      5
>>27^(1/3) + 32^0.2
ans=
      5
>>27^1/3 + 32^0.2
ans=
      11
>>4^(1/2)
ans=
      2
>>4^(-1/2)
ans=
      0.5
```

为了避免错误，只要不确定优先级对于计算产生怎样的影响，就应该在这些地方插入圆括号。使用圆括号还能改进 MATLAB 表达式的可读性。例如，表达式 8+(3*5)中并不需要用括号，但是使用后能够更清楚地表明要先算 3 乘以 5，再加上 8。

表 1.1-2　优先级

优先级	运算
第一级	圆括号，从最内层圆括号开始算
第二级	指数，从左向右算
第三级	乘法和除法，优先级相同，从左向右算
第四级	加法和减法，优先级相同，从左向右算

圆括号必须匹配，这意味着左括号和右括号的数量必须相等。然而，仅仅做到圆括号匹配，并不能保证表达式是正确的。请看下面的表达式计算：

$$y=(x-3)(x-2)^2$$

正确的输入是：

y=(x-3)*(x-2)^2

然而，如果错误地输入成：

y=(x-3*(x-2))^2

尽管此时圆括号是匹配的，并且 MATLAB 也不会发出错误消息，但是答案却是错误的。例如，如果 $x=8$，本来正确的答案应该是 180，但是上面代码算出的结果却是 100。

您学会了吗？

T1.1-2　请用 MATLAB 计算下列表达式。

a. $6\left(\frac{10}{13}\right)+\frac{18}{5(7)}+5\left(9^2\right)$

b. $6(35^{1/4})+14^{0.35}$

(答案：a. 410.1297　　b. 17.1123)

T1.1-3　下列 MATLAB 表达式的结果是什么？

a. 25^−1

b. 25^−1/2

c. 25^(−1/2)

---

d. 4^3/2

(答案：a. 0.04　　b. 0.02　　c. 0.2　　d. 32)

正确使用赋值运算符

请特别注意 MATLAB 中的“=”和数学中等号的区分。当您输入 x=3 时，就是告诉 MATLAB 将数值 3 赋给变量 x。这与数学中的用法没有什么区别。但是，在 MATLAB 中，我们还可以这样输入：x=x+2。这就是告诉 MATLAB 将 x 的当前值加上 2，再用计算结果(新值)替换 x 的当前值。如果 x 的当前值是 3，那么它的新值就是 5。=运算符的这种用法与它在数学中的用法完全不同。例如，数学方程 x=x+2 并不成立，因为它意味着 0=2。

在 MATLAB 中，等号左边的变量将替换为右边的计算结果值。因此，=运算符的左侧必须有且仅有 1 个变量。这意味着，在 MATLAB 中绝不能输入 6=x。这个限制的另一个后果是，绝不能在 MATLAB 表达式中输入如下的表达式：

```
>>x+2=20
```

在代数中，书写方程 $x+2=20$ 是允许的，并且可以解得 $x=18$。但是，MATLAB 却无法在没有附加命令的情况下解出这样的方程(这些命令将在第 11 章的符号数学工具箱中介绍)。

另一个限制是=运算符的右边必须是可计算的值。例如，如果变量 y 还没有被赋值，那么下面的表达式将在 MATLAB 中产生一条错误消息。

```
>>x=5 + y
```

除了为变量赋已知值之外，赋值运算符还能赋事先不知道的值，或者通过指定的过程改变变量的值，这也非常有用。请看下面的例题是如何实现上述功能的。

例题 1.1-1　圆柱体的体积

圆柱体的体积 V 可由其高度 h 和底圆半径 r 计算得到：$V=\pi r^2 h$。已知某圆柱罐高 15 米、底圆半径 8 米。若想建造一个体积大 20%但高度相同的圆柱罐，那么它的底圆半径必须有多大？

■　解

首先根据圆柱体方程求出半径 r，得到

$$r=\sqrt{\frac{V}{\pi h}}=\left(\frac{V}{\pi h}\right)^{1/2}$$

求解过程的会话如下所示。首先我们分别对表示半径和高度的变量 r 和 h 赋值。然后我们计算原来的和增大 20%之后的圆柱罐的体积。最后求出所需的半径。求解此题时，可以使用 MATLAB 的内置常量 pi。

```
>>r=8;
>>h=15;
>>V=pi*r^2*h;
>>V=V + 0.2*V;
>>r=(V/(pi*h))^(1/2)
r=
   8.7636
```

因此，新圆柱罐的半径必须为 8.7636 米。请注意，变量 r 和 V 的原始值已被替换为新值。只要我们不需要再次使用原始值，这样也是可以接受的。请注意表达式 V=pi*r^2*h;的优先级；它等价于 V=pi*(r^2)*h;。

表达式 r=(V/(pi*h))^(1/2)使用了嵌套圆括号，其中内部的那对圆括号使我们清楚地意识到要先计算 π 乘以 h，然后用 V 除以乘积。外部的那对圆括号用于指示平方根运算的对象。用嵌套括号总是可以清

楚地表明计算意图。括号一定要匹配使用，否则就会收到“括号不匹配”的警告消息。

变量名

工作空间

术语“工作空间”(workspace)指当前工作会话中使用的任何变量的名称和值。变量名必须以字母开头，其余部分可以包含字母、数字和下画线字符，但不允许有空格。MATLAB 是区分大小写的。因此，下列名称代表了五个不同的变量：speed、Speed、SPEED、Speed_1 和 Speed_2。变量名的长度有限制但是可以很大，具体大小取决于 MATLAB 版本。输入 namelengthmax 命令可以得知变量名长度的上限。超出上限的字符都将被 MATLAB 忽略。

管理工作会话

表 1.1-3 总结了管理工作会话的一些命令和特殊符号。命令行尾的分号会抑制 MATLAB 将响应结果显示到屏幕上。如果命令行尾没有分号，MATLAB 就会在屏幕上显示该命令行的响应结果。尽管使用分号可以抑制屏幕显示，但是 MATLAB 仍然保存了变量值。

表 1.1-3　管理工作会话的命令

命令	描述
clc	清除命令窗口的内容
clear	清除内存中的所有变量
clear　var1 var2	清除内存中的变量 var1 和 var2
exist('name')	判断是否有名为'name'的文件或变量
quit	退出 MATLAB
who	列出当前内存中的所有变量
whos	列出当前的变量和大小，并指出是否有虚部
:	冒号，生成的数组中的元素具有规则的间隔
,	逗号，隔开数组中的元素
;	分号，抑制屏幕显示，或者指示数组中新的一行
…	省略号，接续一行

可以在同一行中输入多条命令，如果想要看到前一条命令的结果，就以逗号分隔；如果要抑制显示，就以分号分隔。例如：

```
>>x=2;y=6+x,x=y+7
y=
    8
x=
    15
```

请注意，x 的第一次赋值没有显示出来。还请注意，x 的值从初始的 2 变成了 15。

如果要输入长命令行，可以使用省略号，只需要输入三个点“.”，就能延迟执行命令。例如：

```
>>NumberOfApples=10; NumberOfOranges=25;
>>NumberOfPears=12;
>>FruitPurchased=NumberOfApples + NumberOfOranges …
+NumberOfPears
FruitPurchased=
    47
```

Tab 补全

MATLAB 具有语法错误建议更正功能，以提示 MATLAB 中的表达式输入错误。假设您错误地输入了这样一行：

```
>>x=1 + 2(6 + 5)
```

如果您按下了 Enter 键，MATLAB 就会以一条错误消息作为响应，并询问您是否要输入 x=1+2*(6+5)。但是如果您还没按下 Enter 键，那么，并不用完全重新输入整条命令，只需要多按几次左箭头键(←)以移动光标，再添加缺少的*后按下 Enter 键即可。

每按下一次左箭头(←)或右箭头 (→)，光标就向左或向右移动 1 个字符。如果要一次移动一个词，则可以同时按 Ctrl 和→向右移动一个词，可以同时按 Ctrl 和←向左移动一个词。按下 Home 键，光标将移动到命令行的开头；按下 End 键，光标将移动到命令行的末尾。

用 Tab 补全功能可以减少输入量。如果您只输入函数、变量或文件名的前几个字母，再按 Tab 键，MATLAB 就能自动补全它们的名称。如果名称是唯一的，就能自动补全。例如，在前面列出的会话中，如果您输入 Fruit 并按 Tab 键，MATLAB 就会补全并显示 FruitPurchased。按 Enter 键可以显示变量的值，或者继续编辑以创建新的包含 FruitPurchased 的可执行命令行。Tab 补全功能还可以纠正拼写错误，如果您输入 fruit 再按下 Tab 键，MATLAB 就能正确地显示 FruitPurchased。

如果有多个名称都以您输入的字母开头，那么按下 Tab 键后 MATLAB 会显示全部的名称。用鼠标双击弹出列表中的所需名称，就可以选中它。

命令历史

命令历史弹出窗口显示了最近在命令窗口使用的命令。默认情况下，在命令窗口中响应向上箭头(↑)操作时就会出现命令历史弹出窗口。您可以用它来回忆、查看、筛选和搜索最近在命令窗口中使用的命令。要从命令列表中获取需要的命令，用向上箭头键来突出显示所需的命令，然后按 Enter 键，或者直接用鼠标选择此命令。若要用部分匹配检索命令来提取某条命令，需要在提示符处输入该命令的一部分，然后再按上箭头键选择。并用与命令历史窗口的左侧的错误信息相同的颜色，标记出错的命令。

删除和清除

按下 Del 键可以删除光标后的字符；按下 Backspace 键可以删除光标前的字符。按 Esc 键可以清除整行命令；同时按 Ctrl 和 K 键可以删除从当前光标到行尾的所有字符。

MATLAB 会保留变量的最后一个值，直到退出 MATLAB 或清除变量的值。忽略这个事实通常会导致在 MATLAB 中出现错误。例如，您可能更喜欢在各种不同的计算中使用变量 x。如果忘记为 x 输入正确的值，MATLAB 就只会使用最后的值，从而导致得到错误的结果。clear 函数可以删除内存中所有变量的值，也可以使用 clear var1 var2 形式来清除名为 var1 和 var2 的变量。clc 命令的功能与 clear 不同，它只是清除了命令窗口中显示的所有内容，但是并没有清除变量的值。

您可以输入某个变量的名称，然后按下 Enter 键查看其当前值。如果该变量还没有值(例如，如果它并不存在)，您将看到 1 条错误消息。您还可以使用 exist 函数。输入 exist('x')以查看是否已使用变量 x。如果返回值为 1，则表示该变量存在；如果返回值为 0，则表示该变量不存在。who 函数能列出内存中所有变量的名称，但不显示它们的值。who var1 var2 形式限制只显示指定的变量。通配符*可用于显示匹配指定模式的变量。例如，who A*能显示当前工作空间中以 A 开头的所有变量。whos 函数能列出变量名及其大小，并指示这些变量是否具有非零的虚部。

函数、命令及语句之间的区别在于，函数具有参数，其参数包含在圆括号中。像 clear 这样的命令则不需要参数；但即使需要，参数也不放在圆括号中，例如，clear x。语句没有参数，例如，clc 和 quit 都是语句。

按下 Ctrl+C 键，可以取消长时间计算，但不会终止会话。如果要退出 MATLAB，可以输入 quit 命令。用鼠标单击 File(文件)菜单，再单击 Exit MATLAB 也可以退出。

预定义常量

MATLAB 有一些预定义的特殊常量，例如我们在例题 1.1-1 中使用的内置常量 pi。表 1.1-4 列出了所有的预定义常量。Inf 符号代表∞(无穷)，在实际中，它表示一个大到 MATLAB 无法表示的数字。例如，输入 5/0，结果就是 Inf。符号 NaN 表示“不是数字”。它表示一个未定义的数值结果，例如，输入 0/0 后得到的结果。符号 eps 表示最小的数字，计算机对其加 1 后，就会产生一个略大于 1 的数字，我们用它作为计算准确度的指标。

表 1.1-4　特殊变量和常量

命令	描述
ans	包含最新答案的临时变量
eps	指定浮点精度数据的准确度
i, j	虚部单位 $\sqrt{-1}$
Inf	无穷大
NaN	指示未定义的数值结果
pi	常量 π

符号 i 和 j 表示虚部单位，$i = j = \sqrt{-1}$ 。我们用它们来创建和表示复数，比如 x＝5+8i。

尽量不要把特殊常量的名称用作变量名。虽然 MATLAB 允许用户将这些常量赋予其他值，但是这样做并不好。

复数运算

MATLAB 能够自动处理复数代数。例如，输入 c1＝1−2i 或者 c1＝Complex(1, −2)就表示复数 c1＝1−2i。

警告：尽管 i 或 j 与数字之间不需要星号，但是它们与变量之间却需要星号，例如 c2＝5 − i*c1。如果不加以注意，这个约定就会导致错误。例如，表达式 y＝7/2*i 和 x＝7/2i 会得出两个不同的结果：y＝(7/2)i＝3.5i，而 x＝7/(2i)＝−3.5i。

复数的加法、减法、乘法和除法都很容易完成。例如：

```
>>s=3+7i;w=5-9i;
>>w+s
ans=
      8.0000 - 2.0000i
>>w*s
ans=
      78.0000 + 8.0000i
>>w/s
ans=
      -0.8276 - 1.0690i
```

您学会了吗？

T1.1-4　已知 $x=-5+9i$，$y=6-2i$，请用 MATLAB 证明 $x+y=1+7i$，$xy=-12+64i$ 以及 $x/y=-1.2+1.1i$。

格式化命令

format 命令用于控制数字在屏幕上显示的方式。表 1.1-5 给出了该命令的各种变体。MATLAB 在计算时使用了多位有效数字，但是我们通常不需要看到全部这些数字。MATLAB 默认的显示格式是采用四位十进制小数的 short 格式。若输入 format long，就变成十六位格式。若要恢复默认模式，则再次输入 format short 即可。

通过输入 format short e 或 format long e，可以强制输出结果采用科学表示法，其中 e 代表底数 10。

此时，输出结果 6.3792e+03 就代表数字 6.3792×10^{3}。输出结果 6.3792e−03 就代表数字 6.3792×10^{-3}。请注意，这里的 e 并不代表自然对数的底 e，这里的 e 表示“指数”。选择这种表示法是糟糕的，但 MATLAB 只是遵循了多年前建立的计算机编程标准。

format bank 格式只用于货币计算，此时并不识别虚部。

表 1.1-5　数值显示格式

命令	描述和举例
format short	4 位十进制小数(默认格式)，13.6745
format long	16 位数字，17.27484029463547
format short e	5 位数字(4 位十进制小数)加指数，6.3792e+03
format long e	16 位数字(15 位十进制小数)加指数，6.379243784781294e−04
format bank	2 位十进制小数，126.73
format +	正数、负数或零；+
format rat	有理近似，43/7
format compact	压缩了一些空行
format loose	复位至松散显示模式

实时编辑器

在 MATLAB R2016a 版本中新增了 Live Editor(实时编辑器)，利用这个工具，可以创建并运行实时脚本(live script)。实时脚本将代码、输出和格式化内容集成在同一个交互环境中。格式化内容包括格式化的文本、图形、图像、超链接和方程等。可以创建用来共享的交互式叙事。

实时编辑器能使您的工作更加高效，因为它可以让您在不离开运行环境的情况下编写、执行和测试代码，并且可以单独运行代码块或整个文件。可以在代码旁边看到代码生成的结果和图形，还可以在引起错误的文件处看到错误。

要了解更多有关实时编辑器的信息，最好方法就是在桌面右上角的文档搜索框中输入 Live Editor。

1.2　工具条

桌面(Desktop)管理着命令窗口和其他 MATLAB 工具。MATLAB R2017b 版的桌面的默认外观如图 1.1-1 所示。贯穿桌面顶部的是工具条(Toolstrip)，它包含一行共三个选项卡，分别是 HOME(开始)、PLOTS(图形)和 APPS(应用)。选项卡的右边是 Quick Access(快速访问)工具栏，包含常用的剪切、复制和粘贴等选项。这个工具栏是可以自定义的。工具栏的右边是搜索文档框。

单击 HOME(主页)选项卡后，工具条将变成图 1.1-1 所示的情况。在选项卡下面是各种菜单名称和一排图标。具体见图 1.2-1。

如果单击另一个选项卡，工具条的内容就会发生变化。同样，还可以出现其他选项卡。例如，如果打开了一个文件，EDITOR(编辑器)、PUBLISH(发布)和 VIEW(查看)选项卡就会出现。单击 PLOTS 后 PLOTS 选项卡就会出现，这将在第 5 章中讨论。APPS(应用)选项卡能打开 MATLAB 系列产品中的应用程序库，例如所有已安装的 MATLAB 工具箱。

HOME 选项卡菜单

大多数常用交互在 HOME(开始)选项卡处于活动状态时的命令窗口中。此时工具条将如图 1.2-1 所示，可以处理以下几类常规操作。

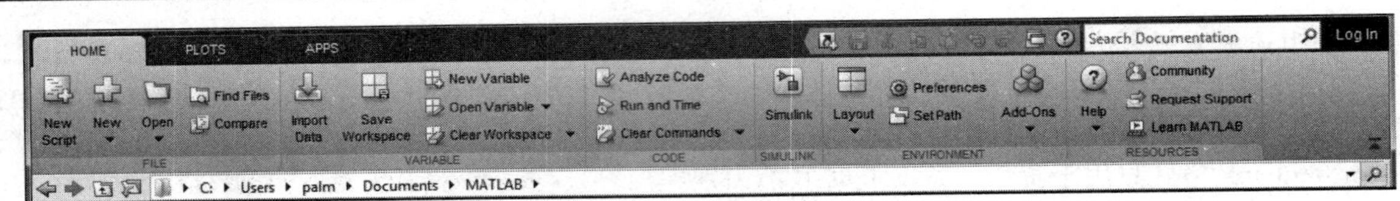

图 1.2-1　选中 HOME 选项卡后的 MATLAB 工具条

FILE(文件)：能够创建、打开、查找和比较文件。要创建一个新的脚本文件，请单击 New Script(新建脚本)图标，从而打开编辑器，并显示出 EDITOR(编辑器)、PUBLISH(发布)和 VIEW(查看)选项卡。编辑器支持创建一个新的、被称为脚本文件(script file)的程序文件。这是一种被称为 M-file(M-文件)的文件，我们将在第 1.4 节中进一步研究。New(新建)图标还能打开其他类型的文件，如图形文件，我们也将在后面讨论。Compare(比较)图标允许比较两个文件的内容。

VARIABLE(变量)：允许通过导入数据或使用变量编辑器(Variables Editor)创建变量。单击 New Variable(新建变量)图标，以便打开 VARIABLE(变量)和 VIEW(视图)选项卡，并显示网格，可在其中输入变量的值。还可以打开和清除变量，并保存工作空间的内容。

CODE(代码)：使您能够分析、运行、计时和清除程序中的命令。

SIMULINK：启动 Simulink 程序。Simulink 是 MATLAB 一个可选的增件(add-on)，我们将在第 10 章中讨论。如果您的系统没有安装 Simulink，那么将看不到这个图标。

ENVIRONMENT(环境)：如 1.1 节所述，Layout(布局)图标使您能够配置桌面的布局。可以设置首选项以控制 MATLAB 如何显示信息，并管理增件。

RESOURCES(资源)：单击 Help(帮助)图标可以访问帮助系统，这将在 1.5 节中详细讨论。其他图标主要用于向 MathWorks 公司和 MATLAB 社区寻求帮助，或加入 MATLAB Academy 自学。

1.3　内置函数、数组和图形

本节讨论 MATLAB 的内置函数，并介绍 MATLAB 的基本构件——数组。本节还展示了如何处理文件和如何从数组生成图形。

1. 内置函数

MATLAB 有数百个内置函数。平方根函数 sqrt 就是其中之一。在函数名之后用一对圆括号将被函数操作的值括起来，这些值又称为函数的参数。例如，要计算 9 的平方根，并将结果赋给变量 r，可以输入 r=sqrt(9)。请注意，这个表达式与 r=(9)^(1/2)等价，但是更加简洁。

> 参数

表 1.3-1 列出了一些常用的内置函数。第 3 章还将更全面地介绍内置函数的相关内容。MATLAB 用户可以根据个人的特殊需要创建自己的函数，如何创建自定义函数也将在第 3 章介绍。

例如，要计算 sin x，其中 x 代表弧度值，只需要输入 sin(x)即可。要想计算 cos x，只需要输入 cos (x)即可。函数 exp(x)用于计算指数函数 e^x。输入函数 log (x)可以用于计算自然对数 ln x(注意数学课本中的符号 ln 与 MATLAB 语法关键词 log 的拼写区别)。要计算底数为 10 的对数，可输入 log10(x)。

表 1.3-1　一部分常用的数学函数

函数	MATLAB语法*
e^x	exp(x)
$\sqrt{x}$	sqrt(x)
$\ln x$	log(x)
$\log_{10} x$	log10(x)
$\cos x$	cos(x)
$\sin x$	sin(x)
$\tan x$	tan(x)

(续表)

函数	MATLAB语法*
$\cos^{-1}x$	acos(x)
$\sin^{-1}x$	asin(x)
$\tan^{-1}x$	atan(x)

*这里列出的 MATLAB 三角函数使用弧度单位。而以字母 d 结尾的三角函数，如 sind(x)和 cosd(x)，它们接受的参数 x 的单位是度。反函数，如 atand (x)，其返回值的单位也是度。MATLAB 还内置有四象限反正切函数 atan2(y, x)和 atan2d(y, x)。另外注意，在 MATLAB 中，数学变量都显示为正体。

反正弦(即 arcsine)可以通过输入 asin(x)求得。该函数的返回值的单位是弧度，而不是度。函数 asind(x)的返回值单位是度。

反正切(即 arctangent)可以通过输入 atan(x)求得。atan(x)的返回值的单位是弧度，而不是度。函数 atand(x)的返回值的单位是度。使用这两个反正切函数时要特别小心。例如，输入 atand(1)，返回值是 45°，而-135°的正切也是 1。所以必须知道准确的象限才能求解出正确的答案。

MATLAB 内置有四象限反正切函数 atan2(y, x)，它能自动计算从原点(0, 0)到坐标为(x, y)的点所构成直线对应的正确象限中的弧度角。atan2d(y, x)的返回值的单位是度。因此输入 atan2d(−1, −1)时，返回值是-135°。

2. 数组

MATLAB 的优点之一就是能像处理单个变量一样处理数组(array)——一组数字。利用数组还能绘制图形。

数值数组是一组有序的数字集合(即一组按特定顺序排列的数字)。例如，数组变量可以包含顺序为 0、4、3 和 6 的数字。除了稍后提到的一种特例之外，必须用方括号来定义包含此集合的变量 x。数组的元素之间要用逗号或空格或二者分隔。例如，输入 x =[0, 4, 3, 6]。使用逗号可提高可读性，并且避免错误。

请注意，定义为 y =[6, 3, 4, 0]的变量 y 与变量 x 并不相同，因为它们的元素顺序不同。使用方括号的原因包括：如果输入的是 x=0, 4, 3, 6，那么 MATLAB 将视作四个独立的输入并只将数字 0 赋给 x，而忽略输入的 4、3、6。若使用圆括号而不是方括号，则会产生错误消息。

数组[0, 4, 3, 6]可以看作一行四列，它是有多行和多列的矩阵的子集。后面还将看到，矩阵也用方括号表示，而不像数学课本上那样使用圆括号表示。

要将两个数组 x 和 y 相加并产生另一个数组 z，只需要输入一行命令 z=x+y。MATLAB 将 x 和 y 中所有对应的数一一相加就得到了 z，z 的结果是 6、7、7、6。用类似的方式也可以做数组减法。数组的乘法和除法更复杂，我们将在第 2 章中介绍。

如果数组中的数字具有规则的间距，就不需要输入所有数字，而只需要输入第一个数字、最后一个数字以及中间的间距值，并用冒号将它们隔开即可。例如，若为数组 u 赋值数字 0, 0.1, 0.2, …, 10，只需要输入 u=0:0.1:10 即可。在这个冒号运算符的应用实例中，方括号可以提高可读性，但并不是必需的。

MATLAB 的优点还在于它能用简单的代码对包含许多值的数组进行操作。例如，为了计算 w=5 sin u，其中 u=0, 0.1, 0.2, …,10。对应的会话过程如下：

```
>>u=0:0.1:10;
>>w=5*sin(u);
```

单一的命令行 w=5*sin(u) 将计算 101 次 w=5sinu，针对数组 u 中的每一个值计算一次，从而得到一个包含 101 个值的数组 z。

数组索引

在提示符后面输入 u 就能看到 u 的所有值；另外，例如，输入 u(7)就能看到 u 的第 7 个值。数字 7 在这里被称为数组索引(array index)，因为它指向了数组中的某个特定元素。下面是另一个会话的例子。

```
>>u(7)
ans=
      0.6000
>>w(7)
ans=
      2.8232
```

到目前为止，在屏幕上显示的都是由一行多列的数字组成的数组，我们称之为行数组(row array)。通过用分号分隔各行，就能创建包含多行的列数组(column array)。例如，输入 r = [0; 4; 3; 6]就创建了一个包含四行一列的列数组。

用 length 函数能确定数组中有多少个值。例如，继续前面的会话，如下：

```
>>m=length(w)
m=
    101
```

3. 数组和多项式的根

许多应用都需要求解多项式的根。例如熟悉的二次公式就给出了二阶多项式根的解。求解三阶多项式和四阶多项式的根也有公式，但很复杂。MATLAB 自带求解高阶多项式根的复杂算法。

MATLAB 用数组来描述多项式，其中数组的元素就是多项式的系数，次序是从变量的最高次幂的系数开始降序排列。例如，多项式 $4x^3 - 8x^2 + 7x - 5$ 就可以用数组[4, −8, 7, −5]来表示。多项式 $f(x)$的根就是 $f(x)=0$ 时对应的 x 值。多项式根可用函数 roots(a)求得。其中 a 就是多项式系数数组。结果是一个包含多项式根的列数组。例如，要求解 $x^3 - 7x^2 + 40x - 34=0$ 的根，对应的会话过程如下：

```
>>a=[1,-7,40,-34];
>>roots(a)
ans=
      3.0000 + 5.000i
      3.0000 - 5.000i
      1.0000
```

求得的根是 $x=1$，$x=3\pm5i$。上述两行命令还可以合并成一条 roots([1, −7, 40, −34])。

您学会了吗？

T1.3-1 请用 MATLAB 确定数组 cos(0):0.02:log10(100)中有多少个元素，并用 MATLAB 求出第 25 个元素。

答案：共有 51 个元素，1.48。

T1.3-2 请用 MATLAB 求出多项式 $290 - 11x + 6x^2 + x^3$ 的根。

答案：$x=-10$，$2\pm5i$。

---

4. 用 MATLAB 绘图

在 MATLAB 中用数组还能创建图形。MATLAB 包含许多强大的函数，可以创建几种不同类型的图形，比如绘制直角坐标曲线、对数坐标曲线、曲面和等值线等。举一个简单的例子，绘制函数 y=5cos(2x)，其中 0≤x≤7。这里以 0.01 的增量生成大量的 x 值，以便产生出光滑的曲线。函数 plot(x, y)能生成以 x 值为横坐标和以 y 值为纵坐标的图形。对应的会话如下。

```
>>x=0:0.01:7;
>>y=3*cos(2*x);
>>plot(x,y),xlabel('x'),ylabel('y')
```

图形窗口

如图 1.3-1 所示，屏幕上的图形窗口显示了名为 Figure 1 的图形。函数 xlabel 能将单引号中的文本显示为水平轴上的标签。函数 ylabel 能对垂直轴做类似的操作。当 plot 命令执行成功后，图形窗口就会自动出现。如果需要硬拷贝图形，可以通过在图形窗口的 File 菜单中选择 Print 打印图形。在图形窗口的 File 菜单上选择 Close 可以关闭图形窗口。然后返回到命令窗口中的提示符。

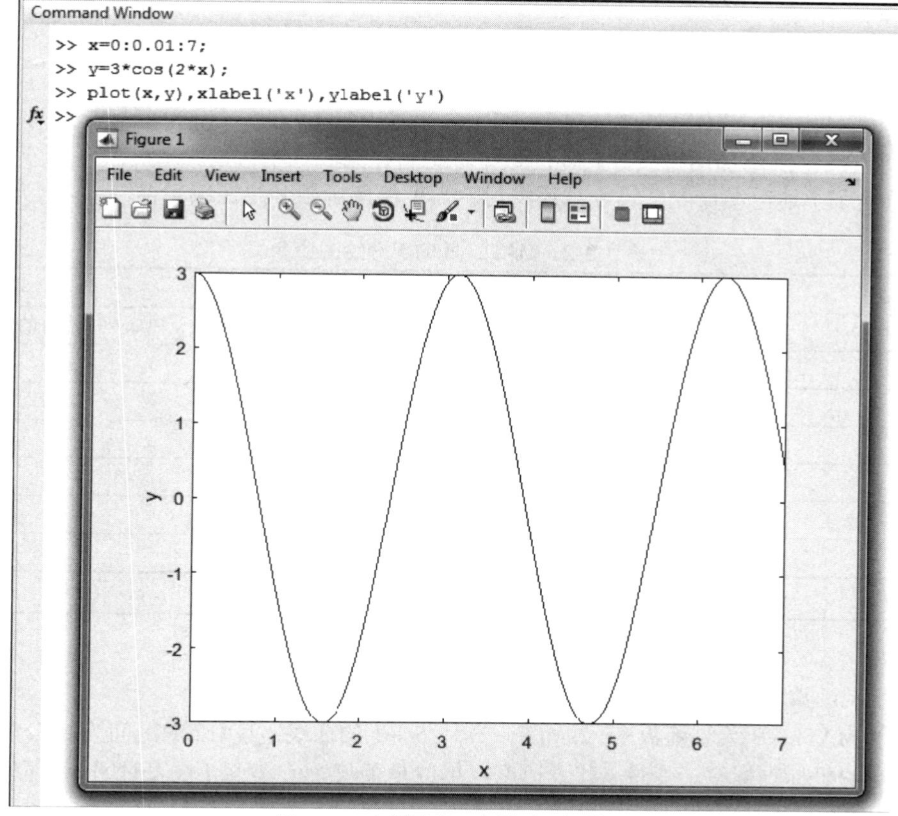

图 1.3-1　在图形窗口中显示一幅图形

其他有用的绘图函数还包括 title 和 gtext。这些函数可在图形上放置文本。它们和 xlable 函数一样，都接受括号内的单引号文本。函数 title 能在图形的顶部放置文本；函数 gtext 能在单击鼠标左键后的光标所在位置放置文本。

叠加图

还可以通过在 plot 函数中包含另一组值或多组值来创建多个图形，这被称为叠加图(overlay plot)。例如，要在同一张图上绘制函数 $y = 2\sqrt{x}$ 和 z＝4sin(3x) (其中 0≤x≤5)的曲线，对应的会话如下：

```
>>x=0:0.01:5;
>>y=2*sqrt(x);
>>z=4*sin(3*x);
>>plot(x,y,x,z),xlabel('x'),gtext('y'),gtext('z')
```

屏幕上出现图形以后，每使用一次 gtext 函数，程序就会等待您单击鼠标按钮以定位光标。使用 gtext 函数可将标签 y 和 z 放在合适的曲线旁边。

还可以通过为每条曲线定义不同的线型以区分曲线。例如，要使用虚线绘制 z 曲线，请将上述会话中的 plot (x,y,x,z)函数替换为 plot (x,y,x,z, '- - ')。还可以使用其他线型，在第 5 章对此做了介绍。

数据标记

有时获取已绘制好的曲线上某点的坐标会有用处或者很有必要，这时就需要使用函数 ginput。把它放在所有绘图语句和绘图格式化语句的最后面，这样就会以最终定义的格式进行作图。命令[x,y]＝ginput(n)能获取 n 个点并返回向量 x 和 y 的 x、y 坐标，其中向量的长度为 n。用鼠标定位光标，并按下鼠标按钮。返回的坐标与图上的坐标具有相同的尺度。

绘制数据与绘制函数不同，应使用数据标记(data marker)来绘制每个数据点(除非数据点非常多)。若要用加号+标记每个点，对应的 plot 函数语法是 plot(x,y,'+')。如果愿意，还可以用线将各个数据点连接起来。此时，必须将数据绘制两遍，第一遍做数据标记，第二遍不做数据标记。

例如，假设自变量的数据为 x＝[15:2:23]，因变量的值 y＝[20,50,60,90,70]。要绘制带有加号的数据，对应的会话如下：

```
>>x=15:2:23;
>>y=[20, 50, 60, 90, 70];
>>plot(x,y,'+',x,y),xlabel('x'),ylabel('y'), grid
```

grid 命令可在图形上添加网格线。其他的数据标记将在第 5 章中讨论。

表 1.3-2 总结了上述绘图命令。第 5 章还将讨论其他绘图函数和绘图编辑器。

表 1.3-2 MATLAB 的部分绘图命令

命令	描述
[x,y]=ginput(n)	使鼠标能够从图形中获得 n 个点，并返回向量 x 和 y 中的 x 和 y 坐标，向量长度为 n
grid	在图上添加网格线
gtext('text')	在鼠标处添加文本
plot(x,y)	在直角坐标系中绘制由数组 y 相对于数组 x 的曲线
title('text')	在图形顶部添加文本标题
xlabel('text')	为水平轴(横坐标)添加文本标签
ylabel('text')	为垂直轴(纵坐标)添加文本标签

您学会了吗？

T1.3-3　绘制函数 $y=3x^2+2$ 的曲线，其中 x 的区间为 $0\leqslant x\leqslant 10$。

T1.3-4　用 MATLAB 绘制函数 $s=2\sin(3t+2)+\sqrt{5t+1}$ 的曲线，其中 t 的区间为 $0\leqslant t\leqslant 5$，并在图上添加标题和适当的坐标轴标签。变量 s 代表速度，单位是英尺/秒；变量 t 代表时间，单位是秒。

T1.3-5　用 MATLAB 绘制函数 $y=4\sqrt{6x+1}$ 和 $z=5e^{0.3x}-2x$ 的图，其中 x 的区间为 $0\leqslant x\leqslant 1.5$，并为图和每条曲线添加适当的标签。变量 y 和 z 代表力，单位是牛顿；变量 x 代表距离，单位是米。

1.4　文件操作

到目前为止，我们已经展示了如何在交互式会话中使用 MATLAB。但是，对于更复杂的应用，我们经常希望保存当前的工作，并希望能够重用已编写的代码。通过使用 MATLAB 支持的不同类型的文件，就可以实现这一点。

文件类型

MAT 文件

MATLAB 有多种类型的文件，分别用于保存会话结果、数据及程序。用户编写的程序文件以扩展名.m 保存，因此也称为 M 文件。MAT 文件的扩展名是.mat，主要用于保存 MATLAB 会话中创建的变量的名称和值。

ASCII 码文件

M 文件是 ASCII 码文件，因此可以用任何文字处理程序来创建它。MAT 文件是二进制文件，因此通常只能由创建它们的软件读取。MAT 文件包含有机器签名，利用这个签名可以实现在 MS Windows 和 Macintosh 等不同类型的机器之间传输。

数据文件

我们会用到的第三种文件类型是数据文件，特别是 ASCII 数据文件，即根据 ASCII 格式创建的文件。可能需要使用 MATLAB 来分析存储在由电子表格程序、文字处理程序或实验室数据采集系统所创建的文件中的数据，以及您与他人共享的数据文件中的数据。

保存和恢复工作空间变量

如果您想稍后继续进行某个 MATLAB 会话，那么可以单击工具条上的 Save Workspace(保存工作空间)图标，或者使用 Save(保存)命令。如果您使用图标，就会被要求输入文件名；默认的文件名是 matlab。输入 save(myfile)能使 MATLAB 将工作空间的所有变量(包含其名称、大小和值)都保存在一个名为 myfile.mat 的二进制文件中，该文件可由 MATLAB 软件读取。要想恢复工作空间的变量，可以单击 Import Data(导入数据)图标或输入 load(myfile)。然后就可以继续之前未完成的会话了。例如，如果保存的文件包含变量 A、B 和 C，将包含这些变量的文件加载回工作空间，就会覆盖工作空间中重名的已有变量。若只要加载部分变量，比如 var1 和 var2，则请输入 load (myfile, var1, var2)。

若要保存您的部分变量，比如 var1 和 var2，则请输入 save(myfile, var1, var2)。当您要恢复这些变量时，就不需要输入变量名，只要输入 load(myfile)即可。

目录和路径　掌握您使用的 MATLAB 文件的位置非常重要。文件位置经常给初学者带来麻烦。假设您在家里的计算机上使用 MATLAB，并将文件保存到可移动的介质(比如 U 盘)中。如果您把这个 U 盘带到另一台电脑(比如公共计算机实验室的电脑)上使用的话，就必须确保 MATLAB 知道该如何找到您的文件。当您保存文件时，必须知道保存的位置，在公共机房时尤其要注意这一点。存储过程因实验室而不同，因此您需要从机房管理员那里获取相关信息。

文件都存储在文件夹中，文件夹也称为目录。文件夹里又可以包含子文件夹作为其下级。例如，您可能希望将文件存储在 c:\matlab\mywork 文件夹中。此时\mywork 文件夹就是 c:\matlab 的子文件夹。路径会告诉我们和 MATLAB 如何找到指定的文件。

路径

路径显示在默认桌面的当前文件夹窗口上方的窗口(参见图 1.1-1)。通过单击已显示的路径直到出现期望的子文件夹(假设它已经存在)，就可以更改路径。还可以输入 pwd 查看路径，该命令可以显示搜索路径中最上面的文件夹。搜索路径是 MATLAB 查找文件时要搜索的完整文件夹列表。

在演示如何在 M 文件中创建和保存程序之前，我们先要讨论 MATLAB 是如何查找变量、命令和文件的。假设您已经将文件 problem1.m 保存在文件夹 c:\matlab\homework 中。当您输入 problem1 时：

(1) MATLAB 首先检查 problem1 是否为变量，如果是的话，就显示它的值。

(2) 如果不是变量，MATLAB 接着检查 problem1 是否为自带命令，如果是的话，就立即执行。

(3) 如果不是自带命令，MATLAB 接着在当前文件夹中查找名为 problem1.m 的文件，如果找到的话，就立即执行 problem1。

(4) 如果没有找到文件，MATLAB 接着按顺序在它搜索路径所列出的文件夹中查找文件 problem1.m，如果找到的话，就立即执行。当搜索路径的多个文件夹中出现相同名称的文件时，MATLAB 就使用距离搜索路径顶部最近的文件夹中找到的 problem1 文件。因此，搜索路径中的文件夹顺序非常重要。

搜索路径

输入命令 path 就可以显示 MATLAB 的搜索路径。必须确保文件 problem1.m 位于搜索路径中的某个文件夹中，否则，MATLAB 会找不到文件并产生错误消息。

如果已经把文件保存在可移动介质上，并把它带到公共的计算机实验室使用，要是您无法改变搜索路径，那么变通的方法就是将文件复制到搜索路径中的某个文件夹里。但是，这种做法有以下缺陷：①如果在会话中更改了文件，就可能忘记将修改后的文件拷回移动介质；②其他人也能访问您的工作！

当前目录

命令 what 可显示当前目录中 MATLAB 相关的文件列表。命令 what dirname 可以显示名为 dirname 的文件夹中的对应内容。

输入 which item 命令可以显示函数 item 或文件 item(包括文件扩展名)的完整路径。如果 item 只是一个变量，那么 MATLAB 就什么也不做。

可以用 addpath 命令将某个目录添加到搜索路径中，用 rmpath 命令可以从搜索路径中删除某个目录。路径设置(Set Path)工具是处理文件和目录的图形界面，只需要输入 pathtool 命令就可以启动浏览器。然后，单击该工具中的 Save 按钮就可以保存路径设置，单击浏览器的 Default 就能恢复默认的搜索路径。

表 1.4-1 是对上述命令的总结。

表 1.4-1　系统、目录和文件命令

命令	描述
addpath dirname	将目录 dirname 添加到搜索路径中
cd dirname	将当前目录改为 dirname
dir	列出当前目录中的所有文件
dir dirname	列出目录 dirname 中的所有文件
path	显示 MATLAB 的搜索路径
pathtool	启动路径设置工具
pwd	显示当前目录
rmpath dirname	从搜索路径中删除目录 dirname
what	列出当前工作目录中发现的所有 MATLAB 相关的文件。大多数数据文件和其他非 MATLAB 文件均不列出。用 dir 命令可以列出所有文件
what dirname	列出目录 dirname 中的所有 MATLAB 相关的文件
which item	如果 item 是函数或文件，就显示其路径名。如果是变量，就什么都不做

创建脚本文件

在 MATLAB 中有两种方法执行操作：

(1) 在交互模式下，所有命令都直接在命令窗口中输入。

(2) 通过运行存储在脚本文件中的某个 MATLAB 程序。这种类型的文件中包含 MATLAB 命令，因此运行它就相当于在命令窗口提示符后一次性输入了所有命令。通过在命令窗口提示符后输入该文件的名称，就可以运行该文件。

当待解决的问题需要使用很多命令，或者要重复使用命令集，再或者问题包含具有大量数据的数组时，使用交互模式就不太方便。幸运的是，MATLAB 允许用户编写自己的程序以克服这种困难。用户可以将编写的 MATLAB 程序保存在扩展名为.m 的 M 文件中，例如 program1.m。

脚本文件

MATLAB 支持两种类型的 M 文件：脚本文件和函数文件。可以用 MATLAB 内置的编辑器创建 M 文件。由于包含命令，因此脚本文件有时也被称为命令文件。函数文件将在第 3 章详细介绍。

注释

符号%用于指示注释语句，MATLAB 不执行注释。脚本文件中的注释主要用作程序文档。注释符%可以放在程序行的任何位置。MATLAB 会忽略符号%右侧的所有内容。例如，考虑下面的会话。

```
>>% This is a comment.
>>x=2+3 % So is this.
x=
    5
```

请注意，MATLAB 只执行了注释符%之前的命令，并计算出 x。

这个简单的例子说明了如何用 MATLAB 内置的编辑器创建、保存和运行脚本文件。但是，用户也可以使用其他文本编辑器来创建脚本文件。在下面的例子文件中，将计算一组数字的平方根的余弦值，并将结果显示到屏幕上。

```
% Program Example_1.m
% This program computes the cosine of
% the square root and displays the result.
x=sqrt(13:3:25);
y=cos(x)
```

要想在 Command 窗口中创建新的 M 文件，可从 HOME(开始)选项卡中选择 New Script(新建脚本)。然后您就会看到一个新的编辑窗口，EDITOR(编辑器)选项卡随之出现，具体参见图 1.4-1。接着，用键盘和 EDITOR(编辑器)菜单在文件中输入上述程序代码。完成后，在 EDITOR 菜单中选择 Save(保存)。在随后出现的对话框中，将默认的文件名(通常是 Untitled)改为 Example_1，然后单击 Save(保存)按钮。编辑器将自动填写扩展名.m，并将该文件保存在 MATLAB 的当前目录中。

一旦保存好文件，再在 MATLAB 中输入脚本文件的名字 Example_1 来执行程序。运行结果将显示在 Command Window(命令窗口)中。如图 1.4-1 所示，从屏幕上可以看到窗口显示的内容，从打开的编辑器/调试器窗口也可以看到脚本文件的内容。

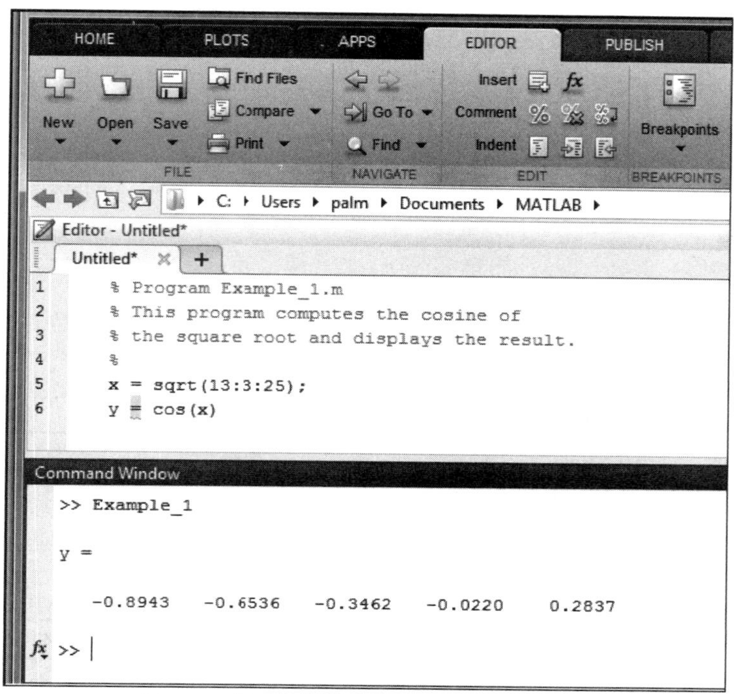

图 1.4-1　打开编辑器后的 MATLAB 的命令窗口

有效地使用脚本文件

创建脚本文件可以避免重新输入冗长且常用的程序。在使用脚本文件时，请记住以下几点：

(1) 脚本文件的名称必须遵循 MATLAB 约定的变量命名规则。

(2) 回想一下，在命令窗口中提示符输入变量名后，MATLAB 会显示该变量的值。因此，脚本文件名不要与它计算的变量同名，否则 MATLAB 将反复执行该脚本文件，直到清除该变量为止。

(3) 脚本文件名不能与 MATLAB 命令或函数同名。用第 1.1 节中介绍的 exist 命令可以检查某个命令、函数或文件名是否已经存在。

注意，MATLAB 提供的函数并不全是内置函数。有些函数是由 M 文件实现的，具体情况因 MATLAB 的版本而异。例如，在 MATLAB 的早期版本中，plot 函数就是 M 文件，但是现在 plot 已经成为内置函数。函数 mean.m 是 MATLAB 自带的，但它不是内置函数。命令 exist('mean')的返回值是 2。函数 sqrt 是内置的，因此输入 exist('sqrt')得到的返回值是 5。可以将内置函数视作基本构件，作为其他 MATLAB 函数的基础。用文本编辑器只能看到内置函数的注释，而无法看到其全部内容。

编程风格

尽管注释可以放在脚本文件的任何地方，但是，由于 lookfor 命令(稍后将介绍)只能搜索到可执行命令行前的第一条注释行的内容，因此应在第一行(称之为 H1 行)用关键词描述该脚本文件。建议的脚本文件结构如下：

(1) 注释节。本节的注释语句主要包括：

a. 在第一行写程序的名称和其他关键词。

b. 在第二行写程序的创建时间和创建人的名字。

c. 每个输入和输出变量的名称含义。本节至少要分为两小节，第一小节写输入数据，第二小节写输出数据，第三小节可选，主要包括计算中所用变量的定义。一定要包含所有输入和输出变量的测量单位！

d. 本程序调用的每个自定义函数的名称。

(2) 输入节。本节写输入数据和/或函数，该函数可以输入数据。本节还包含可作为文档的注释。

(3) 计算节。本节进行计算。还包含可作为文档的注释。

(4) 输出节。本节写函数，以提供所需的任何形式的输出。例如，本节可能包含在屏幕上显示输出的函数，并包含可作为文档的注释。

为节省篇幅，本书中的程序经常省略上述部分元素。这些情况下，与程序相关的讨论内容可作为所需的程序文档。

控制输入和输出

如表 1.4-2 所示，MATLAB 提供了一些有用的命令，可以从用户那里获取输入，也可以实现格式化输出(结果通过执行 MATLAB 命令获得)。表 1.4-2 是对上述命令的总结。

表 1.4-2 输入/输出命令

命令	描述
disp(A)	显示数组 A 的内容，但不显示数组名
disp('text')	显示单引号内的字符串
format	控制屏幕的输出显示格式(参见表 1.1-5)
x=input('text')	显示单引号中的文本，等待用户从键盘输入，并将输入值保存在变量 x 中
x=input('text', 's')	显示单引号中的文本，等待用户从键盘输入，并将输入内容以字符串格式保存在变量 x 中

函数 disp(display 的缩写)用于显示变量的值，而不是它的名称。其语法是 disp(A)，其中 A 表示 MATLAB 的变量名。disp 函数还可以显示文本，比如向用户传递消息。显示的文本要以单引号括起来。例如，命令 disp('The predicted speed is: ')就会在屏幕上显示单引号内的这条消息。可以在脚本文件中将这条命令与第一种形式的 disp 函数一起使用，具体如下(假设 Speed 的值为 63)：

```
disp('The predicted speed is: ')
disp(Speed)
```

当运行该文件时，上述命令将在屏幕上生成以下内容：

```
The predicted speed is:
   63
```

input 函数可以在屏幕上显示文本，然后等待用户从键盘输入内容，再将输入的内容存入指定的变量中。例如，命令 x=input('Please enter the value of x: ')会使屏幕上出现消息。如果输入 5 并按下 Enter(回车)键，那么变量 x 就被赋值为 5。

字符串变量

字符串变量由文本(字母字符)组成。如果您要将文本输入存储为字符串变量，则需要使用输入命令的其他形式。例如，命令 Calendar=input('Enter the day of the week:','s')会提示输入星期。如果输入 Wednesday(星期三)，该文本就会存储到字符串变量 Calendar 中。

脚本文件的示例

下面是一个脚本文件的简单例子，它展示了推荐的编程风格。在没有初始速度的情况下，下落物体的速度与时间 t 的函数关系是 $v=gt$ ，其中 g 是重力加速度。在 SI 单位中，g =9.81m/s^2。我们要计算和绘制 v 相对于 t 在 $0\leqslant t\leqslant t_{final}$ 区间的函数，其中 t_{final} 是由用户输入的终止时间。脚本文件如下所示。

```
% Program Falling_Speed.m: plots speed of a falling object.
% Created on March 1, 2016 by W. Palm III
%
% Input Variable:
% tfinal=final time (in seconds)
%
% Output Variables:
% t=array of times at which speed is computed (seconds)
% v=array of speeds (meters/second)
%
% Parameter Value:
g=9.81; % Acceleration in SI units
%
% Input section:
tfinal=input('Enter the final time in seconds:');
%
% Calculation section:
dt=tfinal/500;
t=0:dt:tfinal; % Creates an array of 501 time values.
v=g*t;
%
% Output section:
plot(t,v),xlabel('Time (seconds)'), ylabel('Speed (meters/second)')
```

创建此文件后，将其保存为 Falling_Speed.m。如果要运行它，只需要在命令窗口中的提示符处输入 Falling_Speed (不必输入.m)。然后您会被要求输入一个值作为 t_{final}。当您完成输入并按下 Enter 键后，就会在屏幕上看到图形。

您学会了吗？

T1.4-1　球体的表面积 A 由其半径 r 决定，并具有关系：$A=4\pi r^2$。请编写脚本文件，提示用户输入球体的半径，然后计算其表面积，并显示结果。

T1.4-2　直角三角形的斜边长度为 c，直角边长分别是 a 和 b。它们之间满足关系：

$$c^2=a^2+b^2$$

请编写脚本文件，提示用户输入直角边长度 a 和 b，然后计算斜边长度，并显示结果。

调试脚本文件

调试程序是查找和删除程序中的“缺陷(bug)”或错误的过程。这些错误通常可归于以下几类。

调试

(1) 语法错误，比如缺少括号或逗号，或命令名拼写错误。MATLAB 通常能检测出更明显的错误，并显示能描述错误及其位置的消息。

(2) 计算过程不正确导致的错误又称为运行时错误(runtime error)。这种错误不一定每次执行程序时都会发生；通常只在特定的输入数据情况下才会发生。一个常见的运行时错误的例子是除以 0。

为定位错误，请尝试以下操作：

(1) 用问题的简单版本来测试您的程序，这些问题的答案能够手动计算出来。

(2) 删除语句末尾的分号以显示中间计算的值。

(3) 使用编辑器的调试功能，具体将在第 4 章介绍。然而，MATLAB 的一个优点就是它只需要用相对简单的程序就能完成各种类型的任务。因此，对于本书中的问题，您可能还用不到编辑器的调试功能。

1.5　MATLAB 帮助系统

为了探索本书未涵盖的 MATLAB 更高级功能，需要了解如何有效地使用 MATLAB 帮助系统。

MATLAB 为用户使用 MathWorks 产品提供了以下帮助选项。

(1) 函数浏览器　用于快速访问 MATLAB 函数的文档。

(2) 帮助图标　单击 HOME(开始)选项卡下的 Help(帮助)图标，可以查看文档、示例和支持网站。

(3) 帮助函数　函数 help、lookfor 和 doc 可用于显示指定函数的语法信息。

(4) 其他资源　若需要额外的帮助，您可以运行演示程序，联系技术支持，搜索其他 MathWorks 产品的文档，查看其他书籍列表以及参加新闻组。

1. 函数浏览器

要想激活 Function Browser(函数浏览器)，只需要单击提示符左侧的 *fx* 图标。图 1.5-1 显示了在 Graphics(图形)类别下展开两级子菜单并选择 plot 后的结果菜单。向下滚动就能查看 plot 函数的全部文档。

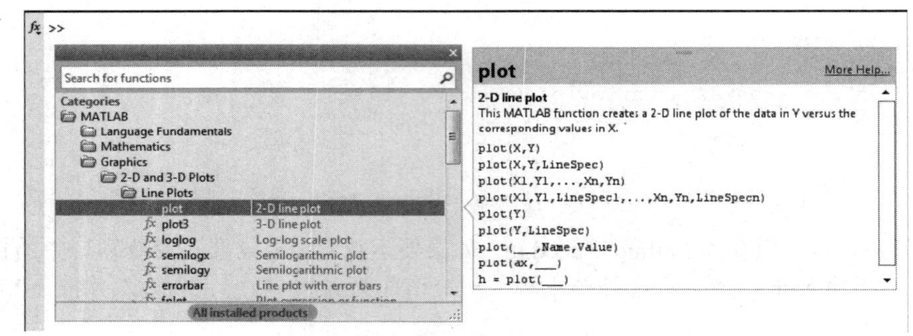

图 1.5-1　在函数浏览器中选中 plot 函数后

2. 帮助函数

有三个 MATLAB 函数可用于访问 MATLAB 函数的在线信息。

help 函数　help 函数是确定指定函数的语法和行为的最基本方法。例如，在命令窗口中输入 help log10 就会显示如下信息。

```
LOG10 Common (base 10) logarithm.
  LOG10(X) is the base 10 logarithm of the elements of X.
  Complex results are produced if X is not positive.

  See also LOG, LOG2, EXP, LOGM.
```

请注意，显示的信息描述了函数的功能，以及使用非标准参数值后会出现的任何预料不到的结果的警告，并指示用户还可以参阅其他哪些相关函数。

所有 MATLAB 函数都被编组成基于 MATLAB 的目录结构的若干逻辑组。例如，所有的基础数学函数，如 log10 等，都位于 elfun 目录中，而多项式函数则都位于 polyfun 目录中。要列出 polyfun 目录中的所有函数名，以及每个函数的简要描述，只需要输入 help polyfun 即可。如果不确定要搜索哪个目录，还可以键入 help 以获取所有目录的详细信息列表，以及所列的每个函数类别的描述消息。

lookfor 函数　lookfor 函数允许用户基于关键字搜索函数。它只搜索每个 MATLAB 函数帮助文本的第一行，即 H1 行，并返回包含特定关键字的所有 H1 行。例如，MATLAB 没有名为 sine 的函数。因此输入 help sine 和 help sin 得到的响应是一样的(早期版本的响应是“sine.m not found”，这或许更有用)。

但是，输入 lookfor sine 命令则会获得超过 12 个匹配项，这取决于您安装的工具箱。例如，您会看到以下信息：

```
ACOS     Inverse cosine, result in radians
ACOSD    Inverse cosine, result in degrees
ACOSH    Inverse hyperbolic cosine
ASIN     Inverse sine, result in radians
...
```

```
SIN      Sine of argument in radians
...
```

从这个列表可以找到 sine 函数的正确名称。请注意，结果包含了所有含 sine 的函数，比如 cosine。为 lookfor 函数添加-all 后，就可以搜索全部帮助条目，而不仅限于 H1 行。

doc 函数　输入 doc function_name 可以显示指定函数 function_name 的文档。例如，输入 doc sqrt 将显示函数 sqrt 的文档页。

3. MathWorks 网站

如果您的计算机已接入因特网，就可以访问 MathWorks 公司，即 MATLAB 之家。您可以用电子邮件提问题、提建议，并报告可能的“缺陷”，还可以使用 MathWorks 网站上的解决方案搜索引擎查询最新的技术支持信息数据库。网址是 http://www.mathworks.com。

帮助系统功能强大并且内容详尽，因此本书只介绍了其基础知识。用户能够并且应该使用帮助系统来学习如何更详细地使用它的功能。

您学会了吗？

T1.5-1　使用帮助系统了解内置函数 nthroot，并用它计算 64 的立方根。

T1.5-2　看看 MATLAB 支持多少个双曲函数。

T1.5-3　在命令提示符后输入 why。它是内置函数吗？它是干什么的？

1.6　问题求解方法论

设计新的工程设备和系统时需要各种解决问题的技能。也正是这种多样性才让工程变得不枯燥！当您解决问题时，提前做好计划至关重要。在没有解题计划的情况下陷入问题会浪费很多时间。在这里，我们提出一般工程问题的解题计划或方法论。由于解决工程问题通常需要计算机解，并且由于本书的例题和练习都要求读者开发出一个计算机解(用 MATLAB 实现)，因此我们还特别讨论了解决计算机问题的方法论。

1. 解决工程问题的步骤

表 1.6-1 总结了工程界尝试和测试多年的方法。这些步骤描述了一个通用问题解决过程。充分地简化问题并应用适当基本原理的过程称为建模，由此得到的数学描述称为数学模型，或者简称模型。当完成建模后，还需要求解数学模型以获得需要的答案。如果模型非常复杂，我们可能还需要用计算机程序来求解。本书中的大部分例题和练习都要求读者针对已建立了模型的问题开发一个计算机解(使用 MATLAB)。因此，我们并不总是需要用到表 1.6-1 列出的所有步骤。更多关于工程问题求解方法的讨论可参阅文献[Eide, 2008]*。

模型

表 1.6-1　工程问题的求解步骤

(1) 理解问题的目的。
(2) 收集已知的信息。要注意，其中有些信息可能之后才会发现是不必要的。
(3) 确定必须找出的信息。
(4) 对问题进行足够的简化以获得所需的信息。您可以做出任何假设。
(5) 画出草图，并标记每个必要的变量。
(6) 确定哪些基本理论是适用的。
(7) 在开展具体工作之前，全面考虑一下您的解决方案，并可考虑其他方法。
(8) 标记求解过程中的每个步骤。

---

* 参考文献参见附录 D。

(续表)

(9) 检查尺寸和单位。如果用程序求解某个问题，则可以用问题的简单版本来手工检查结果。通过检查尺寸和单位，并输出中间步骤的计算结果，可以发现错误。

(10) 对答案进行真实性检查和精度检查。它有意义吗？估计预期结果的范围，并与您的答案进行比较。不要用比下列任何一种更精确的方式来陈述答案：

a. 已知信息的精确性。

b. 简化假设。

c. 问题的要求。

解释计算结果。如果数学计算得出了多个答案，在不考虑它们含义的情况下不能放弃其中任何一个。计算结果可能正试图告诉您一些事情，而您却可能会错过一个发现有关问题的更多信息的机会。

2. 求解问题的例子

请考虑以下解题步骤的简单例子。假设您在一家生产包装品的公司工作。您被告知，一种新的包装材料可以在包裹掉落时保护包裹，前提是包装以低于 25 英尺/秒的速度落地。已知包装的总重量为 20 磅，尺寸为 12×12×8 立方英寸的长方体。您要确定的是当送货人员携带包裹时，包装材料能否对包裹提供足够的保护。

解题步骤如下：

(1) **理解问题的目的**。这里隐含的意思是，要使包裹能够抵御送货人员携带包裹时掉落包裹造成的损害。这并不是为了抵御包裹从移动的运货卡车上掉下来时造成的损害。在实践中，您应该确保给您分配此任务的人也做出了同样的假设。沟通得不好是造成许多错误的原因！

(2) **收集已知的信息**。已知的信息是包装的重量、尺寸和允许承受的最大冲击速度。

(3) **确定必须找出的信息**。尽管没有明确强调，但您需要确定的是包裹在不损坏的情况下允许掉落的最大高度。您需要找出冲击速度与包裹掉落高度之间的关系。

(4) **对问题进行足够的简化以获得所需的信息**。陈述您做出的任何假设。以下假设能简化问题，并与我们理解的问题陈述一致：

a. 包装从静止状态掉落，垂直或水平速度均为零。

b. 包裹不发生翻滚(而当它从移动的卡车上掉落时就可能翻滚)。已知的尺寸表明包裹不是细长的，因此当它下降时不会发生“抖动”。

c. 空气阻力的影响可以忽略不计。

d. 送货人掉落包裹的最大高度可能是 6 英尺(这就意味着我们认为送货人的身高没有 8 英尺！)

e. 重力加速度 g 是常量(因为下降的距离只有 6 英尺)。

(5) **画出草图，并标记每个必要的变量**。图 1.6-1 是本问题的草图，展示了包裹高度为 h、质量为 m、速度为 v、加速度是重力加速度 g。

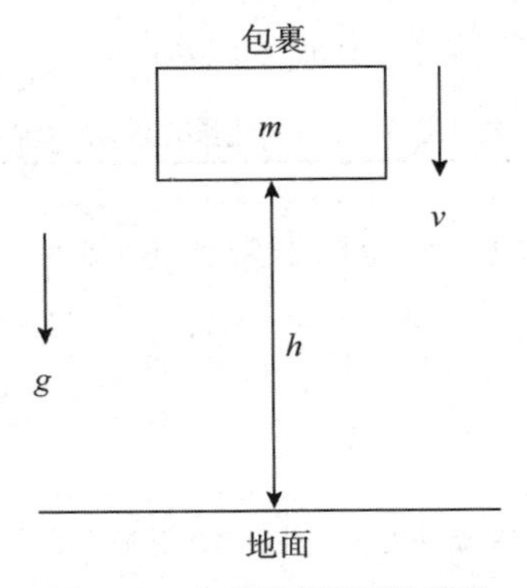

图 1.6-1　包裹掉落问题的草图

(6) **确定哪些基本原理是适用的**。这个问题涉及运动体，要应用牛顿定律。从物理学可知，在没有空气阻力和初始速度的情况下，根据牛顿定律和物体在重力的影响下从离地很近处掉落时的基本运动学理论，可以得出以下关系：

a. 高度与冲击时间 t_i 的关系是：$h=\frac{1}{2}gt_i^2$。

b. 冲击速度 v_i 与冲击时间的关系是：$v_i=gt_i$。

c. 根据机械能守恒定理可得：$mgh=\frac{1}{2}mv_i^2$。

(7) **在开展具体工作之前，全面考虑一下您的解决方案，并可考虑其他方法**。我们可以从第二个方程解出 t_i；再将结果代入第一个方程，得到 h 和 v_i 之间的关系。该方法还可以使我们求得下落时间 t_i。但是这就让我们干了不必要的工作，因为我们并不需要求出 t_i 的值。而最有效的方法是根据第三个关系式直接求解 h。

$$h=\frac{1}{2}\frac{v_i^2}{g} \tag{1.6-1}$$

请注意，该方程已经删掉了质量 m。数学告诉了我们一些事情！它告诉我们，质量不影响冲击速度与下降高度之间的关系。因此解决该问题时不需要对包装称重。

(8) **标记求解过程中的每个步骤**。标记过程非常简单，只需要几步即可完成。

a. 基本原理：机械能守恒定律：

$$h=\frac{1}{2}\frac{v_i^2}{g}$$

b. 确定常量 g 的值：$g=32.2$ 英尺/秒 ^{2}。

c. 用已知信息进行计算，并使结果与已知信息的精度保持一致：

$$h=\frac{1}{2}\frac{25^2}{32.2}\approx 9.7\text{ 英尺}$$

因为本文主要介绍 MATLAB，所以我们不妨用它来做这个简单计算。会话过程如下：

```
>>g=32.2;
>>vi=25;
>>h=vi^2/(2*g)
h=
   9.7050
```

(9) **检查尺寸和单位**。检查过程如下所示，根据方程(1.6-1)可得：

$$[\text{ft}]=\left[\frac{1}{2}\right]\frac{[\text{ft/sec}]^2}{[\text{ft/sec}^2]}=\frac{[\text{ft}]^2}{[\text{sec}]^2}\frac{[\text{sec}]^2}{[\text{ft}]}=[\text{ft}]$$

因此，这是正确的。

(10) **对答案进行真实性检查和精度检查**。如果计算出的高度是负数，我们就知道肯定做错了什么。如果高度值很大，我们也会产生怀疑。然而，计算结果是高度 9.7 英尺，这看起来没什么不合理。

如果我们取一个更精确的 g 值，比如 $g=32.17$，那么计算结果四舍五入得到 $h=9.71$。然而，考虑到本问题需要保守估计，应该把答案向下舍入到最近的整数。因此，我们应该报告说，如果包裹是从低于 9 英尺的高度掉落的话，就不会损坏。

数学结果告诉我们，包裹质量不影响结果。数学(表达式)没有多个解。然而，许多问题都涉及多项式的求解，往往有多个解。这种情况下，我们必须要仔细检查每种结果的含义。

3. 获取计算机解的步骤

如果您使用 MATLAB 之类的程序来解决问题，请遵循表 1.6-2 所示的步骤。关于建模和计算机解的更详细讨论可以查阅文献[Starfield, 1990]和[Jayaraman, 1991]。

表 1.6-2 开发计算机解的步骤

(1) 简明地描述问题。

(2) 指定程序要使用的数据。这就是输入。

(3) 指定程序将产生的输出。这就是输出。

(4) 手工或用计算器按步骤完成解题；如有必要，可使用一组较简单的数据。

(5) 编写并运行程序。

(6) 用手工解检查程序的输出。

(7) 运行程序，并对输出执行真实性检查。程序运行得对吗？估计预期结果的范围，并与手工解得的答案进行比较。

(8) 以合理范围的输入值测试程序。如果将来要将该程序作为通用工具使用，那么还要用一系列合理的数据值完成运行测试，并对结果进行真实性检查。

MATLAB 非常擅长进行大量复杂的计算，并且能自动生成结果的图形。下面的例子就将演示开发和测试此类程序的过程。

例题 1.6-1 活塞运动

图 1.6-2(a)所示为活塞、连杆和曲柄组成的内燃机。当内燃机内燃烧时，它将活塞向下推，该运动使得连杆转动曲柄，进而带动曲轴旋转。我们想开发一个 MATLAB 程序，在已知长度 L_1 和 L_2 的条件下，计算和绘制活塞移动距离 d 与角 A 的函数。这样的图形将帮助工程师们在设计引擎时选择合适的长度 L_1 和 L_2。

我们已知长度的典型值为 $L_1=1$ 英尺，$L_2=0.5$ 英尺。由于机械运动相对于 $A=0$ 对称，因此只需要考虑 $0\leqslant A\leqslant 180°$范围内的情况。图 1.6-2(b)显示了运动的几何形状。从该图可以看出，用三角函数可以写出 d 的表达式：

$$d = L_1\cos B + L_2\cos A \tag{1.6-2}$$

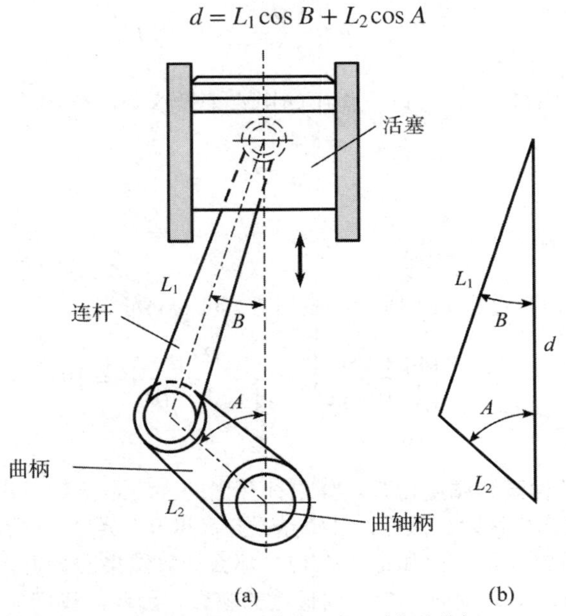

图 1.6-2 内燃机引擎的活塞、连杆和曲柄

因此，已知长度 L_1 和 L_2 以及角 A 时，要想计算 d，就必须首先确定角 B。为此，要用到正弦定理，如下所示：

$$\frac{\sin A}{L_1} = \frac{\sin B}{L_2}$$

从中求解出 B：

$$\sin B = \frac{L_2 \sin A}{L_1}$$
$$B = \sin^{-1}\left(\frac{L_2 \sin A}{L_1}\right) \tag{1.6-3}$$

式(1.6-2)和式(1.6-3)是计算的基础，据此就可以开发并测试 MATLAB 程序来绘制 d 相对于 A 的关系曲线。

■ 解

下面是根据表 1.6-2 所列内容得出的解题步骤。

(1) **简明地描述问题**。用式(1.6-2)和式(1.6-3)计算 d；在 $0 \leqslant A \leqslant 180°$范围内选取足够多的 A 值以生成足够平滑的曲线图。

(2) **指定程序要使用的数据**。已知长度 L_1、L_2 和角 A 的大小。

(3) **指定程序将产生的输出**。输出是 d 与 A 的关系曲线。

(4) **手工或用计算器按步骤完成解题**。推导三角公式时可能会犯错误，所以应该检查部分情况。可以用尺子和量角器按比例绘制某些值的角 A 作检查；测量长度 d；并与计算结果进行比较。然后就可以用这些结果来检查程序的输出。

检查时应该使用哪些 A 值呢？因为当 $A=0°$和 $A=180°$时，三角形会"消失"，所以应该着重检查这些情况。结果是，$A=0°$时，$d=L_1-L_2$；$A=180°$时，$d=L_1+L_2$。$A=90°$时的情况，运用勾股定理也很容易手工检验，此时，$d=\sqrt{L_1^2-L_2^2}$。还应在 $0°<A<90°$区间和 $90°<A<180°$区间各检查一个角度。下表显示了在已知 $L_1=1$ 英尺，$L_2=0.5$ 英尺时的计算结果。

A(度)	d(英尺)
0	1.5
60	1.15
90	0.87
120	0.65
180	0.5

(5) **编写并运行程序**。下面的 MATLAB 会话采用的值是 $L_1=1$ 英尺，$L_2=0.5$ 英尺。

```
>>L_1=1;
>>L_2=0.5;
>>R=L_2/L_1;
>>A_d=0:0.5:180;
>>A_r=A_d*(pi/180);
>>B=asin(R*sin(A_r));
>>d=L_1*cos(B)+L_2*cos(A_r);
>>plot(A_d,d),xlabel('A (degrees)'), …
       ylabel('d (feet)'),grid
```

注意在变量名中使用下画线(_)能使变量名的意义更明确。变量 A_d 表示角 A 的度数。第 4 行创建了 0, 0.5, 1, 1.5, …,180 的数组。第 5 行将这些角度值转换为弧度，并将结果赋值给变量 A_r。这种转换很有必要，因为 MATLAB 的三角函数都是用弧度，而不是度(常见的疏忽就是使用度)。MATLAB 提供的内置常量 pi 代表 π。第 6 行使用了反正弦函数 asin。

plot 命令要求 lable 和 grid 命令位于同一行，并以逗号分隔。省略号(即三个点)是行延续运算符。该运算符允许您在按下 Enter 键后继续输入。否则，如果您不用省略号就继续输入，就无法在屏幕上看到整个行。注意，在输入省略号后按下 Enter 键，然后提示符就不见了。

grid 命令能在图形上添加网格线，以便更加容易地从图形中读数。结果如图 1.6-3 所示。

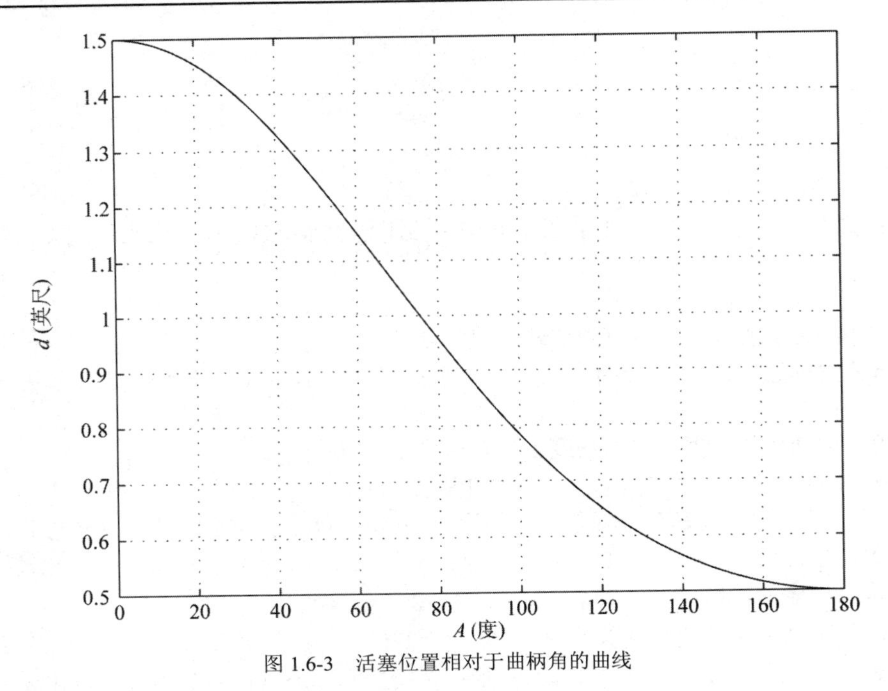

图 1.6-3 活塞位置相对于曲柄角的曲线

(6) **用手工解检查程序的输出**。从图中读取对应于上表中给定 A 值的 d 值。用 ginput 函数能从图中读取出数值来。数值应该彼此一致，事实也确实如此。

(7) **运行程序，并对输出执行真实性检查**。如果所示的图形出现突变或中断，您就应该怀疑可能出现了错误。然而，图形光滑则表明 d 的行为与预期一致，它从 $A=0°$时的最大值光滑地下降到 $A=180°$时的最小值。

(8) **以合理范围的输入值测试程序**。使用各种 L_1 和 L_2 值测试程序，检查结果图，看看它们是否合理。还可以自己尝试一下，看看 $L_1 \leqslant L_2$ 时会发生什么。当 $L_1 > L_2$ 时，机械工作方式是否保持不变？您的直觉告诉您期望从该机械装置中得到什么？程序又预测出什么？

1.7 总结

现在您应该熟悉 MATLAB 中的基本操作。主要包括：

- 启动和退出 MATLAB
- 计算简单的数学表达式
- 管理变量

您还应该熟悉 MATLAB 的菜单和工具栏系统。

本章概述了 MATLAB 可以解决的各种问题。主要包括：

- 使用数组和多项式
- 创建图形
- 创建脚本文件

表 1.7-1 是本章介绍的表格的指南。后续章节包含有关这些主题的详细信息。

表 1.7-1 本章介绍的命令和功能指南

标量的算术运算	表 1.1-1
优先级	表 1.1-2
管理工作会话的命令	表 1.1-3
特殊变量和常量	表 1.1-4

(续表)

数值显示格式	表 1.1-5
一部分常用的数学函数	表 1.3-1
MATLAB 的部分绘图命令	表 1.3-2
系统、目录和文件命令	表 1.4-1
输入/输出命令	表 1.4-2

关键词

参数，1.3 节
数组，1.3 节
数组索引，1.3 节
ASCII 码文件，1.4
命令窗口，1.1 节
注释，1.4 节
MAT 文件，1.4 节
模型，1.6 节
叠加图，1.3 节
路径，1.4 节
优先级，1.1 节
标量，1.1 节
当前目录，1.4 节
数据文件，1.4 节
数据标记，1.3 节
调试，1.4 节
桌面，1.1 节
图形窗口，1.3 节
脚本文件，1.4 节
搜索路径，1.4 节
会话，1.1 节
字符串变量，1.4 节
变量，1.1 节
工作空间，1.1 节

习题

本书末尾给出标有星号的习题的答案。

第 1.1 节

1. 确保您知道如何启动并退出 MATLAB 会话。用 MATLAB 计算以下内容，并使用计算器检查结果。其中 $x=10$，$y=3$。

a. $u = x + y$　　b. $v = xy$　　c. $w = x/y$
d. $z = \sin x$　　e. $r = 8 \sin y$　　f. $s = 5 \sin 2y$

2.* 假设 $x=2$，$y=5$。请用 MATLAB 计算以下内容。

a. $\dfrac{yx^3}{x-y}$　　b. $\dfrac{3x}{2y}$　　c. $\dfrac{3}{2}xy$　　d. $\dfrac{x^5}{x^5-1}$

3. 假设 $x=3$，$y=4$。请用 MATLAB 计算以下各式，并用计算器检查结果。

a. $\left(1-\dfrac{1}{x^5}\right)^{-1}$　　b. $3\pi x^2$　　c. $\dfrac{3y}{4x-8}$　　d. $\dfrac{4(y-5)}{3x-6}$

4. 请用 MATLAB 求出给定 x 值对应的下列表达式，并与手工计算结果核对。

a. $y = 6x^3 + \dfrac{4}{x}$,　$x = 3$　　b. $y = \dfrac{x}{4}3$,　$x = 7$

c. $y = \dfrac{(4x)^2}{25}$,　$x = 9$　　d. $y = 2\dfrac{\sin x}{5}$,　$x = 4$

e. $y = 7(x^{1/3}) + 4x^{0.58}$,　$x = 30$

5. 假设变量 a、b、c、d 和 f 都是标量，请编写 MATLAB 语句计算和显示下列表达式。用 $a=1.12$、$b=2.34$、$c=0.72$、$d=0.81$ 和 $f=19.83$ 这组值测试编写的语句。

$$x = 1 + \frac{a}{b} + \frac{c}{f^2} \qquad s = \frac{b-a}{d-c}$$

$$r = \frac{1}{\frac{1}{a} + \frac{1}{b} + \frac{1}{c} + \frac{1}{d}} \qquad y = ab\frac{1}{c}\frac{f^2}{2}$$

6. 请用 MATLAB 计算：

a. $\frac{3}{4}(6)(7^2) + \frac{4^5}{7^3 - 145}$

b. $\frac{48.2(55) - 9^3}{53 \ + 14^2}$

c. $\frac{27^2}{4} + \frac{319^{4/5}}{5} + 60(14)^{-3}$

然后用计算器核对结果。

7. 请用 MATLAB 计算下列表达式：

a. 16^{-1}　　b. $16^{-1/2}$　　c. $16^{(-1/2)}$　　d. $64^{3/2}$

8. 下列 MATLAB 表达式的计算结果是多少？

a. `100^-1`　　b. `100^-1/2`　　c. `100^(-1/2)`　　d. `100^3/2`

9. 函数 realmax 和 realmin 给出了 MATLAB 可以处理的最大和最小的数字。计算产生的数值过大或过小就会导致上溢出和下溢出。通常，如果计算顺序安排得正确，就不会出现问题。在 MATLAB 中输入 realmax 和 realmin，以确定所用系统的上限和下限。例如，假设变量 $a=3\times10^{150}$、$b=5\times10^{200}$。

a. 用 MATLAB 计算 $c=ab$。

b. 假设 $d=5\times10^{-200}$，请用 MATLAB 计算 $f=d/a$。

c. 用 MATLAB 计算乘积 $x=abd$ 有两种方法，一是直接按照 $x=a*b*d$ 计算乘积；二是先算 $y=b*d$，再算 $x=a*y$。请比较两种结果。

10. 圆柱体的高度为 h，半径为 r，则体积为 $V=\pi r^2 h$。已知某圆柱罐高 10 米，半径 6 米。要想再建造一个体积比它大 30%但半径相同的圆柱罐。这个圆柱罐必须有多高？

11. 球的体积计算公式为 $V=4\pi r^3/3$，其中 r 是半径。请用 MATLAB 计算体积比半径为 4 英尺的球体大 40%的球体的半径。

12.* 假设 $x=-7-5i$，$y=4+3i$。请用 MATLAB 计算：

a. $x+y$　　b. xy　　c. x/y

13. 请用 MATLAB 计算下列算式，并手工检查结果。

a. $(3+6i)(-7-9i)$　　b. $\frac{5+4i}{5-4i}$　　c. $\frac{3}{2}i$　　d. $\frac{3}{2i}$

14. 请用 MATLAB 计算下列算式，其中 $x=5+8i$，$y=-6+7i$，并手工检查结果。

a. $u=x+y$　　b. $v=xy$　　c. $w=x/y$

d. $z=e^x$　　e. $r=\sqrt{y}$　　f. $s=xy^2$

15. 理想气体定律提供了一种估计容器内气体压强的方法。

$$P = \frac{nRT}{V}$$

更准确的估计可以用范德华方程计算，公式为：

$$P = \frac{nRT}{V-nb} - \frac{an^2}{V^2}$$

其中，nb 项是对分子体积的修正值，an^2/V^2 项是对分子吸引力的修正。a 和 b 的大小取决于气体的类型。气体常量为 R，绝对温度为 T，气体体积为 V，气体分子的数量由 n 表示。$n=1$ mol 的理想气体，在 0℃(273.2 K)时其体积限定为 V=22.41 L，它的压强为 1 atm(大气压)。当采用上述单位时，R=0.082 06。

对于氯(Cl_2)，a=6.49、b=0.0562。在 273.2K 条件下，1 mol 氯气的体积为 22.4L。比较分别根据理想气体定律和范德华方程计算出的压强估计值。造成这两种压强估计不同的主要原因是什么，是分子体积还是分子吸引力？

16. 理想气体定律与压强 P、体积 V、绝对温度 T，以及气体的数量 n 都有关系，定理方程为：

$$P = \frac{nRT}{V}$$

其中，R 是气体常量。

某工程师必须设计一个大型的天然气储罐，要求压强恒定在 2.2 个大气压。12 月温度为 4℉(近似为-15.6℃)时，罐内的气体体积为 28 500 立方英尺。当温度为 88℉(近似为 31℃)时，7 月份同样数量的气体的体积是多少？提示：在这个问题中，n 、R 和 P 都是常量。

第 1.3 节

17. 请用 MATLAB 计算：

a. e^2　　b. log 2　　c. ln 2　　d. $\sqrt[4]{600}$

18. 请用 MATLAB 计算：

a. cos(π/2)　　b. cos 80°　　c. $\cos^{-1}0.7$ 的弧度　　d. $\text{com}^{-1}0.6$ 的角度

19. 请用 MATLAB 计算：

a. $\tan^{-1}2$

b. $\tan^{-1}100$

c. 对应于 x=2、y=3 的角度

d. 对应于 x=-2、y=3 的角度

e. 对应于 x=2、y=-3 的角度

20. 假设 x 取值为 x=1, 1.2, 1.4, …, 5。请用 MATLAB 计算函数 y=7sin(4x)对应的数组 y。并用 MATLAB 确定数组 y 中的元素个数和数组 y 中的第三个元素的值。

21. 请用 MATLAB 确定数组 sin(-pi/2):0.05:cos(0)中有多少个元素。并用 MATLAB 确定第 10 个元素。

22. 请用 MATLAB 计算：

a. $e^{(-2.1)^3} + 3.47\ \log(14) + \sqrt[4]{287}$

b. $(3.4)^7 \log(14) + \sqrt[4]{287}$

c. $\cos^2\left(\frac{4.12\pi}{6}\right)$

d. $\cos\left(\frac{4.12\pi}{6}\right)^2$

并用计算器检查计算结果。

23. 请用 MATLAB 计算。

a. $6\pi \tan^{-1}(12.5) + 4$　　b. $5 \tan[3 \sin^{-1}(13/5)]$

c. $5 \ln(7)$　　c. $5 \log(7)$

并用计算器检查计算结果。

24. 里氏震级是地震强度的量度。地震释放的能量 E(单位为焦耳)与里氏震级 M 之间的关系为：

$$E = 10^{4.4}10^{1.5M}$$

请问　7.6 级地震释放的能量比 5.6 级地震释放的能量多多少？

25.* 请用 MATLAB 求$13x^3 + 182x^2 - 184x + 2503 = 0$的根。

26. 请用 MATLAB 求多项式$70x^3 + 24x^2 - 10x + 20$的根。

27. 请用 MATLAB 绘制函数 $T = 6\ln t - 7e^{0.2t}$ 在区间 $1 \leqslant t \leqslant 3$ 上的图，并在图上添加标题及合适的坐标轴标签。变量 T 表示温度，单位是摄氏度；变量 t 表示时间，单位是分钟。

28. 请用 MATLAB 绘制函数$u = 2\log_{10}(60x + 1)$和$v = 3\cos(6x)$在区间 $0 \leqslant x \leqslant 2$ 上的图，并为该图和每条曲线添加适当的标签。变量 u 和 v 表示速度，单位是英里/小时；变量 x 表示距离，单位是英里。

29. 傅里叶级数是以正弦和余弦表示的周期函数。以下函数

$$f(x) = \begin{cases} 1 & 0 < x < \pi \\ -1 & -\pi < x < 0 \end{cases}$$

的傅里叶级数可表示为

$$\frac{4}{\pi}\left(\frac{\sin x}{1} + \frac{\sin 3x}{3} + \frac{\sin 5x}{5} + \frac{\sin 7x}{7} + \cdots\right)$$

请在同一图形上绘制函数$f(x)$及其级数表示(使用给出的那四项)的曲线。

30. 摆线是半径为 r、沿 x 轴滚动的圆轮的圆周上的点 P 所描述的曲线。该曲线的参数形式方程描述为：

$$x = r(\phi - \sin\phi)$$
$$y = r(1 - \cos\phi)$$

请用这组方程画出 $r=10$ 英寸且 $0 \leqslant \phi \leqslant 4\pi$ 的摆线。

31. 一艘船以 20 千米/小时的速度，沿着 $y=11x/15+43/3$ 所描述的直线路径，从 $x=-10$，$y=7$ 对应的点开始移动。请以观测者为坐标原点，绘出面向船的视线角(单位：度)相对于时间的函数，时间持续 3 小时。

第 1.4 节

32. 确定您所用计算机上 MATLAB 的搜索路径。如果您同时使用实验室电脑和家用电脑，请比较这两个搜索路径。MATLAB 如何在每台计算机上找到用户创建的 M 文件？

33. 某操场的围栏形状是如图 P33 所示的样子。它由一个长 L 和宽 W 的矩形和一个沿矩形中心水平轴对称的直角三角形组成。假设已知宽度 W(单位：米)和封闭区域面积 A(单位：平方米)，请编写 MATLAB 脚本文件，根据已知变量 W 和 A 求使得封闭区域面积为 A 的长度 L，并确定围栏的总长度。请以 $W=6$ 米，$A=80$ 平方米测试您的脚本文件。

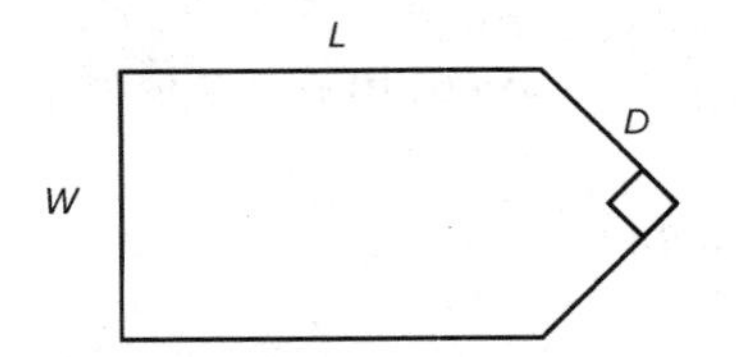

图 P33　某操场的围栏形状

34. 图 P34 中所示的四边形由两个具有共同边 a 的三角形组成。根据顶部三角形的余弦定理可知：

$$a^2 = b_1^2 + c_1^2 - 2b_1c_1\cos A_1$$

底部三角形也可以得出类似的方程。如果已知边 b_1、b_2 和 c_1 的长度以及角度 A_1 和 A_2 的度数，请设计计算边 c_2 长度的算法，并编写脚本文件实现该算法。最后用下列数值测试脚本，其中：$b_1=180$ m，$b_2=165$ m，$c_1=115$ m，$A_1=120°$，$A_2=100°$。

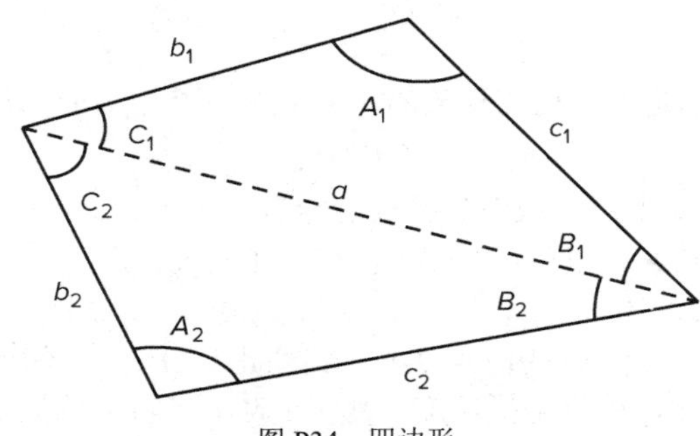

图 P34　四边形

35. 编写脚本文件来计算下面三阶方程的三个根：

$$x^3+ax^2+bx+c=0$$

请用 input 函数让用户输入 a、b 和 c 的值。

第 1.5 节

36. 请用 MATLAB 的帮助工具查找以下主题和符号的信息：plot、lable、cos、cosine、:和*。
37. 请用 MATLAB 的帮助工具确定如果 sqrt 函数的参数为负值会发生什么。
38. 请用 MATLAB 的帮助工具确定如果 exp 函数的参数为虚数会发生什么。

第 1.6 节

39. a. 您要以多大的初始速度把球垂直向上扔才能到达 20 英尺的高度？其中，球重 1 磅。如果球重 2 磅，答案有何变化？
    b. 假设您想把一根钢条垂直向上扔到 20 英尺的高度，其中钢条重 2 磅。要达到这个高度，钢条的初始速度必须是多少？钢条长度对高度有何影响?
40. 考虑例题 1.6-1 中讨论的活塞运动。活塞行程是活塞曲柄角从 0°到 180°变化时所移动的总距离。
    a. 活塞行程与 L_1 和 L_2 有何关系？
    b. 假设 $L_2=0.5$ 英尺，请用 MATLAB 分别画出两种情况下的活塞运动与曲柄角：$L_1=0.6$ 英尺和 $L_1=1.4$ 英尺。将所画的两个图与图 1.6-3 做比较。讨论图形形状与 L_1 大小的关系。

21 世纪的工程学……

创新建设

人类总是习惯于通过历史上的公共工程记住它所处的伟大文明，例如埃及金字塔和欧洲中世纪大教堂，它们的建造技术都具有挑战性。也许人类的天性就是要“突破极限”，并且崇拜能“突破极限”的人。今天，创新建筑的挑战仍在继续。我们的城市空间变得日益稀缺，因此许多城市规划者更喜欢垂直建造而非水平建造。最新的高楼大厦将我们的能力推向极限，这不仅是在结构设计上，也包括我们可能意想不到的领域，例如电梯设计与运行、空气动力学和建筑技术。上面的照片显示的是美国最高的观测塔——拉斯维加斯平流层大厦，高达 1149 英尺。它在装配时运用了许多创新技术。

大楼、桥梁和其他建筑物的设计者将使用新技术和新材料，但有些还需要基于自然条件设计。同样重量的材料，蛛丝就比钢铁更强硬，因此结构工程师更希望用合成蛛丝纤维缆绳来建造抗震悬索桥。可以从裂缝和疲劳中检测到潜在故障的智能结构，也即将研制成功。与之类似的还有利用动力装置抵抗风和其他力量的主动结构。上述工程可以应用许多 MATLAB 工具箱。包括下列工具箱：Partial Differential Equations(偏微分方程)用于结构设计、Signal Processing(信号处理)用于智能结构、Control System(控制系统)用于主动结构和 Computational Finance(财务计算)用于大型项目的造价分析。

第 2 章

数值数组、单元数组和结构数组

内容提要

2.1 一维和二维数值数组
2.2 多维数值数组
2.3 对应元素运算
2.4 矩阵运算
2.5 使用数组的多项式运算
2.6 单元数组
2.7 结构数组
2.8 总结
习题

MATLAB 的优点之一是能够像对待单个实体那样处理数组(数组是一些项的集合)。用这种特别的方式来处理数组，使得 MATLAB 程序可以非常简短。

数组是 MATLAB 中的基本构件。MATLAB 7 中可以使用下列类型的数组：

数组

数值|字符|逻辑|单元|结构|函数句柄|Java

到目前为止，我们只使用过数值数组，这种数组只包含数值。数值数组又分为 single(单精度)、double(双精度)、int8、int16 和 int32(依次是有符号 8 位、16 位和 32 位整型)，以及 uint8、uint16 和 uint32(无符号 8 位、16 位和 32 位整型)；字符型数组是包含字符串的数组；逻辑型数组的元素只有“真(true)”和“假(false)”，尽管它们是由符号 1 和 0 表示，但都不是数值量；有关逻辑型数组的内容我们将在第 4 章介绍；单元数组和结构数组则将在 2.6 节和 2.7 节介绍。函数句柄将在第 3 章介绍；而 Java 类在本书不作讨论。

本章前四节介绍的概念对于理解 MATLAB 至关重要，属于必须介绍的内容；2.5 节介绍多项式应用；2.6 节和 2.7 节介绍两种类型的数组，它们对于某些专门的应用非常有用。

2.1 一维和二维数值数组

三维空间中某个点的位置可以用三个笛卡儿坐标 x、y 和 z 来表示。这三个坐标可以确定一个向量 $\boldsymbol{p}$(数学课本中通常用斜体粗体来表示向量；注意，本书中，在 MATLAB 中使用、输入和输出的向量名和矩阵名不加粗，显示为正体)。若定义单位向量 $\boldsymbol{i}$、$\boldsymbol{j}$、$\boldsymbol{k}$，其长度为 1、方向分别与 x、y 和 z 轴重合，则可以用数学方法表示这个向量：$\boldsymbol{p}=x\boldsymbol{i}+y\boldsymbol{j}+z\boldsymbol{k}$。单位向量使我们能将向量分量 x、y、z 与合适的坐标轴联系起来。因此，当我们写下 $\boldsymbol{p}=5\boldsymbol{i}+7\boldsymbol{j}+2\boldsymbol{k}$ 时，就知道向量的 x、y 和 z 坐标分别是 5、7 和 2。我们还可以按特定顺序书写上述分量，以空格将它们一一分开，再用方括号标识这组值，于是变成了：[5 7 2]。只要我们约定了以 x、y、z 的顺序书写向量的各个分量，就可以用上述表示法代替单位向量表示法。事实上，MATLAB 就是用这种风格的向量表示法。MATLAB 还允许用户以逗号分隔各个分量，从而提高可读性(如果我们愿意的话)，因此前述向量的等价表示方式为[5,7,2]。这个表达式是“行向量”(row vector)，它以水平方式排列各元素。

行向量

我们也可以把向量表示成“列向量”(column vector)，它以竖直方式排列各元素。每个向量只能有一列，或者一行。因此，向量是一维数组。通常，数组可以有多列和多行。

列向量

1. 在 MATLAB 中创建向量

向量的概念可以推广到任意数量的分量。在 MATLAB 中，向量就是简单的标量列表，各元素在列表中出现的顺序非常重要，比如指定 *xyz* 坐标时就是如此。另一个例子是，假设我们每小时测量一次某物体的温度，并以向量形式表示测量结果，那么列表中的第 10 个元素就是在第 10 个小时测量的温度。

要在 MATLAB 中创建行向量，只需要在一对方括号中输入元素，并用空格或逗号分隔各元素即可。创建数组时通常也要用方括号。但是，用冒号运算符创建数组时，就不应再用方括号，而可以用圆括号(圆括号可选)。用空格还是逗号，这是个人偏好问题。但是用逗号的出错概率更小(也可在逗号后面加上一个空格，以获得最好的可读性)。

创建列向量时，可用分号分隔元素；或者，也可以先创建行向量，然后用“转置”(transpose)符号(')将行向量转换为列向量。反之亦然。例如：

```
>>g=[3; 7; 9]
g=
    3
    7
    9
9>>g=[3, 7, 9]'
g=
    3
    7
    9
```

创建列向量的第三种方法是，先输入左方括号([)和第一个元素，然后按下 Enter 键；接着键入第二个元素，并按下 Enter 键，以此类推，直到输入最后一个元素，再跟上一个右方括号(])并按下 Enter 键。在屏幕上，这个过程看起来如下所示：

```
>>g=[3
7
9]
g=
    3
    7
    9
```

请注意，MATLAB 以水平方式显示行向量，以竖直方式显示列向量。

还可通过将一个向量“追加”到另一个向量来创建向量。例如，要创建行向量 u，其前三列的值为 r=[2, 4, 20]，而第四、第五和第六列的值为 w=[9, -6, 3]，可以输入 u=[r, w]。得到的结果是，向量 u=[2, 4, 20, 9, -6, 3]。

用冒号运算符(:)能够很容易地生成一个具有规则间隔元素的大向量。例如输入：

```
>>x=m:q:n
```

这将创建一个取值间隔为 q 的向量 x。其中，向量的第一个值是 m；当 m - n 是 q 的整数倍时，最后一个值是 n，否则最后一个值就小于 n。例如，输入 x=0:2:8 就可创建向量 x=[0, 2, 4, 6, 8]，而输入 x=0:2:7 则能创建向量 x=[0, 2, 4, 6]。若要创建一个行向量 z，向量取值从 5 到 8，且步长为 0.1，那么请输入 z=5:0.1:8。如果省略增量 q，则系统假定增量为 1。因此当输入 y=-3:2 时，产生的向量为 y=[-3, -2, -1, 0, 1, 2]

增量 q 还可是负值。这种情况下，m 必须大于 n。例如，输入 u=10: -2:4 后产生的向量就是[10, 8, 6, 4]。

利用 linspace 命令也能创建一个等间隔的行向量，但是要指定向量值的个数而不是增量值的大小。语法是 linspace(xl, x2, n)，其中 x1 和 x2 分别是向量值的上、下限，n 是向量值的个数。例如，命令 linspace(5, 8, 31)就相当于 5:0.1:8。如果省略 n，则间隔为 1。

利用命令 logspace 能够创建包含对数间隔元素的数组。它的语法是 logspace(a, b, n)，其中 n 是从 10^a 到 10^b 点的个数。例如，输入 x=logspace(-1, 1, 4)可以生成向量 x=[0.1000, 0.4642, 2.1544, 10.000]。如果省略 n，则默认的向量值个数为 50。

2. 二维数组

具有行和列的数组是二维数组，有时称之为“矩阵”(Matrix)。在数学课本中，如果可能的话，向量通常用斜体加粗小写字母表示，而矩阵用斜体加粗大写字母表示。例如，一个三行两列的矩阵为：

矩阵

$$\boldsymbol{M} = \begin{bmatrix} 2 & 5 \\ -3 & 4 \\ -7 & 1 \end{bmatrix}$$

我们用行数和列数共同来表示数组的大小(size)。例如，一个 3 行 2 列的数组被称为 3×2 的数组。总是先提行数！我们有时将矩阵 $\boldsymbol{A}$ 表示成$[a_{ij}]$，其中 a_{ij} 代表矩阵的元素。下标 i 和 j 被称为索引(index)，表示元素 a_{ij} 的行和列位置。总是先出现行号！例如，元素 a_{32} 位于第 3 行第 2 列。如果两个矩阵 $\boldsymbol{A}$ 和 $\boldsymbol{B}$ 的大小相同，并且它们对应的各个元素都相等，那么也可以说 $\boldsymbol{A}$ 和 $\boldsymbol{B}$ 相等。也就是说，对于任意 i 和 j，都满足 $a_{ij}=b_{ij}$。

3. 创建矩阵

创建矩阵最直接的方法是逐行输入矩阵，并用空格或逗号分隔每行中的各个元素，再用分号分隔各行，最后用方括号括起来。例如，输入

```
>>A=[2,4,10;16,3,7];
```

即可创建如下矩阵：

$$\boldsymbol{A} = \begin{bmatrix} 2 & 4 & 10 \\ 16 & 3 & 7 \end{bmatrix}$$

如果矩阵有许多元素，则可以按下 Enter 键并在下一行继续输入。当输入右方括号(])后，MATLAB 就知道矩阵已经输入完毕。

将一个行向量添加到另一个行向量上，可以创建出第三个行向量或矩阵(两个向量的列数必须相等)。注意下面的会话中输入[a, b]和[a; b]后得到结果之间的差异：

```
>>a=[1,3,5];
>>b=[7,9,11];
>>c=[a,b]
c=
   1  3  5  7  9  11
>> D=[a;b]
D=
   1  3  5
   7  9  11
```

4. 矩阵和转置运算

转置运算会交换矩阵的行和列。在数学课本中，我们通常用上标 T 表示转置运算。对于 $m \times n$ 的矩

阵 $\boldsymbol{A}$ 而言，它有 m 行 n 列元素，$\boldsymbol{A}^{\mathrm{T}}$(读作“$\boldsymbol{A}$ 转置”)就是 $n\times m$ 的矩阵。

$$\boldsymbol{A}=\begin{bmatrix}-2 & 6\\-3 & 5\end{bmatrix}\qquad \boldsymbol{A}^{\mathrm{T}}=\begin{bmatrix}-2 & -3\\6 & 5\end{bmatrix}$$

如果 $\boldsymbol{A}^{\mathrm{T}}=\boldsymbol{A}$，那么就称矩阵 $\boldsymbol{A}$ 是对称的。注意，转置运算将行向量转换为列向量，反之亦然。

如果数组包含复数元素，则转置运算符(′)产生复数的共轭转置(complex conjugate transpose)；也就是说，运算结果是原始数组转置元素的复共轭。或者，还可以使用点转置(dot transpose)运算符(.′)在不产生复共轭元素的情况下对数组进行转置，例如 $\boldsymbol{A}$.′。如果所有元素都是实数，那么运算符′和.′的计算结果是相同的。

5. 数组寻址

数组索引代表了数组中元素的行号和列号，可用于跟踪数组的元素。例如，表示法 v(5)表示向量 v 的第 5 个元素，而 A(2, 3)表示矩阵 A 中第 2 行第 3 列的元素。总是先列出行号！这种表示法可以在不重新输入整个数组的情况下纠正数组中的某一个元素。例如，为将矩阵 D 的第 1 行第 3 列的元素改为 6，可以输入 D(1, 3)＝6。

冒号运算符可以选择单个元素、行、列，或数组的“子数组”。下面是一些例子：

- v(:)代表向量 v 所有行或列的元素。
- v(2:5)代表第 2 到第 5 个元素，即 v(2)、v(3)、v(4)、v(5)。
- A(:,3)代表矩阵 A 第三列(column)的所有元素。
- A(3,:)代表矩阵 A 第三行(row)的所有元素。
- A(:, 2:5)代表矩阵 A 第二到第五列的所有元素。
- A(2:3,1:3)代表矩阵 A 第二和第三行且第一到第三列的所有元素。
- v＝A(:)创建向量 v，其中包含矩阵 A 从头到尾逐列堆栈的数据。
- A(end, :)代表矩阵 A 中的最后一行，而 A(:, end)代表矩阵 A 的最后一列。

还可以用数组索引从一个数组中提取出较小的数组。例如，如果已经通过输入：

```
>>B=[2, 4, 10, 13; 16, 3, 7, 18; 8, 4, 9, 25; 3, 12, 15, 17];
```

创建数组 B：

$$B=\begin{bmatrix}2 & 4 & 10 & 13\\16 & 3 & 7 & 18\\8 & 4 & 9 & 25\\3 & 12 & 15 & 17\end{bmatrix}\tag{2.1-1}$$

那么接着输入：

```
>>C=B(2:3, 1:3);
```

就可以生成以下数组：

$$C=\begin{bmatrix}16 & 3 & 7\\8 & 4 & 9\end{bmatrix}$$

空数组

空数组(empty)不包含元素，并用[]表示。通过将选定的行或列设置为空数组，可以删除对应的行或列。该步骤可使原始矩阵坍缩成一个更小的矩阵。例如，输入 A(3, :)＝[]就能删除矩阵 A 的第三行，而输入 A(:, 2:4)＝[]则能删除矩阵 A 的第 2 至第 4 列。再如输入 A([1 4],:)＝[]就能删除矩阵 A 的第 1 和第 4 行。

假设输入 A＝[6, 9, 4; 1, 5, 7]，则可定义以下矩阵：

$$A=\begin{bmatrix}6 & 9 & 4\\1 & 5 & 7\end{bmatrix}$$

输入 A(1, 5)＝3 可将矩阵变为：

$$A=\begin{bmatrix}6&9&4&0&3\\1&5&7&0&0\end{bmatrix}$$

由于矩阵 A 没有 5 列，因此其大小会自动扩展成 5 列，以便接收第 5 列的新元素。MATLAB 会自动对其他空余元素填 0。

MATLAB 不允许索引为零或负数，但是在使用冒号运算符时可以使用负增量。例如，输入 B=A(:, 5:-1: 1)将颠倒矩阵 A 中各列的顺序，如下：

$$B=\begin{bmatrix}3&0&4&9&6\\0&0&7&5&1\end{bmatrix}$$

假设 C=[-4, 12, 3, 5, 8]。然后输入 B(2, :)=C，用向量 C 代替矩阵 B 的第 2 行，因此 B 变为：

$$B=\begin{bmatrix}3&0&4&9&6\\-4&12&3&5&8\end{bmatrix}$$

假设 D=[3, 8, 5; 4, -6, 9]。然后输入 E=D([2, 2, 2], :)，使矩阵 D 的第 2 行重复 3 次，从而得到：

$$E=\begin{bmatrix}4&-6&9\\4&-6&9\\4&-6&9\end{bmatrix}$$

6. 使用 clear 命令避免错误

可以使用 clear 命令保护自己，避免意外地重用具有错误大小的数组。即使已为某个数组赋了新值，但是以前的某些值可能仍然存在。例如，假设预先创建了 2×2 数组 A=[2, 5; 6, 9]；然后又创建了 5×1 数组 x=(1: 5)'和 y=(2: 6)'。请注意这里必须使用圆括号以便使用转置运算符。假设现在重新定义 A，使它的各列是 x 和 y。如果接着输入 A(:, 1)=x 来创建第一列，那么 MATLAB 会显示一条错误消息，告诉您 A 和 x 中的行数必须相等。MATLAB 认为 A 应该是一个 2×2 矩阵，因为 A 之前被定义成只有两行，并且它的值仍然保留在内存中。clear 命令能够从内存中清除 A 和其他所有变量，从而避免此类错误。如果只要清除 A，则请在输入 A(:, 1)=x 之前，输入 clear A。

7. 一些有用的数组函数

MATLAB 有许多用于处理数组的函数(参见表 2.1-1)。下面总结一部分较常用的函数。

表 2.1-1　数组函数的基本语法*

命令	描述
find (x)	得到包含数组 x 非零元素索引的数组
[u, v, w]=find(A)	得到数组 u、v 和 w，u 和 v 分别包含矩阵 A 非零元素的行列索引值，数组 w 包含非零元素值。数组 w 可以省略
length(A)	如果 A 是向量，则计算 A 的元素个数；如果 A 是 $m\times n$ 矩阵，则计算 m 和 n 中的较大者
linspace(a, b, n)	在 a 和 b 之间创建一个包含规则间隔的 n 个值的行向量
logspace(a, b, n)	在 a 和 b 之间创建 n 个对数等间隔值的行向量
max(A)	如果 A 是向量，则返回 A 中的代数中的最大元素。如果 A 是矩阵，则返回包含每列最大元素的行向量。如果 A 中有任意一个元素是复数，那么 max(A)返回模值最大的元素
[x, k]=max(A)	与 max (A)类似，但在行向量 x 中存储最大值，而在行向量 k 中存储对应的索引值
min(A)	与 max (A)类似，但是返回最小值
[x, k]=min(A)	与[x, k]=max (A)类似，但返回最小值
norm(X)	计算向量的几何长度$\sqrt{x_1^2+x_2^2+\cdots+x_n^2}$
numel(A)	返回数组 A 中元素的总个数
size(A)	返回包含 $m\times n$ 数组 A 大小的行向量[m n]
sort(A)	按升序对数组 A 的每列进行排序，并返回与 A 大小相同的数组
sum(A)	对数组 A 每列的元素进行求和，并将和返回至行向量

*许多这些函数都有扩展语法，请参阅本书和 MATLAB 帮助来了解更多信息。

如果 **A** 是元素全都为实数的向量，那么函数 max (A)可返回 **A** 中代数上最大的元素。如果 **A** 是元素全都为实数的矩阵，则返回一个由各列最大元素组成的行向量。如果 **A** 中有任意一个元素是复数，那么函数 max(A)返回模值最大的元素。语法[x, k]＝max(A)的功能与 max(A)类似，但它将最大值存储在行向量 **x** 中，而将索引值存储在行向量 **k** 中。

如果 **A** 和 **B** 的大小相同，那么 C＝max(A, B)会创建一个相同大小的数组，并且每个元素都是 **A** 和 **B** 中对应位置的最大值。例如，根据下面的 **A** 和 **B** 矩阵可得出 **C** 矩阵。

$$\boldsymbol{A}=\begin{bmatrix}1 & 6 & 4\\3 & 7 & 2\end{bmatrix} \quad \boldsymbol{B}=\begin{bmatrix}3 & 4 & 7\\1 & 5 & 8\end{bmatrix} \quad \boldsymbol{C}=\begin{bmatrix}3 & 6 & 7\\3 & 7 & 8\end{bmatrix}$$

函数 min(A)和[x, k]＝min(A)，与 max(A)和[x, k]＝max(A)是类似的，只是返回的是最小值而已。

函数 size(A)返回行向量[m n]，其中包含 $m \times n$ 数组 A 的大小。函数 length(A)要么计算 A 的元素个数(当 **A** 是向量时)，要么计算 m 或 n 的最大值(当 **A** 是 $m \times n$ 矩阵时)。函数 numel(A)返回数组 A 中元素的总数。

例如，如果

$$\boldsymbol{A}=\begin{bmatrix}6 & 2\\-10 & -5\\3 & 0\end{bmatrix}$$

那么，函数 max(A)的返回值就是向量[6, 2]；函数 min(A)的返回值就是向量[−10, −5]；函数 size(A)的返回值就是[3, 2]；函数 numel (A)的返回值是 6，函数 length(A)的返回值是 3。

函数 sum (A)对数组 A 的每列元素求和，并返回包含所有求和值的行向量。函数 sort (A)按升序对数组 A 的每列元素进行排序，并返回与 A 大小相同的数组。

如果 **A** 包含一个或多个复数元素，那么 max、min 和 sort 函数就对各元素的绝对值进行运算，并且返回模值最大的元素。

例如，如果

$$\boldsymbol{A}=\begin{bmatrix}6 & 2\\-10 & -5\\3+4\mathrm{i} & 0\end{bmatrix}$$

那么函数 max(A)的返回值就是向量[−10, −5]，函数 min(A)的返回值是向量[3 + 4i, 0]。3 + 4i 的模是 5。

如果执行函数 sort(A, 'descend')，将按降序进行排序。通过对数组转置，min、max 和 sort 函数还可对行而不是对列进行运算。

sort 函数的完整语法是 sort(A, dim, mode)，其中 dim 用于选择排序的维度，mode 用于选择排序的方向，'ascend'表示升序，'descend'表示降序。例如，sort(A, 2, 'descend')就会按照降序对 **A** 的每行元素进行排序。

find(x)命令可求出由向量 **x** 的非零元素的索引构成的数组。语法[u, v, w]＝find(A)计算出的数组 u 和 v，分别包含了矩阵 **A** 的非零元素的行和列的索引，计算出的数组 w 则包含所有非零元素的值。数组 w 可以省略。

例如，如果

$$\boldsymbol{A}=\begin{bmatrix}6 & 0 & 3\\0 & 4 & 0\\2 & 7 & 0\end{bmatrix}$$

那么输入下列命令后，

```
>>A = [6, 0, 3; 0, 4, 0; 2, 7, 0];
>>[u, v, w] = find(A)
```

将返回向量

$$u = \begin{bmatrix} 1 \\ 3 \\ 2 \\ 3 \\ 1 \end{bmatrix} \qquad v = \begin{bmatrix} 1 \\ 1 \\ 2 \\ 2 \\ 3 \end{bmatrix} \qquad w = \begin{bmatrix} 6 \\ 2 \\ 4 \\ 7 \\ 3 \end{bmatrix}$$

向量 $\boldsymbol{u}$ 和 $\boldsymbol{v}$ 给出了非零值的(行、列)索引，非零值则列在 $\boldsymbol{w}$ 中。例如，$\boldsymbol{u}$ 和 $\boldsymbol{v}$ 的第二项给出了索引(3, 1)，它指向数组 A 的第 3 行第 1 列中的元素，元素值是 2。

表 2.1-1 是对这些函数的总结。

8. 向量的模、长度和绝对值

模(magnitude)、长度(length)和绝对值(absolute)这些术语在日常语言中通常用得比较随意，但是在使用 MATLAB 时一定要记住它们的确切含义。MATLAB 中的 length 命令能计算出向量中元素的个数。包含实数元素 $x_1, x_2, \ldots, x_n$ 的向量 $\boldsymbol{x}$ 的模(magnitude)是 $\sqrt{x_1^2 + x_2^2 + \cdots + x_n^2}$，这正是向量的几何长度。向量 $\boldsymbol{x}$ 的绝对值(absolute value)是一个向量，其元素是向量 $\boldsymbol{x}$ 各元素的绝对值。例如，如果 x=[2, -4, 5]，则其长度为 3，其模为 $\sqrt{2^2 + (-4)^2 + 5^2} = 6.7082$，其绝对值是[2, 4, 5]。向量 $\boldsymbol{x}$ 的长度、模和绝对值分别可由函数 length(x)、norm(x)和 abs (x)计算得到。

您学会了吗？

T2.1-1　对于矩阵 $\boldsymbol{B}$，请计算[B; B']运算后得到的数组，并用 MATLAB 求出结果的第 5 行第 3 列的数字。

$$\boldsymbol{B} = \begin{bmatrix} 2 & 4 & 10 & 13 \\ 16 & 3 & 7 & 18 \\ 8 & 4 & 9 & 25 \\ 3 & 12 & 15 & 17 \end{bmatrix}$$

T2.1-2　对于上题同一个矩阵 $\boldsymbol{B}$，(a)请用 MATLAB 求出 $\boldsymbol{B}$ 中最大和最小的元素及其索引；(b)对 $\boldsymbol{B}$ 的各列排序以创建新矩阵 $\boldsymbol{C}$。

---

9. 变量编辑器

MATLAB Workspace Browser(工作空间浏览器)提供了一个管理工作空间的图形界面。可以使用它查看、保存和清除工作空间变量。该浏览器内有一个 Variable Editor(变量编辑器)，可以通过图形界面方式处理变量，包括数组。若要打开工作空间浏览器，请在命令窗口提示符后输入 workspace。

请记住，桌面菜单是上下文敏感的。因此，其显示的内容将根据您当前使用的浏览器和变量编辑器的功能而改变。工作空间浏览器显示了每个变量的名称、值、数组大小(array size)和类。每个变量的图标都表明了它所属的类。

在工作空间浏览器中，可以打开 Variable Editor(变量编辑器)来查看和编辑二维数值数组的可视化表示，其中数组的每个值具有对应的行和列编号。要想从工作空间浏览器中打开变量编辑器，只需要在想打开的变量上双击即可。变量编辑器打开后，就会显示所选变量的值。图 2.1-1 是变量编辑器和 VARIABLE(变量)选项卡的外观。在这个选项卡内，可以插入、删除、转置和排序各行和各列。

重复上述步骤可以在变量编辑器中打开其他变量。在变量编辑器中，通过窗口顶部的选项卡可以访问到每个变量。还可以在命令窗口中输入 openvar('var')直接打开变量编辑器，其中 var 是您想要编辑的变量的名称。一旦在变量编辑器中显示了某个数组，还可以通过单击数组的位置，然后输入新值并按下 Enter 键，从而更改数组中的值。

在工作空间浏览器中右击某个变量，然后在弹出菜单中选择 Delete，就可以清除它。

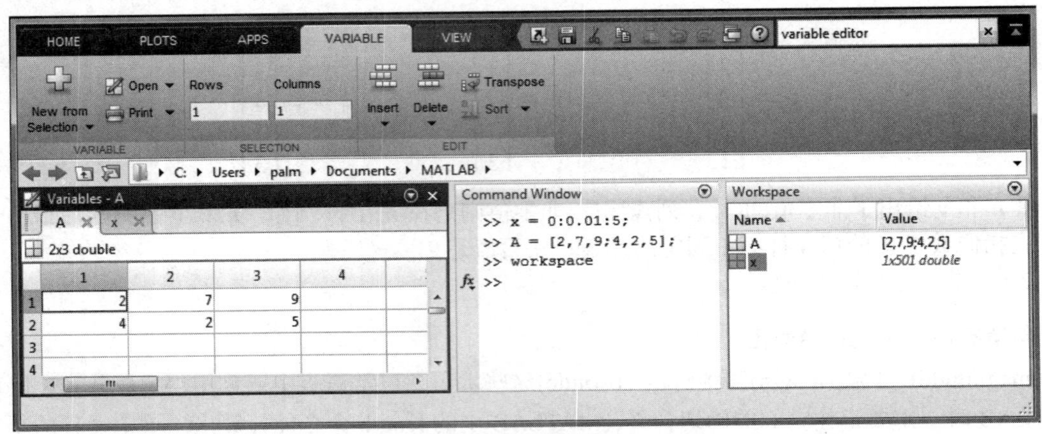

图 2.1-1　变量编辑器

2.2　多维数值数组

MATLAB 支持多维数组。要了解更多信息，可输入 help datatype 命令。

三维数组的大小是 $m \times n \times q$，四维数组的大小是 $m \times n \times q \times r$，以此类推。前两个维度是行和列，就像矩阵一样。更高的维度称为“页面”(page)。可以把三维数组想象成矩阵的层。第一层是第 1 页，第二层是第 2 页，以此类推。如果 A 是一个 3×3×2 的数组，可以通过输入 A(3, 2, 2)来访问第 2 页第 3 行第 2 列的元素。要访问第 1 页的所有元素，请输入 A(:, :, 1)。要访问第 2 页的所有元素，则输入 A(:, :, 2)。ndims 命令能返回矩阵的维度数。例如，对于前述数组 A，ndims (A)的返回值是 3。

通过先创建一个二维数组，然后扩展它就能创建出多维数组。例如，假设您想创建一个三维数组，其前两页是

$$\begin{bmatrix} 4 & 6 & 1 \\ 5 & 8 & 0 \\ 3 & 9 & 2 \end{bmatrix} \quad \begin{bmatrix} 6 & 2 & 9 \\ 0 & 3 & 1 \\ 4 & 7 & 5 \end{bmatrix}$$

为此，首先创建第 1 页成为 3×3 矩阵，然后加上第 2 页，如下所示：

```
>>A = [4, 6, 1; 5, 8, 0; 3, 9, 2];
>>A (:, :, 2) = [6, 2, 9; 0, 3, 1; 4, 7, 5];
```

创建这种数组的另一种方法是使用 cat 命令。输入 cat(n, A, B, C, ...)就能创建一个连接数组 A、B、C 等的 n 维新数组。注意，cat(1, A, B)与[A; B]的效果是一样的；cat(2, A, B)与[A, B]的效果也是一样的。例如，假设已知 2×2 数组 A 和 B：

$$A = \begin{bmatrix} 8 & 2 \\ 9 & 5 \end{bmatrix} \quad B = \begin{bmatrix} 4 & 6 \\ 7 & 3 \end{bmatrix}$$

然后输入 C=cat(3, A, B)，就会生成一个包含两层的三维数组，其中第一层是矩阵 $\boldsymbol{A}$，第二层是矩阵 $\boldsymbol{B}$。元素 C(m, n, p)位于第 p 层、第 m 行、第 n 列，因此元素 C(2, 1, 1)是 9，元素 C(2, 2, 2)为 3。

多维数组对于解决多参数问题非常有用。例如，如果我们拥有某个矩形物体的温度分布数据，就可以用一个三维数组 T 表示温度。

2.3　对应元素运算

为增加向量的模，可将它乘以一个标量。例如，为使向量 $\boldsymbol{r}$=[3, 5, 2]的模增大一倍，可将每个分量乘以 2 得到[6, 10, 4]。在 MATLAB 中，只需要输入 v=2*r 即可。

矩阵 $\boldsymbol{A}$ 乘以标量 w 产生的矩阵，其各元素就等于 $\boldsymbol{A}$ 的元素乘以 w，例如：

$$3\begin{bmatrix}2 & 9\\5 & -7\end{bmatrix}=\begin{bmatrix}6 & 27\\15 & -21\end{bmatrix}$$

这个乘法运算在 MATLAB 中可以如下进行：

```
>>A = [2, 9; 5, -7];
>>3*A
```

因此，数组与标量的乘积很容易定义，也很容易实现。然而，两个数组相乘并不那么直观。实际上，MATLAB 使用了两种乘法定义：①数组乘法，②矩阵乘法。在处理两个数组之间的运算时，还必须仔细定义除法和幂运算。MATLAB 对数组有两种形式的算术运算。本节将介绍第一种运算形式，称为数组运算(array operation)，也称为对应元素(element-by-element)运算。下一节将介绍矩阵运算(matrix operation)。这两种运算都有各自的应用，我们将举例说明。

数组运算

矩阵运算

数组的加法和减法

数组加法就是将对应位置的元素相加即可。要在 MATLAB 中将数组 r=[3, 5, 2]和数组 v=[2, −3, 1]相加得到数组 w，只需要输入 w=r + v，结果是 w=[5, 2, 3]。

当两个数组的大小相同时，它们的和与差也具有相同的大小，只要加上或减去它们对应位置的元素即可算出结果。因此，$C=A+B$ 意味着 $c_{ij}=a_{ij}+b_{ij}$。数组 C 的大小与 A 和 B 相同。例如：

$$\begin{bmatrix}6 & -2\\10 & 3\end{bmatrix}+\begin{bmatrix}9 & 8\\-12 & 14\end{bmatrix}=\begin{bmatrix}15 & 6\\-2 & 17\end{bmatrix} \tag{2.3-1}$$

数组减法的过程也与此类似。

式(2.3-1)中的加法在 MATLAB 中可以如下进行操作：

```
>>A = [6, -2; 10, 3];
>>B = [9, 8; -12, 14]
>>A+B
ans =
     15 6
     -2 17
```

数组的加法和减法具有结合律和交换律。对于加法，这些性质意味着：

$$(A+B)+C=A+(B+C) \tag{2.3-2}$$

$$A+B+C=B+C+A=A+C+B \tag{2.3-3}$$

数组的加法和减法要求两个数组大小相同。在 MATLAB 中，唯一的例外是当我们向数组加上或减去标量(scalar)时。这种情况下，从数组中的每个元素中都要加上或减去标量值。表 2.3-1 列举了一些例子。

表 2.3-1　对应元素运算

符号	运算	形式	举例
+	数组与标量加法	A + b	[6, 3] + 2=[8, 5]
−	数组与标量减法	A − b	[8, 3] − 5=[3, −2]
+	数组加法	A + B	[6, 5] + [4, 8]=[10, 13]
−	数组减法	A − B	[6, 5] − [4, 8]=[2,−3]
.*	数组乘法	A.*B	[3, 5].*[4, 8]=[12, 40]
./	数组左除法	A./B	[2, 5] ./ [4, 8]=[2/4, 5/8]
.\	数组右除法	A.\B	[2, 5] .\ [4, 8]=[2\4, 5\8]
.^	数组求幂	A.^B	[3, 5].^2=[3^2, 5^2]
			2.^[3, 5]=[2^3, 2^5]
			[3, 5].^[2, 4]=[3^2, 5^4]

对应元素乘法

MATLAB 仅为大小相同的数组定义了对应元素乘法。x.*y 的定义是：

```
x.*y = [x(1)y(1), x(2)y(2)..., x(n)y(n)]
```

其中，x 和 y 都有 n 个元素。

如果 x 和 y 是行向量。例如：如果

$$x=[2,\ 4,\ -5] \quad y=[-7,\ 3,\ -8] \tag{2.3-4}$$

那么 z＝x.*y 就得到

$$z=[2(-7), 4(3), -5(-8)]=[-14, 12, 40]$$

这种乘法有时被称为数组乘法。

如果 u 和 v 是列向量，那么 u.*v 的结果也是列向量。

请注意，上例中 x'是一个 3×1 的列向量，它与 y 的大小并不相同(y 的大小为 1×3)。因此，MATLAB 中无法定义向量 x 和 y 的运算 x' .* y 和 y .* x'，并将生成一条错误消息。对于对应元素乘法，必须要记住点(.)和星号(*)组成了一个符号(.*)。按理说，为这个操作定义单个符号可能更好，但是 MATLAB 的开发人员只能选择键盘上的符号。

将数组乘法推广到多行或多列的情况非常简单。首先，这两个数组的大小必须相同。数组运算是在数组中对应位置的元素之间进行的。例如，数组乘法运算 A .* B 产生了一个与 A 和 B 大小相同、元素 $c_{ij}=a_{ij}b_{ij}$的矩阵 C。例如，

$$A=\begin{bmatrix}11 & 5\\ -9 & 4\end{bmatrix} \qquad B=\begin{bmatrix}-7 & 8\\ 6 & 2\end{bmatrix}$$

那么 C＝A .* B 就会得到如下结果：

$$C=\begin{bmatrix}11(-7) & 5(8)\\ -9(6) & 4(2)\end{bmatrix}=\begin{bmatrix}-77 & 40\\ -54 & 8\end{bmatrix}$$

您学会了吗？

T2.3-1　已知向量

$$x=[6 \quad 5 \quad 10] \qquad y=[3 \quad 9 \quad 8]$$

请先手工完成以下运算，然后用 MATLAB 检查您的答案。

a. 求 ***x* 与 *y*** 的和。

b. 求乘积 w＝x .* y。

c. 求乘积 z＝y .* x，z＝w 吗？

(答案: a. [9, 14, 18]　b. [18, 45, 80]　c.是的)

T2.3-2　已知矩阵

$$A=\begin{bmatrix}6 & 4\\ 5 & 3\end{bmatrix} \qquad B=\begin{bmatrix}5 & 2\\ 7 & 9\end{bmatrix}$$

请先手工完成以下运算，然后用 MATLAB 检查您的答案。

a. 求 ***A*** 与 ***B*** 的和。

b. 求乘积 w＝A .* B。

c. 求乘积 z＝B .*A。z＝w 吗？

(答案：a. [11, 6; 12, 12]　b. [30, 8; 35, 27]　c. 是的)

例题 2.3-1　向量与位移

假设两名潜水员从地面出发，并建立以下坐标系：x 轴朝西，y 轴朝北，z 轴朝下。1 号潜水员向西游 55 英尺，向北游 36 英尺，再下潜 25 英尺。2 号潜水员下潜 15 英尺，向东游 20 英尺，向北游 59 英尺。(a)求 1 号潜水员到起点的距离；(b)1 号潜水员必须往各个方向游多远才能到达 2 号潜水员的位置？1 号潜水员要游多远的直线距离才能到达 2 号潜水员的位置？

■　解

(a) 根据选定的 xyz 坐标，1 号潜水员的位置在 $\boldsymbol{r}=55\boldsymbol{i}+36\boldsymbol{j}+25\boldsymbol{k}$，2 号潜水员的位置在 $\boldsymbol{r}=-20\boldsymbol{i}+59\boldsymbol{j}+15\boldsymbol{k}$(请注意，2 号潜水员往东游，在 x 方向上为负值)。根据点 xyz 到原点的距离等于$\sqrt{x^2+y^2+z^2}$可知，这正好等于从原点指向点 xyz 的向量的模。因此该距离可由下列会话计算得出：

```
>>r = [55, 36, 25]; w = [-20, 59, 15];
>>dist1 = sqrt (sum(r.*r))
dist1 =
     70.3278
```

距离大约是 70 英尺。这个结果也可用函数 norm(r)计算出来。

(b) 2 号潜水员相对于 1 号潜水员的位置可由从 1 号潜水员到 2 号潜水员的向量 $\boldsymbol{v}$ 给出。我们可以用向量减法求出该向量 $\boldsymbol{v}=\boldsymbol{w}-\boldsymbol{r}$。继续上述 MATLAB 会话，如下所示：

```
>>v = w-r
v =
     -75  23  -10
>>dist2 = sqrt(sum(v.*v))
dist2 =
     79.0822
```

因此，要想沿着坐标方向游到 2 号潜水员的位置，1 号潜水员必须向东游 75 英尺，向北游 23 英尺，向上游 10 英尺。两名潜水员之间的直线距离约为 79 英尺。

向量化函数

MATLAB 的内置函数，如 sqrt(x)和 exp(x)，都能自动对数组参数进行运算，并生成与数组参数 x 大小相同的数组。因此，这些函数又被称为向量化(vectorized)函数。

因此，当对这些函数作乘、除法运算，或者将它们提升为幂函数时，如果参数是数组，则必须使用对应元素运算。例如，要计算 $z=(e^y\sin x)\cos^2 x$，就必须输入 z=exp(y).*sin(x).*(cos(x)).^2。显然，如果 x 与 y 的大小不同，就会收到错误消息。结果 z 的大小与 x 和 y 的大小相同。

例题 2.3-2　主动脉压强模型

有一个模型可用于描述在收缩期间(心脏主动脉瓣关闭后的时段)主动脉内的血压，下面的方程式是此模型的一个特例。变量 t 表示时间，单位是秒。无量纲变量 y 表示主动脉瓣膜两边的压强差，并以固定的参考压强值归一化。

$$y(t)=e^{-8t}\sin\left(9.7t+\frac{\pi}{2}\right)$$

绘制该函数 $t\geqslant 0$ 时的图形。

■　解

请注意，如果变量 t 表示向量，那么 MATLAB 函数 exp(−8*t)和 sin(9.7*t+π/2)也将是相同大小的向量。因此，要用对应元素乘法来计算 $y(t)$。

我们必须确定向量 t 的适当步长和它的上限。正弦函数 sin(9.7t+π/2)的振荡频率为 9.7rad/s，即

9.7/(2π)≈1.5Hz。因此其振荡周期是 1/1.5=2/3 秒。t 的步长应该是振荡周期的一小部分，以便产生足够的点来绘制曲线。因此，我们选择的步长为 0.003，对应于每个周期约有 200 个点。

正弦波的振幅随时间增长而衰减，这是因为正弦函数与衰减指数 e^{-8t} 相乘。指数的初值是 $e^0=1$，而当 $t=0.5$ 时，则只有初始值的 2%(因为 $e^{-8(0.5)}\approx 0.02$)。因此，我们选择 t 的上限为 0.5。对应的会话过程如下：

```
>>t = 0:0.003:0.5;
>>y = exp(-8*t).*sin(9.7*t+pi/2);
>>plot(t,y),xlabel('t (sec)'), ...
    ylabel('Normalized Pressure Difference y(t)')
```

绘出的曲线如图 2.3-1 所示。请注意，尽管有正弦波，但我们并没有看到多少振荡。这是因为正弦波的周期大于指数 e^{-8t} 完全衰减到零所需要的时间。

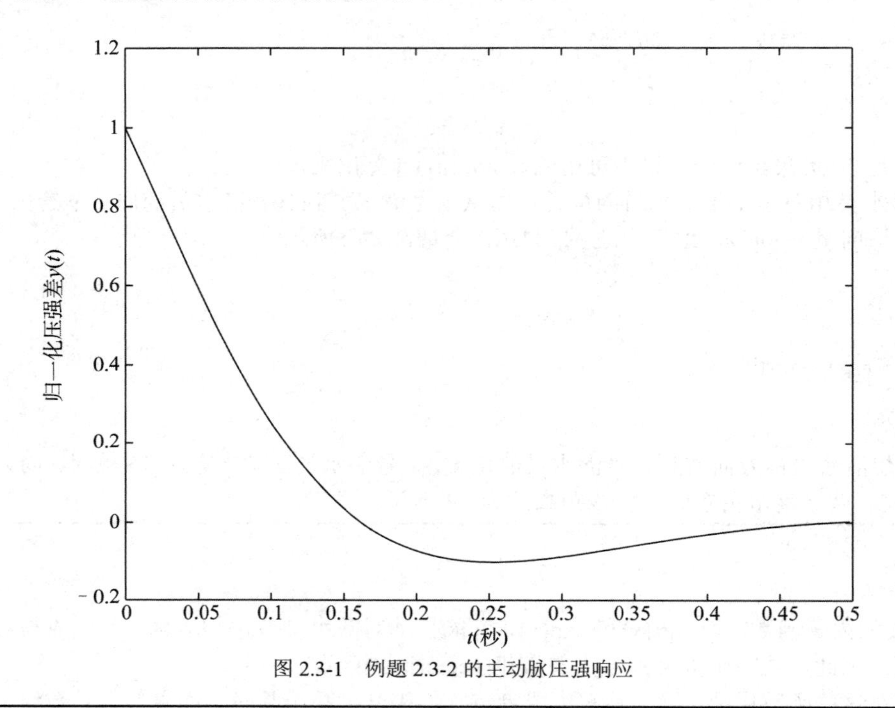

图 2.3-1　例题 2.3-2 的主动脉压强响应

对应元素除法

对应元素除法也称为数组除法，其定义与数组乘法的定义类似，当然，其区别在于数组除法要用一个数组的元素除以另一个数组的元素。两个数组的大小必须相同。数组右除法的符号是./。例如，如果：

$$x=[8, 12, 15]\quad y=[-2, 6, 5]$$

那么 z=x./ y 就等于

$$z=[8/(-2), 12/6, 15/5]=[-4, 2, 3]$$

同样，如果：

$$A=\begin{bmatrix}24 & 20\\ -9 & 4\end{bmatrix}\qquad B=\begin{bmatrix}-4 & 5\\ 3 & 2\end{bmatrix}$$

那么 C=A./B 就等于

$$C=\begin{bmatrix}24/(-4) & 20/5\\ -9/3 & 4/2\end{bmatrix}=\begin{bmatrix}-6 & 4\\ -3 & 2\end{bmatrix}$$

数组左除运算符(.\)定义为使用左除法执行对应元素除法。具体可参见表 2.3-1 的例子。请注意 A .\ B 不等于 A ./ B。

您学会了吗?

T2.3-3　已知向量

$$x=[6\quad 5\quad 10]\qquad y=[3\quad 9\quad 8]$$

请手工计算下面的题，然后用 MATLAB 检查您的答案。

a. 求数组的商 w＝x./y

b. 求数组的商 z＝y./x

(答案：a. [2, 0.5556, 1.25]　b. [0.5, 1.8, 0.8])

T2.3-4　已知矩阵

$$A=\begin{bmatrix}6&4\\5&3\end{bmatrix}\qquad B=\begin{bmatrix}5&2\\7&9\end{bmatrix}$$

请手工计算下面的题，然后用 MATLAB 检查您的答案。

a. 求数组的商 C＝A./B

b. 求数组的商 D＝B./A

c. 求数组的商 E＝A.\B

d. 求数组的商 F＝B.\A

e. C、D、E 或 F 中是否有相等的？

(答案：a. [1.2, 2; 0.7143, 0.3333]　b. [0.8333, 0.5; 1.4, 3]

c. [0.8333, 0.5; 1.4, 3]　d. [1.2, 2; 0.7143, 0.3333]

e. C 和 F 相等；D 和 E 相等)

例题 2.3-3　运输线路分析

下表给出了沿着 5 条卡车线路行驶的距离以及每条线路所需的行驶时间的数据。请利用这些数据计算出行驶每条线路的平均速度，并求出平均速度最高的线路。

时间(小时)	1	2	3	4	5
距离(英里)	560	440	490	530	370
	10.3	8.2	9.1	10.1	7.5

■　**解**

例如，第一条线路的平均速度是 560/10.3≈54.4 英里/小时。首先依据距离和时间数据来定义行向量 d 和 t。然后，利用 MATLAB 进行数组除法，求出每条线路的平均速度。会话过程为：

```
>>d = [560, 440, 490, 530, 370]
>>t = [10.3, 8.2, 9.1, 10.1, 7.5]
>>speed = d./t
speed =
   54.3689  53.6585  53.8462  52.4752  49.3333
```

结果的单位是英里/小时。请注意，MATLAB 显示的有效数字比调整后的已知数据的 3 位有效数字多，因此在使用这些数据前，应将结果舍入到 3 位有效数字。

要找到最高的平均速度和对应的线路，请继续如下的会话：

```
>>[highest_speed, route] = max(speed)
highest_speed =
```

```
    54.3689
route =
    1
```

结果是第一条路线的速度最快。

如果不需要求出每条线路的速度，那么可通过按如下方法合并上述两条命令来解决这个问题：[highest_speed, route] = max(d./t)。

对应元素求幂

MATLAB不仅允许我们对数组求幂，还允许对标量求幂。对应元素求幂时，必须使用.^符号。例如，如果 x＝[3, 5, 8]，然后输入 x.^3 即可求得数组$[3^3, 5^3, 8^3]$＝[27, 125, 512]。如果 x＝0: 2: 6，然后输入 x.^2，即可求得数组$[0^2, 2^2, 4^2, 6^2]$＝[0, 4, 16, 36]。如果

$$A=\begin{bmatrix}4 & -5\\ 2 & 3\end{bmatrix}$$

那么 B＝A.^3 得出的结果是：

$$B=\begin{bmatrix}4^3 & (-5)^3\\ 2^3 & 3^3\end{bmatrix}=\begin{bmatrix}64 & -125^3\\ 8 & 27\end{bmatrix}$$

我们可以求标量的数组幂。例如，如果 p＝[2, 4, 5]，然后输入 3.^ p 即可求得数组$[3^2, 3^4, 3^5]$＝[9, 81, 243]。这个例子演示了一种常见的情况，这可以帮助我们记住.^是一个单一的(single)符号；3 .^ p 中的点不是跟在数字 3 后面的小数点。对于与上面相同的 p 值，以下几个算式的结果都相同并且正确：

```
3.^p
3.0.^p
3..^p
(3).^p
3.^[2, 4, 5]
```

对于数组指数，如果底数是标量，或者幂指数的大小与底数的大小相等，那么它的幂也可以是数组。例如，如果 x＝[1, 2, 3]且 y＝[2, 3, 4]，那么 y.^x 的结果就是数组[2 9 6 4]。如果 A＝[1, 2; 3, 4]，那么 2.^A 的结果就是数组[2, 4; 8, 16]。

您学会了吗？

T2.3-5 已知矩阵

$$\boldsymbol{A}=\begin{bmatrix}21 & 27\\ -18 & 8\end{bmatrix}\quad \boldsymbol{B}=\begin{bmatrix}-7 & -3\\ 9 & 4\end{bmatrix}$$

求：(a) 它们的数组乘积；(b) 它们的数组右除法(***A*** 除以 ***B***)；(c) 矩阵 ***B*** 对应元素的三次幂。

答案：(a) [−147, −81; −162, 32]；(b) [−3, −9; -2, 2]；(c) [−343, −27; 729, 64]

例题 2.3-4 电阻的电流和功率损耗

当电流 i 通过电阻时，电阻两端的电压 v 可由欧姆定律算出，$i=v/R$，其中 R 是电阻值。电阻上的功耗可由 v^2/R 算出。下表给出了 5 个电阻的阻值和电压值。请用这些数据计算：(a) 每个电阻上的电流；(b) 每个电阻的功耗。

	1	2	3	4	5
$R(\Omega)$	10^4	2×10^4	3.5×10^4	10^5	2×10^5
v(V)	120	80	110	200	350

■ **解**

(a) 首先定义两个行向量，一个包含电阻值，一个包含电压值。为了用 MATLAB 求出电流值 $i=v/R$，可以使用数组除法。会话过程如下:

```
>>R = [10000, 20000, 35000, 100000, 200000];
>>v = [120, 80, 110, 200, 350];
>>current = v./R
current =
   0.0120 0.0040 0.0031 0.0020 0.0018
```

计算结果的单位是安培，并且应舍入到三位有效数字，以便与电压数据的三位有效数字对应。

(b) 为求出功率 $P=v^2/R$，需要进行数组指数和数组除法运算。会话过程如下：

```
>>power = v.^2./R
power =
   1.4400  0.3200  0.3457  0.4000  0.6125
```

这些数字是每个电阻的功耗(单位为瓦特)。请注意，语法 v.^2./R 等价于(v.^2)./R。虽然这里的优先级规则并不复杂，但是，如果我们不确定 MATLAB 将如何解释我们的命令，那么最好给量加上括号。

例题 2.3-5　间歇蒸馏过程

有一种通过加热苯/甲苯溶液来蒸馏提纯的系统，采用了一种特殊的间歇蒸馏装置，最初是对 100mol 纯度 60%的苯/纯度 40%的甲苯混合物进行充电。假设静水中剩余的液体量为 L (mol)，剩余液体中的苯的摩尔分数为 x(mol B/mol)。根据苯和甲苯的质量守恒定律可以推导出以下关系[Felder, 1986]。

$$L = 100\left(\frac{x}{0.6}\right)^{0.625}\left(\frac{1-x}{0.4}\right)^{-1.625}$$

请确定当 $L=70$ 时苯的摩尔分数。请注意，这个方程很难直接解出 x，请用 x 相对于 L 的函数图来解决这个问题。

■ **解**

这个方程涉及数组的乘法和数组指数。请注意，MATLAB 允许使用十进制指数来计算 L。显然，L 的取值范围为 $0\leqslant L\leqslant 100$；但是，我们不知道 x 的具体范围，只知道 $x\geqslant 0$。因此，我们必须使用如下所示的会话对 x 的范围进行猜测。我们发现，如果 $x>0.6$，那么 $L>100$。因此选择 $x=0: 0.001: 0.6$。使用 ginput 函数求出与 $L=70$ 对应的 x 值。

```
>>x = 0:0.001:0.6;
>>L = 100*(x/0.6).^(0.625).*((1-x)/0.4).^(-1.625);
>>plot (L,x),grid,xlabel('L (mol)'),ylabel('x (mol B/mol)'),...
   [L,x] = ginput(1)
```

绘出的图形如图 2.3-2 所示。答案是当 $L=70$ 时 $x=0.52$。图中显示，随着液体量的减小，苯在剩余液体中变得更纯洁。直到静水为空($L=0$)时，剩余液体为纯甲苯。

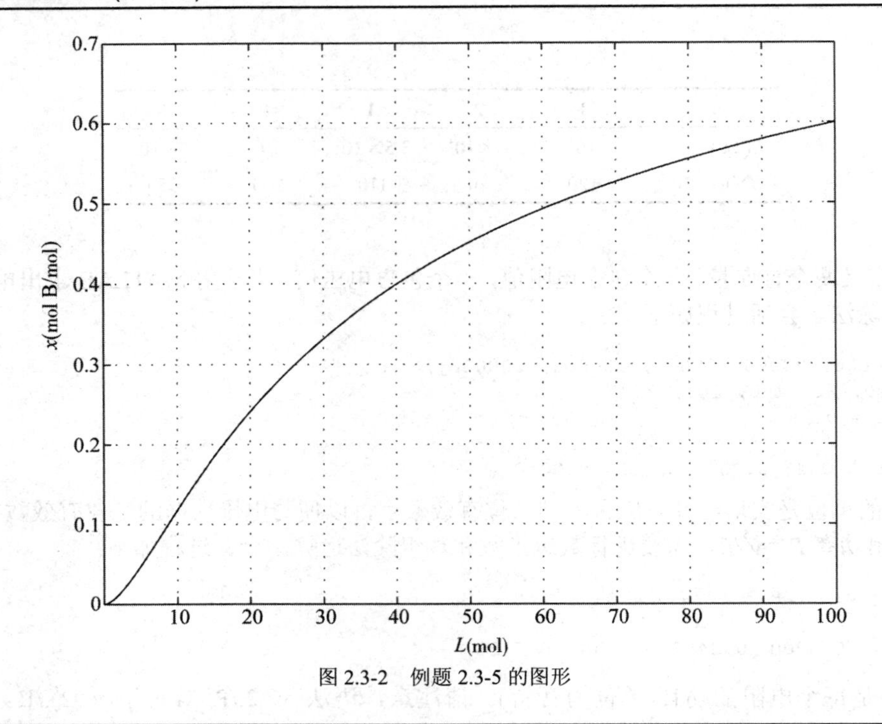

图 2.3-2　例题 2.3-5 的图形

2.4　矩阵运算

矩阵加法和减法与对应元素加法和减法相同，就是矩阵的对应元素相加或相减。然而，矩阵的乘法和除法与对应元素乘、除法不同。

向量的乘法

回忆一下，向量是仅有一行或一列的简单矩阵。因此，矩阵的乘法和除法运算同样适用于向量。我们首先通过考虑向量乘法来介绍矩阵乘法。

向量 $\boldsymbol{u}$ 和 $\boldsymbol{w}$ 的向量点积 $\boldsymbol{u} \cdot \boldsymbol{w}$ 是标量，可以看作 $\boldsymbol{u}$ 在 $\boldsymbol{w}$ 上的垂直投影。其模可由 $|\boldsymbol{u}||\boldsymbol{w}|\cos\theta$ 计算，其中 θ 是两个向量的夹角，而 $|\boldsymbol{u}|$ 和 $|\boldsymbol{w}|$ 是向量的模。因此，如果向量平行且方向相同，那么 $\theta=0$ 并且 $\boldsymbol{u} \cdot \boldsymbol{w}=|\boldsymbol{u}||\boldsymbol{w}|$；如果向量相互垂直，那么 $\theta=90°$ 并且 $\boldsymbol{u} \cdot \boldsymbol{w}=0$。因为单位向量 $\boldsymbol{i}$、$\boldsymbol{j}$、$\boldsymbol{k}$ 的长度都是单位 1，即：

$$\boldsymbol{i} \cdot \boldsymbol{i}=\boldsymbol{j} \cdot \boldsymbol{j}=\boldsymbol{k} \cdot \boldsymbol{k}=1 \tag{2.4-1}$$

因为单位向量是垂直的，即：

$$\boldsymbol{i} \cdot \boldsymbol{j}=\boldsymbol{i} \cdot \boldsymbol{k}=\boldsymbol{j} \cdot \boldsymbol{k}=0 \tag{2.4-2}$$

因此向量的点积可以用单位向量表示为：

$$\boldsymbol{u} \cdot \boldsymbol{w}=(u_1\boldsymbol{i}+u_2\boldsymbol{j}+u_3\boldsymbol{k}) \cdot (w_1\boldsymbol{i}+w_2\boldsymbol{j}+w_3\boldsymbol{k})$$

运用代数乘法，并结合式(2.4-1)和式(2.4-2)的性质，可以得到：

$$\boldsymbol{u} \cdot \boldsymbol{w}=u_1w_1+u_2w_2+u_3w_3$$

行向量 $\boldsymbol{u}$ 与列向量 $\boldsymbol{w}$ 的矩阵积的定义与向量点积的定义相同；结果是一个标量，等于向量对应元素的乘积和；当每个向量含有三个元素时就有：

$$[u_1 \quad u_2 \quad u_3]\begin{bmatrix} w_1 \\ w_2 \\ w_3 \end{bmatrix} = u_1w_1 + u_2w_2 + u_3w_3$$

因此，一个 1×3 的向量乘以一个 3×1 的向量，结果是一个 1×1 的数组，也就是一个标量。这个定义适用于元素个数为任意值的向量，只要两个向量的元素个数相同即可。

因此，一个 $1\times n$ 向量乘以一个 $n\times 1$ 向量，其结果是一个 1×1 数组，也就是标量。

例题 2.4-1　飞行的英里数

表 2.4-1 给出了飞机在某段行程中各航段的速度和时间。请计算各航段的英里数和总的英里数。

表 2.4-1　飞机在各航段的速度和时间

	航段			
	1	2	3	4
速度(英里/小时)	200	250	400	300
时间(小时)	2	5	3	4

■　解

我们可以定义一个包含速度的行向量 s 和一个包含每航段飞行时间的行向量 t。因此 s=[200, 250, 400, 300]，t=[2, 5, 3, 4]。

为了计算每航段的英里数，可将速度乘以对应的时间。为此，可以使用 MATLAB 的运算符.*，指定乘法 s.*t 来生成行向量，其元素是 s 和 t 中相应元素的乘积：

$$s.*t= [200(2), 250(5), 400(3), 300(4)] = [400, 1250, 1200, 1200]$$

该向量包含了飞机在这次行程各航段所飞行的英里数。

为求出飞行的总英里数，可以使用矩阵乘法，并表示为 s*t'。在该定义中，乘积是单个元素的乘积和；也就是说：

$$s*t' = [200(2) + 250(5) + 400(3) + 300(4)] = 4050$$

这两个例子说明了数组乘法 s.*t 和矩阵(matrix)乘法 s*t'之间的区别。

向量与矩阵的乘法

不是所有矩阵乘积都是标量。要将前面的乘法推广到一个列向量乘以一个矩阵，可以把这个矩阵看成是行向量的组合。每个行-列相乘的标量结果形成最终乘积结果(即一个列向量)中的一个元素。例如：

$$\begin{bmatrix}2 & 7\\6 & -5\end{bmatrix}\begin{bmatrix}3\\9\end{bmatrix} = \begin{bmatrix}2(3)+7(9)\\6(3)-5(9)\end{bmatrix} = \begin{bmatrix}69\\-27\end{bmatrix} \tag{2.4-3}$$

因此，2×2 矩阵乘以 2×1 向量的结果是一个 2×1 数组，即一个列向量。请注意，该乘法的定义要求矩阵中的列数等于向量中的行数。一般来说，乘积 $\boldsymbol{Ax}$，其中 $\boldsymbol{A}$ 有 p 列，只有当 $\boldsymbol{x}$ 有 p 行时才有定义。如果 $\boldsymbol{A}$ 有 m 行，并且 $\boldsymbol{x}$ 为列向量，那么 $\boldsymbol{Ax}$ 的结果就是一个 m 行的列向量。

矩阵与矩阵的乘法

可将乘法的定义扩展为包含两个矩阵 $\boldsymbol{AB}$ 的乘积。其中，$\boldsymbol{A}$ 的列数必须等于 $\boldsymbol{B}$ 的行数。行-列相乘形成列向量，这些列向量再构成矩阵结果。乘积 $\boldsymbol{AB}$ 的行数与 $\boldsymbol{A}$ 相同，列数与 $\boldsymbol{B}$ 相同。例如：

$$\begin{bmatrix}6 & -2\\10 & 3\\4 & 7\end{bmatrix}\begin{bmatrix}9 & 8\\-5 & 12\end{bmatrix} = \begin{bmatrix}(6)(9)+(-2)(-5) & (6)(8)+(-2)(12)\\(10)(9)+(3)(-5) & (10)(8)+(3)(12)\\(4)(9)+(7)(-5) & (4)(8)+(7)(12)\end{bmatrix}$$

$$= \begin{bmatrix}64 & 24\\75 & 116\\1 & 116\end{bmatrix} \qquad 2.4\text{-}4$$

请使用运算符* 在 MATLAB 中完成矩阵乘法。下面的 MATLAB 会话展示了如何执行(2.4-4)所示的矩阵乘法。

```
>>A = [6, -2; 10, 3; 4, 7];
>>B = [9, 8; -5, 12];
>>A*B
```

以下乘积采用的是对应元素(element-by-element)乘法定义：

$$[3 \quad 1 \quad 7][4 \quad 6 \quad 5] = [12 \quad 6 \quad 35]$$

但是，这个乘积并不是为矩阵乘法而定义。原因是第一个矩阵有三列，而第二个矩阵没有三行。因此，如果我们在 MATLAB 中输入[3, 1, 7]*[4, 6, 5]，就会收到一条错误消息。

在矩阵乘法中定义了下列乘积，并给出了如下答案：

$$\begin{bmatrix} x_1 \\ x_2 \\ x_3 \end{bmatrix} [y_1 \quad y_2 \quad y_3] = \begin{bmatrix} x_1y_1 & x_1y_2 & x_1y_3 \\ x_2y_1 & x_2y_2 & x_2y_3 \\ x_3y_1 & x_3y_2 & x_3y_3 \end{bmatrix}$$

因此，下列乘积也有定义：

$$[10 \quad 6]\begin{bmatrix} 7 & 4 \\ 5 & 2 \end{bmatrix} = [10(7) \ + \ 6(5) \quad 10(4) \ + \ 6(2)] = [100 \quad 52]$$

您学会了吗？

T2.4-1 已知向量

$$\boldsymbol{x} = \begin{bmatrix} 6 \\ 5 \\ 3 \end{bmatrix} \qquad \boldsymbol{y} = [2 \quad 8 \quad 7]$$

请先手工计算下列各题，然后用 MATLAB 检查您的答案。

a. 求矩阵乘积 w＝x*y。

b. 求矩阵乘积 z＝y*x。z＝w 吗?

(答案：a. [12, 48, 42; 10, 40, 35; 6, 24, 21]　b. 73，显然不相等！)

T2.4-2 请使用 MATLAB 计算下列向量的点积：

$$\boldsymbol{u} = 6\boldsymbol{i} - 8\boldsymbol{j} + 3\boldsymbol{k}$$
$$\boldsymbol{w} = 5\boldsymbol{i} + 3\boldsymbol{j} - 4\boldsymbol{k}$$

请手工检查答案。(答案：−6)

T2.4-3 请用 MATLAB 证明：

$$\begin{bmatrix} 7 & 4 \\ -3 & 2 \\ 5 & 9 \end{bmatrix} \begin{bmatrix} 1 & 8 \\ 7 & 6 \end{bmatrix} = \begin{bmatrix} 35 & 80 \\ 11 & -12 \\ 68 & 94 \end{bmatrix}$$

计算多变量函数

要想计算双变量函数，比如 $z=f(x, y)$，对于 $x=x_1, x_2, \ldots, x_m$ 和 $y=y_1, y_2, \ldots, y_n$，定义 $m\times n$ 矩阵：

$$\boldsymbol{x} = \begin{bmatrix} x_1 & x_1 & \cdots & x_1 \\ x_2 & x_2 & \cdots & x_2 \\ \vdots & \vdots & \vdots & \vdots \\ x_m & x_m & \cdots & x_m \end{bmatrix} \qquad \boldsymbol{y} = \begin{bmatrix} y_1 & y_1 & \cdots & y_n \\ y_1 & y_2 & \cdots & y_n \\ \vdots & \vdots & \vdots & \vdots \\ y_1 & y_2 & \cdots & y_n \end{bmatrix}$$

当在 MATLAB 中用数组运算计算函数 $z=f(x, y)$时，得到的 $m\times n$ 矩阵 z 具有元素 $z_{ij}=f(x_i, y_j)$。我们还可以用多维数组将该技术拓展到多变量函数的情况。

例题 2.4-2　高度和速度

当一个物体以速度 v 和与水平成 θ 角的方向抛出时，在忽略阻力的情况下，其最大飞行高度 h 为：

$$h = \frac{v^2 \sin^2\theta}{2g}$$

创建表格，展示以下 v 和 θ 条件下的最大高度值：

v=10m/s, 12m/s, 14m/s, 16m/s, 18m/s, 20 m/s　　θ=50°, 60°, 70°, 80°

该表的行对应于飞行速度值，列对应于飞行角度。

■　解

计算程序如下所示：

```
g = 9.8; v = 10:2:20;
theta = 50:10:80;
h = (v'.^2)*(sind(theta).^2)/(2*g);
table = [0, theta; v', h]
```

数组 v 和 theta 包含了给定的速度和角度。数组 v 的大小是 1×6，数组 theta 的大小是 1×4。因此 v'.^2 项的结果是 6×1 数组，而 sind(theta).^2 项的结果是 1×4 数组。这两个数组的乘积 h 是一个矩阵乘积，是一个大小为(6×1)(1×4)=(6×4)矩阵。

数组[0, theta]的大小是 1×5，数组[v', h]的大小是 6×5，所以矩阵 table 的大小是 7×5。下表显示了舍入到一位小数后的矩阵表。从这个表格中我们可以看到，当 v=14 m/s，且 θ=70°时，最大高度为 8.8m。

0	50	60	70	80
10	3.0	3.8	4.5	4.9
12	4.3	5.5	6.5	7.1
14	5.9	7.5	8.8	9.7
16	7.7	9.8	11.5	12.7
18	9.7	12.4	14.6	16.0
20	12.0	15.3	18.0	19.8

例题 2.4-3　制造成本分析

表 2.4-2 显示了四种制造工艺的每小时成本。它还显示了生产三种不同产品所需的每个工艺的小时数。请使用矩阵和 MATLAB 解决下列问题。(a)确定每道工艺生产 1 个单位产品 1 的成本。(b)确定每种产品生产 1 个单位的成本。(c)假设我们生产 10 单位的产品 1，5 单位的产品 2，以及 7 单位的产品 3。请计算所需的总成本。

表 2.4-2　制造工艺的成本和时间数据

工艺	每小时成本(美元)	生产 1 个单位所需的小时数		
		产品 1	产品 2	产品 3
车工	10	6	5	4
研磨	12	2	3	1
铣工	14	3	2	5
焊接	9	4	0	3

■　解

(a) 这里采用的基本原则是，成本等于每小时成本乘以所需要的小时数。例如，在产品 1 中使用车床的成本是(\$10/hr)(6hr) = \$60，其他三个工艺的费用也可类似计算得到。如果我们定义行向量 hourly_costs 表示每小时的成本，定义生产产品 1 所需的小时数的行向量为 hours_1，然后就可以用对应元素乘法计算产品 1 的每个工艺的成本。在 MATLAB 中的会话为：

```
>>hourly_cost = [10, 12, 14, 9];
>>hours_1 = [6, 2, 3, 4];
>>process_cost_1 = hourly_cost.*hours_1
process_cost_1 =
   60  24  42  36
```

这些就是生产 1 个单位产品 1 时四个工艺中的每道工艺的成本。

(b) 要计算 1 个单位产品 1 的总成本，可以使用向量 hourly_costs 和 hours_1，但要采用矩阵乘法而非对应元素乘法，因为矩阵乘法会对每个乘积求和。矩阵乘法可得到：

$$[10 \quad 12 \quad 14 \quad 9]\begin{bmatrix}6\\2\\3\\4\end{bmatrix} = 10(6) + 12(2) + 14(3) + 9(4) = 162$$

可以利用表中的数据对产品 2 和产品 3 进行类似的乘法。

对于产品 2 而言：

$$[10 \quad 12 \quad 14 \quad 9]\begin{bmatrix}5\\3\\2\\0\end{bmatrix} = 10(5) + 12(3) + 14(2) + 9(0) = 114$$

对于产品 3 而言：

$$[10 \quad 12 \quad 14 \quad 9]\begin{bmatrix}4\\1\\5\\3\end{bmatrix} = 10(4) + 12(1) + 14(5) + 9(3) = 149$$

这三个运算可以定义成一次矩阵运算即可完成，其中矩阵的列由表中最后三列的数据组成：

$$[10 \quad 12 \quad 14 \quad 9]\begin{bmatrix}6 & 5 & 4\\2 & 3 & 1\\3 & 2 & 5\\4 & 0 & 3\end{bmatrix} = \begin{bmatrix}60 & + & 24 & + & 42 & + & 36\\50 & + & 36 & + & 28 & + & 0\\40 & + & 12 & + & 70 & + & 27\end{bmatrix} = [162 \quad 114 \quad 149]$$

在 MATLAB 中，会话继续，如下所示。请记住必须用转置运算将行向量转换成列向量。

```
>>hours_2 = [5, 3, 2, 0];
>>hours_3 = [4, 1, 5, 3];
>>unit_cost = hourly_cost*[hours_1', hours_2', hours_3']
unit_cost =
   162  114  149
```

因此，一个单位的产品 1、2 和 3 的生产成本分别为 162 美元、114 美元和 149 美元。

(c) 要求出分别生产 10 个、5 个和 7 个单位的总成本，可以采用矩阵乘法计算，如下所示：

$$[10 \quad 5 \quad 7]\begin{bmatrix}162\\114\\149\end{bmatrix} = 1620 + 570 + 1043 = 3233$$

在 MATLAB 中，会话继续如下所示。注意对向量 unit_cost 使用转置运算符。

```
>>units = [10, 5, 7];
>>total_cost = units*unit_cost'
total_cost =
   3233
```

总费用为 3233 美元。

一般的矩阵乘法

我们可以这样描述矩阵乘法的一般结果：假设矩阵 $\boldsymbol{A}$ 的大小是 $m\times p$，矩阵 $\boldsymbol{B}$ 的大小是 $p\times q$。如果矩阵 $\boldsymbol{C}$ 是 $\boldsymbol{A}$ 和 $\boldsymbol{B}$ 的乘积，那么 $\boldsymbol{C}$ 的大小是 $m\times q$，并且其各元素为：

$$c_{ij}=\sum_{k=1}^{p}a_{ik}b_{kj} \tag{2.4-5}$$

对于 $i=1, 2, \ldots, m$ 和 $j=1, 2, \ldots, q$。对于要定义的乘积，矩阵 $\boldsymbol{A}$ 和 $\boldsymbol{B}$ 必须是可满足的；也就是说，矩阵 $\boldsymbol{B}$ 的行数必须等于矩阵 $\boldsymbol{A}$ 的列数。乘积的行数与矩阵 $\boldsymbol{A}$ 的行数相同，列数与矩阵 $\boldsymbol{B}$ 的列数相同。

矩阵乘法没有交换律；也就是说，通常 $\boldsymbol{AB}\neq\boldsymbol{BA}$。调换矩阵乘法的顺序是一个常见且易犯的错误。

矩阵乘法具有结合律和分配律。分配律可表示为：

$$\boldsymbol{A}(\boldsymbol{B}+\boldsymbol{C})=\boldsymbol{AB}+\boldsymbol{AC} \tag{2.4-6}$$

结合律可表示为：

$$(\boldsymbol{AB})\boldsymbol{C}=\boldsymbol{A}(\boldsymbol{BC}) \tag{2.4-7}$$

成本分析的应用

存储在表格中的项目成本数据通常必须以多种方式进行分析。MATLAB 矩阵中的元素与电子数据表中的单元类似，并且 MATLAB 可以执行许多数据表类型的计算来分析这些表格。

例题 2.4-4　产品成本分析

表 2.4-3 显示了与某产品相关的成本，表 2.4-4 显示了该财务年度内四个季度的产量。请使用 MATLAB 计算该产品的材料、人工、运输的季度成本，计算本年度的材料、人工和运输费用总额，并计算季度总成本。

表 2.4-3　产品成本

	单位成本($\$\times10^3$)		
产品	材料	人工	运输
1	6	2	1
2	2	5	4
3	4	3	2
4	9	7	3

表 2.4-4　季度产量

产品	第一季度	第二季度	第三季度	第四季度
1	10	12	13	15
2	8	7	6	4
3	12	10	13	9
4	6	4	11	5

■　**解**

成本是单位成本和产量的乘积。因此，我们定义了两个矩阵：矩阵 U 包含表 2.4-3 中的单位成本，单位为千美元。矩阵 P 包含表 2.4-4 中的季度产量数据。

```
>>U = [6, 2, 1; 2, 5, 4; 4, 3, 2; 9, 7, 3];
>>P = [10, 12, 13, 15; 8, 7, 6, 4; 12, 10, 13, 9; 6, 4, 11, 5];
```

注意，如果把矩阵 U 的第一列与矩阵 P 的第一列相乘，就得到了第一季度的材料总成本。类似地，将矩阵 U 的第一列与矩阵 P 的第二列相乘，就可得到第二季度的材料总成本。同样，用矩阵 U 中的第二列乘以矩阵 P 的第一列，即可得到第一季度的总人工成本，以此类推。扩展这个模式，就能看到我们必须将矩阵 U 的转置乘以矩阵 P。该乘法即可算出成本矩阵 C。

```
>>C = U'*P
```

结果是：

$$\mathbf{C} = \begin{bmatrix} 178 & 162 & 241 & 179 \\ 138 & 117 & 172 & 112 \\ 84 & 72 & 96 & 64 \end{bmatrix}$$

矩阵 C 中的每一列表示一个季度。第一季度的总成本是第一列中各元素的和，第二季度的总成本是第二列数据的和，以此类推。由于 sum 命令可对矩阵的列进行求和，因此要想求出季度成本，就可以输入：

```
>>Quarterly_Costs = sum( C )
```

结果向量[400 351 509 355]就是季度成本，单位是千美元。因此，每个季度的总成本分别为 400 000 美元、351 000 美元、509 000 美元和 355 000 美元。

矩阵 C 的第一行元素是每个季度的材料成本，第二行元素是每个季度的人工成本，第三行元素是每个季度的运输成本。因此要求出材料总成本，就必须对矩阵 C 的第一行求和。同样，人工和运输的总成本分别是矩阵 C 的第二行和第三行的和，由于 sum 命令只对列求和，因此必须用矩阵 C 的转置，于是要输入以下内容：

```
>>Category_Costs = sum(C')
```

结果向量[760 539 316]就是分类总成本，单位是千美元。即，年材料总成本为 760 000 美元、年人工总成本为 539 000 美元、年运输总成本为 316 000 美元。

我们展示矩阵 C 只是为了解释它的结构。如果不需要显示 C，那么整个分析就只有 4 个命令行。

```
>>U = [6, 2, 1; 2, 5, 4; 4, 3, 2; 9, 7, 3];
>>P = [10, 12, 13, 15; 8, 7, 6, 4; 12, 10, 13, 9; 6, 4, 11, 5];
>>Quarterly_Costs = sum(U'*P)
Quarterly_Costs
    400  351  509  355
>>Category_Costs = sum((U'*P)')
Category_Costs =
    760  539  316
```

这个例子也说明了 MATLAB 命令的简洁性。

特殊的矩阵

零矩阵

单位矩阵

交换律不成立的两个例外是零矩阵(以 ***0*** 表示)和单位矩阵(以 ***I*** 表示)。零矩阵的所有元素都是零，这与空矩阵[]并不相同(空矩阵没有元素)。单位矩阵是方阵，它的对角线元素都是 1，其他元素都是 0。例如，2×2 的单位矩阵是：

$$I = \begin{bmatrix} 1 & 0 \\ 0 & 1 \end{bmatrix}$$

这两种特殊矩阵具有以下性质：

$$\boldsymbol{0A=A0=0}$$

$$\boldsymbol{IA=AI=A}$$

MATLAB 有特殊命令可以创建特殊矩阵。输入 help specmat 命令可以查看这些特殊矩阵命令列表，也可以参见表 2.4-5。用 eye(n)命令就可以创建单位矩阵 I，其中 n 是期望的矩阵大小。要想创建 2×2 的单位矩阵，可以输入 eye(2)。输入 eye (size (A))命令可以创建与矩阵 A 大小相等的单位矩阵。

有时我们要将矩阵的所有元素都初始化为零。zeros 命令即可创建一个所有元素都是 0 的矩阵。输入 zeros(n)即可创建一个 n×n 且元素全为 0 的矩阵。输入 zeros(m, n)则可创建一个 m×n 且元素全为 0 的矩阵，这和输入 A(m, n)=0 的效果一样。输入 zeros(size(A))即可创建一个所有元素为 0 并且大小与矩阵 A 相同的矩阵。这种矩阵在我们事先不知道大小的应用中非常有用。ones 命令的语法与此相同，只是它创建的是元素全为 1 的矩阵。

例如，要创建并绘制函数

$$f(x)=\begin{cases}10 & 0\leqslant x\leqslant 2\\ 0 & 2<x<5\\ -3 & 5\leqslant x\leqslant 7\end{cases}$$

表 2.4-5　特殊矩阵

命令	描述
eye(n)	创建一个 $n\times n$ 的单位矩阵
eye(size(A))	创建一个与矩阵 $\boldsymbol{A}$ 大小相同的单位矩阵
ones(n)	创建一个 $n\times n$ 且元素全为 1 的矩阵
ones(m, n)	创建一个 $m\times n$ 且元素全为 1 的数组
ones(size(A))	创建一个与数组 A 大小相同的数组
zeros(n)	创建一个 $n\times n$ 且元素全为 0 的矩阵
zeros(m, n)	创建一个 $m\times n$ 且元素全为 0 的数组
zeros(size(A))	创建一个与数组 A 大小相同且元素全为 0 的数组

对应的脚本文件是：

```
x1 = 0:0.01:2;
f1 = 10*ones(size(x1));
x2 = 2.01:0.01:4.99;
f2 = zeros(size(x2));
x3 = 5:0.01:7;
f3 = -3*ones(size(x3));
f = [f1, f2, f3];
x = [x1, x2, x3];
plot(x, f),xlabel('x'),ylabel('y')
```

请考虑一下，如果用命令 plot(x1, f1, x2, f2, x3, f3)代替命令 plot(x, f)，那么画出的图形会是什么样子？

矩阵除法和线性代数方程

在众多应用中，矩阵除法要用到左除和右除运算符，即/和\，求解线性代数方程的解集是其中重要的一类。第 8 章还将涉及一个相关的主题，矩阵的逆。

可以用 MATLAB 的左除运算符(\)来求解线性代数方程的解集。例如，对于方程组：

$$\begin{aligned}6x &+ 12y + 4z = 70\\ 7x &- 2y + 3z = 5\\ 2x &+ 8y - 9z = 64\end{aligned}$$

要在 MATLAB 中求出它的解，就必须创建两个数组，我们称之为数组 A 和 B。数组 A 的行数与方程组的行数相等，列数也与方程组的变量数相等。数组 A 的各行必须按顺序依次包含 x、y 和 z 的系数。在本例中，数组 A 的第一行必须是 6, 12, 4；第二行必须是 7, −2, 3；第三行必须是 2, 8, −9。数组 B 包含方程组右边的常量；它只有一列，其行数与方程组的行数相等。在本例中，数组 B 的第一行是 70，第二行是 5，第三行是 64。求解方程组的方法是输入 A\B。会话过程如下。

```
>>A = [6, 12, 4; 7, -2, 3; 2, 8, -9];
>>B = [70; 5; 64];
>>Solution = A\B
Solution =
     3
     5
    -2
```

方程组的解是 $x=3$，$y=5$，$z=-2$。

当方程组有唯一解时，左除法(left division method)很好用。要学习如何处理具有非唯一解(甚至没有解)的求解方法，请参阅第 8 章。

左除法

您学会了吗？

T2.4-4 请用 MATLAB 求解以下方程组。

$$4x+3y=23$$
$$8x-2y=6$$

(答案：$x=2, y=5$)

T2.4-5 请用 MATLAB 求解以下方程组。

$$4x-2y=16$$
$$3x+5y=-1$$

(答案：$x=3, y=-2$)

T2.4-6 请用 MATLAB 求解以下方程组。

$$6x-4y+8z=112$$
$$-5x-3y+7z=75$$
$$14x+9y-5z=-67$$

(答案：$x=2, y=-5, z=10$)

矩阵的幂运算

对矩阵求幂，就相当于让这个矩阵乘以它本身，例如，$\boldsymbol{A}^2=\boldsymbol{AA}$。这个过程要求矩阵的行数与列数相等，即它是方阵(square matrix)。MATLAB 用符号^计算矩阵的幂。要求 $\boldsymbol{A}^2$，请输入 A^2。

如果矩阵 $\boldsymbol{A}$ 是方阵，就可以求矩阵 $\boldsymbol{A}$ 的 n 次幂，只需要输入 n^A 即可。但是采用这个运算的应用属于高级课程。然而，即使 $\boldsymbol{A}$ 和 $\boldsymbol{B}$ 都是方阵，对矩阵求矩阵次幂——$\boldsymbol{A}^{\boldsymbol{B}}$——也没有定义。

特殊乘积

物理和工程中的许多应用都使用叉积和点积。例如，计算力矩和力的分量时都使用特殊乘积。如果 $\boldsymbol{A}$ 和 $\boldsymbol{B}$ 是含有三个元素的向量，那么叉积命令 cross(A, B)可以计算出两个三元素向量的叉积 $\boldsymbol{A}\times\boldsymbol{B}$。如果 $\boldsymbol{A}$ 和 $\boldsymbol{B}$ 是 $3\times n$ 矩阵，那么 cross(A, B)返回一个 $3\times n$ 的数组，其中数组的列是 $3\times n$ 数组 A 和 B 对应元素的叉积。例如，对于参考点 O，由力 F 产生的力矩 M 等于 $M=\boldsymbol{r}\times F$，其中 $\boldsymbol{r}$ 是从点 O 到施加力 F 的点的向量。要在 MATLAB 中求出该力矩，可输入 M=cross(r, F)。

点积命令 dot(A, B)能计算出一个长度为 n 的行向量，其各元素是 $m\times n$ 数组 A 和 B 对应列的点积。要计算力 F 沿向量 $\boldsymbol{r}$ 方向的分量，可以输入 dot(F, r)。

2.5　使用数组的多项式运算

MATLAB 有一些处理多项式的方便工具。输入 help polyfun 可以获得关于这类命令的更多信息。我们将使用下列符号来描述多项式:

$$f(x) = a_1 x^n + a_2 x^{n-1} + a_3 x^{n-2} + \cdots + a_{n-1} x^2 + a_n x + a_{n+1}$$

在 MATLAB 中，可以用一个行向量描述一个多项式，其中向量的元素就是多项式的系数，并且从 x 的最高次幂的系数开始。该向量是$[a_1, a_2, a_3,\ldots, a_{n-1}, a_n, a_{n+1}]$。例如，向量[4, -8, 7, -5]就代表多项式 $4x^3 - 8x^2 + 7x - 5$。

多项式的根可以用 roots(a)函数求解，其中 a 是包含多项式系数的数组。例如，要求出 $x^3 + 12x^2 + 45x + 50 = 0$的根，可以输入 y=roots([1, 12, 45, 50])。答案(y)是列数组，包含的值为-2、-5、-5。

函数 poly(r)能计算多项式的系数，其中该多项式的根就是数组 r。计算结果是一个包含多项式系数的行数组。例如，求根为 1 和 3±5i 的多项式，对应的会话过程如下：

```
>>p = poly([1,3+5i, 3-5i])
P =
   1  -7  40  -34
```

因此，求出的多项式是 $x^3 -7x^2 + 40x -34$。

多项式的加法和减法

两个多项式相加，只需要将描述它们系数的数组相加即可。如果多项式的阶数不相等，请在低阶多项式系数数组中补 0。例如，考虑

$$f(x) = 9x^3 - 5x^2 + 3x + 7$$

其系数数组是 f=[9,-5, 3, 7]，而

$$g(x) = 6x^2 - x + 2$$

其系数数组是 g=[6, -1, 2]。$g(x)$的阶数比 $f(x)$少 1。因此，为将 $f(x)$和 $g(x)$相加，我们要给 g 加上 1 个零，以“欺骗”MATLAB，使其认为 $g(x)$是一个三阶多项式。也就是说，我们输入 g=[0 g]以产生系数为[0, 6, -1, 2]的 g。该向量表示$g(x) = 0x^3 + 6x^2 - x + 2$。

要作多项式加法，请输入 h=f+g。结果是 h=[9, 1, 2, 9]，对应的多项式为$h(x) = 9x^3 + x^2 + 2x + 9$。减法过程也与此类似。

多项式乘法和除法

多项式乘以一个标量，只需要将系数数组乘以该标量即可。例如，$5h(x)$可以表示为[45, 5, 10, 45]。

MATLAB 很容易实现多项式的乘法和除法。用 conv 函数(它代表 convolve)作多项式乘法，用 deconv 函数(它代表 deconvolve)作多项式综合除法。表 2.5-1 是对这两个函数，以及 poly、polyval 和 roots 函数的总结。

多项式 f(x)和 g(x)的乘积是：

$$\begin{aligned} f(x)g(x) &= \left(9x^3 - 5x^2 + 3x + 7\right)\left(6x^2 - x + 2\right) \\ &= 54x^5 - 39x^4 + 41x^3 + 29x^2 - x + 14 \end{aligned}$$

f(x)除以 g(x)用综合除法得到的商为：

$$\frac{f(x)}{g(x)} = \frac{9x^3 - 5x^2 + 3x + 7}{6x^2 - x + 2} = 1.5x - 0.5833$$

余数是-0.5833+8.1667。完成上述运算的 MATLAB 会话过程如下：

```
>>f = [9,-5,3,7];
>>g = [6,-1,2];
>>product = conv(f,g)
product =
    54  -39  41  29  -1  14
>>[quotient, remainder] = deconv(f,g)
quotient =
    1.5   -0.5833
remainder =
    0  0  -0.5833  8.1667
```

表 2.5-1　多项式函数

命令	说明
conv(a, b)	计算由系数数组 a 和 b 描述的两个多项式的乘积。两个多项式的阶数不一定相同。结果是乘积多项式的系数数组
[q, r]= deconv[num, den]	计算系数数组为 num 分子多项式除以系数数组为 den 的分母多项式商多项式的系数数组为 q，余数多项式的系数数组为 r
poly(r)	计算多项式的系数，其中多项式的根为向量 r。结果是一个行向量，其中包含了按照降幂顺序排列的多项式系数
polyval(a, x)	计算指定自变量值对应的多项式值，其中 x 可以是矩阵或向量。多项式系数按照降幂顺序存储在数组 a 中，结果的大小与 x 相同
roots(a)	计算系数数组 a 对应的多项式的根。结果是包含多项式根的列向量

conv 函数和 deconv 函数都不要求两个多项式的阶数相同，所以我们不需要像计算多项式加法时那样欺骗 MATLAB。

绘制多项式曲线

polyval(a, x)函数可以计算自变量 x 为指定值时对应的多项式值，其中 x 可以是矩阵或向量。多项式的系数数组是 a。计算的结果与 x 的大小相同，例如，要计算多项式 $f(x)=9x^3-5x^2+3x+7$ 在点 $x=0, 2, 4, \ldots, 10$ 处的值，只需要输入：

```
>>f = polyval([9,-5,3,7], [0:2:10]);
```

结果向量 f 包含 6 个值，分别对应于 $f(0), f(2), f(4), \ldots, f(10)$。

polyval 函数对绘制多项式曲线非常有用。要绘制多项式曲线，应当定义一个包含许多自变量 x 值的数组，以便获得光滑图形。例如，要绘制多项式 $f(x)=9x^3-5x^2+3x+7$ 在 $-2 \leqslant x \leqslant 5$ 区间的曲线，只需要输入：

```
>>x = -2:0.01:5;
>>polyval([9,-5,3,7], x);
>>plot(x, f),xlabel('x'),ylabel('f(x)'),grid
```

多项式微分和积分运算请参阅第 9 章。

您学会了吗？

T2.5-1　请用 MATLAB 求解方程的根：

$$x^3+13x^2+52x+6=0$$

请用 poly 函数验证您的答案。

T2.5-2　请用 MATLAB 验证：

$$(20x^3-7x^2+5x+10)(4x^2+12x-3)$$
$$=80x^5+212x^4-124x^3+121x^2+105x-30$$

T2.5-3　请用 MATLAB 验证：

$$\frac{12x^3+5x^2-2x+3}{3x^2-7x+4}=4x+11$$

的余数是 $59x-41$。

T2.5-4　请用 MATLAB 验证，当 $x=2$ 时：

$$\frac{6x^3+4x^2-5}{12x^3-7x^2+3x+9}=0.7108$$

T2.5-5　绘制多项式

$$y=x^3+13x^2+52x+6=0$$

在 $-7\leqslant x\leqslant 1$ 范围内的曲线。

例题 2.5-1　抗震建筑设计

抗震建筑物的固有频率必须设计成远离地震时地面运动的震动频率。建筑物的固有频率主要由其楼层质量和支撑柱的水平刚度决定(支撑柱起到水平弹簧的作用)。我们可通过求解结构的特征多项式的根来确定这些频率(特征多项式将在第 9 章进一步讨论)。图 2.5-1 所示为一座三层建筑物的楼层大幅振动。对于这样的建筑，如果每一层的质量为 m，支撑柱的刚度为 k，则其特征多项式为：

$$(\alpha-f^2)\left[(2\alpha-f^2)^2-\alpha^2\right]+\alpha^2f^2-2\alpha^3$$

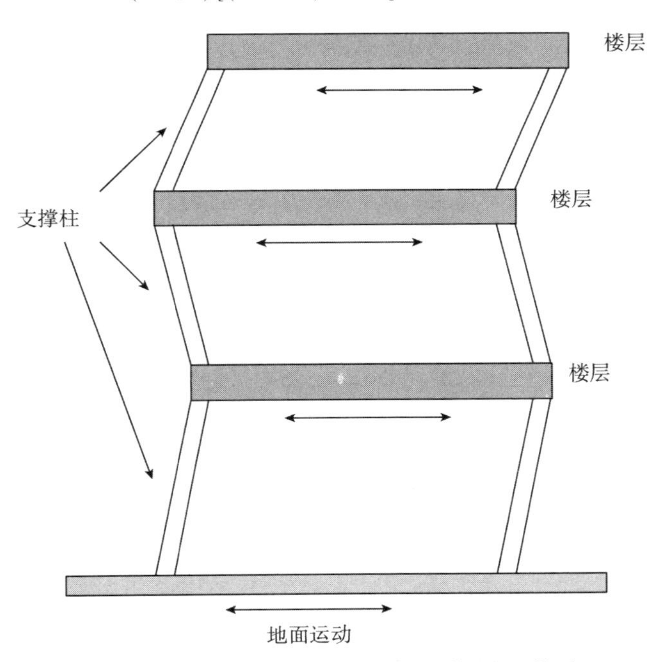

图 2.5-1　受地面运动影响时建筑物的简化振动模型

其中 $\alpha=k/4m\pi^2$(文献[Palm, 2010]对此类模型有更详细的介绍)。建筑物的固有频率是该方程的正根，单位是周/秒。当 $m=1000$kg 并且 $k=5\times10^6$ N/m 时，请求出该建筑的固有频率，单位为周/秒。

■　解

特征多项式由低阶多项式的和与积组成。可以据此用 MATLAB 做代数运算。特征多项式具有如下的形式：

$$p_1(p_2^2-\alpha^2)+p_3=0$$

其中

$$p_1 = \alpha - f^2 \qquad p_2 = 2\alpha - f^2 \qquad p_3 = \alpha^2 f^2 - 2\alpha^3$$

对应的 MATLAB 脚本文件为：

```
k = 5e+6;m = 1000;
alpha = k/(4*m*pi^2);
p1 = [-1,0,alpha];
p2 = [-1,0,2*alpha];
p3 = [alpha^2,0,-2*alpha^3];
p4 = conv(p2,p2) - (0, 0, 0,0,alpha^2];
p5 = conv(p1,p4);
p6 = p5 + [0,0,0,0,p3];
r = roots(p6)
```

结果的正根就是固有频率，舍入到最近的整数，分别是 20Hz、14Hz、5Hz。

2.6 单元数组

“单元”(cell)数组的每个元素都是“区间”(bin)或“单元”，这些元素又可以包含一个数组。可以在一个单元数组中存储不同类型的数组，并且可以组成相关但大小不同的数据集。单元数组的访问方法与普通数组采用的索引操作类似。

本书仅在本小节使用单元数组。因此，可以根据需要决定是否学习本节。某些更高级的 MATLAB 应用，比如有些工具箱中的应用，都要用到单元数组。

创建单元数组

单元数组可通过赋值语句或“单元”函数创建。通过“单元索引”(cell indexing)或“内容索引”(content indexing)可以对单元赋值。要使用单元索引，请在赋值语句的左侧用圆括号括住单元下标(subscript)。在赋值语句的右侧用花括号{}括住单元内容。

单元索引

内容索引

例题 2.6-1 环境数据库

假设您想要创建一个 2×2 的单元数组 A，其单元包含位置、日期和空气温度(分别测于上午 8 点、中午 12 点和下午 5 点)，还测量了一个湖中三个不同位置的水温。该单元数组如下所示。

Walden 湖	2016 年 6 月 13 日
[60 72 65]	$\begin{bmatrix} 55 & 57 & 56 \\ 54 & 56 & 55 \\ 52 & 55 & 53 \end{bmatrix}$

■ **解**

在交互模式下通过输入以下代码或者在脚本文件输入以下内容并运行脚本，即可创建该单元数组。

```
A(1,1) = {'Walden Pond'};
A(1,2) = {'June 13, 2016'};
A(2,1) = {[60,72,65]};
A(2,2) = {[55,57,56;54,56,55;52,55,53]};
```

如果还没有特定单元的内容，可以键入一对空的花括号来表示一个空的单元，就像一对空方括号[]表示一个空的数字数组一样。这个符号能创建单元，但并不在其中存储任何内容。

要使用内容索引，请在赋值运算符左侧以标准数组表示法用圆括号将单元下标括起来。然后在赋值运算符右侧指定单元内容。例如：

```
A{1,1} = 'Walden Pond';
A{1,2} = 'June 13, 2016';
A{2,1} = [60,72,65];
A{2,2} = [55,57,56;54,56,55;52,55,53];
```

在命令行输入 A。您将会看到：

```
A =
     'Walden Pond'  'June 13, 2016'
     [1x3 double]   [3x3 double]
```

还可以用 celldisp 函数显示单元数组的全部内容。例如，输入 celldisp(A)将显示：

```
A{1,1} =
     Walden Pond
A{2,1} =
     60 72 65
     .
     .
     .
     etc.
```

cellplot 函数能以网格的形式产生单元数组的内容的图形。输入 cellplot (A)就能查看单元数组的图形。使用逗号或带花括号的空格表示单元的列，使用分号表示单元的行(就像使用数值数组一样)。例如，输入

```
B = {[2,4], [6,-9;3,5]; [7,2], 10};
```

即可创建以下 2×2 单元阵列：

[2　4]	$\begin{bmatrix} 6 & -9 \\ 3 & 5 \end{bmatrix}$
[7　2]	10

可以使用 cell 函数创建指定大小的空单元数组。例如，输入 C=cell(3, 5)即可创建 3×5 的单元数组 C，并用空矩阵对它赋值。一旦以这种方式定义数组，就可以用赋值语句输入单元的内容。例如，输入 C(2, 4)={[6, -3, 7]}即可将 1×3 数组存入单元(2, 4)，而输入 C(1, 5)={1: 10}则可将数字从 1 到 10 存入单元(1, 5)。键入 C(3, 4)={'30 mph'}，则将该字符串存入单元(3, 4)。

访问单元数组

可以用单元索引或内容索引访问单元数组的内容。要使用单元索引将数组 C 的单元(3, 4)的内容存入新变量 speed，可输入 speed=C(3,4)。要将单元数组 C 的第 1 到 3 行、2 到 5 列的内容，存入单元数组 D，可以输入 D=C(1:3, 2:5)。新的单元数组 D 有 3 行、4 列共 12 个数组。要想用内容索引访问单个单元中的部分或全部内容，可用花括号将单元索引表达式括起来，以表明您正在赋值内容，而不是将单元本身赋给新变量。例如，输入 Speed=C{3, 4}，则将单元(3, 4)中的内容“30 mph”赋给变量 speed。不能一次使用内容索引同时提取多个单元的内容。例如，语法 G=C{1, :}和 C{1, :}=var(其中 var 是变量)都是无效的。

可以访问单元内容的子集。例如，要想提取数组 C 的(2, 4)单元的 1×3 行向量的第二元素，并将其赋给变量 r，可以输入 r=C{2, 4}(1, 2)。结果是 r=-3。

2.7　结构数组

“结构数组”(structure arrays)由“结构”(structure)组成。这类数组使您能够将不同的数组存储在一

起。结构数组中的元素可以使用“命名字段”(named field)进行访问。该功能将它们与使用标准数组索引操作的单元数组区分开来。

本书仅在本节介绍结构数组。有些 MATLAB 工具箱会用到结构数组。

介绍结构的术语的最佳方式是使用具体的例子。假设您想创建某门课程的学生数据库，并且要在数据库中包含每位学生的姓名、学号(SN)、电子邮件地址和考试成绩。图 2.7-1 显示了这个数据结构的图。每种数据类型(姓名、学号等)都是一个字段(field)，其名称就是字段名(field name)。因此，我们的数据库共有四个字段。前三个字段都包含文本字符串，而最后一个字段(考试成绩)包含一个数值向量。结构包含了一名学生的所有信息。结构数组则拥有包含不同学生所有信息的结构。图 2.7-1 所示的数组有两个结构，并以一行、两列排列。

字段

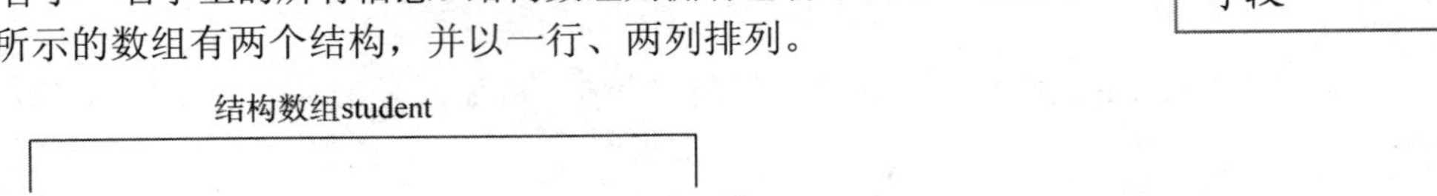

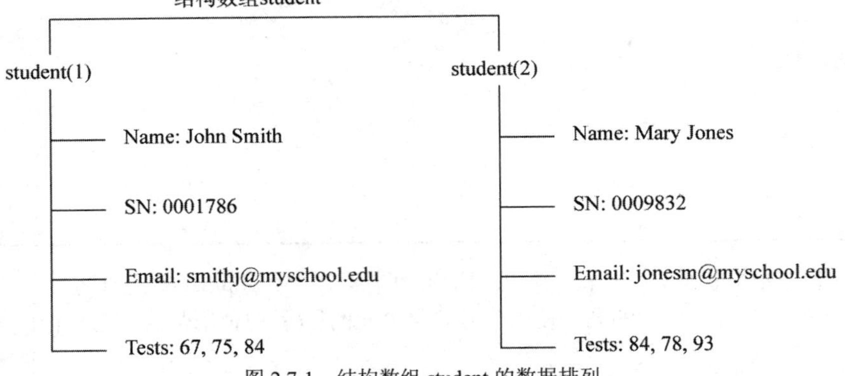

图 2.7-1　结构数组 student 的数据排列

创建结构

用赋值语句或 struct 函数都能创建结构数组。下面的例子使用赋值语句构建结构。结构数组使用点表示法(.)指定和访问字段。可以在交互模式或脚本文件中输入该命令。

例题 2.7-1　学生数据库

创建一个包含以下学生数据类型的结构数组：

- 姓名
- 学号
- 电子邮件地址
- 考试分数

请将图 2.7-1 所示数据输入数据库中。

■ **解**

可以通过在交互模式或脚本文件中输入以下内容来创建结构数组。从录入第一名学生的数据开始。

```
student.name = 'John Smith' ;
student.SN = '0001786' ;
student.email = 'smithj@myschool.edu' ;
student.tests = [67,75,84];
```

如果接着输入：

```
>>student
```

就会在命令行看到如下响应：

```
name: 'John Smith'
```

```
    SN: '0001786'
    email: 'smithj@myschool.edu'
    tests: [67 75 84]
```

要想确定数组的大小，请输入 size (student)。返回的结果是 ans＝1 1，这表明它是一个 1×1 的结构数组。

要想向数据库添加第二个学生的数据，请在结构数组名称后的圆括号内使用下标 2，然后输入新的信息。例如，输入：

```
student(2).name = 'Mary Jones' ;
student(2).SN = '0009832' ;
student(2).email = 'jonesm@myschool.edu' ;
student(2).tests = [84,78,93];
```

该过程可以“扩展”数组。在我们输入第二个学生的数据之前，结构数组的大小是 1×1(它只包含一个结构)。而现在它是一个包含两个结构的 1×2 数组，具有一行和两列。可以通过输入 size (student)命令来确认该信息，返回的是 ans＝1　2。如果现在键入 length (student)命令，得到的结果会是 ans＝2，这表明数组现在含有两个元素(两个结构)。当一个结构数组含有多个结构时，在输入结构数组的名称后，MATLAB 并不会显示每个字段的内容。例如，如果现在输入 student，MATLAB 会显示：

```
>>student =
1x2 struct array with fields:
    name
    SN
    email
    tests
```

还可以通过使用 fieldnames 函数(参见表 2.7-1)来获取有关字段的信息。例如：

```
>>fieldnames(student)
ans =
    'name'
    'SN'
    'email'
    'tests'
```

随着输入更多学生的信息，MATLAB 为每个元素分配相同数量的字段和相同的字段名。如果有部分信息未输入——例如，假设您不知道某位学生的电子邮件地址——MATLAB 就会为该学生的该字段分配一个空矩阵。

表 2.7-1　结构函数

函数	描述
names＝fieldnames(S)	返回相关结构数组 S 的字段名，如 names，这是字符型单元数组
isfiled(S, 'field')	如果'field'是结构数组 S 中的字段名，则返回 1；否则返回 0
isstruct(S)	如果数组 S 是结构数组，则返回 1；否则返回 0
S＝rmfield(S, 'field')	从结构数组 S 中删除字段'field'
S＝struct('fl', 'vl', 'f2', 'v2'...)'v2'...	创建一个结构数组，包含字段'fl', 'f2',...和数值'vl', 'v2'...

字段的大小可以不同。例如，每个姓名字段的字符数都可能不同；如果某个学生没有参加第二门考试，那么包含考试成绩的数组的大小也可能不同。

除了赋值语句之外，还可以使用 struct 函数创建结构，该函数允许“预先分配”结构数组。要想创建名为 sa_1 的结构数组，对应的语法是：

```
sa_1 = struct('fieldl', 'valuesl', 'field2',values2', ...)
```

其中，参数是字段名和它们对应的值。values 数组 valuesl, values2, ...必须都是相同大小的数组、标量单元或单个值。values 数组的元素被插入结构数组的相应元素中。这导致结构数组的大小与 values 数组相同，如果 values 数组中不含单元，则结构数组的大小为 1×1。例如，要为学生数据库预分配一个 1×1 的结构数组，只需要输入：

```
student = struct('name','John Smith', 'SN', ...'
0001786','email','smithj@myschool.edu', ...'
tests', [67,75,84])
```

访问结构数组

要访问特定字段的内容，请在结构数组名之后输入句点，紧接着输入字段名。例如，输入 student (2).name 将显示值'Mary Jones'。当然，我们也可按通常的方式将结果赋值给某个变量。例如，输入 name2＝student(2).name 即可将值'Mary Jones'赋给变量 name2。若要访问字段中的元素，例如，输入 student(1). tests(2)，即可获取 John Smith 的第二门考试成绩。该条目的返回值为 75。通常，如果某个字段包含数组，就可以使用数组的下标来访问它的元素。在本例中，语句 student(1).tests(2)等价于 student(1, 1).tests(2)。因为 student 只有一行。

要将某个特定结构的所有信息——例如关于 Mary Jones 的所有信息——存入另一个名为 M 的结构数组，可以输入 M＝student(2)。还可以指定或更改字段元素的值。例如，输入 student(2).test(2)＝81 就会将 Mary Jones 的第二门考试成绩由 78 改为 81。

修改结构

假设您想向数据库添加电话号码。可通过输入第一个学生的电话号码来实现这一点：

```
student(1).phone = '555-1653'
```

这样数组中的所有其他结构现在都新增了 phone 字段，但其他字段目前都是空数组，直到为它们赋值。

要想删除数组中每个结构中的一个字段，可以使用 rmfield 函数。其基本语法是：

```
new_struc = rmfield(array, 'field');
```

其中，array 是要修改的结构数组。'field'是要删除的字段，而 new_struc 是通过删除字段而创建的新结构数组的名称。例如，要删除学号字段并产生新的结构数组 new_student，可以输入：

```
new_student = rmfield(student,'SN');
```

对结构进行运算和函数操作

可以像往常一样使用 MATLAB 的运算符对结构进行运算。例如，求第二位学生的最高考试成绩，可以输入 max (student (2).tests)。答案是 93。

isfield 函数能确定结构数组是否包含某个字段。它的语法是 isfield(S, 'field')。如果'field'是结构数组 S 中的一个字段，则返回值 1(表示“真”)。例如，输入 isfield(student, 'name')，返回的结果是 ans＝1。

isstruct 函数能确定数组是不是结构数组。它的语法是 isstruct (S)，如果 S 是一个结构数组，则返回 1，否则返回 0。例如，输入 isstruct (student)，返回的结果是 ans＝1，这等价于“真”。

您学会了吗？

T2.7-1 请创建如图 2.7-1 所示的结构数组 student，并添加以下关于第三位学生的信息：name: Alfred E. Newman；SN: 0003456；e-mail:newmana@myschool.edu；test:55，45，58。

T2.7-2 编辑上述结构数组，将 Newman 的第二门考试成绩从 45 改为 53。

T2.7-3 编辑上述结构数组，删除 SN 字段。

2.8　总结

现在您应该能够在 MATLAB 中完成基本运算并使用数组了。例如，您应该能够做到：

- 创建、寻址和编辑数组。
- 进行数组运算，包括加法、减法、乘法、除法和指数运算。
- 进行矩阵运算，包括加法、减法、乘法、除法和指数运算。
- 进行多项式代数运算。
- 使用单元和结构数组创建数据库。

表 2.8-1 是本章介绍的所有 MATLAB 命令的参考指南。

表 2.8-1　第 2 章介绍的命令指南

特殊字符	用法	
'	转置矩阵，并生成复共轭元素	
.'	转置矩阵，但不生成复共轭元素	
;	关闭屏幕输出；或表示数组中新的一行	
:	表示数组的一整行或一整列	
	表格	
	数组函数的基本用法	表 2.1-1
	对应元素运算	表 2.3-1
	特殊矩阵	表 2.4-5
	多项式函数	表 2.5-1
	结构函数	表 2.7-1

关键术语

绝对值，2.1 节
数组寻址，2.1 节
数组运算，2.3 节
数组大小，2.2 节
单元数组，2.6 节
单元索引，2.6 节
列向量，2.1 节
内容索引，2.6 节
空数组，2.1 节
字段，2.7 节
单位矩阵，2.4 节
左除法，2.4 节
长度，2.1 节
模，2.1 节
矩阵，2.1 节
矩阵运算，2.4 节
零矩阵，2.4 节
行向量，2.1 节
结构数组，2.7 节
转置，2.1 节

习题

在本书末尾可以找到标有星号的习题的答案。

2.1 节

1. a. 请使用两种方法创建向量 x，它具有从 5 到 28 之间的 100 个等间隔数值。
   b. 请使用两种方法创建向量 x，其数值位于 2 到 14 之间，并且间距为 0.2。
   c. 请使用两种方法来创建向量 x，它具有从−2 到 5 之间的 50 个等间隔数值。
2. a. 创建向量 x，使其具有从 10 开始到 1000 结束的 50 个对数间隔值。
   b. 创建向量 x，使其具有从 10 开始到 1000 结束的 20 个对数间隔值。

3.* 请使用 MATLAB 创建向量 $\boldsymbol{x}$，使其具有从 0 到 10 之间的 6 个值(包括端点 0 和 10)。创建数组 A，其第一行的值为 $3\boldsymbol{x}$，第二行的值为 $5\boldsymbol{x}-20$。

4．重复习题 3，但是数组 A 的第一列的值为 $3\boldsymbol{x}$，第二列的值为 $5\boldsymbol{x}-20$。

5．在 MATLAB 中输入下列矩阵，并完成以下操作。

$$\boldsymbol{A}=\begin{bmatrix} 3 & 7 & -4 & 12 \\ -5 & 9 & 10 & 2 \\ 6 & 13 & 8 & 11 \\ 15 & 5 & 4 & 1 \end{bmatrix}$$

a. 创建向量 $\boldsymbol{v}$，它由数组 $\boldsymbol{A}$ 第二列的元素组成。

b. 创建向量 $\boldsymbol{w}$，它由数组 $\boldsymbol{A}$ 第二行的元素组成。

6．在 MATLAB 中输入下列矩阵，并完成以下操作。

$$\boldsymbol{A}=\begin{bmatrix} 3 & 7 & -4 & 12 \\ -5 & 9 & 10 & 2 \\ 6 & 13 & 8 & 11 \\ 15 & 5 & 4 & 1 \end{bmatrix}$$

a. 创建一个 4×3 数组 B，它由数组 A 的第二到四列的所有元素组成。

b. 创建一个 3×4 数组 C，它由数组 A 的第二到四行的所有元素组成。

c. 创建一个 2×3 数组 D，它由数组 A 的前两行和最后三列中的所有元素组成。

7.* 计算下列向量的长度和绝对值：

a. $\boldsymbol{x}=[2, 4, 7]$

b. $\boldsymbol{y}=[2,-4, 7]$

c. $\boldsymbol{z}=[5+3i,-3+4i, 2-7i]$

8．已知矩阵

$$\boldsymbol{A}=\begin{bmatrix} 3 & 7 & -4 & 12 \\ -5 & 9 & 10 & 2 \\ 6 & 13 & 8 & 11 \\ 15 & 5 & 4 & 1 \end{bmatrix}$$

a. 求矩阵每列的最大值和最小值。

b. 求矩阵每行的最大值和最小值。

9．已知矩阵

$$\boldsymbol{A}=\begin{bmatrix} 3 & 7 & -4 & 12 \\ -5 & 9 & 10 & 2 \\ 6 & 13 & 8 & 11 \\ 15 & 5 & 4 & 1 \end{bmatrix}$$

a. 对每列排序，并将结果存储在数组 B 中。

b. 对每行排序，并将结果存储在数组 C 中。

c. 对每列求和，并将结果存储在数组 D 中。

d. 对每行求和，并将结果存储在数组 E 中。

10．考虑下面的数组。

$$A=\begin{bmatrix} 1 & 4 & 2 \\ 2 & 4 & 100 \\ 7 & 9 & 7 \\ 3 & \pi & 42 \end{bmatrix} \qquad B=\ln(A)$$

写出 MATLAB 表达式，完成以下操作：

a. 选择数组 B 的第二行。

b. 计算数组 B 的第二行的和。

c. 将数组 B 的第二列与数组 A 的第一列作对应元素乘法。

d. 计算数组 B 的第二列与数组 A 的第一列的逐项相乘所得结果向量的最大值。

e. 使用对应元素除法将数组 A 的第一行除以数组 B 的第三列的前三个元素，并求出结果向量的元素之和。

2.2 节

11.* a. 创建三维数组 D，其三“层”分别是下列矩阵：

$$\boldsymbol{A}=\begin{bmatrix}3 & -2 & 1\\6 & 8 & -5\\7 & 9 & 10\end{bmatrix}\qquad \boldsymbol{B}=\begin{bmatrix}6 & 9 & -4\\7 & 5 & 3\\-8 & 2 & 1\end{bmatrix}\qquad \boldsymbol{C}=\begin{bmatrix}-7 & -5 & 2\\10 & 6 & 1\\3 & -9 & 8\end{bmatrix}$$

b. 用 MATLAB 求出数组 D 每层的最大元素，以及数组 D 的最大元素。

2.3 节

12. 已知向量

$$\boldsymbol{x}=[5\quad 9\quad -3]\qquad\qquad \boldsymbol{y}=[7\quad 4\quad 2]$$

先手工完成以下计算，再用 MATLAB 检查您的答案。

a. 求 $\boldsymbol{x}$ 和 $\boldsymbol{y}$ 的和。

b. 计算数组的乘积 w=x.*y。

c. 计算数组的乘积 z=y.*x。z=w 吗？

13. 已知向量

$$\boldsymbol{A}=\begin{bmatrix}9 & 6\\2 & 7\end{bmatrix}\qquad\qquad \boldsymbol{B}=\begin{bmatrix}8 & 9\\6 & 2\end{bmatrix}$$

先手工完成以下计算，再用 MATLAB 检查您的答案。

a. 求数组 A 与 B 的和。

b. 求数组的乘积 w=A.*B。

c. 求数组的乘积 z=B.*A。z=w 吗？

14. 已知向量

$$\boldsymbol{x}=[10\quad 8\quad 3]\qquad\qquad \boldsymbol{y}=[9\quad 2\quad 6]$$

先手工完成以下计算，再用 MATLAB 检查您的答案。

a. 求数组的商 w=x./y。

b. 求数组的商 z=y./x。

15.* 已知矩阵

$$\boldsymbol{A}=\begin{bmatrix}-7 & 11\\4 & 9\end{bmatrix}\qquad \boldsymbol{B}=\begin{bmatrix}4 & -5\\12 & -2\end{bmatrix}\qquad \boldsymbol{C}=\begin{bmatrix}-3 & -9\\7 & 8\end{bmatrix}$$

请用 MATLAB 完成以下计算。

a. 求 $\boldsymbol{A}+\boldsymbol{B}+\boldsymbol{C}$。

b. 求 $\boldsymbol{A}-\boldsymbol{B}+\boldsymbol{C}$。

c. 验证结合律。

$$(\boldsymbol{A}+\boldsymbol{B})+\boldsymbol{C}=\boldsymbol{A}+(\boldsymbol{B}+\boldsymbol{C})$$

d. 验证交换律

$$\boldsymbol{A}+\boldsymbol{B}+\boldsymbol{C}=\boldsymbol{B}+\boldsymbol{C}+\boldsymbol{A}=\boldsymbol{A}+\boldsymbol{C}+\boldsymbol{B}$$

16. 已知矩阵

$$\boldsymbol{A}=\begin{bmatrix}5 & 9\\6 & 2\end{bmatrix}\qquad\qquad \boldsymbol{B}=\begin{bmatrix}4 & 7\\2 & 8\end{bmatrix}$$

先手工完成以下计算，再用 MATLAB 检查您的答案。

a. 求数组的商 C=A./B

b. 求数组的商 D=B./A

c. 求数组的商 E=A.\B

d. 求数组的商 F=B.\A

e. 数组 C、D、E 或 F 中有没有相等的？

17.*已知矩阵

$$A=\begin{bmatrix}56 & 32\\24 & -16\end{bmatrix} \quad B=\begin{bmatrix}14 & -4\\6 & -2\end{bmatrix}$$

请用 MATLAB 完成以下计算。

a. 利用数组乘积求 $\boldsymbol{A}$ 乘以 $\boldsymbol{B}$。

b. 利用数组右除法求 $\boldsymbol{A}$ 除以 $\boldsymbol{B}$。

c. 利用对应元素求幂法求 $\boldsymbol{B}$ 的三次幂。

18. 初始速度为 v_0，且出射水平角为 A 的弹丸的 xy 轨迹可由以下方程描述，其中 $x(0)=y(0)=0$：

$$x=(v_0\cos A)t \qquad y=(v_0\sin A)t-\frac{1}{2}gt^2$$

已知 $v_0=100\text{m/s}$，$A=35°$，$g=9.81\text{m/s}^2$。请注意，我们不知道飞行的时间 t_{hit}(飞行时间是指弹丸从射出直到 $y=0$ 时落地之间的时间)。

a. 编写 MATLAB 程序计算 t_{hit}，以及弹丸射出后到达的最大高度 y_{max}。提示：由于轨迹是对称的，因此 t_{hit} 等于到达 y_{max} 所需时间的两倍。

b. 扩展(*a*)部分已编写的程序，绘制出 $0\leqslant t\leqslant t_{hit}$ 段的 y 对 x 轨迹曲线。

19. 绘制下面函数在 $-2\leqslant x\leqslant 16$ 区间的曲线：

$$f(x)=\frac{4\cos x}{x+\mathrm{e}^{-0.75x}}$$

请用足够的点以得到平滑的曲线。

20. 绘制下面函数在 $-2\pi\leqslant x\leqslant 2\pi$ 区间的曲线

$$f(x)=3x\cos^2 x-2x$$

请用足够的点以得到平滑的曲线。

21. 绘制下面函数在 $-2\pi\leqslant x\leqslant 2\pi$ 区间的曲线

$$f(x)=2.5^{0.5x}\sin 5x$$

请用足够的点以得到平滑的曲线。

22. 一艘船沿着 $y=2x-10$ 所描述的直线航行，其中距离单位是千米。已知船从 $x=-10$ 处出发，到 $x=30$ 处结束。请计算船航行过程中离坐标原点(0, 0)处的灯塔最近时的距离。请不要通过绘图来解决这个问题。

23.* 以力 F 推动物体经过距离 D 后所做的机械功为 $W=FD$。下表给出了在某条路径上推动物体通过五段距离时所用力的大小。由于道路表面的摩擦力大小不同，因此各段所需的力的大小也不同。

	路段				
	1	2	3	4	5
力(牛)	400	550	700	500	600
距离(米)	3	0.5	0.75	1.5	5

请用 MATLAB 求出：(*a*)在每段路径上所做的功；(*b*)在整个路径上所做的功。

24. 飞机 A 正以 300 英里/小时的速度向西南方向飞行，而飞机 B 正以 150 英里/小时的速度向西飞行。请问飞机 A 相对于飞机 B 的速度和速率是多少？

25. 下表所示为 5 位工人在一个星期内的工时工资、工时和产量(部件生产数量)的关系。

	工人				
	1	2	3	4	5
工时工资($)	5	5.50	6.50	6	6.25
工时	40	43	37	50	45
产量	1000	1100	1000	1200	1100

请用 MATLAB 回答下列问题：

a. 每位工人一周挣多少钱？

b. 发放的工资总额是多少？

c. 总共生产了多少部件？

d. 生产一个部件的平均成本是多少？

e. 生产一个部件平均需要多少小时？

f. 假设每位工人的生产质量相同，那么哪位工人效率最高？哪位效率最低？

26. 两名潜水员从地面出发，并建立了以下坐标系：x 轴指向西面，y 轴指向北面，z 轴指向下方。1 号潜水员先向东游了 60 英尺，然后向南游了 25 英尺，最后下潜了 30 英尺；同时，2 号潜水员先下潜了 20 英尺，然后向东游了 30 英尺，最后向南游了 55 英尺。

a. 请计算 1 号潜水员和起始点之间的距离。

b. 1 号潜水员要游到 2 号潜水员处，必须分别向每个方向游多远？

c. 1 号潜水员沿直线游多远才能到达 2 号潜水员处？

27. 储存在弹簧中的势能是 $kx^2/2$，其中 k 是弹簧的胡克常量，x 是弹簧的压缩量。压缩弹簧所需要的力是 kx。下表给出 5 个弹簧的数据：

	弹簧				
	1	2	3	4	5
力(牛)	11	7	8	10	9
弹簧胡克常量 k(牛/米)	1000	600	900	1300	700

请用 MATLAB 求出：(a)每个弹簧的压缩量 x；(b)每个弹簧存储的势能。

28. 某个公司要购买五种原材料。下表列出了该公司每吨材料的采购价格，以及在 5 月、6 月和 7 月的采购吨数：

		采购数量(吨)		
材料	价格(美元/吨)	五月	六月	七月
1	300	5	4	6
2	550	3	2	4
3	400	6	5	3
4	250	3	5	4
5	500	2	4	3

请用 MATLAB 回答以下问题：

a. 创建一个 5×3 矩阵，包含每个月采购每种原材料所花费的资金额。

b. 5 月份的总开支是多少？6 月是多少？7 月是多少？

c. 这三个月内，每种原材料的采购总花费是多少？

d. 这三个月内，所有原材料的总花费是多少？

29. 如图 P29 所示，围栏由长为 L 和宽为 $2R$ 的矩形和半径为 R 的半圆共同组成。现在要将该围栏建成具有 1600 平方英尺的面积 A。已知围栏的成本，曲线段为 40 美元/英尺，直线段为 30 美元/英尺。请用 min 函数求出围栏建造总成本最小条件下的 R 和 L 值(精度为 0.01 英尺)，以及对应的最低成本。

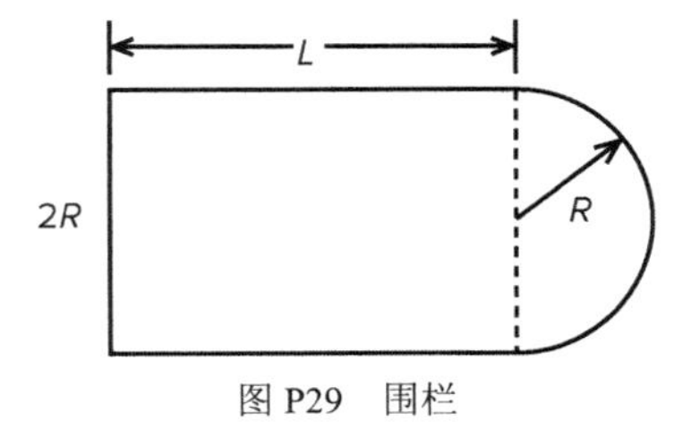

图 P29 围栏

30．水箱是由半径为 r 和高度为 h 的圆柱部分和半球形顶部组成。水箱在注满时能容纳 500 立方米的液体。柱体的表面积为 $2\pi rh$，其容积为 πr^2h。上半球顶部的表面积为 $2\pi r^2$，容积为 $2\pi r^3/3$。水箱圆柱体部分的表面建造费用为 300 美元/平方米；半球部分的建造成本为 400 美元/平方米。请绘制 $2\leqslant r\leqslant 10$ 米范围内成本与半径 r 的关系曲线，以确定成本最小时对应的半径，同时计算成本最小时对应的高度 h。

31．请写出下面各函数的 MATLAB 赋值语句，假设 $\boldsymbol{w}$、$\boldsymbol{x}$、$\boldsymbol{y}$ 和 $\boldsymbol{z}$ 分别是等长的行向量，c 和 d 是标量。

$$f=\frac{1}{\sqrt{2\pi c/\boldsymbol{x}}} \qquad E=\frac{\boldsymbol{x}+\boldsymbol{w}/(\boldsymbol{x}+\boldsymbol{z})}{\boldsymbol{x}+\boldsymbol{w}/(\boldsymbol{y}-\boldsymbol{z})}$$

$$A=\frac{\mathrm{e}^{-c/(2\boldsymbol{x})}}{(\ln \boldsymbol{y})\sqrt{d\boldsymbol{z}}} \qquad S=\frac{\boldsymbol{x}(2.15+0.35\boldsymbol{y})^{1.8}}{\boldsymbol{z}(1-\boldsymbol{x})^{\boldsymbol{y}}}$$

32．a. 服药后，血液中的药物浓度随药物代谢过程而下降。药物的半衰期(half-life)是指从服药起到药物浓度下降为初始值的一半所需的时间。该过程的常见模型是：

$$C(t)=C(0)\mathrm{e}^{-kt}$$

其中，$C(0)$是初始浓度，t 为时间(单位为小时)，k 是消除速率常量(elimination rate constant)，它因药物个体而异。对于支气管扩张药，k 的估计取值范围是 0.047/小时$\leqslant k\leqslant$0.107/小时。请求出含 k 的半衰期表达式，并绘出指定范围内半衰期与 k 的关系曲线。

b. 如果初始浓度为零，并且在开始时扩散速度是恒定的且维持着这个恒定的扩散速度，则浓度与时间的函数可以表示为：

$$C(t)=\frac{a}{k}(1-\mathrm{e}^{-kt})$$

其中，a 是与扩散速度相关的常量。请绘制 1 小时后浓度 $C(1)$与 k 的关系曲线，其中 $a=1$ 且 k 的取值范围是 0.047/小时$\leqslant k\leqslant$0.107/小时。

33．长度为 L_c 的缆绳可以支持长度为 L_b 的梁，意味着在梁的末端施加重量 W 时，可以保持梁为水平。利用静力学原理可将缆索的张力表示为：

$$T=\frac{L_bL_cW}{D\sqrt{L_b^2-D^2}}$$

其中，D 为缆绳连接点到梁枢轴的距离。具体可参见图 P33。

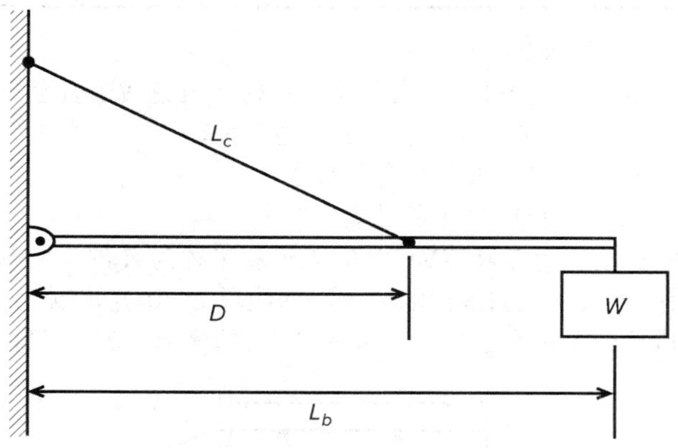

图 P33　缆绳连接点到梁枢轴的距离

a. 对于 $W=400$ 牛，$L_b=3$ 米，$L_c=5$ 米的情况，请使用对应元素运算和 min 函数计算出能使张力 T 最小的 D 值，并计算出最小的张力。

b. 通过绘制 T 与 D 的关系曲线来检查解的灵敏度。在张力 T 比其最小值增加 10%之内的情况下，D 与其最优值之间的差异有多大？

34. 已知向量

$$\boldsymbol{x}=\begin{bmatrix}3\\7\\2\end{bmatrix} \qquad \boldsymbol{y}=[4\quad 9\quad 5]$$

先手工完成以下计算，再使用 MATLAB 检查您的答案。

a. 求矩阵乘积 w=x*y

b. 求矩阵乘积 z=y*x。z=w 吗？

35. 已知

$$\boldsymbol{x}=\begin{bmatrix}3\\7\\2\end{bmatrix} \quad \boldsymbol{A}=\begin{bmatrix}2 & 6 & 5\\3 & 7 & 4\\8 & 10 & 9\end{bmatrix}$$

先手工完成以下计算，再使用 MATLAB 检查您的答案。

a. 求乘积 $\boldsymbol{Ax}$。

b. 求乘积 $\boldsymbol{xA}$。解释结果。

2.4 节

36.* 请用 MATLAB 求出下列矩阵的乘积 $\boldsymbol{AB}$ 和 $\boldsymbol{BA}$：

$$\boldsymbol{A}=\begin{bmatrix}11 & 5\\-9 & -4\end{bmatrix} \quad \boldsymbol{B}=\begin{bmatrix}-7 & -8\\6 & 2\end{bmatrix}$$

37. 已知矩阵

$$\boldsymbol{A}=\begin{bmatrix}4 & -2 & 1\\6 & 8 & -5\\7 & 9 & 10\end{bmatrix} \quad \boldsymbol{B}=\begin{bmatrix}6 & 9 & -4\\7 & 5 & 3\\-8 & 2 & 1\end{bmatrix} \quad \boldsymbol{C}=\begin{bmatrix}-4 & -5 & 2\\10 & 6 & 1\\3 & -9 & 8\end{bmatrix}$$

请用 MATLAB：

a. 验证分配律

$$\boldsymbol{A}(\boldsymbol{B}+\boldsymbol{C})=\boldsymbol{AB}+\boldsymbol{AC}$$

b. 验证结合性

$$(\boldsymbol{AB})\boldsymbol{C}=\boldsymbol{A}(\boldsymbol{BC})$$

38. 下表显示了与某个产品相关的成本和产品在商业年度内四个季度的产量。请用 MATLAB 求出：(a)材料、人工和运输的季度成本；(b)全年的材料、人工和运输总成本；(c)季度总成本。

产品	单位产品成本(单位：千美元)		
	材料费	人工费	运输费
1	7	3	2
2	3	1	3
3	9	4	5
4	2	5	4
5	6	2	1

产品	季度产量			
	一季度	二季度	三季度	四季度
1	16	14	10	12
2	12	15	11	13
3	8	9	7	11
4	14	13	15	17
5	13	16	12	18

39.* 铝合金是通过在铝中加入其他元素来改善其硬度或抗拉强度等性能。下表显示了五种常用合金成分，并以合金编号加以区分(2024，6061 等)[Kutz, 1999]。请设计一个矩阵算法，计算生产指定数量的每种合金所需的原材料数量。请用 MATLAB 来确定每种合金分别生产 1000 吨所需的每种原材料是多少。

	铝合金成分				
合金	%Cu	%Mg	%Mn	%Si	%Zn
2024	4.4	1.5	0.6	0	0
6061	0	1	0	0.6	0
7005	0	1.4	0	0	4.5
7075	1.6	2.5	0	0	5.6
356.0	0	0.3	0	7	0

40. 以脚本文件方式重做例题 2.4-4，以便用户检查人工成本的影响。允许用户在下表中输入四个人工成本。运行该文件时，它将显示季度成本和类别成本。请分别在单位人工成本为 3000 美元、7000 美元、4000 美元和 8000 美元的条件下运行该文件。

	单位产品成本(单位：千美元)		
产品	材料费	人工费	运输费
1	6	3	1
2	2	5	4
3	4	3	2
4	9	7	3

	季度产量			
产品	一季度	二季度	三季度	四季度
1	10	12	13	15
2	8	7	6	4
3	12	10	13	9
4	6	4	11	5

41. 用含有三个元素的向量表示位置、速度和加速度。一个质量为 5 千克的物体，距离 x 轴 3 米，从 $x=2$ 米出发，以 10 米/秒的速度沿平行于 y 轴的方向运动。于是，物体的速度可以表示为 $\mathbf{v}=[0, 10, 0]$，位置可以表示为 $\mathbf{r}=[2, 10t+3, 0]$。它的角动量向量 $\mathbf{L}$ 可由 $\mathbf{L}=m(\mathbf{r}\times\mathbf{v})$求得，其中 m 是物体的质量。请用 MATLAB 完成下面的计算：

a. 计算矩阵 $\mathbf{P}$，它的 11 行分别是在 $t=0, 0.5, 1, 1.5,\ldots, 5$ 秒时算得的位置向量 $\mathbf{r}$ 的值。

b. 当 $t=5$ 秒时，物体的位置在哪里？

c. 计算角动量向量 $\mathbf{L}$。它的方向是哪里？

42.* 标量三重积(scalar triple product)可计算力向量 $\mathbf{F}$ 在某条直线上的力矩 M 的模。即 $M=(\mathbf{r}\times\mathbf{F})\cdot\mathbf{n}$，其中 $\mathbf{r}$ 是直线到力作用点的位置向量，$\mathbf{n}$ 是直线方向上的单位向量。

用 MATLAB 计算下列情况的力矩 M 的模，其中：

$\mathbf{F}=[12, -5, 4]$N，$\mathbf{r}=[-3, 5, 2]$m，$\mathbf{n}=[6, 5, -7]$。

43. 验证恒等式：

$$\mathbf{A}\times(\mathbf{B}\times\mathbf{C})=\mathbf{B}(\mathbf{A}\cdot\mathbf{C})-\mathbf{C}(\mathbf{A}\cdot\mathbf{B})$$

其中，向量 $\mathbf{A}=7\mathbf{i}-3\mathbf{j}+7\mathbf{k}$、$\mathbf{B}=-6\mathbf{i}+2\mathbf{j}+3\mathbf{k}$ 且 $\mathbf{C}=2\mathbf{i}+8\mathbf{j}-8\mathbf{k}$。

44. 平行四边形的面积可由公式$|\mathbf{A}\times\mathbf{B}|$计算，其中 $\mathbf{A}$ 和 $\mathbf{B}$ 分别定义为平行四边形的两条边(见图 P44)。请计算由 $\mathbf{A}=5\mathbf{i}$ 和 $\mathbf{B}=\mathbf{i}+3\mathbf{j}$ 定义的平行四边形的面积。

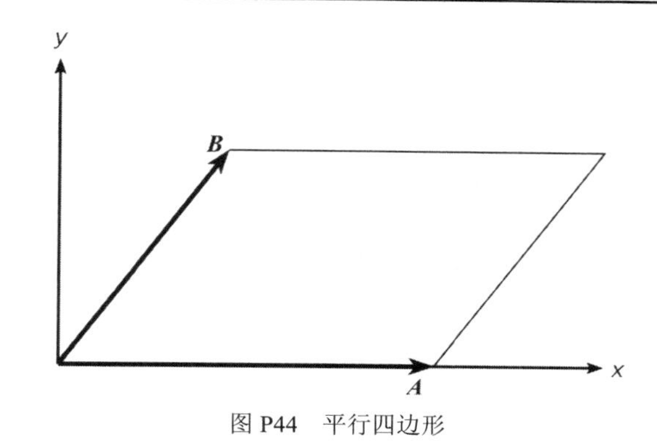

图 P44　平行四边形

45. 平行六面体的体积可以用公式$|\boldsymbol{A}\cdot(\boldsymbol{B}\times\boldsymbol{C})|$来计算，其中 $\boldsymbol{A}$、$\boldsymbol{B}$ 和 $\boldsymbol{C}$ 分别定义为平行六面体的三条边(见图 P45)。请计算由 $\boldsymbol{A}=5\boldsymbol{i}$、$\boldsymbol{B}=2\boldsymbol{i}+4\boldsymbol{j}$ 和 $\boldsymbol{C}=3\boldsymbol{i}-2\boldsymbol{k}$ 定义的平行六面体的体积。

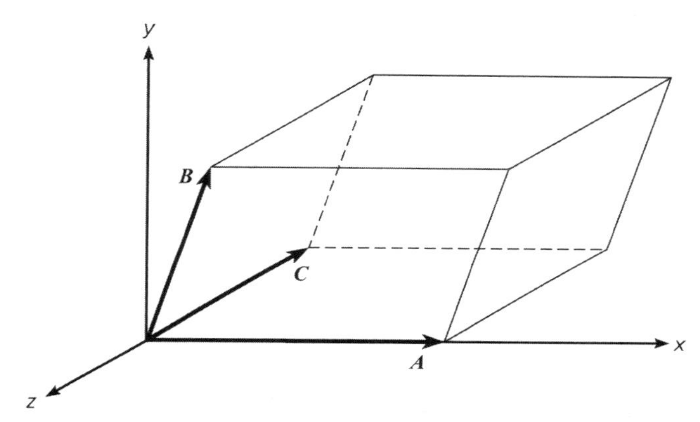

图 P45　平行六面体

2.5 节

46. 请用MATLAB绘制多项式$y=3x^4-6x^3+8x^2+4x+90$和$z=3x^3+5x^2-8x+70$在区间$-3\leqslant x\leqslant 3$内的曲线，并正确地标注图形和每条曲线。变量 y 和 z 分别代表电流，单位是毫安；变量 x 代表电压，单位是伏特。

47. 请利用 MATLAB 绘制多项式 $y=3x^4-5x^3-28x^2-5x+200$ 在区间$-1\leqslant x\leqslant 1$ 内的曲线。请在图上使用网格，并用 ginput 函数确定曲线峰值处的坐标。

48. 请用 MATLAB 求解下列乘积：

$$(10x^3-9x^2-6x+12)\,(5x^3-4x^2-12x+8)$$

49.* 请用 MATLAB 求解下式的商和余数：

$$\frac{14x^3-6x^2+3x+9}{5x^2+7x-4}$$

50.* 请用 MATLAB 计算：

$$\frac{24x^3-9x^2-7}{24x^3+5x^2-3x-7}$$

在 $x=5$ 时的值。

51. 理想气体定律(ideal gas law)提供了一种估算容器内的气体压强和体积的方法。
该定律是：

$$P=\frac{RT}{\hat{V}}$$

更准确的估计可以用范德华方程：

$$P=\frac{RT}{\hat{V}-b}-\frac{a}{\hat{V}^2}$$

其中，b 项是对分子体积的修正，$a/\hat{V}^2$项是对分子吸引力的修正。a 和 b 的大小取决于气体的类型。R 是气体常量，T 是绝对温度，$\hat{V}$是气体的比容。如果 1 摩尔理想气体在 0℃(273.2 K)时的体积限制为 22.41L，那么它将产生 1 个标准大气压(atm)的压力。当采用上述单位时，R=0.082 06。

对于氯气(Cl_2)而言，a=6.49，b=0.056 2。请分别利用理想气体定律和范德华方程比较 1 摩尔氯气在 300K 和 0.95atm 时的气体的比容$\hat{V}$。

52. 飞机 A 以 320 英里/小时的速度向东飞行，飞机 B 以 160 英里/小时的速度向南飞行。下午 1 点时，两架飞机的位置如图 P52 所示。

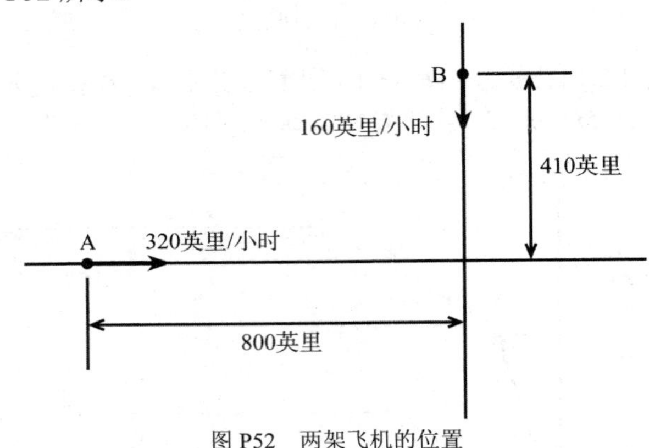

图 P52　两架飞机的位置

a. 请推导出飞机之间的距离 D 与时间的函数表达式，并绘制 D 与时间的曲线，直到 D 达到其最小值。

b. 请使用 roots 函数计算飞机间隔距离初次达到 30 英里以内所需的时间。

53. 函数

$$y=\frac{3x^2-12x+20}{x^2-7x+10}$$

在 $x\to 2$ 和 $x\to 5$ 时将接近∞。请绘制该函数在 $0\leqslant x\leqslant 7$ 区间内的曲线，并为 y 轴选择合适的范围/间隔。

54. 工程师们通常用下面的公式来预测机翼的升力和阻力：

$$L=\frac{1}{2}\rho C_L S V^2$$

$$D=\frac{1}{2}\rho C_D S V^2$$

其中：L 和 D 分别是机翼的升力和阻力，V 是空气流动的速度，S 是机翼跨度，ρ 是空气密度，C_L 和 C_D 分别是升力系数和阻力系数。C_L 和 C_D 都与攻角 α、相对空气速度和机翼弦线的夹角有关。

某个特定翼型的风洞实验获得以下结果：

$$C_L=4.47\times10^{-5}\alpha^3+1.15\times10^{-3}\alpha^2+6.66\times10^{-2}\alpha+1.02\times10^{-1}$$

$$C_D=5.75\times10^{-6}\alpha^3+5.09\times10^{-4}\alpha^2+1.8\times10^{-4}\alpha+1.25\times10^{-2}$$

其中 α 的单位是度。

请绘制机翼的升力和阻力与 V 的关系图(其中 $0\leqslant V\leqslant 150$ 英里/小时，注意要将 V 的单位转换为英尺/秒(换算关系是 1 英里等于 5280 英尺)。当 ρ=0.002 378 斯勒格/立方英尺(即在海平面时的空气密度)，α=10° 和 S=36 英尺，请计算相应的 L 和 D，单位是磅。

55. 升阻比是体现机翼效能的重要指标。回到习题 54，升力和阻力方程是：

$$L = \frac{1}{2}\rho C_L S V^2$$
$$D = \frac{1}{2}\rho C_D S V^2$$

其中，对于特定的翼型，升力系数和阻力系数与攻角 α 的关系可表示为：

$$C_L = 4.47 \times 10^{-5}\alpha^3 + 1.15 \times 10^{-3}\alpha^2 + 6.66 \times 10^{-2}\alpha + 1.02 \times 10^{-1}$$
$$C_D = 5.75 \times 10^{-6}\alpha^3 + 5.09 \times 10^{-4}\alpha^2 + 1.8 \times 10^{-4}\alpha + 1.25 \times 10^{-2}$$

根据前两个方程，就可以得出升阻比 C_L/C_D：

$$\frac{L}{D} = \frac{\frac{1}{2}\rho C_L S V^2}{\frac{1}{2}\rho C_D S V^2} = \frac{C_L}{C_D}$$

请绘制 L/D 与 α 在区间$-2^\circ \leqslant \alpha \leqslant 22^\circ$上的曲线，并求出 L/D 最大时对应的攻角。

56. 初始速度为 v_0 且水平射角为 A 的弹丸的 xy 轨迹可由以下方程描述，其中 $x(0)=y(0)=0$：

$$x = (v_0 \cos A)t \qquad y = (v_0 \sin A)t - \frac{1}{2}gt^2$$

已知 $v_0=100\text{m/s}$，$A=35^\circ$，$g=9.81\ \text{m/s}^2$。请注意，我们不知道飞行时间 t_{hit}(当 $y=0$ 弹丸落地时的时间)。

a. 编写 MATLAB 程序，通过求解 $y=0$ 的方程来计算 t_{hit}。

b. 将程序从 a 部分的基础上扩展，以确定弹丸是否达到某个高度 y_d，并找出达到该高度的时间。求解 $y=y_d$ 时的方程，弹丸能达到 100 米高吗？能达到 200 米吗？每种情况下各需要多长时间？

2.6 节

57. *a*. 请分别使用单元索引和内容索引创建以下 2×2 单元数组。

电机 28C	测试 ID6
$\begin{bmatrix} 3 & 9 \\ 7 & 2 \end{bmatrix}$	$[6 \quad 5 \quad 1]$

b. 该数组的(2,1)单元的(1,1)元素的内容是什么？

58. 长度为 L、半径为 r 且在空气中间隔距离为 d 的两个平行导体之间的电容，可由下式得出：

$$C = \frac{\pi \varepsilon L}{\ln[(d-r)/r]}$$

其中，ε 是空气的介电常量($\varepsilon=8.854\times10^{-12}$ F/m)。创建包含电容值与 d、L 和 r 的单元数组，其中 d=0.003、0.004、0.005 和 0.01，单位为 m；L=1、2、3 m；r=0.001、0.002、0.003，单位为 m。请用 MATLAB 求出当 d=0.005、L=2 且 r=0.001 时的电容值。

2.7 节

59. a. 创建一个包含单位换算系数的结构数组，实现质量、力和距离的国际单位 SI 与英国工程单位制之间的互换。

b. 请用您设计的数组求解下列问题：

- 48 英尺对应的米数
- 130 米对应的英尺数
- 36 牛顿对应的磅数
- 10 磅对应的牛顿数
- 12 个斯勒格对应的千克

■ 30 千克对应的斯勒格数

60. 创建一个包含以下城市道路桥梁信息字段的结构数组：桥的位置、最大负荷(吨)、建成的年份、维护的年份。然后在数组中输入下列数据：

位置	最大负载	建成年份	维护的年份
Smith St.	80	1928	2011
Hope Ave.	90	1950	2013
Clark St.	85	1933	2012
North Rd.	100	1960	2012

61. 编辑习题 60 中创建的结构数组，将 Clark St.桥的维护数据从 2012 年改为 2018 年。

62. 将下述桥梁数据添加到习题 60 中创建的结构数组中。

位置	最大负载	建成年份	维护的年份
Shore Rd.	85	1997	2014

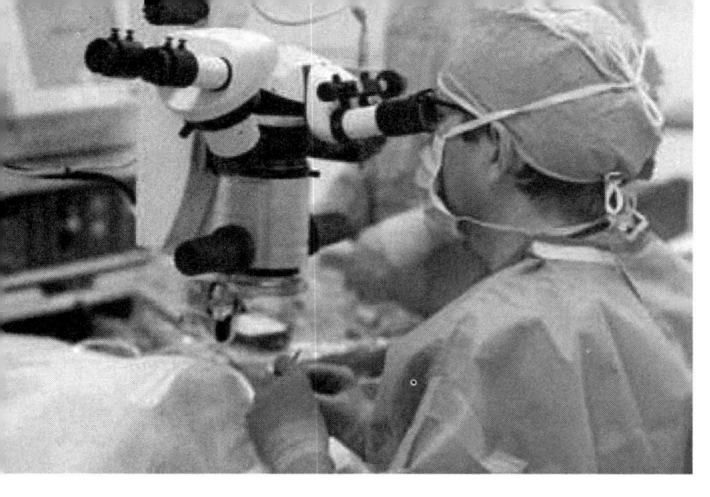

21 世纪的工程学……

机器人辅助手术

实际上，医学领域上很多的进步都得益于工程学上的成就，因而该领域需要大量工程师。

现在，髋关节和膝关节置换手术经常使用机器人来辅助手术。这类手术的挑战之一是准确地对齐人工关节。通过对病人的臀部或膝盖进行 CAT 扫描，可以建立病人的解剖模型。手术中有一整套传感器用于获取病人身体各部位的位置信息，这些信息再与几何模型相比较，就能使外科医生正确地对齐关节。此外，机器臂控制器还能防止外科医生误切到目标区之外。

机器人辅助技术已经常用于需要精确、稳定动作的手术中，比如前列腺手术，机器人可以滤除常见于外科医生手上的震颤。未来的目标是开发触觉反馈(haptic feedback)或触觉，这样外科医生就能间接地感觉到他所操作的人体组织。触觉反馈对于遥控手术(telesurgery)非常重要，外科医生可以远程指导外科机器人进行手术。这项技术将为边远地区送去医疗服务。

手术模拟器(surgery simulator)使用 3D 图形和运动传感器，且不需要病人、尸体或动物，就能模拟手术过程对外科医生进行训练。它们很适合提高医生的手眼协调性，并具备以二维屏幕指导三维动作的能力。

设计上述设备时要用到几何分析、控制系统设计和图像处理等技术。MATLAB 的 Image Processing toolbox(图像处理工具箱)和许多用于控制系统设计的工具箱对上述应用都很有帮助。

第3章

函　　数

内容提要

3.1 基本数学函数
3.2 自定义函数
3.3 其他函数类型
3.4 文件函数
3.5 总结
习题

MATLAB 有许多内置函数，包括三角函数、对数函数和双曲函数，以及处理数组的函数。3.1 节是对这些函数的总结。3.2 节将介绍如何用函数(function)文件定义您自己的函数，并且像使用内置函数一样方便地使用它们。3.3 节要讨论函数编程中的其他内容，包括函数句柄、匿名函数、子函数和嵌套函数。在 MATLAB 中可以使用数据文件和电子表格文件，3.4 节将介绍用于导入和导出此类文件的函数。

3.1 和 3.2 节的内容都涉及 MATLAB 的基本主题，因此必须学习。3.3 节的内容对于创建大型程序非常有用。3.4 节的内容对于要使用大型数据集或电子表格的读者非常有用。

3.1　基本数学函数

使用 lookfor 命令可以查找与您的应用相关的函数。例如，键入 lookfor imaginary，就可获取处理虚数的函数列表。您将看到下列内容：

```
imag Complex imaginary part
i    Imaginary unit
j    Imaginary unit
```

请注意，imaginary 并不是 MATLAB 函数而是关键词，但是在 imag 函数以及特殊符号 i 和 j 的帮助描述中都可以找到它。当输入 lookfor imaginary 命令后，会显示出它们的名称和简短描述。如果您知道某个 MATLAB 函数的正确拼写，例如函数 disp，就可以通过输入 help disp 获得该函数的描述。

有些函数(比如 sqrt 和 sin)是内置的。这些函数是以映像文件而不是 M 文件格式存储的。它们属于 MATLAB 的核心部分，因此执行效率非常高，但是计算细节并不容易访问。还有些函数是在 M 文件中实现的，您可以看到它们的代码，甚至修改它们。但是我们建议您不要对它们做任何修改。

指数和对数函数

表 3.1-1 总结了部分常用的数学函数。例如，平方根函数 sqrt。要计算 $\sqrt{9}$，您只需要在命令行中输入 sqrt(9)即可。当您按下 Enter 键后，就会看到结果 ans＝3。您还可以使用带有变量的函数。例如，考虑会话：

```
>>x=-9; y=sqrt(x)
y=
    0 + 3.0000i
```

请注意，sqrt 函数只返回正根，因此 sqrt(4)返回的是 2，而不是-2。

MATLAB 的强大之处在于它能够处理向量函数，这意味着函数的参数(function argument)可以是向量。例如，如果 x＝[4, 9, 16]，那么输入 sqrt(x)将得到向量[2, 3, 4]。有些 MATLAB 函数的参数不但可以是向量，还可以是一般数组。例如，如果 A＝[4, 9, 16; 25, 36, 49]，那么输入 sqrt(A)就得到矩阵[2, 3, 4; 5, 6, 7]。请注意，sqrt 函数只返回正根。

函数的参数

表 3.1-1　部分常用的数学函数

指数函数	
exp(x)	指数：e^x
sqrt(x)	平方根：$\sqrt{x}$
对数函数	
log(x)	自然对数：ln x
log10(x)	常用对数(以 10 为底)$\log x = \log_{10} x$
复函数	
abs(x)	绝对值 x
angle(x)	复数 x 的角度
conj(x)	复共轭
imag(x)	复数 x 的虚部
real(x)	复数 x 的实部
数值函数	
ceil(x)	朝∞方向舍入到最近的整数
fix(x)	朝 0 方向舍入到最近的整数
floor(x)	朝-∞方向舍入到最近的整数
round(x)	舍入到最近的整数
sign(x)	符号函数。如果 x>0 则返回+1；如果 x<0 则返回-1

MATLAB 的优点之一是可以自动将变量视作数组来处理。例如，要计算 5、7 和 15 的平方根，则输入：

```
>>x=[5,7,15]; y=sqrt(x)
y=
    2.2361  2.6358  3.8730
```

平方根函数会自动对数组 x 中的每个元素进行运算。

同样，我们还可输入 exp(2)得到 $e^2 \approx 7.3891$，其中 e 是自然对数的底。输入 exp(1)则得到 2.7183，这就是 e。请注意，在数学课本中，$\ln x$ 表示自然对数，其中 $x = e^y$，这表明：

$$\ln x = \ln(e^y) = y \ln e = y$$

因为 ln e＝1。但是，MATLAB 并没有采用该表示法，而是用 log(x)表示 $\ln x$。

常用对数(以 10 为底)在数学课本中表示为 $\log x$ 或 $\log_{10} x$，这是根据关系式 $x = 10^y$ 定义的，即

$$\log_{10} x = \log_{10} 10^y = y \log_{10} 10 = y$$

因为 $\log_{10} 10 = 1$。MATLAB 的常用对数函数是 log10(x)。常见的错误是求常用对数时输入 log(x)而不是 log10(x)。

另一个常见的错误是忘记使用数组乘法运算符.*。请注意，在 MATLAB 表达式 y = exp(x).*log(x)中，如果 x 是数组，那么此时 exp(x)和 log (x)都是数组，就应使用运算符.*。

复函数

第 1 章已经介绍过 MATLAB 是如何方便地处理复数算术的。在矩形(rectangular)表示法中，数字 $a + b$i 表示 xy 平面中的一个点。该数字的实部 a 是点的 x 坐标，虚部 b 是 y 坐标。极坐标(polar)表示法则采用点到原点的距离 M(也就是斜边的长度)，以及斜边与正实轴的夹角 θ 来表示的。数对(M, θ) 就是点的极坐标。根据勾股定理，斜边的长度由$M = \sqrt{a^2 + b^2}$给出，并称为复数的模。角 θ 可以根据直角三角形的三角学原理求出，$\theta = \arctan(b/a)$。

当复数以直角坐标表示法表示时，手工计算加减是很容易的。而极坐标表示法更便于手工进行复数的乘法和除法计算。在 MATLAB 中，我们必须以直角坐标表示法输入复数，相应的结果也是这种形式。从极坐标表示法转换为直角坐标表示法时可以根据以下公式完成：

$$a = M \cos \theta \qquad b = M \sin \theta$$

MATLAB 的 abs(x)和 angle(x)函数可以分别计算出复数 x 的模 M 和角 θ。函数 real(x)和 imag(x)则能分别返回复数 x 的实部和虚部，函数 conj(x)计算复数 x 的复共轭。

两个复数 x 和 y 的乘积 z 的模等于它们的模的乘积，即：$|z| = |x||y|$。乘积的角等于两个乘数的角的和，即：$\angle z = \angle x + \angle y$。具体例子如下所示：

```
>>x = -3 + 4i; y = 6 - 8i;
>>mag_x = abs(x)
mag_x =
   5.0000
>>mag_y = abs(y)
mag_y =
   10.0000
>>mag_product = abs(x*y)
   50.0000
>>angle_x = angle(x)
angle_x =
   2.2143
>>angle_y = angle(y)
angle_y =
   -0.9273
>>sum_angles = angle_x + angle_y
sum_angles =
   1.2870
>>angle_product = angle(x*y)
angle_product =
   1.2870
```

类似地，对于除法，如果 $z = x/y$，那么$|z| = |x|/|y|$，并且$\angle z = \angle x - \angle y$。

请注意，当 x 是实数向量时，abs(x)无法算出该向量的几何长度。该长度应由函数 norm(x)计算得出。如果 x 是表示二维几何向量的复数，那么 abs(x)可给出它的几何长度。

数值函数

有些函数有扩展的语法，难以汇总到表中。例如，round 函数，它能舍入到最近的整数。如果 x＝[2.3, 2.6, 3.9]，那么输入 round (x)得到结果是 2、3、4。除了基本语法 round(x)之外，还有几个舍入数字的选项。您可以把数字舍入到指定的小数位数或有效数字。语法 round(x, n)对于正整数 n 而言，可以舍入到 x 的小数点右边第 n 位。如果 n 等于零，x 就舍入到最接近的整数。如果 n 小于 0，那么 x 就是舍入到小数点左边最近的整数。数字 n 必须是标量整数。

要想舍入为 n 位有效数字，只需要输入 round(x, n, 'significant')。例如，round(pi)可得到 3；round(pi, 3)则得到 3.1420；round(pi, 3, 'significant')则可得到 3.1400；最后，round(13.47，-1)得到 10。

函数 fix 能朝零的方向舍入到最接近的整数。如果 x=[2.3, 2.6, 3.9]，输入 fix(x)则会得到 2, 2, 3。函数 ceil(代表 ceiling)则朝正无穷大方向舍入到最接近的整数。输入 ceil(x)将得到 3, 3, 4。

假设 y=[-2.6, -2.3, 5.7]。函数 floor 将朝负无穷大方向舍入到最接近的整数。输入 floor(y)产生的结果是-3, -3, 5。输入 fix(y)则生成答案-2, -2, 5。函数 abs 可以计算出绝对值。因此，abs(y)将得到 2.6, 2.3, 5.7。

您学会了吗？

T3.1-1　选取几组 x 和 y 值，验证 $\ln(xy)=\ln x+\ln y$。

T3.1-2　求复数 $\sqrt{2+6i}$ 的模、角度、实部和虚部。

(答案：模=2.5149，角度=0.6245 弧度，实部=2.0402，虚部=1.4705)

正确地指定函数的参数

在数学课本中书写表达式时，我们通常使用圆括号()、方括号[]和大括号{}来提高表达式的可读性，并且在使用时有很大的灵活性。例如，可在课本中写 sin2，但是 MATLAB 就要求在 2(这被称为函数的参数，英文是 argument 或 parameter)的两边加上圆括号。因此，要在 MATLAB 中计算 sin2，就必须输入 sin(2)。MATLAB 的函数名后面必须有一对包围参数的圆括号。又比如，在课本中想表示数组 x 的第二个元素的正弦值，只需要输入 sin[x(2)]。但是，在 MATLAB 中，就不能这样使用方括号，而必须输入 sin(x(2))。

函数的参数还可以是表达式或其他函数。例如，如果 x 是数组，要想计算 $\sin(x^2+5)$，则可以输入 sin(x.^2+5)。要想计算 $\sin(\sqrt{x}+1)$，则只需要输入 sin(sqrt(x)+1)。在输入这些表达式时，一定要检查优先级和圆括号数量和位置。每个左圆括号都必须有一个右圆括号与之对应。然而，仅有这一条还不能保证表达式完全正确！

另一个常见的错误涉及像 $\sin^2 x$ 这样的表达式，它的本意是$(\sin x)^2$。在 MATLAB 中，如果 x 是标量，那么表达式可以写成(sin(x))^2，而不是 sin^2(x)、sin^2x 或者 sin(x^2)！如果 x 是数组，就需要写成(sin(x)).^2。

三角函数

其他的常用函数还有 cos(x)、tan(x)、sec(x)和 csc(x)，分别能够返回 $\cos x$、$\tan x$、$\sec x$ 和 $\csc x$ 值。表 3.1-2 列出了 MATLAB 的三角函数。它们均以弧度为单位，因此 sin(5)计算的是 5 弧度的正弦值，而不是 5 度的正弦值。类似地，反三角函数的返回值也以弧度为单位。以角度为单位的函数，其名称后都含有字母 d。例如，函数 sind(x)的 x 的值就以角度为单位。要计算以弧度为单位的反正弦值，只需要输入 asin(x)。例如，asin(1)的返回值为 1.5708 弧度，即 $\pi/2$，而 asind(0.5)返回值为 30 度。注意，在 MATLAB 中，sin(x)^(-1)的返回值不是 $\sin^{-1}(x)$，而是 $1/\sin(x)$！

MATLAB 有两个反正切函数。函数 atan(x)用于计算 arctan(x)——反正切——返回的是$-\pi/2$ 和 $\pi/2$ 之间的角。另一个正确的答案是位于对面象限的角。用户必须选择正确的答案。例如，atan(1)返回的答案是 0.7854 弧度，对应 45°。因此 tan 45°=1。然而，tan(45°+180°)=tan 225°=1。因此 arctan(1)=225°也是正确的。

MATLAB 的 atan2(y, x)和 atan2d(y, x)函数能明确地求反正切值，其中 x 和 y 是点的坐标。这两个函数的计算结果都是从原点(0, 0)到点(x, y)的线与正实轴之间的夹角。例如，点 x=1，y=-1 对应的反正切值是-45°或-0.7854 弧度；而点 x=-1，y=1 对应的正切值是 135°或 2.3562 弧度。输入 atan2d(-1, 1)，则返回-45°；而输入 atan2d(1, -1)则返回 135°。这些都是含两个参数的函数例子。从中可以看出，这些函数的参数顺序很重要。

表 3.1-2　三角函数

三角函数*	
cos(x)	余弦；$\cos x$
cot(x)	余切；$\cot x$
csc(x)	余割；$\csc x$
sec(x)	正割；$\sec x$
sin(x)	正弦；$\sin x$
tan(x)	正切；$\tan x$
反三角函数†	
acos(x)	反余弦；$\arccos x=\cos^{-1} x$
acot(x)	反余切；$\text{arccot}\, x=\cot^{-1} x$
acsc(x)	反余割；$\text{arccsc}\, x=\csc^{-1} x$
asec(x)	反正割；$\text{arcsec}\, x=\sec^{-1} x$
asin(x)	反正弦；$\arcsin x=\sin^{-1} x$
atan(x)	反正切；$\arctan x=\tan^{-1} x$
atan2(y, x)	四象限反正切

*这些函数中 x 的单位是弧度。

†这些函数返回值的单位是弧度。

您学会了吗？

T3.1-3　选取几个 x 值，验证 $e^{ix}=\cos\ x+i\sin x$。

T3.1-4　从区间 $0\leqslant x\leqslant 2\pi$ 内选取几个值，验证 $\sin^{-1}x+\cos^{-1}x=\pi/2$。

T3.1-5　从区间 $0\leqslant x\leqslant 2$ 内选取几个值，验证 $\tan(2x)=2\tan x/(1-\tan^2 x)$。

双曲函数

双曲函数(hyperbolic function)是工程分析中的一些常见问题的解。例如，悬垂线(catenary curve)(两端有支撑的悬索的形状)就可以用双曲余弦函数 $\cosh x$ 表示，其定义为：

$$\cosh x=\frac{e^x+e^{-x}}{2}$$

双曲正弦函数 $\sinh x$，其定义为：

$$\sinh x=\frac{e^x-e^{-x}}{2}$$

反双曲正弦函数 $\sinh^{-1}x$ 的结果 y，满足 $\sinh y=x$。

此外，还定义有其他双曲函数。表 3.1-3 列出了这些双曲函数和对应的 MATLAB 命令。

表 3.1-3　双曲函数

双曲函数	
cosh(x)	双曲余弦；$\cosh x=(e^x+e^{-x})/2$
coth(x)	双曲余切；$\cosh x/\sinh x$
csch(x)	双曲余割；$1/\sinh x$
sech(x)	双曲正割；$1/\cosh x$

续表

sinh(x)	双曲正弦；sinh x=(e^x−e^{-x})/2
tanh(x)	双曲正切；sinh x/cosh x
反双曲函数	
acosh(x)	反双曲余弦
acoth(x)	反双曲余切
acsch(x)	反双曲余割
asech(x)	反双曲正割
asinh(x)	反双曲正弦
atanh(x)	反双曲正切

您学会了吗？

T3.1-6　请从 $0\leqslant x\leqslant 5$ 范围内选取几个 x 值，验证 $\sin(ix)=i\sinh x$。

T3.1-7　请从 $-10\leqslant x\leqslant 10$ 范围内选取几个 x 值，验证$\sinh^{-1}x=\ln(x+\sqrt{x^2+1})$。

3.2　自定义函数

另一种 M 文件被称为函数文件(function file)。与脚本文件不同，函数文件中的所有变量都是局部变量(local variable)，这意味着它们的值只能在函数中使用。如果需要多次重复一组命令，使用函数文件则十分有用。它们是大型项目的基本构件。

函数文件

要创建函数文件，请打开第 1 章中介绍的编辑器，先在工具条的 HOME 选项卡下选择 New 图标，但不要选择 Script，而应选择 Function；然后就出现了用于创建函数文件的默认编辑器窗口，如图 3.2-1 所示。函数文件中的第一行必须是包含输入和输出列表的函数定义行(function definition line)。这一行是函数 M 文件与脚本 M 文件的重要区别。其语法如下：

局部变量

函数定义行

```
function [output arguments] = function_name(input arguments)
```

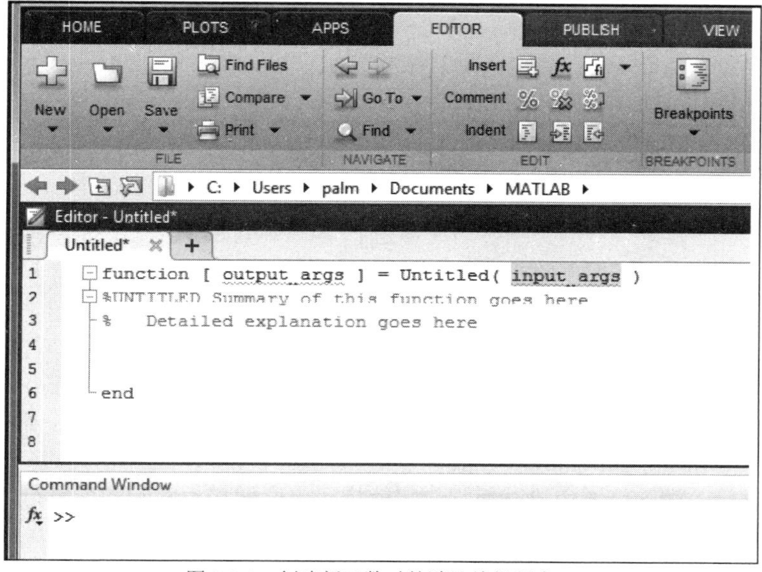

图 3.2-1　创建新函数时的默认编辑器窗口

输出参数是指函数对指定的输入参数值计算的结果。请注意，输出参数是用方括号括起来的(如果只有一个输出值，则也可以不使用方括号)，而输入参数必须用圆括号括起来。function_name 应与保存的文件名相同(文件的扩展名为.m)。也就是说，如果我们命名了函数 drop，就应该将该函数保存在文件 drop.m 中。通过在命令行输入函数的名称(例如，输入 drop)就能“调用”该函数。函数定义行中的关键字 function 必须为小写。在命名函数前，可以先用 exist 函数查看是否有其他函数已经使用了该名称。

虽然使用 end 语句来结束函数有时是可选的，但是对于某些情况(具体请参见第 3.3 节)又是必需的，因此明智的做法是总在函数文件中包含 end 语句。

编辑默认的函数窗口时，输入特定函数的信息，然后像保存其他 M 文件一样保存即可。

图 3.2-2 显示了创建函数后的编辑器。命令窗口显示了运行该函数的结果，稍后将对此进行描述。

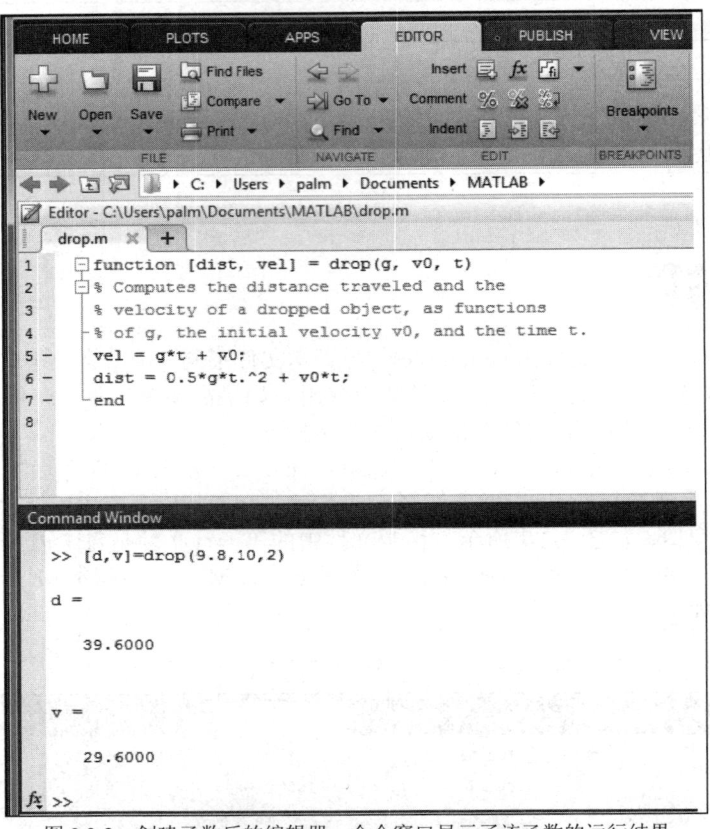

图 3.2-2 创建函数后的编辑器。命令窗口显示了该函数的运行结果

编辑器的重要功能

除非您主要将 MATLAB 当作计算器来用，否则就应该经常用到编辑器，因为您不可能在命令窗口中创建所有类型的函数。第 1 章曾简要讨论过编辑器的基本功能，现在还要介绍它的一些重要功能。

编辑器通过对文本着色以达到不同的强调目的，在此描述的默认颜色可在 HOME 选项卡的 Environment 类别的 Preferences 中更改。当您打开编辑器创建新函数时，请注意，关键字 function 是蓝色的，而注释是绿色的。总之，无论是创建脚本还是函数，关键字都以蓝色显示，而注释都以绿色显示。这称为语法突出显示(syntax highlighting)功能。

编辑器利用分隔符匹配功能避免语法错误。它能指示出匹配和不匹配的分隔符。比如圆括号、方括号和花括号。当您输入一个闭分隔符时，MATLAB 就会短暂地突出显示对应的开分隔符，并在开分隔符上标记红色下画线。如果您输入的闭分隔符比开分隔符多，那么 MATLAB 也会在不匹配的分隔符上标记红色的下画线。

如果将使用箭头键将光标移动到某个分隔符上，MATLAB 就会短暂地在成对的两个分隔符上标记下画线。如果没有对应的分隔符，那么 MATLAB 就对不匹配的分隔符标记红色下画线。

查找和替换当前文件中的变量或函数的最简单方法是使用自动突出显示(automatic highlighting)功能。变量和函数突出显示仅对特定的函数或变量引用有效，而对其他位置出现的函数或变量名无效(比如在注释中出现)。如果将光标移到某个变量上，该变量所有出现的位置都将以蓝绿色高亮显示。Navigate 类别中提供了更丰富的查找和替换功能。这些功能更高级，我们将在后续章节中用到。

一些简单的函数例子

函数在自己的工作空间内对变量进行操作(这样的变量称为局部变量)，该工作空间与您在 MATLAB 命令提示符中访问的工作空间是分开的。考虑下面的自定义函数 fun：

```
function z = fun(x,y)
u = 3*x;
z = u + 6*y.^2;
end
```

请注意数组指数运算符(.^)的使用。这使得该函数可以处理数组型的 y。还要注意，我们在计算 u 和 z 的命令行末尾处放置了分号，这样就可以防止在调用函数时显示它们的值。如果出于某种考虑，您希望显示这些值，只需要删除该分号即可，但通常不这样做。我们通常还要严格控制工作空间中的可用变量。具体原因将在本章后面讨论。

现在先介绍在命令窗口中以各种方式调用这个函数时会发生什么。当以输出参数调用该函数时：

```
>>x = 3; y = 7;
>>z = fun(x,y)
z =
     303
```

函数用 x＝3 和 y＝7 来计算 z，也可将这两个参数值直接插入函数的调用中，如下所示：

```
>>z = fun(3,7)
z =
     303
```

如果调用函数时没有使用输出参数，那么当您试图访问返回值时，就会看到下列错误消息：

```
>>clear z, fun(3,7)
ans =
     303
>>z
??? Undefined function or variable 'z'.
```

您可以将输出参数赋给另一个变量，例如：

```
>>q = fun(3,7)
q =
     303
```

还可以通过在函数调用命令后面添加分号来屏蔽输出信息。例如，如果输入 q=fun(3,7)，那么 q 值会计算出来，但并不显示。

变量 x 和 y 都是函数 fun 的局部变量，因此除非像第一个例子中那样在函数之外为它们赋值，否则它们的值在函数之外的工作空间中不可用。变量 u 也是函数的局部变量。例如：

```
>>x = 3; y = 7; q = fun(x,y);
>>u
??? Undefined function or variable 'u'.
```

试着与下面的会话比较。

```
>>q = fun(3,7);
```

```
>>x
??? Undefined function or variable 'x'.
>>y
??? Undefined function or variable 'y'.
```

只有参数的顺序很重要，其名称并不重要：

```
>>a = 7;b = 3;
>>z = fun(b,a) % This is equivalent to z = fun(3,7).
z =
     303
```

还可以用数组作为输入参数(假设您允许在函数中进行数组运算，就像我们对 y.^2 所做的那样)：

```
>>r = fun([2:4],[7:9])
r =
     300  393  498
```

一个函数可以有多个输出，此时要用方括号把它们括起来。例如，下面的函数 circle 能计算圆的面积 A 和周长 C，它以圆半径作为输入参数。

```
function [A, C] = circle(r)
A = pi*r.^2;
C = 2*pi*r;
end
```

当 r=4 时，该函数的调用过程如下：

```
>>[A, C] = circle(4)
A =
     50.2655
C =
     25.1327
```

函数也可能既没有输入参数，也没有输出参数。例如，下面的自定义函数 show_date 就是计算日期并将结果存储在变量 today 中，然后显示 today 的值。

```
function show_date
today = date
end
```

请注意，这里不需要方括号、圆括号或等号。调用该函数的会话过程如下：

```
>>show_date
today =
13-Nov-2016
```

您学会了吗？

T3.2-1 创建一个名为 cube 的函数，计算边长为 L 的立方体的表面积 A 和体积 V。不要忘记先检查一下是否已经存在以该名称命名的文件！测试用例：$L=10$，$A=600$，$V=1000$。

T3.2-2 创建一个名为 cone 的函数，计算高度为 h、半径为 r 的圆锥的体积 V。不要忘记先检查一下是否已经存在以该名称命名的文件！圆锥的体积可以表示为：

$$V = \pi r^2 \frac{h}{3}$$

测试用例：$h=30$，$r=5$，$V=785.3982$。

函数定义行的变化

下面的例子显示了函数定义行允许的格式变化。差异主要取决于是否无输出、有单个输出或者有多个输出。

函数定义行	文件名
(1) function [area_square] = square(side);	square.m
(2) function area_square = square(side);	square.m
(3) function volume_box = box(height,width,length);	box.m
(4) function [area_circle,circumf] = circle(radius);	circle.m
(5) function sqplot(side);	sqplot.m

示例 1 的函数有一个输入和一个输出。当只有一个输出时，方括号是可选的(可参见示例 2)。示例 3 的函数有一个输出和三个输入。示例 4 的函数有两个输出和一个输入。示例 5 没有输出变量(如函数 show_date 或绘图函数)。这些情况下，都可省略等号。

以%开头的注释行可以放在函数文件的任何位置。但是，如果您想使用 help 命令获取某个函数的信息，那么 MATLAB 只显示从函数定义行到第一个空行或第一个可执行命令行之间的注释。

我们既可以采用显式指定的输出变量(如示例 1 到 4)或者不指定任何输出变量来调用内置函数和自定义函数。例如，在示例 2 中，如果我们对函数的输出变量 area_square 不感兴趣，就可以输入 square(side) 来调用函数 square(该函数可能执行一些我们希望的其他操作，如画一幅图)。请注意，如果我们省略了函数调用语句末尾的分号，那么输出变量列表中的第一个变量就会显示出来。

函数调用中的变化

下面的函数被称为 drop，能计算下落物体的速度和下落距离。输入变量是加速度 g、初始速度 v_0 和飞行时间 t。请注意，对于函数输入为数组的任何运算，都必须使用对应元素运算。在这里，我们预测 t 是数组，因此要使用对应元素运算符(.^)。

```
function [dist,vel] = drop(g,v0,t);
% Computes the distance traveled and the
% velocity of a dropped object, as functions
% of g, the initial velocity v0, and the time t.
vel = g*t + v0;
dist = 0.5*g*t.^2 + v0*t;
end
```

下面的例子展示了调用函数 drop 的各种方法。

(1) 函数定义中使用的变量名，在调用函数时仍然可以使用，但不是必需的。

```
a = 32.2;
initial_speed = 10;
time = 5;
[feet_dropped,speed] = drop(a,initial_speed,time)
```

(2) 输入变量在调用函数之前不必在该函数外赋值：

```
[feet_dropped,speed] = drop(32.2,10,5)
```

(3) 输入和输出还可以是数组：

```
[feet_dropped,speed] = drop(32.2,10,0:1:5)
```

这个函数调用将生成数组 feet_dropped 和 speed，每个数组的 6 个值分别对应于数组 0:1:5 中的 6 个时间值。

我们可以用这个函数绘制距离和速度或二者的曲线。例如，假设物体以 4 米/秒的速度在 $t=0$ 时刻向上抛出。这种情况下，g 等于 9.81，v_0 等于−4。要绘制下落 2 秒的距离曲线，可以输入：

```
t = 0:0.001:2;
[meters_dropped,speed] = drop(9.81,-4,t);
plot(t,meters_dropped)
```

有关局部变量的更多内容

函数定义行中出现的输入变量名对于该函数而言都是局部的。这意味着在调用该函数时可以使用其他变量名。除了在函数调用中使用的输出变量列表中出现的变量之外，其他所有变量在函数执行完毕后都将被自动清除。

例如，在程序中使用 drop 函数时，我们可以在函数调用之前为变量 dist 赋一个值，那么这个值在调用函数后也不会改变，这是因为该变量名并没有出现在函数调用语句的输出列表中(输出列表中用变量 feet_drop 替代了变量 dist)。这就是函数“局部”变量的含义。这种功能使得我们通常可以用我们选择的变量来编写函数，而不必担心调用程序使用同名变量进行其他运算。这也意味着函数文件是“可移植的”，且不必在不同程序中每次使用时都重写。

您可能已经发现，编辑器能够很好地定位出函数文件中的错误。运行函数时，如果出现错误，并迫使程序返回 MATLAB 基本工作空间，函数的局部工作空间就会清空，因此将更难定位函数中的运行时错误。在编辑器中可以访问函数工作空间，并允许更改值。它还支持单步执行(每次只执行一行命令)，并允许设置断点(breakpoint)。断点是在文件中使程序运行暂停的特定位置。编辑器的这些功能在本书中的应用中可能用不到，但是它们主要是对于大型程序非常有用。相关的更多信息请参阅第 4 章。

全局变量

global 命令可以声明全局变量，这些变量的值既可以在基本工作空间使用，也可以在声明了这些变量为全局变量的函数中使用。声明全局变量 A、X 和 Q 的语法是 global A X Q。这里要用空格而不是逗号分隔变量。在任何函数或基本工作空间中对这些变量进行的任何赋值操作，都会反映到所有声明它们为全局变量的其他函数。如果在第一次使用 global 语句时全局变量尚不存在，那么该变量将被初始化为空矩阵。如果当前工作空间中已经存在与全局变量同名的变量，那么 MATLAB 会发出警告并自动将该变量的值更改为与全局变量的值一致。

在自定义函数中，要将 global 命令放在可执行程序的第一行。在调用程序中也要放置相同的命令。全局变量的名称最好要大写、名称要长，以便于识别，这是惯例，但不是必需的。

将变量声明为全局变量的决定并不总是很清晰的。建议避免使用全局变量。这通常可以通过使用匿名函数和嵌套函数来实现，具体将在 3.3 节介绍。

持久型变量

有些应用程序(但可能不是很多)可能希望保留函数的局部变量值，但是这些值并不传递到函数输出。您可以用 persistent 函数将变量声明为持久型(persistent)，这意味着在对该函数的调用之间将其局部变量值保留在内存中。语法 persistent x y 将 x 和 y 定义为持久型变量，并且将它们放在函数中。请注意，persistent 命令没有函数形式，这意味着不能用括号或引号来指示变量名。如果在创建变量之前放置此语句，它们将被初始化为空矩阵。

持久型变量与全局变量有所不同，因为持久型变量只能被声明它们的函数访问。这意味着它们的值不能被其他函数或从 MATLAB 命令行更改。clear 函数可以清除函数和变量。无论您何时清除或修改内存中的函数，该函数声明的所有持久型变量也都将被清除。如果要避免发生这种情况，请使用 mlock 函数。如果您声明了一个持久型变量，但是又在当前工作空间中出现了同名变量，就会出现错误消息。

函数句柄

函数句柄是引用指定函数的一种方式。函数句柄最初是在 MATLAB 6.0 中引入的，现在已经被广泛使用，并且在 MATLAB 文档的示例中经常出现。我们可以通过在函数名之前加@符号来创建函数句柄。然后，您就可以根据需要来给该句柄命名，并用该句柄来引用该函数。

例如，考虑下面的自定义函数，该函数将计算 $y=x+2e^{-x}-3$。

```
function y = f1(x)
y = x + 2*exp(-x) - 3;
end
```

要创建这个函数的句柄并将其命名为 fh1，可以输入 fh1=@f1。

函数的函数

有些 MATLAB 函数还可以作用于函数。这些命令称为函数的函数。如果函数作用的对象不是简单函数，那么最好在 M 文件中定义它。可以使用函数句柄将函数传递给调用函数。

找到函数的零点

您可以使用 fzero 函数找到单变量(表示为 x)函数的零点。其基本语法是：

```
fzero(@function, x0)
```

其中，@function 是一个函数句柄，x0 是用户提供的零点猜测值。fzero 函数返回一个在 x0 附近的 x 值。它只表示函数与 x 轴相交的点，而不是函数与 x 轴接触的点。例如，fzero(@cos, 2)的返回值是 x =1.5708。另一个例子是，$y=x^2$ 是一个抛物线，仅在 $x=0$ 处与 x 轴接触。然而，由于该函数永远不会穿过 x 轴，因此找不到零点。

如果 x0 是标量，那么函数 fzero(@function, x0)就将在 x0 附近寻找函数的零点。fzero 的返回值接近于 function 改变符号的点；如果搜索失败，则返回 NaN。这种情况下，就需要增大搜索区间，直到找到 Inf、NaN 或复数值(fzero 无法找到复零点)，搜索才会结束。如果 x0 是一个长度为 2 的向量，那么 fzero 就假设 x0 是一个区间，在该区间内 function(x0(1))的符号与 function(x0(2))的符号相反。如果这个条件不成立，就会发生错误。以这样的区间内调用 fzero 就能保证 fzero 的返回值位于函数改变符号的点附近。先绘制函数曲线是确定向量 x0 的值的好方法。如果函数不连续，fzero 的返回值就是不连续点而不是零点。例如，x=fzero(@tan,1)的返回值 x=1.5708，就是 tan(x)中的不连续点。

函数可能有多个零点，所以最好先画出函数曲线，然后用 fzero 来确定一个比从图中读出的答案更准确的答案。图 3.2-3 展示了函数 $y=x+2e^{-x}-3$ 的曲线，它有两个零点，一个位于 $x=-0.5$ 附近，另一个位于 $x=3$ 附近。要想用前面创建的函数文件 f1 找出 $x=-0.5$ 附近的零点，可以输入 x=fzero (@f1, −0.5)，答案是 $x=-0.5831$。要找出 $x=3$ 附近的零点，可输入 x=fzero (@f1, 3)，答案是 $x=2.8887$。

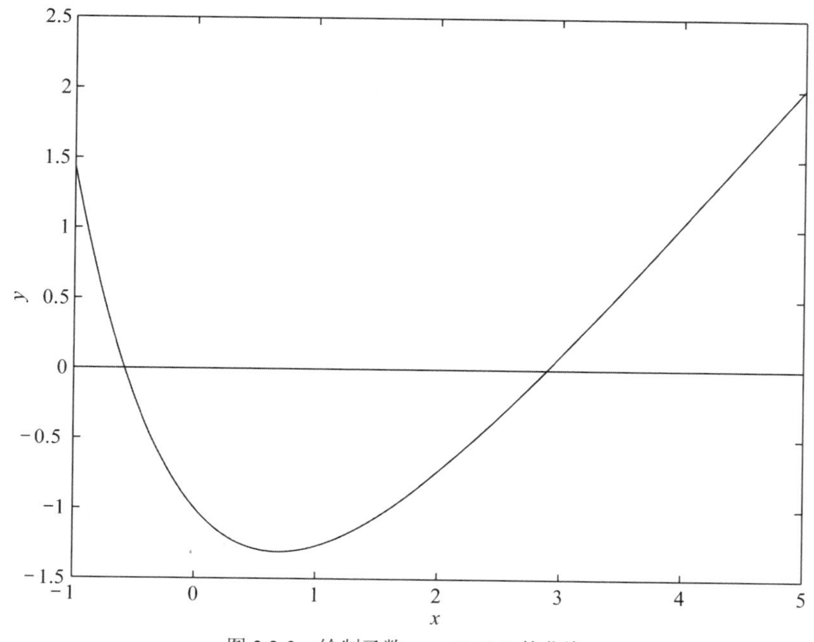

图 3.2-3 绘制函数 $y=x+2e^{-x}-3$ 的曲线

语法 fzero(@f1, −0.5)比旧语法 fzero('f1', −0.5)更合适。

单变量函数的最小值

fminbnd 函数能找出单变量(由 x 表示)函数的最小值，其基本语法为：

```
fminbnd(@function, x1, x2)
```

其中@function 是函数句柄。fminbnd 函数的返回值 x，能使函数在 x1 ≤ x ≤ x2 区间达到最小值。例如，fminbnd (@cos, 0,4)的返回值是 x=3.1416。

但是，要想用该函数找出更复杂函数的最小值，则在函数文件中定义函数更方便。例如，如果 $y=1-xe^{-x}$，则可以定义如下的函数文件：

```
function y = f2(x)
y = 1 - x.*exp(-x);
end
```

要想找到在 $0\leqslant x\leqslant 5$ 区间使 y 值最小的 x，可以输入 x=fminbnd (@f2, 0,5)，答案是 $x=1$。要想找到对应的 y 的最小值，可以输入 y=f2 (x)，结果是 $y=0.6321$。

无论何时使用最小化技术，我们都应该检查解是不是真正的最小值。例如，考虑多项式 $y=0.025x^5-0.0625x^4-0.333x^3+x^2$，其曲线如图 3.2-4 所示。该函数在区间 $-1<x<4$ 中有两个最小值点。在 $x=3$ 附近的最小值又被称为“相对最小值”或“局部最小值”。虽然它形成了一个谷，但其最低点高于 $x=0$ 处的最小值。$x=0$ 的最小值才是真正的最小值，也被称为全局最小值。首先创建函数文件：

```
function y = f3(x)
y = polyval([0.025, -0.0625, -0.333, 1, 0, 0], x);
end
```

要想指定区间 $-1\leqslant x\leqslant 4$，只需要输入 x=fminbnd(@f3, −1, 4)。MATLAB 给出的答案是 $x=2.0438\text{e}-006$，实质上相当于 0，这是真正的最小值点。如果指定区间 $0.1\leqslant x\leqslant 2.5$，那么 MATLAB 给出的答案是 x=0.1001，这只是对应于区间 $0.1\leqslant x\leqslant 2.5$ 上的 y 的最小值。因此，如果指定的区间不包含真正的最小值点，我们就会遗漏它。

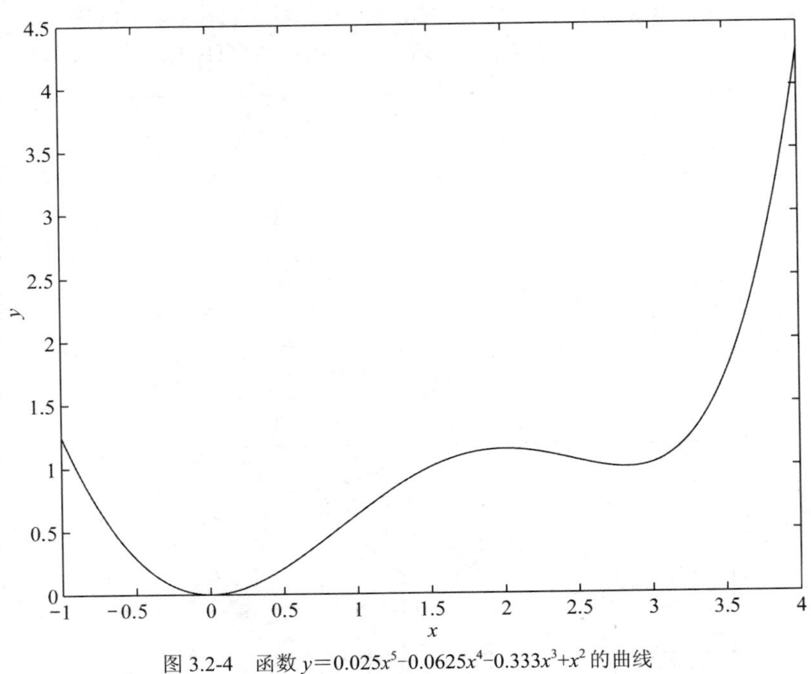

图 3.2-4　函数 $y=0.025x^5-0.0625x^4-0.333x^3+x^2$ 的曲线

事实上，fminbnd 可能会给出误导性答案。如果我们指定区间 $-1\leqslant x\leqslant 4$，那么 MATLAB (R2017b) 给出的答案为 2.8236，这对应于图中所示的“谷”，但并不是区间 $-1\leqslant x\leqslant 4$ 内的最小值点。在该区间上，

最小值点位于 $x=1$ 的旁边。fminbnd 找到的只是对应于零斜率的最小值点。在实践中，fminbnd 函数的最佳用法是精确地确定一个最小值点的位置，而该最小值点的近似位置是通过其他方法找到的，例如通过绘制函数曲线。

多变量函数的最小值

要找到多变量函数的最小值，可以使用 fminsearch 函数。其基本语法是：

```
fminsearch(@function, x0)
```

其中，@function 是函数句柄。x0 是用户必须提供的猜测值。例如，要使用函数 $f = xe^{-x^2-y^2}$，首先在 M 文件中定义它，使用向量 x，其元素为 $x(1)=x$，$x(2)=y$。

```
function f = f4(x)
f = x(1).*exp(-x(1).^2-x(2).^2);
end
```

假设猜测的最小值点位于 $x=y=0$ 附近。对应的会话是：

```
>>fminsearch(@f4, [0, 0])
ans =
     -0.7071 0.000
```

因此，最小值位于 $x=-0.7071$、$y=0$ 处。

函数 fminsearch 通常可以处理不连续性，特别是当不连续点不在最小值点附近时。fminsearch 函数可能只给出了局部解，它只能对实数最小化；也就是说，x 必须只由实数变量组成，function 必须只返回实数。当 x 含有复数时，必须将实部和虚部分离。

表 3.2-1 总结了 fminbnd、fminsearch 和 fzero 命令的基本语法。

表 3.2-1　最小化和求根函数

函数	描述
fminbnd(@function(x1, x2)	返回区间 x1≤x≤x2 内的 x 值，它对应于句柄@function 所描述的单变量函数的最小值
fminsearch(@function, x0)	用初始向量 x0 来查找句柄@function 描述的多变量函数的最小值
fzero(@function, x0)	用初始值 x0 查找句柄@function 所描述的单变量函数的零点

这些函数还有扩展语法，但这里不再赘述。通过使用这些形式的函数，您可以指定所需的解的准确度，以及在搜索停止前要执行的步骤数量。请用 help 工具来了解更多关于这些函数的信息。

例题 3.2-1　灌溉渠的优化

图 3.2-5 所示为灌溉渠的横截面。初步分析表明，该渠的横截面面积要达到 100 平方英尺，才能承受所需的水流速度。为将铺设渠的混凝土成本降至最低，需要使渠周长最小。请求出能使周长最小的 d、b 和 θ 值。

■　解

周长 L 可以用底边长 b、深度 d 和角度 θ 表示为：

$$L = b + \frac{2d}{\sin\theta}$$

梯形的横截面面积是：

$$100 = db + \frac{d^2}{\tan\theta}$$

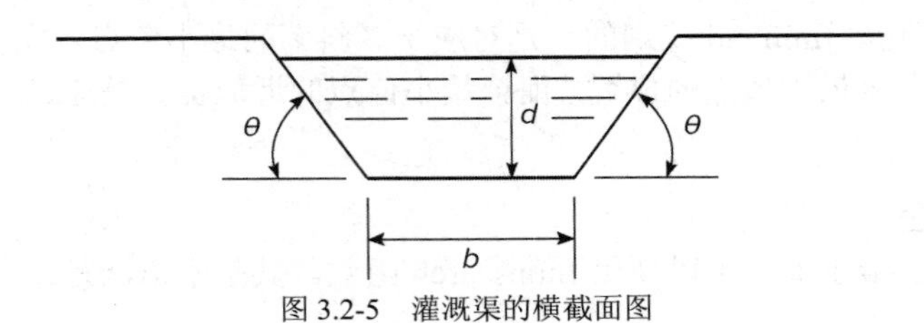

图 3.2-5　灌溉渠的横截面图

待选变量有 b、d 和 θ。我们可通过下面的方程求出 b，从而减少变量个数。

$$b = \frac{1}{d}\left(100 - \frac{d^2}{\tan\theta}\right)$$

将上式代入方程求出 L，得到：

$$L = \frac{100}{d} - \frac{d}{\tan\theta} + \frac{2d}{\sin\theta}$$

我们现在必须求出能使 L 最小的 d 和 θ。

首先定义周长的函数文件。设向量 $\boldsymbol{X}=[d\ \theta]$。

```
function L = channel(x)
L = 100./x(1) - x(1)./tan(x(2)) + 2*x(1)./sin(x(2));
end
```

然后调用 fminsearch 函数。取一组猜测值 $d=20$ 和 $\theta=1$ rad，对应的会话是：

```
>>x = fminsearch(@channel,[20,1])
x =
    7.5984   1.0472
```

因此周长最小时对应的 $d=7.5984$ 英尺，$\theta=1.0472$ rad，或 $\theta=60°$。再用另一组猜测值，$d=1$ 和 $\theta=0.1$，也会得到相同的答案。与这些值对应的底边长 b 的值是 $b=8.7738$。

然而，使用猜测值 $d=20$ 和 $\theta=0.1$ 将产生物理上无意义的结果 $d=-781$，$\theta=3.1416$。猜测值 $d=1$ 和 $\theta=1.5$ 也会产生物理上无意义的结果 $d=3.6058$ 和 $\theta=-3.1416$。

L 的方程也可视为含有两个变量 d 和 θ 的函数。当在三维坐标系中绘制 L 相对 d 和 θ 的曲线时，就会得到一个曲面。该曲面可能有多个尖峰、多个山谷和称为鞍点的“山口”，它们会使最小化技术无效。对解向量使用不同的初始猜测值可能导致最小化技术找到不同的山谷，从而报告不同的结果。我们可以使用第 5 章介绍的曲面绘图函数或用大量的 d 和 θ 初始值(例如，在物理上真实存在的范围 $0<d<30$ 和 $0<\theta<\pi/2$)找出多个山谷。如果任何具有物理意义的答案都相同，我们就有理由确信已经找到了最小值。

您学会了吗？

T3.2-3　方程 $e^{-0.2x}\sin(x+2)=0.1$ 在区间 $0<x<10$ 上有三个解。请求出这三个解。

(答案：$x=1.0187, 4.5334, 7.0066$)

T3.2-4　函数 $y=1+e^{-0.2x}\sin(x+2)$在区间 $0<x<10$ 上有两个最小值点。求出每个最小值点的 x 值和 y 值。

(答案：(x,y)=(2.5150, 0.4070), (9.0001, 0.8347))

T3.2-5　求出使图 3.2-5 所示灌溉渠周长最小的深度 d 和角度 θ，并确保渠的面积为 200 平方英尺。(答案：$d=10.7457$ 英尺，$\theta=60°$)

3.3　其他函数类型

除了函数句柄、匿名函数(anonymous function)、子函数(subfunction)、嵌套函数(nested function)和私有函数(private function)之外，MATLAB 中还有一些其他类型的自定义函数。本节将介绍这些函数的基本功能。这是个更高级的主题，因此除非您要创建大型而复杂的程序，否则您可能并不需要使用这些函数类型。本书的其他部分都不会用到本节介绍的主题知识。

调用函数的方法

共有四种方法可以调用和运行函数：

(1) 标识相应函数 M 文件的字符串

(2) 函数句柄

(3) “内联”函数对象

(4) 字符串表达式

下面是自定义函数 fzero 调用 fun1 函数时遵从上述方法的示例，该自定义函数要计算 $y=x^2-4$。

(1) 对于下面的 M 文件

```
function y = fun1(x)
   y = x.^2-4;
end
```

可以通过标识该函数 M 文件的字符串来调用该函数，以计算 $0\leqslant x\leqslant 3$ 范围内的零点，如下所示：

```
>>x = fzero('fun1',[0, 3])
```

(2) 作为现有 M 文件的函数句柄：

```
>>x = fzero(@fun1,[0, 3])
```

(3) 作为“内联”函数对象

```
>>fun1 = 'x.^2-4';
>>fun_inline = inline(fun1);
>>x = fzero(fun_inline,[0, 3])
```

(4) 作为字符串表达式

```
>>fun1 = 'x.^2-4';
>>x = fzero(fun1,[0, 3])
```

或者是

```
>>x = fzero('x.^2-4',[0, 3])
```

第 2 种方法现在比第 1 种方法更受欢迎，但在 MATLAB 6.0 以前的版本第 2 种方法无法使用。第 3 种方法本文不作讨论，因为它比前两种方法慢。第 3 和第 4 种方法是等价的，因为它们都使用了 inline 函数；唯一的区别是，第 4 种方法中 MATLAB 先判定函数 fzero 的第一个参数是字符串变量，然后调用函数 inline 将字符串变量转换为内联函数对象。函数句柄法(第 2 种方法)速度最快，其次是第 1 种方法。

除了能提高运算速度之外，使用函数句柄的另一个优点是它支持访问子函数，这些子函数通常在定义的 M 文件之外是不可见的。具体情况将在本节后面部分再讨论。

函数的类型

这里，有必要先复习一下 MATLAB 支持的函数类型。MATLAB 有内置函数，如 clear、sin 和 plot，这些函数都不是以 M 文件格式存储的；还有一些函数是以 M 文件格式存储的，如函数 mean。此外，还可以在 MATLAB 中创建以下类型的自定义函数。

- **主函数(primary function)**是 M 文件中的第一个函数，通常包含主程序。在同一个文件中，主函数之后可以是任意多个子函数，它们都可以作为主函数的子程序。

  通常，主函数是 M 文件中唯一可以从 MATLAB 命令行或被另一个 M 文件函数调用的函数。使用定义该函数的文件名，就可以调用该函数。我们通常将函数名及其文件名定义为相同的名称，但是如果函数名与文件名不同，就必须使用文件名来调用函数。

  主函数

- **匿名函数(anonymous function)**允许您创建一个简单的函数，且不需要为它创建 M 文件。您可以在 MATLAB 命令行或者从另一个函数或脚本中构造匿名函数。因此，匿名函数提供了一种从任何 MATLAB 表达式生成函数的快速方法，而且不需要创建、命名和保存文件。

  匿名函数

- **子函数(subfiunction)**通常位于主函数中，并由主函数调用。您可以在单一的主函数 M 文件中使用多个子函数。

  子函数

- **嵌套函数(nested function)**是定义在另一个函数中的函数。它们有助于提高程序的可读性，并使您更灵活地访问 M 文件中的变量。嵌套函数和子函数的区别在于，子函数通常不能在它们的主函数文件之外访问。

  嵌套函数

- **重载函数(overloaded function)**是对不同类型的输入参数做出不同响应的函数。它们类似于任何面向对象语言中的重载函数。例如，重载函数可以对整型输入与双精度浮点型输入进行不同的处理。
- **私有函数(private function)**允许您限制对函数的访问。使得它们只能被父目录中的 M 文件函数调用。

  私有函数

匿名函数

匿名函数允许您创建简单的函数，且不必为它创建 M 文件。您可以在 MATLAB 命令行或从另一个函数和脚本中创建匿名函数。从表达式中创建匿名函数的语法为：

```
fhandle = @(arglist) expr
```

其中，arglist 是要传递给函数的以逗号分隔的输入参数列表，而 expr 是任何单一、有效的 MATLAB 表达式。此语法创建了函数句柄 fhandle，从而使您能够调用该函数。请注意，此语法与创建其他函数句柄的语法不同，fhandle＝@functionname。该句柄对于在调用其他函数时传递匿名函数也很有用，且方法与其他函数句柄相同。

例如，要创建一个名为 sq 的简单函数来计算数字的平方，可以输入：

```
sq = @(x) x.^2;
```

为提高可读性，可将表达式括在括号里，变成 sq＝@(x) (x .^ 2)。要执行该函数，可输入函数句柄名，然后加上由括号括起的输入参数。例如：

```
>>sq(5)
ans =
    25
>>sq([5,7])
ans =
    25  49
```

您可能认为这个特殊的匿名函数并不会为您节省任何工作，因为输入 sq([5,7])还是需要敲击 9 个键，比输入[5,7].^2 还多敲一个键。然而，在这里，匿名函数可以防止您忘记输入数组求幂时所需的句点(.)。不管怎样，匿名函数对于涉及大量输入的更复杂函数来说很有用。

您还可将匿名函数的句柄传递给其他函数。例如，为了求多项式 $4x^2-50x+5$ 在区间[−10, 10]上的最小值，可以输入：

```
>>poly1 = @(x) 4*x.^2 - 50*x + 5;
>>fminbnd(poly1, -10, 10)
ans =
   6.2500
```

如果您不打算再用这个多项式，就可以不必定义句柄，而改为输入：

```
>>fminbnd(@(x) 4*x.^2 - 50*x + 5, -10, 10)
```

多输入参数　您还可创建包含多个输入的匿名函数。例如，要定义函数 $\sqrt{x^2+y^2}$ ，可以输入：

```
>>sqrtsum = @(x,y) sqrt(x.^2 + y.^2);
```

然后输入：

```
>>sqrtsum(3, 4)
ans =
     5
```

另一个例子是，用函数 $z=Ax+By$ 定义平面。在创建函数句柄前，必须对标量变量 A 和 B 赋值。例如：

```
>>A = 6; B = 4:
>>plane = @(x,y) A*x + B*y;
>>z = plane(2,8)
z =
   44
```

无输入参数　为给无输入参数的匿名函数创建句柄，可以在输入参数列表中使用空圆括号，即：d = @() date;。

调用函数时也用空圆括号，如下所示：

```
>>d()
ans =
     12-Jul-2016
```

此时必须包含圆括号。如果没有，MATLAB 就只识别句柄；而不执行函数。

在函数中调用函数　匿名函数还可以调用另一个匿名函数，以实现函数组合。考虑函数 $5\ \sin(x^3)$。它是由函数 $g(y)=5\ \sin(y)$和 $f(x)=x^3$ 组成。在接下来的会话中，句柄名为 h 的函数将调用句柄名为 f 和 g 的函数，以计算 $5\ \sin(2^3)$

```
>>f = @(x) x.^3;
>>g = @(x) 5*sin(x);
>>h = @(x) g(f(x));
>>h(2)
ans =
     4.9468
```

要将一个匿名函数从一个 MATLAB 会话保留到另一个会话中，只需要将函数句柄保存到 M 文件中即可。例如，要保存与句柄 h 相关联的函数，只需要输入 save anon.mat h。要想在以后的会话中重新使用它，只需要键入 load anon.mat h 即可。

变量和匿名函数　匿名函数中出现的变量主要有两种形式：

■　作为参数列表中指定的变量，如 f = @(x) x.^3;

■　作为表达式中指定的变量，如 plane = @(x, y) A*x + B*y 中的变量 A 和 B。这种情况下，当创建函数时，MATLAB 将捕获这些变量的值，并在函数句柄的生命周期中保留这些值。在本例中，如果在创建句柄后更改了 A 或 B 的值，那么它们与句柄关联的值不会更改。这个功能有优点也有缺点，所以您必须记住它。如果稍后决定更改变量 A 或 B 的值，则必须在使用新值时重新定义匿名函数。

子函数

函数 M 文件可包含多个自定义函数。文件中定义的第一个函数称为主函数(primary function)，与 M

文件同名。文件中的所有其他函数都称为子函数(subfunction)，或称为局部函数(local function)。子函数通常只对主函数和同一文件中的其他子函数可见；也就是说，它们通常不能被该文件之外的程序或函数调用。然而，这个限制可以通过使用函数句柄来消除，见本节后面的讨论。

创建主函数时，首先要用函数定义行和它的定义代码，并且依旧以这个函数名来命名文件。然后用各个子函数自己的函数定义行和代码来创建各子函数。子函数的顺序无关紧要，但是其函数名在 M 文件中必须是唯一的。

MATLAB 检查函数的顺序非常重要。在 M 文件中调用某个函数时，MATLAB 首先检查该函数是不是内置函数(如 sin)。如果不是，再检查它是不是该文件中的子函数。其次检查它是不是私有函数(私有函数是位于调用函数私有子目录中的函数 M 文件)。然后 MATLAB 会检查搜索路径上的标准 M 文件。因此，由于 MATLAB 在检查私有和标准 M 文件函数之前首先检查子函数，所以用户可以将子函数命名成与某个现有 M 文件相同的名称。这个功能使您对子函数进行命名时不必考虑是否与另一个函数重名，因此您不需要选用长函数名以避免冲突。这个功能还可以防止您无意中使用某个函数。

请注意，您甚至可采用这种方式取代 MATLAB 的 M 函数。下面的例子展示了 MATLAB 的 M 函数 mean 如何被自定义的 mean 函数所取代，自定义的 mean 函数计算的是均方根值。函数 mean 是子函数，subfun_demo 是主函数。

```
function y = subfun_demo(a)
    y = a - mean(a);
    function w = mean(x)
      w = sqrt(sum(x.^2))/length(x);
    end
end
```

下面是一个会话示例。

```
>>y = subfun_demo([4, -4])
y =
    1.1716  -6.8284
```

如果我们用到了 MATLAB 的 M 函数 mean，就会得到不同的答案。即：

```
>>a = [4,-4];
>>b = a - mean(a)
b =
    4  -4
```

因此，使用子函数可以减少定义函数的文件数量。例如，如果不是因为前面例子中的子函数 mean，就必须为我们的 mean 函数单独定义一个 M 文件，还要给它取一个不同的名称，这样才不会与 MATLAB 的同名函数相混淆。

子函数通常只对同一文件中的主函数和其他子函数可见。但是，我们可以使用函数句柄来实现从 M 文件外部访问子函数，比如下面的示例。首先创建下面的 M 文件来包含主函数 fun_demo1(range)和子函数 testfun(x)，用于计算函数$(x^2-4)\cos x$ 在指定的输入变量取值范围内的零点。请注意，在第二行用到了函数句柄。

```
function yzero = fun_demo1(range)
    fun = @testfun;
     [yzero,value] = fzero(fun,range);
%
    function y = testfun(x)
        y = (x.^2-4).*cos(x);
    end
end
```

测试会话给出以下结果：

```
>>yzero = fun_demo1([3, 6])
yzero =
    4.7124
```

因此函数$(x^2-4)\cos x$ 在 $3\leqslant x\leqslant 6$ 区间上的过零点位于 $x=4.7124$。

嵌套函数

从 MATLAB 7 开始，您可以将一个或多个函数的定义放在另一个函数中。这样定义的函数被称为嵌套在主函数中。还可将函数嵌套到其他嵌套函数中。像任何 M 文件函数一样，嵌套函数包含 M 文件函数的常用组成部分。但是，嵌套函数必须始终以 end 语句结束。事实上。如果某个 M 文件至少包含一个嵌套函数，那么无论它是否包含嵌套函数，都必须以 end 语句终止文件中的所有函数，包括子函数。

下面的示例构建了嵌套函数 p(x)的函数句柄，然后将该句柄传递给 MATLAB 函数 fminbnd，以求出抛物线上的最小点。parabola 函数构造嵌套函数 p 的句柄 f 并将其返回，嵌套函数 p 用于计算抛物线 ax^2+bx+c。该句柄又传给 fminbnd 函数。

```
function f = parabola(a, b, c)
f = @p;
   % Nested function
   function y = p(x)
      y = polyval([a,b,c],x);
   end
end
```

在命令窗口中输入：

```
>>f = parabola(4, -50, 5);
>>fminbnd(f, -10, 10)
ans =
     6.2500
```

请注意，函数 p(x)可以在调用函数的工作空间中看到变量 a、b 和 c。

将这种方法与需要使用全局变量的方法进行比较。首先创建函数 p(x)。

```
function y = p(x)
   global a b c
   y = polyval([a, b, c], x);
end
```

然后，在命令窗口中输入：

```
>>global a b c
>>a = 4; b = -50; c = 5;
>> fminbnd(@p, -10, 10)
```

嵌套函数看起来似乎与子函数相同，但其实并不是一回事。嵌套函数有两个独特的属性：

(1) 嵌套函数可以访问所有上级函数的工作空间。例如，一个变量，它的值由主函数赋予，但可以被嵌套在主函数中的任何级别的函数读取或重写。此外，嵌套函数中赋值的变量，可以被包含该嵌套函数的任何函数读取或重写。

(2) 如果为嵌套函数创建函数句柄，该句柄不仅存储了访问嵌套函数所需的信息，而且存储了嵌套函数与包含嵌套函数的函数之间共享的所有变量的值。这意味着这些变量在以函数句柄方式进行调用之间始终保存在内存中。

考虑以下函数的表示，它们分别是 A, B, …, E。

```
function A(x, y)  % The primary function
     B(x, y);
     D(y);
     function B(x, y)  % Nested in A
          C(x);
          D(y);
          function C(x)  % Nested in B
             D(x);
          end  % This terminates C
     end  % This terminates B
     function D(x)  % Nested in A
          E(x);
```

```
            function E  % Nested in D
        . . .
            end  % This terminates E
        end  % This terminates D
    end  % This terminates A
```

您可以用多种方式来调用嵌套函数。

(1) 您可以直接从它的上一级调用(在前面的代码中，函数 A 可以调用函数 B 或 D，但不能调用函数 C 或 E)。

(2) 您可以从嵌套在相同父函数内的同一级的函数内调用(函数 B 可以调用函数 D，函数 D 也可以调用函数 B)。

(3) 您还可以从任何较低等级的函数中调用(函数 C 可以调用函数 B 或 D，但不能调用函数 E)。

(4) 如果为嵌套函数创建了函数句柄，就可以从任何能够访问该句柄的 MATLAB 函数中调用该嵌套函数。

您还可从同一个 M 文件中的任何嵌套函数中调用子函数。

私有函数

私有函数驻留在具有特殊名称 private 的子目录中，且将来它们只对该目录及其直接上一级目录中的函数或脚本可见。假设目录 rsmith 包含在 MATLAB 的搜索路径中。名为 rsmith 的私有子目录可能包含只有 rsmith 中的函数才能调用的函数。因为私有函数在其父目录 rsmith 之外是不可见的，所以它们可以使用与其他目录中的函数相同的名称。如果包括 R. Smith 在内的几个人使用主目录，但是 R. Smith 又想创建一个特定函数的个人版本，同时要在主目录中保留原有版本，那么私有函数是很有用的。因为 MATLAB 搜索标准 M 文件函数之前首先寻找私有函数，所以它会在找到诸如 cylinder.m 的非私有 M 文件之前，先找到名为 cylinder.m 的私有函数。

主函数和子函数都可以实现为私有函数。采用在计算机上创建目录或文件夹的标准过程来创建名为 private 的子目录，就能创建出私有目录，但切勿将私有目录放在您自己的路径下。

3.4 文件函数

我们通常感兴趣的计算机文件有两种：二进制文件和文本文件。文本文件通常被称为 ASCII 文件。在二进制文件中，每 8 比特表示一个字符，因此每个字符位置可以取 256 种不同的二进制数之一。二进制文件需要特殊处理，这里不做进一步讨论。在 ASCII 文件中，根据 ASCII 码，每个字节表示一个字符。ASCII 文件只使用一个字节中的 7 个比特，因此总共只有 128 种组合。ASCII 字符集包含了英语键盘上的字符，以及一些“特殊字符”。这是英语文本文件中最常见的格式。

文字处理程序可将信息存储在 ASCII 文件中。在电子表格和数据库文件中，描述文件结构的二进制代码位于文件“头”，并且穿插在整个文件中。但是，文件中的文本信息(包括名称、电话号码、地址等)都采用 ASCII 码。因此，本节将只讨论 ASCII 文件，特别关注电子表格文件。ASCII 文件通常采用的扩展名是.txt 或.dat，而电子表格文件具有自己的扩展名，如 Excel 文件的扩展名是.xlsx。

ASCII 文件的最开始部分称为文件头，通常有一行或多行文本。这些文本可能是描述数据含义、创建日期和创建者等的注释信息。例如，紧跟文件头的是按照行和列排列的一行或多行数据。每行数字都以空格或逗号分隔。

如果编辑数据文件不方便，MATLAB 环境还提供了将其他应用程序创建的数据导入 MATLAB 工作空间中的多种方法。这个过程称为导入数据(importing data)，并能打包工作空间的变量，以便将它们导出到其他应用程序。

创建和导入 ASCII 文件

在下一个示例中我们将看到，要创建数据文件，我们可以先在 MATLAB 的 Editor(编辑器)中打开一个新的脚本文件，然后输入数据(确保数据的个数与每行的条目数相等)，并将其保存为.dat 文件(注意：一定不要将其保存为默认的 M 文件格式)。一旦创建了文件，就可以用 load 命令将数据加载到变量中，变量名可由您指定。

输入 load file_name 可从名为 file_name 的文件中加载数据。正如我们在第 1 章中看到的那样，如果 file_name 是 MAT 文件，load file_name 就将 MAT 文件中的变量加载到 MATLAB 工作空间。如果 file_name 是 ASCII 文件，load file_name 就创建一个包含文件数据的矩阵。因为数据存储在矩阵中，所以数据个数必须与每行的条目数量相等。

导入电子表格文件

下面的命令

```
xlswrite(file_name,array_name,sheet_number,range)
```

可将数组 array_name 写入名为 file_name 的电子表格文件中。数组存储在 sheet_number 指定的 Excel 表格中，并放在语法'C1:C2'指定的范围内，其中 C1 和 C2 分别是指定区域的左上角和右下角。也可以只指定左上角。除非另有规定，默认的文件扩展名是.xls。

命令 A＝xlsread('filename') 将 Microsoft Excel 工作簿文件 filename.xls 导入数组 A。命令[A, B]＝xlsread('filename')能将所有数值数据导入矩阵 A，而将所有文本数据导入单元数组 B。

例题 3.4-1 创建一个数据文件并将其加载到一个变量中

创建一个包含以下数据的文件，将数据加载到 MATLAB 中，并绘制图形。

时间 (s)	1	2	3	4	5
速度(m/s)	12	14	16	21	27

■ **解**

在 MATLAB Editor 中打开新脚本，并创建文件，并以空格分隔各个条目，然后将其保存为 speed_data.dat(注意，不要将其保存为默认的 M 文件类型)。

```
% speed_data.dat
% speed vs. time
1, 2, 3, 4, 5;
12, 14, 16, 21, 27;
```

然后在 MATLAB 的命令窗口中输入：

```
>>load speed_data.dat
>>time = speed_data(1,:)
>>speed = speed_data(2,:)
>>plot(time,speed,'o'),xlabel('time(s)'), ...
   ylabel('speed(m/s)')
```

请注意，文件中只保存了数值，而没有保存注释信息。

例如，要将混合了文本和数值的数据写入 Excel 的.xlsx 文件，并从 sheet 3 的单元 C1 开始写入，对应的会话过程是：

```
>>file_name = 'speed_data.xlsx';
>>A = {'Time(s)','Speed(m/s)';1,12;2,14;3,16;4,21;5,27};
>>sheet = 3;
>>range = 'C1';
>>xlswrite(file_name,A,sheet,range)
```

MATLAB 还提供了其他几种导入数据的方法。这些在帮助文件中都有详细的描述。您还可以用 Import 工具导入数据，它提供一个图形界面将数据导入数组。只需要输入 uiimport 或选择工具条上的

Import Data 按钮即可。importdata 命令可以导入文本和数据文件之外的其他类型的文件，如图形文件。在 R2016a 之后的版本中，readtable 命令还可从文件中创建表格。

3.5 总结

3.1 节介绍了一些最常用的数学函数。现在，您应该会用 MATLAB 帮助来查找所需的其他函数。如有必要，还可用 3.2 节介绍的方法创建自己的函数。3.2 节还介绍了函数句柄及其在函数的函数中的用法。

匿名函数、子函数和嵌套函数扩展了 MATLAB 的功能。这些内容都在 3.3 节讨论。除了函数文件之外，数据文件对许多应用程序也很重要。3.4 节介绍了如何在 MATLAB 中导入和导出此类文件。

关键术语

匿名函数，3.3 节
函数的参数，3.1 节
函数定义行，3.2 节
函数文件，3.2 节
函数句柄，3.2 节
全局变量，3.2 节
局部变量，3.2 节
嵌套函数，3.3 节
主函数，3.3 节
私有函数，3.3 节
子函数，3.3 节

习题

在本书末尾能找到标有星号的习题的答案。

3.1 节

1.* 假设 $y=-3+x\mathrm{i}$。当 $x=0, 1, 2$ 时，请用 MATLAB 计算下列表达式，然后手工验证答案。

a. $|y|$　　b. b. $\sqrt{y}$

c. $(-5-7\mathrm{i})y$　　d. $\dfrac{y}{6-3\mathrm{i}}$

2.* 已知 $x=-5-8\mathrm{i}$，$y=10-5\mathrm{i}$。请用 MATLAB 计算下列表达式，然后手工验证答案。

a. xy 的模和角度　　b. $\dfrac{x}{y}$ 的模和角度

3.* 请用 MATLAB 找到对应于下列坐标的角度，然后手工验证答案。

a. $(x, y)=(5, 8)$　　b. $(x, y)=(-5, 8)$

c. $(x, y)=(5, -8)$　　d. $(x, y)=(-5, -8)$

4. 请以几组 x 值，用 MATLAB 验证 $\sinh x=(e^x-e^{-x})/2$。

5. 请以几组 x 值，用 MATLAB 验证 $\cosh^{-1} x=\ln(x+\sqrt{x^2-1})$，$x\geqslant 1$。

6. 两个长度为 L、半径为 r、间隔距离为 d 且介质为空气的平行导体间的电容为：

$$C=\frac{\pi\varepsilon L}{\ln[(d-r)/r]}$$

其中，ε 为空气的介电常量($\varepsilon=8.854\times10^{-12}$ F/m)。

请编写脚本文件，允许用户输入 d、L 和 r，并能计算和显示对应的电容 C。请以 $L=1$ m，$r=0.001$ m，$d=0.004$ m 为例进行测试。

7.* 当胶带缠绕在气缸上时，气缸两边与胶带之间的力符合以下关系：

$$F_1=F_2e^{\mu\beta}$$

式中，β 为胶带缠绕的角度，μ 为摩擦系数。请编写一个脚本文件，首先提示用户指定 β、μ 和 F_2，然后计算力 F_1。请用 $\beta=130°$，$\mu=0.3$，$F_2=100$ 牛的值测试程序。提示，要注意 β!

3.2 节

8. 请编写一个函数，能将以华氏度(°F)为单位的温度(作为输入)，换算成以摄氏度(℃)为单位。已知这两个单位的换算关系为：

$$T°\mathrm{C} = \frac{5}{9}(T°\mathrm{F} - 32)$$

一定要测试您的函数。

9.* 已知某物体以垂直速度为 v_0 飞出，并在 t 时刻到达高度 h，其中：

$$h = v_0 t - \frac{1}{2}gt^2$$

请编写并测试函数，计算该物体以给定初速度 v_0 飞出时，到达指定高度 h 所需的时间。函数的输入应该是 h、v_0 和 g。请测试当 $h=100$ m、$v_0=50$ m/s、$g=9.81$ m/s^2 时，函数的计算结果，并解释这两种答案。

10. 某水箱由半径为 r、高度为 h 的圆柱形部分和半球形顶部组成。水箱的最大容积为 600 立方米。已知柱面部分的表面积为 $2\pi rh$，对应的体积为 $\pi r^2 h$。半球形顶面的表面积为 $2\pi r^2$，对应的体积为 $2\pi r^3/3$。水箱圆柱形部分的建造费用是每平方米 400 美元；半球形部分是每平方米 600 美元。请使用 fminbnd 函数求解成本最低的水箱的半径，并计算出对应的高度 h。

11. 某操场的围栏形状如图 P11 所示。它由一个长为 L、宽为 W 的矩形和一个对称于矩形中心水平轴的直角三角形组成。假设围栏的宽度 W(单位是米)和封闭区域的面积 A(单位是平方米)均已知。请编写以 W 和 A 为输入的自定义函数。函数的输出是使封闭区域面积为 A 且对应于围栏总长度所需的长度 L。测试 $W=6$ 米，$A=80$ 平方米时函数的计算结果。

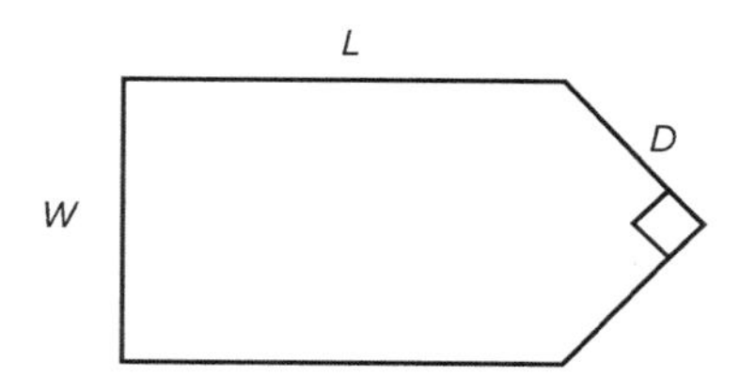

图 P11　操场的围栏形状

12. 某操场的围栏形状如图 P11 所示。它由一个长为 L、宽为 W 的矩形和一个对称于矩形中心水平轴的直角三角形组成。假设操场的封闭区域的面积 A 已知。请注意，长度 L 可以表示为 A 和 W 的函数，因此周长 P 也可以单独表示为 A 和 W 的函数。

a. 编写 MATLAB 函数，用 min 函数计算使围栏周长 P 最小所需的宽度 W，并计算对应的 L 和 P。该函数可创建一个猜测值 W 的向量，其最小值和最大值分别是 $W1$ 和 $W2$、间隔为 d。函数的输入是期望的面积 A、猜测的 $W1$ 和 $W2$ 以及间隔 d。函数的输出是 W 的解以及对应的 L 和 P 值。请测试您所编写的函数在 $A=80$ 平方米时的情况。

b. 编写 MATLAB 函数，用 fminbnd 函数计算使围栏周长 P 最小所需的宽度 W，并计算相应的 L 和 P 值。函数输入为所需的面积 A。函数的输出是 W 的解和相应的 L 和 P 值。请测试您所编写的函数在 $A=80$ 平方米时的情况。

13. 如图 P13 所示，某围栏由长为 L、宽为 $2R$ 的矩形和半径为 R 的半圆组成。其建筑面积为 1600 平方英尺。围栏的成本，曲线段是 40 美元/英尺，直线段是 30 美元/英尺。请使用 min 函数，以 0.01 英尺的精度确定所需的 R 和 L 值，使得围栏总成本最小。并计算最低成本。

14. 如图 P13 所示，某围栏由长为 L 和宽为 $2R$ 的矩形和半径为 R 的半圆组成。其建筑面积 A 为 2000 平方英尺。围栏的价格，曲线段为 50 美元/英尺，直线段为 40 美元/英尺。请使用 fminbnd 函数，以 0.01 英尺的精度确定为使围栏总成本最小所需的 R 和 L 的值。并计算出最低成本。

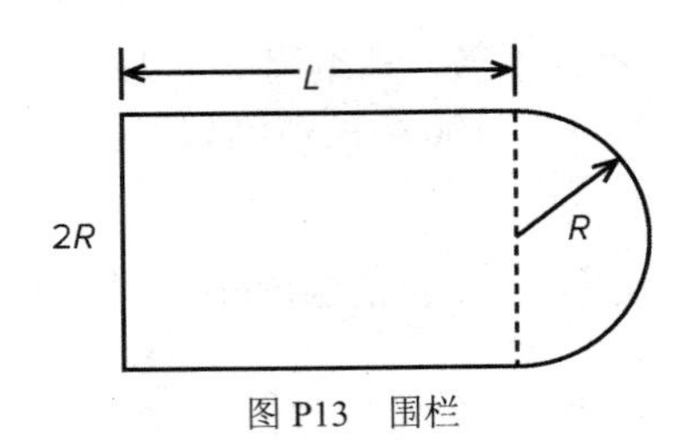

图 P13　围栏

15. 通过对降雨量、蒸发量和耗水量的估计，城市工程师开发出了流量模型，水库中的流量可视为时间的函数：

$$V(t)=10^9+10^8(1-e^{-t/100})-rt$$

其中：V 是水的体积，单位是升；t 是时间，单位是天；r 是城市每天的耗水量，单位是升/天。请编写两个自定义函数。第一个函数定义 $V(t)$并将其用于 fzero 函数。第二个函数用 fzero 计算需要多长时间水量才会减少到初值 10^9 升的百分之 x。第二个函数的输入是 x 和 r。测试您编写的函数在 x=50%，$r=10^7$ 升/天时的情况。

16. 圆锥形状的纸杯的体积 V 和纸张表面积 A 可由下式计算得到

$$V=\frac{1}{3}\pi r^2 h \qquad A=\pi r\sqrt{r^2+h^2}$$

其中：r 是圆锥体底面半径，h 是圆锥体的高度。

a. 通过消去 h，得到 A 的表达式，A 为 r 和 V 的函数。

b. 创建自定义函数，该函数只有唯一的参数 R，并能根据给定的 V 值计算出 A。将 V 声明为函数中的全局变量。

c. 当 V=10 立方英寸时，请用这个自定义函数和 fminbnd 函数计算使表面积 A 最小的 r 值。对应的高度 h 的值是多少？通过绘制 V 对 r 的曲线，研究解的灵敏度。在面积大于最小值 10%之前，r 的最优值有多大变化？

17. 某环面的形状像甜甜圈。如果其内半径为 a，外半径为 b，则其体积和表面积分别为：

$$V=\frac{1}{4}\pi^2(a+b)(b-a)^2 \qquad A=\pi^2(b^2-a^2)$$

a. 创建一个自定义函数，根据参数 a 和 b 计算 V 和 A。

b. 假设外半径被限制为比内半径大 2 英寸。请编写一个脚本文件，用函数绘制出 A 和 V 与 a 在区间 $0.25\leqslant a\leqslant 4$ 英寸上的关系曲线。

18. 假设已知函数$y=ax^3+bx^2+cx+d$是经过四个给定点(x_i, y_i), $i=1, 2, 3, 4$的曲线。请编写一个自定义函数，以上述四个点为输入，计算出相应的系数 a、b、c 和 d。该函数需要求解含四个未知变量 a、b、c 和 d 的四个线性方程。请测试您编写的函数在通过点(x_i, y_i)=(−2, −20)、(0, 4)、(2, 68)和(4, 508)时的情况，对应的答案应该是 a=7、b=5、c=−6、d=4。

19. 创建一个名为 savings_balance 的函数，该函数能确定储蓄账户在最初 n 年的每年年底中的余额，其中 n 是输入。该账户的初始投资为 A(作为输入；例如，输入 10 000 表示 10 000 美元)，年复利为 r%(也作为输入，例如，输入 3.5 表示 3.5%)。在屏幕上以表格形式显示相关信息，其中第一列代表年份，第二列代表余额(美元)。测试用例：n=10，A=10 000，r=3.5。10 年后账户余额为 14 105.99 美元。

若初始投资为 A，利率为 r，则 n 年后账户的余额 B 为：

$$B=A(1+r/100)^n$$

20. 行星及其卫星沿椭圆轨道运动。以原点为中心、主轴和副轴分别沿 x 轴和 y 轴的椭圆一般公式为：

$$\frac{x^2}{a^2}+\frac{y^2}{b^2}=1$$

由此可求解出 y：

$$y = \pm b\sqrt{1-\frac{x^2}{a^2}}$$

请创建一个函数来绘制出给定输入 a 和 b 的整个椭圆。

请绘制 $a=1$，$b=2$ 的图形。

21. 求出下列方程中 x 的正根。

$$1-3xe^{-x}=0$$

a. 首先画出左边，看看有多少根。

b. 然后用 fzero 函数求出所有的根。

22. 种群增长的两种模型分别是指数增长模型

$$p(t)=p(0)e^{rt}$$

和 Logistic 增长模型

$$p(t)=\frac{Kp(0)}{p(0)+[K-p(0)]e^{-rt}}$$

其中 $p(t)$是种群数量相对于时间 t 的函数，$p(0)$是 $t=0$ 时的初始种群数量。常量 r 是种群增长速率，常量 K 又被称为环境承载力。当 $t\to\infty$时，指数模型将预测到 $p(t)\to\infty$，而 Logistic 模型将预测到 $p(t)\to K$。这两种模型都被广泛用于模拟许多不同的种群，包括细菌、动物、鱼类和人类等。

如果 $p(0)$和 r 对于两个模型都是相同的，那么很容易看出，指数模型预测的种群在 $t>0$ 时都更大。假设两个模型的 $p(0)$都一样，但是 r 值不同。特别是，例如指数模型的 $r=0.1$，Logistic 模型的 $r=1$、K$=10$，而两个模型的 $p(0)=10$。那么在 t 满足

$$\frac{50}{10+40e^{-t}}=e^{0.1t}$$

的时刻，这两个模型的预测结果相等。由于上述方程没有解析解，因此我们必须用数值法求解 t。请用 fzero 函数求解该方程的 t，并计算对应时刻的种群数量。

3.3 节

23. 为 $10e^{-2x}$ 创建一个匿名函数，并绘制出函数在 $0\leqslant x\leqslant 2$ 区间上的曲线。

24. 为 $20x^2-200x+3$ 创建一个匿名函数，并且

a. 绘制出该函数曲线，并找出其最小值的近似位置。

b. 用 fminbnd 函数精确地确定最小值的位置。

25. 创建四个匿名函数来表示函数 $6e^{3\cos x^2}$，它包含了 $h(z)=6e^z$，$g(y)=3\cos y$ 和 $f(x)=x^2$ 函数。请用匿名函数绘制 $6e^{3\cos x^2}$ 在 $0\leqslant x\leqslant 4$ 区间上的曲线。

26. 请用含有子函数的主函数计算函数 $3x^3-12x^2-33x+80$ 在区间$-10\leqslant x\leqslant 10$ 上的零点。

27. 请创建一个主函数，用带有嵌套函数的函数句柄计算函数 $20x^2-200x+12$ 在区间 $0\leqslant x\leqslant 10$ 上的最小值。

3.4 节

28. 请用文本编辑器创建包含下列数据的文件。然后用 load 函数将该文件加载到 MATLAB 中，并用 mean 函数计算每一列的平均值。

```
55    42    98
49    39    95
63    51    92
58    45    90
```

29. 输入习题 28 中的数据并将其保存在电子表格中。然后将该电子表格文件导入 MATLAB 的变量 A 中。请用 MATLAB 计算每列的和。

30. 请用文本编辑器将习题 28 的数据创建成文件，并用分号分隔每个数字。然后用 Import Wizard(导入向导)将这些数据加载并保存到 MATLAB 的变量 A 中。

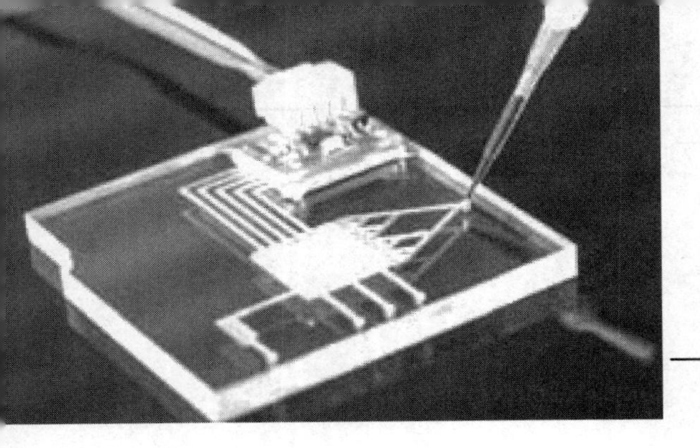

21 世纪的工程学……

——纳米技术

21 世纪的很多工程挑战和机遇，都涉及微型设备开发，甚至是单个原子的操作。这种技术被称为纳米技术(nanotechnology)，因为它涉及加工材料的尺寸大约只有 1 纳米(nm)，也就是 10^{-9} 米，即百万分之一毫米。而单晶硅的原子间距也仅为 0.5nm。

纳米技术目前还处于起步阶段，我们还只创造出了少量的工作装置。其中的一个装置如照片所示，其中一类设备被称为“片上实验室”(lab-on-chip，LOC)。在实验室里，LOC 技术已经能在大小从几毫米到几平方厘米不等的芯片上实现多种功能，例如利用光刻技术可以在金属和半导体表面制造出纳米尺度的通道结构，并能用微流体控制液滴的流动，其目标是利用滴液大小的血液或唾液样本，实现对大量疾病的低成本、快速筛查。

纳米技术的另一个应用是制造 MEMS(micromechanical machines)。MEMS 广泛应用于安全气囊传感器、加速度计和陀螺仪等车辆系统中，可以检测偏航以实现电子稳定控制。在如此小的尺寸下，简单的动力学和传热原理还不足以支撑设计。MEMS 的表面积相对于体积的比率较大，因此其表面效应(如静电、表面张力和润度等)比体积效应(如惯性或热容)的影响更大。

设计和应用这些设备时，工程师必须首先建立适当的机械、流体和电气性能模型。MATLAB 为上述分析提供了很好的功能支持。

第 4 章

MATLAB 编程

内容提要

4.1 程序设计与开发
4.2 关系运算符和逻辑变量
4.3 逻辑运算符和函数
4.4 条件语句
4.5 for 循环
4.6 while 循环
4.7 switch 结构
4.8 调试 MATLAB 程序
4.9 仿真
4.10 总结
习题

MATLAB 的交互模式在处理简单问题时非常有用，但是在处理更复杂的问题时，就需要使用脚本文件。这些文件也称为计算机程序(computer program)，而编写这样的文件则称为编程(programming)。4.1 节将介绍程序设计和开发的一般且有效的方法。

MATLAB 的有用性因在程序中使用决策函数而大大提高。这些函数使您编写的程序能够根据程序计算结果做出不同的动作。4.2、4.3 和 4.4 节将介绍这些决策函数。

MATLAB 还可以重复计算指定次数，或者一直计算到满足某个条件。该功能使得工程师能够解决非常复杂或需要大量计算的问题。这些“循环”结构将在 4.5 和 4.6 节中介绍。

switch 结构增强了 MATLAB 的决策能力。这部分内容将在 4.7 节中介绍。4.8 节将介绍如何使用 MATLAB Editor/Debugger(编辑器/调试器)来调试程序。

4.9 节将讨论“仿真”，这是 MATLAB 程序的主要应用，它使我们能够研究复杂系统、过程和组织的运行过程。本章介绍的 MATLAB 命令都以汇总表的形式分布在整章中，表 4.10-1 将帮助您找到所需的信息。

4.1 程序设计与开发

本章将介绍关系运算符(relational operator)，如>和==，以及 MATLAB 中使用的两种循环：for 循环和 while 循环。这些功能以及 MATLAB 函数和逻辑运算符(logical operator)都将在 4.3 节中介绍，从而为构建 MATLAB 程序解决复杂问题奠定了基础。为了解决复杂问题，从一开始就需要系统地设计计算机程序，以避免在后续过程中浪费时间或陷入窘境。本节将展示如何构造和管理程序设计过程。

算法和控制结构

“算法”(algorithm)是由精确定义的指令组成的有序序列，这些指令能够在有限的时间内完成某项任务。一个有序的序列意味着指令可以编号，但是算法通常必须能够利用所谓的控制结构(control structure)来调整指令的执行顺序。算法运行过程可分为三类：

按顺序运行。这些指令按顺序执行。

按条件运行。这些控制结构首先提出一个要用真/假答案回答的问题，然后根据答案选择相应的下一条指令。

迭代运行(循环)。这些控制结构重复执行某个指令块。

并非所有问题都可以用算法来解决，某些潜在的算法解决方案可能因为耗时太久而失败。

结构化编程

“结构化编程”(structured programming)是一种程序设计技术，在这种程序中，使用了多层模块(module)，每个模块都有一个入口和一个出口，通过结构向下传递控制权，而没有无条件的分支转到比该结构级别更高的结构。在 MATLAB 中，这些模块既可以是内置的，也可以是自定义函数。

程序的流程控制具有与算法类似的三种控制结构，分别是顺序控制、条件控制和迭代控制。一般来说，用这三种结构可以编写出所有计算机程序。这种实现也促进了结构化编程的大发展。于是，适合于结构化编程的语言，比如 MATLAB，都不包含与 BASIC 语言和 FORTRAN 语言中可能看到的 goto 语句等效的语句。goto 语句的缺点是容易产生令人困惑的代码，又被称为面条式代码，它们全部由难懂的缠结在一起的分支语句组成。

如果使用得当，结构化编程就能很容易地编写、理解和修改程序。结构化编程的优点包括：

(1) 结构化程序更易于编写。因为程序员可以先研究整个问题，再处理细节。

(2) 为某个应用编写的模块(函数)还可以用于其他应用(这又称为可重用代码)。

(3) 结构化程序更易于调试。因为每个模块都只完成一个任务，因此它可以和其他模块分开单独测试。

(4) 结构化编程在团队协作环境中非常有效。因为几个人可以同时开发同一个程序，每个人开发其中的一个或多个模块。

(5) 结构化程序更易于理解和修改。特别是在模块选择有具体含义的名称，并且文档也清楚地标识了模块的任务的情况下。

自顶向下设计和程序文档编写

“自顶向下设计”(top-down design)是一种创建结构化程序的方法。旨在最初以一个非常高的水平描述程序的预期目的，然后反复分解问题，使之成为更详细的水平，每次分解一层，直到能够充分理解程序结构，并能用代码实现为止。表 4.1-1(第 1 章有这个表)总结了自顶向下设计的基本步骤。在第 4 步，需要创建求解问题的算法。请注意第 5 步——编写并运行程序，这只是自顶向下程序设计过程的一部分。在这一步，您要创建必要的模块并分别测试它们。

表 4.1-1　用计算机求解问题的基本步骤

(1)	简明地陈述问题。
(2)	指定程序要使用的数据。这称之为输入(input)。
(3)	指定程序要生成的信息。这称之为输出(output)。
(4)	手工或用计算器完成求解步骤。如有必要，可使用一组相对简单的数据。
(5)	编写并运行程序。
(6)	用手工计算结果检验程序的输出。
(7)	以输入数据运行程序，并对输出进行“真实性检查”。它有意义吗？估计预期结果的范围，并与您的答案作比较。
(8)	如果您将来要把该程序当作通用工具使用，必须通过在一个合理的数据值范围运行对其进行测试；并对结果进行真实性检查。

有两种图表对于开发结构化程序和为这些程序编写文档很有帮助。分别是结构图(structure chart)和流程图(flowchart)。结构图是描述程序不同部分如何连接的图表。这种类型的图表在自顶向下设计的初始阶段特别有用。

结构图

结构图只显示程序的组织结构，而不显示计算和决策过程的细节。例如，我们可以使用函数文件创建程序模块，这些函数文件能够执行特定的、易于识别的任务。更大规模的程序通常由一个主程序组成，而主程序又调用模块，这些模块根据需要执行特定的任务。结构图还显示了主程序和各模块之间的连接关系。

例如，假设您想编写一个程序来玩游戏——如井字游戏。首先您需要一个模块让玩家输入一步棋，再有一个模块负责更新和显示游戏网格，还有一个模块包含了计算机选择和移动棋子的策略。图 4.1-1 显示了这样一个程序的结构图。

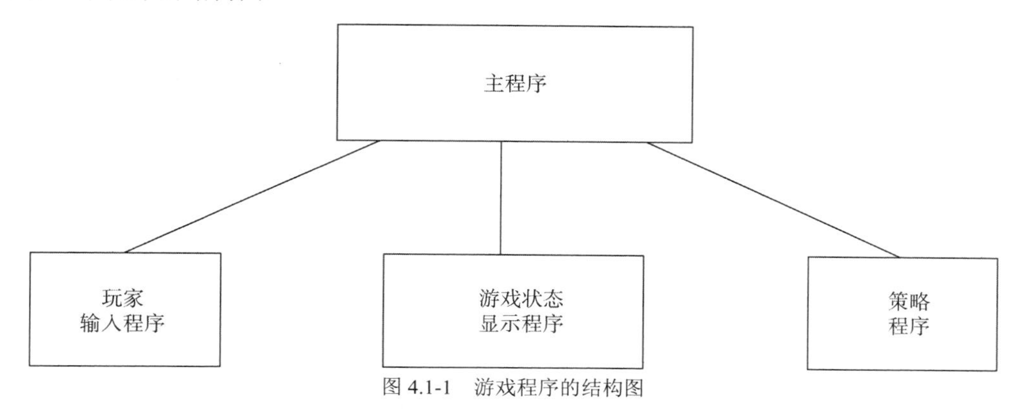

图 4.1-1　游戏程序的结构图

流程图对于开发含有条件语句的程序及其文档非常有用，因为它们能够显示程序根据条件语句执行的情况，显示程序可以采用的各种路径(称之为分支)。图 4.1-2 所示为 if 语句(将在 4.3 节介绍)的自然描述的流程图表示。流程图使用菱形符号表示决策点。

流程图

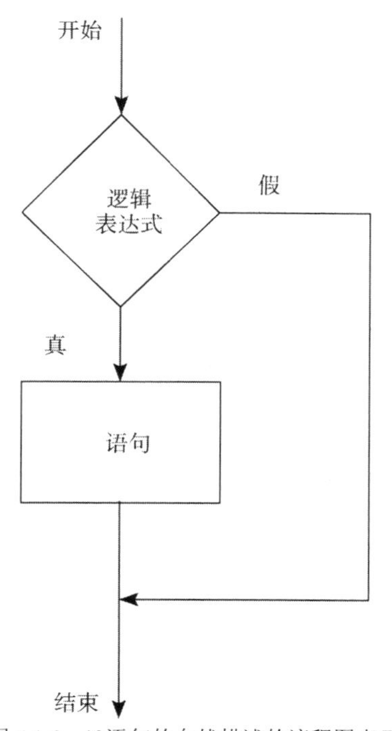

图 4.1-2　if 语句的自然描述的流程图表示

结构图和流程图的有用性受其大小的限制。对于更复杂的大型程序，绘制这样的图表可能不太现实。

然而，对于小型项目，在开始编写具体的 MATLAB 代码之前，绘制流程图和/或结构图将有助于您梳理思路。由于这类图表需要占用较大篇幅，所以本书就不使用它们了。然而，建议读者解决具体问题时使用它们。

即使您并不需要把程序交给别人，编写程序文档也是非常重要的。当您要修改自己编写的某个程序时就会发现，如果您已经有一段时间没有使用该程序的话，就很难回忆起它是如何运行的。有效的文档可以通过使用以下要素实现。

(1) 选择合适的变量名称，能够反映变量所代表的量。
(2) 在程序中做注释。
(3) 画结构图。
(4) 画流程图。
(5) 使用程序的自然描述，通常称为伪代码(pseudocode)。

使用适当的变量名和注释的优点是，它们都在程序里；获得程序拷贝的所有人都会看到这样的文档。然而，它们往往还不足以对程序进行概述，而后三种要素则具有概述程序的功能。

伪代码

使用自然语言(如英语)来描述算法，通常会导致描述过于冗长，且容易被误解。为了避免可能直接涉及编程语言的复杂语法，我们可以用伪代码(pseudocode)，它使用自然语言和数学表达式来构造看起来像计算机语句但又没有详细语法的语句。伪代码还可以使用一些简单的 MATLAB 语法来解释程序的操作。

顾名思义，伪代码是对实际计算机代码的模仿，并可作为程序注释的基础。除了提供文档外，由于编写具体代码时必须遵守 MATLAB 的严格规则，并且编程需要花费更长的时间，因此在编写具体的细节代码之前，伪代码对概述程序也非常有用。

每条伪代码指令都可以编号，但是编号应该明确并且可以计算。请注意，MATLAB 除了在调试器中以外，一律不使用行号。下面的每个例子都说明了伪代码是如何对算法中使用的每个控制结构进行注释说明的。包括顺序运行、条件运行和迭代运行。

例 1：顺序运行 计算三角形的周长 p 和面积 A，其中三角形的边分别是 a，b，c。对应的公式是：

$$p = a + b + c \qquad s = \frac{p}{2} \qquad A = \sqrt{s(s-a)(s-b)(s-c)}$$

(1) 输入边长 a、b 和 c。
(2) 计算周长 p。

$$p = a + b + c$$

(3) 计算半周长 s。

$$s = \frac{p}{2}$$

(4) 计算面积 A。

$$A = \sqrt{s(s-a)(s-b)(s-c)}$$

(5) 显示结果 p 和 A。
(6) 停止。

对应的程序是：

```
a = input('Enter the value of side a: ');
b = input('Enter the value of side b: ');
c = input('Enter the value of side c: ');
p = a + b + c;
s = p/2;
A = sqrt(s*(s-a)*(s-b)*(s-c));
disp('The perimeter is:')
```

```
p
disp('The area is:')
A
```

例 2：条件运行　已知点的坐标(x, y)，计算它的极坐标(r, θ)，其中：

$$r=\sqrt{x^2+y^2} \quad \theta=\tan^{-1}\left(\frac{y}{x}\right)$$

(1) 输入坐标 x 和 y。

(2) 计算斜边 r。

```
r = sqrt(x^2+y^2)
```

(3) 计算角 θ。

　(3.1) 如果 $x \geqslant 0$

```
theta = atan(y/x)
```

　(3.2) 否则

```
theta = atan(y/x) + pi
```

(4) 将弧度转化为角度。

```
theta = theta*(180/pi)
```

(5) 显示结果 r 和 theta。

(6) 停止。

请注意，编号为 3.1 和 3.2 的伪代码采用了从句。还需要注意，为了清晰，在需要的地方可使用 MATLAB 语法。下面的程序使用本章将要介绍的 MATLAB 功能实现伪代码。它使用了关系运算符 >=，意思是“大于或等于”(将在 4.2 节介绍)。程序中还使用了“if-else-end”结构。

```
x = input('Enter the value of x: ');
y = input('Enter the value of y: ');
r = sqrt(x^2+y^2);
if x >= 0
   theta = atan(y/x);
else
   theta = atan(y/x) + pi;
end
disp('The hypotenuse is:')
disp(r)
theta = theta*(180/pi);
disp('The angle is degrees is:')
disp(theta)
```

例 3：迭代运行　请确定要使得级数 $10k^2-4k+2$ (其中 $k=1, 2, 3, \ldots, 2000$)的和超过 20 000，需要多少项？这些项的和又是多少？

因为我们不知道要对表达式 $10k^2-4k+2$ 求多少次值，所以我们使用 while 循环，这将在 4.6 节中介绍。

(1) 将总数初始化为零。

(2) 将计数器初始化为零。

(3) 当总数小于 20 000 时，计算总数。

　(3.1) 计数器增加 1

　　$k=k+1$

　(3.2) 更新总数

```
total = 10*k^2 - 4*k + 2 + total
```

(4) 显示计数器的当前值。

(5) 显示总数的值。

(6) 停止。

下面的程序实现伪代码。while 循环中的语句一直执行到变量 total 等于或大于 2×10^4。

```
total = 0;
k = 0;
while total < 2e+4
    k = k+1;
    total = 10*k^2 - 4*k + 2 + total;
end
disp('The number of terms is:')
disp(k)
disp('The sum is:')
disp(total)
```

查找缺陷(Bug)

调试程序就是查找和删除程序中“缺陷”或错误的过程。这些错误通常可分为以下几类。

(1) 语法错误。比如遗漏括号或逗号，或命令名拼写错误。MATLAB 通常只检测更明显的错误，并且显示描述错误及其位置的消息。

(2) 由于数学过程不正确而导致的错误。这些又被称为运行时错误(runtime error)。它们不一定在每次运行程序时都发生；通常只在特定的输入数据条件下才会出现。一个常见的例子是除以 0。

MATLAB 提示的错误消息通常能帮助您找出语法错误。然而，运行时错误更难找到。要找到这样的错误，请尝试以下方法：

(1) 用问题的简单版本来测试您的程序，该问题的答案可以通过手工计算来检验。

(2) 通过删除语句末尾的分号，显示所有的中间计算结果。

(3) 要想测试自定义函数，请尝试给 function 行添加注释，并以脚本方式运行文件。

(4) 使用 Editor(编辑器)的调试功能，这将在 4.8 节中进行讨论。

4.2 关系运算符和逻辑变量

如表 4.2-1 所示，MATLAB 有 6 个关系运算符可以比较数组。请注意，等于(equal to)运算符是由两个＝号组成，而不是想象中的一个＝号。单个＝号是 MATLAB 中的赋值(assignment)或替换(replacement)运算符。

表 4.2-1 关系运算符

关系运算符	含义
<	小于
<=	小于或等于
>	大于
>=	大于或等于
==	等于
~=	不等于

使用关系运算符比较的结果要么是 0(如果比较结果为假)，要么是 1(如果比较结果为真)，结果可以用作变量。例如，如果 x=2 并且 y=5，那么输入 z=x<y 得到的返回值是 z=1，若输入 u=x==y，得到的返回值是 u=0。为了提高语句的可读性，我们可以用圆括号将逻辑运算分组。例如，z=(x <y)和 u=(x==y)。

当用于比较数组时，关系运算符将按对应元素比较数组，这就要求被比较的数组必须具有相同的大小。唯一的特殊情况是，数组与标量进行比较。这种情况下，数组的所有元素都依次与标量进行比较。例如，假设 x=[6, 3, 9]，y=[14, 2, 9]。下面的 MATLAB 会话将给出一些例子。

```
>>z = (x < y)
z =
   1   0   0
>>z = (x ~= y)
z =
   1   1   0
>>z = (x > 8)
z =
   0   0   1
```

关系运算符可以用于数组寻址。例如，当 x=[6, 3, 9]且 y=[14, 2, 9]时，输入 z=x(x<y)就可以找出 x 中所有小于 y 中相应元素的元素，结果是 z=6。

算术运算符+、-、*、/和\的运算优先级都高于关系运算符。因此，语句 z=5>2+7 相当于 z=5>(2+7)，返回结果是 z=0。我们可以用括号来改变运算的优先顺序；例如，z=(5>2)+7 的结果是 z=8。

关系运算符之间具有相等的优先级。MATLAB 按照从左到右的顺序依次计算。因此，下面的语句：

```
z = 5 > 3 ~= 1
```

等价于：

```
z = (5 > 3) ~= 1
```

两条语句的返回结果都是 z=0。

对于由多个字符组成的关系运算符，如==或>=，请注意不要在字符之间插入空格。

逻辑类

当使用关系运算符，如 x=(5> 2)时，会产生逻辑变量，在本例中就是 x。在 MATLAB 6.5 之前的版本中，logical 是任何数值型数据的一种属性。如今，logical 是一级数据类型，也是 MATLAB 类，因此 logical 现在和其他一级类型(如字符和单元数组)都平等。逻辑变量的值只能取 1(真)或 0(假)。

然而，仅仅因为某个数组只包含 0 和 1，还不能说它就一定是逻辑数组。例如，在下面的会话中，k 和 w 看起来是一样的，但是 k 是逻辑数组，w 是数值数组，因此 MATLAB 就会发出错误提示。

```
>>x = -2:2
x =
   -2  -1   0   1   2
>>k = (abs(x)>1)
k =
   1   0   0   0   1
>>z = x(k)
z =
   -2   2
>>w = [1,0,0,0,1];
>>v = x(w)
??? Subscript indices must either be real positive. . . integers or logicals.
```

函数 logical

用关系运算符、逻辑运算符或函数 logical 都能创建出逻辑数组。函数 logical 能返回一个数组，该数组可用于逻辑索引和逻辑测试。输入 B=logical(A)，其中 A 是数值数组，返回的是逻辑数组 B。因此，为了纠正前面会话中的错误，您可以在输入 v=x(w)之前输入 w=logical([1, 0, 0, 0, 1])。

当逻辑变量被赋予非 1 或 0 的有限实值时，MATLAB 会将该值转换为逻辑 1，并且发出警告消息。例如，当您输入 y=logical(9)时，y 就会被赋值为逻辑 1 并发出警告。您可以使用 double 函数将逻辑数组转换为双精度型数组。例如，x=(5 > 3)；y=double(x)。有些算术运算也能将逻辑数组转换为双精度数组。例如，如果我们通过输入 B=B + 0 向 B 的每个元素加 0，那么 B 就会被转换成数值型(双精度)数组。然而，对于逻辑变量，并没有定义所有的数学运算。例如，输入：

```
>>x = ([2, 3] > [1, 6]);
>>y = sin(x)
```

将产生错误消息。这并不算是严重问题，因为计算逻辑型数据或逻辑变量的正弦值根本没有意义。

利用逻辑数组访问数组

当利用逻辑数组寻址另一个数组时，它会从该数组中提取逻辑数组中取值为 1 的元素。因此输入 A(B)，其中 B 是一个与 A 大小相同的逻辑数组，则返回 A 在 B 为 1 处的值。

已知 A=[5, 6, 7; 8, 9, 10; 11, 12, 13]和 B=logical(eye(3))，我们可以通过输入 C=A(B)来提取 A 的对角元素，从而得到 C=[5; 9; 13]。使用逻辑数组指定数组下标可以提取出与逻辑数组中为真(1)的元素相对应的元素。

但请注意，使用数值数组 eye(3)时，若要计算 C=A(eye(3))就会导致错误消息，因为 eye(3)的元素与 A 中的位置不对应。如果数值数组对应于有效位置，您就可以用数值数组来提取元素。例如，要用数值数组提取 A 的对角元素，只需要输入 C=A([1, 5, 9])即可。

当使用索引赋值时，会保留 MATLAB 的数据类型。而现在 logical 是 MATLAB 的数据类型，如果 A 是逻辑数组，例如，A=logical(eye(4))，那么输入 A(3, 4)=1 就不会将 A 变为双精度数组。然而，输入 A(3, 4)=5 则会将 A(3, 4)置为逻辑 1，并引发警告。

4.3 逻辑运算符和函数

MATLAB 有五个逻辑运算符，它们有时也被称为布尔运算符(参见表 4.3-1)。这些运算符对元素逐一执行操作。除了 NOT 运算符(~)以外，它们的优先级均低于算术运算符和关系运算符(参见表 4.3-2)。要查看优先级顺序的详细信息，请在命令窗口中键入 help precedence。逻辑非符号也被称为波浪号(tilde)。

表 4.3-1 逻辑运算符

运算符	名称	定义
~	非	~A 返回一个与 A 大小相同的数组；新数组中，若 A 对应位置为 0，则为 1；若 A 对应位置为 0，则为非 0
&	与	A& B 返回一个与 A 和 B 大小相同的数组；新数组中，若 A 和 B 对应位置都是非零元素，则为 1；若 A 和 B 其中有一个为 0，则为 0
|	或	A| B 返回一个与 A 和 B 大小相同的数组；新数组中，若 A 或 B 中至少有一个元素是非零的，则为 1；若 A 和 B 均为 0，则为 0
&&	短路与	标量逻辑表达式运算符。如果 A 和 B 都计算为真，则 A&& B 返回真，否则返回假
||	短路或	标量逻辑表达式运算符。如果 A 或 B 或二者都计算为真，则 A|| B 返回真，否则返回假

表 4.3-2 运算符类型的优先级

优先级	运算符类型
第一	圆括号；从最内侧的一对圆括号开始计算
第二	算术运算符和逻辑非(~)；从左往右依次计算
第三	关系运算符；从左往右依次计算
第四	逻辑与
第五	逻辑或

逻辑非运算~A 返回一个与 A 大小相等的数组；当 A 的对应位置为 0 时，新数组为 1；当 A 的对应位置非 0 时，新数组为 0。如果 A 是逻辑型数组，则~A 就用 0 替换 1、用 1 替换 0。例如，如果 x=[0, 3, 9]，y=[14, −2, 91，则 z=~x 返回的数组 z=[1, 0, 0]，而语句 u=~x>y 的返回结果是 u=[0, 1, 0]。该表达式等价于 u=(~x) > y，而 v=~(x> y)得到的结果是 v=[1, 0, 1]。这个表达式等价于 v=(x <=y)。

运算符&和|可以比较两个大小相同的数组。它们的用法与关系运算符一样，唯一的例外是数组可以与标量进行比较。当 A 和 B 都有非零元素时，逻辑与运算 A&B 的返回值是 1；而当 A 或 B 的任何一个元素为 0 时，结果就是 0。表达式 z=0 & 3 返回值是 z=0；z=2 & 3 返回值是 z=1；z=0 & 0 返回值是 z=0；z=[5, -3, 0, 0] &[2, 4, 0, 5]返回值是 z=[1, 1, 0, 0]。由于运算符优先级的关系，z=1 & 2 +3 等价于 z=1 & (2+3)，其返回值是 z=1。同样，z=5< 6 & 1 等价于 z=(5<6) & 1，其返回值是 z=1。

令 x=[6, 3, 9]，y=[14, 2, 9]，a=[4, 3, 12]。表达式

```
z = (x > y) & (x > a)
```

得到 z=[0, 1, 0]，而

```
z = x > y & x > a
```

返回的结果是 z=[0, 0, 0]。这等价于：

```
z=x > y & x > a
```

但是这个表达式就不太好理解了。

在使用不等号逻辑运算符时要小心。例如，请注意~(x> y)等价于 x <=y，而不等价于 x < y。而另一个例子是，关系式 5 < x <10 在 MATLAB 中必须写成：

```
(5<x) & (x<10)
```

当 A 和 B 中至少有一个含有非零元素时，逻辑或运算 A|B 的返回值就是 1；而仅当 A 和 B 都为 0 时，返回值才为 0。表达式 z=0|3 返回的是 z=1；表达式 z=0|0 返回的是 z=0；而

```
z=[5, -3, 0,0] | [2, 4, 0, 5]
```

返回的是 z=[1, 1, 0, 1]。由于运算符优先级的关系，

```
z = 3 < 5|4 == 7
```

等价于：

```
z = (3 < 5)|(4 == 7)
```

其返回的是 z=1。同样，z=1|0 & 1 等价于 z=(1|0) & 1，返回的是 z=1；而 z=1|0 & 0 返回的是 z=0；z=0 & 0|1 返回的是 z=1。

由于非运算符优先级的关系，语句

```
Z=~3==7|4==6
```

返回的结果是 z=0，它等价于：

```
z = ((~3) == 7)|(4 == 6)
```

当 A 和 B 全是 0 或者全是非 0 时，异或函数 xor(A, B)返回 0；当 A 或 B 有一个但不全为零时返回 1。该函数可以用与、或和非运算符定义为：

```
function z = xor(A,B)
z = (A|B) & ~(A & B);
```

表达式

```
z=xor([3, 0, 6],[5, 0, 0])
```

返回的是 z=[0, 0, 1]，而

```
z=[3, 0, 6] | [5, 0, 0]
```

返回的是 z=[1, 0, 1]。

表 4.3-3 是一个真值表，它定义了逻辑运算符和 xor 函数的运算律。在您获得足够的逻辑运算经验之前，您应该用这个表来检查语句的结果。请记住，真(true)等价于逻辑 1，假(false)等价于逻辑 0。我们可以通过建立真值表的数值等价形式来测试真值表。令 x 和 y 以 1 和 0 的形式表示真值表的前两列。

表 4.3-3　真值表

x	y	~x	x|y	x&y	xor(x,y)
真	真	假	真	真	假
真	假	假	真	假	真
假	真	真	真	假	真
假	假	真	假	假	假

下面的 MATLAB 会话将以 1 和 0 的形式生成真值表。

```
>>x = [1,1,0,0]';
>>y = [1,0,1,0]';
>>Truth_Table = [x,y,~x,x|y,x & y,xor(x,y)]
Truth_Table =
    1 1 0 1 1 0
    1 0 0 1 0 1
    0 1 1 1 0 1
    0 0 1 0 0 0
```

从 MATLAB 6 开始，与运算符(&)的优先级就比或运算符(|)的高。但是在 MATLAB 的早期版本中却并非如此。因此如果您使用的是较早版本中创建的代码，就必须在 MATLAB 6 或更高版本中使用该代码前进行必要的修改。例如，如今表达式 y＝1|5 & 0 相当于 y＝1|(5 & 0)，其运算结果是 y＝1。但是在 MATLAB 5.3 或更早的版本中，该语句相当于 y＝(1|5)&0，其运算结果是 y＝0。为了避免因优先级而产生的潜在问题，在包含算术、关系或逻辑运算符的语句中使用圆括号就显得尤为重要。

短路运算符

下列运算符对只包含标量值的逻辑表达式执行“与”和“或”操作。它们又被称为短路运算符，因为它们只在第一个操作数不能完全确定结果时才处理第二个操作数。假设有两个逻辑变量 A 和 B，短路运算的定义如下：

A && B　如果 A 和 B 都计算为真，那么 A && B 返回真(逻辑 1)，否则返回假(逻辑 0)。

A || B　如果 A 或 B 为真或者 A 和 B 都为真，那么 A || B 返回真(逻辑 1)，否则返回假(逻辑 0)。

因此，对于语句 A && B，如果 A 等于逻辑 0，那么无论 B 的值是什么，整个表达式的运算结果都是假。因此这种情况下不必计算 B。

对于 A||B，如果 A 为真，那么无论 B 是什么，表达式的计算结果都是真。

表 4.3-4 列出了一些有用的逻辑函数。

表 4.3-4　逻辑函数

逻辑函数	定义
all(x)	返回一个标量，如果向量 x 中的所有元素都不为 0，则返回 1；否则返回 0
all(A)	返回一个行向量，其列数与矩阵 A 相同，并且包含 1 和 0。具体的取值取决于 A 的对应列是否都为非零元素
any(x)	返回一个标量，如果向量 x 中有任意一个元素不为 0，则返回 1；否则返回 0
any(A)	返回与 A 列数相同且包含 1 和 0 的行向量。具体的取值取决于矩阵 A 的对应列是否包含任意一个非零元素
find(A)	计算一个数组，该数组包含数组 A 的非零元素的索引
[u, v, w]＝find(A)	计算包含数组 A 的非零元素的行和列索引的数组 u 和 v，并计算包含非零元素值的数组 w。数组 w 可以省略
finite(A)	返回一个与 A 的大小相同的数组，当 A 中的元素存在有限值时返回 1；否则返回 0
ischar (A)	如果 A 是字符型数组则返回 1，否则返回 0

(续表)

逻辑函数	定义
isempty(A)	如果 A 是空矩阵则返回 1，否则返回 0
isinf(A)	返回一个与 A 具有相同大小的数组，当 A 的元素中有无穷大值时返回 1，否则返回 0
isnan(A)	返回一个与 A 具有相同大小的数组，当 A 有“NaN”(“NaN”代表“not a number”，意思是一个未定义的结果)时返回 1，否则返回 0
isnumeric(A)	如果 A 是数值数组则返回 1，否则返回 0
isreal(A)	如果 A 没有元素有虚部则返回 1，否则返回 0
logical(A)	将数组 A 的元素转换为逻辑值
xor(A, B)	返回一个与 A 和 B 大小相同的数组；当 A 或 B 其中一个为非 0、另一个为 0 时，新数组的对应位置就是 1；当 A 和 B 全为零或者全不为零时，则返回 0

逻辑运算符和 find 函数

find 函数对于创建决策程序，特别是与关系运算符或逻辑运算符结合使用时，非常有用。函数 find (x)的计算结果是数组，其中包含有数组 x 的非零元素的索引。例如，考虑会话：

```
>>x = [-2, 0, 4];
>>y = find(x)
y =
   1     3
```

得到的数组 y=[1, 3]表示 x 的第一个元素和第三个元素非零。请注意，find 函数返回的是索引，而不是值。在下面的会话中，请注意 x(x<y)得到的结果与 find(x<y)得到的结果之间的差异。

```
>>x = [6, 3, 9, 11];y = [14, 2, 9, 13];
>>values = x(x < y)
values =
   6     11
>>how_many = length (values)
how_many =
   2
>>indices = find(x < y)
indices =
   1   4
```

因此数组 x 中的两个值小于数组 y 中的对应值。分别是第一个值和第四个值，6 和 11。要想知道有多少个，可以输入 length(indices)。

find 函数在与逻辑运算符结合时也很有用。例如，考虑会话：

```
>>x = [5, -3, 0, 0, 8]; y = [2, 4, 0, 5, 7];
>>z = find(x & y)
z =
   1     2     5
```

结果数组是 z=[1, 2, 5]，它表示 x 和 y 的第一、第二和第五个元素都是非零的。请注意，find 函数返回的是索引，而不是值。在下一个会话中，请注意 y (x & y)得到的结果与上面 find(x & y)得到的结果之间的差异。

```
>>x = [5, -3, 0, 0, 8];y = [2, 4, 0, 5, 7];
>>values = y(x & y)
values =
   2     4     7
>>how_many = length(values)
how_many =
   3
```

因此，数组 y 中有三个非零值，对应于数组 x 中的非零值。它们分别是第一个、第二个和第五个值

2、4 和 7。

在上面的例子中，数组 x 和 y 中只有几个数字，因此我们可以通过目视检查得到答案。然而，无论是在数据太多以至于目视检查非常耗时的地方，还是在程序内部生成值的地方，这些 MATLAB 方法都非常有用，

您学会了吗？

T4.3-1 如果 x=[5, −3, 18, 4]，y=[−9, 13, 7, 4]，那么下列运算的结果是什么？请用 MATLAB 验证检查您的答案。

a. z = ~y > x
b. z = x & y
c. z = x | y
d. z = xor(x, y)

T4.3-2 假设 x=[−9, 6, 0, 2, 5]，y=[−10, −6, 2, 4, 6]。下列运算的结果是什么？请先手工计算确定答案，然后用 MATLAB 验证您的答案。

a. z = ~y > x
b. z = x & y
c. z = x | y
d. z = xor(x, y)

T4.3-3 假设 x=[−4, −1, 0, 2, 10]，y=[−5, -2, 2, 5, 9]。请用 MATLAB 求出 x 中大于 y 中相应元素的值和索引。

例题 4.3-1 弹丸的高度和速度

以速度 v_0 和水平角度 A 发射的弹丸(如抛球)的高度和速度满足下式：

$$h(t) = v_0 t \sin A - 0.5 g t^2$$

$$v(t) = \sqrt{v_0^2 - 2 v_0 g t \sin A + g^2 t^2}$$

其中 g 是重力加速度。当 $h(t)=0$ 时，弹丸将撞击地面，撞击时刻为 $t_{hit} = 2(v_0/g)\sin A$。假设 $A=40\%$、$v_0=20\text{m/s}$ 且 $g=9.81\text{m/s}^2$。请利用 MATLAB 的关系和逻辑运算符，求出高度不小于 6 m，同时速度不大于 16 m/s 时的时刻。此外，请讨论解决该问题的第二种方法。

■ **解**

使用关系运算符和逻辑运算符解决这个问题的关键是用 find 命令求出逻辑表达式(h >=6)&(v <=16)为真的时间。首先，我们必须生成 h 和 v，它们对应于 $0 \leqslant t \leqslant t_{hit}$ 范围内的 t_1 和 t_2 时刻，所用的时间间隔 t 要足够小，以确保能达到我们需要的准确度。选择步长为 $t_{hit}/100$，它提供了 101 个时刻值，下面给出了程序。当计算 t_1 和 t_2 时，必须从 u(1)和 length(u)中减去 1，因为数组 t 中的第一个元素对应于 $t=0$ 时刻(即 $t(1)=0$)。

```
% Set the values for initial speed, gravity, and angle.
v0 = 20; g = 9.81; A = 40*pi/180;
% Compute the time to hit.
t_hit = 2*v0*sin(A)/g;
% Compute the arrays containing time, height, and speed.
t = 0:t_hit/100:t_hit;
h = v0*t*sin(A) - 0.5*g*t.^2;
v = sqrt(v0^2 - 2*v0*g*sin(A)*t + g^2*t.^2);
% Determine when the height is no less than 6
% and the speed is no greater than 16.
```

```
u = find(h >= 6 & v <= 16);
% Compute the corresponding times.
t_1 = (u(1) - 1)*(t_hit/100)
t_2 = u(length(u) - 1)*(t_hit/100)
```

结果为 $t_1=0.8649$，$t_2=1.7560$。在这两个时刻之间 $h\geq 6$m，$v\leq 16$m/s。

也可通过绘制 $h(t)$和 $v(t)$曲线来解决这个问题，但结果的准确性会受到我们从图上取点能力的影响。另外，如果我们要解决很多这样的问题，那么图形方法会更耗时。

您学会了吗？

T4.3-4　考虑例题 4.3-1 的问题。使用关系运算符和对数运算符求出弹丸高度小于 4 米或速度大于 17 米/秒的时间。绘制 $h(t)$和 $v(t)$曲线来验证您的答案。

4.4　条件语句

在日常用语中，我们常用条件短语来描述自己的决定，比如“如果我加薪，我就买辆新车”。如果“我加薪”这句话是真的，就会执行特定行动(买辆新车)。还有一个例子：“如果我每周至少加薪 100 美元，就买辆新车；否则，就把增加的薪水存起来。”再稍微复杂一点的例子是：“如果我每周至少加薪 100 美元，就买辆新车；而如果加薪超过 50 美元，就买一套新音响；否则，我就把增加的薪水存起来。”

我们可以举例说明第一个例子的逻辑：

```
如果我加薪，
    我就买辆新车
    。(句号)
```

请注意句号标记语句的结束。

第二个例子说明如下：

```
如果我每周至少加薪 100 美元，
    就买辆新车；
否则，
    就把增加的薪水存起来
    。(句号)
```

第三个例子说明如下：

```
如果我每周至少加薪 100 美元，
    就买辆新车；
否则，如果加薪超过 50 美元，
    就买一套新音响；
否则，
    就把增加的薪水存起来
    。(句号)
```

MATLAB 的条件语句使我们能够编写出作决定的程序。条件语句包含一个或多个 if、else 和 elseif 语句。end 语句表示条件语句的结束，就像前面示例中使用的句号一样。这些条件语句的形式类似于上面的例子，读起来有点像日常语言里的对等词。

if 语句

if 语句的基本形式是：

```
if  逻辑表达式
    语句
end
```

每个 if 语句都必须有一个对应的 end 语句。end 语句表示逻辑表达式为真时要执行的语句的结束。

在 if 和逻辑表达式之间要有一个空格，逻辑表达式可以是标量、向量或矩阵。

例如，假设 x 是标量，我们要计算 $x \geq 0$ 时的 $y = \sqrt{x}$ 。在英语中，我们可以这样描述该过程：如果 x 大于或等于 0，就根据 $y = \sqrt{x}$ 计算 y。

下面的 if 语句在 MATLAB 中实现了这个过程，假设 x 已经有一个标量值。

```
if x >= 0
   y = sqrt(x)
end
```

如果 x 为负数，那么程序不采取任何行动。这里的逻辑表达式是 x >=0，要执行的语句只有一行 y= sqrt (x)。

if 结构也可以写在一行上；例如：

```
if x >= 0, y = sqrt(x), end
```

然而，这种表达形式的可读性不如前一种。通常的做法是缩进语句以澄清哪些语句属于 if 及其对应的 end，从而提高可读性。

逻辑表达式也可以是复合表达式；语句可以是单个命令，也可以是被逗号或分号分隔成为多行的一组命令。例如，如果 x 和 y 都是标量：

```
z = 0;w = 0;
if (x >= 0)&(y >= 0)
   z = sqrt(x) + sqrt(y)
   w = sqrt(x*y)
end
```

只有当 x 和 y 都是非负数时，才能计算出 z 和 w 的新值。否则，z 和 w 的值都是 0。该程序的流程图如图 4.4-1 所示。

我们还可以“嵌套”if 语句，如下例所示。

```
if   逻辑表达式 1
    语句体 1
   if   逻辑表达式 2
        语句体 2
   end
end
```

请注意，每个 if 语句都有一个对应的 end 语句。

例如，假设 x 和 y 已经被赋值为标量，

```
if x >= 0
  % Calculate new value for y.
  y = 2 - log(x);
  if y >= 0
     z = log(x);
  end
```

else 语句

当决策可能导致不止一项操作时，我们可以与 if 语句一道用 else 和 elseif 语句。else 语句的基本结构是：

```
if  逻辑表达式
   语句体 1
else
   语句体 2
end
```

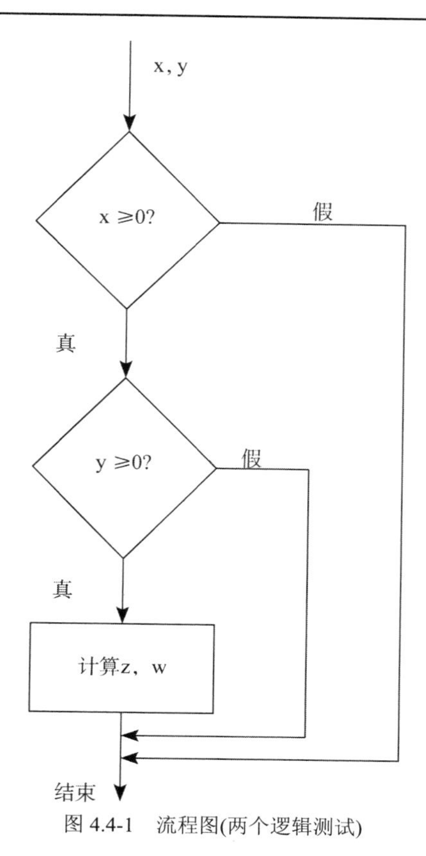

图 4.4-1　流程图(两个逻辑测试)

图 4.4-2 显示 else 结构的流程图。

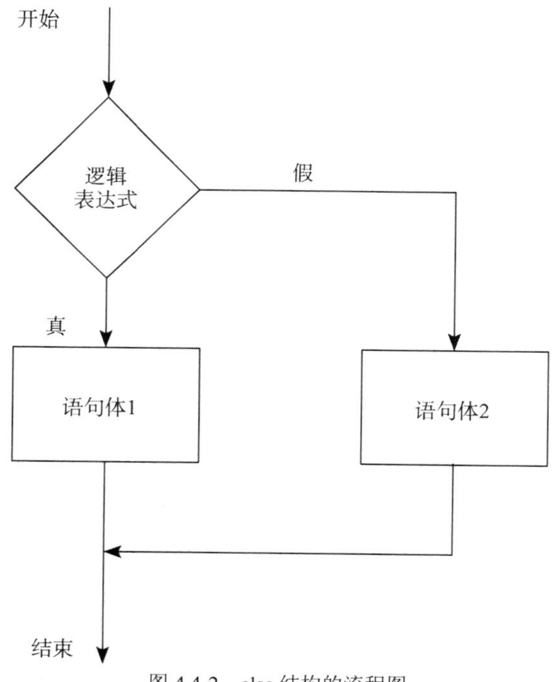

图 4.4-2　else 结构的流程图

例如，假设 $y=\sqrt{x}$ (其中 $x\geqslant 0$)，$y=e^{x}-1$ (其中 $x<0$)。下面的语句将计算 y，假设 x 已经有一个标量值。

```
if x >= 0
   y = sqrt(x)
else
   y = exp(x) - 1
end
```

当测试是否为逻辑表达式时，其中逻辑表达式可能是数组，此时只有逻辑表达式的所有元素值均为真，测试的返回值才为真！例如，如果我们不能判断出测试是如何工作的，那么以下语句的执行方式与我们期望的有所不同。

```
x = [4,-9,25];
if x < 0
   disp('Some of the elements of x are negative.')
else
   y = sqrt(x)
end
```

当这个程序运行时，得出的结果是：

```
y =
   2     0 + 3.000i    5
```

该程序不按顺序测试 x 中的每个元素。相反，它只检查了关系 $x<0$ 的真实性。如果 $x<0$，测试结果返回值就为假，因为它生成的向量是[0, 1, 0]。将前面的程序与接下来的程序进行比较。

```
x = [4,-9,25];
if x >= 0
   y = sqrt(x)
else
   disp('Some of the elements of x are negative.')
end
```

当程序执行时，会产生以下结果：x 的部分元素为负值。测试 if $x<0$ 为假，并且测试 if $x\geq 0$ 也返回假，因为 $x\geq 0$ 返回的向量是[1, 0, 1]。

有时，我们必须在一个简洁但可能更难理解的程序和一个要使用不必要语句的程序之间做出选择。例如，下列语句：

```
if  逻辑表达式 1
  if  逻辑表达式 2
      语句
  end
end
```

可改用更简洁的程序：

```
if  逻辑表达式 1 & 逻辑表达式 2
      语句
end
```

elseif 语句

if 语句的一般形式为：

```
if  逻辑表达式 1
   语句体 1
elseif  逻辑表达式 2
   语句体 2
else
  语句体 3
end
```

如果不需要，else 和 elseif 语句可以省略。但是，如果同时使用了这两条语句，那么 else 语句必须位于 elseif 语句之后，以处理所有可能无法解释的条件。图 4.4-3 是一般的 if 结构的流程图。

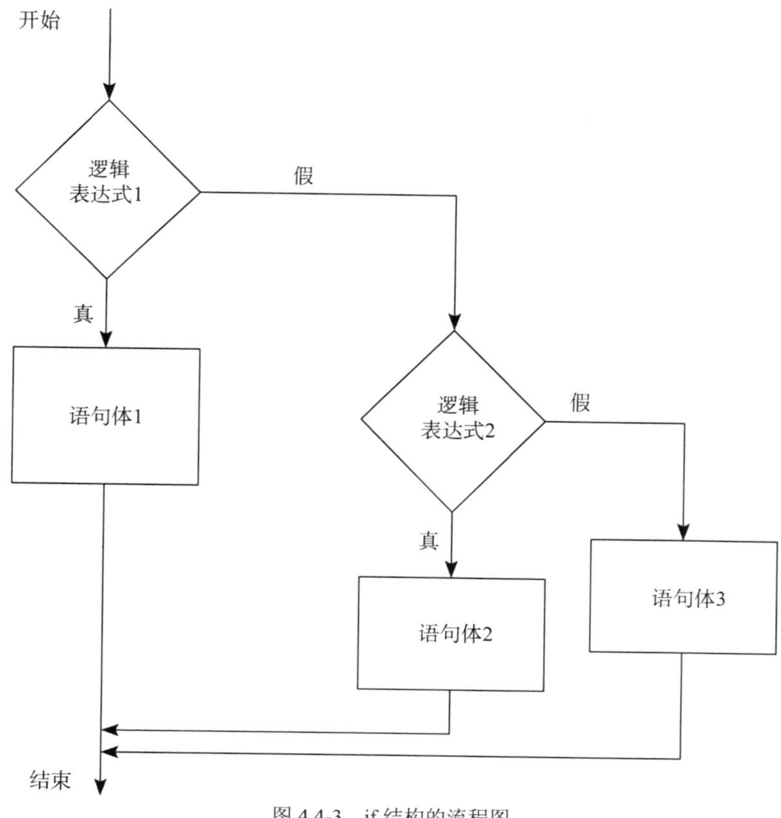

图 4.4-3　if 结构的流程图

例如，假设 $y=\ln x$ (其中 $x\geqslant5$)，而 $y=\sqrt{x}$ (其中 $0\leqslant x\leqslant5$)。如果 x 有标量值，那么用下面的语句计算 y。

```
if x >= 5
    y = log(x)
else
    if x >= 0
       y = sqrt(x)
    end
end
```

例如，如果 $x=-2$，则不采取任何行动。如果我们使用了 elseif，则需要的语句更少。例如：

```
if x >= 5
    y = log(x)
elseif x >= 0
    y = sqrt(x)
end
```

请注意，elseif 语句不需要单独的 end 语句。

else 语句可以和 elseif 一起创建详细的决策程序。例如，假设 $y=\ln x$(其中 $x>10$)，$y=\sqrt{x}$ (其中 $0\leqslant x\leqslant10$)，$y=e^x-1$ (其中 $x<0$)。如果 x 已含标量值，那么下面的语句就能计算出 y：

```
if x > 10
    y = log(x)
elseif x >= 0
    y = sqrt(x)
else
    y = exp(x) - 1
end
```

决策结构可以嵌套；也就是说，一个结构可包含另一个结构，而第二个结构又可包含第三个结构，以此类推。缩进是为了强调与每个 end 语句相对应的语句体。

您学会了吗？

T4.4-1 已知数字 x 和象限 q (q=1、2、3、4)，请编写程序来计算 $\sin^{-1}(x)$的度数，并考虑象限。如果$|x|>1$，那么程序应能显示错误消息。

检查输入和输出参数的数量

有时您希望函数会根据输入参数的个数不同执行不同的动作。这时您可以使用 nargin 函数，它表示“输入参数的数量”。在该函数中还可以使用条件语句，根据输入参数的多少来指导计算的流程。例如，假设只有一个输入时，您想计算输入的平方根；而有两个输入时，您又想计算均值的平方根。下面的函数就能实现上述功能。

```
function z = sqrtfun(x, y)
if (nargin == 1)
    z = sqrt(x);
elseif (nargin == 2)
    z = sqrt((x + y)/2);
end
```

nargout 函数可用于确定输出参数的数量。

字符串和条件语句

字符串是包含字符的变量。字符串对于创建输入提示和消息以及存储和操作名称和地址等数据非常有用。要创建字符串变量，需要用单引号将字符括起来。例如，创建字符串变量 name 的过程如下：

```
>>name = 'Leslie Student'
name =
    Leslie Student
```

下面的字符串被称为 number：

```
>>number = '123'
number =
    123
```

它与输入 number=123 所创建的变量 number 并不相同。

字符串以行向量的形式存储，其中每一列表示一个字符。例如，变量 name 有 1 行、14 列(每个空格也占 1 列)。我们可以像访问其他向量一样来访问字符串的任何一列。例如，名称 Leslie Student 中的字母 S 占据了向量 name 的第八列。可通过输入 name(8)来访问它。

字符串最重要的应用之一是创建输入提示和输出消息。下面的提示程序用到 isempty(x)函数，如果数组 x 为空则返回 1，否则返回 0。它还使用 input 函数，其语法为：

```
x = input('prompt', 'string')
```

该函数在屏幕上显示字符串提示符，等待从键盘输入，并将输入值返回至字符串变量 x。如果您没有输入任何内容直接按了 Enter 键，那么该函数返回一个空矩阵。

下面的提示符程序是一个脚本文件，用户可以通过输入 Y 或 y 或按 Enter 键来回答 Yes。任何其他的回答都被视为回答了 No。

```
response = input('Do you want to continue? Y/N [Y]: ','s');
if (isempty(response))|(response == 'Y')|(response == 'y')
   response = 'Y'
else
```

```
    response = 'N'
end
```

在 MATLAB 中还有很多字符串函数。输入 help strfun 可以获得相关信息。

下面的函数演示了如何使用 elseif 结构和字符串变量。定期存款是一种投资方式，其利率取决于存款期限的长短。假设某家银行提供了期限为 0.5 至 5 年的定期存款。下面的函数显示了利率与存款周期之间的函数关系。请注意，该函数是如何测试不合理的输入值的(输入值超出 0.5 到 5 年范围)。

```
function r = CD(t);
% Displays CD rate r as a function of the term t.
if t >= 0.5 & t <= 5
   if t >= 4, r = '3.5%';
   elseif t >= 3, r = '3%';
   elseif t >= 2, r = '2.5%';
   elseif t >= 1, r = '2%';
   else r = '1.5%';
end
else
   disp('An incorrect term was entered')
end
```

这里给出了使用逻辑运算符、字符串和 elseif 语句时，部分常见的错误。

- 在前面的代码中输入 if　t >=0.5 & <=5，而不是 if t >=0.5 & t <=5。
- 在前面的代码中输入 and 而不是&。
- 输入 else if 而不是 elseif。
- 没有在字符串变量两端加单引号。例如输入 r=3%而不是 r='3%'。
- 输入=而不是==来测试相等。

4.5　for 循环

“循环”是一种多次重复计算的程序结构。循环的每一次重复都是一个轮次。MATLAB 使用两种类型的显式循环：for 循环(事先知道轮次)和 while 循环(在满足指定条件时必须终止循环，因此，轮次事先并不知道)。

下面举一个 for 循环的简单例子：

```
for k = 5:10:35
   x = k^2
end
```

循环变量 k 的初始值为 5，再根据 x=k^2 计算 x 的新值。每次循环后 k 值增加 10，并且计算 x，直到 k 超过 35 才停止。因此 k 的取值依次为 5、15、25 和 35；x 的取值依次为 25、225、625 和 1225。然后程序继续执行 end 语句之后的其他语句。

for 循环的典型结构是：

```
for loop variable = m:s:n
        statements
end
```

表达式 m:s:n 给循环变量赋予初值 m，并以步长(step value)或增量 s 递增。循环体(statements)在每个轮次中，以循环变量的当前值执行一次。直到循环变量超过终值(terminal value)n 才停止循环。例如，在表达式 k=5:10:36 中，k 的最终值是 35。请注意，我们不需要在 for m:s:n 语句后面加分号来抑制显示 k 值。图 4.5-1 是 for 循环的流程图。

请注意，for 语句需要一个 end 语句与之匹配。end 语句标志着被执行的循环体的结束。for 和循环变量之间有一个空格，循环变量可以是标量、向量或矩阵，但最常见的还是标量。

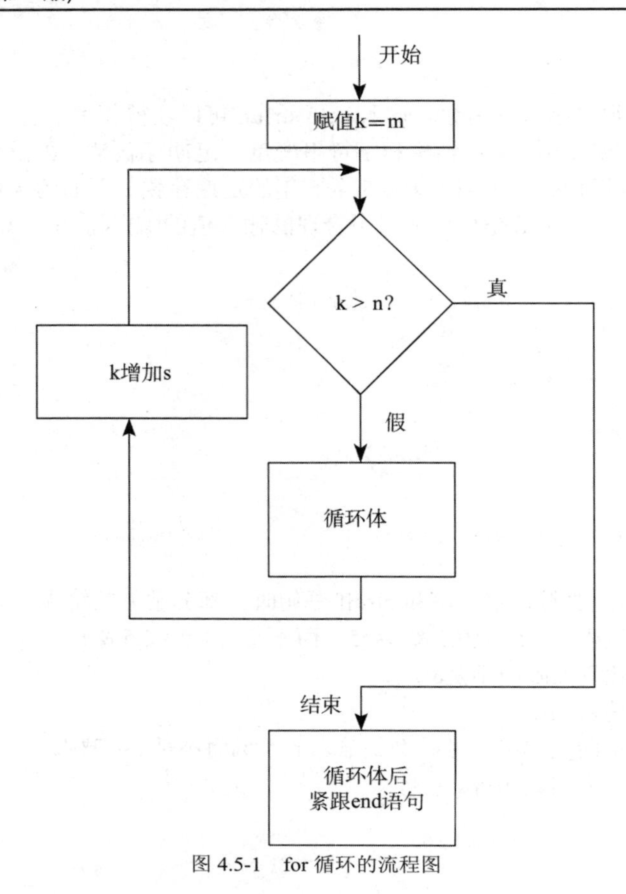

图 4.5-1 for 循环的流程图

for 循环也可以写在一行上；例如：

```
for x = 0:2:10, y = sqrt(x), end
```

然而，这种形式的可读性不如前面的形式。通常的做法是缩进循环体以清楚地标识出哪些语句属于 for 语句及其对应的 end 语句之间，进而提高程序的可读性。

例题 4.5-1 用 for 循环计算级数

请编写脚本文件，计算级数 $5k^2-2k$，$k=1, 2, 3, \ldots, 15$ 前 15 项的和。

■ 解

因为我们知道要计算多少次表达式 $5k^2-2k$，所以可以用 for 循环。相应的脚本文件如下：

```
total = 0;
for k = 1:15
   total = 5*k^2 - 2*k + total;
end
disp ('The sum for 15 terms is:')
disp (total)
```

答案是 5960。

向量化

有时，您可以用 MATLAB 的矩阵和向量运算替换基于循环和面向标量的代码。这个过程又称为向量化。例如，例题 4.5-1 中的代码就可以替换为下面更简单的形式：

```
k = [1:15];
disp('The sum for 15 terms is:')
total = sum(5*k.^2-2*k)
```

注意，我们并不需要将变量 total 初始化为零，但是我们必须使用数组的幂运算(k.^2)。对于计算量更大的程序，才可能需要这样的效率，但要求程序员对此理解更深且水平要更高，并且这样做还更容易出错。

然而，当计算依赖于一个或多个逻辑测试时，使用for 循环可能更合适。下面的例题将说明这一点。

例题 4.5-2　用 for 循环绘制曲线

请编写一个脚本文件，绘制函数

$$y=\begin{cases}15\sqrt{4x}+10 & x\geqslant 9\\ 10x+10 & 0\leqslant x<9\\ 10 & x<0\end{cases}$$

在区间$-5\leqslant x\leqslant 30$ 上的曲线。

■　**解**

我们选择步长为 35/300，从而得到 301 个点，这足以画出平滑的曲线。相应的脚本文件如下：

```
dx = 35/300;
x = -5:dx:30;
for k = 1:length(x)
   if x(k) >= 9
     y(k) = 15*sqrt(4*x(k)) + 10;
   elseif x(k) >= 0
      y(k) = 10*x(k) + 10;
   else
      y(k) = 10;
   end
end
plot(x,y), xlabel('x'), ylabel('y')
```

请注意，在循环体中，我们必须用索引 k 来引用 x，即 x(k)。

嵌套循环

我们可使用嵌套的循环和条件语句，如下例所示(请注意，每个 for 和 if 语句都需要一个 end 语句与之对应)。

假设我们要创建一个特殊方阵，方阵的第一行和第一列都为 1，其余元素的值都由其上面和左面的元素决定。当这两个元素之和小于 20 时，该元素就等于这两个元素的和；否则，该元素就等于这两个元素中的最大值。下面的函数将创建该矩阵。其中，行索引为 r；列索引为 c。请注意缩进是如何提高程序可读性的。

```
function A = specmat(n)
A = ones(n);
for r = 1:n
for c = 1:n
   if (r > 1) & (c > 1)
     s = A(r-1,c) + A(r,c-1);
     if s < 20
        A(r,c) = s;
     else
        A(r,c) = max(A(r-1,c),A(r,c-1));
```

```
      end
    end
  end
end
```

输入 specmat(5)可以得到如下矩阵：

$$\begin{bmatrix} 1 & 1 & 1 & 1 & 1 \\ 1 & 2 & 3 & 4 & 5 \\ 1 & 3 & 6 & 10 & 15 \\ 1 & 4 & 10 & 10 & 15 \\ 1 & 5 & 15 & 15 & 15 \end{bmatrix}$$

您学会了吗？

T4.5-1 假设标量自变量 x 的值已知，请用条件语句编写一个脚本文件，计算下面的函数的值。该函数是 $y = \sqrt{x^2+1}$ (当 $x<0$ 时)；$y=3x+1$(当 $0\leqslant x\leqslant 10$ 时)；$y=9\sin(5x-50)+31$(当 $x\geqslant 10$ 时)。请使用您编写的文件计算 $x=-5$，$x=5$ 和 $x=15$ 时对应的函数值，并手工计算验证答案。

T4.5-2 请用 for 循环计算级数 $3k^2(k=1, 2, 3, \ldots, 20)$前 20 项之和。(答案：8610)

T4.5-3 请编写程序生成如下矩阵：

$$\boldsymbol{A}=\begin{bmatrix} 4 & 8 & 12 \\ 10 & 14 & 18 \\ 16 & 20 & 24 \\ 22 & 26 & 30 \end{bmatrix}$$

在 for 循环中使用循环变量表达式 k=m:s:n 时，应注意以下原则：

- 步长 s 可以是负数。例如，k=10:-2:4 得到 k=10, 8, 6, 4。
- 如果省略 s，步长的默认值等于 1。
- 当 s 是正数时，如果 m 大于 n，循环就不会执行。
- 当 s 是负数时，如果 m 小于 n，循环就不会执行。
- 如果 m 等于 n，循环就只执行一次。
- 如果步长 s 不是整数，舍入错误会导致循环执行的次数与预期不同。

循环执行完毕后，k 保持为其最后的值。在循环体中不应更改循环变量 k 的值。如果这样做就会导致不可预测的结果。

在传统编程语言(如 BASIC 和 FORTRAN)中，常见做法是用符号 i 和 j 作为循环变量。但是，这种约定在 MATLAB 中并不好，因为这两个字母都用于表示复数的虚部单位 $\sqrt{-1}$。

break 语句和 continue 语句

利用 if 语句可在循环变量到达其终值之前“跳出”循环。break 命令也可以实现这个目的，它能终止循环但不停止整个程序。例如：

```
for k = 1:10
     x = 50 - k^2;
     if x < 0
       break
     end
     y = sqrt(x)
end
% The program execution jumps to here
% if the break command is executed.
```

但是，在编写代码时通常要避免使用 break 命令。这可以通过使用 while 循环(下节介绍)来完成。

break 语句能中止循环运行。这适用于在应用程序中，既不希望产生错误，又要继续执行循环以完成剩余次数通过的情况。我们可以使用 continue 语句来实现上述功能。continue 语句能将控制权传递给它所在的 for 循环或 while 循环的下一次迭代中，从而跳过循环主体中的任何剩余语句。在嵌套循环中，continue 能将控制传递给它所在 for 循环或 while 循环的下一次迭代。

例如，下面的代码使用 continue 语句来避免计算负数的对数。

```
x = [10,1000,-10,100];
y = NaN*x;
for k = 1:length(x)
     if x(k) < 0
        continue
     end
     kvalue(k) = k;
     y(k) = log10(x(k));
end
kvalue
y
```

结果是 k=1, 2, 0, 4，而 y=1, 3, NaN, 2。

数组作为循环索引

MATLAB 允许用矩阵表达式来指定轮次。这种情况下，循环变量是向量，它在每个轮次中被赋值为矩阵表达式的连续各列的值。例如：

```
A = [1,2,3;4,5,6];
for v = A
   disp(v)
end
```

等价于

```
A = [1,2,3;4,5,6];
n = 3;
for k = 1:n
   v = A(:,k)
end
```

常见的表达式 k=m: s: n 就是矩阵表达式的一种特殊情况，其中表达式的列是标量，而不是向量。

例如，假设我们要计算从原点到由坐标(3, 7)(6, 6)和(2, 8)指定的 3 个点的距离。我们可将上述坐标放入数组 coord 中，如下所示：

$$\begin{bmatrix} 3 & 6 & 2 \\ 7 & 6 & 8 \end{bmatrix}$$

然后 coord=[3, 6, 2; 7, 6, 8]。下面的程序将计算出各点到原点的距离并确定距离最远的点。第一次通过循环时，索引 coord 等于[3, 7]'，第二次是[6, 6]'，而最后一次是[2, 8]'。

```
for coord = [3,6,2;7,6,8]
     k = k + 1;
distance(k) = sqrt(coord'*coord)
end
[max_distance,farthest] = max(distance)
```

前面的程序演示了数组索引的运用，但是利用下面的程序能更简洁地解决这个问题，该程序使用 diag 函数提取数组的对角线元素。

```
coord = [3,6,2;7,6,8];
distance = sqrt(diag(coord'*coord))
[max_distance,farthest] = max(distance)
```

隐式循环

许多 MATLAB 命令都包含隐式循环(implied loop)。例如，考虑下列语句。

```
x = [0:5:100];
y = cos(x);
```

为用 for 循环实现相同的结果，我们应当输入：

```
for k = 1:21
   x = (k - 1)*5;
   y(k) = cos(x);
end
```

再举一个 find 命令的例子，它也是隐式循环。语句 y＝find (x>0)等价于：

```
m = 0;
for k = 1:length(x)
   if x(k) > 0
      m = m + 1;
      y(m) = k;
   end
end
```

如果您熟悉传统的编程语言(如 FORTRAN 或 BASIC)，您可能倾向于使用循环而不是用强大的 MATLAB 命令(如 find)来解决 MATLAB 中的问题。要使用这些命令并使 MATLAB 的功能最大化，您可能需要采用一种新的解题方法。如前面的例子所示，可通过使用 MATLAB 命令而不是使用循环来简化代码。您编写的程序也会运行得更快，因为 MATLAB 就是专为高速向量计算而设计的。

您学会了吗？

T4.5-4 编写一个与命令 sum(A)等价的 for 循环，其中 A 是矩阵。

例题 4.5-3 数据排序

已知通过测量得到向量 x。假设我们认为区间$-0.1 < x < 0.1$ 中的任何数据都是错误的。我们希望删除所有这些元素，并在数组末尾用 0 替换它们。请开发两种程序解决该问题。下表给出一个例子。

	处理前	处理后
x(1)	1.92	1.92
x(2)	0.05	−2.43
x(3)	−2.43	0.85
x(4)	−0.02	0
x(5)	0.09	0
x(6)	0.85	0
x(7)	−0.06	0

■ **解**

下面的脚本文件用到了 for 循环和条件语句。请注意是如何使用空数组[]的。

```
x = [1.92,0.05,-2.43,-0.02,0.09,0.85,-0.06];
y = [];z = [];
for k = 1:length(x)
   if abs(x(k)) >= 0.1
      y = [y,x(k)];
```

```
    else
      z = [z,x(k)];
    end
end
xnew = [y,zeros(size(z))]
```

下面的脚本文件使用了 find 函数。

```
x = [1.92,0.05,-2.43,-0.02,0.09,0.85,-0.06];
y = x(find(abs(x) >= 0.1));
z = zeros(size(find(abs(x) < 0.1)));
xnew = [y,z]
```

将逻辑数组用作掩码

考虑数组 A

$$A = \begin{bmatrix} 0 & -1 & 4 \\ 9 & -14 & 25 \\ -34 & 49 & 64 \end{bmatrix}$$

下面的程序通过计算数组 A 中所有不小于 0 的元素的平方根(如果元素值小于 0，则增加 50)，从而得到数组 B。

```
A = [0, -1, 4; 9, -14, 25; -34, 49, 64];
for m = 1:size(A,1)
   for n = 1:size(A,2)
      if A(m,n) >= 0
         B(m,n) = sqrt(A(m,n));
      else
         B(m,n) = A(m,n) + 50;
      end
   end
end
B
```

结果是

$$B = \begin{bmatrix} 0 & 49 & 2 \\ 3 & 36 & 5 \\ 16 & 7 & 8 \end{bmatrix}$$

当使用逻辑数组寻址另一个数组时，它会从该数组中提取逻辑数组中取值为 1 的元素。我们通常可以避免使用循环和分支语句，从而将逻辑数组用作选择另一个数组元素的掩码(mask)来创建出更简洁、运行速度更快的程序。未选中的元素都保持不变。

掩码

下面的会话将根据前面给出的数值数组 A 创建出逻辑数组 C。

```
>>A = [0, -1, 4; 9, -14, 25; -34, 49, 64];
>>C = (A >= 0);
```

结果是：

$$C = \begin{bmatrix} 1 & 0 & 1 \\ 1 & 0 & 1 \\ 0 & 1 & 1 \end{bmatrix}$$

我们可使用这种技术，计算前面程序的数组 A 中不小于 0 的元素的平方根，对那些取值为负数的元素先加上 50 后再求平方根。相应的程序如下：

```
A = [0, -1, 4; 9, -14, 25; -34, 49, 64];
C = (A >= 0);
```

```
A(C) = sqrt(A(C))
A(~C) = A(~C) + 50
```

执行完前三行语句后的结果是：

$$A=\begin{bmatrix} 0 & -1 & 2 \\ 3 & -14 & 25 \\ -34 & 49 & 64 \end{bmatrix}$$

执行完最后一行之后的结果是：

$$A=\begin{bmatrix} 0 & 49 & 2 \\ 3 & 36 & 5 \\ 16 & 7 & 8 \end{bmatrix}$$

例题 4.5-4　飞行的运载火箭

所有火箭在燃烧燃料时都会变轻，因此系统的质量是变化的。下面的方程描述了垂直发射的火箭的速度 v 和高度 h，其中忽略了空气阻力。它们可由牛顿定律推导出来。

$$v(t) = u\ln\frac{m_0}{m_0 - qt} - gt \tag{4.5-1}$$

$$h(t) = \frac{u}{q}(m_0 - qt)\ln(m_0 - qt) + u(\ln m_0 + 1)t - \frac{gt^2}{2} - \frac{m_0 u}{q}\ln m_0 \tag{4.5-2}$$

其中 m_0 是火箭的初始质量，q 是火箭燃烧燃料的速率，u 是燃烧燃料相对于火箭的喷气速度，g 是重力加速度。假设 b 为燃烧时间，之后所有的燃料消耗完毕。因此，耗尽燃料后的火箭质量为 $m_e = m_0 - qb$。

当 $t > b$ 时，火箭发动机不再产生推力，相应的速度和高度为：

$$v(t) = v(b) - g(t-b) \tag{4.5-3}$$

$$h(t) = h(b) + v(b)(t-b) - \frac{g(t-b)^2}{2} \tag{4.5-4}$$

令 $v(t)=0$，可以得到火箭达到峰值高度的时刻 t_p。结果是 $t_p = b + v(b)/g$。将该表达式代入式(4.5-4)，可得到峰值高度 $h(t)$的表达式：$h_p = h(b) + v^2(b)/(2g)$。火箭的落地时间为$t_{\text{hit}} = t_p + \sqrt{2h_p/g}$。

假设火箭携带着研究高层大气的仪器，我们需要确定火箭达到 50 000 英尺的时间与燃烧时间 b 的函数关系(因此它也是燃料质量 qb 的函数)。假设已知下列值：m_e=100 斯勒格，q=1 斯勒格/秒，u=8000 英尺/秒且 g=32.2 英尺/秒^2。如果火箭的最大燃料载荷为 100 斯勒格，则 b 的最大值为 100/q=100。请编写 MATLAB 程序来解决这个问题。

■　解

用于开发程序的伪代码参见表 4.5-1。因为我们知道燃烧时间 b 和撞击地面的时间 t_{hit}，所以应选择 for 循环解决该问题，相应的 MATLAB 程序参见表 4.5-2。它有两个嵌套的 for 循环。

表 4.5-1　例题 4.5-4 的伪代码

输入数据。
燃烧时间从 0 递增到 100。对于每个燃烧时间值：
　计算 m_0，u_b，h_b，h_p。
　如果 $h_p \geq h_{\text{desired}}$，
　　计算 t_p，t_{hit}。
　　将时间从 0 递增到 t_{hit}。

(续表)

用适当的方程，根据燃料是否耗尽，计算高度相对时间的函数。 计算在所需高度以上时的持续时间。 时间循环结束。 如果 $h_p < h_{desired}$，将持续时间置为零。 燃烧时间循环结束。 绘制结果曲线。

内循环是燃烧结束时间，计算运动方程的时间间隔为 1/10 秒。该循环计算飞行高度在 50 000 英尺以上时的燃烧持续时间 b。我们可以用更小的时间增量实现更高的准确度。外循环则改变燃烧时间的整数部分(从 $b=1$ 到 $b=100$)。最后的结果是不同燃烧时间对应的持续飞行时间向量。图 4.5-2 给出了结果曲线。

表 4.5-2　例题 4.5-4 的 MATLAB 程序

```
% Script file rocket1.m
% Computes flight duration as a function of burn time.
% Basic data values.
m_e = 100; q = 1; u = 8000; g = 32.2;
dt = 0.1; h_desired = 50000;
for b = 1:100 % Loop over burn time.
   burn_time(b) = b;
   % The following lines implement the formulas in the text.
   m_0 = m_e + q*b; v_b = u*log(m_0/m_e) - g*b;
   h_b = ((u*m_e)/q)*log(m_e/(m_e+q*b))+u*b - 0.5*g*b^2;
   h_p = h_b + v b^2/(2*g);
   if h_p >= h_desired
   % Calculate only if peak height > desired height.
     t_p = b + v_b/g; % Compute peak time.
     t_hit = t_p + sqrt(2*h_p/g); % Compute time to hit.
     for p = 0:t_hit/dt
       % Use a loop to compute the height vector.
       k = p + 1; t = p*dt; time(k) = t;
       if t <= b
         % Burnout has not yet occurred.
         h(k) = (u/q)*(m_0 - q*t)*log(m_0 - q*t)...
           + u*(log(m_0) + 1)*t - 0.5*g*t^2 ...
           - (m_0*u/q)*log(m_0);
       else
         % Burnout has occurred.
         h(k) = h_b - 0.5*g*(t - b)^2 + v_b*(t - b);
       end
     end
     % Compute the duration.
     duration(b) = length(find(h >= h_desired))*dt;
   else
     % Rocket did not reach the desired height.
     duration(b) = 0;
   end
end % Plot the results.
plot(burn_time,duration),xlabel('Burn Time (sec)'), ...
ylabel('Duration (sec)'),title('Duration Above 50,000 Feet')
```

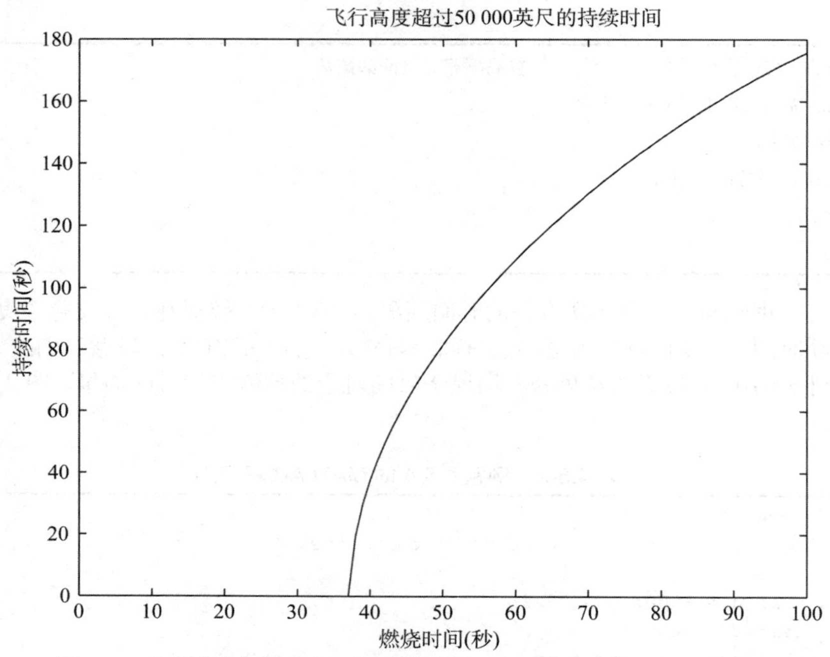

图 4.5-2　飞行高度超过 50 000 英尺时的持续时间相对于燃烧时间的函数曲线

4.6　while 循环

当循环过程需要满足指定条件才能终止时，应使用 while 循环。这种情况下，预先并不知道循环次数。while 循环的简单例子如下：

```
x = 5;
while x < 25
   disp(x)
   x = 2*x - 1;
end
```

disp 语句显示的结果是 5、9 和 17。循环变量 x 的初始值为 5，然后直到第一次遇到语句 x=2*x-1 后，其值变为 9。在每次执行循环之前，都要检查 x 的值是否小于 25。如果是，就执行一次循环。如果不是，则跳过循环，程序将继续执行 end 语句之后的其他语句。

while 循环的主要应用之一是，只要某个语句为真，我们就需要继续循环。这种情况用 for 循环通常很难实现。while 循环的典型结构如下。

```
while  逻辑表达式
  语句
end
```

MATLAB 首先测试逻辑表达式的真实性。逻辑表达式中必须包含一个循环变量。例如，x 是语句 while x<25 中的循环变量。如果逻辑表达式为真，则执行相应的语句。要使 while 循环正常工作，必须满足以下两个条件：

(1) 在执行 while 语句之前，必须已经对循环变量赋值。

(2) 循环体必须以某种方式改变循环变量。

循环体在每个轮次中以循环变量的当前值执行一次。循环将反复执行，直到逻辑表达式为假。图 4.6-1 显示了 while 循环的流程图。

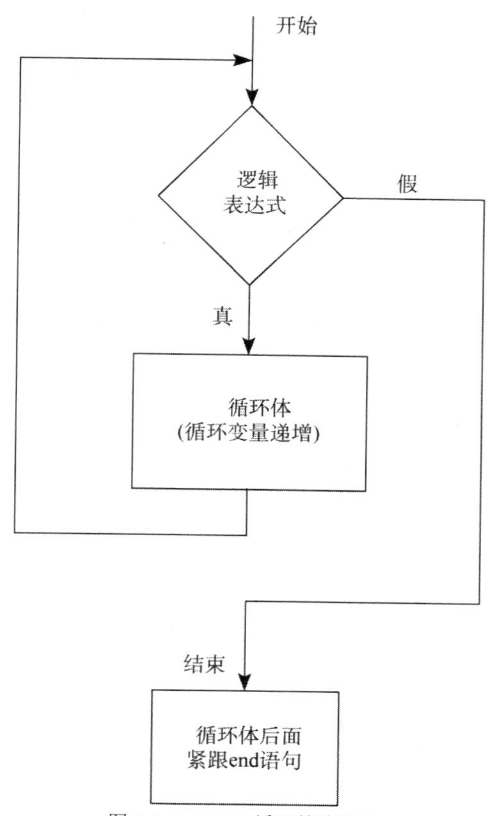

图 4.6-1　while 循环的流程图

每个 while 语句都必须有一个相对应的 end 语句相匹配。与 for 循环一样，为提高可读性，循环体应该缩进。while 循环可以嵌套，也可以嵌套 for 循环或 if 语句。

始终要确保在循环开始之前已对循环变量赋值。例如，如果 x 之前的值被忽略了，那么下面的循环可能产生意想不到的结果。

```
while x < 10
   x = x + 1;
   y = 2*x;
end
```

如果在循环开始前没有对 x 赋值，就会出现错误消息。如果希望 x 从 0 开始，我们就应该在 while 语句之前加一句 x=0。

用 while 语句还可以创建无限循环，即永无止境地循环。例如：

```
x = 8;
while x ~= 0
   x = x - 3;
end
```

在该循环中，变量 x 的值为依次变为 5、2、-1、-4……，因此条件 x ~=0 总是成立的，所以该循环永远不会停止。如果出现这样的循环，请按下 Ctrl+C 键终止循环。

例题 4.6-1　带 while 循环的级数计算

请编写脚本文件，确定级数 $5k^2-2k$，$k=1, 2, 3...$的前多少项之和能超过 10 000，这些项之和是多少？

■　**解**

由于我们并不知道需要计算多少次表达式 $5k^2-2k$，因此使用 while 循环。对应的脚本文件如下：

```
total = 0;
k = 0;
while total < 1e+4
    k = k + 1;
    total = 5*k^2 - 2*k + total;
end
disp('The number of terms is:')
disp(k)
disp('The sum is:')
disp(total)
```

前 18 项之和是 10 203。

例题 4.6-2　银行账户金额的增长

如果您在每年的年初和年底分别存款 500 美元，已知账户的年利息为 5%，那么需要多长时间，您的银行账户里才能积累到至少 1 万美元。

■　解

因为我们不知道需要多少年，所以应该使用 while 循环。对应的脚本文件如下。

```
amount = 500;
k=0;
while amount < 10000
    k = k+1;
    amount = amount*1.05 + 500;
end
amount
k
```

最终结果为 amount＝1.0789e+004，或者 10 789 美元，且 k＝14，或者 14 年。

例题 4.6-3　达到指定高度所需的时间

考虑例题 4.5-4 中处理的变质量火箭问题。请编写程序求解，如果燃烧时间是 50 秒，火箭需要多长时间才能达到 40 000 英尺。

■　解

伪代码如表 4.6-1 所示。因为我们不知道所需的时间，所以使用 while 循环更方便。表 4.6-2 中的程序是在表 4.5-2 程序的基础上修改而来，负责执行本任务。请注意，新程序认为火箭可能飞不到 40 000 英尺高。编写程序时要考虑能够处理所有这些可预见的情况，这一点非常重要。本程序给出的答案是 53 秒。

表 4.6-1　例题 4.6-3 的伪代码

输入数据。
计算 m_0, v_b, h_b, h_p。
如果 $h_p \geq h_{desired}$
　用 while 循环增加时间，并计算高度，直到达到期望的高度为止。
　　建立适当的方程，将高度作为时间的函数，根据是否燃烧完来计算高度。
　时间循环结束。
　显示结果。
如果 $h_p < h_{desired}$，火箭就不能到达期望的高度。

表 4.6-2 例题 4.6-3 的 MATLAB 程序

```
% Script file rocket2.m
% Computes time to reach desired height.
% Set the data values.
h_desired = 40000; m_e = 100; q = 1;
u = 8000; g = 32.2; dt = 0.1; b = 50;
% Compute values at burnout, peak time, and height.
m_0 = m_e + q*b; v_b = u*log(m_0/m_e) - g*b;
h_b = ((u*m_e)/q)*log(m_e/(m_e+q*b))+u*b - 0.5*g*b^2;
t_p = b + v_b/g;
h_p = h_b + v_b^2/(2*g);
% If h_p > h_desired, compute time to reached h_desired.
if h_p > h_desired
    h = 0; k = 0;
    while h < h_desired % Compute h until h = h_desired.
      t = k*dt; k = k + 1;
      if t <= b
        % Burnout has not yet occurred.
        h = (u/q)*(m_0 - q*t)*log(m_0 - q*t)...
            + u*(log(m_0) + 1)*t - 0.5*g*t^2 ...
            - (m_0*u/q)*log(m_0);
      else
        % Burnout has occurred.
        h = h_b - 0.5*g*(t - b)^2 + v_b*(t - b);
      end
    end
    % Display the results.
    disp('The time to reach the desired height is:')
    disp(t)
else
    disp('Rocket cannot achieve the desired height.')
end
```

您学会了吗？

T4.6-1 请用 while 循环确定级数 $3k^2$(其中 k=1,2,3...)的前多少项之和才能大于 2000。对应的总和是多少？

(答案：13 项，总和是 2457)

T4.6-2 用 while 循环重写下列代码，不要使用 break 命令。

```
for k = 1:10
    x = 50 - k^2;
    if x < 0
       break
    end
    y = sqrt(x)
end
```

T4.6-3 求级数的近似表达式 $e^x \approx 1+x+x^2/2+x^3$ 的误差超过 1%之前，最大的 x 的两位小数值。(答案：$x=0.83$)

4.7 switch 结构

switch 结构可以代替使用 if、elseif 和 else 等命令。任何使用 switch 结构的程序都可以用 if 结构表达。但是，对于某些应用程序来说，switch 结构比使用 if 结构的代码更具可读性。其语法是：

```
switch  输入表达式(标量或字符串)
  case  值 1
    语句体 1
```

```
   case  值 2
     语句体 2
   …
   otherwise
     语句体 n
end
```

输入表达式要与每条 case 值相比较。如果相等，就执行 case 语句之后的语句体，并继续处理结束语句之后的其他语句。如果输入表达式是字符串，那么如果 strcmp 函数的返回值为 1(真)，则它就与 case 的值相等。switch 结构只执行第一条匹配的 case 语句后面的语句体。如果没有一条匹配，则执行 otherwise 语句后面的语句体。然而，otherwise 语句是可选的。如果它不存在，那么全不匹配时就直接执行 end 语句之后的其他语句。每条 case 值语句必须单独成行。

例如，假设变量 angle 为整型值，它表示从北开始测量的角度。下面的 switch 语句体将显示罗盘上与之对应的点。

```
switch angle
   case 45
       disp('Northeast')
   case 135
       disp('Southeast')
   case 225
       disp('Southwest')
   case 315
       disp('Northwest')
   otherwise
       disp('Direction Unknown')
end
```

在输入表达式中使用字符串变量，可使得程序非常易读。例如，在下面的代码中，已经对数值向量 x 赋值，然后由用户输入字符串变量 response 的值；预期值包括 min、max 或者 sum。代码就按照用户的指示，要么找出 x 的最小值或最大值，要么对 x 的各元素求和。

```
t = [0:100]; x = exp(-t).*sin(t);
response = input('Type min, max, or sum.','s')
response = lower('response');
switch response
   case min
      minimum = min(x)
   case max
      maximum = max(x)
   case sum
      total = sum(x)
   otherwise
      disp('You have not entered a proper choice.')
end
```

switch 语句通过在单元数组中封装 case value，实现在单个 case 语句体中处理多个条件。例如，下面的 switch 语句体能根据给定的从北方测量的整数角度值，在罗盘上显示对应点。

```
switch angle
   case {0,360}
     disp('North')
   case {-180,180}
     disp('South')
   case {-270,90}
     disp('East')
   case {-90,270}
     disp('West')
   otherwise
     disp('Direction Unknown')
end
```

您学会了吗？

T4.7-1　请用 switch 结构编写程序，当输入一个角度后(其值可以是 45、-45、135 或者-135°)，就显示该角度所在的象限(1、2、3 或 4)。

例题 4.7-1　用 switch 结构实现日历计算

请用 switch 结构计算指定日期(几月几日)对应于一年中过去的天数，并且已知该年份是否为闰年。

■　**解**

请注意，如果是闰年，二月就多一天。下面的函数能计算出指定月份和日期在一年中已度过的天数，变量 extra_day 在闰年时为 1，非闰年为 0。

```
function total_days = total(month,day,extra_day)
total_days = day;
for k = 1:month - 1
   switch k
     case {1,3,5,7,8,10,12}
        total_days = total_days + 31;
     case {4,6,9,11}
        total_days = total_days + 30;
     case 2
        total_days = total_days + 28 + extra_day;
   end
end
```

该函数可在下列程序中这样调用。

```
month = input('Enter month (1 - 12): ');
day = input('Enter day (1 - 31): ');
extra_day = input('Enter 1 for leap year; 0 otherwise: ');
total_days = total(month,day,extra_day)
```

本章习题中，第 4.4 节的习题 19 将要求您编写程序来确定某一年是否为闰年。

4.8　调试 MATLAB 程序

在前面的章节中已经讨论过如何将 MATLAB 编辑器用作 M 文件编辑器。本章讨论将其用作调试器(debugger)。图 4.8-1 显示包含了待分析程序的编辑器。在您将编辑器用作调试器前，请先试着用 1.4 节介绍的常识性原则来调试您的程序。由于命令功能强大，MATLAB 程序通常很短。因此除非编写大型程序，否则您可能并不需要将编辑器用作调试器。然而，本节中讨论的单元模式即使对于短程序也很有用。在第 1～3 章中，我们已经讨论过 EDITOR(编辑器)选项卡的 FILE(文件)部分菜单栏中最左边的项目，它们的功能都很明显。

在 NAVIGATE(导航)和 EDIT(编辑)选项卡下面的中间位置的功能项主要用于大型程序。向前和向后箭头以及查找功能项允许您浏览程序。Insert(插入)功能项可以插入新的程序段、列表中的某个函数或者定点数据。Comment(注释)功能项可以插入、删除或换行注释。在已输入的某行前面先单击 anywhere 按钮，再单击 Comment 按钮，就可以注释整行代码。多行注释可以通过在注释的第一行前面插入%{，并且在最后一行后面插入%}来实现。要将注释行转换为可执行程序行，请先在该行单击 anywhere 按钮，再单击 Uncomment(取消注释)按钮即可。Indent(缩进)功能项可以让您增加或减少缩进量，或者打开智能缩进。

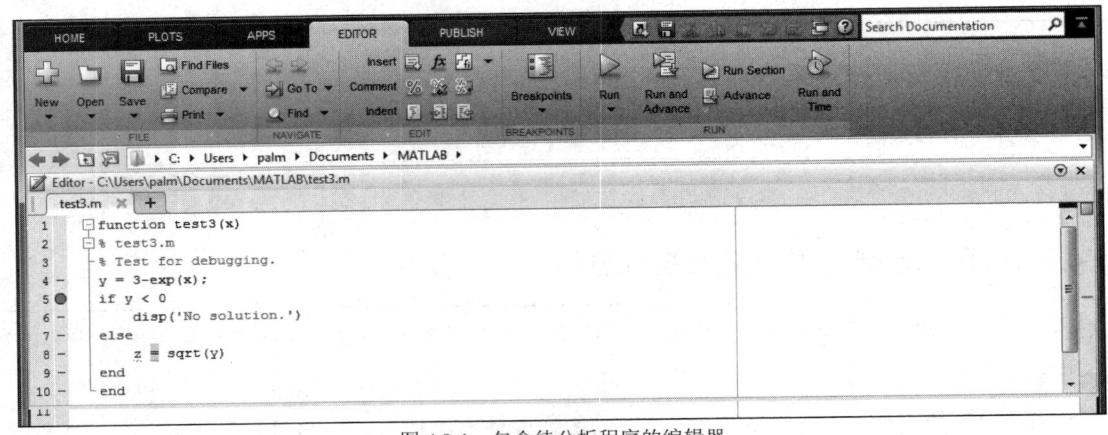

图 4.8-1 包含待分析程序的编辑器

使用编辑器进行调试的最重要功能是 BREAKPOINTS(断点)和 RUN(运行)部分中的五个项。

单元模式

单元模式既可用于调试程序，也可用于生成报告。关于后一种用法的讨论，请参阅 5.2 节的末尾。代码单元(code cell)是一组命令(请不要将这种单元与 2.6 节介绍的单元数组数据类型相混淆)。插入称为单元分隔符(cell divider)的两个百分号(%%)，用于标记新单元的开头，或单击 EDIT(编辑)部分的 Insert(插入)部分。单元工具栏请参见图 4.8-2。

考虑下面这个简单程序，它能绘制二次或三次函数的曲线。

```
%% Evaluate a quadratic and a cubic.
clear, clc
x = linspace(0, 10, 300);
%% Quadratic
y1 = polyval([1, -8, 6], x); plot(x,y1)
%% Cubic
y2 = polyval([1, -11, 9, 9], x); plot(x,y2)
```

在输入并保存该程序后，将光标放在某部分中，并单击 Run Section(运行程序块)图标(对于该程序，您显然应该首先运行第一部分，以建立 x 的值)。也可以单击 Run and Advance(运行和前进)或 Advance(前进)图标。这使您能够计算当前单元(光标当前所在的位置)、计算当前单元并前进到下一个单元，或计算整个程序。这些功能对于调试大型程序显然更有用。

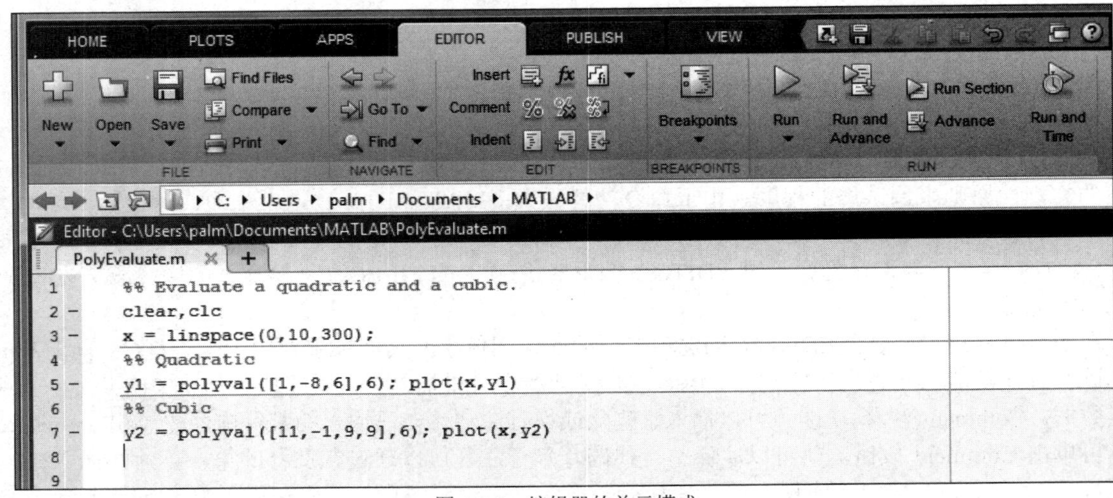

图 4.8-2 编辑器的单元模式

单击 Run and Time(运行和计时)图标将启动 Profiler(分析器)，它是使用 profile 函数的返回结果的用户界面。这提供了一种方法，来测量哪些程序代码更耗时间，因此您可以用它们来评估某段代码并改进代码性能。它们还可以用来确定哪些代码行在某些特定输入条件下不运行。然后，您就可以开发出测试用例来测试特定的代码，看看它们是否会导致错误。

单元模式的另一个有用功能是，它使您能够在不保存程序的情况下快速计算出更改参数后的结果。例如，在图 4.8-2 中，如果您已经运行了该程序，并且在屏幕上显示了二次曲线，那么删除数字-8 前面的负号后，再单击 Run Section。看看图形有何变化。您不需要事先保存程序就可以得到上述结果。

断点

“断点”(breakpoints)是使文件执行过程暂时停止的点，这样您就可以查看到该点时的变量值。断点下拉菜单允许您设置和清除断点、设置条件以及指定如何处理错误。通过将光标放在某行上并在菜单上选择 Set /Clear(设置/清除)项，就可以在该行设置断点；重复上述操作就可以清除断点。

用命令窗口(而不用菜单)也能调试程序。在命令窗口输入 help debug，或在搜索窗口中输入 debugging 就能查看 MATLAB 的调试函数列表。这些函数都以 db 开头(表示用于调试)。最常用的是 dbstop(设置断点)、dbclear(删除断点)、dbcont(恢复执行)、dbstep(执行一行或多行)和 dbquit(退出调试模式)。

当遇到断点时，MATLAB 就会进入调试模式，此时调试器窗口变为活动状态，提示符变为 K>>。在提示符后可输入任何 MATLAB 命令。要恢复程序执行，输入 dbcont 或 dbstep 即可。要退出调试模式，输入 dbquit 即可。

考虑图 4.8-1 所示的函数 test3(x)。如果我们输入 test3(10)，就会得到“No solution(无解)”的消息；如果 y 是负数，这就是正确的。因为 y 是函数的局部变量，所以我们不知道它的值。调试模式的优点之一是让我们可以看到局部变量的值。请注意编辑器使用的行号。为检查 y 值，我们通过在命令窗口输入 dbstop test3 5 就能在程序的第 5 行设置断点。然后就可以看到在第 5 行的行号和代码之间出现了一个红点。这个条带就是“断点谷”(图 4.8-1 显示了红点和条带)。然后在命令窗口中输入 test3(10)，就能看到：

```
>> test3(10)
5 if y < 0
K>>
```

这是调试模式的提示符(K 代表“键盘”)。若在该提示符之后输入 y。就会看到：

```
y =
-2.2023e+04
```

因此可以确定 y 是负数。在调试模式下，输入 dbcont，可以继续执行；输入 dbstep，每次执行一个可执行命令行；输入 dbclear test3 5 可以清除第 5 行上的断点；输入 dbclear test3 可以一次清除所有断点；输入 dbquit 可以退出调试模式。

个人经验表明，组合使用断点下拉菜单和命令窗口通常会使调试过程更加容易。例如，使用光标设置断点比使用 dbstop 命令更容易，使用下拉菜单清除断点会更加容易。

跟踪程序执行的另一种方法是使用 echo 函数，它能在执行程序过程中显示每一行(包括注释行)的结果，并忽略跳过的所有行。要跟踪脚本文件，只需要在命令窗口中键入 echo on。对于函数，相应的语法是 echo function name on。要关闭跟踪类型可输入 echo off 或者 echo function name off。

4.9 仿真

“仿真”(simulation)是构建和分析计算机程序(描述组织、进程或物理系统运行)的输出的过程。这种程序又被称为计算机模型(computer model)。仿真经常用于运筹学(operations research)，这是一门定量研究组织行为的学科，目的是找到提高组织功能的方法。仿真能使工程师为了这个目的研究组织过去、现在和未来的行动。运筹学技术在所有工程领域都很有用。常见例子包括航线规划、交通流量研究和生产线设计等。MATLAB 的逻辑运算和循环都是

运筹学

构建仿真程序的优秀工具。

例题 4.9-1　高校招生模型：第一部分

作为如何将仿真应用于运筹学研究的例子，本题考虑下面的大学招生模型。某高校想要分析大学录取和新生升学率对学院入学率的影响，从而能够据此预测未来对讲师等教学资源的需求。假设学院已经估计了学生在毕业前复读或辍学的比例。请推导矩阵方程，并在此基础上建立一个有助于分析该问题的仿真模型。

■ 解

假设现在的新生注册人数是 500 人，学校决定从现在开始每年招收 1000 名新生。学院还估计，10%的大一新生会复读。因此，下一年的新生人数将是 0.1(500)+1000＝1050，再下一年将是 0.1(1050)+1000＝1105，以此类推。令 $x_1(k)$为第 k 年新生人数，其中 $k=1, 2, 3, 4, 5, 6,\cdots$。那么第 $k+1$ 年的新生人数可表示为：

$$x_1(k+1)=\text{上一届大一新生的 10\%将复读}+1000\text{ 名新生} \tag{4.9-1}$$

因为我们知道第一年的新生人数(即 500 人)，所以可以一步一步解出该方程，并预测出未来的新生人数。

令 $x_2(k)$为第 k 年的大二学生人数，假设大一新生中有 15%辍学，还有 10%复读。因此，只有 75%的大一新生升入大二。假设 5%的大二学生又复读了大二，且每年另有 200 名大二学生从其他学校转入本校。那么第 $k+1$ 年的大二学生数量可表示为：

$$x_2(k+1)=0.75x_1(k)+0.05x_2(k)+200$$

为了解该方程，我们需要同时解出“新生”方程(4.9-1)，这用 MATLAB 很容易做到。在我们求解这些方程之前，让我们先推导出模型的其余部分。

令 $x_3(k)$和 $x_4(k)$分别代表第 k 年时的大三和大四学生人数。假设 5%的大二和大三年级学生辍学，另有 5%的大二、大三和大四学生复读。因此，只有 90%的大二和大三年级学生升级。大三和大四学生的数量可以分别表示为：

$$x_3(k+1)=0.9x_2(k)+0.05x_3(k)$$
$$x_4(k+1)=0.9x_3(k)+0.05x_4(k)$$

将这四个方程写成如下矩阵形式：

$$\begin{bmatrix} x_1(k+1) \\ x_2(k+1) \\ x_3(k+1) \\ x_4(k+1) \end{bmatrix} = \begin{bmatrix} 0.1 & 0 & 0 & 0 \\ 0.75 & 0.05 & 0 & 0 \\ 0 & 0.9 & 0.05 & 0 \\ 0 & 0 & 0.9 & 0.05 \end{bmatrix} \begin{bmatrix} x_1(k) \\ x_2(k) \\ x_3(k) \\ x_4(k) \end{bmatrix} + \begin{bmatrix} 1000 \\ 200 \\ 0 \\ 0 \end{bmatrix}$$

在例题 4.9-2 中，我们将看到如何用 MATLAB 来求解这些方程。

您学会了吗？

T4.9-1　假设有 70%(而不是 75%)的大一新生升入大二，那么前面方程会如何变化？

例题 4.9-2　高校招生模型：第二部分

为了研究招生和转学政策的影响，对例题 4.9-1 中的招生模型进行拓展，就能适应招生和转学政策的变化。

■ 解

令 $a(k)$为第 k 年春季录取的第 $k+1$ 年入学的新生人数，$d(k)$为下一年转入大二的人数。然后，模型将变成：

$$
\begin{aligned}
x_1(k+1) &= c_{11}x_1(k) + a(k)\\
x_2(k+1) &= c_{21}x_1(k) + c_{22}x_2(k) + d(k)\\
x_3(k+1) &= c_{32}x_2(k) + c_{33}x_3(k)\\
x_4(k+1) &= c_{43}x_3(k) + c_{44}x_4(k)
\end{aligned}
$$

其中，我们用 c_{21} 和 c_{22} 等符号而不是数值来表示系数。这样我们就可以根据需要改变它们的值。

状态转换图

该模型可以用状态转换图(state transition diagram)来表示，具体参见图 4.9-1。这种图广泛用于表示时变和概率过程。箭头表示每个新年是如何重新计算模型的。第 k 年的入学情况完全由 $x_1(k)$、$x_2(k)$、$x_3(k)$ 和 $x_4(k)$的值，也就是状态向量 $\boldsymbol{x}(k)$的值决定。状态向量的元素叫作状态变量(state variable)。状态转换图显示了状态变量的如何根据以前的值以及输入 $a(k)$和 $d(k)$的值确定新值。

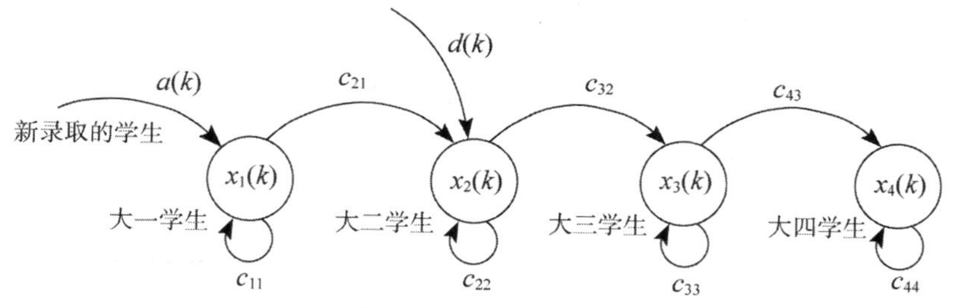

图 4.9-1　高校招生模型的状态转换图

因此，上述四个方程又可写成如下矩阵形式：

$$
\begin{bmatrix} x_1(k+1)\\ x_2(k+1)\\ x_3(k+1)\\ x_4(k+1) \end{bmatrix} = \begin{bmatrix} c_{11} & 0 & 0 & 0\\ c_{21} & c_{22} & 0 & 0\\ 0 & c_{32} & c_{33} & 0\\ 0 & 0 & c_{43} & c_{44} \end{bmatrix} \begin{bmatrix} x_1(k)\\ x_2(k)\\ x_3(k)\\ x_4(k) \end{bmatrix} + \begin{bmatrix} a(k)\\ d(k)\\ 0\\ 0 \end{bmatrix}
$$

或者更简洁地表示为：

$$\boldsymbol{x}(k+1)=\boldsymbol{C}\boldsymbol{x}(k)+\boldsymbol{b}(k)$$

其中

$$
\boldsymbol{x}(k) = \begin{bmatrix} x_1(k)\\ x_2(k)\\ x_3(k)\\ x_4(k) \end{bmatrix} \quad \boldsymbol{b}(k) = \begin{bmatrix} a(k)\\ d(k)\\ 0\\ 0 \end{bmatrix}
$$

而

$$
\boldsymbol{C} = \begin{bmatrix} c_{11} & 0 & 0 & 0\\ c_{21} & c_{22} & 0 & 0\\ 0 & c_{32} & c_{33} & 0\\ 0 & 0 & c_{43} & c_{44} \end{bmatrix}
$$

假设，初始的 1480 名新生中有 500 名大一新生，400 名大二学生，300 名大三学生和 280 名大四学生。学校想要研究以下政策的效果：在 10 年时间里，学校采取每年招生人数增加 100 人、每年转学人数增加 50 人，直到总招生人数达到 4000 人，之后招生和转学人数保持不变。因此，接下来 10 年的录取和转学人数可表示为：

$$
\begin{aligned}
a(k) &= 900 + 100k\\
d(k) &= 150 + 50k
\end{aligned}
$$

其中，k=1,2,3...直至学校总招生人数达到 4000 人；然后，录取和转学保持在前一年的水平不变。

如果不进行仿真，我们无法确定这个事件何时发生。表 4.9-1 给出了解决这个问题的伪代码。录取人数矩阵 **E** 是 4×10 的矩阵，其每列表示每年的录取人数。

因为我们知道研究的时间长度(10 年)，因此很自然想到采用 for 循环。我们使用 if 语句确定何时从增加录取和转学计划切换到固定的录取计划。表 4.9-2 所示的 MATLAB 脚本文件可预测未来 10 年的录取人数。图 4.9-2 显示了结果曲线。请注意，仅仅 4 年后大二学生就比大一新生多。究其原因，是因为转学率的提高最终超过了升学率的影响。

表 4.9-1　例题 4.9-2 的伪代码

输入系数矩阵 **C** 和初始注册人数向量 **x**。

输入初始录取人数和转学人数，$a(1)$和 $d(1)$。

设定注册人数矩阵 **E** 的第 1 列等于 **x**。

从第 2 年循环到第 10 年。

　　如果总录取人数≤4000，则每年增加 100 个招生名额和 50 个转学名额。

　　如果总录取人数> 4000，则保持录取和转学名额不变。

　　用 $\boldsymbol{x}=\boldsymbol{C}\boldsymbol{x}+\boldsymbol{b}$ 更新向量 **x**。

　　通过包含 **x** 的另一列来更新注册人数矩阵 **E**。

第 2 到 10 年循环结束。

绘制结果曲线。

表 4.9-2　高校招生模型

```
% Script file enroll1.m. Computes college enrollment.
% Model's coefficients.
C = [0.1,0,0,0;0.75,0.05,0,0;0,0.9,0.05,0;0,0,0.9,0.05];
% Initial enrollment vector.
x = [500;400;300;280];
% Initial admissions and transfers.
a(1) = 1000; d(1) = 200;
% E is the 4 x 10 enrollment matrix.
E(:,1) = x;
% Loop over years 2 to 10.
for k = 2:10
    % The following describes the admissions
    % and transfer policies.
    if sum(x) <= 4000
       % Increase admissions and transfers.
       a(k) = 900+100*k;
       d(k) = 150+50*k;
    else
       % Hold admissions and transfers constant.
       a(k) = a(k-1);
       d(k) = d(k-1);
    end
       % Update enrollment matrix.
       b = [a(k);d(k);0;0];
       x = C*x+b;
       E(:,k) = x;
end
% Plot the results.
plot(E'),hold,plot(E(1,:),'o'),plot(E(2,:),'+'),plot(E(3,:),'*'), . . .
plot(E(4,:),'x'),xlabel('Year'),ylabel('Number of Students'), . . .
gtext('Frosh'),gtext('Soph'),gtext('Jr'),gtext('Sr'), . . .
title('Enrollment as a Function of Time')
```

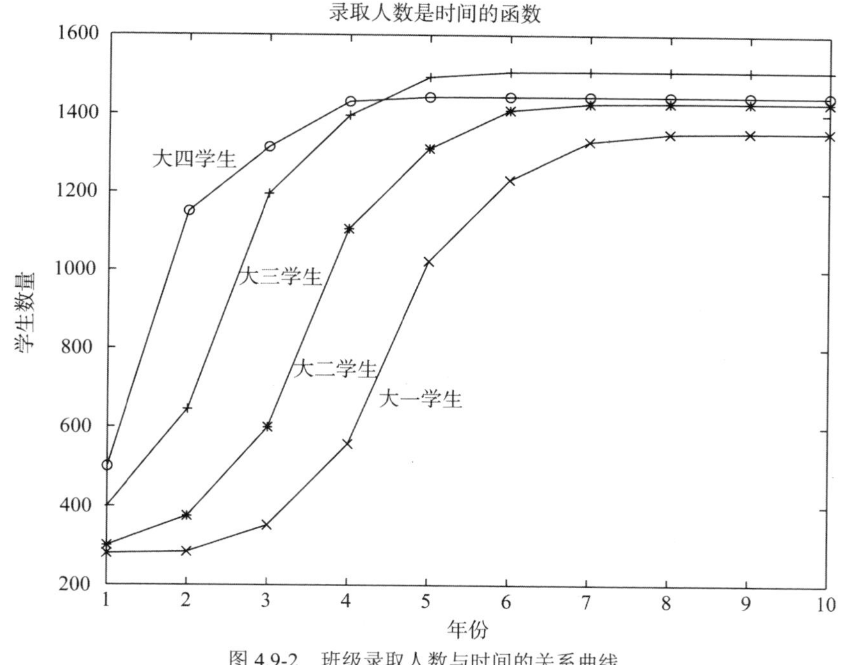

图 4.9-2 班级录取人数与时间的关系曲线

在实际应用中，要多次运行该程序才能分析出不同的录取和转学政策的影响，并检查如果矩阵 ***C*** 中的系数采用不同值(表示不同的辍学率和复读率)会发生什么。

您学会了吗？

T4.9-2 在表 4.9-2 所示的程序中，第 16 行和第 17 行分别计算了 a(k)和 d(k)的值，这里重复给出这两行：

```
a(k) = 900 + 100 * k
d(k) = 150 + 50 * k;
```

请问为什么程序中包含 a(1)＝1000; d(1)＝200 这一行？

4.10 总结

至此您已学完了这一章，应该能够编写执行决策过程的程序；也就是说，程序的操作取决于程序的计算结果或用户的输入。4.2、4.3 和 4.4 节介绍了必要的功能，包括：关系运算符、逻辑运算符和函数以及条件语句。

您还应该能够用 MATLAB 的循环结构来编写程序，以实现将某些语句重复运行指定次数或直到满足某些条件为止。这个功能使得工程师能够解决非常复杂或需要大量计算的问题。for 循环和 while 循环结构在 4.5 和 4.6 节中分别做了介绍。4.7 节介绍了 switch 结构。

4.8 节概述了如何使用编辑器/调试器调试程序，并列举了一个示例。4.9 节介绍了这些方法在仿真中的应用，使得工程师能够研究复杂的系统、过程和组织的运行情况。

本章介绍的 MATLAB 命令的总结表在整章中都有。表 4.10-1 将帮助您定位这些表，同时总结了其他表中没有的命令。

表 4.10-1 第 4 章介绍的 MATLAB 命令指南

关系运算符	表 4.2-1
逻辑运算符	表 4.3-1
运算符的优先级	表 4.3-2
真值表	表 4.3-3
逻辑函数	表 4.3-4

独立命令

命令	描述	章节
break	终止执行 for 循环和 while 循环	4.5, 4.6
case	用 switch 调整程序的执行	4.7
continue	将控制权传递给 for 或 while 循环的下一次迭代	4.5, 4.6
double	将逻辑数组转换为双精度类型	4.2
else	描述另一个语句块	4.4
elseif	有条件地执行语句	4.4
end	终止 for、while 和 if 语句	4.4, 4.5, 4.6
for	将某些语句重复执行指定次数	4.5
if	有条件地执行语句	4.4
input('s1', 's')	显示提示字符串 s1，并将用户输入存储为字符串	4.4
logical	将数值转换为逻辑值	4.2
nargin	确定函数的输入参数的数量	4.4
nargout	确定函数的输出参数的数量	4.4
switch	通过比较输入表达式和相关的 case 表达式来指导程序执行	4.7
while	将某些语句重复执行不确定的次数	4.6
xor	异或函数	4.3

关键术语

断点，4.8 节
条件语句，4.4 节
流程图，4.1 节
for 循环，4.5 节
隐式循环，4.5 节
逻辑运算符，4.3 节
掩码，4.5 节
嵌套循环，4.5 节
运筹学，4.9 节
伪代码，4.1 节
关系运算符，4.2 节
仿真，4.9 节
状态转换图，4.9 节
结构图，4.1 节
结构化编程，4.1 节
switch 结构，4.7 节
自顶向下设计，4.1 节
真值表，4.3 节
while 循环，4.6 节

习题

您可以在本书结尾找到标有星号的习题的答案。

4.1 节

1. 半径为 r 的球的体积 V 和表面积 A 可以表示为：

$$V=\frac{4}{3}\pi r^3 \qquad A=4\pi r^2$$

a. 设计程序的伪代码描述，用于计算 $0\leqslant r\leqslant 3$ 时的 V 和 A 并绘制 V 相对于 A 的曲线。
b. 编写并运行 a 部分描述的程序。

2. 二次方程$ax^2+bx+c=0$的根可表示为：

$$x=\frac{-b\pm\sqrt{b^2-4ac}}{2a}$$

a. 设计程序的伪代码描述，用以计算给定 a、b 和 c 值情况下的两个根。务必确定出根的实部和虚部。

b. 编写 a 部分描述的程序，并对下列情况进行测试：

1. $a=2$，$b=10$，$c=12$
2. $a=3$，$b=24$，$c=48$
3. $a=4$，$b=24$，$c=100$

3. 要求计算下列级数前 10 项的和

$$14k^3-20k^2+5k, k=1,2,3\ldots$$

a. 设计所需程序的伪代码描述；

b. 编写和运行 a 部分描述的程序。

4.2 节

4. 假设 x=6。请手工计算获得下列算式的结果，并用 MATLAB 对结果进行检查。

a. z = (x < 10)
b. z = (x == 10)
c. z = (x >= 4)
d. z = (x ~= 7)

5.* 手动计算获得下列算式的结果，并用 MATLAB 对结果进行检查。

a. z = 6 > 3 + 8
b. z = 6 + 3 > 8
c. z = 4 > (2 + 9)
d. z = (4 < 7) + 3
e. z = 4 < 7 + 3
f. z　= (4 < 7)*5
g. z = 4 < (7*5)
h. z = 2/5 >= 5

6.* 假设 x = [10, −2, 6, 5, −3]，y=[9, -3, 2, 5, -1]。请手动计算获得下列算式的结果，并用 MATLAB 对结果进行检查。

a. z = (x < 6)
b. z = (x <= y)
c. z = (x == y)
d. z = (x ~= y)

7. 对于下面给出的数组 x 和 y，使用 MATLAB 计算 x 中所有大于 y 中对应元素的元素。

```
x = [-3, 0, 0, 2, 6, 8] y = [-5, -2, 0, 3, 4, 10]
```

8. 下面给出的数组 price 包含了某股票 10 天内的价格(单位为美元)。请用 MATLAB 确定该股票的价格大于 20 美元的天数。

```
price = [19, 18, 22, 21, 25, 19, 17, 21, 27, 29]
```

9. 下面给出的数组 price_A 和 price_B 包含了两支股票 10 天内的价格(单位为美元)。请用 MATLAB 求出股票 A 的价格高于股票 B 的天数。

```
price_A = [19, 18, 22, 21, 25, 19, 17, 21, 27, 29]
price_B = [22, 17, 20, 19, 24, 18, 16, 25, 28, 27]
```

10. 下面给出的数组 price_A、price_B 和 price_C 包含了 3 只股票 10 天内的价格(单位为美元)。
   a. 请用 MATLAB 求出股票 A 价格高于股票 B 和股票 C 价格的天数。
   b. 请用 MATLAB 求出股票 A 价格高于股票 B 或股票 C 价格的天数。
   c. 请用 MATLAB 求出股票 A 价格高于股票 B 或股票 C 的价格，但不是同时高于这两支股票价格的天数。

```
price_A = [19, 18, 22, 21, 25, 19, 17, 21, 27, 29]
price_B = [22, 17, 20, 19, 24, 18, 16, 25, 28, 27]
price_C = [17, 13, 22, 23, 19, 17, 20, 21, 24, 28]
```

4.3 节

11.* 假设 x = [−3, 0, 0, 2, 5, 8]和 y=[-5, -2, 0, 3, 4, 10]。请手动计算获得下列算式的结果，并用 MATLAB 对结果进行检查。

   a. z = y <~ x
   b. z = x & y
   c. z = x | y
   d. z = xor(x, y)

12. 以初速度 v_0 和水平方向夹角 A 发射的弹丸(类似于抛球)的高度和速度可表示为：

$$h(t) = v_0 t \sin A - 0.5\, g t^2$$

$$v(t) = \sqrt{v_0^2 - 2 v_0 g t \sin A + g^2 t^2}$$

其中 g 是重力加速度。当 $h(t)=0$ 时，弹丸撞击地面，对应的撞击时间为 $t_{\text{hit}} = 2(v_0/g)\sin A$。

假设 $A=30°$、$v_0=40\text{m/s}$ 且 $g=9.81\text{m/s}^2$。请用 MATLAB 的关系运算符和逻辑运算符求出下列情况下的时间：

   a. 高度不小于 15 米。
   b. 高度不小于 15 米，同时速度不大于 36 米/秒。
   c. 高度小于 5 米或速度大于 35 米/秒。

13.* 某股票 10 天周期的价格(单位是美元)可用下列数组表示。

```
price = [19, 18, 22, 21, 25, 19, 17, 21, 27, 29]
```

假设您在 10 天周期开始时拥有 1000 股该股票，然后在股票价格低于 20 美元的每个交易日买入 100 股，在股票价格高于 25 美元的每个交易日出售 100 股。请用 MATLAB 计算(*a*)您购买股票花费的金额，(*b*)您出售股票获得的金额，(*c*)您在 10 天后持有的股票总数，(*d*)您投资组合的净值增加情况。

14. 已知 e1 和 e2 都是逻辑表达式。逻辑表达式的 DeMorgan 定律指出：

   NOT(e1 AND e2) 等价于 (NOT e1) OR (NOT e2)
   NOT(e1 OR e2) 等价于 (NOT e1) AND (NOT e2)

请用这些定律求解下列表达式的等效表达式，并用 MATLAB 验证其等价性。

   a. `~((x < 10) & (x >= 6))`
   b. `~((x == 2) | (x > 5))`

15. 下面的表达式是否等价？请用 MATLAB 以指定的 a、b、c 和 d 值检查您的答案。

   a. 1. `(a == b) & ((b == c)|(a == c))`
      2. `(a == b)|((b == c)&(a == c))`
   b. 1. `(a < b) & ((a > c)|(a > d))`
      2. `(a < b) & (a > c)|((a < b)&(a > d))`

16. 假设标量变量 x 有一个值，请用条件语句编写脚本文件，计算下面的函数。函数为：
当 $x<-1$ 时，$y=e^{x+1}$；
当 $-1\leqslant x\leqslant 5$ 时，$y=2+\cos(\pi x)$；

当 $x \geqslant 5$ 时，$y=10(x-5)+1$。

请用您编写的脚本文件计算 $x=-5$、$x=3$ 和 $x=15$ 时的 y 值，并手工检查结果。

4.4 节

17. 请只用一个 if 语句，重写下列语句。

```
if x < y
   if z < 10
     w = x*y*z
   end
end
```

18. 编写程序，以 0 到 100 的数值 x 为输入，计算并显示下表给出的相应字母评分。

A　$x \geqslant 90$

B　$80 \leqslant x \leqslant 89$

C　$70 \leqslant x \leqslant 79$

D　$60 \leqslant x \leqslant 69$

E　$x < 60$

a. 在程序中使用嵌套 if 语句(不要使用 elseif 语句)

b. 在程序中只使用 elseif 子句。

19. 编写程序，当输入年份时，该程序能确定这一年是否是闰年。请在程序中使用 mod 函数。输出变量为 extra_day，如果对应的年份是闰年则取值为 1，否则为 0。公历闰年的确定规则如下：

(1) 所有可被 400 整除的年份都是闰年。

(2) 可以被 100 整除但不能被 400 整除的不是闰年。

(3) 可以被 4 整除但不能被 100 整除的是闰年。

(4) 所有其他年份都不是闰年。

例如，1800 年、1900 年、2100 年、2300 年和 2500 年都不是闰年，而 2400 年是闰年。

20. 图 P20 显示了用于设计包装系统和车辆悬架系统等的质量弹簧模型。弹簧释放的力与其压缩量成正比，比例常量是弹簧系数 k。如果重量 W 对于中心弹簧来说太重，那么两端的弹簧将提供额外的阻力。当轻轻地在质量块上施加重量 W 时，它会在静止之前移动距离 x。从静力学上讲，在新位置处，施加在质量块上的力必须与弹簧力保持平衡。因此：

$$W=k_1x \qquad \text{如果 } x<d$$

$$W=k_1x+2k_2(x-d) \qquad \text{如果 } x \geqslant d$$

这些关系式可用来生成 x 相对于 W 的曲线图。

a. 创建函数文件，用输入参数 W、k_1、k_2 和 d 来计算距离 x。用 $k_1=10^4$N/m；$k_2=1.5\times10^4$N/m；$d=0.1$m 来测试函数在以下两种情况时的取值。

$$W=500\text{N}$$

$$W=2000\text{N}$$

b. 请用您设计的函数画出在 a 部分给出的 k_1、k_2 和 d 值条件下，x 相对于 W 在 $0 \leqslant W \leqslant 3000$N 条件下的曲线。

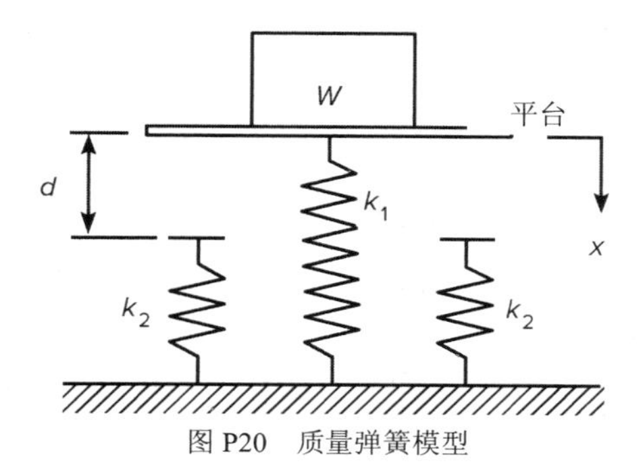

图 P20　质量弹簧模型

21. 创建名为 fxy 的 MATLAB 函数，并计算按如下定义的函数 $f(x, y)$：

$$f(x,y)=\begin{cases} xy & \text{如果}x\geqslant 0\text{且}y\geqslant 0 \\ xy^2 & \text{如果}x\geqslant 0\text{且}y\leqslant 0 \\ x^2y & \text{如果}x<0\text{且}y\geqslant 0 \\ x^2y^2 & \text{如果}x<0\text{且}y<0 \end{cases}$$

请测试函数在所有这四种情况下的取值。

4.5 节

22. 请用 for 循环绘制习题 16 中给出的函数在区间 $-2\leqslant x\leqslant 6$ 上的曲线，并给图形添加合适的标签。变量 y 表示高度，单位是千米；变量 x 表示时间，单位是秒。

23. 请用 for 循环确定级数 $5k^3$ (其中 $k=1, 2, 3, \ldots, 10$)前 10 项的和。

24. 某物体相对于时间的函数构成的坐标为：

$$x(t)=5t-10 \qquad y(t)=25t^2-120t+144$$

其中，$0\leqslant t\leqslant 4$。编写程序，确定物体最接近原点(0, 0)的时刻，求出相应的最小距离。用两种解法：

a. 使用 for 循环。

b. 不使用 for 循环。

25. 考虑数组 A：

$$A=\begin{bmatrix} 3 & 5 & -4 \\ -8 & -1 & 33 \\ -17 & 6 & -9 \end{bmatrix}$$

编写程序，计算 A 中值不小于 1 的所有元素的自然对数，并将所有大于或等于 1 的元素加 20，结果作为数组 B。请用两种方法解决该问题：

a. 用带有条件语句的 for 循环。

b. 用逻辑数组作为掩码。

26. 请分析习题 20 中讨论的质量弹簧系统在重量为 W 的质量块跌落到连接于中心弹簧的平台上时的情况。如果质量块从平台上方高度 h 处跌落，我们可以根据质量块的重力势能 $W(h+x)$与弹簧储存的势能相等，得出弹簧的最大压缩量 x。因此：

$$W(h+x)=\frac{1}{2}k_1x^2 \qquad \text{如果}x<d$$

从中可以解出 x 为：

$$x=\frac{W\pm\sqrt{W^2+2k_1Wh}}{k_1} \qquad \text{如果}x<d$$

并且

$$W(h+x)=\frac{1}{2}k_1x^2+\frac{1}{2}(2k_2)(x-d)^2 \qquad \text{如果 }x\geqslant d$$

从而得到下列二次方程，从中可以求出 x：

$$(k_1+2k_2)x^2-(4k_2d+2W)x+2k_2d^2-2Wh=0 \qquad \text{如果 }x\geqslant d$$

a. 创建函数文件，计算质量块下落导致的弹簧最大压缩量 x。该函数的输入参数包括 k_1、k_2、d、W 和 h。请用 $k_1=10^4$N/m；$k_2=1.5\times10^4$N/m 和 $d=0.1$m 测试以下两种情况：

$$W=100\text{ N} \qquad h=0.5\text{ m}$$

$$W=2000\text{ N} \qquad h=0.5\text{ m}$$

b. 请用编写的函数文件生成 x 相对于 h 在区间 $0\leqslant h\leqslant 2$ 米上的曲线。请用 $W=100$ 牛和前面的 k_1、k_2 和 d 值。

27. 如果通过每个电阻器的电流相等，就说电阻器是“串联”的；如果施加在每个电阻器上的电压相等，就说电阻器是“并联”的。如果电阻串联，则它们等效于一个电阻：

$$R = R_1 + R_2 + R_3 + \cdots + R_n$$

如果电阻并联，那它们的等效电阻在下式中给出：

$$\frac{1}{R} = \frac{1}{R_1} + \frac{1}{R_2} + \frac{1}{R_3} + \cdots + \frac{1}{R_n}$$

请编写 M 文件，提示用户输入连接类型(串联或并联)和电阻数量 n，然后计算其等效电阻。

28. a. 理想二极管能阻断反向电流(流向与二极管箭头符号相反方向的电流)。如图 P28(a)所示，理想二极管可用于半波整流(half-wave rectifier)。对于理想二极管，负载 R_L 上的电压 v_L 可表示为：

$$v_L = \begin{cases} v_S & \text{如果 } v_S > 0 \\ 0 & \text{如果 } v_S \leqslant 0 \end{cases}$$

假设电源电压为：

$$v_S(t)=3e^{-t/3}\sin(\pi t)\text{伏}$$

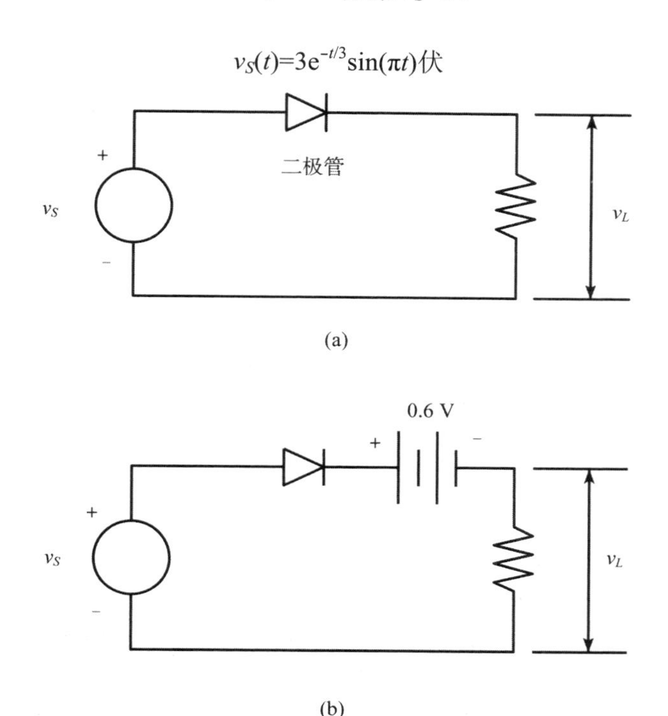

图 P28　理想二极管

其中，时间 t 的单位是秒。请编写 MATLAB 程序，绘制电压 v_L 相对于时间 t 在区间 $0 \leqslant t \leqslant 10$ 上的曲线。

b. 偏置二极管(offset diode)模型能更精确地描述二极管的行为，它解释了半导体二极管上固有的偏置电压。偏置模型包含一个理想的二极管和一个电压等于偏置电压(硅二极管大约为 0.6 伏，[Rizzoni, 2007])的电池。采用该模型的半波整流器如图 P28(b)所示。对于这个电路，

$$v_L = \begin{cases} v_S - 0.6 & \text{如果 } v_S > 0.6 \\ 0 & \text{如果 } v_S \leqslant 0.6 \end{cases}$$

请用 a 部分给出的相同电源电压，绘制电压 v_L 相对于时间 t 在区间 $0 \leqslant t \leqslant 10$ 上的曲线；然后将结果与 a 部分得到的曲线进行比较。

29.* 某公司想在 30×30 米的区域内建立一个配送中心，为 6 个主要客户提供服务。客户相对于该区域西南角的位置坐标如下表所示，其坐标用(x, y)表示(x 方向为东；y 方向为北)(具体参见图 P29)。此外，还给出了每周必须从配送中心交付给每个客户的货物的数量，单位是吨。每周对客户 i 的交付成本 c_i，取决于货物体积 V_i 和从配送中心出发的运输距离 d_i。为简单起见，假设运输距离是直线距离(这里假设公路网非常密集)。那么每周的成本为 $c_i=0.5d_iV_i$, $i=1, \ldots, 6$。请求出配送中心的最佳位置，使得为所有六个客户服务的周成本最小(近似到最近的整数英里数)。

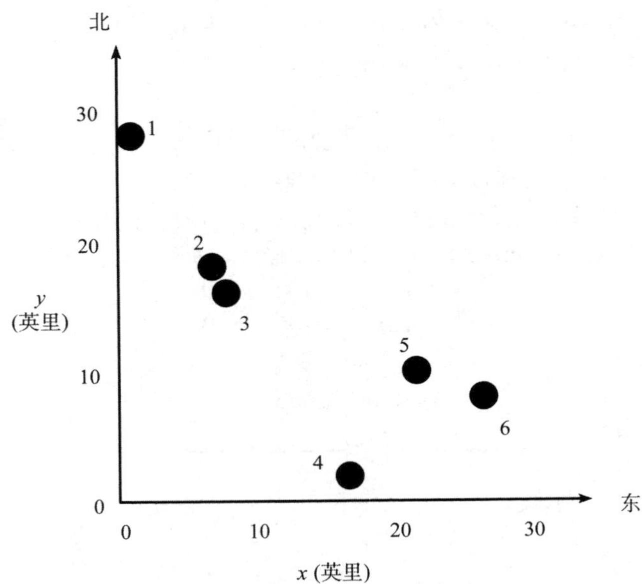

图 P29 配送中心的位置坐标

客户	x 坐标 (英里)	y 坐标 (英里)	运输量 (吨/周)
1	1	28	3
2	7	18	7
3	8	16	4
4	17	2	5
5	22	10	2
6	27	8	6

30. 某公司可以选择车床、磨床和铣床等不同的机器来生产四种不同的产品。下表列出了生产某种产品需要花费的每台机器的工时数，以及每种机器每周的可用工时数。假设公司可以销售出生产的所有产品。表格的最后一行列出了每个产品的单项利润。

a. 请确定为了使总利润最大，公司应该分别对每种产品生产多少个单位，然后计算相应的利润。请记住，产品数量不能为分数，您的答案必须是整数(提示：首先估计在不超过可用容量的情况下可生产的产品数量的上限)。

b. 您的答案有多灵敏？如果多做一件或少做一件，利润会减少多少？

	产品				
	1	2	3	4	可用工时
所需工时					
车床	1	2	0.5	3	40
磨床	0	2	4	1	30
铣床	3	1	5	2	45
单位利润(美元)	100	150	90	120	

31. 某公司生产电视机、音响和扬声器。其零件库存包括底盘、显像管、扬声器音盆、电源和电子元件等。下表列出了库存、所需元器件以及每个产品的利润。请确定要使利润最大，公司应该将每种产品各生产多少。

	产品			
	电视	音响	扬声器	库存
需求量				
底盘	1	1	0	450
显像管	1	0	0	250
扬声器音盆	2	2	1	800
电源	1	1	0	450
电子元件	2	2	1	600
单位利润(美元)	80	50	40	

4.6 节

32. 请绘制函数 $y=10(1-e^{-x/4})$在区间 $0\leqslant x\leqslant x_{max}$ 上的曲线，并用 while 循环确定 x_{max} 值，使得 $y(x_{max})=9.8$，并在绘出的图形上添加合适的标签。变量 y 表示力，单位是牛顿；变量 x 表示时间，单位是秒。

33. 请用 while 循环确定需要级数 2^k (其中 $k=1,2,3\ldots$)中的多少项才能使各项之和大于 2000。对应的和是多少？

34. 某银行的年利率为 5.5%，而另一家银行的年利率为 4.5%。如果您最初存 1000 美元，之后在每年年底存 1000 美元，那么请确定在第二家银行账户中积累至少 5 万美元的时间比第一家多多少？

35.* 如果在银行账户中初始存入 1 万美元，之后每年年底存入 1 万美元；年利率为 6%。请在 MATLAB 中用循环求解需要积累多长时间，您的账户才能攒够 100 万美元。

36. 重量为 W 的质量块，由两根相隔距离为 D 的锚定缆绳支撑(见图 P36)。已知缆绳长度 L_{AB}，但长度 L_{AC} 的值待定。每根缆绳能够承受的最大拉力为 W。为使重物保持不动，总水平力和总垂直力必须为零。根据该原理可得方程：

$$-T_{AB}\cos\theta + T_{AC}\cos\phi = 0$$
$$T_{AB}\sin\theta + T_{AC}\sin\phi = W$$

如果已知角度 θ 和 ϕ，就能解出张力 T_{AB} 和 T_{AC}。根据余弦定理可得：

$$\theta = \cos^{-1}\left(\frac{D^2 + L_{AB}^2 - L_{AC}^2}{2DL_{AB}}\right)$$

根据正弦定理可得：

$$\phi = \sin^{-1}\left(\frac{L_{AB}\sin\theta}{L_{AC}}\right)$$

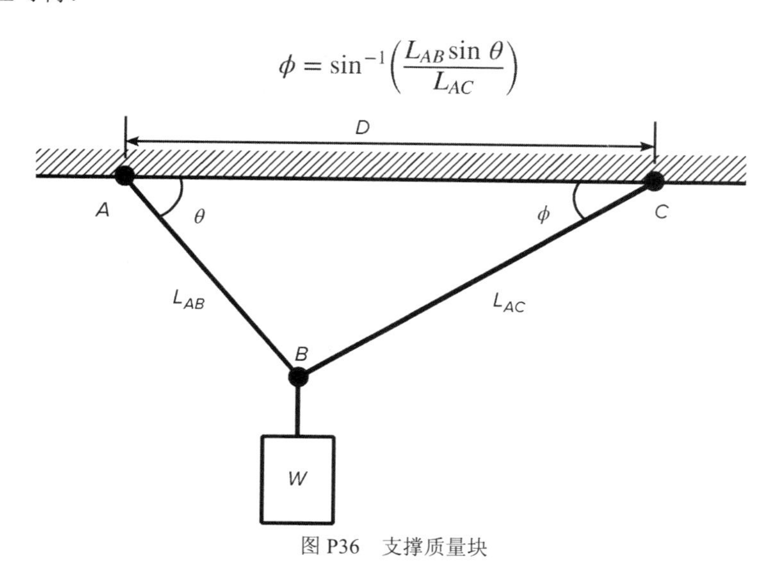

图 P36　支撑质量块

已知 $D=6$ 英尺，$L_{AB}=3$ 英尺，$W=2000$ 磅，请在 MATLAB 中用循环求出 T_{AB} 或 T_{AC} 不大于 2000 磅时的 L_{AC} 最小值 $L_{AC\min}$。请注意，L_{AC} 的最大值可达 6.7 英尺(对应 $\theta=90°$时)。请在同一张图上画出张力 T_{AB} 和 T_{AC} 相对于 L_{AC} 在区间 $L_{AC\min}\leqslant L_{AC}\leqslant 6.7$ 上的曲线。

37.* 在图 P37a 的结构中，六根缆绳支撑了三根梁。缆绳 1 和缆绳 2 每根能够承受的力不超过 1200 牛，缆绳 3 和缆绳 4 每根能够承受的力不超过 400 牛，缆绳 5 和缆绳 6 每根能够承受的力不超过 200 牛。在图中所示的点上连有三个重量相等的物体。假定该结构是固定的，并且缆绳和梁的重量相对于 W 而言非常小，根据静力学原理，梁上的垂直方向合力为零，任何时刻的动量和也是零。根据图 P37b 所示的自由体，将这些原理应用到每一根梁上，可以得到以下方程。设缆绳 i 上的拉力为 T_i，对于 1 号梁：

$$T_1+T_2=T_3+T_4+W+T_6$$
$$-T_3-4T_4-5W-6T_6+7T_2=0$$

对于 2 号梁：

$$T_3+T_4=W+T_5$$
$$-W-2T_5+3T_4=0$$

对于 3 号梁：

$$T_5+T_6=W$$
$$-W+3T_6=0$$

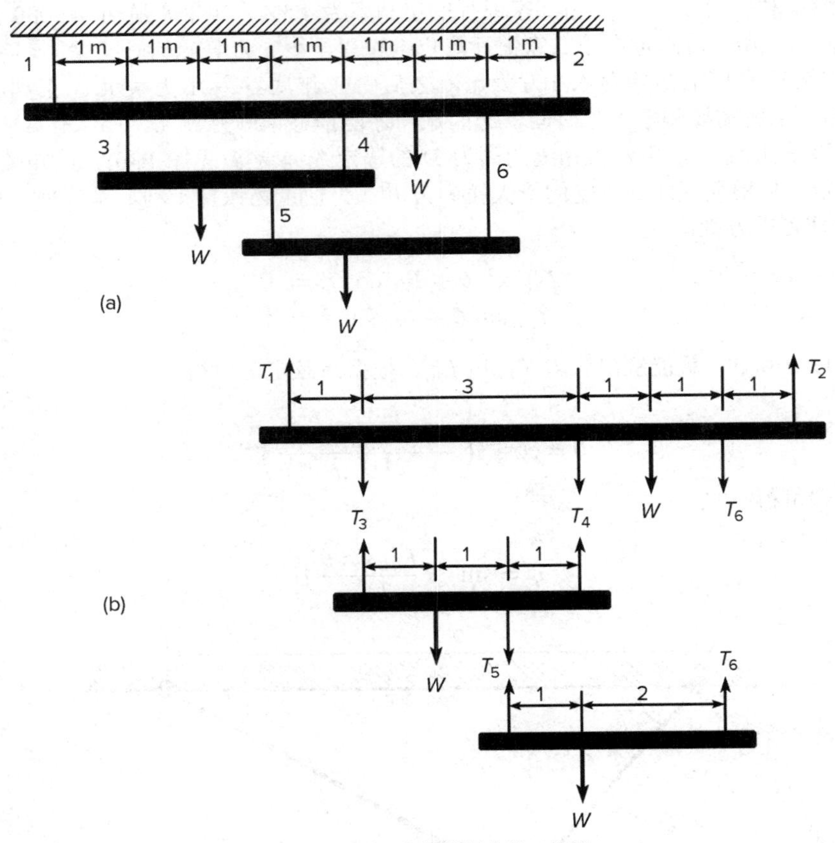

图 P37　六根缆绳支撑三根梁

请求出该结构所能承受的最大重量 W。请记住，缆绳不能压缩，所以 T_i 必须是非负的。

38. 描述图 P38 所示的电路的方程为：

$$-v_1 + R_1 i_1 + R_4 i_4 = 0$$
$$-R_4 i_4 + R_2 i_2 + R_5 i_5 = 0$$
$$-R_5 i_5 + R_3 i_3 + v_2 = 0$$

$$i_1 = i_2 + i_4$$
$$i_2 = i_3 + i_5$$

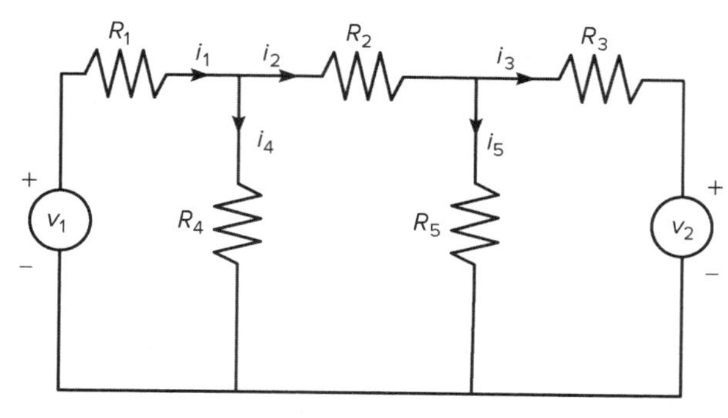

图 P38 电路

a. 已知电阻和电压 v_1 为 $R_1=5$，$R_2=100$，$R_3=200$，$R_4=150$，$R_5=250\text{k}\Omega$，$v_1=100\text{V}$(请注意，$1\text{k}\Omega=1000\Omega$)。假设每个电阻的额定电流不超过 1mA(=0.001A)。请求出电压 v_2 允许的正值范围。

b. 假设我们想研究电阻 R_3 是如何限制 v_2 的取值范围的。请绘制 v_2 在允许的界限内相对于 R_3 的函数在区间 $150 \leqslant R_3 \leqslant 250\text{k}\Omega$ 上的曲线。

39. 很多应用要求我们知道物体的温度分布。例如，当冷却由熔融金属形成的物体时，这些信息对于控制材料特性(如硬度)非常重要。在传热过程中，通常要推导出平面矩形金属板的温度分布描述(如下所示)。已知金属板三个侧面的温度为 T_1，第四个侧面的温度为 T_2(见图 P39)。温度 $T(x, y)$相对于 xy 坐标的函数为：

$$T(x, y) = (T_2 - T_1)w(x, y) + T_1$$

其中，

$$w(x,y) = \frac{2}{\pi}\sum_{n \text{ odd}}^{\infty}\frac{2}{n}\sin\left(\frac{n\pi x}{L}\right)\frac{\sinh(n\pi y/L)}{\sinh(n\pi W/L)}$$

请使用以下数据：$T_1=70$℉，$T_2=200$℉和 $W=L=2\text{ft}$。

a. 前面的级数中的模随着 n 的增加而减小。请编写 MATLAB 程序来验证板中心($x=y=1$)在 $n=1,...,19$ 时的情况。

b. 令 $x=y=1$，请编写 MATLAB 程序，确定该级数需要多少项才能使温度计算准确度达到 1%以内(也就是说，将级数下一项加起来，T 的变化小于 1%的 n 的值是多少)。请用您的物理直觉来确定这个答案是不是板中心温度的正确值。

c. 修改 b 部分的程序，以计算板内的温度；设 x 和 y 的步长都是 0.2。

40. 考虑下面的脚本文件。运行脚本文件后，将 while 语句后马上显示的值填入下表，并填入每次执行 while 语句时的变量值。表的行数可以根据需要增加或减少。然后将数据输入文件，并运行它以检查您的答案。

```
k = 1;b = -2;x = -1;y = -2;
while k <= 3
   k, b, x, y
   y = x^2 - 3;
   if y < b
      b = y;
   end
   x = x + 1;
   k = k + 1;
end
```

轮次	k	b	x	y
第 1 次				
第 2 次				
第 3 次				
第 4 次				
第 5 次				

41. 假设人类玩家在 3×3 网格的井字游戏中与电脑对弈，人类玩家先下第一步棋。请编写 MATLAB 函数，让电脑对这步棋做出反应。函数的输入参数是人类玩家所下的棋的单元位置，函数的输出是计算机下的第一步棋的单元位置。将单元的顶行从左到右依次标记为 1、2、3；中间行依次是 4、5、6；底部一行依次是 7、8、9。

4.7 节

42. 下表给出了各种材料的静摩擦系数 μ 的近似值。

材料	μ
金属对金属	0.20
木材对木材	0.35
金属对木材	0.40
橡胶对混凝土	0.70

要在水平面上移动重量为 W 的物体，您必须对其施加力 F，其中 $F=\mu W$。请编写 MATLAB 程序，用 switch 结构计算力 F。该程序以 W 值和材料类型为输入。

43. 以初速度 v_0 和水平夹角 A 发射的弹丸(如抛球)的高度和速度可以表示为：

$$h(t) = v_0 t \sin A - 0.5 g t^2$$

$$v(t) = \sqrt{v_0^2 - 2 v_0 g t \sin A + g^2 t^2}$$

其中 g 是重力加速度。当 $h(t)=0$ 时，弹丸撞击地面，从而得到撞击时刻为 $t_{hit}=2(v_0/g)\sin A$。

请用 switch 结构编写 MATLAB 程序，计算弹丸能达到的最大高度、总的水平飞行距离及撞击地面的时刻。该程序的输入包括用户指定的待计算量，以及 v_0、A 和 g。请测试当 $v_0=40\text{m/s}$，$A=30°$和 $g=9.81\text{m/s}^2$ 时，程序的计算结果。

44. 请用 switch 结构编写 MATLAB 程序，计算一个储蓄账户一年时间能够积累的金额。该程序以下列变量为输入：账户中存入的初始金额、复利的频率(按月、季、半年或年)和存款利率。对于每种情况，以初始存入金额 1000 美元、利息 5%为例，运行您的程序。请比较每种情况下积累的金额。

45. 工程师通常需要估算容器内气体的压强和体积。范德瓦尔斯(van der Waslls)方程就是解决这类问题的。它可表示为：

$$P = \frac{RT}{\hat{V} - b} - \frac{a}{\hat{V}^2}$$

其中，b 项是对分子体积的修正，$a/\hat{V}^2$项是对分子吸引力的修正。气体常量为 R，绝对温度(absolute temperature)为 T，气体的比容为$\hat{V}$。所有气体的 R 值都是一样的，$R=0.082\,06$ L-atm/mol-K。a 和 b 的大小取决于气体类型。下表给出了一些数值。请用基于范德华方程计算压强 P 的 switch 结构编写自定义函数。函数的输入参数包括 T、$\hat{V}$和一个包含表中所列气体名称的字符串变量。测试该函数在氯气(Cl_2)、$T=300\text{K}$ 和$\hat{V}=20$ L /mol 条件下的结果。

气体	a(L^2-atm / mol^2)	b (L/mol)
氦气，He	0.034 1	0.023 7
氢气，H_2	0.244	0.026 6
氧气，O_2	1.36	0.031 8
氯气，Cl_2	6.49	0.056 2
二氧化碳，CO_2	3.59	0.042 7

46. 请以习题 19 中开发的程序为基础编写程序，该程序使用 switch 结构计算在某一个给定日期之前的天数，这个日期的组成包括：年份、月份、月份中的某一天。

4.9 节

47. 考虑例题 4.9-2 中讨论的大学招生模式。假设学院希望将大一新生的招生人数限制在目前大二人数的 120%，将大二转学人数限制在目前大一人数的 10%。请重写并运行例题中给出的程序，并检查这些策略在 10 年内的影响。将结果绘图。

48. 假设您计划每月将下列金额存入某个储蓄账户，为期 5 年。该账户初始金额为零。

每年年末的账户余额至少为 3000 美元，您需要从中取出 2000 美元再购买一份存款单，相应的年复利为 6%。

请编写 MATLAB 程序，计算 5 年后您的账户积累了多少金额，以及您购买的存单中积累了多少金额。请分别以 4%和 5%两种不同的储蓄利率运行该程序。

年	1	2	3	4	5
月存款(美元)	300	350	350	350	400

49.* 某公司生产和销售高尔夫球车。每周末，公司都将本周生产的高尔夫车转移到仓库中(变为库存)。所有售出的高尔夫车都会从库存中取出。这个过程可以用简单的模型描述为：

$$I(k+1) = P(k) + I(k) - S(k)$$

其中

$P(k)$＝第 k 周生产的高尔夫球车数量。

$I(k)$＝第 k 周库存中的高尔夫球车数量。

$S(k)$＝第 k 周售出的高尔夫球车数量。

预计 10 周内每周的销售额为：

周次	1	2	3	4	5	6	7	8	9	10
销量	50	55	60	70	70	75	80	80	90	55

假设每周的产量取决于前一周的销售量，即 $P(k)=S(k-1)$。假设第一周的产量是 50 辆高尔夫球车；即 $P(1)=50$。请编写 MATLAB 程序，计算和绘制 10 周内的每周的高尔夫车库存量，或者直到库存降至 0 以下。运行程序计算下列两种情况：(a)初始库存 50 辆高尔夫球车，即 $I(1)=50$；(b)初始库存 30 辆高尔夫球车，即 $I(1)=30$。

50. 增加如下限制条件：如果库存超过 40 辆高尔夫球车，则下周的产量为零。重做第 49 题。

21 世纪的工程学……

小规模航空学

尽管时下无人机已经很流行，但是对无人驾驶飞机更合适的称谓应该是无人飞行器(Unmanned Aerial Vehicle，UAV)。无人飞行器既可以通过人工进行遥控操作，也可以通过机载计算机连续或间歇控制。随着计算机和传感器(如照相机和陀螺仪)的小型化，无人飞行器在最近几年成为可能。

像本页照片中所展示的无人机是本质不稳定系统，必须对其发动机的方向和速度进行连续控制，才能确保系统稳定，并达到所需的姿态、高度和航向。为此所需要的计算机代码和电气硬件又称为反馈回路(feedback loop)或控制回路(control loop)。有些系统设计中，每个电机可以沿三个轴旋转(分别是滚转、俯仰和偏航)，所以每个电机需要四个回路，一个用于电机转速控制，三个用于转轴控制。MathWorks 提供的支持软件可以使得人们能够利用 MATLAB 和 Simulink 来设计和实现控制代码，这些代码适用于无人机使用的一些流行微处理器。

不是所有像照片中所示的无人机都有标准配置。有些依靠空气动力而不是电机提供升力。这种微型飞行器(Micro Air Vehicle，MAV)有 6 英寸长，可携带 2 克重、方糖大小的摄像机，以 65 千米/小时的速度飞行，航程可达 10 千米。还有些微型飞行器具有可扇动的翅膀。在如此小的尺度和速度下，空气的行为更像是一种黏性流体，而设计更好的微型飞行器的一个意想不到的挑战是，我们要加深对低速航空学的理解。

MATLAB 的高级图形功能对于实现流模式的可视化很有用，而优化(Optimization)和控制系统(Control System)工具箱对于设计这类飞行器也很有用。

第 5 章

高级绘图

内容提要

5.1 *xy* 绘图函数
5.2 其他命令和图形类型
5.3 MATLAB 中的交互式绘图
5.4 三维图
5.5 总结
习题

在本章，您将学习更多功能来创建各种二维图(这些图也被称为 *xy* 图)和三维图(又被称为 *xyz* 图，或曲面图)。第 5.1 到 5.3 节将讨论二维图。第 5.4 节将讨论三维图。这些绘图函数在 graph2d 和 graph3d 帮助类别中均有描述，因此输入 help graph2d 或 help graph3d 将显示相关绘图函数的列表。

绘图的一个重要应用是函数探索(function discovery)，这是一种利用数据图获得描述数据生成过程的数学函数或“数学模型”的技术。与该主题相关的内容将在第 6 章中讨论。

5.1 *xy* 绘图函数

典型 *xy* 图的“解剖结构”和命名如图 5.1-1 所示，其中包含数据集图和从方程生成的曲线。根据测量数据或方程可以得出曲线图。在绘制数据时，每个数据点都用一个数据符号(data symbol)或点标记(point marker)来绘制，例如图 5.1-1 所示的小圆圈。这个规则有一种例外，就是当数据点太多时，符号会被挤得太紧。这种情况下，应该用圆点表示各个数据点。然而，当图形是由函数生成时，则绝不能使用数据符号！间隔紧密的点之间的连线总是用来绘制函数的。

数据符号

MATLAB 的基本 *xy* 绘图函数是我们在第 1 章中见过的 plot (x,y)。如果 x 和 y 是向量，以 x 值为横坐标、y 值为纵坐标就能得到一条单独的曲线。命令 xlabel 和 ylabel 可以分别在横轴和竖轴上放置标签。对应的语法是 xlabel('text')，其中 text 是标签的文本。请注意，标签的文本必须用单引号引起来。ylabel 的语法与此类似。命令 title 可将标题放在图形的顶部。它的语法是 title('text')，其中 text 是标题的文本。

MATLAB 中的 plot (x, y)函数能够自动为每个轴选择一个刻度线步长，并放置适当的刻度线标签。这个功能又被称为自动缩放(autoscaling)。MATLAB 也可以对 x 轴和 y 轴指定限制。xlabel、ylabel 和 title 命令的顺序无关紧要，但是我们必须将其放在 plot 命令之后。使用时，既可以分成多个单独行并以省略号间隔，也可以全放在同一行上并以逗号分隔。

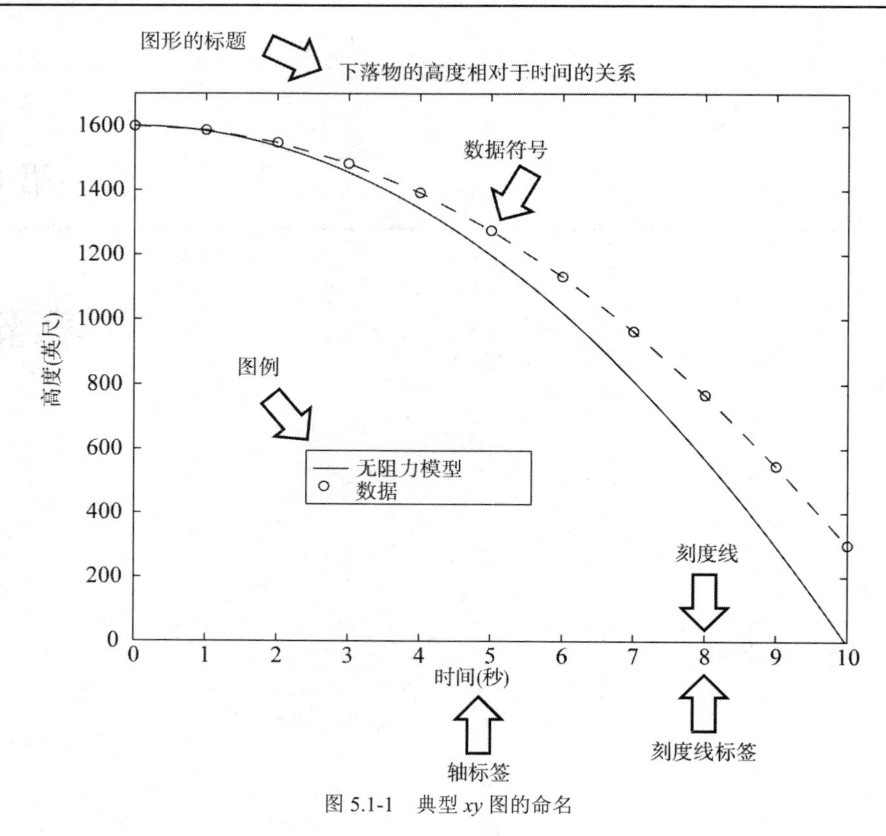

图 5.1-1 典型 *xy* 图的命名

执行 plot 命令后，Figure(图形)窗口中就会显示图形。您可以通过以下几种方法之一获得该图形的硬拷贝：

(1) 使用菜单系统。在 Figure 窗口的 File(文件)菜单中选择 Print(打印)。就会显示有关默认打印机的弹出窗口。

(2) 在命令行中输入 print。此命令将当前图形直接发送到默认打印机。

(3) 将当前图形保存到某个文件中，以便稍后打印或导入到其他应用程序(如文字处理程序)中。要正确使用这个文件，您需要了解一些有关图形文件格式的知识。具体请参阅稍后的“导出图形”一节。

(4) 在 Figure 窗口的 Edit(编辑)菜单中选择 Copy(复制)。然后将该图形粘贴到文字处理程序中。这就提供了一种在报告中插入图形的简捷方法。

键入 help print 命令可以获得更多信息。

MATLAB 默认将 plot 命令的输出赋给 1 号 Figure 窗口。当执行另一个 plot 命令时，MATLAB 会用新的图形覆盖现有 Figure 窗口的内容。虽然您可以保持多个图形窗口处于活动状态，但是在本书中我们不使用该功能。

当您完成绘图后，在 Figure 窗口的 File 菜单中选择 Close(关闭)，就能关闭当前的图形窗口。如果您不关闭该窗口，那么在执行新的 plot 命令时，就不会重新出现新的图形窗口。但是，图形仍然会被更新。

表 5.1-1 列出了制作能够有效传达信息的图形的要求。

表 5.1-1 正确绘图的要求

(1) 每个坐标轴都要有所绘曲线的量的名称及其单位的标签！如果所绘曲线有两个或多个不同单位的量(比如绘制速度和距离相对于时间的曲线)，就在坐标轴标签中标记出单位，或者要是空间允许，也可以为每条曲线提供图例或者标签。
(2) 每个坐标轴都应该具有规则间隔的刻度线，并且间隔要合适——不要太散，也不要太密——间隔要便于理解和插入。例如，应使用 0.1、0.2 等，而不用 0.13、0.26 等。
(3) 如果您要绘制多条曲线或多个数据集，则都应该加上标签，采用不同线型或者用图例来区分它们。

(续表)

(4) 如果您想绘制相似类型的多个图或者坐标轴的标签无法表示足够的信息，则还可以使用标题。
(5) 如果您要绘制测量数据，那么可以将每个数据点都以圆圈、方框或者十字等符号来表示(同一数据集里的数据要用相同的符号)。如果数据点很多，请用点符号来绘制。
(6) 有时用线条将数据符号连起来，有助于用户观察数据，特别是当数据点较少时。然而，连接数据点(特别是用实线连接时)，也可能会被人理解为这其中暗含了数据点之间存在着某种关系。因此，您应当小心地防止发生这种误解。
(7) 如果您要绘制计算函数时产生的点(而不是测量数据)，请不要用符号绘制这些点。相反地，一定要产生很多点，并用实线将这些点连起来。

grid 和 axis 命令

grid 命令在与刻度线标签对应的刻度线处显示网格线。您可以用 axis 命令覆盖 MATLAB 对坐标轴限制(axis limit)的选择。其基本语法是 axis([xmin xmax ymin ymax])。这个命令将 x 轴和 y 轴的尺度设置为指定的最小值和最大值。请注意，与数组不同，该命令不使用逗号分隔各个值。

坐标轴限制

图 5.1-2 显示的图中，命令 axis([0 10 −2 5])覆盖了由自动缩放选择的限制(选择纵坐标的上限为 4))。

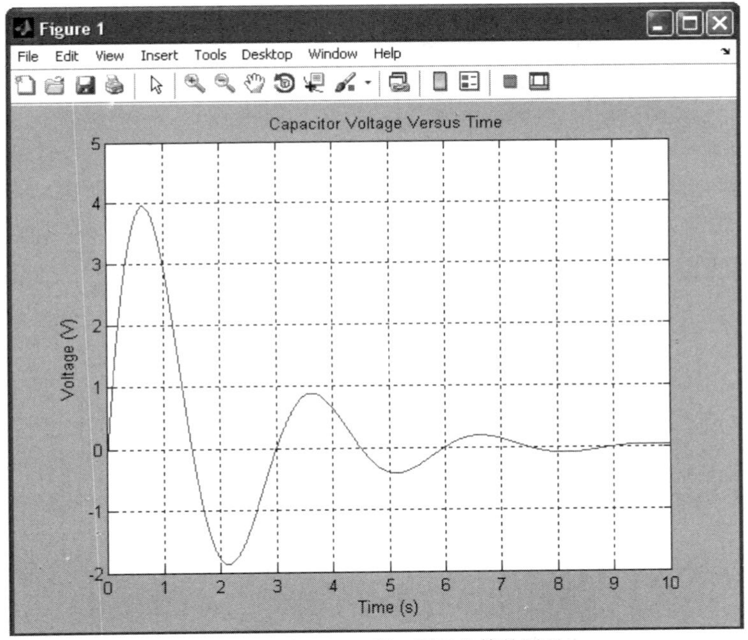

图 5.1-2　在 Figure 窗口显示的简单图形

下面列出 axis 命令的一些变化形式：

- axis square 选择适当的坐标轴限制，使得绘出的图形呈正方形。
- axis equal 在每个坐标轴上选择相同的比例系数和刻度间隔。这个变化会使 plot(sin(x), cos (x))看起来像一个圆。而不是椭圆。
- axis auto 将坐标轴缩放设置恢复为默认的自动缩放模式，在这种模式中，MATLAB 会自动选择最佳的轴限制。
- axis tight 将坐标轴限制到数据的取值范围内。

输入 help axis 可查看各种变化形式的命令完整列表。注意，有时 axis 就像带参数的函数，如 axis([xmin xmax ymin ymax])，而有时它的行为就像一条命令，如 axis equal。MATLAB 的解释器能根据使用 axis 的上下文来识别出这种差异。

复数的图形

当只有一个参数时，如 plot(y)，plot 函数会把向量 y 中的值和它们的序号 1,2,3…等相对应，画成曲线。如果 y 是复数，那么 plot(y)就以其虚部对实部绘成曲线。因此，在这个例子中，plot (y)等价于 plot(real (y), imag(y))。只有当 plot 函数处理虚部时才存在这种情况；在 plot 函数的所有其他变体中，都会忽略虚部。例如，脚本文件：

```
z=0.1 + 0.9i;
n=0:0.01:10;
plot(z.^n),xlabel('Real'),ylabel('Imaginary')
```

就会生成一个螺旋图。

函数绘图命令 fplot

MATLAB 有一个用于绘制函数曲线的“智能”命令。fplot 命令能自动分析待绘制的函数，并确定要使用多少个标绘点，以便显示出函数的所有功能。其基本语法是 fplot(function)，其中 function 是默认区间[−5, 5]上待绘制的函数的句柄。要指定区间，可使用语法 fplot(function, [xmin xmax])。对于其他语法，请参阅 MATLAB 帮助。

例如，以下会话：

```
>>f=@(x) (cos(tan(x)) - tan(sin(x)));
>>fplot(f,[1 2])
```

将生成图 5.1-3a 所示的图形。fplot 命令会自动选择足够的绘图点以显示出函数中的所有变化。我们用 plot 命令也能达到相同的结果，但必须先知道需要计算多少值才能生成图形。例如，选择步长 0.01 且使用 plot，就会得到图 5.1-3b 所示的图。可以看到，采用该步长时，会忽略函数的某些行为。

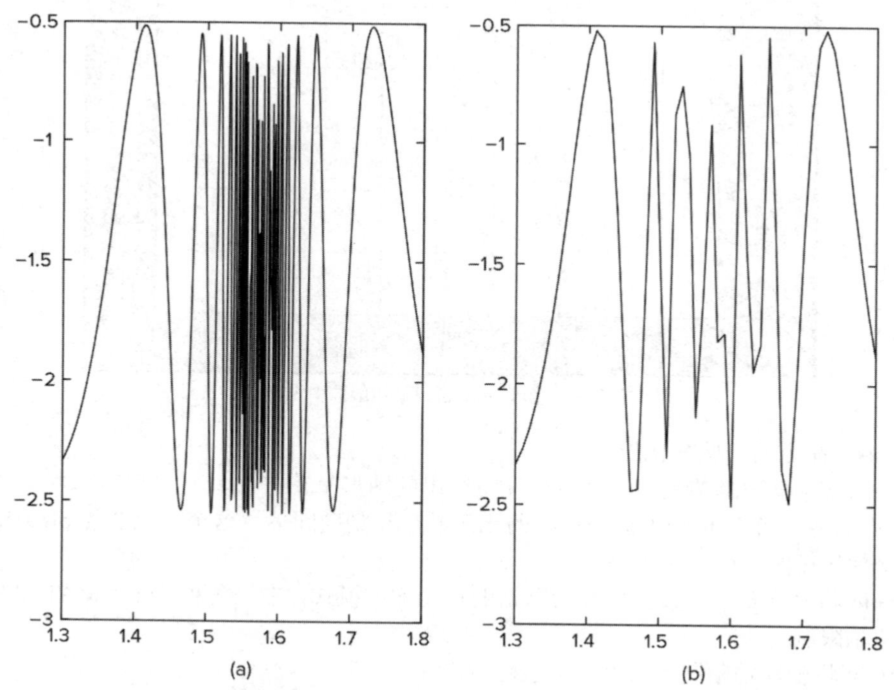

图 5.1-3 (a)fplot 函数生成的图。(b)plot 函数用 101 个点绘出的图

其他命令与 fplot 命令一起使用时，还可以增强图的外观，例如，title、xlabel 和 ylabel 命令以及下一节将介绍的线型命令。

绘制多项式

利用 polyval 函数可以更容易地绘出多项式曲线。函数 polyval (p, x)能计算在自变量 x 的指定值处的多项式 p。例如，要绘制多项式 $3x^5+2x^4-100x^3+2x^2-7x+90$ 在区间$-6 \leqslant x \leqslant 6$ 内，步长为 0.01 时的图，可以输入：

```
>>x=-6:0.01:6;
>>p=[3,2,-100,2,-7,90];
>>plot(x,polyval(p,x)),xlabel('x'),ylabel('p')
```

表 5.1-2 总结了本节中讨论的 *xy* 绘图命令。

您学会了吗？

T5.1-1　绘制方程$y = 0.4\sqrt{1.8x}$在 $0 \leqslant x \leqslant 3.5$ 且区间上的曲线。

T5.1-2　请用 fplot 命令研究函数 tan(cos*x*)-sin(tan*x*)在 $0 \leqslant x \leqslant 2\pi$ 区间上的取值。若用 plot 命令绘制出相同的曲线，需要多少 *x* 值？(答案：292 个值。)

T5.1-3　请绘制函数$(0.2+0.8i)^n$ (其中 $0 \leqslant n \leqslant 20$)的虚部相对于实部的曲线。请选择足够的点以获得平滑的曲线。给每个轴贴上标签，并加上标题。请用 axis 命令更改刻度标签的间距。

表 5.1-2　基本的 *xy* 绘图命令

命令	描述
axis([xmin xmax ymin ymax])	设置 *x* 轴和 *y* 轴的最小和最大限制
fplot(function，[xmin xmax])	对函数进行智能绘图，其中 function 是为描述要绘制的函数的函数句柄，[xmin xmax]是指定自变量的最小值和最大值。因变量的取值范围也可以指定。这种情况下，相应的语法是 fplot(function，[xmin xmax ymin ymax])
grid	在与刻度标签对应的刻度线处显示网格
plot(x, y)	生成数组 *y* 相对于数组 *x* 在直角坐标轴上的图形
plot(y)	如果 **y** 是向量，则绘出 **y** 值相对于其索引的曲线。如果 **y** 是包含复数值的向量，则绘出 **y** 的虚部相对于其实部的曲线
polyval(p, x)	计算多项式 *p* 对应于指定自变量 *x* 的值
print	在图形窗口中打印图形
title('text')	在图形顶部放置一条文本作为标题
xlabel('text')	在 *x* 轴(横坐标)上添加文本标签
ylabel('text')	在 *y* 轴(纵坐标)上添加文本标签

保存图形

当您创建一幅图形时，就会出现 Figure(图形)窗口。这个窗口有八个菜单，我们将在 5.3 节中详细讨论。其中，File(文件)菜单用于保存和打印图形。您可以将图形保存为可以在另一个 MATLAB 会话中打开的格式，或者保存为其他应用程序可以使用的格式。

若要保存为可在后续 MATLAB 会话中打开的图形，请将其保存成扩展名为.fig 的图形文件。为此，只需要从 Figure(图形)窗口的 File(文件)菜单中选择 Save(保存)，或者单击工具栏上的 Save 按钮(磁盘图标)即可。如果这是您第一次保存文件，默认的文件类型就是 MATLAB 图形(*.fig 文件)。请输入您想要分配给该图形文件的文件名，再单击 OK 即可。

如果希望将图形保存为其他文件类型，如 JPEG、BMP 或 PNG，请选择 Save as(另存为)。在随后出现的对话框中，可选择需要保存的文件类型。有许多应用程序使用的流行类型可供选择。您还可以通过在命令行中输入 saveas 命令实现上述功能。

警告，如果您以后还要编辑该图形，请一定要先将其保存为 MATLAB 图形(*.fig)文件。如果您先将其保存为其他图形文件类型(如 JPEG 等)，就不能再使用 MATLAB 图形工具编辑它了。

要打开图形文件，请从 File(文件)菜单中选择 Open(打开)选项，或者单击工具栏上的 Open 按钮(打开文件夹图标)。选择您要打开的图形文件，再单击 OK。图形文件就会出现在一个新的图形窗口中。

导出图形

导出图形可不像保存它那么简单。您要在保存图形前，先用 Export Setup(导出设置)窗口对图形进行定制。您可以改变图形的大小、背景颜色、字体大小和线宽，还可以将这些设置保存为“导出样式”，以便您在保存其他图形之前应用这些样式：

如果您想将图形保存为另一个应用程序可用的格式，包括多种不同的图形文件格式，那么请执行以下步骤：

(1) 从 File(文件)菜单中选择 Export Setup(导出设置)。该对话框提供了可以对输出文件进行设置的选项，包括图形大小、字体、线的大小和样式以及输出格式等。

(2) 从 Export Setup(导出设置)对话框中选择 Export(导出)。随后出现标准的 Save As (另存为)对话框。

(3) 从 Save As(另存为)类型菜单中的格式列表中选择格式。这将选择导出文件的格式，并为该类型文件添加给定的标准文件扩展名。

(4) 输入自己指定的文件名，不含扩展名。

(5) 单击 Save(保存)。

您还可以用 print 命令从命令行导出图形。有关导出不同格式的图形的更多信息，请参阅 MATLAB 帮助。

您也可以将图形复制到剪贴板，然后粘贴到其他应用程序中，具体步骤如下：

(1) 从图形(Figure)窗口的 Edit(编辑)菜单中选择 Copy Options(复制选项)。随后出现 Preferences(首选项)对话框的 Copying Options(复制选项)页。

(2) 填写完成 Copying Options 页内的各个字段，并单击 OK。

(3) 从 Edit(编辑)菜单中选择 Copy Figure(复制图形)。

该图形会被复制到 Windows 的剪贴板中，然后就可以粘贴到其他应用程序中。

本节和 5.3 节中介绍的图形函数都可以放在脚本文件中，这些脚本文件可以重用于创建类似的图形。这个功能使它们比 5.3 节中讨论的交互式绘图工具具有优势。

在创建图形时，请记住表 5.1-3 中列出的操作。虽然并不是必需的，但是可以改善您绘制的图形的外观和有用性。

实时编辑器

实时脚本(live script)是一种交互式文档，它包含输出、图形以及生成输出的代码，并在名为实时编辑器(live Editor)的交互环境中一起工作。您还可以包含格式化文本、图像、超链接和方程来实现交互式的共享叙事。实时脚本是在 MATLAB R2016a 中引入的，它存储在扩展名为.mlx 的文件中。您可以将这种脚本转换为 HTML 或 PDF 文件，以便发布。

表 5.1-3 改进图形的提示

(1) 尽可能从尺度 0 开始。这种技术可以防止对图中任何变化的量级产生虚假的印象。
(2) 使用合理的刻度线步长。例如，如果量是月份，请选择 12 为步长，因为一年的 1/10 不是一个方便的除法。刻度线之间的步长尽可能接近但不太接近，这样做是很有用处的。
(3) 尽量减少刻度标签上的零的数量。例如，在适当情况下采用以百万美元为单位的刻度，而不是以美元为单位，在每个数字后面都有 6 个 0。
(4) 在绘制数据之前，确定每个轴的最小值和最大值。然后设置轴限制以覆盖整个数据范围再加上额外的数量，以便选择方便的刻度线步长。

Live Editor(实时编辑器)使您能够更有效地工作，因为您可以在不离开该环境的情况下编写、执行和测试代码，并可以单独运行代码块或整个文件。您可以在代码旁边看到代码产生的结果和图形，并可在文件中出现错误的位置看到错误。

打开一个新的实时脚本的两种方法，分别是：

■ 在 Home 选项卡的 New(创建)下拉菜单中，选择 Live Script(实时脚本)。

■ 在 Command History(命令历史)中突出显示所需的命令，单击右键并选择 Create Live Script。

在 Live Editor 中输入代码时，就像在命令窗口中一样。以图 5.1-4 为例。输入代码后，单击左边的蓝色边界的顶部。代码就将运行，MATLAB 会提醒您出现的任何错误。在本例中，当执行第三行代码后，就会出现图形。编辑器的最右边有两个图标，用于选择输出的位置(在本例中就是图形)。单击最左边的图标，就会将输出与代码一起显示；单击最右边的图标，就会将输出放在右侧。

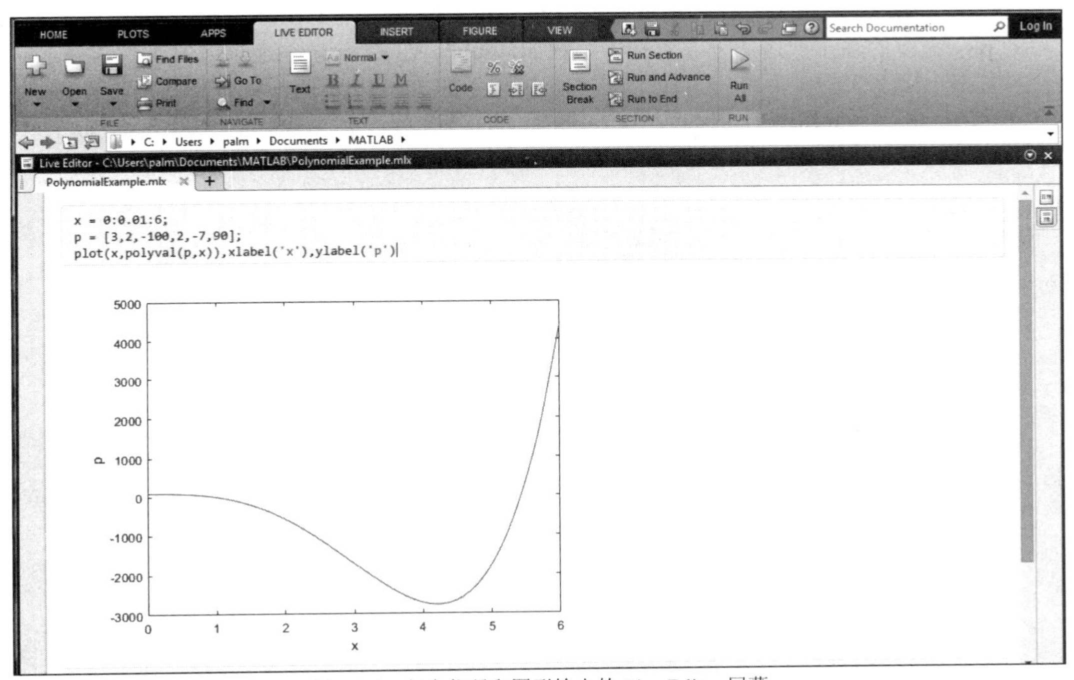

图 5.1-4　包含代码和图形输出的 Live Editor 屏幕

您可以按照实时脚本的形式打开已有脚本。这将创建一个原文件的副本，原始文件将保持不变。只有脚本文件可作为实时脚本打开。函数文件则不会被转换为实时脚本。

通过使用以下方法之一，就可以将现有脚本(.m)以实时脚本(.mlx)形式打开：

■ 在编辑器中打开脚本，单击 Save(保存)，再选择 Save As(另存为)。然后，选择 Save as type: MATLAB Live Scripts (*.mlx)，再单击 Save(保存)。

■ 用右键单击 Current Folder browser(当前文件夹浏览器)中的文件，并从上下文菜单中选择 Open as Live Script(以实时脚本形式打开)。

注意，必须使用上述方法之一才能将脚本转换为实时脚本。只是将文件重命名为扩展名.mlx 是行不通的，并且还会破坏原文件。

您还可以印刷体数学形式插入方程。只有文本行可以包含方程(代码行不行)。有三种方法可以将方程插入实时脚本中。您可从符号和结构面板中交互式地创建方程(到 Live Editor 的 Insert 选项卡中单击 $\sum$ Equation)。或者也可以用 LaTex 命令创建方程(到 Live Editor 的 Insert 选项卡中先单击 Equation，然后选择 LaTex Equation)。最后，您可以使用 Symbolic Math Toolbox(符号数学工具箱)中的命令。

了解更多信息的最好方法，是在桌面右上角的文档搜索框中输入 Live Editor。

5.2 其他命令和图形类型

MATLAB 可以创建包含一组图(称之为子图)的图形。例如，当您想要比较用不同类型坐标轴绘制的相同数据时，这是非常有用的。MATLAB 的 subplot 命令就能创建这样的图形。我们经常需要在一张图上绘制多条曲线或数据集。这样的图又被称为叠加图(overlay plot)。本节将介绍这些图形和其他几种类型的图形。

叠加图

子图

您可以使用 subplot 命令在同一张图中绘制多个较小的“子图”。相应的语法为 subplot(m, n, p)。该命令将 Figure(图形)窗口划分为一组包含 *m* 行和 *n* 列的矩形窗格。变量 *p* 告诉 MATLAB 将紧跟 subplot 命令之后的 plot 命令的输出放进第 *p* 个窗格中。例如，subplot(3, 2, 5)将创建一组由 3 行 2 列组成的共 6 个窗格，并且指示接下来的图形将出现在第 5 窗格中(位于左下角)。下面的脚本文件将创建图 5.2-1，其中显示了函数 $y=e^{-1.2x}\sin(10x+5)$在区间 $0\leqslant x\leqslant 5$ 上的曲线，以及函数 $y=|x^3-100|$在区间$-6\leqslant x\leqslant 6$ 上的曲线。

```
x=0:0.01:5;
y=exp(-1.2*x).*sin(10*x+5);
subplot(1,2,1)
plot(x,y),xlabel('x'),ylabel('y'),axis([0 5 -1 1])
x=-6:0.01:6;
y=abs(x.^3-100);
subplot(1,2,2)
plot(x,y),xlabel('x'),ylabel('y'),axis([-6 6 0 350])
```

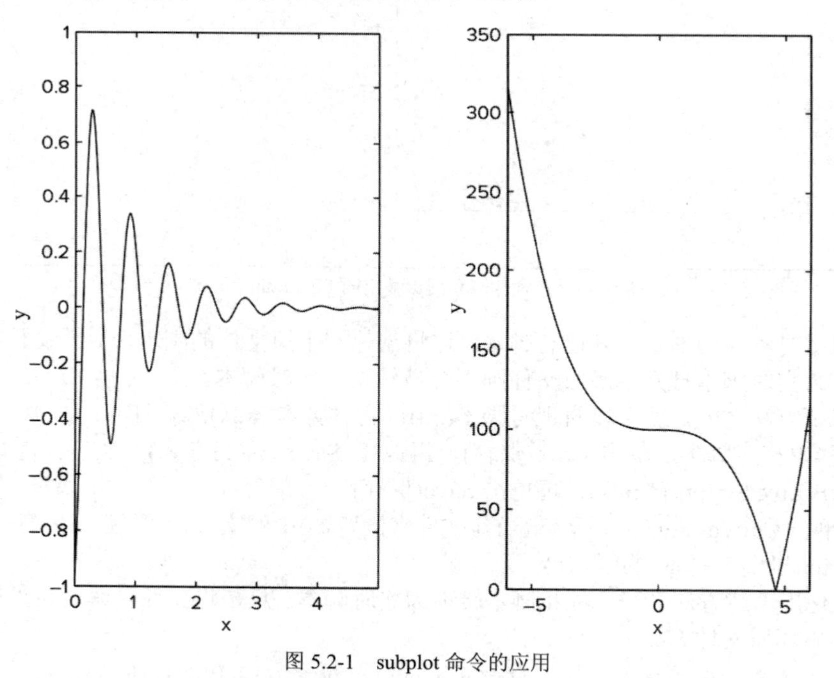

图 5.2-1 subplot 命令的应用

您学会了吗？

T5.2-1 为 *t* 和 *v* 选择合适的步长，并用 subplot 命令绘制函数 $z=e^{-0.5t}\cos(20t-6)$在区间 $0\leqslant t\leqslant 8$ 上的曲线，以及函数 $u=6\log_{10}(v^2+20)$在区间$-8\leqslant v\leqslant 8$ 上的曲线。并给每个坐标轴添加标签。

叠加图

您可以使用接下来的 MATLAB 基本绘图函数的变化形式 plot(x, y)和 plot(y)，创建叠加图：

- plot (A)能绘制数组 A 的各列相对于其索引号的函数，生成 n 条曲线，其中 A 是 m 行 n 列的矩阵。
- plot(x, A)能绘制矩阵 A 相对于向量 x 的函数，其中 x 是行向量或列向量，A 是 m 行 n 列的矩阵。如果 x 的长度为 m，就绘制 A 的每列相对于向量 x 的函数，将生成数量和 A 的列数相等的曲线。如果 x 的长度是 n，就绘制 A 的每行相对于向量 x 的函数，将生成数量和 A 的行数相等的曲线。
- plot(A, x)能绘制向量 x 相对于矩阵 A 的函数。如果 x 的长度为 m，就绘制向量 x 相对于 A 的每列的函数，将生成数量和 A 的列数相等的曲线。如果 x 的长度是 n，就绘制向量 x 相对于 A 的每行的函数，将生成数量和 A 的行数相等的曲线。
- plot(A, B)能绘制矩阵 B 的各列相对于矩阵 A 的各列的函数。

数据标记和线型

要想绘制向量 y 相对于向量 x 的图形，并且在每个点都有数据标记，只需要在 plot 函数中用单引号将标记符号括起来即可。表 5.2-1 显示了一些可用的数据标记。例如，要想用小圆圈标记，它是用小写字母 o 表示的，则输入 plot(x, y, 'o')即可。图形中的标记结果参见图 5.2-2 的左图。要想以直线将各个数据标记连接起来，就必须对数据绘制两次，即 plot(x, y, x, y, 'o')。结果参见图 5.2-2 的右图。

假设我们在向量 x、y、u 和 v 中存储了两条曲线或数据集。要想在同一幅图上画出 y 相对于 x 以及 v 相对于 u 的曲线，只需要输入 plot(x, y, u, v)即可。两个数据集都将以默认的实线形式绘制。为了区分这两个数据集，我们可以用不同的线型来绘制它们。要用实线画出 y 相对于 x 的曲线，用虚线画出 u 相对于 v 的曲线，只需要输入 plot (x, y, u, v，'-- ')，其中符号“--”表示虚线。表 5.2-1 给出了其他的线型符号。要用星号(*)绘制 y 相对于 x 的曲线，并以点线相连，则需要输入两次绘制数据，即 plot (x, y,'*', x, y,':')。

表 5.2-1　指定数据标记、线型和颜色

数据标记		线型		颜色	
点(.)	.	实线	-	黑色	k
星号(*)	*	虚线	--	蓝色	b
叉号(×)	×	点划线	-.	蓝绿色	c
圆圈(o)	o	点线	:	绿色	g
加号(+)	+			红色	r
方框(□)	s			白色	w
菱形(◊)	d			黄色	y
五角星(★)	p				

其他可用的数据标记，请在 MATLAB 帮助中搜索“markers(标记)”。

您可以用表 5.2-1 所示的颜色符号得到不同颜色的符号和线条。颜色符号可与数据标记及线型符号组合使用。例如，要以红色虚线相连的绿色星号(*)来绘制 y 相对于 x 的函数，则需要通过输入 plot (x, y,' g*', x, y,' r--')将数据绘制两次(如果是用黑白打印机打印曲线，则不必使用颜色)。

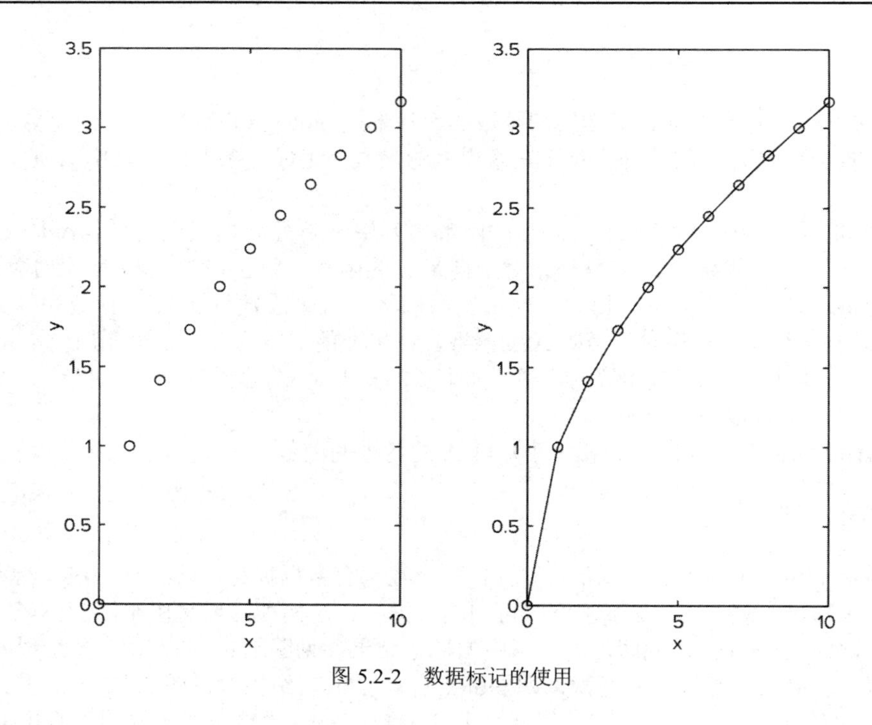

图 5.2-2　数据标记的使用

标注曲线和数据

当在同一幅图上绘制多条曲线或数据集时，我们必须将它们区分开来。如果采用不同的数据符号或不同的线型，就必须在每个曲线旁放一个标签或为这幅图做一份图例。要创建图例，请使用 legend 命令。该命令的基本形式是 legend ('string1', 'string2')，其中 string1 和 string2 是您选择的文本字符串。legend 命令能自动从图形中获得每个数据集采用的线型，并在图例框中您选择的文本字符串旁显示该线型的样例。下面的脚本文件将生成图 5.2-3 所示的图形。

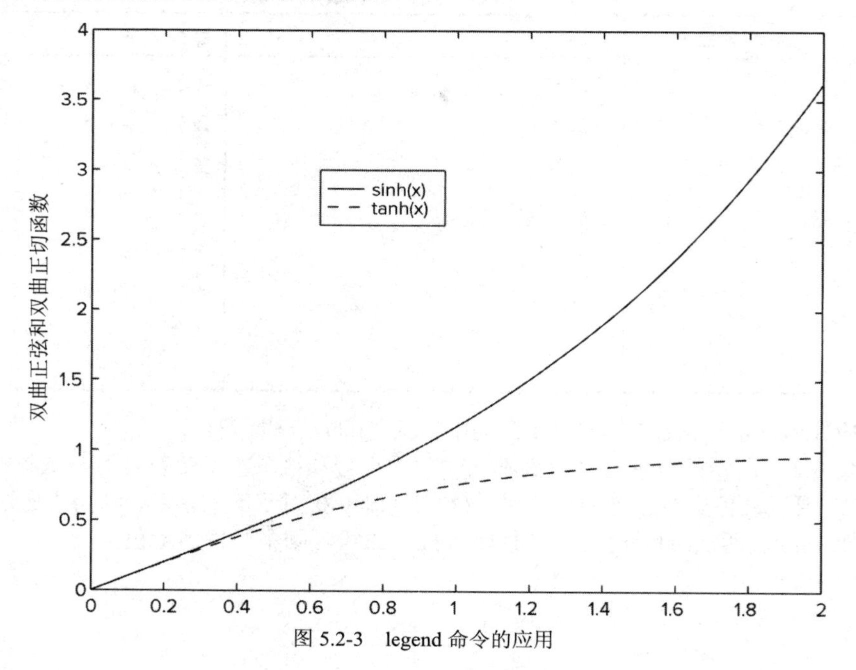

图 5.2-3　legend 命令的应用

```
x=0:0.01:2;
y=sinh(x);
```

```
z=tanh(x);
plot(x,y,x,z,'- -'),xlabel('x'),...
    ylabel('Hyperbolic Sine and Hyperbolic Tangent'),...
    legend('sinh(x)','tanh(x)')
```

legend 命令必须放在 plot 命令之后的某个位置。当图形出现在图形窗口时，可以用鼠标定位图例框(按住鼠标左键移动方框即可)。

区分曲线的另一种方法是在每个曲线旁边放一个标签。该标签可以通过 gtext 命令生成，并允许您用鼠标放置标签；也可以通过 text 命令生成，并由您指定标签的具体坐标。gtext 命令的语法是 gtext('string')，其中 string 是指定您选择的标签的文本字符串。当执行该命令时，MATLAB 会等待用户在 Figure(图形)窗口内时按下鼠标按钮或按键；然后标签就放在鼠标指针所指的位置。对于给定的图形，您可以多次使用 gtext 命令。文本命令 text(x, y, 'string')能向图形中指定的坐标(x, y)处添加一条文本字符串。这些坐标与图形数据的单位相同。当然，找到合适的坐标来使用文本命令通常需要一些试错。

hold 命令

hold 命令能创建需要两个以上 plot 命令才能完成的图形。假设我们想要在同一幅图上绘制 $y_2=4+e^{-x}\cos 6x$ 相对于 $y_1=3+e^{-x}\sin 6x$ 在区间$-1\leqslant x\leqslant 1$ 上的曲线，并绘制复函数 $z=(0.41+0.9i)^n$(其中 $0\leqslant n\leqslant 10$)的曲线。下面的脚本文件将创建出如图 5.2-4 所示的曲线。

```
x=-1:0.01:1;
y1=3+exp(-x).*sin(6*x);
y2=4+exp(-x).*cos(6*x);
plot((0.1+0.9i).^(0:0.01:10)),hold,plot(y1,y2),...
   gtext('y2 versus y1'),gtext('Imag(z) versus Real(z)')
```

当使用多条 plot 命令时，千万不要在 plot 命令之前使用 gtext 命令。因为在执行每条 plot 命令后，坐标尺度都会发生变化，所以 gtext 命令可能会将标签放在错误的位置上。请用 axis manual 命令将坐标尺度冻结在当前的界限内，以便开启 hold 时，各子图都将使用相同的限制。

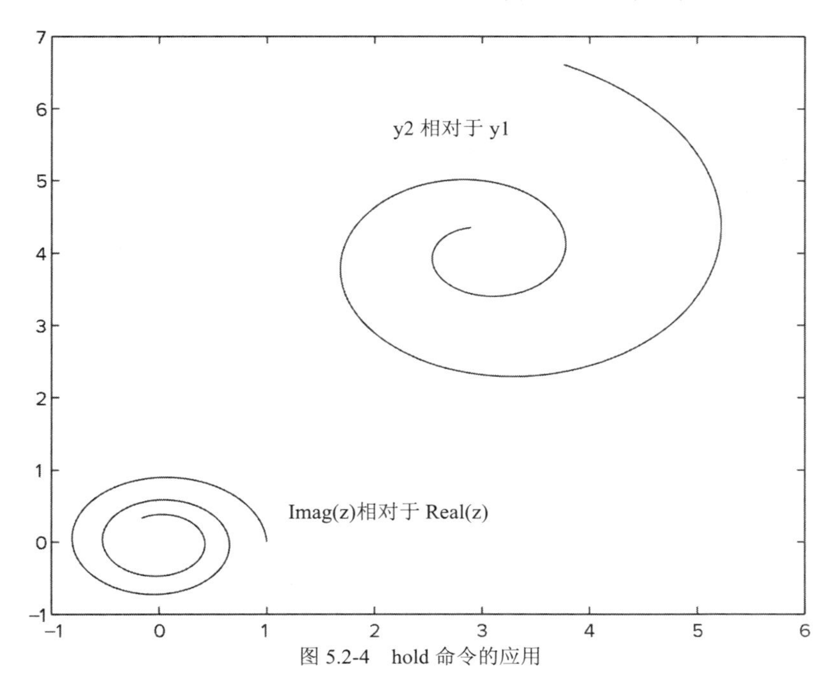

图 5.2-4　hold 命令的应用

应用中经常会遇到下列形式的函数。

$$x(t)z=e^{-0.3t}(\cos 2t+j\sin 2t)$$

如果我们试图绘制 x 相对于 t 的曲线，则只能画出实部，并且 MATLAB 会发出警告。如果我们想在同一张图上同时画出实部和虚部，可以如下面程序所示使用 hold 命令：

```
t=0:pi/50:2*pi;
x=exp(-0.3t).*(cos(2t)+j*sin(2*t));
plot(t,real(x));
hold on;
plot(t,imag(x),'- -');
hold off;
```

表 5.2-2 总结了本节介绍的图形增强命令。

表 5.2-2　图形增强命令

命令	描述
gtext('text')	将字符串 text 放在 Figure(图形)窗口中鼠标指定的位置
hold	冻结当前图形，以便执行后续图形命令
legend('leg1', 'leg2',...)	创建包含字符串 leg1、leg2 等的图例，并允许用鼠标指示放置位置
plot(x, y, u, v)	在直角坐标系中绘制四个数组：y 相对于 x，v 相对于 u
plot(x, y, 'type')	在直角坐标系中绘制数组 y 相对于数组 x 的曲线。采用字符串 type 所定义的线型、数据标记和颜色。具体含义参见表 5.2-1
plot(A)	绘制 m×n 数组 A 的各列相对于其索引的函数，生成 n 条曲线
plot(P,Q)	绘制数组 Q 相对于数组 P 的函数。关于涉及向量和/或矩阵的可能变形 plot (x, A)、plot (A, x)和 plot (A, B)的描述请参阅本文
subplot(m, n, p)	将 Figure(图形)窗口分割为一组包含 m 行和 n 列的子窗口，并将随后的绘图命令输出到第 p 个子窗口
text(x, y, 'text')	将字符串 text 放在图形窗口中坐标(x, y)所指定的位置

您学会了吗？

T5.2-2　请在同一张图形上绘制以下两个数据集。对于每个集合，x=0, 1, 2, 3, 4, 5。请为每个集合使用不同的数据标记，并用实线将第一个集合的标记连接起来，用虚线将第二个集合的标记连接起来。使用图例，并适当地标注图形轴。已知第一个数据集是 y=11, 13, 8, 7.5, 9。第二个数据集是 y=2, 4, 5, 3, 2, 4。

T5.2-3　请在同一张图形上绘制函数 $y=\cosh x$ 和 $y=0.5e^x$ 在区间 $0\leqslant x\leqslant 2$ 上的曲线。用不同的线型和图例来区分曲线，并适当地标注图形的坐标轴。

T5.2-4　请在同一张图形上绘制函数 $y=\sinh x$ 和 $y=0.5e^x$ 在区间 $0\leqslant x\leqslant 2$ 上的曲线。线型均选择实线，用 gtext 命令标记 sinh x 曲线，用 text 命令标记 $0.5e^x$ 曲线，并适当地标记图形的坐标轴。

T5.2-5　请用 hold 命令和两次 plot 命令，在同一张图形上绘制函数 $y=\sin\ x$ 和函数 $y=x-x^3/3$ 在区间 $0\leqslant x\leqslant 1$ 上的曲线。线型均选择实线，用 gtext 命令来标记每条曲线，并适当地标记图形的坐标轴。

注释图

您可创建包含数学符号、希腊字母和其他效果(如斜体)的文本、标题和标签。这些功能都是基于 $\mathrm{T_EX}$ typesetting 语言的。有关详细信息，包括可用字符的列表，请在在线帮助中搜索“Text Properties(文本属性)”页面。也可参阅“Mathematical symbols, Greek Letters, and $\mathrm{T_EX}$ Characters(数学符号、希腊字母和 $\mathrm{T_EX}$ 字符)”页面。

要创建包含数学函数 $Ae^{-t/\tau}\sin(\omega t)$的标题，您可以输入：

```
>>title('{\it Ae}^{-{\it t/\tau}}\sin({\it \omega t})')
```

所有 $\mathrm{T_EX}$ 字符序列都以反斜杠字符\开头。因此，字符串\tau 和\omega 分别表示希腊字母 τ 和 ω。通过输入^可以创建上标；通过输入_可以创建下标。要将多个字符设置为上标或下标，请用大括号将它们括起来。例如，输入 x_{13}就能生成 x_{13}。数学教科书中的变量通常用斜体表示，而函数(比如 sin)则用罗马字体表示。要想用 $\mathrm{T_EX}$ 命令将某个字符(如 x)设置为斜体，可输入{\it x}。

对数图

对数刻度(通常简写为 log)被广泛用于：(1)表示涵盖范围广泛的数据集；(2)用于标记数据的某些趋势。当使用对数刻度时，某些类型的函数关系可能表现为直线形式。这种方法使得函数识别更加容易。对数-对数(log-log)图的两个坐标轴都采用对数刻度。半对数(semilog)图则只在一个坐标轴上采用对数刻度。

图 5.2-5 显示了下列函数的直角坐标图和对数-对数图：

$$y = \sqrt{\frac{100(1-0.01x^2)^2+0.02x^2}{(1-x^2)^2+0.1x^2}} \qquad 0.1 \leqslant x \leqslant 100 \qquad (5.2\text{-}1)$$

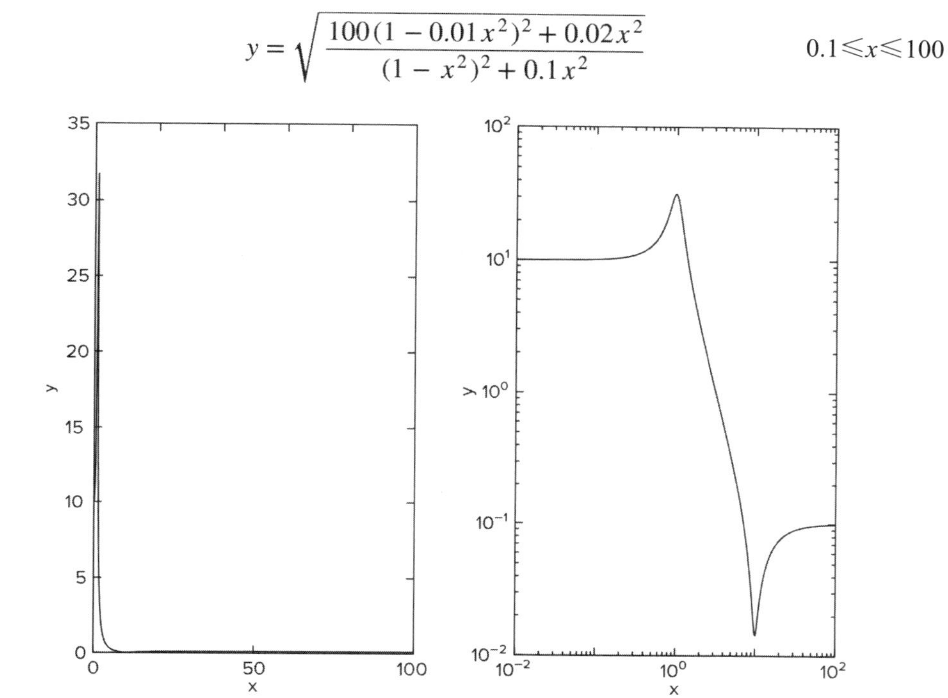

图 5.2-5 (a)方程(5.2-1)所示函数的直角坐标图。(b)函数的对数-对数图。请注意 x 和 y 的取值范围都很广

由于横坐标和纵坐标的取值范围都很广，所以直角坐标刻度无法揭示出函数的重要功能。下面的程序将产生出图 5.2-5。

```
% Create the Rectilinear Plot
x1 = 0:0.01:100; u1 = x1.^2;
num1 = 100*(1-0.01*u1).^2 + 0.02*u1;
den1 = (1-u1).^2 + 0.1*u1;
y1 = sqrt(num1./den1);
subplot(1,2,1),plot(x1,y1),xlabel('x'),ylabel('y'),
% Create the Loglog Plot
x2 = logspace(-2, 2, 500); u2 = x2.^2;
num2 = 100*(1-0.01*u2).^2 + 0.02*u2;
den2 = (1-u2).^2 + 0.1*u2;
y2 = sqrt(num2./den2);
subplot(1,2,2),loglog(x2,y2),xlabel('x'),ylabel('y')
```

在使用对数坐标时，必须要记住以下几点：

(1) 不能在对数尺度上画负数，因为负数的对数不是实数。

(2) 不能在对数尺度上画 0，因为 $\log_{10}0 = \ln 0 = -\infty$。必须选择一个足够小的数字作为图形的下限。

(3) 对数刻度上的刻度线标签就是绘制的实际值；它们不是数字的对数。例如，图 5.2-5b 中 x 的取值范围是 $10^{-2}=0.01$ 到 $10^2=100$，y 的取值范围也是 $10^{-2}=0.01$ 到 $10^2=100$。

MATLAB 有三个命令可生成采用对数坐标的图形。具体该采用哪条命令取决于哪条坐标轴必须采用对数坐标。请遵循下列规则。

(1) 采用 loglog(x, y)命令使两个坐标轴刻度都是对数的。

(2) 采用 semilogx(x, y)命令使 x 轴的刻度是对数的，y 轴刻度是直角坐标的。

(3) 采用 semilogy(x, y)命令使 y 轴的刻度是对数的，x 轴刻度是直角坐标的。

表 5.2-3 是对这些函数的总结。对于其他二维图类型，可输入 help specgraph 查看相关信息。我们可以像用 plot 命令那样用这些命令绘制出多条曲线。此外，可以采用相同的方式来使用其他命令(如 grid、xlabel 和 axis 等)。图 5.2-6 显示了如何应用这些命令。该图形是用下列程序创建的：

```
x1 = 0:0.01:3; y1 = 25*exp(0.5*x1);
y2 = 40*(1.7.^x1);
x2 = logspace(-1,1,500); y3 = 15*x2.^(0.37);
subplot(1,2,1),semilogy(x1,y1,x1,y2, '--'),...
  legend ('y = 25e^{0.5x}', 'y = 40(1.7) ^x'),...
  xlabel('x'),ylabel('y'),grid,...
  subplot(1,2,2),loglog(x2,y3),legend('y = 15x^{0.37}'),...
  xlabel('x'),ylabel('y'),grid
```

请注意，两个指数函数 $y=25e^{0.5x}$ 和 $y=40(1.7)^x$ 都在 y 轴为对数刻度的半对数图上呈现为直线。幂函数 $y=15x^{0.37}$ 在对数-对数图上呈现为直线。

表 5.2-3　特殊的图形命令

命令	描述
bar(x, y)	创建 y 对 x 的柱状图
fimplicit(f)	绘制隐函数曲线
loglog(x, y)	生成 y 对 x 的对数-对数图
polarplot(theta, r, 'type')	用字符串 type 中指定的线型、数据标记和颜色，生成极坐标 theta 和 r 的极坐标图
semilogx(x, y)	生成横坐标用对数表示的 y 相对于 x 的半对数图
semilogy(x, y)	生成纵坐标用对数表示的 y 相对于 x 的半对数图
staris(x, y)	生成 y 相对于 x 的阶梯图
stem(x, y)	生成 y 相对于 x 的茎图
yyaxis(x1, y1, x2, y2)	生成包含两个 y 轴的图，左边是 y1，右边是 y2

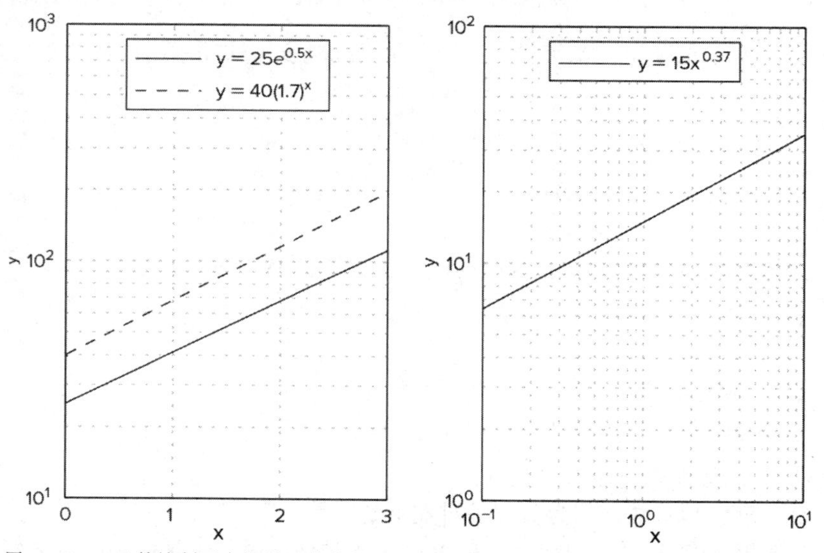

图 5.2-6　用 semilogy 函数绘制两个指数函数的例子(左边的图)，用 loglog 函数绘制的幂函数的例子(右边的图)

茎图、阶梯图和柱状图

MATLAB 还有其他几种与 xy 图形相关的图形类型。包括茎图、阶梯图和柱状图。它们的语法非常简单，即 stem(x, y)、stairs(x, y)和 bar (x, y)。具体见表 5.2-3。

独立的 y 轴

函数 yyaxis (以前是 plotyy)能生成包含两个 y 轴的图形。其语法是 yyaxis(x1, y1, x2, y2)，能在左侧标注的 y 轴上表示 y1 相对于 x1 的曲线，在右侧标注 y 轴上表示 y2 相对于 x2 的曲线。语法 yyaxis(x1, y1, x2, y2, 'type1', 'type2')能生成类型为 type1 的 y1 对 x1 的图，y 轴在左边标注；还生成类型为 type2 的 y2 对 x2 的图，y 轴在右边标注。例如，yyaxis(x1, y1, x2, y2, 'plot', 'stem')能在左侧轴生成 plot(x1, y1)的图形，在右侧轴生成 stem(x2, y2)的图形。要查看 yyaxis 函数的其他变体，请输入 help yyaxis。

极坐标图

极坐标图是用极坐标绘制的二维图。如果极坐标是(θ, r)，其中 θ 是角坐标，r 是点的径坐标，那么命令 polarplot(theta, r)就产生极坐标图，并且在极坐标图上自动覆盖网格。该网格由同心圆和每 30° 为一间隔的径向线组成。title 和 gtext 命令可用于放置标题和文本。变体命令 polarplot(theta, r, 'type')可用于指定线形或数据标记，就像 plot 命令一样。

例题 5.2-1　绘制轨道

方程

$$r = \frac{p}{1 - \in \cos\theta}$$

描述了从轨道的两个焦点之一测量的轨道极坐标。对于绕太阳轨道运行的物体，太阳就位于焦点位置。因此，r 就代表从太阳到物体的距离。参数 p 和$\in$分别决定了轨道的大小和偏心度。请绘制轨道的极坐标图，其中$\in = 0.5$，p=2AU (AU 代表“天文单位”；1AU 等于太阳到地球的平均距离)。轨道物体距离太阳有多远？它离地球轨道有多近？

■　解

图 5.2-7 所示为轨道的极坐标图。该图可由下列会话产生：

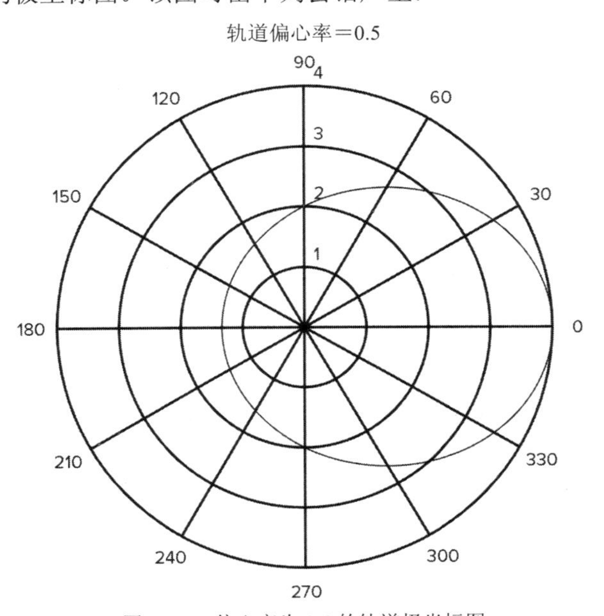

图 5.2-7　偏心率为 0.5 的轨道极坐标图

```
>>theta = 0:pi/90:2*pi;
>>r = 2./(1-0.5*cos(theta));
```

```
>>polarplot(theta,r),title('Orbital Eccentricity = 0.5')
```

太阳位于原点，图中的同心圆网格使我们能够确定物体离太阳的最近和最远距离大约分别是 1.3 和 4 个天文单位。地球轨道几乎是圆形的，图中以最里面的圆来表示。因此，物体离地球轨道最近的距离大约是 0.3 个天文单位。径向网格线使我们能确定出当 $\theta=90°$和 270°时，物体距离太阳 2 个天文单位。

误差柱状图

实验数据通常用误差柱状图来表示。柱状图显示了每个数据点的估计或计算误差。柱状图也可以用来表示近似公式的误差。基本语法 errorbar(x, y, e)能绘制 y 相对于 x 的对称垂直误差柱，长为 2e(i)。数组 x、y 和 e 必须大小相同。当它们是向量时，每个误差柱就相当于是偏离(x(i)，y(i))所定义点上下的距离 e(i)。当它们是矩阵时，每个误差柱就相当于是偏离(x(i, j)，y(i, j))所定义点上下的距离 e(i. j)。

例如，cos x 在 x＝0 附近的泰勒级数展开式的前两项是 $\cos x \approx 1-x^2/2$。下面的程序将产生如图 5.2-8 所示的图形：

```
% errorbar example
x = linspace(0.1, pi, 20);
approx = 1 - x.^2/2;
error = approx - cos(x);
errorbar(x, cos(x), error), legend('cos(x)'),...
  title('Approximation = 1 - x^2/2')
```

MATLAB 中有 20 多个二维图形函数。我们已经在前面的工程应用中展示了最重要的几个函数。

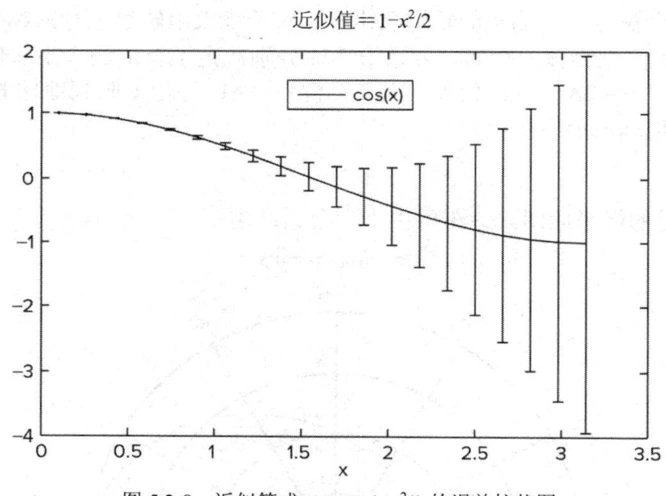

图 5.2-8　近似等式 $\cos x \approx 1-x^2/2$ 的误差柱状图

绘制隐函数

包含两个变量(如 x 和 y)的隐函数是指我们不能将其中一个变量从另一个中分离出来的函数。幸运的是，MATLAB 提供的函数 fimplicit(f)能够绘制由方程 $f(x, y)=0$ 定义的隐函数在 x 和 y 默认区间[-5 5]上的图形。例如，要绘制方程 $x^2-y^2-1=0$ 定义的双曲线在区间[-5 5]上的图形，您可以输入：

```
>>fimplicit(@(x,y) x.^2 - y.^2 - 1)
```

您也可以用语法 fimplicit(f, interval)指定区间。以原点为中心的椭圆方程可表示为：

$$\frac{x^2}{a^2}+\frac{y^2}{b^2}=1$$

该方程从技术上讲并不是隐函数，因为我们可以将变量 y 分离成如下形式：

$$y = \pm b\sqrt{1 - \frac{x^2}{a^2}}$$

然而，符号±迫使我们在计算 y 时必须考虑两种可能性。因此用 fimplicit 函数更简单。要想绘制 $a=2$ 和 $b=4$ 对应的椭圆曲线，如果限定 x 为[-2 2]，限定 y 为[-4 4]，则能显示出完整的椭圆。您可以输入：

```
>>fimplicit(@(x,y) x.^2/4 + y.^2/16 - 1,[-2 2 -4 4])
```

您学会了吗？

T5.2-6　请用能产生直线图的坐标轴，绘制下列函数。其中，幂函数是 $y=2x^{-0.5}$，指数函数是 $y=10^{1-x}$。

T5.2-7　绘制函数 $y=8x^3$ 在区间 $-1\leqslant x\leqslant 1$ 的曲线，其中 x 轴上刻度单位是 0.25，y 轴上的刻度单位是 2。

T5.2-8　阿基米德螺线用极坐标(θ，r)表示为 $r=a\theta$。请绘制 $a=2$ 时螺线在区间 $0\leqslant\theta\leqslant 4\pi$ 上的极坐标图。

T5.2-9　请用 axis equal 命令绘制下列隐函数的曲线，该曲线被称为 Ampersand 曲线。

$$(y^2 - x^2)(x-1)(2x-3) = 4(x^2 + y^2 - 2x)^2$$

发布包含图形的报告

函数 publish 可用于创建带有嵌入式图形的报告。用 publish 函数生成的报告可以导出为各种常见格式，包括 HTML(超文本标记语言，可用作基于 Web 的报告)、MS Word、PowerPoint 和 LaTeX 等。要发布报告，请执行以下操作：

(1) 打开编辑器，输入构成报表基础的 M 文件，并保存它。用两个百分符号(%%)表示报告中的节标题。该符号标志着一个新单元(即一组命令)的开始。请不要将这里的单元与第 2.6 节介绍的单元数组数据类型相混淆。输入您希望在报告中出现的任何空白行。考虑一个非常简单的示例，请看下面的示例文件 polyplot.m。

```
%% Example of Report Publishing:
% Plotting the cubic y = x^3 - 6x^2 + 10x+4.
%% Create the independent variable.
x = linspace(0, 4, 300); % Use 300 points between 0 and 4.
%% Define the cubic from its coefficients.
p = [1, -6, 10, 4]; % p contains the coefficients.
%% Plot the cubic
plot(x,polyval(p,x)), xlabel('x'), ylabel('y')
```

(2) 运行该文件并查找错误。要想检查较大的文件，您可以使用编辑器的单元模式每次仅执行一个单元；具体请参见 4.7 节。

(3) 请用 publish 和 open 函数创建期望格式的报表。以上述示例文件为例，我们可以通过输入下列命令获得 HTML 格式的报告。

```
>>publish ('polyplot','html')
>>open html/polyplot.html
```

您应该会看到如图 5.2-9 所示的报告。

除了使用 publish 和 open 函数，您还可以使用工具条中 PUBLISH 选项卡内的菜单项实现上述功能。

一旦以 HTML 格式发布报告，就可以单击内容中的某个节标题，从而跳转到该节。这对于查看更大的报告很有用。

如果您想让方程看起来更专业，可以在适当的编辑器(比如 MS Word 或 $\LaTeX$)中编辑已生成的报告。例如，要在已生成的 $\LaTeX$ 文件中加入三阶多项式，可以使用本节前面介绍的命令来替换原报告第二行中的方程：

```
y = {\it x}^3 - 6{\it x}^2 + 10{\it x} + 4
```

您还可以使用实时编辑器创建标准数学形式的方程(请参阅本章第 5.1 节)。

报告发布示例

绘制三阶方程 $y=x^3-6x^2+10x+4$。

内容

- 创建自变量。
- 定义三阶方程。
- 绘制三阶方程的曲线。

创建自变量

```
x = linspace (0,4,300); % Use 300 points between 0 and 4.
```

定义三阶方程

```
p = [1,-6,10,4]; % p contains the coefficients.
```

绘制三阶方程

```
plot(x,polyval(p,x)),xlabel('x'),ylabel('y')
```

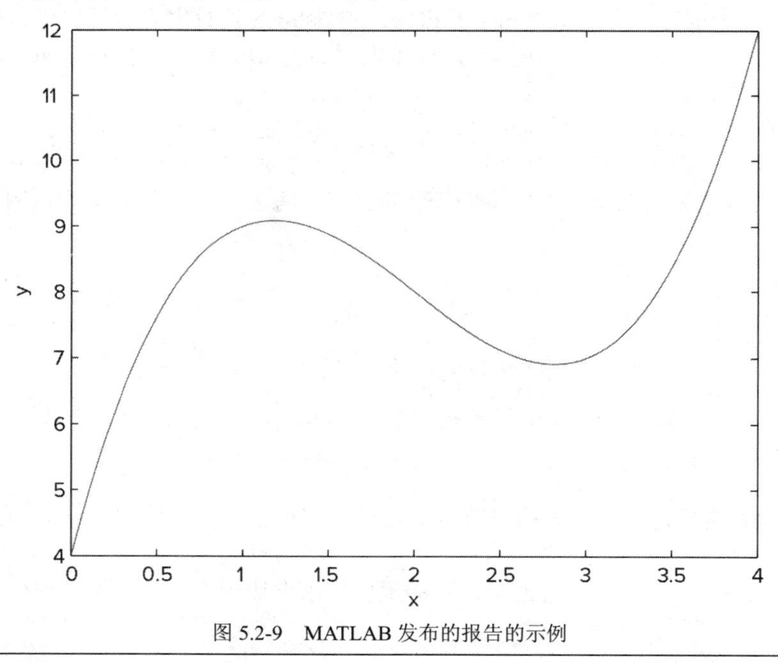

图 5.2-9　MATLAB 发布的报告的示例

5.3　MATLAB 中的交互式绘图

MATLAB 的交互式绘图环境是一组能够实现下列功能的工具集：

- 创建不同类型的图表。
- 直接从 Workspace Browser(工作空间浏览器)选择变量并绘成图形。

- 创建和编辑子图。
- 添加注释，如线、箭头、文字、矩形、椭圆。
- 编辑图形对象的属性，如它们的颜色、线宽和字体。

Plot Tools(图形工具)界面包括与已知图形相关的以下三个面板。

- **Figure Palette(图形面板)**：使用它创建和布置子图，查看和绘制工作空间变量，以及添加注释。
- **Plot Browser(图形浏览器)**：使用它选择和控制图中坐标轴或绘制的图形对象的可见性，以及添加用于绘图的数据。
- **Property Editor(属性编辑器)**：使用它设置所选对象的基本属性，并通过 Property Inspector(属性检查器)访问所有属性。

Figure(图形)窗口

当您创建图形时，将出现 Figure 窗口，同时 Figure 工具栏也可见(参见图 5.3-1)。该窗口现在包含多个菜单。

File(文件)菜单　File 菜单用于保存和打印图形。这个菜单在第 5.1 节讨论过。

Edit(编辑)菜单　您可以用 Edit 菜单来剪切、复制和粘贴项目，比如图形中出现的图例或标题文本。单击 Figure Properties(图形属性)选项可以打开 Property Editor-Figure(属性编辑器-图形)对话框，以更改图形的某些属性。

Edit(编辑)菜单上的三个项目对编辑图形非常有用。单击 Axes Properties(坐标轴属性)项会弹出 Property Editor-Axes(属性编辑器-坐标轴)对话框。双击任一坐标轴也会弹出此对话框。您可通过选择要编辑的坐标轴或字体选项卡来改变刻度类型(直角坐标、对数坐标等)、标签和刻度线等。

Current Object Properties(当前对象属性)项允许您更改图中对象的属性。为此，首先要单击对象，例如已绘制的线，然后单击 Edit 菜单中的 Current Object Properties。您将看到 Property Editor-Line series (属性编辑器-线系列)对话框，该对话框允许您更改线宽和颜色、数据标记类型以及图形类型等属性。

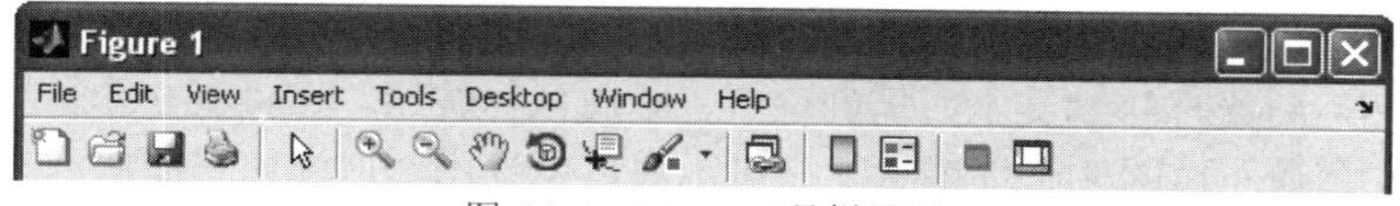

图 5.3-1　Figure 工具栏界面

单击任何文本，例如利用 title、xlabel、ylabel、legend 或 gtext 等命令放置的文本，然后选择 Edit 菜单中的 Current Object Properties，就会打开 Property Editor-Text(属性编辑器-文本)对话框，使您能够编辑文本。

View(视图)菜单　View 菜单上的项目包括三个工具栏(Figure Toolbar[图形]工具栏、Plot Edit Toolbar[图形编辑]工具栏和 Camera Toolbar[相机]工具栏)；还包括 Figure Palette(图形调色板)、Figure Browser(图形浏览器)和 Property Editor(属性编辑器)。这些都将在本节后面讨论。

Insert(插入)菜单　Insert 菜单允许您不需要在命令窗口中输入命令就能插入标签、图例、标题、文本和绘图对象。例如，要在 *y* 轴上插入标签，先单击菜单上的 Y Label 项；*y* 轴上就会出现一个方框。在这个方框中输入标签，然后单击框外即可完成。

Insert 菜单还允许您在图中插入箭头、直线、文本、矩形和椭圆等。例如要插入箭头，只需要单击 Arrow 选项；鼠标光标就变成十字线。然后单击鼠标按钮，并移动光标以创建箭头。箭头将出现在您松开鼠标按钮的地方。一定要在移动或调整完坐标轴的大小后再添加箭头、线条和其他注释，因为这些对象都无法固定到坐标轴上。它们可以通过钉住固定在图形上；具体请参阅“Add Annotation to Graph Interactively(交互式添加图形注释)”下的 MATLAB Help。

要删除或移动某个线条或箭头，就先单击它，然后按下 Delete(删除)键删除它，或者按下鼠标按钮并将其移动到期望的位置。Axes(坐标轴)选项使您能用鼠标在现有图形中放置一组新的坐标轴。点击新坐标轴，其周围就出现一个方框。从命令窗口发出的任何新的绘图命令都将把输出指向这些轴。

Light(光线)项适用于三维图形。

Tools(工具)菜单 Tools 菜单包括的项目有：调整视图(通过缩放和平移)和对齐图上的对象。Edit Plot(编辑图形)项能启动图形编辑模式，也可通过单击 Figure 工具栏上指向西北方向的箭头来启动。Tools 菜单还允许访问 Data Cursor(数据光标)，具体内容将在稍后讨论。最后两项 Basic Fitting(基本拟合)和 Data Statistics(数据统计)将分别在第 6.3 节和第 7.1 节讨论。

其他菜单 Desktop 菜单允许您将 Figure 窗口停靠在桌面上。Window 菜单允许您在命令窗口和其他 Figure 窗口之间切换。Help 菜单访问通用的 MATLAB Help System 以及与绘图相关的帮助功能。

图形窗口中共有三个工具栏可用：Figure 工具栏、Plot Edit 工具栏和 Camera 工具栏。View 菜单允许您选择要显示的工具栏。本节只讨论 Figure 工具栏和 Plot Edit 工具栏。Camera 工具栏在三维图形中非常有用，具体将在本章最后讨论。

Figure(图形)工具栏

要激活 Figure(图形)工具栏，请从 View(视图)菜单中选择它(参见图 5.3-1)。最左边的四个按钮分别用于打开、保存和打印图形。单击指向西北方向的箭头按钮，可以打开或关闭图形编辑模式。

放大和缩小按钮，让您获得对图形的特写或远看视角。Pan 和 Rotate 3D 按钮主要用于三维图形。

Data Cursor(数据光标)按钮允许您通过显示您在所绘直线、曲面、图形等上选择的点的值，直接从图形中读取数据。

Insert Colorbar(插入色条)按钮主要用于三维曲面图形，能在图形中插入一个颜色映射条。Insert Legend(插入图例)按钮使您能在图形中插入一个图例。最后两个按钮能隐藏或显示图形工具，如果图形未停靠，还能停靠该图形。

Plot Edit(图形编辑)工具栏

窗口中一旦出现图形，您就可以在 View(视图)菜单中显示 Plot Edit 工具栏。该工具栏如图 5.3-2 所示。通过单击 Figure(图形)工具栏上指向西北的箭头，您就可以启用图形编辑。然后双击某个坐标轴、某条已绘曲线或某个标签，都能激活相应的属性编辑器。要添加非标签、标题或图例的文本，可以单击标记为 T 的按钮，然后将光标移到文本所需的位置。单击鼠标按钮，再输入文本。完成后，在文本框外单击一次即可。请注意最左边的 9 个按钮将高亮显示并可供使用。这样您就能修改文本的颜色、字体和其他属性了。

要插入箭头、线条、矩形和椭圆，请单击相应的按钮，并按照前面已介绍的 Insert(插入)菜单的说明进行操作即可。

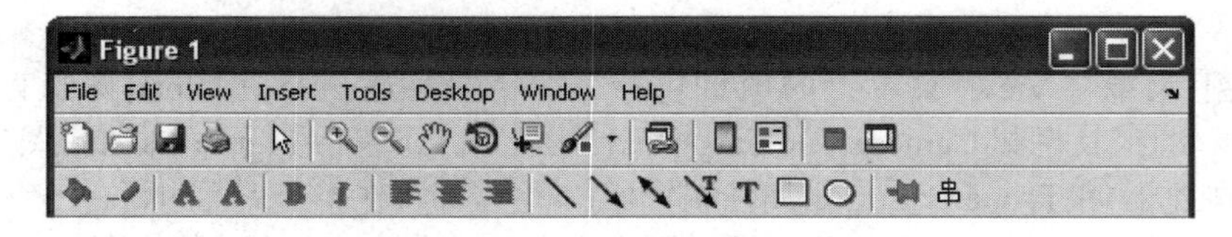

图 5.3-2 显示了 Figure 和 Plot Edit 工具栏

Plot(图形)工具

一旦创建了图形，您就可以通过从 View 菜单中选择 Plot Tools(Figure Palette、Plot Browser 和 Property Editor)来显示其中的任何一个或所有三个图形工具。您还可以先创建一个图形，然后单击 Figure 工具栏最右侧的 Show Plot Tools 图标来启动上述环境(具体参见图 5.3-3)，或者通过在 plot 函数后使用 plottools 命令，用图形工具创建图形。点击工具栏左数第二个图标——Hide Tools 图标，还可以删除工具。

图 5.3-3 显示了单击 Show Plot Tools 图标后再点击已绘线条的结果。绘图界面就会显示 Property Editor-Lineseries(属性编辑器-线系列)对话框。

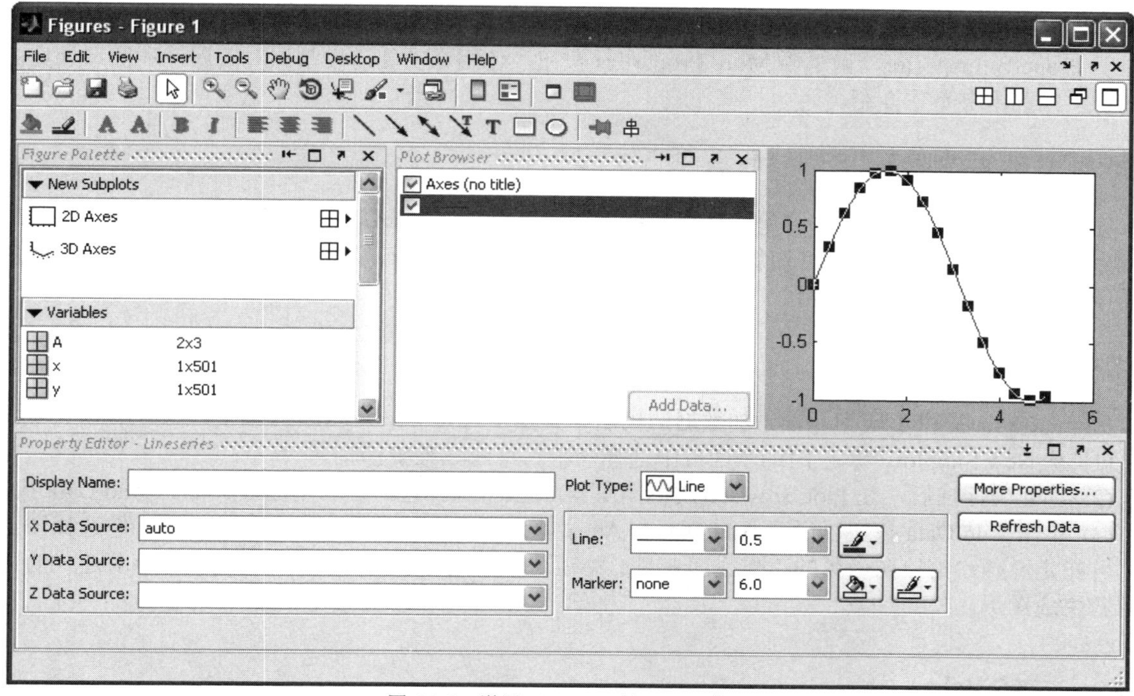

图 5.3-3　激活 Plot Tools 的 Figure 窗口

Figure Palette

Figure Palette(图形调色板)包含三个面板，通过单击适当的按钮就可以选择并展开它们。单击 New subplot 面板中的网格图标可以显示选择器网格，从而允许您指定子图的布局。在 Variables(变量)面板中，通过选择变量并右键单击它以显示上下文菜单，就可以选择用某个图形函数来绘制该变量的曲线。该菜单还包含一个与您已选择变量类型相关的可用图形类型列表。您还可以将变量拖放到坐标轴集合中，MATLAB 将自动选择合适的图形类型。

单击 Annotation 面板可以显示对象菜单，例如行、箭头等。点击期望的对象，并使用鼠标定位和改变它的大小。

Plot Browser

Plot Browser(图形浏览器)包含了图形中所有线条的图例。例如，如果您要绘制某个多行多列数组的图形，浏览器就会列出每个坐标轴和用于创建该图形的对象(线、曲面等)。要想设置某个线条的属性，只需要双击该线条即可。它的属性将显示在 Property Editor-Lineseries(属性编辑器-线系列)对话框中，该对话框将在图形底部打开。

如果在图中选择了某个线条，图形浏览器中的相应条目就会突出显示，以指示变量中的哪一列生成了该线条。浏览器中每个项目旁边的复选框可以控制对象是否可见。例如，如果您只想绘制数据的部分列，就可以不选您不需要的列。当您取消复选框后，图形就会自动更新并根据需要调整坐标轴。

Property Editor

Property Editor(属性编辑器)允许您访问所选对象的属性的子集。当没有对象被选中时，Property Editor 就显示图形的属性。显示 Property Editor 有以下几种方法。

(1) 启用图形编辑模式时双击对象。

(2) 选择一个对象并用右键单击以显示其上下文菜单，然后选择 Properties。

(3) 从 View 菜单中选择 Property Editor。

(4) 使用 propertyeditor 命令。

Property Editor 使您能够更改最常用的对象属性。如果要访问所有对象属性，请使用 Property Inspector。要显示 Property Inspector，请单击 More Properties 按钮。使用该功能需要掌握对象属性和图形处理的详细知识，因此本书不作介绍。

根据 M 文件重建图形

完成图形后，您可以从文件菜单中选择 Generate Code 来生成 MATLAB 代码，并重建图形。MATLAB 将创建可重建图形的函数，并且在编辑器中打开生成的 M 文件。该功能对于捕获属性设置和在图形编辑器中创建的其他修改特别有用。

向坐标轴添加数据

Plot Browser 提供了向坐标轴添加数据的机制。具体步骤如下：

(1) 从 New Subplots(新建子图)子面板中选择一个二维或三维坐标轴。

(2) 创建坐标轴后，在 Plot Browser(图形浏览器)面板中选择它，以启用面板底部的 Add Data 按钮。

(3) 单击 Add Data 按钮以显示 Add Data to Axes 对话框。Add Data to Axes 对话框允许您选择图形类型，并指定要传递给绘图函数的工作空间变量。您还可以指定一个 MATLAB 表达式，该表达式的计算结果将生成图形。

5.4 三维图

MATLAB 提供了许多创建三维图的函数。在这里，我们总结了创建三类图形的基本函数，包括曲线图、曲面图和等值线图。本节讨论的所有函数的扩展语法都很广泛。这种语法使您能够定制图形的颜色、间隔、标签和阴影。三维图的性质是非常复杂的，因为看图者的视角会影响从图中理解和获得多少信息。因此，Figure 窗口的 View 菜单中的 Camera 工具栏有助于确定合适的视角。关于这些功能和函数的信息都可以在 MATLAB 的帮助中找到(位于分类 graph3d 和 specgraph 中)。

三维曲线图

三维空间中的曲线可以用 plot3 函数绘制。其语法是 plot3(x, y, z)。例如，当参数 t 在某一范围内变化时，下列方程会生成三维曲线：

$$x=e^{-0.05t}\sin t$$

$$y=e^{-0.05t}\cos t$$

$$z=t$$

如果令 t 从 $t=0$ 变化到 $t=10\pi$，正弦和余弦函数会变化 5 个周期，而 x 和 y 的绝对值会随着 t 的增加而减小。该过程将产生如图 5.4-1 所示的螺旋曲线，下面的会话将产生上述曲线。

```
>>t = 0:pi/50:10*pi;
>>plot3(exp(-0.05*t).*sin(t),exp(-0.05*t).*cos(t),t),...
        xlabel('x'),ylabel('y'),zlabel('z'),grid
```

请注意 grid 和 label 函数与 plot3 函数一起工作。我们可以用 zlabel 函数来标记 z 轴，这个我们已经见过一次了。类似地，还可以用 5.1 和 5.2 节中讨论的其他 plot 增强函数来添加标题和文本，并指定线型和颜色。

plot3(x, y, z)函数能在三维空间中绘制通过坐标为 x, y, z 的数据点的曲线，从而生成一组数据点的三维图，其中 x, y, z 是向量或矩阵。在 MATLAB 的 release R2016a 版本中，用函数 fplot3 代替了 plot3，其语法为 fplot3(fx, fy, fz, t_interval)，能绘制函数 $x=fx(t)$、$y=fy(t)$和 $z=fz(t)$在区间 *t_interval* 内定义的参数曲线。

例如，由 plot3 生成的曲线如图 5.4-1 所示，它也可以用 fplot3 生成，具体如下所示：

```
>>fx = @(t)exp(-0.05*t).*sin(t)
>>fy = @(t)exp(-0.05*t).*cos(t)
>>fz = @(t)t
>>fplot3(fx,fy,fz,[0,10*pi]),xlabel('x'),...
   ylabel('y'),zlabel('z'),grid on
```

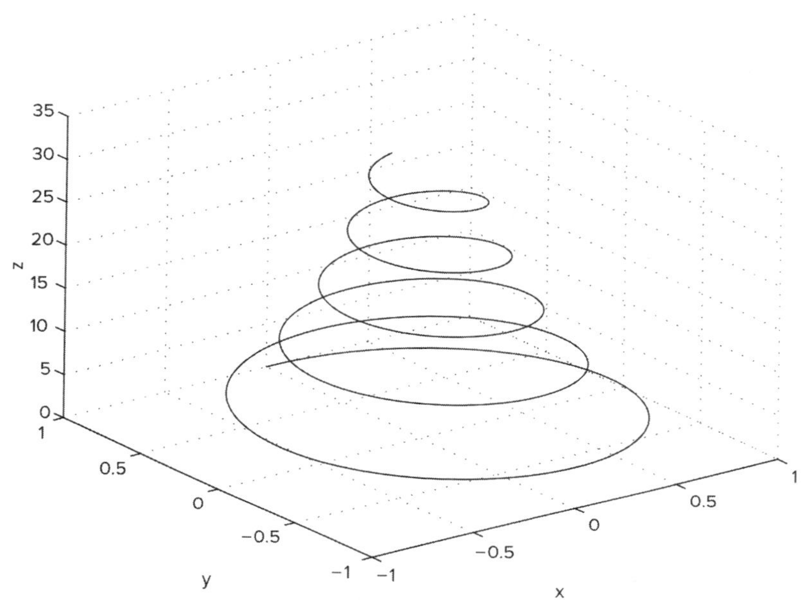

图 5.4-1　根据 $x=e^{-0.05t}\sin t$，$y=e^{-0.05t}\cos t$，$z=t$，由 plot3 函数绘制的曲线

或者

```
>>fplot3(@(t)exp(-0.05*t).*sin(t),...
   @(t)exp(-0.05*t).*cos(t),@(t)t,0,10*pi]),
   xlabel('x'),ylabel('y'),zlabel('z'),grid on
```

您学会了吗？

T5.4-1　请用 plot3 和 fplot3 绘制 $x=\sin(t)$，$y=\cos(t)$，$z=\ln(t)$在 t 从 0 到 30 区间内的三维曲线。

曲面网格图

函数 z＝f(x, y)表示绘制在 *xyz* 轴上的曲面，mesh 函数提供了一种生成曲面网格图的方法。在使用该函数前，您必须先在 xy 平面上生成点网格，然后计算函数 f(x, y)在这些点上的值。meshgrid 函数能生成网格。其语法是[X,Y] = meshgrid(x,y)。如果 x = xmin:xspacing:xmax 并且 y = ymin:yspacing:ymax，那么该函数会生成矩形网格坐标，其中一个角位于(xmin, ymin)，其对角位于(xmax, ymax)。网格中的每个矩形面板的宽度和深度分别为 xspacing 和 yspacing。得到的矩阵 X 和 Y 包含了网格中每个点的坐标对。利用这些坐标对就能计算出函数。

如果 x 和 y 的最小值、最大值和步长都相同，那么函数[X,Y] = meshgrid(x)就等价于[X,Y] = meshgrid(x, x)。这种情况下，可以输入[X,Y] = meshgrid(min:spacing:max)，其中 min 和 max 分别指定 x 和 y 的最小值和最大值，spacing 是 x 和 y 值的期望步长。

计算网格后，就可以使用 mesh 函数创建曲面图。其语法是 mesh(x,y,z)。grid、label 和 text 函数可以与 mesh 函数一起使用。下面的对话展示了如何生成函数$z = xe^{-[(x-y^2)^2-y^2]}$(其中，$-2\leqslant x\leqslant 2$ 且$-2\leqslant y\leqslant 2$，步长为 0.1)的曲面网格图。所得图形参见图 5.4-2。

```
>>[X,Y] = meshgrid(-2:0.1:2);
>>Z = X.*exp(-((X-Y.^2).^2 - Y.^2));
>>mesh(X,Y,Z),xlabel('x'),ylabel('y'),zlabel('z')
```

请注意不要将 x 和 y 的步长值选得太小，主要有两个原因：(1)步长小，对应的网格面板也小，这使得曲面难以可视化；(2)矩阵 X 和 Y 可能太大。

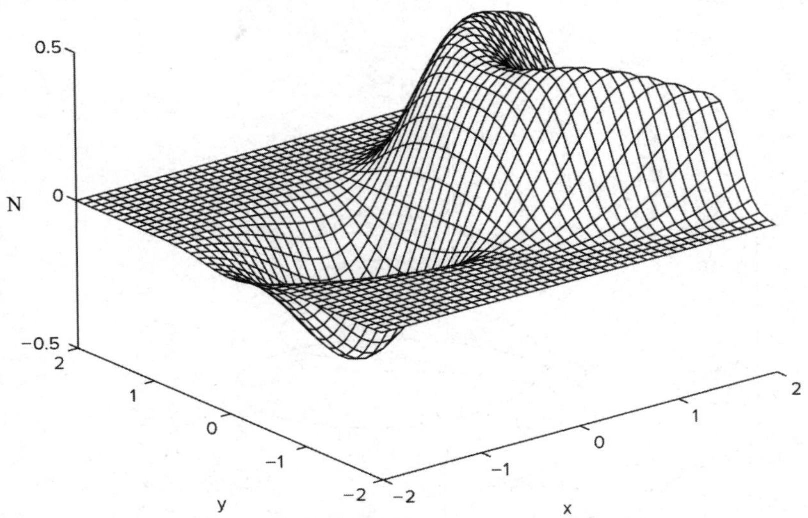

图 5.4-2 用 mesh 函数绘制的 $z = xe^{-[(x-y^2)^2-y^2]}$ 的曲面图

函数 fmesh(f, xy_interval)能生成函数 f(x, y)的曲面图。该函数是在 MATLAB release R2016a 版中才引入的，作为 mesh 函数的补充。要想 x 和 y 使用相同的步长，请将 xy_interval 定义为双元素向量[min max]；要想使用不同的步长，请将其定义为四元素向量[xmin xmax ymin ymax]。

例如，图 5.4-2 中的图形是用 mesh 生成的，它也可以用 fmesh 生成，具体如下所示：

```
>>fmesh(@(x,y) x.*exp(-(x-y.^2).^2-y.^2),[-2,2]),...
   xlabel('x'),ylabel('y'),zlabel('z')
```

函数 surf 和 surfc 与 mesh 和 meshc 相似，只是前者创建了带阴影的曲面图。您可以用 Figure 窗口中的 Camera 工具栏及其他菜单项来更改图形的视角和光照。

函数 fsurf(f, xy_interval)能生成函数 f(x, y)的阴影曲面图。该函数是在 MATLAB release R2016a 版本中引入的，作为 surf 函数的补充。要想 x 和 y 使用相同的步长，请将 xy_interval 定义为双元素向量[min max]；要使用不同的步长，请将其定义为四元素向量[xmin xmax ymin ymax]。

目前还没有 fmeshc 或 fsurfc 函数。

等值线图

地形图可通过固定间隔的高度线来表示土地的轮廓。这些高度线也叫作等值线(contour line)，对应的图叫作等值线图(contour plot)。如果沿着等值线走，高程保持不变。等值线图可以帮助您可视化地观察函数的形状。它可以用 contour 函数来创建，对应的语法是 contour(X, Y, Z)。该函数的用法与 mesh 函数一样；即首先用 meshgrid 函数生成网格，然后生成函数值。下面的会话将生成图 5.4-2 所示的函数等值线图，原函数为 $z = xe^{-[(x-y^2)^2-y^2]}$(其中，$-2 \leqslant x \leqslant 2$ 且 $-2 \leqslant y \leqslant 2$，步长为 0.1)。得到的等值线图参见图 5.4-3。

```
>>[X,Y] = meshgrid(-2:0.1:2);
>>Z = X.*exp(-((X-Y.^2).^2+Y.^2));
>>contour(X,Y,Z),xlabel('x'),ylabel('y')
```

可在等值线图上添加标签。输入 help clabel 可了解详细方法。

等值线图和曲面图可以一起使用以更清晰地呈现函数。例如，除非已经在等值线上标记了高程，否则您无法判断某个点是不是最小值点或最大值点。然而，粗略地看一下曲面图就可以很容易地确定。另一方面，在曲面图上难以完成精确测量；但在等值线图上可以，因为等值线图没有失真。因此，meshc 函数很有用，它在曲面图下又显示了等值线。meshz 函数可在曲面图下绘制一系列垂直线条，而 waterfall 函数能仅绘制出某一个方向的网格线。函数 $z = xe^{-(x^2+y^2)}$ 被上述各函数的处理结果如图 5.4-4 所示。

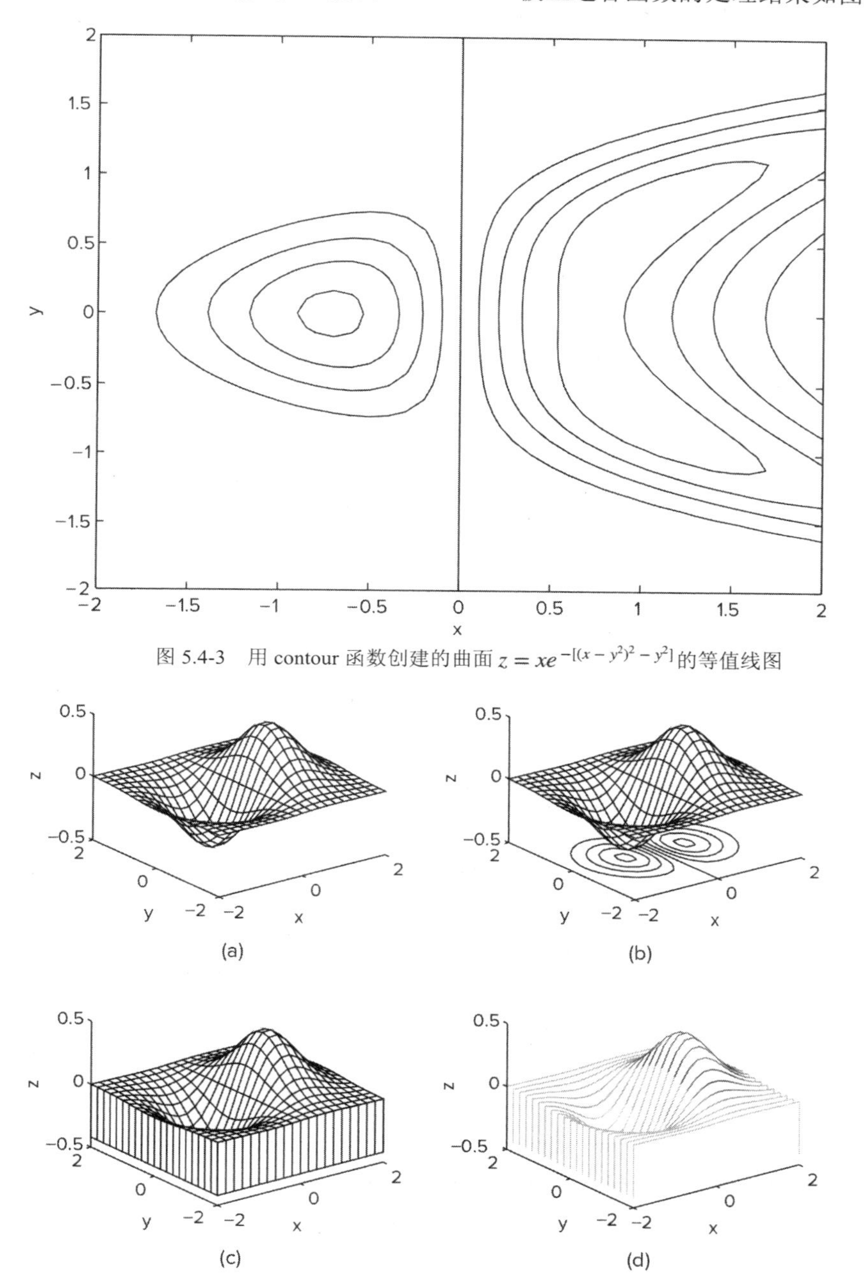

图 5.4-3　用 contour 函数创建的曲面 $z = xe^{-[(x-y^2)^2-y^2]}$ 的等值线图

图 5.4-4　用 mesh 函数及其变体形式 meshc、meshz 和 waterfall 创建的曲面 $z = xe^{-(x^2+y^2)}$ 的图形：(a)mesh，(b) meshc，(c)meshz，(d)waterfall

函数 fcontour(f)绘制了函数 z＝f(x, y)在 x 和 y 的默认区间[−5 5]内的 z 值等值线。该函数是在 MATLAB release R2016a 中引入的，作为 contour 函数的补充。其扩展语法为 fcontour (f, xy_interval)。要想 x 和 y 使用相同的步长，请将 xy_interval 指定为双元素向量的形式：[min max]。要使用不同的步长，请将其定义为四元素向量[xmin xmax ymin ymax]。

隐函数的曲面图

在 5.2 节，我们看到了隐函数(implicit function)是一种我们不能将一个变量与另一个变量分离开来的函数。幸运的是，MATLAB 提供的函数 fimplicit3(f)能够绘制方程 $f(x, y, z)=0$ 在 x、y 和 z 的默认区间[−5 5]上定义的三维图。您还可以用语法 fimplicit3(f, interval)指定区间。例如，要绘制双曲面 $x^2+y^2-z^2=0$ 在默认区间[−5 5]上的曲面图，只需要输入：

```
>>f = @(x,y,z) x.^2 + y.^2 - z.^2;
>>fimplicit3(f)
```

要绘制双曲面 $x^2+y^2-z^2=0$ 的上半部分，只需要指定对于 z 的取值区间[-5 5]内的 x 和 y，具体如下所示。

```
>>f = @(x,y,z) x.^2 + y.^2 - z.^2;
>>interval = [-5 5 -5 5 0 5];
>>fimplicit3(f,interval)
```

表 5.4-1 和表 5.4-2 总结了本节介绍的函数。要查看其他三维图形类型，可输入 help specgraph。

表 5.4-1　以矩阵作为输入的三维绘图函数

函数	描述
contour(x, y, z)	创建等值线图
mesh(x, y, z)	创建三维网格曲面图
meshc(x, y, z)	在mesh基础上又在曲面图下画了等值线
meshz(x, y, z)	在mesh基础上又在曲面图下画了一系列竖直参照线
plot3(x, y, z)	绘制三维曲线图
surf(x, y, z)	绘制带阴影的三维曲面图
surfc(x, y ,z)	在surf基础上又在曲面图下画了等值线
[X,Y] = meshgrid(x, y)	根据向量x和y创建矩阵X和Y来定义一个矩形网格
[X,Y] = meshgrid(x)	与[X, Y] = meshgrid(x, x)等价
waterfall(x, y, z)	与mesh相同，但仅在一个方向上绘制网格线

表 5.4-2　以函数作为输入的三维绘图函数

函数	描述
fcontour(f)	创建等值线图
fimplicit3(f)	绘制隐式三维函数
fmesh(f)	创建三维曲面图
fplot3(fx, fy, fz)	创建三维曲线图
fsurf(f)	创建带阴影的三维曲图

您学会了吗？

T5.4-2　请用函数 mesh、fmesh、contour 和 fcontour 绘制函数 $z=(x-y)^2+2xy+y^2$ 的曲面图和等值线图。

T5.4-3　请用函数 fimplicit3 绘制函数 $x^2-y^2-z^2=0$ 的曲面图。

5.5 总结

本章解释了如何使用强大的 MATLAB 命令，绘制有效而令人满意的二维和三维图形。以下指南将帮助您创建图形，从而有效地传达期望表达的信息。

- 在每个坐标轴上标注量名及其单位！
- 在合适的区间内，沿着每条坐标轴使用规则间隔的刻度线。
- 如果要绘制多个曲线或数据集，请为每条曲线或数据集加上标签或用图例来区分它们。
- 如果要绘制类型相似的多个图形，或者坐标轴标签不能传递足够的信息，那么请使用标题。
- 如果要绘制测量数据，请用相同的符号(如圆形、正方形或十字)绘制给定集合中的每个数据点。
- 如果您正在绘制通过计算函数(与测量数据相反)生成的点，则千万不要用符号来绘制这些点。相反，要用实线连接这些点。

关键术语

坐标轴的限制，5.1 节
等值线图，5.4 节
数据符号，5.1 节
叠加图，5.2 节
极坐标图，5.2 节
子图，5.2 节
曲面网格图，5.4 节

习题

您可以在本书的结尾找到标有星号的习题的答案。

5.1、5.2 和 5.3 节

1.* “盈亏平衡分析”确定总生产成本等于总收入时的产量。在盈亏平衡点，既没有利润也没有亏损。一般来说，生产成本包括固定成本和可变成本。固定成本包括不直接参与生产的人员的工资、工厂维修费、保险费等。可变成本取决于产量，包括材料成本、人工成本和能源成本。在接下来的分析中，假设我们只生产我们能销售的产品；因此，产量等于销售量。设产量为 Q，单位是加仑/年。

考虑某化学品的成本如下：

固定成本：每年 300 万美元。
可变成本：每加仑产品 2.5 美分。
售价：每加仑 5.5 美分。

请用这些数据绘制总成本和收入与 Q 的关系曲线，并通过图形确定盈亏平衡点。请完整地给图形加上标签，并且标记出平衡点。Q 值在什么范围内时生产有利润？Q 取何值时收益最大？

2. 考虑某化学产品的成本如下：

固定成本：204.5 万美元/年。
可变成本：
材料成本：每加仑产品 62 美分。
能源成本：每加仑产品 24 美分。
人力成本：每加仑产品 16 美分。

假设我们生产的产品恰好都能卖出去。设 P 为每加仑售价(单位是美元)。假设销售价格与销售数量 Q 满足下列关系：$Q = 6 \times 10^6 - 1.1 \times 10^6 P$。相应地，如果我们提高价格，产品的竞争力就会下降，销售量也会下降。

请用此信息绘制固定成本和总可变成本与 Q 的关系，并以图形方式确定盈亏平衡点。完整地给图形加上标签并标记出盈亏平衡点。Q 值在什么范围内时才有利润？Q 取何值时利润最大？

3.* a.通过画下面方程的曲线来估计该方程的根：

$$x^3 - 3x^2 + 5x\sin\left(\frac{\pi x}{4} - \frac{5\pi}{4}\right) + 3 = 0$$

b. 根据第 a 部分求得的估计值，用 fzero 函数更准确地计算出方程的根。

4. 为了计算结构中的力，有时我们必须求解类似于下面的方程。利用 fplot 函数找到下面方程的所有正根。

$$x\tan(x) = 9$$

5.* 缆绳可用于悬挂桥面和其他结构。如果一根重而均匀的缆绳以自己的两个端点悬挂起来，它的形状就像一条悬垂线，对应的方程是：

$$y = a\cosh\left(\frac{x}{a}\right)$$

其中，a 为缆绳最低点相对于某水平参照线上方的高度，x 为从缆绳最低点向右测量的横坐标，y 为从参照线向上测量的纵坐标。

设 a＝10m。请绘制悬垂线在区间$-20 \leqslant x \leqslant 30$ 米上的曲线。缆绳的每个端点分别有多高？

6. 通过估计降雨量、蒸发量和用水量，城市工程师开发出下列模型，计算了水库蓄水量随时间变化的模型为：

$$V(t) = 10^9 + 10^8(1 - \mathrm{e}^{-t/100}) - 10^7 t$$

其中 V 是水体积、单位为升，t 是时间、单位为天。请绘制 $V(t)$相对于 t 的函数曲线。用这个图来估计需要多少天，水库的蓄水量才能达到最初水量 10^9L 的 50%。

7. 众所周知，下面的 Leibniz(莱布尼兹)级数在 $n \to \infty$时收敛于 $\pi/4$。

$$S(n) = \sum_{k=0}^{n} (-1)^k \frac{1}{2k+1}$$

请绘制当 $0 \leqslant n \leqslant 200$ 时，$S(n)$相对于 n 的变化，及其与 $\pi/4$ 的差。

8. 某渔船最初位于水平面 x＝0，y＝10 处，它沿着 $x=t$ 和 $y=0.5t^2+10$ 移动了 10 小时，其中 t 的单位是小时。国际捕鱼边界可用函数 $y=2x+6$ 对应的直线表示。

a. 请绘制和标记渔船的移动轨迹和边界。

b. 点(x_1, y_1)与直线 $Ax + By + C = 0$ 的垂直距离为：

$$d = \frac{Ax_1 + By_1 + C}{\pm\sqrt{A^2 + B^2}}$$

其中，分母要选择合适的符号以确保 $d \geqslant 0$。请用该结果绘制渔船与捕捞边界之间的距离相对于时间的函数，在区间 $0 \leqslant t \leqslant 10$ 小时上的曲线。

9. 请画出下面矩阵 $\boldsymbol{A}$ 的第 2 列和第 3 列相对于第 1 列的函数曲线。其中，第 1 列的数据是时间(单位为秒)。第 2 列和第 3 列的数据是力(单位为牛顿)。

$$\boldsymbol{A} = \begin{bmatrix} 0 & -7 & 6 \\ 5 & -4 & 3 \\ 10 & -1 & 9 \\ 15 & 1 & 0 \\ 20 & 2 & -1 \end{bmatrix}$$

10.* 很多应用程序都对正弦使用以下“小角度”近似。从而得到易于理解和分析的简单模型。这个近似表达式为 $\sin x \approx x$，其中 x 的单位必须是弧度。请通过创建三幅图来研究这种近似的准确性。首先，绘制 $\sin x$ 相对于 x 在区间 $0 \leqslant x \leqslant 1$ 上的曲线。第二步，绘制近似误差 $\sin x - x$ 相对于 x 在区间 $0 \leqslant x \leqslant 1$ 上的曲线。第三，绘制相对误差$[\sin(x)-x]/\sin(x)$相对于 x 在区间 $0 \leqslant x \leqslant 1$ 上的曲线。x 要多小才能确保近似误差在 5%以内？

11. 您可以用三角恒等式来简化出现在许多应用程序中的方程。通过绘制恒等式 $\tan(2x) = 2\tan x/(1-\tan^2 x)$。左边和右边相对于 x 的函数在区间 $0 \leqslant x \leqslant 2\pi$ 上的曲线，验证上面的恒等式成立。

12. 复数恒等式 $\mathrm{e}^{\mathrm{i}x} = \cos x + \mathrm{i}\sin x$ 经常用于转换方程解的形式，以便相对容易可视化。请通过绘制恒等式两边的虚部相对于实部的函数在区间 $0 \leqslant x \leqslant 2\pi$ 上的曲线，来验证上述恒等式。

13. 请通过在区间 $0 \leqslant x \leqslant 5$ 上绘图，验证 $\sin(ix) = i\sinh x$。

14.* 函数 $y(t)=1-e^{-bt}$，其中 t 为时间，且 $b>0$，可以描述很多过程。例如，当一个容器被充满时液体高度的变化过程，或者物体被加热时其温度的变化过程等。请研究参数 b 对 $y(t)$的影响。为此，请在同一幅图上，绘制 b 取不同值时 y 相对于 t 的函数曲线。$y(t)$要达到其稳态值的 98%需要多长时间？

15. 下面的函数描述了电路振荡以及机器和结构体振动的过程。请在同一张图上绘制这些函数的曲线。因为它们都很相似，请决定如何才能最好地绘制和标记它们，以避免混淆。

$$x(t) = 10\,e^{-0.5t}\sin(3t+2)$$
$$y(t) = 7\,e^{-0.4t}\cos(5t-3)$$

16. 在某些类型的结构振动中，周期性施加在结构体上的力会导致振动幅度随时间不断增大或减小。这种现象，被称为敲打。音乐中也有这种现象。某结构的位移可以表示为：

$$y(t) = \frac{1}{f_1^2 - f_2^2}[\cos(f_2 t) - \cos(f_1 t)]$$

其中 y 是位移、单位是英寸，t 是时间、单位是秒。当 $f_1=8$ rad/sec 和 $f_2=1$ rad/sec 时，请绘制 y 相对于 t 在区间 $0 \leqslant t \leqslant 20$ 上的曲线。一定要选择足够多的点，以便获得准确的图形。

17.* 以速度 v 和角度 A 掷出的球的轨迹高度 $h(t)$和水平距离 $x(t)$可表示为：

$$h(t) = vt\sin A - \frac{1}{2}gt^2$$
$$x(t) = vt\cos A$$

已知地球表面的重力加速度为 $g=9.81\ \text{m/s}^2$。

a. 假设球的出射速度 $v=10$ 米/秒，角度为 35°。请用 MATLAB 计算球能飞多高、飞多远，落地需要多长时间。

b. 利用 a 部分给定的 v 和 A 值，绘制球的轨迹；即绘制 h 相对于 x 的函数的 h 正值曲线。

c. 当角度 A 分别取 5 个值：20°、30°、45°、60° 和 70° 时，绘制 $v=10$ 米/秒时对应的轨迹。

d. 当初始速度 v 分别取 5 个值：10、12、14、16 和 18 米/秒时，绘制 $A=45°$ 时对应的轨迹。

18. 理想气体定律涉及气体的压强 p、绝对温度 T、质量 m 和体积 V。可表示为：

$$pV=mRT$$

常量 R 是气体常量。空气的 R 值为 286.7 (N·m)/ (kg·K)。假设空气处于室内容器中，室温为(20℃＝293k)。请绘制气体压强(单位是 N/m^2)相对于容器体积 V(单位是 m^3)在区间 $200 \leqslant V \leqslant 100$ 上的三条曲线。这三条曲线分别对应于容器内的下列空气质量：$m=1$kg，$m=3$kg 和 $m=7$kg。

19. 机械结构和电路中的振荡现象通常可以用函数表示为：

$$y(t) = e^{-t/\tau}\sin(\omega t + \phi)$$

其中 t 为时间，ω 为振荡频率(单位是单位时间内的弧度)。振荡周期可表示为 $2\pi/\omega$，其振幅随时间衰减的速率由时间常量 τ 决定。τ 越小，振荡消失得越快。

a. 利用这些事实为选择 t 值的步长和上限设定一个标准，从而得到 y(t)的精确曲线图(提示：考虑 $4\tau > 2\pi/\omega$ 和 $4\tau < 2\pi/\omega$ 这两种情况)。

b. 应用您设计的标准，画出 $\tau=10$，$\omega=\pi$ 和 $\phi=2$ 时的 $y(t)$曲线。

c. 应用您设计的标准，画出 $\tau=0.1$，$\omega=8\pi$ 和 $\phi=2$ 时的 $y(t)$曲线。

20. 在某台初始静止的电机上施加恒定电压，测量电机转速 $s(t)$与时间的关系，所得数据如下表所示：

时间(秒)	1	2	3	4	5	6	7	8	10
速度(转/分钟)	1210	1866	2301	2564	2724	2881	2879	2915	3010

请确定下面的函数能否描述数据。如果是，就求出常量 b 和 c 的值。

$$s(t)=b(1-e^{ct})$$

21. 下表显示了某市每年的平均气温。请将数据分别绘制为茎图、柱状图和阶梯图。

年	2000	2001	2002	2003	2007
温度	21	18	19	20	17

22. 根据以下公式，初始投资的 1 万美元将以 4%的年复利增长

$$y(k)=10^4(1.04)^k$$

其中 k 为年份数($k=0, 1, 2\ldots$)。请画出 10 年间的账户金额。请分别画出四种类型的图形：xy 图、茎图、阶梯图和柱状图。

23. 半径为 r 的球体的体积 V 和表面积 A 可以分别表示为：

$$V=\frac{4}{3}\pi r^3 \qquad A=4\pi r^2$$

a. 请绘制 V 和 A 相对于 r 在区间 $0.1\leqslant r\leqslant 100$ 米上的两个子图。请选择合适的坐标轴使得 V 和 A 都呈直线。

b. 请绘制 V 和 r 相对于 A 在区间 $1\leqslant A\leqslant 10^4$ 平方米上的两个子图。请选择合适的坐标轴使得 V 和 r 都呈直线。

24. 投资于储蓄账户的当前金额 A 与本金 P、年利率 r 的关系可表示为：

$$A=P\left(1+\frac{r}{n}\right)^{nt}$$

其中 n 是年复利的次数。对于连续复利，$A=Pe^{rt}$。假设本金为 1 万美元、年利率为 3.5%(即 $r=0.035$)。

a. 请绘制 A 相对于 t 区间 $1\leqslant t\leqslant 20$ 年上的 4 种情况：连续复利、年度复利($n=1$)、季度复利($n=4$)、月度复利($n=12$)。请在同一幅图上显示所有四种情况，并标记每条曲线。在第二个子图上，请画出连续复利曲线与其他三条曲线的差值。

b. 重做 a 部分，在对数-对数和半对数图形上绘制 A 相对于 t 的曲线。哪张图是直线？

25. 图 P25 表示含有电源和负载的电气系统。电源产生固定电压 v_1，并向负载提供所需的电流 i_1，负载上的压降为 v_2。从实验中可以发现，某负载的电流和电压关系为：

$$i_1=0.16(e^{0.12v_2}-1)$$

假设电源内阻为 $r_1=30\Omega$，电源电压为 $v_1=15\text{V}$。为了选择或设计一个充足的电源，我们需要确定当该电源连接负载时，要从电源中吸取多少电流。同时求出电源上的压降 v_2。

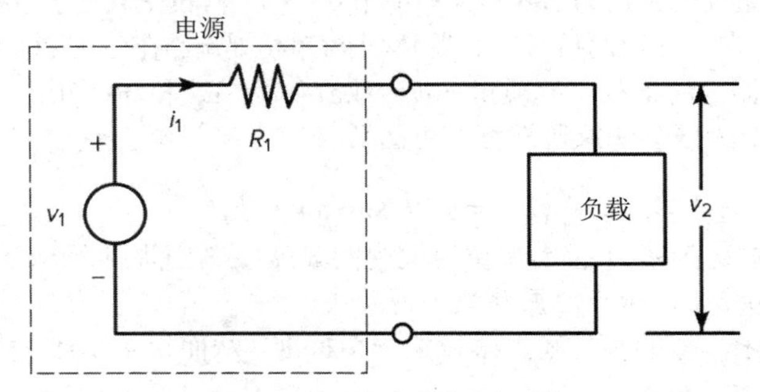

图 P25　电源和负载的电气系统

26.　图 P26 所示的电路由一个电阻和一个电容组成，因此也称之为 RC 电路。如果我们在该电路上施加被称为输入电压的正弦电压 v_i，那么最后产生的输出电压 v_o 也是正弦的。其频率与输入相等，但是振幅和相对于输入电压的时间偏移不同。具体来说，如果 $v_i=A_i\sin\omega t$，那么 $v_o=A_o\sin(\omega t+\phi)$。频率响应图是 A_o/A_i 相对于对频率 ω 的图形。它通常绘制在对数轴上。高级工程课程还将介绍，对于图中所示的 RC 电路，如下式所示，这个比例取决于 ω 和 RC：

$$\frac{A_o}{A_i} = \left|\frac{1}{RCs + 1}\right|$$

其中，$s=\omega i$。当 $RC=0.1\text{s}$ 时，请绘制$|A_o/A_i|$相对于 ω 的对数-对数图，并用该图找到输出振幅 A_o 小于输入振幅 A_i 的 70%的频率范围。

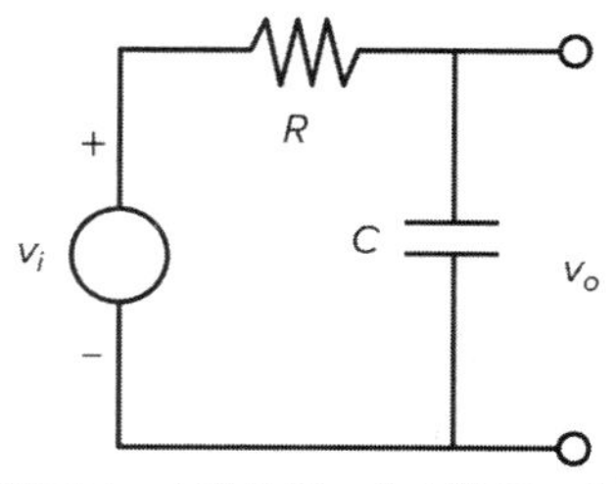

图 P26　电路包括一个电阻和一个电容

27. 函数 sin *x* 的近似值是 $\sin x = x - x^3/6$。请画出 sin *x* 函数和用 20 个等步长误差条表示的近似误差图。

28. 考虑下列函数：

$$f(x) = 3x\cos^2 x - 2x$$

$$g(x) = -6x\cos x\sin x + 3\cos^2 x - 2$$

请在同一张图上绘制 $f(x)$和 $g(x)$相对于 x 在区间[−2π，2π]上的曲线。标记坐标轴，并添加网格和图例。用红色实线表示 $f(x)$，用蓝色虚线表示 $g(x)$。

29. 创建下列函数在区间 $0\leqslant\theta\leqslant2\pi$ 上的极坐标图。

$$r = 4\cos^2(0.6\theta) + \theta$$

30. 已知下列函数：

$$y = 3^{(-0.5x + 15)}$$

请绘制该函数的曲线，采用四种类型的坐标轴：线性-线性、线性-对数、对数-线性和对数-对数，x 的区间为[0.1, 100]，并加上网格。请不要使用 subplot 函数。

31. 请编写 MATLAB 脚本，允许用户绘制下面的某个函数在区间 $0\leqslant x\leqslant10$ 上的曲线。请用 input 命令使用户能够选择要绘制的函数。

$$f_1(x) = \cos(x)$$
$$f_2(x) = \sin(x)$$
$$f_3(x) = -x^2 + 10x$$

32. 行星及其卫星都沿着椭圆形轨道运行。其中一个椭圆的中心是原点，其方程为：

$$x^2 + \frac{y^2}{4} = 1$$

另一个椭圆也以原点为中心，并相对于第一个椭圆旋转。其运动方程是：

$$0.5833x^2 - 0.2887xy + 0.4167y^2 = 1$$

我们要找出两个椭圆的所有相交点。请用 fimplicit 函数和 hold 命令在同一个张图上绘制出这两个椭圆。由于两个椭圆都以原点为中心，因此如果它们相交，则交点有 4 个，因此需要用 ginput 函数求出这 4 个点的坐标。

5.4 节

33. 深受欢迎的游乐设施“螺旋抽水机”呈螺旋形。螺旋线的参数方程是：

$$x = a\cos(t)$$
$$y = a\sin(t)$$
$$z = bt$$

其中 a 是螺旋路径的半径，b 是确定路径“紧密性”的常量。此外，如果 $b > 0$，则螺旋形状为右手螺旋；如果 $b < 0$，则为左手螺旋。

请绘制以下三种情况的螺旋的三维图，并对其外观进行比较。已知 $0 \leqslant t \leqslant 10\pi$ 且 $a=1$。

a. $b=0.1$

b. $b=0.2$

c. $b=-0.1$

34. 某机器人以 2rpm 的速度围绕它的基座自转，同时放下手臂、伸出手掌。落下手臂的速度是每分钟 120 度，伸出手掌的速度是 5 米/分。已知手臂长 0.5 米。手掌的 xyz 坐标为：

$$x = \left(0.5 + 5t\right)\sin\left(\frac{2\pi}{3}t\right)\cos\left(4\pi t\right)$$
$$y = \left(0.5 + 5t\right)\sin\left(\frac{2\pi}{3}t\right)\sin\left(4\pi t\right)$$
$$z = \left(0.5 + 5t\right)\cos\left(\frac{2\pi}{3}t\right)$$

其中 t 是时间，单位是分钟。

请绘出手掌在区间 $0 \leqslant t \leqslant 0.2$ 分时的移动路径三维图。

35. 请绘出函数 $z=x^2-2xy+4y^2$ 的曲面和等值线图，并标记出当 $x=y=0$ 时 z 取最小值。

36. 请绘制函数 $z=-x^2+2xy+3y^2$ 的曲面和等值线图。这个曲面呈马鞍形。在其鞍点 $x=y=0$ 处，曲面斜率为 0，但是该点既不对应于最小值，也不对应于最大值。请问鞍点对应什么样的等值线？

37. 请绘制函数 $z=(x^2-y^2)(x-3y^2)$的曲面和等值线图。该曲面在 $x=y=0$ 处有一个奇异点，此处的曲面斜率为 0，但是该点既不对应于最小值，也不对应于最大值。请问奇异点对应什么样的等值线？

38. 某正方形金属板加热后，其角上 $x=y=1$ 处温度为 80℃。已知金属板的温度分布可以表示为：

$$T = 80\mathrm{e}^{-(x-1)^2}\mathrm{e}^{-3(y-1)^2}$$

请绘制其温度的曲面和等值线图。为每个坐标轴加上标签。角上 $x=y=0$ 处的温度是多少？

39. 下面的函数描述了某些机械结构和电路中的振荡现象。

$$z(t) = \mathrm{e}^{-t/\tau}\sin(\omega t + \phi)$$

在该函数中，t 是时间，ω 是振荡频率，单位是单位时间内的弧度。其振荡周期为 $2\pi/\omega$，其振幅随时间衰减的速率由时间常量 τ 决定。τ 越小，振荡消失得越快。

假设 $\phi=2$，$\omega=2$，并且 τ 的取值范围是为 $0.5 \leqslant \tau \leqslant 10$ 秒。那么前面的方程将变为：

$$z(t) = \mathrm{e}^{-t/\tau}\sin(2t)$$

请绘制该函数的曲面图和等值线图，以便于可视化地展示 τ 在 $0 \leqslant \tau \leqslant 10$ 秒范围内变化的影响。令 x 变量为时间 t，y 变量为 τ。

40. 下列方程描述了矩形金属平板的温度分布。其中三个面的温度保持为常量 T_1 不变，第四个面的温度保持为常量 T_2 不变(参见图 P40)。温度 $T(x, y)$作为 xy 坐标的函数，可表示为：

$$T(x,y) = (T_2 - T_1)\,w(x,y) + T_1$$

其中，

$$w(x,y) = \frac{2}{\pi}\sum_{n\ \mathrm{odd}}^{\infty}\frac{2}{n}\sin\left(\frac{n\pi x}{L}\right)\frac{\sinh(n\pi y/L)}{\sinh(n\pi W/L)}$$

已知 $T_1=70$℉，$T_2=200$℉，并且，$W=L=2$ 英尺。

设 x 和 y 的步长为 0.2，请生成曲面网格图和温度分布的等值线图。

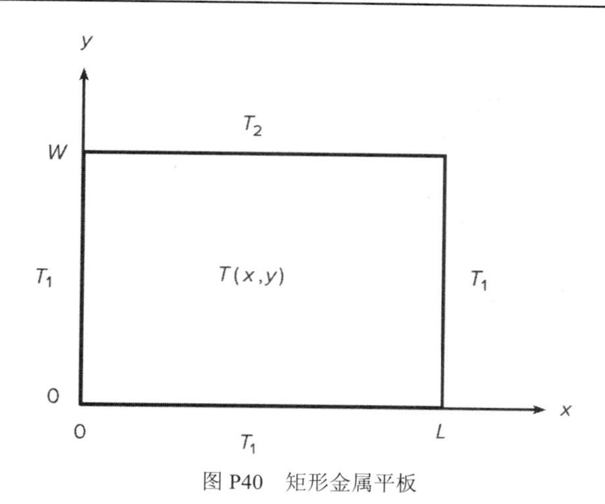

图 P40　矩形金属平板

41. 由两个带电粒子引起的某一点的电势场 V 可以表示为：

$$V = \frac{1}{4\pi\epsilon_0}\left(\frac{q_1}{r_1} + \frac{q_2}{r_2}\right)$$

其中 q_1 和 q_2 是粒子所带的电荷，单位是库仑(C)；r_1 和 r_2 是电荷与这一点的距离，单位是米，而ϵ_0 是自由空间的介电常量，其大小为：

$$\epsilon_0 = 8.854 \times 10^{-12}\ \mathrm{C^2/(N \cdot m^2)}$$

假设电荷所带电量分别为 $q_1=2\times10^{-10}$C 和 $q_2=4\times10^{-10}$C。它们在 xy 平面中的位置分别是(0.3, 0)和(−0.3, 0)米。请绘制三维曲面上的电势场曲线，其中 V 在 z 轴，对应于区间$-0.25\leqslant x\leqslant 0.25$ 和$-0.25\leqslant y\leqslant 0.25$。请用两种方式创建图形：(a)用 surf 函数，(b)用 meshc 函数。

42. 请参阅第 4 章的习题 26。请用为该问题创建的函数文件生成一个曲面网格图和 x 相对于 h 和 W(其中 $0\leqslant W\leqslant 500$N 和 $0\leqslant h\leqslant 2$m)的等值线图。已知 $k_1=10^4$N/m，$k_2=1.5\times10^4$N/m 并且 $d=0.1$m。

43. 请参阅第 4 章习题 29。绘制作为配送中心位置的 x 和 y 坐标的函数的总成本的曲面图和等值线图，看看成本对配送中心的位置有多敏感。如果我们将中心选在距离最优位置任意方向 1 英里的地方，那么成本会增加多少？

44. 请参阅第 3 章例题 3.2-1。绘制用面积图和周长 L 相对于 d 和 θ 的函数在区间 $1\leqslant d\leqslant 30$ft 且 $0.1\leqslant\theta\leqslant 1.5$ 弧度上的等值线图。除了对应于 $d=7.5984$ 且 $\theta=1.0472$ 的点之外，还有其他波谷吗？有鞍点吗？

45. 以初始速度 v 和角度 A 抛射出的弹丸的射程可表示为：

$$R = \frac{2v^2 \cos A \sin A}{g}$$

请创建函数 range(V, A)来计算 R，假设 A 的单位是度。请使用该函数以及函数 mesh 和 meshc 来绘制曲面图。已知 v 的区间位于[10, 25]，步长为 1 米/秒；A 的区间在[5, 85]，步长为 1 度。

46. 请用函数 fimplicit3 创建下列函数的曲面图：

$$x^2 + 30y^2 + 30z^2 = 120$$

21 世纪的工程学……

虚拟样机

虚拟样机是一种产品开发方法，利用这种方法，可以在做出物理原型之前进行设计验证。它通常要用到计算机辅助设计(CAD)软件、计算机辅助工程(CAE)软件以及仿真软件，如 MATLAB 和 Simulink。该方法是对传统设计方法的扩展，但是依托现代计算机的强大功能和软件在准确度上的改进，使其更加实用。

CAD 和 CAE 不仅有计算机辅助绘图功能，还包括有限元分析(FEA)，可以对部件和组件进行应力分析、流体动力分析(计算流体形状和力的大小)、多刚体动力学分析及优化等。仿真可以加速微控制器单元的开发、集成和测试。工程师们可以借助计算机确定初步设计方案中可能出现的力、电压、电流等。他们可以利用这些信息确保硬件能够承受预期的力或提供所需的电压或电流。

在开发新型运输工具(如飞机)的一般过程中，以前是先用空气动力学测试一个比例模型；然后建立全尺寸的木制模型(mock-up)以检查管道、电缆和结构干涉问题；最后才建造并测试原型机(prototype)，即第一架完整的飞行器。

虚拟样机技术正在改变传统的开发周期。波音 777 是首架使用虚拟样机技术设计和制造的飞机，省去了大量建造模型的时间和费用。负责各个子系统(如空气动力学、结构、液压和电气系统等)设计的团队都可以访问描述这架飞机的同一套计算机数据库。因此，当某个团队更改设计时，就要更新数据库，从而使其他团队检查新的更改是否影响了各自的子系统。

第 6 章

建模与回归

内容提要

6.1 函数探索
6.2 回归
6.3 Basic Fitting 界面
6.4 总结
习题

第 5 章已经介绍的绘图技术的重要应用之一就是函数探索(function discovery)，这是一种利用数据图获得描述该数据生成过程的数学函数或“数学模型”的技术。6.1 节将着重介绍该主题。6.2 节将介绍回归(regression)，这是找到最适合描述某组数据的方程的系统方法 (也称为最小二乘法)。6.3 节将介绍 MATLAB 的 Basic Fitting(基本拟合)界面，它也支持回归。

6.1 函数探索

函数探索(function discovery)是找到或“发现”能够描述一组特定数据的函数的过程。常见的物理现象可由下列三种函数类型进行描述。

(1) **线性(linear)函数**：$y(x)=mx+b$。请注意 $y(0)=b$。

(2) **幂(power)函数**：$y(x)=bx^m$。请注意，如果 $m\geqslant 0$ 则 $y(0)=0$；如果 $m<0$，则 $y(0)=\infty$。

(3) **指数(exponential)函数**：$y(x)=b(10)^{mx}$ 或其等价形式 $y=be^{mx}$，其中 e 是自然对数的底数(ln e=1)。请注意，这两种情况都有 $y(0)=b$。

当使用特定的一组坐标轴绘图时，每个函数都能绘出一条直线：

(1) 线性函数 $y=mx+b$ 在直角坐标系中将画出一条直线，其斜率是 m，截距是 b。

(2) 幂函数 $y=bx^m$ 在对数-对数坐标系中也将画出一条直线。

(3) 指数函数 $y=b(10)^{mx}$ 及其等价形式 $y=be^{mx}$ 在 y 轴为对数的半对数图上也将画出一条直线。

我们之所以要从图上找出直线，因为它相对容易识别，因此我们可以很容易地判断函数是否很好地拟合数据。

可以用以下过程确定描述给定数据集的函数。我们假设某种函数类型(线性、指数或幂函数)可以描述数据。

(1) 检查原点附近的数据。指数函数不可能通过原点(除非 $b=0$，这是很简单的情况)。当 $b=1$ 时的例子参见图 6.1-1。只有当 $b=0$ 时，线性函数才能通过原点。幂函数可以通过原点，但前提是 $m>0$(当 $b=1$ 时的例子见图 6.1-2)。

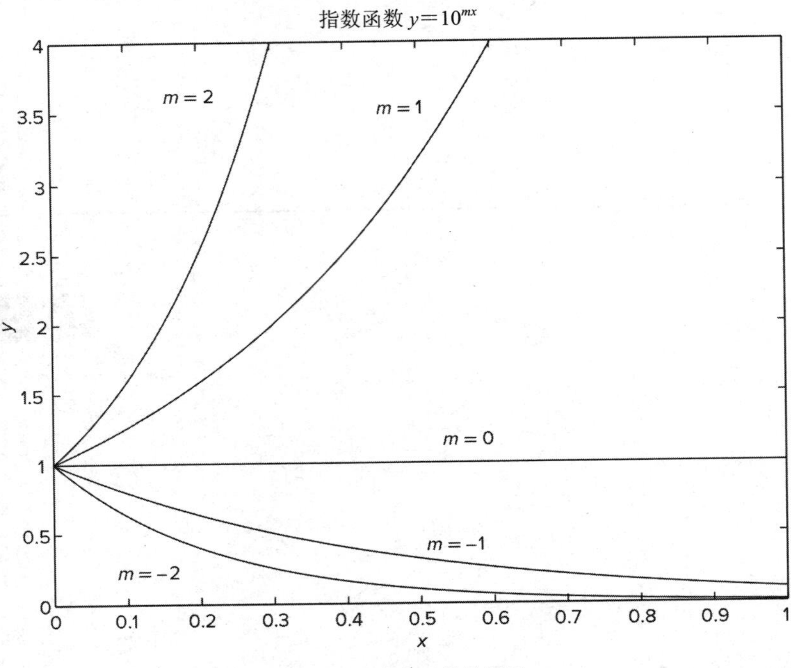

图 6.1-1　指数函数的例子

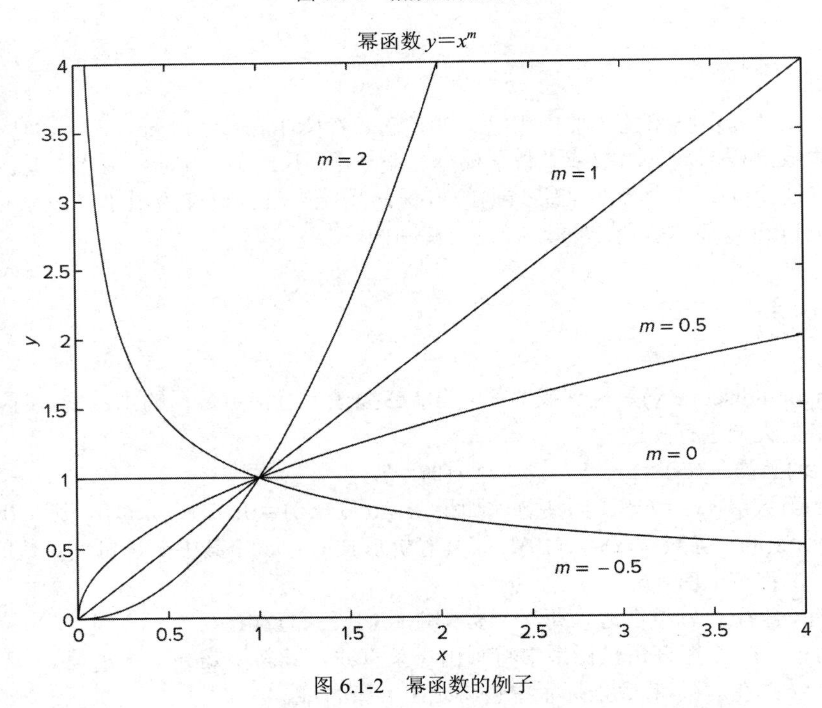

图 6.1-2　幂函数的例子

(2) 用直角坐标绘制数据。如果数据形成直线，那么就可以用线性函数表示数据，任务就完成了。否则，如果已知 $x=0$ 时的数据，那么：

a. 如果 $y(0)=0$，就试试幂函数。

b. 如果 $y(0)\neq0$，就试试指数函数。

如果没有 $x=0$ 时的数据，则执行步骤 3。

(3) 如果您怀疑它是幂函数，请使用对数-对数坐标绘制数据，因为只有幂函数才会在对数-对数图上形成直线。如果您怀疑它是指数函数，请使用半对数坐标绘制数据，因为只有指数函数才会在半对数图上形成直线。

(4) 在函数探索应用中，我们只用对数-对数和半对数图来确定函数类型，而不用于求解系数 b 和 m。原因是我们很难在对数坐标上插值。

利用 MATLAB 的 polyfit 函数可以求出 b 和 m 的值。该函数能在所谓的最小二乘条件下，求出最能拟合数据的 n 阶多项式的系数。具体语法见表 6.1-1。有关最小二乘法的数学基础知识将在 6.2 节介绍。

表 6.1-1　函数 polyfit

命令	描述
p=polyfit(x, y, n)	用 n 阶多项式拟合向量 x 和 y 描述的数据，其中 x 是自变量。返回值是长度为 n+1 的行向量 p，其中包含按幂指数递减顺序排列的多项式系数

因为我们已经假设数据能在直角、半对数或者对数-对数坐标系上形成直线，所以我们只对与直线对应的多项式(即一阶多项式)感兴趣，于是可将其表示为：$w=p_1z+p_2$。因此，参照表 6.1-1，我们将看到，如果 $n=1$，拟合向量 p 将变为$[p_1, p_2]$。该多项式在下面的三种情况下都有不同的解释：

- **线性函数**：$y=mx+b$。这种情况下，多项式 $w=p_1z+p_2$ 中的变量 w 和 z 是原始数据变量 x 和 y，我们可以通过输入 p=polyfit(x, y, 1)求出拟合数据的线性函数。拟合向量 p 的第一个元素 p_1 是 m，第二个元素 p_2 是 b。
- **幂函数**：$y=bx^m$。这种情况下，$\log_{10}y=m\log_{10}x+\log_{10}b$，也具有 $w=p_1z+p_2$ 的形式，其中多项式变量 w 和 z 通过 $w=\log_{10}y$ 和 $z=\log_{10}x$ 与原始数据变量 x 和 y 相关。因此，我们可以通过输入 p=polyfit (log10(x), log10(y), 1)来求出适合该数据的幂函数。向量 p 的第一个元素 p_1 是 m，第二个元素 p_2 是 $\log_{10}b$。我们根据 $b=10^{p2}$ 求出 b。
- **指数函数**：$y=b(10)^{mx}$。这种情况下 $\log_{10}y=mx+\log_{10}b$ 也具有 $w=p_1z+p_2$ 的形式，其中，多项式变量 w 和 z 通过 $w=\log_{10}y$ 和 $z=x$ 与原始数据变量 x 和 y 相关。因此，我们可通过输入 p=polyfit (x, log10(y), 1)求出拟合该数据的指数函数。向量 p 的第一个元素 p_1 是 m，第二个元素 p_2 是 $\log_{10}b$。我们可以根据 $b=10^{p2}$ 求出 b。

例题 6.1-1　声呐测量的速度估计

下表给出了接近式水下航行器用声呐对距离的测量值，该测量值以海里(nmi)为单位。假设相对速度 v 为常量，距离相对于时间的函数是 $r=-vt+r_0$，其中 r_0 是 $t=0$ 时刻的初始距离。请估计当距离为零时的速度 v 的大小。

时间，t(分钟)	0	2	4	6	8	10
距离，r(海里)	3.8	3.5	2.7	2.1	1.2	0.7

■ **解**

MATLAB 函数如下。

```
% Data
t = 0:2:10;
r = [3.8,3.5,2.7,2.1,1.2,0.7];
% First-order curve fit.
p = polyfit(t,r,1)
% Create plotting variable.
rp = p(1)*t+p(2);
plot(t,r,'o',t,rp),xlabel('t (min)'),ylabel('r (nmi)')
% Speed calculation.
v = -p(1)*60 % speed in knots (nmi/hr)
p
```

图 6.1-3 显示了该图。相对速度的估计值为 0.3286 海里/分钟，或者 19.7 节。对应的系数是 $p(1)=-0.3286$ 和 $p(2)=3.9762$，即 r_0。因此，拟合方程为 $r=-0.3286t+3.9762$。从这里可以估计出距离为零的时刻：

t=3.976 2/0.328 6≈12.1 分钟。

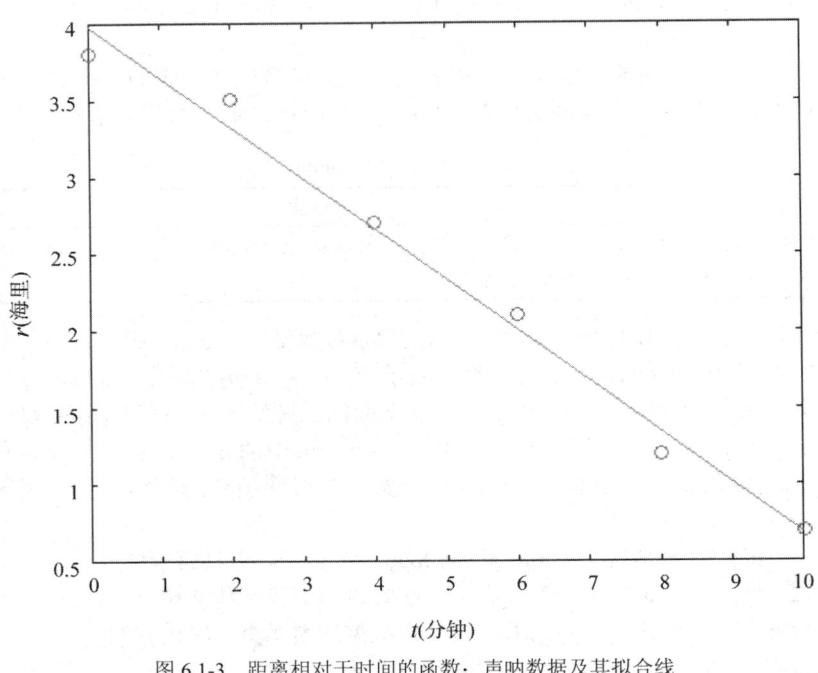

图 6.1-3　距离相对于时间的函数：声呐数据及其拟合线

例题 6.1-2　温度动力学

在室温(68℉)下，陶瓷杯中的咖啡在冷却过程中，不同时刻的温度测量值如下。

时间 t(秒)	温度 T(℉)
0	145
620	130
2266	103
3482	90

请建立咖啡温度随时间变化的模型，并用该模型估计温度达到 120℉需要多长时间。

■　解

$T(0)$是有限非零值，因此幂函数不能描述这些数据，所以我们不必费心在对数-对数坐标系上绘制数据。根据常识可知，咖啡会自然变凉，它的温度最终会等于室温。因此，我们从数据中减去室温，画出相对温度 $T-68$ 与时间的关系即可。如果相对温度是时间的线性函数，则模型是 $T-68=mt+b$。如果相对温度是时间的指数函数，模型就是 $T-68=b(10)^{mt}$。图 6.1-4 所示为解决该问题的图。下面的 MATLAB 脚本文件生成最上面的两个图。时间数据在数组 time 中，温度数据在数组 temp 中。

```
% Enter the data.
time = [0,620,2266,3482];
temp = [145,130,103,90];
% Subtract the room temperature.
temp = temp - 68;
% Plot the data on rectilinear scales.
subplot(2,2,1)
plot(time,temp,time,temp,'o'),xlabel('Time (sec)'),...
    ylabel('Relative Temperature (deg F)')
%
```

```
% Plot the data on semilog scales.
subplot(2,2,2)
semilogy(time,temp,time,temp,'o'),xlabel('Time (sec)'),...
     ylabel('Relative Temperature (deg F)')
```

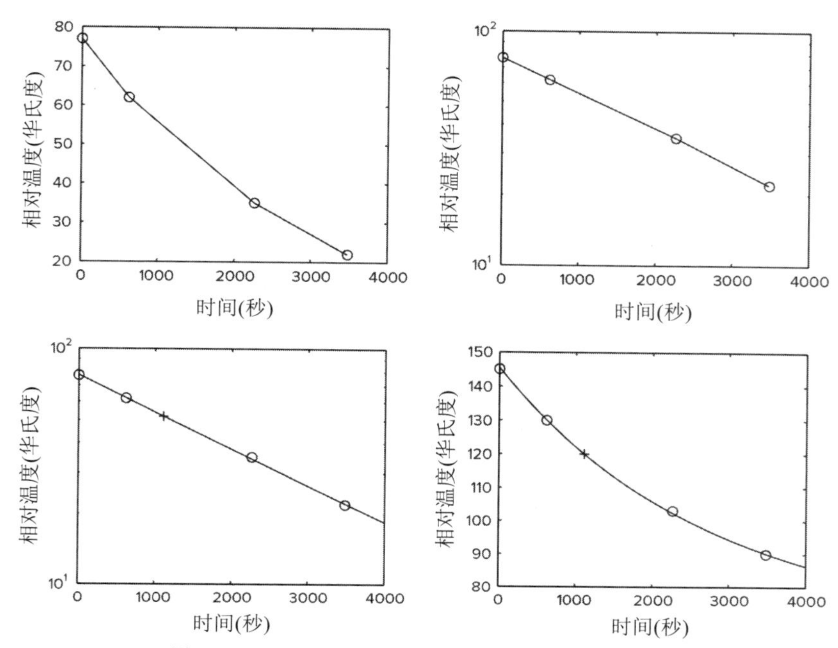

图 6.1-4 一杯咖啡冷却的温度，在不同坐标系上的图形

数据只在半对数坐标系(右上角的图)形成一条直线。因此，数据可用指数函数 $T=68+b(10)^{mt}$ 来描述。请用 polyfit 命令，将下列代码添加到脚本文件中。

```
% Fit a straight line to the transformed data.
p = polyfit(time,log10(temp),1);
m = p(1)
b = 10^p(2)
```

计算值是 $m=-1.5557\times10^{-4}$ 且 $b=77.4469$。因此推导出的模型是 $T=68+b(10)^{mt}$。要想估计出咖啡冷却到 120 华氏度需要多长时间，我们就必须从方程 $120=68+b(10)^{mt}$ 中解出 t。解是 $t=[\log_{10}(120-68)-\log_{10}(b)]/m$。下面的脚本文件给出了用于此计算的 MATLAB 命令，它是前一个脚本的延续，并生成了图 6.1-4 所示的最下面的两个子图。

```
% Compute the time to reach 120 degrees.
t_120 = (log10(120-68)-log10(b))/m
% Show derived curve and estimated point on semilog scales.
t = 0:10:4000;
T = 68+b*10.^(m*t);
subplot(2,2,3)
semilogy(t,T-68,time,temp,'o',t_120,120-68,'+'),
xlabel('Time (sec)'),...
   ylabel('Relative Temperature (deg F)')
%
% Show derived curve and estimated point on linear scales.
subplot(2,2,4)
plot(t,T,time,temp+68,'o',t_120,120,'+'),xlabel('Time (sec)'),...
   ylabel('Temperature (deg F)')
```

t_120 的计算值是 1112。因此，到达 120℉的时间是 1112 秒。模型的曲线，连同数据和估计点(1112，120)一起在图 6.1-4 的最下方两张子图中用“+”号标记出来。由于模型曲线靠近数据点，所以我们对 1112 秒的预测结果就有一定的把握。

例题 6.1-3　流体的阻力

在水龙头下放置一个容量为 15 杯的咖啡壶(见图 6.1-5)。当装填至 15 杯刻度线时，打开咖啡壶出水口阀门，调整上方水龙头的流量，直到水位保持在 15 杯刻度线不动。请测量流出 1 杯水所需的时间。重复进行上述实验，将水位调整至不同刻度线时对应的测量结果如下表所示：

图 6.1-5　验证托里拆利定理的实验

液体容积 V(杯)	填满 1 杯所需的时间 t(秒)
15	6
12	7
9	8
6	9

(a) 利用上述数据得出流速与壶内杯数之间的关系。(b) 制造商希望用相同的出口阀门制造一个 36 杯的壶，但是又担心杯子会很快装满，容易导致溢出。请根据(a)部分得到的关系式，预测 36 杯容量的壶装满一杯水需要多长时间。

■　解

(a) 托里拆利(Torricelli)液压定理可表示为 $f=rV^{1/2}$，其中 f 是每秒通过出口阀门的流量，V 是壶中的液体体积(以杯为单位)，r 是常量，其大小可以求出。该关系式是指数为 0.5 的幂函数。因此，如果我们绘制 $\log_{10}(f)$相对于 $\log_{10}(V)$的曲线，就会得到一条直线。f 的值是由给定的 t 数据的倒数得到的，即 $f=1/t$ 杯/秒。

下面是对应的 MATLAB 脚本文件，生成的图如图 6.1-6 所示。容量数据在数组 cups 中，时间数据在数组 meas_times 中。

```
% Data for the problem.
cups = [6,9,12,15];
meas_times = [9,8,7,6];
meas_flow = 1./meas_times;
%
% Fit a straight line to the transformed data.
p = polyfit(log10(cups),log10(meas_flow),1);
coeffs = [p(1),10^p(2)];
m = coeffs(1)
b = coeffs(2)
%
% Plot data and fitted line on a loglog plot to see
% how well the line fits the data.
x = 6:0.01:40;
y = b*x.^m;
subplot(2,1,1)
loglog(x,y,cups,meas_flow,'o'),grid,xlabel('Volume (cups)'),...
     ylabel('Flow Rate (cups/sec)'),axis([5 15 0.1 0.3])
```

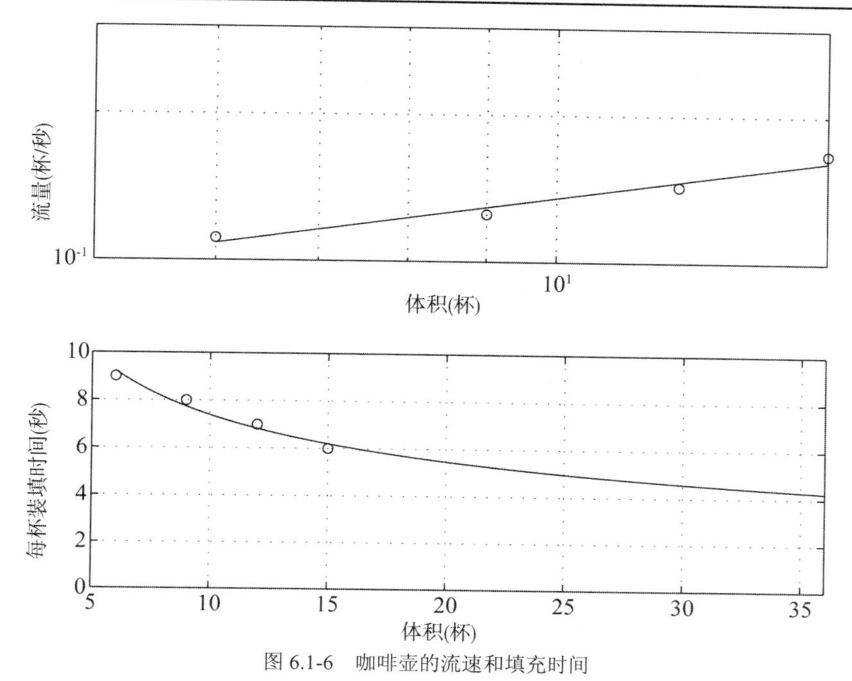

图 6.1-6　咖啡壶的流速和填充时间

计算结果为 $m=0.433$ 和 $b=0.0499$，得出的关系式为 $f=0.0499V^{0.433}$。因为指数是 0.433，而不是 0.5，所得的模型与托里拆利定理不完全一致，但很接近。请注意，图 6.1-6 中的第一张图显示的数据点并不完全位于拟合的直线上。在该应用中，测得的装满一杯所需时间的精确度很难优于一秒，所以这个误差可能导致我们的结果与托里拆利定理不一致。

(b) 请注意填充时间 $1/f$，它是流量的倒数。MATLAB 脚本的其余部分使用推导出的流速关系式 $f=0.0499V^{0.433}$ 绘制了 $1/f$ 相对于 t 的外推填充时间曲线。

```
% Plot the fill time curve extrapolated to 36 cups.
subplot(2,1,2)
plot(x,1./y,cups,meas_times,'o'),grid,xlabel('Volume(cups)'),...
    ??? ylabel('Fill Time per Cup (sec)'),axis([5 36 0 10])
%
% Compute the fill time for V = 36 cups.
fill_time = 1/(b*36^m)
```

预计咖啡壶装满 1 杯的时间是 4.2 秒。制造商现在必须决定这段时间是否足以避免用户灌装过量(实际上，制造商确实建造了一个 36 杯的咖啡壶，填充时间大约是 4 秒，这与我们的预测一致)。

例题 6.1-4　悬臂梁模型

悬臂梁的挠度是指悬臂梁的末端在垂直力作用下移动的距离(见图 6.1-7)。下表给出了力 f 在某一特定梁上产生的挠度测量值 x。请问是否有哪个坐标系(直角、半对数或对数-对数)，使得这种数据在该坐标系上呈近似直线？如果有这样的坐标系，请用这些信息求得 f 和 x 之间的函数关系。

力 f(磅)	0	100	200	300	400	500	600	700	800
挠度 x(英寸)	0	0.15	0.23	0.35	0.37	0.5	0.57	0.68	0.77

■　**解**

下列的 MATLAB 脚本文件能在直角坐标系上生成两张图。数据位于数组 deflection 和 force 中。

```
% Enter the data.
force = 0:100:800;
```

```
deflection=[0,0.15,0.23,0.35,0.37,0.5,0.57,0.68,0.77];
%
% Plot the data on rectilinear scales.
subplot(2,1,1)
plot(deflection,force,'o'),...
    xlabel('Deflection (in.)'),ylabel('Force(lb)'),...
    axis([0 0.8 0 800])
```

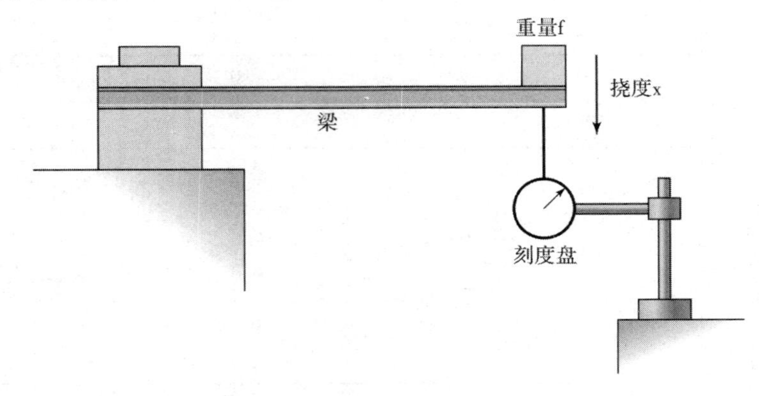

图 6.1-7　测量梁的挠度

绘制的结果参见图 6.1-8 的第一张图。这些点位于通常由方程 $f=kx+c$ 表示的直线上。

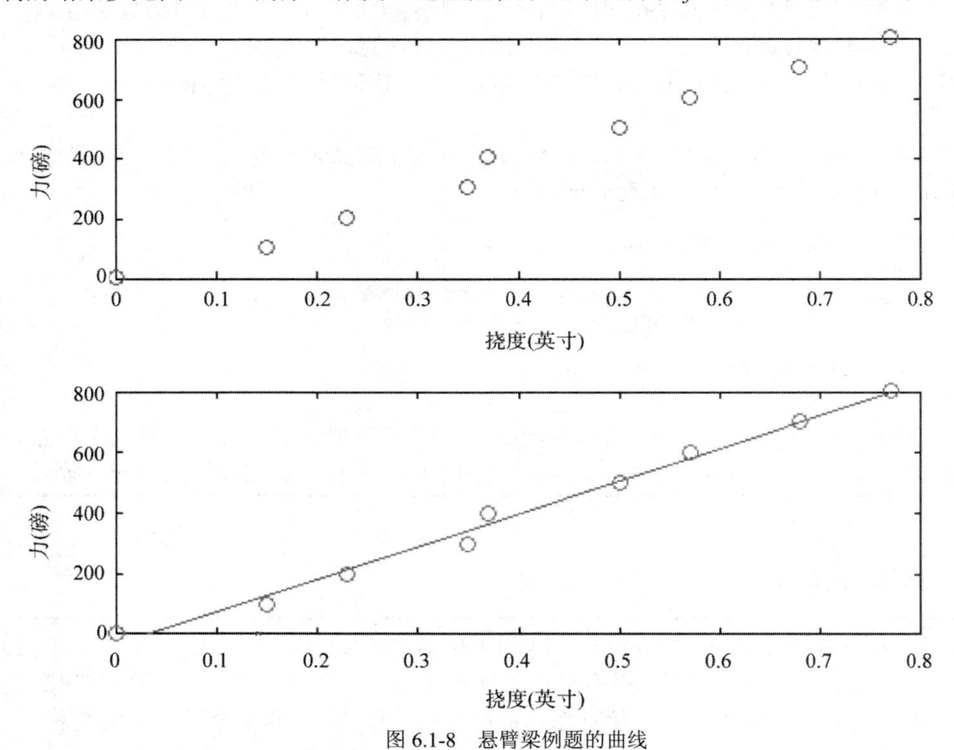

图 6.1-8　悬臂梁例题的曲线

其中 k 被称为梁的弹簧系数(spring constant)。我们可以用 polyfit 命令求解 k 值，如下面的脚本文件所示，它是前一个脚本的延续。

```
% Fit a straight line to the data.
p = polyfit(deflection, force,1);
% Here k = p(1) and c = p(2).
k = p(1)
c = p(2)
```

```
% Plot the fitted line and the data.
x = deflection;
f = k*x+c;
subplot(2,1,2)
plot(x,f,deflection,force,'o'),...
     xlabel('Deflection (in.)'),ylabel('Force (lb)'),...
     axis([0 0.8 0 800])
```

该程序绘制的曲线参见图 6.1-8 的第二张图。计算结果为 k=1082 磅/英寸和 c=-34.6592 磅。

许多应用都需要建立在形式上基于物理原理的模型。例如，弹簧-伸展模型必须通过原点(0, 0)，因为弹簧不被拉伸或压缩时并不产生力。因此，线性弹簧模型应该是 $f=kx$，其中 $c=0$。6.2 节中，我们将提出了一种方法，用于寻找穿过原点的直线模型的弹簧系数 k。

6.2　回归

在 6.1 节中，我们用 MATLAB 函数 polyfit 对线性或可通过对数或其他变换转换成线性形式的函数进行了回归分析。函数 polyfit 基于最小二乘法，也被称为回归(regression)。本节将展示如何使用该函数来构建多项式和其他类型的函数。

最小二乘法

假设我们有下表给出的三个数据点，并且要确定直线 $y=mx+b$ 的系数，使得该系数在最小二乘意义上最接近这些数据。

x	y
0	2
5	6
10	11

残差

根据最小二乘准则，最佳的拟合直线是使 J 最小化的直线。其中，J 是各数据点与直线垂直距离差的平方和。这些差值又被称为*残差*(residual)。这里有三个数据点，因此 J 可以表示为：

$$J=\sum_{i=1}^{3}(mx_i+b-y_i)^2$$
$$=(0m+b-2)^2+(5m+b-6)^2+(10m+b-11)^2$$

当偏导数 $\partial J/\partial m$ 和 $\partial J/\partial b$ 都等于 0 时，对应的 m 和 b 值使得 J 最小。

$$\frac{\partial J}{\partial m}=250m+30b-280=0$$
$$\frac{\partial J}{\partial b}=30m+6b-38=0$$

上述条件给出求解两个未知数 m 和 b 的方程，对应的解是 $m=0.9$，$b=11/6$。在最小二乘意义上的最佳直线是 $y=0.9x+11/6$。如果我们分别求 $x=0$、5 和 10 处的方程值，可得 $y=1.833$、6.333 和 10.8333。这些值与给定的数据值 $y=2$、6、11 均有差异。因为这条直线与数据并不完全吻合。对应的 J 值是 $J=(1.833-2)^2+(6.333-6)^2+(10.8333-11)^2=0.166\,566\,89$。对于这些数据，没有其他直线能给出更小的 J 值。

一般来说，对于多项式 $a_1x^n+a_2x^{n-1}+\cdots+a_nx+a_{n+1}$，$m$ 个数据点的残差的平方和等于：

$$J=\sum_{i=1}^{m}(a_1x^n+a_2x^{n-1}+\cdots+a_nx+a_{n+1}-y_i)^2$$

使 J 最小的 $n+1$ 个系数 a_i 的值可通过求解 $n+1$ 元线性方程组得到。函数 polyfit 可以实现此功能。其语法是 p=polyfit(x, y, n)。表 6.2-1 总结了 polyfit 和 polyval 函数。

表 6.2-1　多项式回归函数

命令	描述
p=polyfit(x, y, n)	用 n 阶多项式拟合向量 x 和 y 描述的数据，其中 x 是自变量。返回值是长度为 n+1 的行向量 p，其中包含按幂指数递减顺序排列的多项式系数
[p, s, mu]=polyfit(x, y, n)	用 n 阶多项式拟合向量 x 和 y 描述的数据，其中 x 是自变量。返回值是长度为 n+1 的行向量 p，其中包含按幂指数递减顺序排列的多项式系数，以及一个与 polyval 一起使用以获得预测结果的误差估计的结构 s。可选输出变量 mu 是包含 x 均值和标准差的双元素向量
[y, delta]=polyval (p, x, s, mu)	用[p, s, mu]=polyfit(x, y, n)生成的最优可选输出结构 s 来估计误差。如果 polyfit 所用数据中的误差独立，并且呈方差不变的正态分布，那么至少有 50%的数据将位于区间 y ± delta 内

例题 6.2-1　多项式阶次的影响

考虑数据集 x=1, 2, 3, …, 9 和 y=5, 6, 10, 20, 28, 33, 34, 36, 42。请分别用一阶到四阶多项式拟合该数据，并比较结果。

■　解

下面的脚本文件将计算这些数据对应的一到四阶多项式的系数，以及各个多项式的 J 值。

```
x = 1:9;
y = [5,6,10,20,28,33,34,36,42];
for k = 1:4
   coeff = polyfit(x,y,k)
   J(k) = sum ((polyval(coeff,x)-y).^2)
end
```

J 值是 72、57、42 和 4.7，精确到两位有效数字。因此，正如我们所期望的那样，当多项式阶次增加时，J 值减小。图 6.2-1 显示了这些数据和四个多项式。请注意，高阶多项式的拟合精度越来越高。

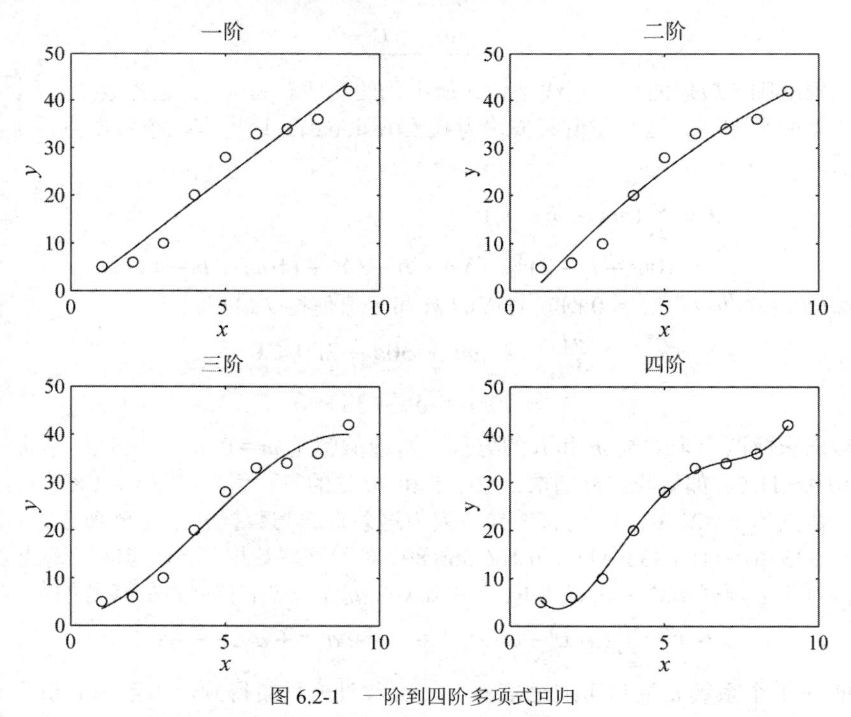

图 6.2-1　一阶到四阶多项式回归

警告：用高阶多项式获得最佳拟合是很诱人的。然而，使用高阶多项式存在两个危险。一是高阶多项式往往在数据点之间出现较大的偏移，因此应尽可能避免。图 6.2-2 显示了这种现象的一个示例。使用高阶多项式的第二个危险是，如果它们系数的有效数字不够多，也会产生较大误差。某些情况下，难以用低阶多项式拟合数据。此时，可用多个三阶多项式拟合。这种方法称为三阶样条法(cubic splines)，具体将在第 7 章介绍。

您学会了吗？

T6.2-1　得到并绘制以下数据：$x=0, 1, \ldots, 5$ 和 $y=0, 1, 60, 40, 41, 47$ 的一阶至四阶多项式曲线。求出多项式系数和 J 值。

(答案：多项式为 $9.5714x+7.5714$；$-3.6964x^2+28.0536x-4.7500$；$0.3241x^3-6.1270x^2+32.4934x-5.7222$；$2.5208x^4-24.8843x^3+71.2986x^2-39.5304x-1.4008$。对应的 J 值分别为 1534、1024、1017 和 495)

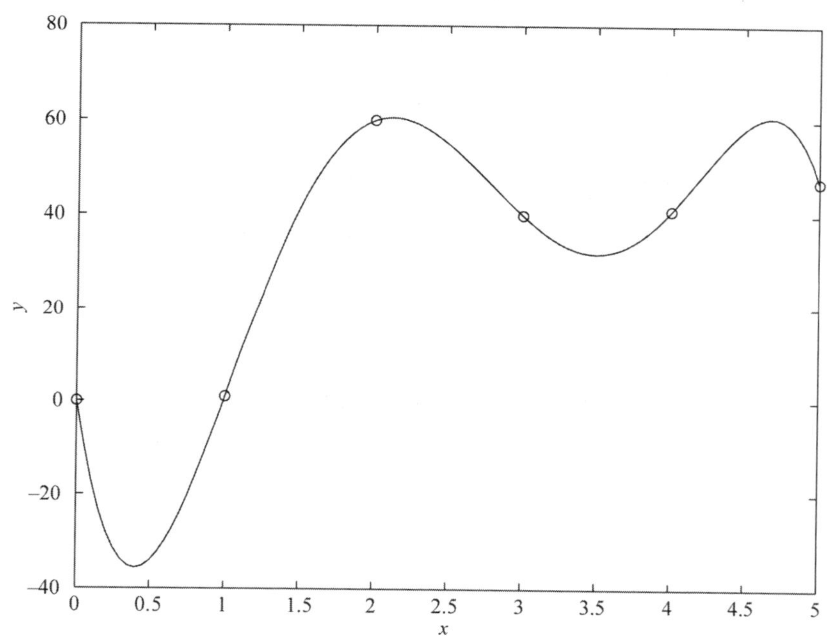

图 6.2-2　一个经过 6 个偏移量很大的数据点的五阶多项式的例子

拟合其他函数

已知数据(y, z)，利用变换 $x=\ln z$ 将 z 值变换成 x 值，即可将对数函数 $y=m\ln z+b$ 转换为一阶多项式。所得结果是 $y=mx+b$。

已知数据(y, z)，利用变换 $x=1/z$ 变换 z 值，即可将函数 $y=b(10)^{m/z}$ 转换为指数函数。

已知数据(v, x)，利用变换 $y=1/v$ 变换 v 值，即可将函数 $y=1/(mx+b)$转换为一阶多项式。所得结果是 $y=mx+b$。

要了解如何获得经过原点的函数 $y=kx$，请参阅习题 8。

曲线拟合的质量

用于拟合函数 $f(x)$的最小二乘准则是残差 J 的平方和，可定义为：

$$J=\sum_{i=1}^{m}[f(x_i)-y_i]^2 \tag{6.2-1}$$

我们可以用 J 值来比较用于描述相同数据的两个或多个函数的曲线拟合质量。所得 J 值最小的函数最适合。

我们用 S 表示 y 值与其均值 $\bar{y}$ 之差的平方和，可依据下面的公式计算：

$$S = \sum_{i=1}^{m}(y_i - \bar{y})^2 \tag{6.2–2}$$

这个公式可用来计算曲线拟合质量的另一个度量——确定性系数(coefficient of determination)，也称为 r-平方值(r-squared value)。它可表示为：

$$r^2 = 1 - \frac{J}{S} \tag{6.2–3}$$

确定性系数

对于理想的拟合，$J=0$，所以 $r^2=1$。因此，r^2 越接近 1，拟合就越准确。r^2 的最大值可以是 1。S 值表示数据在平均值周围的散布情况，J 值表示模型有多少数据散布未予考虑。因此，比值 J/S 表示模型中没有考虑的变化百分比。J 可能大于 S，因此 r^2 可能是负的。然而，这种情况表明模型非常糟糕且无法使用。根据经验，良好的拟合至少应覆盖数据变化的 99%，对应于 $r^2 \geq 0.99$。

例如，下表给出用于拟合数据 $x=1, 2, 3, \ldots, 9$ 和 $y=5, 6, 10, 20, 28, 33, 34, 36, 42$ 的一阶至四阶多项式的 J、S 和 r^2 的值。

阶次 n	J	S	r^2
1	72	1562	0.9542
2	57	1562	0.9637
3	42	1562	0.9732
4	4.7	1562	0.9970

因为四阶多项式的 r^2 值最大，所以根据 r^2 准则，四阶多项式与一至三阶多项式相比能更好地表示数据。

通过在例题 6.2-1 中的脚本文件末尾添加以下代码行，就可以计算出 S 和 r^2 值。

```
mu = mean(y);
for k=1:4
   S(k) = sum((y-mu).^2);
   r2(k) = 1 - J(k)/S(k);
end
S
r2
```

缩放数据

适当地缩放 x 值可以减小计算误差对系数计算的影响。当执行函数 polyfit(x, y, n)时，如果多项式的阶次 n 大于或等于数据点的数量(因为 MATLAB 没有足够的方程来求解系数)，或者如果向量 x 有重复点或接近重复的点，再或者如果向量 x 要居中和/或缩放，MATLAB 就会发出警告消息。另一种语法[p, s, mu]＝polyfit(x, y, n)能根据变量求出 n 阶多项式的系数 p，其变量为：

$$\hat{x} = (x - \mu_x)/\sigma_x$$

输出变量 mu 是双元素向量[μ_x, σ_x]，其中 μ_x 是 x 的均值；σ_x 是 x 的标准差(标准差将在第 7 章讨论)。

在使用函数 polyfit 之前，您可以自行缩放数据。一些常见方法包括：

如果 x 的范围很小，则采用：

$$\hat{x} = x - x_{\min} \text{ 或 } \hat{x} = x - \mu_x$$

如果 x 的范围很大，则采用：

$$\hat{x} = \frac{x}{x_{\max}} \quad \text{或} \quad \hat{x} = \frac{x}{x_{\text{mean}}}$$

例题 6.2-2　交通流量估计

下面的数据给出了 10 年来每年通过某座桥的车流量(以百万计)。请用三阶多项式对这些数据进行拟合，并根据拟合结果，估计 2010 年的流量。

年份	2000	2001	2002	2003	2004	2005	2006	2007	2008	2009
车流量 (单位：百万)	2.1	3.4	4.5	5.3	6.2	6.6	6.8	7	7.4	7.8

■　解

如果我们尝试将这些数据按如下会话拟合为三阶多项式，将收到警告消息。

```
>>Year = 2000:2009;
>>Veh_Flow = [2.1,3.4,4.5,5.3,6.2,6.6,6.8,7,7.4,7.8];
>>p = polyfit(Year,Veh_Flow,3)
Warning: Polynomial is badly conditioned.
```

该问题是由自变量 year 的取值较大引起的。因为 year 的取值范围很小，我们可以只需要先从每个值中减去 2000。然后继续下述会话：

```
>>x = Year-2000; y = Veh_Flow;
>>p = polyfit(x,y,3)
p =
  0.0087 -0.1851 1.5991 2.0362
>>J = sum((polyval(p,x)-y).^2);
>>S = sum((y-mean(y)).^2);
>>r2 = 1 - J/S
r2 =
  0.9972
```

可见多项式拟合结果较好，因为确定性系数为 0.9972。对应的多项式为：

$$f=0.0087(t-2000)^3-0.1851(t-2000)^2+1.5991(t-2000)+2.0362$$

其中，f 是以百万为单位的车流量，t 是从 0 开始测量的年份时间。我们可以用这个方程来估计 2010 年的流量，将 $t=2010$ 代入方程，或者输入 MATLAB 命令 polyval(p,10)即可。计算结果四舍五入到小数点后一位，答案是 820 百万辆。

您学会了吗？

T6.2-2 美国 1790 年至 1990 年的人口普查数据都存储在 MATLAB 自带的文件 census.dat 中。输入 load census 加载该文件。其中，第一列 cdate 为年份，第二列 pop 为以百万计的人口。首先尝试用一个三阶多项式拟合这些数据。如果收到警告信息，可以先将年份减去 1790 年后再做拟合。请计算相关系数，并插值估计 1965 年的人口数量。

(答案：

$$y=3.8550\times10^{-6}x^3+5.3845\times10^{-3}x^2-2.2203\times10^{-3}x+4.2644$$

其中，$x=\text{cdate}-1790$。相关系数为 $r^2=0.9988$。估计 1965 年的人口为 1.89 亿)

使用残差

现在，我们将展示如何以残差作为指导来选择合适的函数描述数据。一般来说，如果您在残差图中发现某种模式，那就表示可以找到另一个函数来更好地描述这些数据。

例题 6.2-3　建立细菌生长模型

下表给出了某个细菌种群随时间增长的数据。请用方程来拟合这些数据。

时间(分钟)	细菌数(ppm)	时间(分钟)	细菌数(ppm)
0	6	10	350
1	13	11	440
2	23	12	557
3	33	13	685
4	54	14	815
5	83	15	990
6	118	16	1170
7	156	17	1350
8	210	18	1575
9	282	19	1830

■　**解**

我们尝试了三种多项式拟合(线性、二阶和三阶)和一种指数拟合。脚本文件如下所示。请注意，指数形式可以写成 $y=b(10)^{mt}=10^{mt+a}$，其中 $b=10^a$。

```
% Time data
x = 0:19;
% Population data
y = [6,13,23,33,54,83,118,156,210,282,...
    350,440,557,685,815,990,1170,1350,1575,1830];
% Linear fit
p1 = polyfit(x,y,1);
% Quadratic fit
p2 = polyfit(x,y,2);
% Cubic fit
p3 = polyfit(x,y,3);
% Exponential fit
p4 = polyfit(x,log10(y),1);
% Residuals
res1 = polyval(p1,x) - y;
res2 = polyval(p2,x) - y;
res3 = polyval(p3,x) - y;
res4 = 10.^polyval(p4,x) - y;
```

然后就可以绘制出残差图，参见图 6.2-3。注意残差的量级(magnitude)。三阶拟合曲线的残差的量级是最小的。注意线性拟合的残差呈现出明显的模式。这说明线性函数与数据的曲率不匹配。二阶拟合的残差要小得多，但是仍然呈现出模式，并伴有随机成分。这说明二次函数也不能与数据的曲率相匹配。三阶拟合的残差小得多，没有明显的模式，并伴有较大的随机成分。这表明，阶数高于 3 的多项式对数据曲率的匹配程度与三次曲线相当。指数函数的残差最大，拟合程度也更差。此外要注意残差是如何随着 t 系统地增加的，这表明指数函数无法描述数据在特定时间后的行为。

因此，三阶模型是四种模型中最合适的。其确定性系数 $r^2=0.9999$。对应的模型是：

$$y = 0.1916t^3 + 1.2082t^2 + 3.607t + 7.7307$$

其中 y 为细菌数量(单位 ppm)，t 为时间(单位分钟)。

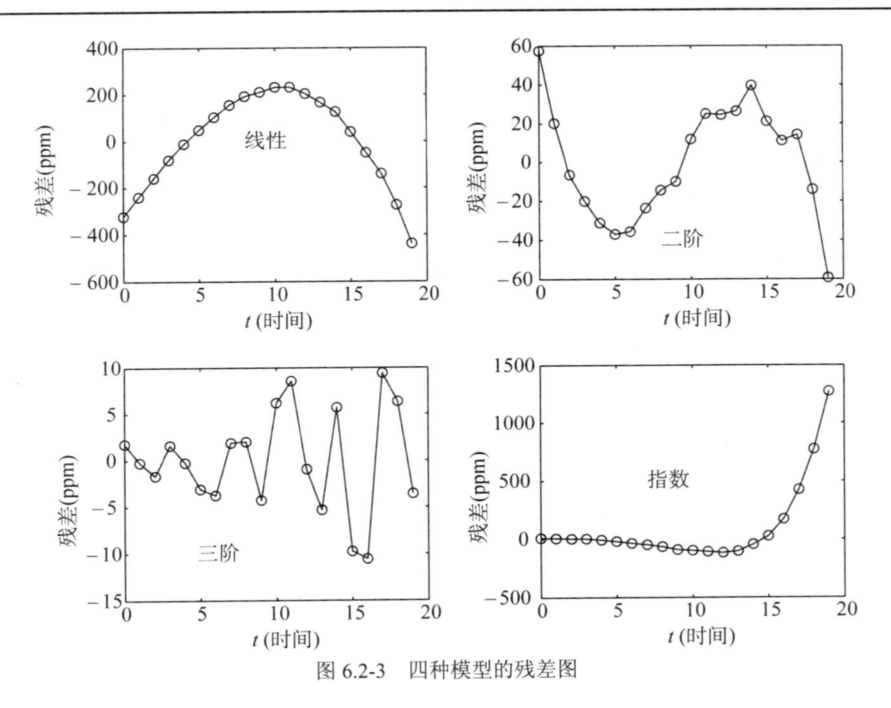

图 6.2-3　四种模型的残差图

您学会了吗?

T6.2-3　参照 T6.2-2。通过缩放数据，实现三种多项式拟合(线性、二阶和三阶)和指数拟合。然后绘制残差图，并确定哪个拟合结果更合适。

多元线性回归

假设 y 是线性函数，并包含两个或多个变量，$x_1, x_2\ldots$。例如，$y = a_0 + a_1x_1 + a_2x_2$。为了求出在最小二乘意义下拟合数据$(y_1, x_1, x_2)$的系数值 a_0, a_1 和 a_2，可以用左除法求解线性方程，当方程组超定时，则使用最小二乘法。使用该方法时，设 n 为数据点的个数，将线性方程写成矩阵形式 $\boldsymbol{Xa}=\boldsymbol{y}$，其中：

$$\boldsymbol{a}=\begin{bmatrix}a_0\\a_1\\a_2\end{bmatrix}\qquad \boldsymbol{X}=\begin{bmatrix}1 & x_{11} & x_{21}\\1 & x_{12} & x_{22}\\1 & x_{13} & x_{23}\\\cdots & \cdots & \cdots\\1 & x_{1n} & x_{2n}\end{bmatrix}\qquad \boldsymbol{y}=\begin{bmatrix}y_1\\y_2\\y_3\\\cdots\\y_n\end{bmatrix}$$

其中，x_{1i}、x_{2i} 和 y_i 是系数($i=1,\ldots,n$)。系数的解为 $\boldsymbol{a}=\boldsymbol{X}\backslash\boldsymbol{y}$。

例题 6.2-4　断裂强度与合金成分

要想预测金属零件的强度相对于其合金成分的函数。断裂钢筋所需的拉力 y 是金属中两种合金元素的 x_1 和 x_2 的百分比的函数。下表给出了一些相关数据。请求出线性模型$y = a_0 + a_1x_1 + a_2x_2$来描述该关系。

断裂强度(千牛) y	元素1的百分比x_1	元素2的百分比x_2
7.1	0	5
19.2	1	7
31	2	8
45	3	11

■ **解**

脚本文件如下：

```
x1 = (0:3)';x2 = [5,7,8,11]';
y = [7.1,19.2,31,45]';
X = [ones(size(x1)), x1, x2];
a = X\y
yp = X*a;
Max_Percent_Error = 100*max(abs((yp-y)./y))
```

向量 yp 是根据模型预测的断裂强度向量。标量 Max_Percent_Error 是四个预测值中的最大误差百分比。计算结果是 a = [0.8000, 10.2429, 1.2143]'和 Max_Percent_Error = 3.2193。因此求得的模型为 $y=0.8+10.2429x_1+1.2143x_2$。与给定的数据相比，模型预测的最大误差百分比为 3.2193%。

您学会了吗?

T6.2-4 根据下列数据所描述的关系求出线性模型$y = a_0 + a_1x_1 + a_2x_2$：

y	x_1	x_2
3.8	7.5	6
5.6	12	9
6	13.5	10.5
5	16.5	18
5.8	19.5	21
5.6	21	25.5

(答案：

$$y=1.3153+0.6043x_1-0.3386x_2$$

最大误差百分比＝4.1058%。最大误差＝0.2299)

参数线性回归

有时我们想要的拟合表达式既不是多项式，也不是可通过对数或其他变换转换成线性形式的函数。有些情况下，如果函数是关于其参数的线性表达式，我们仍然可以做最小二乘拟合。下面的例子将说明该方法。

例题 6.2-5 生物医学仪器的响应

仪器开发工程师通常需要描述仪器测量速度的响应(response)曲线。测量理论表明，该响应曲线通常可以用下面两个方程来描述，其中 v 是输出电压，t 是时间。在这两种模型中，当时间 $t\to\infty$时，电压达到稳态恒定值。T 是电压达到稳态值 95%所需的时间。

$$v(t)=a_1+a_2e^{-3t/T} \quad \text{(一阶模型)}$$

$$v(t)=a_1+a_2e^{-3t/T}+a_2te^{-3t/T} \quad \text{(二阶模型)}$$

下列数据给出了某设备的输出电压相对于时间的函数。请求出描述这些数据的函数。

t (s)	0	0.3	0.8	1.1	1.6	2.3	3
v (V)	0	0.6	1.28	1.5	1.7	1.75	1.8

解

绘制数据曲线后，我们可估计出电压大约需要 3 秒才能转入稳态值。因此可以估计 $T=3$。为 n 个数据点编写的一阶模型将得到 n 个方程，将其表示为如下形式。

$$\begin{bmatrix} 1 & e^{-t_1} \\ 1 & e^{-t_2} \\ \cdots & \cdots \\ 1 & e^{-t_n} \end{bmatrix} \begin{bmatrix} a_1 \\ a_2 \end{bmatrix} = \begin{bmatrix} y_1 \\ y_2 \\ \cdots \\ y_n \end{bmatrix}$$

或者，表示为矩阵形式，

$$\boldsymbol{Xa} = \boldsymbol{y}'$$

左除法可以求出系数向量 $\boldsymbol{a}$。这可以用下面的 MATLAB 脚本程序来求解。

```
t = [0,0.3,0.8,1.1,1.6,2.3,3];
y = [0,0.6,1.28,1.5,1.7,1.75,1.8];
X = [ones(size(t));exp(-t)]';
a = X\y'
```

答案是 a_1=2.0258 和 a_2=−1.9307。

对于二阶模型，也可以遵循类似的过程。

$$\begin{bmatrix} 1 & e^{-t_1} & t_1 e^{-t_1} \\ 1 & e^{-t_2} & t_2 e^{-t_2} \\ \cdots & \cdots & \cdots \\ 1 & e^{-t_n} & t_n e^{-t_n} \end{bmatrix} \begin{bmatrix} a_1 \\ a_2 \\ a_3 \end{bmatrix} = \begin{bmatrix} y_1 \\ y_2 \\ \cdots \\ y_n \end{bmatrix}$$

按如下继续前面的脚本：

```
X = [ones(size(t));exp(-t);t.*exp(-t)]';
a = X\y'
```

答案是 a_1=1.7496，a_2=−1.7682 和 a_3=0.8885。这两个模型的数据绘成了图 6.2-4。显然用二阶模型的拟合结果好。

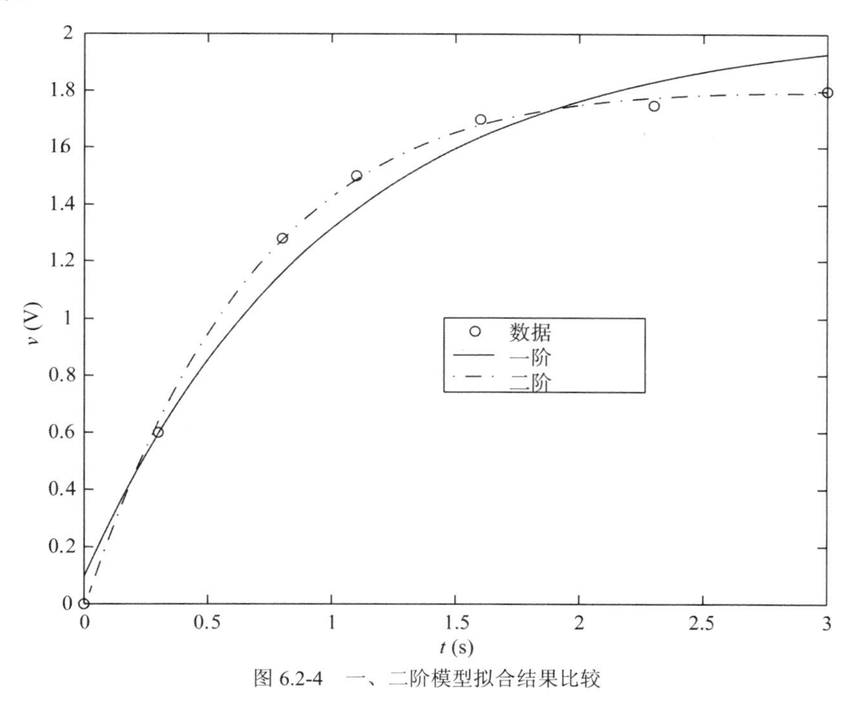

图 6.2-4　一、二阶模型拟合结果比较

您学会了吗？

T6.2-5　在给定初始速度 v_0(cm/s)条件下，将附着在弹簧和阻尼器上的质量块偏移一段距离 x_0 (cm)。根据物理学和数学(参见第 8 章)知识可知，位移 x 是相对于时间的函数，可表示为如下形式。

$$x(t) = \left(\frac{5x_0}{3} + \frac{v_0}{3}\right)e^{-2t} - \left(\frac{2x_0 + v_0}{3}\right)e^{-5t}$$

假设每 0.2 秒测量一次位移。测得的位移与时间的关系是：

t (s)	0	0.2	0.4	0.6	0.8	1	1.2	1.4	1.6	1.8	2
x (cm)	1.9	2.1	1.7	1.2	0.9	0.6	0.4	0.3	0.2	0.1	0.1

估计初始位移和速度。

(答案：$x_0 = 1.9044$, $v_0 = 4.2090$)

约束曲线通过指定点

考虑图 6.1-7 所示的悬臂梁。梁的挠度 x 是指梁末端对施加在末端上的力 f 进行响应而移动的距离。我们根据常识可知，如果不施加力，梁的挠度必定为零，因此描述数据的方程必定经过原点。如果数据是线性相关的，那么这个关系一定呈 $f=kx$ 的形式。在这种形式下，常量 k 被称为弹簧系数(spring constant)或弹性系数(elastic constant)。

一般来说，线性模型 $y=mx+b$ 中有时候 b 的值必须为 0。然而，受数据中存在的离散点或测量误差的影响，通常最小二乘方法算得的 b 是非零值。那么我们就不能用函数 p = polyfit(x, y, 1)，因为通常 p(2)不为零。

为了得到 $y=mx$ 形式的零截距模型，根据右除法用最小二乘法的事实可得到一组方程的解，这些方程包含的方程多于未知数。这样的方程组被称为超定的(overdetermined)。8.4 节将详细介绍如何求解超定方程组。

下面的程序演示了该方法如何应用于例题 6.1-4 中的悬臂梁数据。10 个数据点代表 10 个方程，其中有一个未知数 k，拟合方程的理想形式是 $f=kx$，因此标量 k 可以根据 $k=f/x$ 求得。如果 f 和 x 上的数据以行向量的形式存储，那么以向量的形式表示时，这个方程用右除法必须写成 k = x'\f'。对应的程序如下。

```
% Deflection and force data.
x = [0,0.15,0.23,0.35,0.37,0.5,0.57,0.68,0.77];
f=0:100:800;
k=x'\f'
```

得到的结果是 $k=1017$ 磅/英寸。

假设模型要通过某个非原点的点，如(x_0, y_0)，并且该点是方程的精确解，所以满足 $y_0=mx_0+b$。这种情况下，只需要从所有 x 值中减去 x_0，从所有 y 值中减去 y_0。具体来说，令 $u=x-x_0$ 且 $w=y-y_0$。得到的方程形式为 $w=mu$，并且系数 m 可以用右除法计算。在 MATLAB 中，我们可以写成 m = u'\w'。

6.3 Basic Fitting 界面

MATLAB 通过 Basic Fitting(基本拟合)界面支持曲线拟合。利用该界面，您可以在相同且易于使用的环境中快速执行基本曲线拟合任务。该界面使您可以：

- 用三阶样条或高达 10 阶的多项式拟合数据。
- 对于给定的数据集，同步绘制多条拟合曲线。
- 绘制残差。
- 检查拟合的数值结果。
- 插值或外推拟合。
- 用数值拟合结果和残差范数对图进行注释。

■ 将拟合和计算结果保存到 MATLAB 工作空间。

根据具体的曲线拟合应用，您可以用 Basic Fitting 界面或命令行函数，或者两者都使用。请注意：您只能对二维数据使用 Basic Fitting 界面。但是，如果您将多组数据集绘制成子图，并且至少有一个数据集是二维的，就可以启用这个界面。

Basic Fitting 界面的两个窗格如图 6.3-1 所示。为了重现这种状态：

(1) 绘制一些数据。

(2) 从 Figure 窗口的 Tools(工具)菜单中选择 Basic Fitting。

(3) 当 Basic Fitting 界面的第一个窗格出现时，单击一次右箭头按钮。

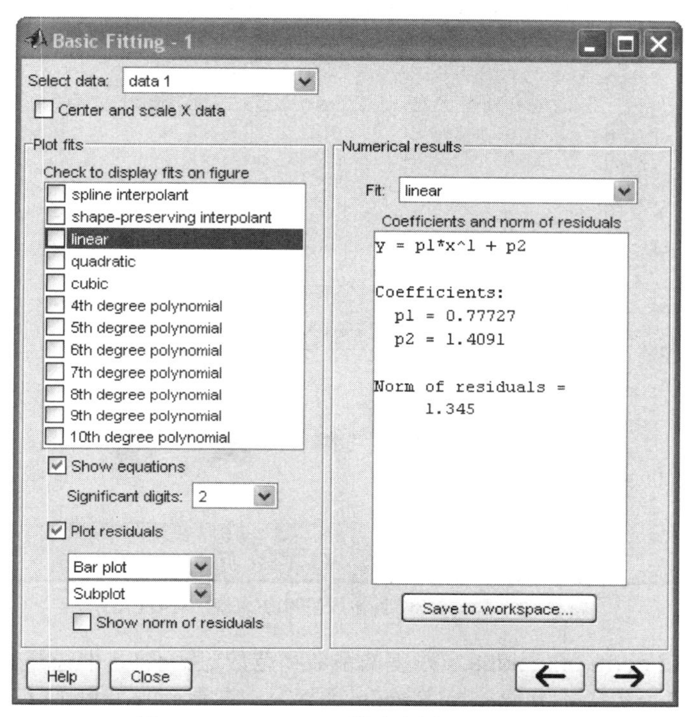

图 6.3-1　Basic Fitting 界面(来源：MATLAB)

当您再次单击右箭头按钮时，第三个窗格就会出现，它是用于插值或外推拟合的。

第一个窗格的顶部是 Select data(选择数据)窗口，其中包含与 Basic Fitting 界面相关的 Figure 窗口中显示的所有数据集的名称。使用此菜单选择要拟合的数据集。对于当前数据集，您可以进行多次拟合。Plot Editor(图形编辑器)可以更改数据集的名称。第一个窗格中其他选项的用法如下。

■ **Center and scale X data(中心和缩放 X 数据)**。如果选中此项，则数据的均值中心为零，并且缩放到单位标准差。您可能需要对数据进行居中和缩放，以提高后续数值计算的准确性。如前节所述，当拟合生成的结果可能不准确时，命令窗口就会发出警告

■ **Plot fits(图形拟合)**。该面板允许您直观地研究当前数据集的一个或多个拟合。

■ **Check to display fits on figure(选中则在图上显示拟合曲线)**。选择要显示的当前数据集的拟合曲线。可以为给定的数据集选择任意多个拟合曲线。然而，如果您的数据集有 n 个点，就应该使用最多含 n 个系数的多项式。如果用大于 n 个系数的多项式进行拟合，则在计算过程中界面会自动将足够多的系数设置为零，这样就可以得到解。

■ **Show equations(显示方程)**。如果勾选，拟合方程将显示在图上。

■ **Significant digits(有效数字)**。选择与拟合系数显示相关的有效数字。

■ **Plot residuals(绘制残差)**。如果勾选，则显示残差。您可以用在数据相同的图形窗口或使用单独的图形窗口，显示残差的条形图、散点图和线图。如果您绘制多个数据集作为子图，那么残差只能在单独的图形窗口中绘制。具体见图 6.3-2。

- **Show norm of residuals(显示残差的范数)**。如果选中，则显示残差的范数。残差范数是拟合质量的衡量标准，值越小表示拟合得越好。范数是残差平方和的平方根。

Basic Fitting 界面的第二个窗格的标签为 Numerical Results(数值结果)。此窗格允许您在不绘制拟合曲线的情况下探索单个拟合对当前数据集的数值结果。它包含三项。

- **Fit(拟合)**。使用该菜单选择拟合当前数据集的方程。拟合结果显示在菜单下方的框中。请注意，在该菜单中选择方程并不会影响 Plot fits selection(图形拟合选择)的状态。因此，如果希望在数据图中显示拟合，就可能需要选中 Plot fits(绘制拟合)中的相关复选框。

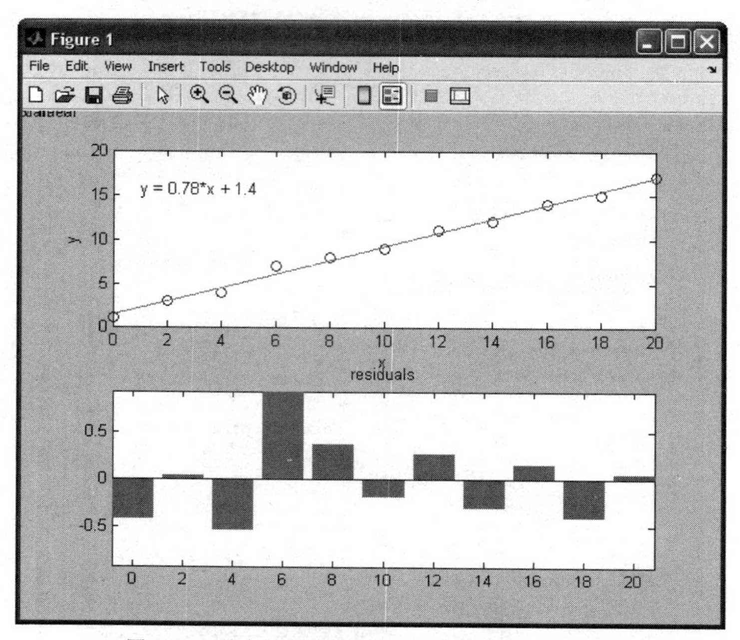

图 6.3-2 基本拟合界面生成的图像(来源：MATLAB)

- **Coefficients and norm of residuals(残差的系数和范数)**。显示 Fit 中选择的拟合方程的数值结果。请注意，当您第一次打开 Numerical Results 面板时，将显示您在 Plot fits 中选择的最后一个拟合结果。
- **Save to workspace(保存到工作空间)**。启动对话框，该对话框允许您将拟合结果保存到工作空间变量中。

Basic Fitting 界面的第三窗格包含三个项。

- **Find $Y=f(X)$(求 $Y=f(X)$)**。用它来插入或推断当前的拟合。输入自变量(X)对应值的标量或向量。单击 Evaluate 按钮后，将计算当前的拟合曲线。结果显示在相关窗口中。当前的拟合曲线显示在 Fit(拟合)窗口中。
- **Save to workspace(保存到工作空间)**。启动一个对话框，允许您将计算所得结果保存到工作空间变量中。
- **Plot evaluated results(绘制计算结果)**。如果选中，则计算结果将显示在数据图上。

您学会了吗？

T6.3-1 美国自 1790 年至 1990 年的人口普查数据都存储在 MATLAB 自带的文件 census.dat 中。输入 load(census)加载该文件。其中，第一列 cdate 为年份，第二列 pop 为以百万计的人口。首先尝试用 Basic Fitting 界面完成本题。首先尝试将用三阶多项式拟合数据。

如果收到警告信息，可以选中界面中的 Center and scale x data 对数据进行归中和缩放，然后做三阶多项式拟合。请用该界面并插值估计 1965 年的人口数量。

(答案：

$$y = 0.921z^3 + 25.183z^2 + 73.86z + 61.744$$

其中，$z = (\text{cdate} - 1890)/62.048$。估计 1965 年的人口为 1.89 亿)

6.4　总结

在本章中，您学习了绘图的重要应用之一——函数探索。这是一种用数据图获得描述数据的数学函数技术。当数据非常分散时，还可以用回归法设计模型。

许多物理过程都可以用函数建模，当使用一组合适的轴绘制函数图形时，这些函数会产生直线。某些情况下，我们还可以找到某种变换，变换后的变量就能生成一条直线。

当无法找到这样的函数或变换时，我们可以采用多项式回归、多元线性回归或线性参数回归等方法来获得数据的近似函数描述。MATLAB 的基本拟合界面(MATLAB Basic Fitting)是获得回归模型的有力工具。

关键术语

参数线性回归，6.2 节　　回归，6.2 节

多元线性回归，6.2 节　　残差，6.2 节

习题

您可以在本书结尾找到标有星号的习题的答案。

6.1 节

1. 弹簧从其“自由长度”拉伸的距离是作用于它的拉力的函数。下表给出了某特定弹簧在已知的力 f 作用时的弹簧长度 y。已知，弹簧的自由长度是 4.7 英寸。请求出 f 和 x 之间的函数关系。x 是弹簧从其自由长度拉伸的距离($x=y-4.7$)。

力 f(磅)	弹簧长度 y(英寸)
0	4.7
0.94	7.2
2.30	10.6
3.28	12.9

2.* 在下列每个问题中，请确定描述数据的最佳函数 $y(x)$(线性、指数或幂函数)。在同一个图上绘制函数和数据曲线。适当地标注和格式化这些图。

a.

x	25	30	35	40	45
y	5	260	480	745	1100

b.

x	2.5	3	3.5	4	4.5	5	5.5	6	7	8	9	10
y	1500	1220	1050	915	810	745	690	620	520	480	410	390

c.

x	550	600	650	700	750
y	41.2	18.62	8.62	3.92	1.86

3. 已知某国家的人口数据如下：

年份	2012	2013	2014	2015	2016	2017
人口(以百万计)	10	10.9	11.7	12.6	13.8	14.9

请获取描述这些数据的函数。并在同一个图上绘制函数和数据曲线。请估计哪一年人口总数将增长为 2004 年人口的两倍。

4.* 放射性物质的半衰期(half-life)是衰变到初始状态一半时所需的时间。已知碳 14 的半衰期是 5500 年，它常用于测定以前的生物的年龄。当有机体死亡时，它就停止了对碳 14 的积累。于是，碳 14 自有机体死亡时开始随时间衰减。假设 $C(t)/C(0)$为时间 t 时刻碳 14 的残留量分数。在放射性碳测年领域，科学家们通常假设残留量分数按下列公式呈指数衰减：

$$\frac{C(t)}{C(0)} = \mathrm{e}^{-bt}$$

a. 请利用碳 14 的半衰期求出参数 b 的值，并绘制函数。

b. 如果还剩下碳 14 初始值的 90%，请估计该有机体是多久以前死亡的。

c. 假设估计 b 的偏差为±1%。那么该误差对年龄估计有何影响？

5. 淬火(quenching)是将热金属物体浸入水池一段特定的时间以获得特殊性质(如硬度)的过程。已知，一个直径 25 毫米的铜球的初始温度为 300℃，将其沉浸在 0℃中的水池中。下表给出了球体温度随时间变化的测量值。请求出对这些数据的函数描述。将函数和数据曲线绘制在同一张图上。

时间(秒)	0	1	2	3	4	5	6
温度(摄氏度)	300	150	75	35	12	5	2

6. 如下表的数据所示，机器轴承的使用寿命取决于它的工作温度。请建立这些数据的函数描述，并将函数和数据绘制在同一张图上。如果轴承的工作温度是 150℉，请估计它的寿命。

温度(华氏度)	100	120	140	160	180	200	220
轴承寿命(千小时)	28	21	15	11	8	6	4

7. 某电路包含有一个电阻器和一个电容器。电容器初始充电电压为 100 伏。如下面的数据表所示，当电源断开后，电容电压随时间衰减。请求出电容电压 v 相对于时间 t 的函数描述，并将函数和数据绘制在同一张图上。

时间(秒)	0	0.5	1	1.5	2	2.5	3	3.5	4
电压(伏)	100	62	38	21	13	7	4	2	3

6.2 和 6.3 节

8.* 弹簧从自由长度拉伸的距离是施加在它上的拉力的函数。下表给出作用于某弹簧的力 f 产生的弹簧长度 y。已知，弹簧的自由长度是 4.7 英寸。请求出f和 x 之间的函数关系，x 是从自由长度拉伸的距离($x=y-4.7$)。

力 f(磅)	弹簧长度 y(英寸)
0	4.7
0.94	7.2
2.30	10.6
3.28	12.9

9. 下列数据给出了某涂料的干燥时间 T 与某添加剂 A 含量的函数。

a. 请求出拟合数据的一阶、二阶、三阶、四阶多项式，并用这些数据绘制出每个多项式的曲线。通过计算 J、S 和 r^2 来确定曲线拟合的质量。

b. 请用提供最佳拟合的多项式来估计使干燥时间最小的添加剂含量。

A(盎司)	0	1	2	3	4	5	6	7	8	9
T(分钟)	130	115	110	90	89	89	95	100	110	125

10.* 下列数据给出了某型号汽车的停车距离 d 相对于初始速度 v 的函数。请求出一个拟合数据的二阶多项式，并通过计算 J、S 和 r^2 来确定曲线拟合的质量。

v(英里/小时)	20	30	40	50	60	70
d(英尺)	45	80	130	185	250	330

11.* 折断杆子所需的扭转次数是杆中两种合金元素的百分比 x_1 和 x_2 的函数。下表给出了一些相关数据。请利用线性多元回归法求得模型 $y = a_0 + a_1x_1 + a_2x_2$ 的扭转次数与合金百分比之间的关系。此外，求出预测的最大百分数误差。

扭曲次数 y	元素 1 的百分比 x_1	元素 2 的百分比 x_2
40	1	1
51	2	1
65	3	1
72	4	1
38	1	2
46	2	2
53	3	2
67	4	2
31	1	3
39	2	3
48	3	3
56	4	3

12. 根据下列数据，求出描述这些数据之间关系的线性模型 $y = a_0 + a_1x_1 + a_2x_2$。

y	x_1	x_2
2.85	10	8
4.2	16	12
4.5	18	14
3.75	22	24
4.35	26	28
4.2	28	34

13. 下面是在某燃料管道中每秒采样 1 次、连续采样 10 秒所得的压强采样值，单位为磅/平方英寸(psi)。

时间(秒)	压强(psi)
1	26.1
2	27.0
3	28.2
4	29.0
5	29.8
6	30.6
7	31.1
8	31.3
9	31.0
10	30.5

a. 请分别用一阶、二阶和三阶多项式拟合这些数据，同时绘制曲线与数据点。

b. 请用 a 部分的结果预测 $t=11$ 秒时的压强值。解释哪条曲线拟合的预测最可靠。请在您的决策中考虑每个拟合的确定性系数和及其残差。

14. 当蒸汽压强等于作用于液体表面的外部压强时，液体就沸腾了。这就是为什么在海拔较高的地方水会在较低的温度下沸腾。这些信息对于专门利用沸腾液体的工艺设计人员来说是很重要的。水的蒸汽压强 P 相对于温度 T 的函数数据如下表所示。从理论上讲，我们知道 $\ln P$ 与 $1/T$ 成正比。利用这些数据可得到 $P(T)$的拟合曲线。请用这个拟合方法估算 285K 和 300K 时的蒸汽压强。

T(开尔文，K)	P(托，torr)
273	4.579
278	6.543
283	9.209
288	12.788
293	17.535
298	23.756

15. 盐在水中的溶解度是水温的函数。若将 S 表示为 NaCl(氯化钠)的溶解度——在 100 克水中的盐的克数。假设 T 为温度，单位是摄氏度。请用下面的数据得到 S 相对于 T 的函数拟合曲线。请用拟合结果估计 $T=25$℃时的 S。

T(摄氏度)	S(每百克水中的氯化钠克数)
10	35
20	35.6
30	36.25
40	36.9
50	37.5
60	38.1
70	38.8
80	39.4
90	40

16. 氧在水中的溶解度是水温的函数。若用 S 表示每升水中氧气(毫摩尔)的溶解度，用 T 表示温度(单位是摄氏度)。请利用下面的数据得到 S 相对于 T 的函数拟合曲线。请用拟合结果估计 $T=8$℃和 $T=50$℃时的 S 值。

T(摄氏度)	S(每升水中的氧气的毫摩尔数)
5	1.95
10	1.7
15	1.55
20	1.40
25	1.30
30	1.15
35	1.05
40	1.00
45	0.95

17. 下面的函数是线性函数，a_1 和 a_2 是其参数。

$$y(x) = a_1 + a_2 \ln(x)$$

请使用最小二乘回归法根据下列数据估计 a_1 和 a_2 的值，并用曲线拟合法估计 y 在 $x=2.5$ 和 $x=11$ 处的值。

x	1	2	3	4	5	6	7	8	9	10
y	10	14	16	18	19	20	21	22	23	23

18. 在给定初始速度 v_0 (单位是厘米/秒)的情况下，将附在弹簧和阻尼器上的质量块偏移一段距离 x_0 (单位是厘米)。根据物理和数学知识(参见第 8 章)可知，位移 x 是时间的函数，即：

$$x(t) = \left(\frac{6x_0}{3} + \frac{v_0}{3}\right)e^{-3t} - \left(\frac{3x_0 + v_0}{3}\right)e^{-6t}$$

每 0.2 秒测量一次位移量。测得的位移与时间的关系是：

t(秒)	0	0.2	0.4	0.6	0.8	1	1.2	1.4
x(厘米)	1.3	1.2	0.8	0.5	0.3	0.2	0.1	0

请估计初始位移和速度。

19. 化学家和工程师必须能够预测化学反应中化学浓度的变化。许多单反应物过程使用的模型是：

$$浓度变化率 = -kC^n$$

其中，C 是化学浓度，k 是速率常量。指数 n 代表反应的阶数。微分方程(将在第 9 章中讨论)的解表明，一阶反应($n=1$)的解是：

$$C(t) = C(0)e^{-kt}$$

下列数据描述了该反应过程：

$$(CH_3)_3CBr + H_2O \rightarrow (CH_3)_3COH + HBr$$

请用这些数据获得一个最小二乘拟合曲线，并估计 k 的值。

时间t(小时)	C(每升$(CH3)_3CBr$的摩尔数)
0	0.1039
3.15	0.0896
6.20	0.0776
10.0	0.0639
18.3	0.0353
30.8	0.0207
43.8	0.0101

20. 化学家和工程师必须能够预测反应中化学浓度的变化。许多单反应物过程都在使用的模型是：

$$浓度变化率=-kC^n$$

其中，C 是化学浓度，k 是速率常量。指数 n 代表反应的阶数。微分方程(将在第 9 章中讨论)的解表明，一阶反应($n=1$)的解是：

$$C(t)=C(0)\mathrm{e}^{-kt}$$

二阶反应($n=2$)的解是：

$$\frac{1}{C(t)}=\frac{1}{C(0)}+kt$$

下列数据(引自 Brown，1994)描述了 300℃时二氧化氮的气相分解。

$$2NO_2 \rightarrow 2NO + O_2$$

时间t(秒)	C(每升二氧化氮的摩尔数)
0	0.0100
50	0.0079
100	0.0065
200	0.0048
300	0.0038

请确定这是一阶反应还是二阶反应，并估计速率常量 k 的值。

21. 化学家和工程师必须能够预测反应中化学浓度的变化。许多单反应物过程都使用的模型是：

$$浓度变化率=-kC^n$$

其中，C 是化学浓度，k 是速率常量。指数 n 代表反应的阶数。微分方程(将在第 9 章中讨论)的解表明，一阶反应($n=1$)的解是：

$$C(t)=C(0)\mathrm{e}^{-kt}$$

二阶反应($n=2$)的解是：

$$\frac{1}{C(t)}=\frac{1}{C(0)}+kt$$

二阶反应($n=3$)的解是：

$$\frac{1}{2C^2(t)}=\frac{1}{2C^2(0)}+kt$$

时间t(分钟)	C(每升反应物的摩尔数)
5	0.3575
10	0.3010
15	0.2505
20	0.2095
25	0.1800
30	0.1500
35	0.1245
40	0.1070
45	0.0865

上面的数据描述了某种反应过程。通过检查残差，请确定这是一阶反应、二阶反应还是三阶反应，并估计速率常量 k 的值。

22. 请考虑下列数据。求出经过点 $x_0=10$，$y_0=11$ 的最佳拟合直线。

x	0	5	10
y	2	6	11

21 世纪的工程学……

节能汽车

现代社会已经变得非常依赖于由碳基燃料驱动的交通工具了。气候变化和日益减少的资源迫使我们必须在个人和公共交通运输领域进行创新工程开发，以减少对此类燃料的依赖。这些开发，以及替代能源的开发，对于许多领域都是必须完成的，比如发动机设计、电动机和电池技术、轻质材料和空气动力学方面。

像这样正在实施的倡议还有很多。有些项目的目标是设计一款新型的六人座汽车，它比现在最时髦的汽车轻三分之一，空气动力学性能提高 40%。油电混合动力汽车是目前最有前途的汽车，它采用内燃机和电动机驱动车轮。由发动机驱动的发电机或通过再生闸回收的能量可以对燃料电池或普通电池进行充电。

为了减轻重量，可以采用全铝单件结构和改进设计的引擎、散热器和刹车，它们采用先进材料，如复合材料和镁制成。还有些制造商正在研究由回收材料制成的塑料车身。

真正的能源分析不仅包括发动机的运行效率和排放，还必须对整个生命周期进行评估，以及考虑生产和使用后的情况，比如可回收性。从整体分析来看，即使是纯电动汽车也可能并不节能。它们含有轻质材料，如碳复合材料或铝，这些材料都是能源密集型产品。电池含有锂、铜和镍等复合物，它们也需要大量能源来开采和加工。除了提高能源效率之外，我们还必须考虑有效利用稀有材料，比如稀土金属，以及对环境有害的材料(比如锂)。

提高效率的空间还很大，该领域的研发工程师还需要继续努力一段时间。MATLAB 已经广泛用于辅助这些工程，利用其建模和分析工具可以设计新型车辆系统。

第 7 章

统计、概率和插值

内容提要

7.1 统计和直方图
7.2 正态分布
7.3 随机数生成
7.4 插值
7.5 总结
习题

本章开头介绍基本统计知识。您将看到如何获得和解释直方图(histogram)，它是显示统计结果的专用图。7.2 节将介绍正态分布(normal distribution)，它通常被称为钟形曲线(bell-shaped curve)，是概率论和许多统计方法的基础。在 7.3 节，您将看到如何在仿真程序中包含随机过程。在 7.4 节中，您将看到如何对数据表使用插值来估计表中没有的值。

读完这一章的时候，您应该能够使用 MATLAB：

- 解决统计学和概率论中的基本问题。
- 创建包含随机过程的仿真。
- 应用插值技术。

7.1 统计和直方图

利用 MATLAB 可以计算一组数据的均值(即平均值)、众数(最常出现的值)和中值(即中间值)。MATLAB 提供了函数 mean(x)、mode(x)和 median(x)来分别计算存储在向量 x 中的数据的均值、众数和中值。但是，如果 x 是矩阵，则返回一个包含 x 各列均值(或众数或中值)的行向量。这些函数不需要将 x 中的元素值按升序或降序排序。

众数

均值

中值

数据在均值周围散布的方式可用直方图来描述。直方图是反映数据值出现频率与值本身关系的图表。它是在各范围内出现的数据值的次数的条形图，该条形位于这个范围的中间。

要绘制直方图，必须将数据分组到子范围中，这个子范围称为分类区间(bin)。分类区间宽度和分类区间中心的选择可以明显改变直方图的形状。如果数据值的数量较少，那么分类区间宽度就不能太小，因为有些分类区间不包含数据，因此生成的直方图可能无法有效地说明数据的分布。

可用 bar 函数将每个分类区间中的值个数与分类区间中心的值绘制成条形图。函数 bar(x, y)创建一个 y 相对于 x 的条形图。这个语法给出的图对分类区间矩形框阴影采用默认颜色。要获得无阴影矩形(如本节所示的图)，请使用语法 bar(x, y, 'w')，其中 w 代表以白色填充。

分类区间

MATLAB 提供的 histogram 函数可以生成直方图。该命令有多种形式。其基本形式是 histogram(y)，其中 y 是包含数据的向量。这种形式将数据聚集到介于 y 中最小值和最大值之间的许多分类区间中，自动选择均匀宽度以显示底层分布。第二种语法形式是 histogram(y, n)，其中 n 是用户指定的标量，表示分类区间的数量。要获得无阴影的矩形，可使用语法 histogram(y, 'FaceColor', 'none')。该函数还有其他几种形式，但本书用不到。详细内容请参阅 MATLAB 文档。

例题 7.1-1　螺纹的断裂强度

为确保正确地控制质量，螺纹制造商选择样品并测试其断裂强度。假设 20 个螺纹样本被拉裂，断裂力以牛顿为单位，并四舍五入取整数值。断裂力的记录值为 92、94、93、96、93、94、95、96、91、93、95、95、95、92、93、94、91、94、92 和 93。请绘制数据的直方图。

■　解

如下面的脚本文件所示，将数据存储在向量 y 中。下面的脚本文件将生成图 7.1-1 所示的直方图。

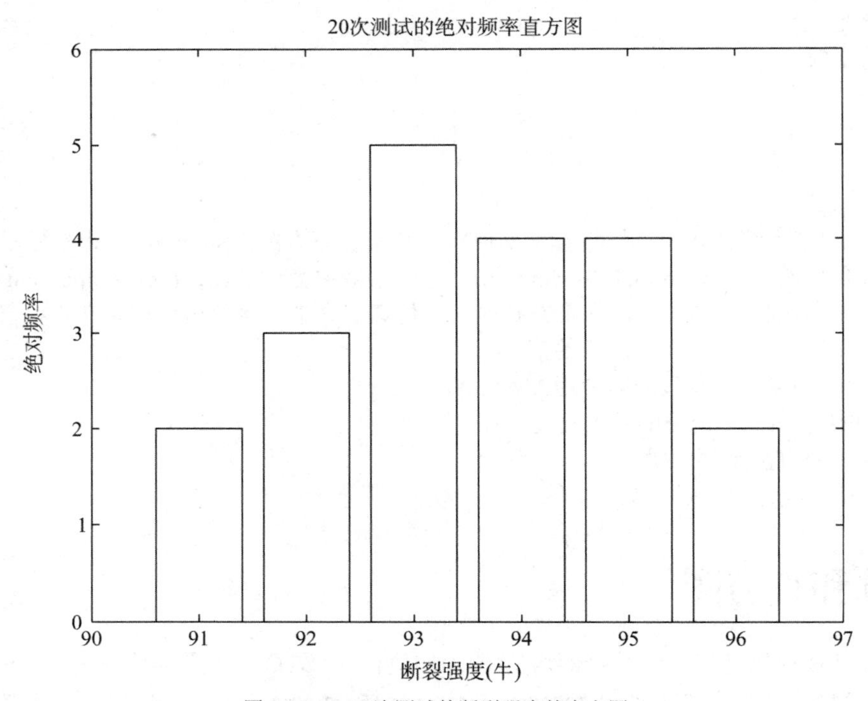

图 7.1-1　20 次测试的断裂强度的直方图

```
% Thread breaking strength data for 20 tests.
y = [92,94,93,96,93,94,95,96,91,93,...
   95,95,95,92,93,94,91,94,92,93];
histogram(y,'FaceColor','none'),...
   axis([90 97 0 6]),...
   ylabel('Absolute Frequency'),...
   xlabel('Thread Strength (N)'),...
   title('Absolute Frequency Histogram for 20 Tests')
```

由于共有 6 个输出，因此 6 个分类区间就足够了，这也是 histogram 函数选择的分类区间数。如果指定了分类区间数为 6，将获得相同的图形。

绝对频率(absolute frequency)是指发生特定结果的次数。例如，在 20 个测试中，这些数据显示 95 出现了 4 次，因此其绝对频率是 4，相对频率(relative frequency)是 4/20，或者说 20%的时间。

绝对频率

当有大量数据时，可以通过先聚合数据来避免输入每个数据值。下面的例子展示了如何使用函数 ones 来完成这项工作。下面的数据是由 100 次测试生成的螺纹样本。91、92、93、94、95 或者 96 的次数 N 分别是 13、15、22、19、17 和 14。

相对频率

```
% Thread strength data for 100 tests.
y = [91*ones(1,13),92*ones(1,15),93*ones(1,22),...
   94*ones(1,19),95*ones(1,17),96*ones(1,14)];
histogram(y,'FaceColor','none'),ylabel('Absolute Frequency'),...
   xlabel('Thread Strength (N)'),...
   title('Absolute Frequency Histogram for 100 Tests');
```

结果如图 7.1-2 所示。

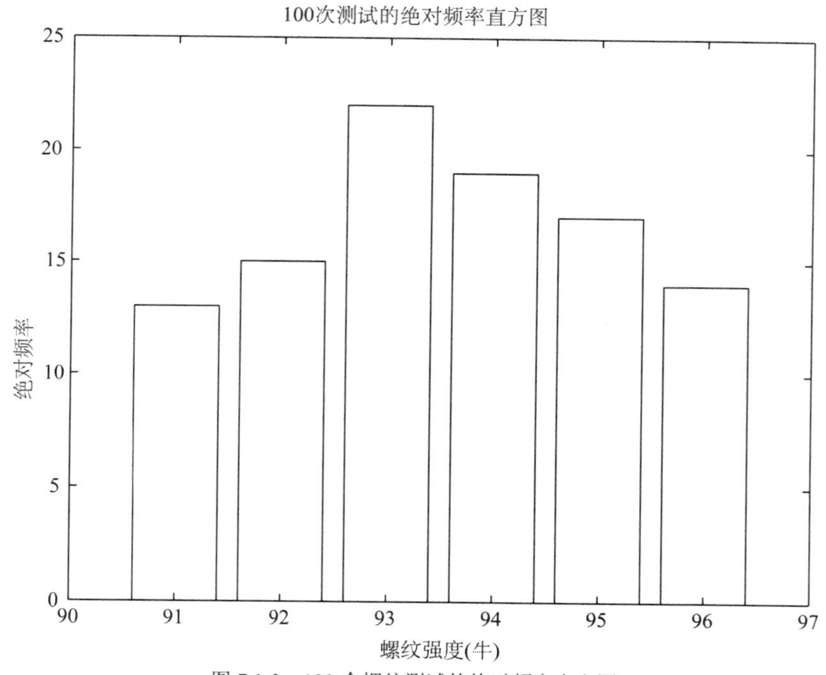

图 7.1-2　100 个螺纹测试的绝对频率直方图

假设您想获得相对频率直方图。这种情况下，您可使用函数 bar 生成直方图。下面的脚本文件生成 100 次螺纹测试的相对频率直方图。注意，如果要使用 bar 函数，就必须先聚合数据。

```
% Relative frequency histogram using the bar function.
tests = 100;
y = [13,15,22,19,17,14]/tests;
x = 91:96;
bar(x,y,'w'),ylabel('Relative Frequency'),...
```

结果如图 7.1-3 所示。

这些命令总结在表 7.1-1 中。

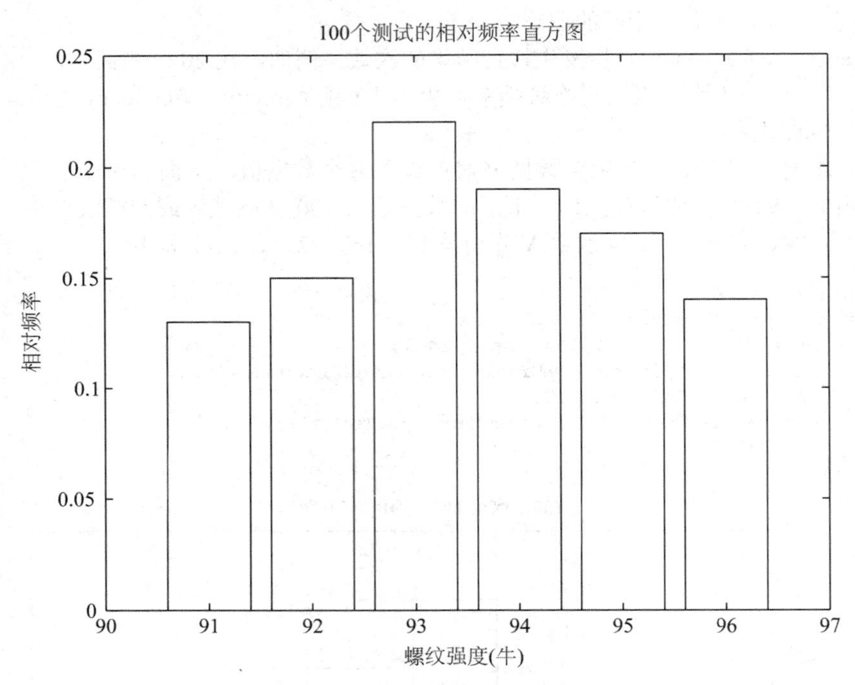

图 7.1-3　100 个螺纹测试的相对频率直方图

表 7.1-1　直方图函数

命令	描述
bar(x, y)	用默认配色方案创建 y 相对于 x 的条形图
bar(x, y, ' w ')	用无阴影矩形创建 y 相对于 x 的条形图
histogram(y)	用默认颜色，将向量 y 中的数据聚合到 y 中最小值和最大值之间的等宽分类区间中
histogram(y, n)	将向量 y 中的数据聚合到 y 中最小值和最大值之间的 n 个等宽分类区间中
histogram(y, 'FaceColor', 'w')	用无阴影(白色)的矩形将向量 y 中的数据聚合到 y 中最小值和最大值之间等宽的分类区间中

您学会了吗?

T7.1-1　在 50 次螺纹试验中。91、92、93、94、95 或 96 出现的次数 *N* 分别为 7、8、10、6、12 和 7。请绘制绝对频率和相对频率直方图。

数据统计工具

利用 Data Statistics(数据统计)工具，您可以计算数据的统计信息，并将统计信息图表添加到数据图中。绘制数据后，可从 Figure 窗口访问该工具。单击 Tools(工具)菜单，然后选择 Data Statistics(数据统计)即可。其菜单如图 7.1-4 所示。若要在图中显示因变量(y)的均值，请单击图中 Y 列下 mean 行中的方框。然后图的平均值处将出现一条水平线。您也可绘制其他统计信息；如图所示。还可通过单击 Save to workspace(保存到工作空间)按钮将统计信息以结构形式保存到工作空间。这将打开一个对话框，提示您输入包含数据 x 的结构的名称，以及包含数据 y 的结构名称。

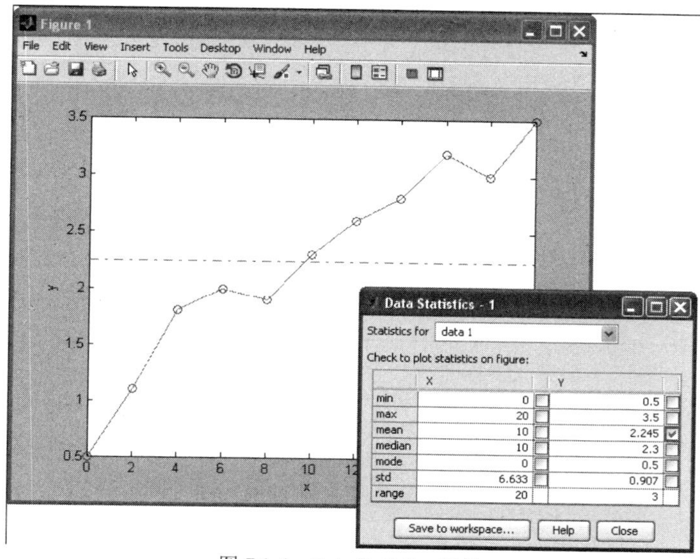

图 7.1-4　Data Statistics 工具

7.2　正态分布

例如，投掷骰子可能产生一组 1 到 6 之间的整数。对于这样的过程，其概率是离散值变量的函数，也就是说，是一个取值有限的变量。例如，表 7.2-1 给出了 100 名 20 岁男性的身高测量值。高度值近似到最接近的 1/2 英寸，因此高度变量是离散值。

表 7.2-1　20 岁男性的身高数据

身高(英寸)	频率	身高(英寸)	频率
64	1	70	9
64.5	0	70.5	8
65	0	71	7
65.5	0	71.5	5
66	2	72	4
66.5	4	72.5	4
67	5	73	3
67.5	4	73.5	1
68	8	74	1
68.5	11	74.5	0
69	12	75	1
69.5	10		

比例频率直方图

您可以用绝对频率或相对频率将数据绘制成直方图。然而，另一个有用的直方图是用比例数据，使直方图的矩形下的总面积为 1。这个比例频率直方图(scaled frequency histogram)等于绝对频率直方图除以直方图的总面积。绝对频率直方图上的每个矩形面积，都等于分类区间宽度乘以分类区间的绝对频率。因为所有矩形都等宽，所以总面积等于分类区间宽度乘以绝对频率之和。下面的 M 文件生成了图 7.2-1 所示的比例直方图。

```
% Absolute frequency data.
```

```
y_abs=[1,0,0,0,2,4,5,4,8,11,12,10,9,8,7,5,4,4,3,1,1,0,1];
binwidth = 0.5;
% Compute scaled frequency data.
area = binwidth*sum(y_abs);
y_scaled = y_abs/area;
% Define the bins.
bins = 64:binwidth:75;
% Plot the scaled histogram.
bar(bins,y_scaled,'w'),...
   ylabel('Scaled Frequency'),xlabel('Height (in.)')
```

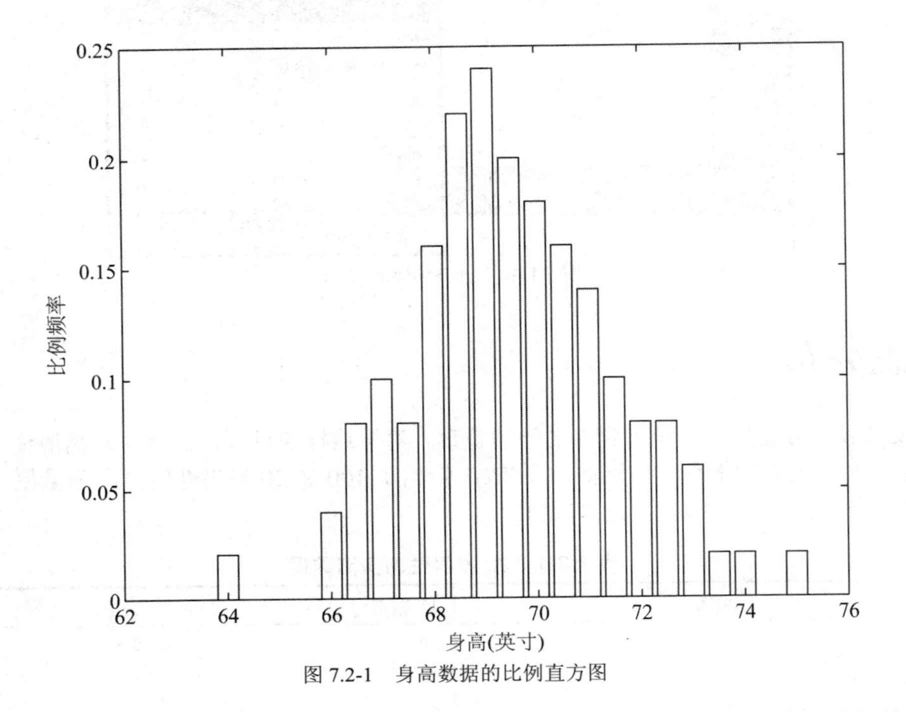

图 7.2-1 身高数据的比例直方图

因为比例直方图的总面积是 1,所以对应于某一身高范围的分数面积可得到随机选择的 20 岁男子的身高落在该范围内的概率。例如，比例直方图中对应于 67 到 69 英寸身高的矩形身高是 0.1、0.08、0.16、0.22 和 0.24。由于分类区间宽度是 0.5，因此对应于这些矩形的总面积为(0.1+0.08+0.16+0.22+0.24)(0.5)＝0.4。即 40%的身高在 67 到 69 英寸之间。

可使用函数 cumsum 来计算比例频率直方图下的面积，从而计算概率。如果 x 是向量，则 cumsum (x)返回一个长度与 x 相等的向量，其元素是前面各元素的和。例如，如果 x＝[2, 5, 3, 8]，那么 cumsum(x)＝[2, 7, 10, 18]。如果 A 是矩阵，那么 cumsum (A)将计算每一行的累积和。结果是一个与 A 大小相等的矩阵。

运行上一个脚本程序后，cumsum (y-scale)* binwidth 的最后一个元素是 1，它是比例频率直方图下的面积。要计算身高在 67 到 69 英寸之间的概率(即，从第 6 个值到第 11 个值)，请输入：

```
>>prob = cumsum(y_scaled) *binwidth;
>>prob67_69 = prob(11)-prob(6)
```

结果是 prob67_69＝0.4000，与我们之前计算的 40%的结果一致。

比例直方图的连续近似

正态函数

对于有无穷多种可能结果的过程，概率是某个连续变量的函数，它的图形是曲线而不是矩形。基于与比例直方图相同的概念；也就是说，曲线下的总面积是 1，分数面积对应于特定结果范围出现的概率。如图 7.2-2 所示，描述许多过程的概率函数是正态或高斯函数。

该函数也称为钟形曲线(bell-shaped curve)。其结果可以用所谓正态分布(normally distributed)的函数来描述。正态概率函数是一个双参数函数；其中一个参数 μ 是结果的均值，另一个参数 σ 叫作标准差(standard deviation)。均值 μ 位于曲线的最高点，是最可能出现的值。曲线的宽度或散布用参数 σ 来描述。有时用术语方差(variance)来描述曲线的散布。方差是标准差 σ 的平方。

高斯函数

正态分布

正态概率函数可用以下方程来描述：

$$p(x)=\frac{1}{\sigma\sqrt{2\pi}}e^{-(x-\mu)^2/2\sigma^2} \tag{7.2–1}$$

标准差

可以看出，大约 68%的区域位于 $\mu-\sigma\leqslant x\leqslant\mu+\sigma$ 区间内。因此，如果一个变量是正态分布，那么随机选取的样本位于均值附近一个标准差范围内的概率是 68%。另外，约 96%的面积在 $\mu-2\sigma\leqslant x\leqslant\mu+2\sigma$ 的区间内，约 99.7%，或者说几乎 100%的面积在 $\mu-3\sigma\leqslant x\leqslant\mu+3\sigma$ 的区间内。

方差

函数 mean(x)、var (x)和 std (x)可以计算 x 中元素的均值、方差和标准差。

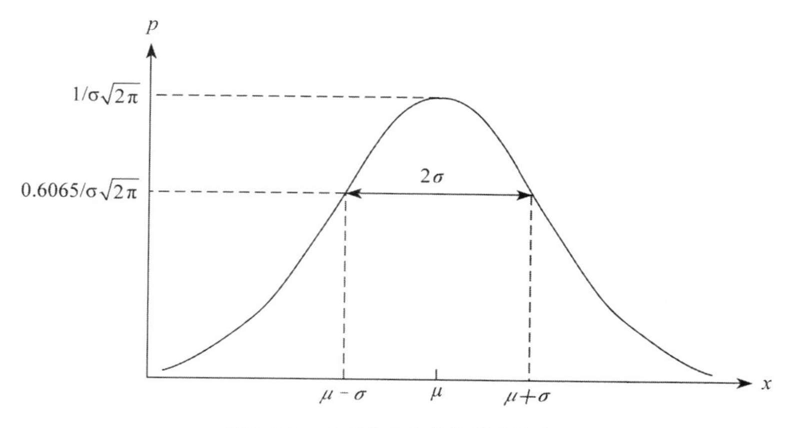

图 7.2-2 正态分布曲线的基本形状

例题 7.2-1 高度的均值和标准差

在许多工程应用中都需要对人体比例数据进行统计分析。例如，潜艇乘员舱设计师需要知道，他们可在潜在乘员数减少比例不大的条件下，使铺位长度变为多小。利用 MATLAB 估计表 7.2-1 中身高数据的均值和标准差。

■ 解

下面是脚本文件。表 7.2-1 中的数据是绝对频率数据，存储在向量 y_abs 中。使用的分类区间为 1/2 英寸宽，因为其高度测量到最接近 1/2 英寸。向量 bins 包含以 1/2 英寸为增量的身高。

为计算均值和标准差，从绝对频率数据中重构原始身高数据。请注意，这些数据有一些零项。例如，100 名男性中没有一个人的身高是 65 英寸。因此，为了重建原始数据，将从空向量 y_raw 开始，用绝对频率得到的身高数据填充它。用 for 循环检查特定分类区间的绝对频率是否为非零。如果不是 0，则为向量 y_raw 追加适当数量的数据值。如果特定分类区间的频率为 0，则 y_raw 保持不变。

```
% Absolute frequency data.
y_abs = [1,0,0,0,2,4,5,4,8,11,12,10,9,8,7,5,4,4,3,1,1,0,1];
binwidth = 0.5;
% Define the bins.
bins = [64:binwidth:75];
% Fill the vector y_raw with the raw data.
% Start with an empty vector.
y_raw = [];
```

```
for i = 1:length(y_abs)
   if y_abs(i)>0
      new = bins(i) *ones(1,y_abs(i));
   else
      new = [];
   end
y_raw = [y_raw,new];
end
% Compute the mean and standard deviation.
mu = mean(y_raw),sigma = std(y_raw)
```

运行该程序后，您就会发现均值是 μ=69.6 英寸。标准差是 σ=1.96 英寸。

如果需要根据正态分布计算概率，可使用函数 erf。输入 erf(x)，返回函数 $2e^{-t^2}/\sqrt{\pi}$ 的曲线下 $t=x$ 左侧的面积。该面积是 x 的函数，叫作误差函数(error function)，写成 erf(x)。如果结果呈正态分布，那么随机变量 x 小于等于 b 的概率可写成 $P(x\leqslant b)$。该概率可由误差函数计算得到，如下所示：

误差函数

$$P(x\leqslant b)=\frac{1}{2}\left[1+\mathrm{erf}\left(\frac{b-\mu}{\sigma\sqrt{2}}\right)\right] \tag{7.2–2}$$

随机变量 x 不小于 a 且不大于 b 的概率可写成 $P(a\leqslant x\leqslant b)$，可由下式计算得到：

$$P(a\leqslant x\leqslant b)=\frac{1}{2}\left[\mathrm{erf}\left(\frac{b-\mu}{\sigma\sqrt{2}}\right)-\mathrm{erf}\left(\frac{a-\mu}{\sigma\sqrt{2}}\right)\right] \tag{7.2–3}$$

例题 7.2-2　身高分布的估计

用例题 7.2-1 的结果来估计有多少 20 岁的男性身高不超过 68 英寸。有多少人的身高在均值附近的 3 英寸以内？

■ **解**

在例题 7.2-1 中，均值和标准差分别为 μ=69.3 英寸，σ=1.96 英寸。在表 7.2-1 中，请注意，低于 68 英寸以下的身高的数据点很少。然而，如果假设身高呈正态分布，那么可以用公式(7.2-2)来估计有多少人的身高小于 68 英寸。将 b=68 代入(7.2-2)式，可得：

$$P(x\leqslant 68)=\frac{1}{2}\left[1+\mathrm{erf}\left(\frac{68-69.3}{1.96\sqrt{2}}\right)\right]$$

为确定均值附近 3 英寸以内有多少人。将 $a=\mu-3=66.3$ 和 $b=\mu+3=72.3$ 代入方程(7.2-3)，可得：

$$P(66.3\leqslant x\leqslant 72.3)=\frac{1}{2}\left[\mathrm{erf}\left(\frac{3}{1.96\sqrt{2}}\right)-\mathrm{erf}\left(\frac{-3}{1.96\sqrt{2}}\right)\right]$$

在 MATLAB 中，这些表达式可以用脚本文件计算如下：

```
mu = 69.3;
s = 1.96;
% How many are no taller than 68 inches?
b1 = 68;
P1 = (1+erf((b1-mu)/(s*sqrt(2))))/2
% How many are within 3 inches of the mean?
a2 = 66.3;
b2 = 72.3;
P2 = (erf((b2-mu)/(s*sqrt(2)))-erf((a2-mu)/(s*sqrt(2))))/2
```

运行该程序后，将得到 P1=0.2536 和 P2=0.8741 的结果。因此，据估计，20 岁男性中有 25%的人的身高不超过 68 英寸，有 87%的人的身高估计在 66.3 到 72.3 英寸之间。

您学会了吗？

T7.2-1　假设再进行 10 次身高测量，于是必须将下面的数据追加到表 7.2-1 中。

身高(英寸)	添加的数据
64.5	1
65	2
66	1
67.5	2
70	2
73	1
74	1

(a)　请绘制比例频率直方图。(b)求出均值和标准差。(c)用均值和标准差估计有多少 20 岁的男性身高不超过 69 英寸。(d)估计有多少人的身高在 68 至 72 英寸之间。

[答案：(b)均值＝69.4 英寸，标准差＝2.14 英寸；(c)43%；(d)63%]

随机变量的和与差

可以证明，两个独立的正态分布随机变量的和(或差)的均值等于其均值的和(或差)；但其方差总是等于两个方差的和。也就是说，如果 x 和 y 呈正态分布，其均值分别是 μ_x 和 μ_y，方差分别是 σ_x^2 和 σ_y^2，如果 $u=x+y$ 且 $v=x-y$，那么：

$$\mu_u = \mu_x + \mu_y \tag{7.2–4}$$

$$\mu_v = \mu_x - \mu_y \tag{7.2–5}$$

$$\sigma_u^2 = \sigma_v^2 = \sigma_x^2 + \sigma_y^2 \tag{7.2–6}$$

请将上述性质应用到作业题中。

7.3　生成随机数

在许多工程应用中，我们通常难以用简单的概率分布来描述结果分布。例如，由许多元件组成的电路发生故障的概率是元件数量和使用时间的函数，但是我们经常无法求出描述故障概率的函数。这种情况下，我们经常使用仿真进行预测。仿真程序多次执行，使用一组随机数字表示一个或多个组件的故障，并用结果估计期望的概率。

滚动一对“公平的”骰子会生成真正随机的数字，但用软件创建的“随机”数字并不是真正的随机数。由于它们来自计算机内部的进程，而这个进程决定了下一个随机数是什么，因此被称为伪随机(pseudorandom)数字。然而，MATLAB 采用了一种被称为随机数生成器(random number generator)的算法，它给出的结果通过了某些测试，被证明是随机的和独立的。从现在起，我们将忽略随机和伪随机的区别，而将这些数字称为随机数，MATLAB 文档对此也不作区分。

使用软件中生成随机数的优点之一是，您可以在任何时候重复计算随机数。这在比较不同仿真过程时很有用。然而，如果不小心的话，您可能偶尔会得到重复的结果。我们将讨论如何避免出现这种情况。

均匀分布的数字

在均匀分布(uniformly distributed)的随机数序列中，给定区间内的所有值出现的概率都相等。

MATLAB 的函数 rand 使用被称为“随机数生成器”的算法生成均匀分布在开区间(0, 1)上的随机数，该算法需要一个“种子”数才能启动。输入 rand 只能获得开区间(0, 1)上的一个随机数。再次输入 rand 又会得到一个不同的数字。例如：

```
>>rand
ans =
   0.7502
>>rand
ans =
   0.5184
```

例如，下面的脚本在两个等概率的选项之间进行随机选择，并计算了 100 次公平币的模拟投掷的统计数据。

```
% Simulates multiple tosses of a fair coin.
heads = 0;
tails = 0;
for k = 1:100
    if rand < 0.5
       heads = heads + 1;
    else
       tails = tails + 1;
    end
end
heads
tails
```

每次启动 MATLAB 时，随机数生成器都会被重置到相同的状态。因此，rand 命令在每次启动后第一次执行时都会给出相同的结果，您将看到与之前启动时相同的序列。实际上，任何调用 rand 的脚本程序或函数在 MATLAB 重新启动时都会返回相同的结果。为避免在 MATLAB 重新启动时得到相同的随机数，在调用 rand 之前应使用命令 rng('shuffle')。函数 rng('shuffle')将根据计算机 CPU 时钟的当前时间初始化随机数生成器。要想重复获得重新启动的结果而不重新启动，可以使用 rng('default')将生成器重置为启动状态。例如，

```
>>rand
ans =
   0.7502
>>rng('default')
>>rand
ans =
   0.7502
```

函数 rand 具有扩展语法。输入 rand(n)可得到由开区间(0, 1)内均匀分布随机数构成的 n×n 矩阵；输入 rand(m, n)，得到随机数构成的 m×n 矩阵。例如，要创建一个由开区间(0, 1)上 100 个随机值构成的 1×100 向量 y，可以输入 y＝rand(1, 100)。这样使用 rand 函数相当于输入 100 次 rand 命令。即使仅调用 rand 函数 1 次，rand 函数的计算也能因为使用不同状态而使 100 个结果是随机的。

用 Y＝rand(m, n, p, ...)来生成由随机元素组成的多维数组 Y。输入 rand (size (A))会生成一个与 A 大小相同的随机项数组。

表 7.3-1 和表 7.3-2 是对这些函数的总结。

可以用 rand 函数生成(0, 1)以外的区间内的随机数。例如，要生成区间(2, 10)内的随机数，首先生成 0 到 1 之间的随机数，再将它乘以 8(上界与下界的差)，最后加上下界(2)。结果就是在区间(2, 10)中均匀分布的随机值。产生区间(a, b)上均匀分布的随机数 y 的一般公式为：

$$y=(b-a)x+a \tag{7.3-1}$$

其中，x 是均匀分布在区间(0, 1)上的随机数。例如，要在区间(2, 10)上生成包含 1000 个均匀分布随机数的向量 y，就需要输入 y＝8*rand(1, 1000)+2。您可以用函数 mean、min 和 max 检查结果。并分别得到接近 6、2、10 的值。

正态分布的随机数

在正态分布的随机数序列中，均值附近的值更容易出现。我们注意到许多过程的结果都可以用正态分布来描述。虽然均匀分布随机变量具有确定的上下界，但是正态分布随机变量并没有。

表 7.3-1　随机数函数

命令	描述
rand	生成一个 0 到 1 之间的均匀分布随机数
rand(n)	生成由 0 到 1 之间均匀分布随机数组成的 $n \times n$ 矩阵
rand(m, n)	生成由 0 到 1 之间均匀分布随机数组成的 $m \times n$ 矩阵
randi(b, [m, n])	生成由 1 到 b 之间均匀分布随机数组成的 $m \times n$ 矩阵
randi([a, b], [m, n])	生成由 a 到 b 之间均匀分布随机数组成的 $m \times n$ 矩阵
randi(imax)	生成一个 1 到 imax 之间的均匀分布的随机整数
randi(imax, size(A))	与 randi (imax)一样，但返回值是与 A 相同大小的矩阵
randn	生成一个均值为 0、标准差为 1 的正态分布随机数
randn(n)	生成由均值为 0、标准差为 1 的正态分布随机数组成的 $n \times n$ 矩阵
randn(m, n)	生成由均值为 0、标准差为 1 的正态分布随机数组成的 $m \times n$ 矩阵
randperm(n)	生成从 1 到 n 整数的随机唯一排列
randperm(n, k)	生成由 k 个从 1 到 n 随机选择的唯一的整数组成的行向量

MATLAB 函数 randn 可生成一个均值为 0、标准差为 1 的正态分布的单一数字。输入 randn(n)就可以得到由这些数字组成的 $n \times n$ 矩阵。输入 randn (m, n)可得到一个由随机数组成的 $m \times n$ 矩阵。

用于检索和指定正态分布随机数生成器状态的函数，除了在语法上用 randn(....)代替了 rand(⋯)，其余与均匀分布的生成器完全相同。这些函数如表 7.3-1 所示。

表 7.3-2　随机数生成器函数

函数	描述
s=rng	将当前的生成器设置保存到结构 s 中
rng(s)	将随机数生成器的设置恢复到以前由 s=rng 捕获的值
rng(n)	用非负整数 n 初始化随机数生成器
rng('default')	将随机数生成器初始化到 MATLAB 启动时的状态
rng('shuffle')	根据从 CPIl 时钟获得的当前时间初始化随机数生成器
rng(n, 'twister')	与 rng (n)类似，但将随机数生成器指定为梅森旋转(Mersenne Twister)算法

要从一个均值为 0、标准差为 1 的正态分布序列中生成一个均值 μ 和标准差为 σ 的正态分布数字序列，只需要将这些数字乘以 σ 再对每一个结果加上 μ 即可。因此，如果 x 是一个均值为 0、标准差为 1 的随机数，则使用下面的方程生成一个新的随机数 y，其标准差为 σ，均值为 μ。

$$y=\sigma x+\mu \tag{7.3-2}$$

例如，要生成包含 2000 个均值为 5、标准差为 3 的正态分布随机数向量 y，只需要输入 y=3*randn(1, 2000)+5。可以用 mean 和 std 函数来检查结果。您将分别获得接近 5 和 3 的值。

函数 rng 对 randn 的操作方式与对 rand 完全相同。

您学会了吗？

T7.3-1　用 MATLAB 生成包含 1800 个呈正态分布的随机数的向量 y，其均值为 7、标准差为 10。请用函数 mean 和 std 检查结果。为什么不能使用函数 min 和 max 来检查结果呢？

随机变量的函数

如果 y 和 x 线性相关，即

$$y=bx+c \tag{7.3-3}$$

那么如果 x 呈正态分布，且均值为 μ_x 和标准差为 σ_x，则证明 y 的均值和标准差可表示为：

$$\mu_y=b\mu_x+c \tag{7.3-4}$$

$$\sigma_y=|b|\sigma_x \tag{7.3-5}$$

然而，当变量与非线性函数相关时，显然均值和标准差并没有直接结合。例如，如果 x 呈正态分布，均值为 0，且 $y=x^2$，则很容易看出 y 的均值不是 0，而是正数。此外，y 不是正态分布。

有一些先进的方法可以推导出 $y=f(x)$的均值和方差公式，但就我们的目的而言，最简单的方法是用随机数进行仿真。

前一节曾提到，两个独立呈正态分布的随机变量的和(或差)的均值等于它们均值的和(或差)，但方差则等于两个方差的和。然而。如果 z 是 x 和 y 的非线性函数，那么 z 的均值和方差就不能用一个简单的公式求出来。事实上，z 甚至不是正态分布。下面的例子说明了这个结果。

例题 7.3-1　统计分析和制造公差

假设您想从正方形板上切下一个三角形的块(见图 7.3-1)，就必须测量到正方形板角上的距离 x 和 y。x 的期望值是 10 英寸。θ 的期望值是 20°。这要求 $y=3.64$ 英寸。已知 x 和 y 的测量值呈正态分布，均值分别为 10 和 3.64，标准差都是 0.05 英寸。请求出 θ 的标准差，并绘制 θ 的相对频率直方图。

■ 解

从图 7.3-1 可以看出，角度 $\theta=\tan^{-1}(y/x)$。通过分别取均值为 10 和 3.64 的随机变量 x 和 y，标准差为 0.05，就可以得到 θ 的统计分布。通过计算 $\theta=\tan^{-1}(y/x)$的每个随机数对(x, y)可求出随机变量 θ。下面的脚本文件显示了这个过程。

```
s = 0.05; % standard deviation of x and y
n = 8000; % number of random simulations
x = 10 + s*randn(1,n);
y = 3.64 + s*randn(1,n);
theta = (180/pi) *atan(y./x);
mean_theta = mean(theta)
sigma_theta = std(theta)
xp = 19:0.1:21;
histogram(theta,xp,'Normalization','probability'),...
   xlabel('Theta (degrees)'),...
   ylabel('Relative Frequency')
```

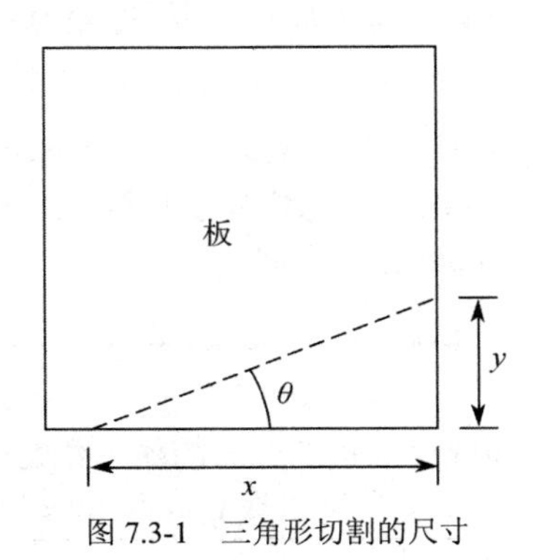

图 7.3-1　三角形切割的尺寸

选择 8000 次仿真是在精度和计算所需时间之间的折中。您应该尝试不同的 n 值并且比较结果。结果表明，θ 的均值为 19.99930°，对应的标准差为 0.27300°。其直方图如图 7.3-2 所示。我们已经用直方图函数的概率正态化选项来绘制发生的相对概率。虽然这个图与正态分布相似，但 θ 值并不是正态分布的。根据直方图，我们可以计算出大约 65%的 θ 值位于 19.8 到 20.2 之间。这个范围对应的标准差为 0.2°，而并不是根据仿真数据计算出来的 0.273°。因此，该曲线并不是正态分布。

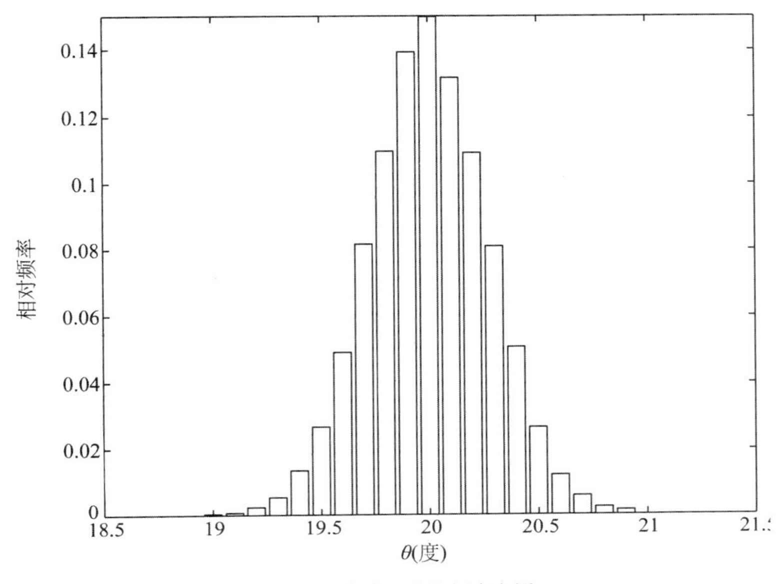

图 7.3-2　角度 θ 的比例直方图

这个例子表明，两个或两个以上的正态分布变量的组合结果并不是正态分布。一般来说，当且仅当结果是变量的线性组合时，结果才呈正态分布。

生成随机整数

例如，如果您想产生骰子游戏那样的随机结果，就必须能生成整数。您可以用 randperm(n)函数完成此操作，该函数能生成一个行向量，其中包含从 1 到 n 的整数随机排列。例如，randperm(6)可能生成向量[3 2 6 4 1 5]，或者 1 到 6 的其他数字排列。请注意，函数 randperm 调用了函数 rand，因此改变了随机数生成器的状态。

函数 randi (b, [m,n])能返回一个 $m\times n$ 的矩阵，该矩阵包含 1 到 b 之间的随机整数，函数 randi ([a,b],[m,n])能返回一个 $m\times n$ 的矩阵，该矩阵包含 a 到 b 之间的随机整数值。输入 randi (imax)能返回 1 到 imax 之间的标量。输入 randi(imax, size(A))则返回一个与 A 相同大小的数组，例如：

```
>> randi(20,[1,5])
ans =
   1   7   3   9   19   16
>>randi([5,20],[1,5])
ans =
   5  12  11  17  17
>> randi(6)
ans =
   3
```

请注意，函数 randperm 返回了唯一的(unique)整数，而 randi 返回的数组可能包含重复的(repeated)整数值。因此，要获得唯一的整数值，请使用函数 randperm。由函数 randi 生成的数字序列由函数 rand、randn 及 randperm 使用的相同的均匀随机数生成器的设置决定。

随机漫步

随机漫步(random walk)是一个随机过程，它描述了由连续的随机步骤产生的路径。“漫步”可能只是在直线上来回运动(即一维的步行)，也可能发生在平面上(即二维的步行)，或者三维空间以及在更高的数学维度上。随机漫步方法为理解布朗运动(Brownian motion)提供了基础，布朗运动描述的是流体分子碰撞所导致的看似随机的流体粒子运动。随机漫步理论已被应用于理解各种过程，包括扩散、股票价格和机会博弈等。

例题 7.3-2　带漂移的随机漫步

函数 randi 可以模拟一维随机漫步。假设一个粒子从 $x=0$ 开始，在这个过程的每个阶段它要么保持静止，要么向后移动一格，要么向前移动一格或两格，概率都是相等的。我们可以使用函数 randi([-1, 2], [1, 99])获得这些移动，它将生成四种等概率出现的移动。因为这最终会在 x 处产生增大的正值，我们称之为一个带漂移的随机漫步。请创建 MATLAB 程序来模拟这个过程 100 步。并用 1000 次试验和对过程计时，生成粒子最终位置的统计信息。

■　**解**

使用两个循环；内循环实现随机漫步本身，外循环完成 1000 次试验。我们使用函数 tic 和 toc 对该过程计时。

```
% random_walk_1.m
clear
tic
for n = 1:1000
    clear x p
    x(1) = 0;
    p = randi([-1,2],[1,100]);
    for k = 1:100
        x(k+1) = x(k) + p(k);
    end
    y(n) = x(101);
end
toc
maximum = max(y)
minimum = min(y)
mean = mean(y)
st_dev = std(y)
histogram(y)
```

如果您多次运行该程序，那么移动的最小距离和最大距离的结果差别是非常大的。100 步后的平均距离约为 50 左右，标准差约为 11 左右。其直方图类似于钟形曲线。运行时间在很大程度上取决于您所使用的计算机。由于步长的平均值为 0.5，所以 100 步的平均距离约为 0.5(100)=50 就不足为奇了。令人意想不到的是，即使输入是均匀分布的，其直方图却与正态分布类似。这是一个输出与输入的分布不同的过程的例子。

下面用一个简单例子说明过程 $y=x^2$ 是如何改变输入分布的。请考虑下面的脚本。

```
x = rand(1,1000);
y = x.^2;
histogram(x)
histogram(x),hold on
histogram(y)
```

x 的直方图呈均匀分布，相对于 y 来说，它就像一个峰值接近 0 的衰减指数。

您学会了吗？

T7.3-2　假设某粒子作一维随机漫游，粒子从 $x=0$ 处开始移动，每步向前移动 0、1、2、3、4、5 或 6 格，概率都相等。如果不编写程序，您认为粒子在 100 步后平均能移动多远？然后请编写 MATLAB 程序来解决这个问题。

T7.3-3　假设 x 由 1000 个均匀分布在 0 和 1 之间的数组成。请绘制 y 的直方图，其中 y 是 x 的平方根，将直方图与 y 是 x 平方的情况进行比较。

比较两次或多次仿真的结果

要想比较两次或多次仿真的结果，有时需要在每次仿真运行时生成相同的随机数序列。其中一种方法是用 rng('default')，正如我们之前看到的，它在运行程序前不必重启 MATLAB 就能得到重复的结果。然而，您并不需要从初始状态开始也能生成相同的序列。要以不同的方式初始化随机数生成器，可以使用函数 rng (seed)，其中 seed 是正整数。每次使用 rng (seed)以相同的种子初始化生成器时，总会得到相同的结果。考虑下面的例子。首先，我们初始化随机数生成器，使本例的结果可重复。

```
>>rng('default')
```

现在，我们用任意的种子数(比如 4)来初始化生成器。

```
>>rng(4)
```

然后，创建一个随机数向量。

```
>> v1 = rand(1,5)
v1 =
   0.9670    0.5472    0.9727    0.7148    0.6977
```

重复同样的命令。

```
>> v2 = rand(1,5)
v2 =
   0.2161    0.9763    0.0062    0.2530    0.4348
```

第一次用函数 rand 后改变了生成器的状态，所以第二次使用 rand 后的结果 v2 是不同的。

如果我们使用与前面相同的种子重新初始化生成器，就可以重新生成第一个向量 v1，如下：

```
>> rng(4)
>> v3 = rand(1,5)
v3 =
   0.9670    0.5472    0.9727    0.7148    0.6977
```

如果在不同的 MATLAB 版本中运行这段代码，或者在运行完其他人的随机数代码后再运行这段代码，单独设置种子可能无法保证得到相同的结果。为了确保结果的可重复性，可以使用函数 rng(n, 'twister')指定种子和生成器类型，其中 n 是整数种子值。输入'twister'指的是首选的随机数生成器——梅森扭转随机数生成器。

7.4　插值

成对数据可表示因果关系(cause and effect)，或者输入-输出关系(input-output relationship)，例如由于施加电压而在电阻中产生电流，或时间历史(time history)，例如物体的温度作为时间的函数。成对数据还可以表示概要文件(profile)，例如道路概要文件(如显示沿其长度方向的道路高度)。在某些应用程序中，我们希望在数据点之间估计变量的值。这个过程称为插值(interpolation)。还有一些情况，我们可能需要在给定的数据范围之外估计变量的值。这个过程称为外推(extrapolation)。绘制数据曲线对插值和外推很有帮助。这些图(有些可能使用对数坐标轴)常常有助于发现数据的函数描述。

假设已知下列温度测量值，从上午 7 点开始每小时测量一次。但是可能由于设备故障或其他某些原因，上午 8 点至 10 点的测量值丢失了。

时间	7 A.M.	9 A.M.	11 A.M.	12 noon
温度	49	57	71	75

这些数据的图形如图 7.4-1 所示，其中各数据点以虚线连接。如果我们需要估计上午 10 点的温度，就可以从连接上午 9 点和 11 点数据点的虚线中读取值。因此从该图中，可以估计出上午 8 点的温度为 53℉、10 点的温度为 64℉。这就是对数据进行了线性插值(linear interpolation)，以得到缺失数据的估计(estimate)。线性插值之所以叫这个名字，是因为它等价于用线性函数(直线)连接数据点。

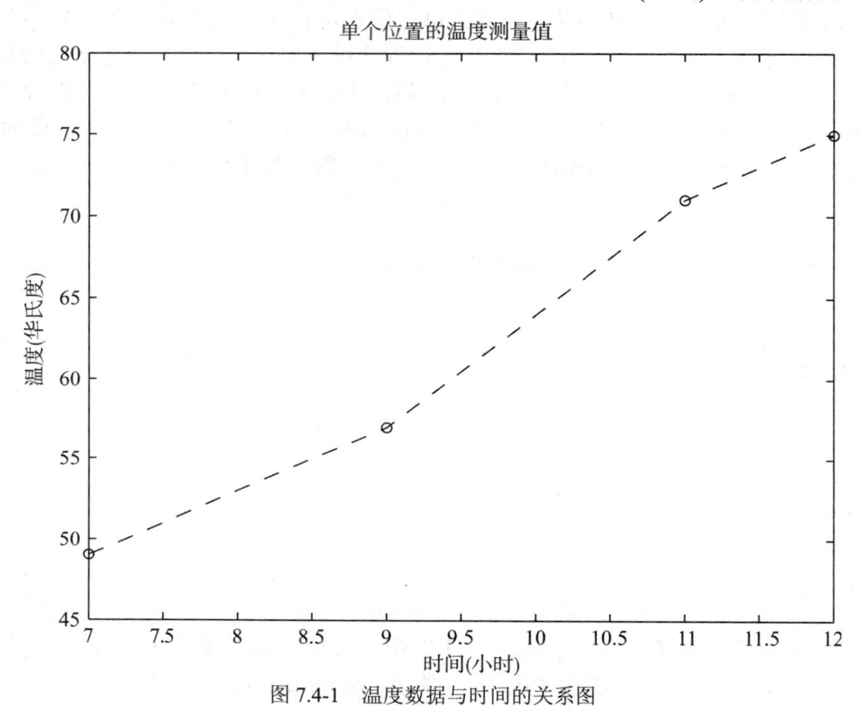

图 7.4-1　温度数据与时间的关系图

当然，我们没有把握确定温度会遵循图中所示的直线变化，因此我们估计的 64℉很可能不正确，但它已足够接近可用值。用直线连接数据点是插值的最简单形式。如果我们有充分的理由，也可以使用另一个函数。稍后将使用多项式函数来做插值。

MATLAB 用函数 interp1 和 interp2 实现线性插值。假设 x 是包含自变量数据的向量，y 是包含因变量数据的向量。如果 x_int 是包含我们希望估计因变量的自变量值的向量，输入 interp1(x, y, x_int)就会生成一个大小与 x_int 相同的向量，该向量包含与 x-int 对应的 y 的插值。例如，下面的会话将根据前面的数据得出上午 8 点和 10 点的温度估计值。向量 x 和 y 分别包含时间和温度值。

```
>>x = [7, 9, 11, 12];
>>y = [49, 57, 71, 75];
>>x_int = [8, 10];
>>interp1(x,y,x_int)
ans =
    53
    64
```

使用 interp1 函数时，必须牢记两个限制。向量 x 中的自变量值必须以升序排列，插值向量 x_int 的值必须在 x 的取值范围内。因此，例如我们不能用函数 interp1 来估计上午 6 点的温度。

函数 interp1 可通过将 y 定义为矩阵而不是向量，来插值到一个数据值表中。例如，假设我们现在有三个位置的温度测量值，但这三个点在上午 8 点和 10 点都没有测量值。数据如下所示：

时间	温度(℉)		
	地点 1	地点 2	地点 3
上午 7 点	49	52	54
上午 9 点	57	60	61
上午 11 点	71	73	75
中午 12 点	75	79	81

我们像之前一样定义 x，但是现在我们将 y 定义成含有三列的矩阵，这三列依次包含上表中的第二、第三和第四列数据。下面的会话将产生各位置在上午 8 点和 10 点时的温度估计值。

```
>>x = [7, 9, 11, 12]';
>>y(:,1) = [49, 57, 71, 75]';
>>y(:,2) = [52, 60, 73, 79]';
>>y(:,3) = [54, 61, 75, 81]';
>>x_int = [8, 10]';
>>interp1(x,y,x_int);
ans =
     53.0000   56.0000   57.5000
     64.0000   65.5000   68.0000
```

因此，上午 8 点的各位置的温度估计值分别为 53、56 和 57.5 华氏度。上午 10 点的温度估计值分别为 64、65.5 和 68 华氏度。从这个例子中我们可以看到，如果函数 interp1(x, y, x_int)中的第一个参数 x 是向量，且第二个参数 y 是矩阵，那么该函数可在 y 的各行之间插值，并计算出一个列数与 y 相同、行数与 x_int 值个数相同的矩阵。

请注意，我们不必单独定义两个向量 x 和 y，而可定义一个包含整个数据表的矩阵。例如，可将前面的数据表定义为矩阵 temp，相应的会话过程如下所示：

```
>>temp(:,1) = [7, 9, 11, 12]';
>>temp(:,2) = [49, 57, 71, 75]';
>>temp(:,3) = [52, 60, 73, 79]';
>>temp(:,4) = [54, 61, 75, 81]';
>>x_int = [8, 10]';
>>interp1(temp(:,1),temp(:,2:4),x_int);
ans =
     53.0000   56.0000   57.5000
     64.0000   65.5000   68.0000
```

二维插值

现在假设我们在上午 7 点测量了四个位置的温度。这四个位置分别是 1 英里宽、2 英里长的矩形的四个角。若将第一个位置定位为坐标系原点(0, 0)，其他位置的坐标分别为(1, 0)、(1, 2)和(0, 2)；具体参见图 7.4-2。温度测量值如图所示。温度是包含两个变量的函数，对应于坐标 x 和 y。MATLAB 提供了函数 interp2 对双变量函数插值。如果函数可写成 z＝f(x, y)，那么要想估计 $x=x_i$ 且 $y=y_i$ 时的 z 值，相应的语法是 interp2(x, y, z, x_i, y_i)。

假设我们要估计坐标为(0.6, 1.5)处的温度值。可将 x 坐标放到向量 x 中，把 y 坐标放到向量 y 中，然后把温度测量结果放到一个矩阵 z 中，其中跨过一行表示 x 增加，向下一列表示 y 增加，执行此操作的会话如下所示：

```
>>x = [0,1];
>>y = [0,2];
>>z = [49,54;53,57]
z =
   49   54
   53   57
>>interp2(x,y,z,0.6,1.5)
```

```
ans =
    54.5500
```

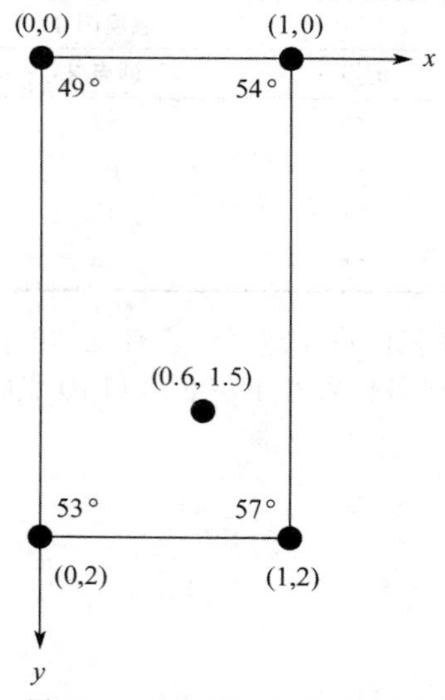

图 7.4-2　四个位置的温度测量值

因此估计出的温度为 54.55 华氏度。

函数 interp1 和 interp2 的语法总结参见表 7.4-1。MATLAB 还有对多维数组插值的函数 interpn。

表 7.4-1　线性插值函数

命令	描述
y_int＝interp1(x, y, x_int)	用于线性插值单变量函数 y＝f(x)。用存储在 x 和 y 中的数据，在向量 x_int 指定的点上返回线性插值向量 y_int
z_int＝interp2(x, y, z, x-, y_int)	用于线性插值双变量函数 y＝f(x, y)。用存储在 x、y 和 z 中的数据，在向量 x_int 和 y_int 指定的点上返回线性插值向量 z_int

三阶样条插值

高阶多项式在数据点之间表现出我们不希望见到的行为，这使得它们并不适合插值。一种广泛使用的替代方法是在每对相邻数据点之间使用低阶多项式拟合数据点。这种方法被称为样条(spline)插值，它的名字来源于插画师通常借助一组点从而绘制出平滑曲线。

样条插值得到的精确拟合也是平滑的。最常见的方法是使用三阶多项式，或三阶样条(cubic spline)，因此也称之为三阶样条插值(cubic spline interpolation)。如果数据是 n 对(x, y)值，那么可使用 n-1 个三阶多项式。每个多项式都具有如下形式：

$$y_i(x) = a_i(x - x_i)^3 + b_i(x - x_i)^2 + c_i(x - x_i) + d_i$$

其中 $x_i \leqslant x \leqslant x_{i+1}$ 且 $i=1, 2, \ldots, n-1$。每个多项式的系数 a_i、b_i、c_i 和 d_i 都是确定的，于是每个多项式满足以下三个条件：

(1) 多项式必须通过这些数据点，并以 x_i 和 x_{i+1} 为端点。

(2) 相邻多项式在其公共数据点处的斜率必须相等。

(3) 相邻多项式在其公共数据点上的曲率必须相等。

例如，前面给出的温度数据的一组三阶样条如下(y 表示温度值，x 表示小时值)。这里再次给出这组数据。

x	7	9	11	12
y	49	57	71	75

我们很快就会看到如何使用 MATLAB 来获得这些多项式。当 $7 \leqslant x \leqslant 9$ 时，

$$y_1(x) = -0.35(x-7)^3 + 2.85(x-7)^2 - 0.3(x-7) + 49$$

当 $9 \leqslant x \leqslant 11$ 时，

$$y_2(x) = -0.35(x-9)^3 + 0.75(x-9)^2 + 6.9(x-9) + 57$$

当 $11 \leqslant x \leqslant 12$ 时，

$$y_3(x) = -0.35(x-11)^3 - 1.35(x-11)^2 + 5.7(x-11) + 71$$

MATLAB 的命令 spline 可以获得三阶样条插值。其语法是 y_int=spline(x, y, x_int)，其中 x 和 y 是包含数据的向量，x_int 是包含自变量 x 值的向量，我们希望根据 x 估计出因变量 y。结果 y_int 是与 x_int 大小相对的向量，包含了对应于 x_int 的 y 的插值。样条拟合曲线可通过绘制向量 x_int 和 y_int 得到。例如，接下来的会话使用步长为 0.01 的 x 值，绘制前面数据的三阶样条拟合曲线。

```
>>x = [7,9,11,12];
>>y = [49,57,71,75];
>>x_int = 7:0.01:12;
>>y_int = spline(x,y,x_int);
>>plot(x,y,'o',x,y,'- -',x_int,y_int),...
   xlabel('Time (hr)'),ylabel('Temperature (deg F)'),...
   title('Measurements at a Single Location'),...
   axis([7 12 45 80])
```

所得曲线如图 7.4-3 所示。虚线表示线性插值，实线表示三阶样条。如果我们要计算插值多项式在 x=8 处的取值，可以得到 y(8)=51.2℉。这个值与线性插值得到的 53℉ 的估计值不同。如果没有更深入地了解温度动力学，就不可能确定哪个估计更准确。

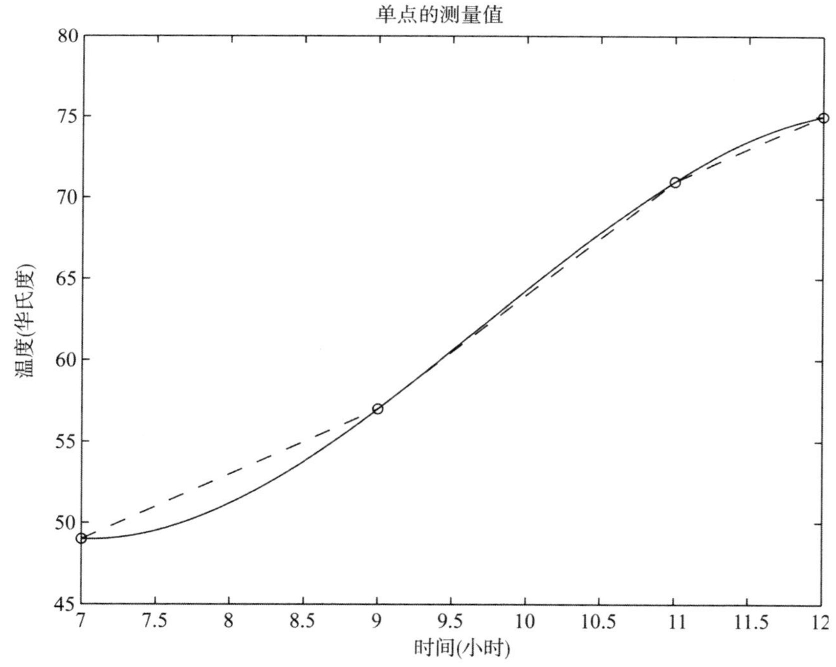

图 7.4-3 温度数据的线性插值和三阶样条插值曲线

我们可以用下面函数 interp1 的变体来更快地求得估计值。

```
y_est = interp1(x,y,x_est,'spline')
```

在这种形式下，函数返回列向量 y_est，其中包含用三阶样条插值求得的与向量 x_est 中指定的 x 值相对应的 y 的估计值。

在某些应用中，知道多项式系数是有帮助的，但我们无法从 interp1 函数中求得样条系数。然而，我们可以用下列形式求得三阶多项式的系数。

```
[breaks, coeffs, m, n] = unmkpp(spline(x,y))
```

向量 breaks 包含数据的 x 值，矩阵 coeffs 是包含多项式系数的 m × n 矩阵。标量 m 和 n 给出了矩阵 coeffs 的大小；m 是多项式的个数，n 是每一个多项式的系数的个数(如果可能的话，MATLAB 会拟合成低阶多项式，所以系数个数可以小于 4)。例如，用相同的数据，下面的会话将生成前面给出的多项式的系数：

```
>>x = [7,9,11,12];
>>y = [49,57,71,75];
>> [breaks, coeffs, m, n] = unmkpp(spline(x,y))
breaks =
        7   9   11   12
coeffs =
        -0.3500  2.8500 -0.3000 49.0000
        -0.3500  0.7500  6.900    57.0000
        -0.3500 -1.3500  5.7000 71.0000
m =
   3
n =
   4
```

矩阵 coeffs 的第一行包含了第一个多项式的系数，以此类推。表 7.4-2 总结了函数 spline、unmkpp 以及 interp1 的扩展语法。除了“样条”外，interp1 函数还有其他插值方法可供使用，方法是指定参数“method”，具体可参阅表 7.4-2。有关这些方法的详细信息，请参阅 MATLAB 文档。Figure 窗口的 Tools 菜单上的 Basic Fitting 界面，也可用于三阶样条插值。有关该界面的使用说明，请参阅第 6.3 节。

表 7.4-2　多项式插值函数

命令	描述
y_est＝interp1 (x, y, xest, method)	采用 method 指定的插值方法，返回一个列向量 y_est，其中包含了与向量 x_est 中指定的 x 值相对应的 y 的估计值。可选用的 method 有 nearest、linear、next、previous、spline 和 pchip
y_int＝spline(x, y, x_int)	计算三阶样条插值，其中 x 和 y 是向量包含数据的向量，x_int 是包含我们希望估计的因变量 y 相对应的自变量 x 值的向量。结果 y_int 是包含与 x_int 相对应的 y 的内插值的向量，并且大小与 x_int 相同
y_int＝pchip(x, y, x_int)	与函数 spline 相似，但使用分段的三阶埃尔米特多项式进行插值，以保持形状和尊重单调性
[break, coeffs, m, n]＝unmkpp(spline(x, y))	计算 x 和 y 中数据的三阶样条多项式系数，向量 breaks 包含 x 的值，矩阵 coeffs 是包含多项式系数的 m × n 矩阵。标量 m 和 n 是矩阵 coeffs 的大小；m 是多项式的个数，n 是每个多项式的系数个数

再举一个插值的例子，考虑函数 $y=1/(3-3x+x^2)$在区间 $0\leqslant x\leqslant 4$ 上产生的 10 个均匀间隔的数据点。图 7.4-4 的顶部图显示了将三阶多项式和八阶多项式分别拟合到数据的结果。显然，三阶多项式不适合插值。随着我们增大拟合多项式的阶数，会发现当阶数小于 7 时，多项式不能通过所有数据点。然而，八阶多项式存在两个问题：我们不该用它在区间 $0<x<0.5$ 内插值，而且如果我们用多项式来插值，其系数必须以非常高的精确度存储。图 7.4-4 的底部图显示了用三阶样条函数拟合的结果，在此时，这显然是更好的选择。

用埃尔米特多项式插值

表 7.4-2 总结了函数 pchip 如何使用分段连续的埃尔米特插值多项式(piecewise continuous hermite interpolation polynomial，pchip)。其语法与函数 spline 的语法相同。利用函数 pchip 计算数据点处的斜率，以保持数据的“形状”并“尊重”单调性。也就是说，拟合函数在数据为单调的区间内也是单调的，并且在数据有局部极值的区间内也有局部极值。这两个函数的区别在于：

- spline 得到结果的二阶导数连续，而 pchip 的不连续，因此函数 spline 的结果可能更平滑。
- 因此，如果数据“更平滑”，那么函数 spline 算得的结果就更精确。
- 即使数据不平滑，函数 pchip 所产生的函数也没有过冲，并且振荡很小。

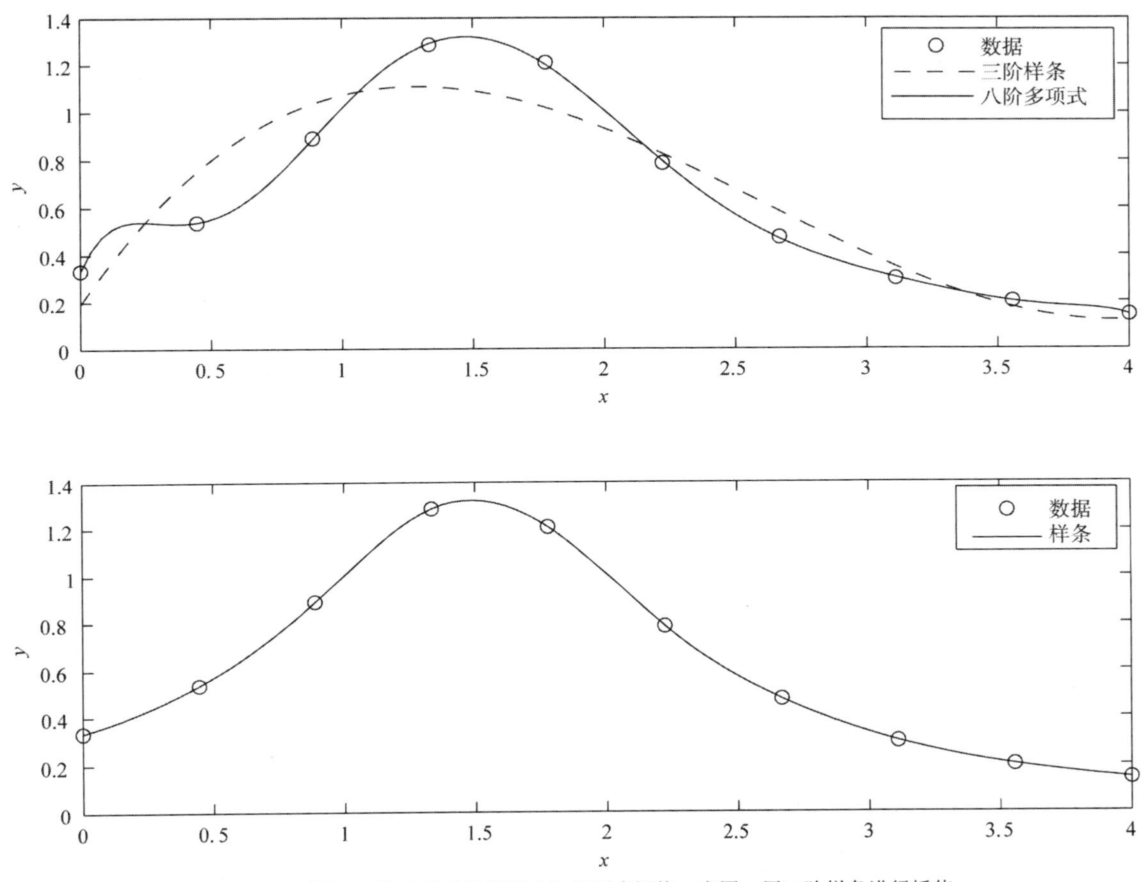

图 7.4-4　顶图：三阶多项式插值和八阶多项式插值。底图：用三阶样条进行插值

考虑数据 $x=[0, 1, 2, 3, 4, 5]$和 $y=[0, -10, 60, 40, 41, 47]$。图 7.4-5 的顶图显示了用五阶多项式和一个三阶样条拟合数据的结果。显然，五阶多项式不太适合插值，因为它的偏移量很大，特别是在区间 $0<x<1$ 和 $4<x<5$ 上。在高阶多项式中经常会出现这样的偏离。在这里，三阶样条更有用。图 7.4-5 的底图比较了三阶样条拟合与分段连续埃尔米特插值多项式的拟合(使用 pchip)结果，后者显然是更好的选择。

MATLAB 还提供了其他许多函数进行三维数据的插值。具体请参阅 MATLAB 帮助中的 griddata、interp3 和 interpn。

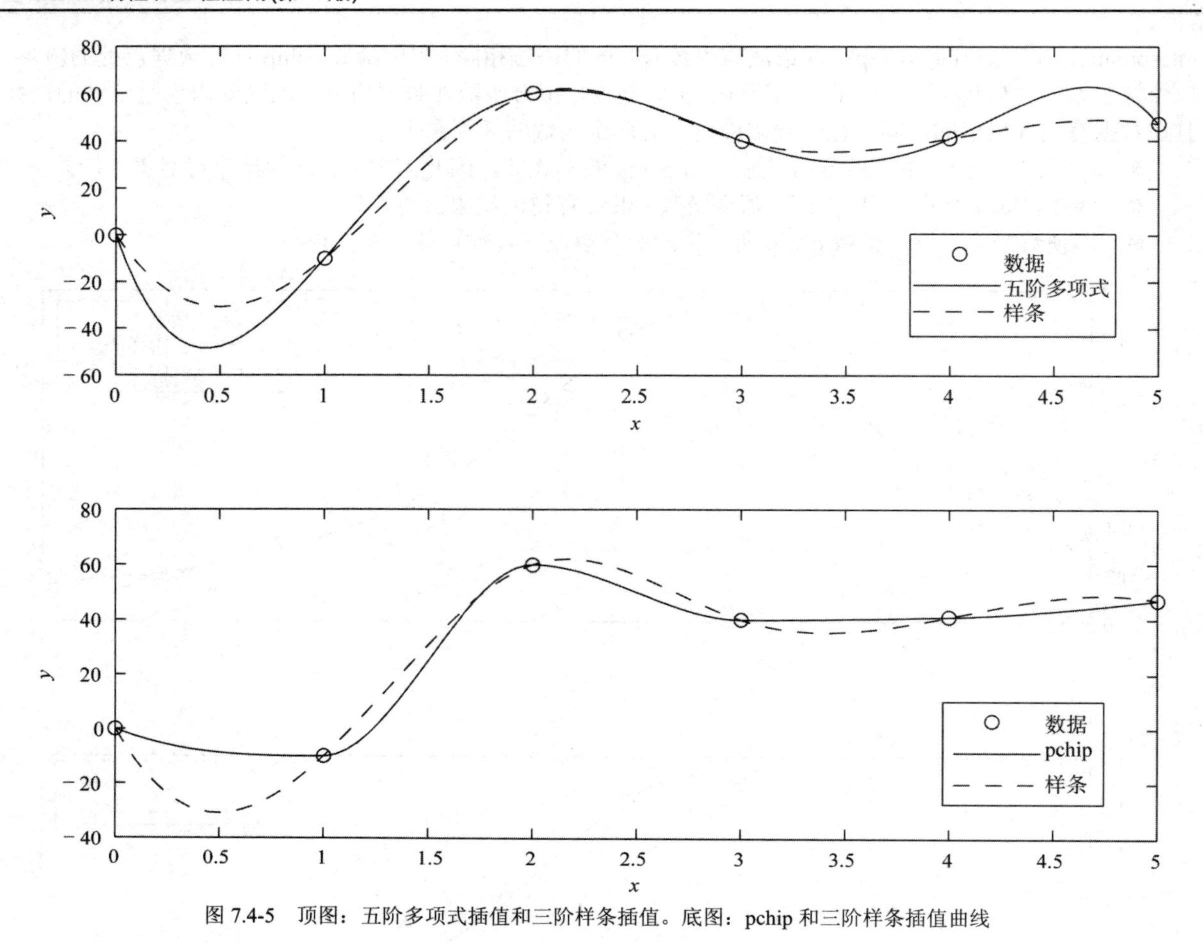

图 7.4-5　顶图：五阶多项式插值和三阶样条插值。底图：pchip 和三阶样条插值曲线

7.5　总结

本章介绍在统计和数据分析中有广泛而重要应用的 MATLAB 函数。7.1 节介绍了基本统计和概率，包括直方图，它是显示统计结果的专用图。第 7.2 节介绍了正态分布，它是构成许多统计方法的基础。7.3 节介绍了随机数生成器，及其在仿真程序中的应用。7.4 节介绍了插值方法，包括线性插值和样条插值。

既然您已经学完了这一章，您应该能够用 MATLAB：

- 解决统计和概率方面的基本问题。
- 创建包含随机过程的仿真。
- 对数据应用插值。

关键术语

绝对频率，7.1 节	众数，7.1 节
分类区间，7.1 节	正态分布，7.2 节
三阶样条，7.4 节	正态，7.2 节
误差函数，7.2 节	相对频率，7.1 节
高斯函数，7.2 节	比例频率直方图，7.2 节
直方图，7.1 节	标准差，7.2 节
插值，7.4 节	均匀分布，7.3 节
均值，7.1 节	方差，7.2 节

中值，7.1 节

习题

您可以在本书结尾找到标有星号的习题的答案。

7.1 节

1. 下面的列表给出了 22 辆同型号汽车每加仑汽油行驶里程的测量值。请绘制绝对频率直方图和相对频率直方图。

23	25	26	25	27	25	24	22	23	25	26
26	24	24	22	25	26	24	24	24	27	23

2. 30 块相同尺寸的结构木材受到越来越大的侧向力，直到断裂。下面的列表给出了压碎它们所需的实测力(以磅为单位)。请绘制绝对频率直方图。试试 50、100 和 200 磅的分类区间宽度。哪个直方图最有意义？请尝试为分类区间宽度找到一个更好的值。

243	236	389	628	143	417	205
404	464	605	137	123	372	439
497	500	535	577	441	231	675
132	196	217	660	569	865	725
457	347					

3. 下面列出了 60 根不同类型的绳索样品的破断力(以牛顿为单位)。请绘制绝对频率直方图。试试分类区间宽度为 10、30、50 牛时的情况，哪个直方图最有意义？请尝试为分类区间宽度找到更好的值。

311	138	340	199	270	255	332	279	231	296	198	269
257	236	313	281	288	225	216	250	259	323	280	205
279	159	276	354	278	221	192	281	204	361	321	282
254	273	334	172	240	327	261	282	208	213	299	318
356	269	355	232	275	234	267	240	331	222	370	226

7.2 节

4. 对于习题 1 中给出的数据：
   a. 请绘制比例频率直方图。
   b. 请计算均值和标准差，并用它们估计该车型 68%的汽车的油耗的上、下限。将这些上下限与那些数据行比较。

5. 对于习题 2 中给出的数据：
   a. 绘制比例频率直方图。
   b. 计算平均值和标准差，并用它们估计 68%和 96%的木块的强度的上、下限。将这些上下限与那些数据进行比较。

6. 对于习题 3 中给出的数据：
   a. 绘制比例频率直方图。
   b. 计算均值和标准差，用它们来估计 68%和 96%的这种绳索的破断力的上、下限。将这些上下限与那些数据进行比较。

7.* 某纤维的破断强度数据分析表明，其破断强度呈正态分布，均数为 300 磅，方差为 9。
   a. 请估计破断强度不低于 294 磅的纤维样本的百分比。
   b. 估计破断强度不小于 297 磅且不大于 303 磅的纤维样本的百分比。

8. 服务记录数据显示，某台机器的维修时间呈正态分布，其均值为 65 分钟，标准差为 5 分钟。请估计修理一部机器需要花费 75 分钟以上时间的概率。

9. 对部分配件的测量结果表明，螺纹的螺距直径呈正态分布，其均值为 8.007 毫米，标准差为 0.005 毫米。设计规范要求其直径为 8±0.01 毫米。请估计符合公差精度要求的配件的百分比。

10. 某产品要把轴插入轴承。测量结果表明，轴承圆柱孔直径 d_1 呈正态分布，均值为 3cm，方差为 0.0064。轴的直径 d_2 呈正态分布，均值为 2.96 cm，方差为 0.0036。

a. 请计算间隙 $c=d_1-d_2$ 的均值和方差。

b. 请求轴与轴承不匹配的概率(提示，求间隙为负数的概率)。

11.* 运输托盘可容纳 10 个盒子。每个盒子又可容纳 300 个不同类型的零件。已知零件重量呈正态分布，均值为 1 磅，标准差为 0.2 磅。

a. 请计算托盘重量的均值和标准差。

b. 请计算托盘重量超过 3015 磅的概率。

12. 某产品由三个部件首尾相连组装而成。已知各部件的长度分别为 L_1、L_2 和 L_3。每个部件都在不同机器上制造，所以它们长度的随机变化是相互独立的。长度呈正态分布，均值分别为 1、2 和 1.5 英尺，方差分别为 0.00014、0.0002 和 0.0003。

a. 请计算装配后产品长度的均值和方差。

b. 估计装配后产品长度不小于 4.48 英尺和不大于 4.52 英尺的百分比。

13. 请用随机数生成器生成 1000 个均匀分布的数字，均值为 10，最小值为 2，最大值为 18。获取这些数的均值和直方图，并讨论它们期望的均值和方差是否呈正态分布。

14. 请用随机数生成器生成 1000 个正态分布的数字，平均值为 20，方差为 4。获取这些数字的平均值、方差和直方图，并讨论它们期望的均值和方差是否呈正态分布。

15. 两个独立随机变量的和(或差)的均值等于它们均值的和(或差)，但方差总等于两个方差的和。对于 $z=x+y$ 的情况，其中 x 和 y 是独立的正态分布随机变量，请用随机数生成来证明该结论。已知 x 的均值和方差分别是 $\mu_x=8$ 和 $\sigma_x^2=2$。y 的均值和方差分别是 $\mu_y=15$ 和 $\sigma_y^2=4$。请通过仿真求出 z 的均值和方差，并与理论预测结果进行比较。请分别进行 100 次、1000 次和 5000 次试验。

16. 假设 $z=xy$，其中 x 和 y 是独立的正态分布随机变量。x 的均值和方差分别是 $\mu_x=10$ 和 $\sigma_x^2=2$。y 的均值和方差分别是 $\mu_y=15$ 和 $\sigma_y^2=3$。请通过仿真求出 z 的均值和方差。$\mu_z=\mu_x\mu_y$ 吗？ $\sigma_z^2=\sigma_x^2\sigma_y^2$ 吗？请分别进行 100 次、1000 次和 5000 次试验。

17. 假设 $y=x^2$，其中 x 是一个正态分布的随机变量，其均值和方差分别为 $\mu_x=0$ 和 $\sigma_x^2=4$。请通过仿真求出 y 的均值和方差。$\mu_y=\mu_x^2$ 吗？ $\sigma_y=\sigma_y^2$ 吗？请分别进行 100、1000 和 5000 次试验。

18.* 假设您已通过绘制某股票几个月的价格的比例频率直方图，来分析其价格情况。假设直方图显示股票价格呈正态分布，均值为 100 美元，标准差为 5 美元。请编写 MATLAB 程序仿真当股价低于 100 美元时买入 50 股股票，当股价高于 105 美元时卖出所有股票的效果。分析这个策略超过 250 天的结果(大约相当于一年中的营业天数)。若将利润定义为出售股票的年收入加上年末所持有股票的价值，减去购买股票的年度成本。计算您期望的年平均利润、最低预期年利润、最大预期年利润和年利润的标准差。已知经纪人每股交易收取 6 美分，每笔交易的手续费最低为 40 美元。假设您每天只做一次交易。

19. 假设数据显示某股票价格呈正态分布，均值为 150 美元，方差为 100。请通过仿真来比较在 250 天内以下两种策略的结果。假设年初您持有 1000 股。第一种策略是，每天当价格低于 140 美元时就买入 100 股，每天当价格高于 160 美元时就卖掉所有股票。第二种策略是，当价格低于 150 美元就买入 100 股，当价格高于 160 美元时就卖掉所有股票。已知经纪人对每股交易收取 5 美分，每笔交易的手续费至少 35 美元。

20. 请编写脚本文件模拟对某个游戏玩 100 次。在游戏中，您要抛两个硬币，如果得到两个正面，您就赢了；如果得到的是两个反面，您就输了；如果得到一个正面和一个反面，您就再掷一次。请创建三个自定义函数，将其用于脚本中。函数 flip_coin 负责模拟抛一枚硬币，以随机数生成器的状态 s 作为输入参数，新的状态 s 和抛的结果(0 代表反面，1 代表正面)作为输出。函数 flips 模拟两个硬币抛的过程，并调用 flip_coin。flips 的输入是状态 s，输出是新的状态 s 和结果(两次反面为 0，一次正面和一次反面为 1，两次正面为 2)。函数 match 在游戏中模拟一轮比赛。它的输入是状态 s，输出是结果(1 表示赢，0 表示失败)和新状态 s。脚本应该将随机数生成器重置为初始状态，然后计算状态 s，并将此状态传递给自定义函数。

21. 编写脚本文件来玩一个如下所示的简单数字猜谜游戏。脚本应该能生成一个范围在 1, 2, 3, ..., 15 的随机整数。并应该允许玩家重复猜测数字。它应该能指示玩家是否赢了，或者在每次猜错后给玩家一个提示。回答和提示如下：

- “您赢了”，然后停止游戏。
- 如果猜到的数字与正确值的差距在 1 以内，则提示“非常接近”。
- 如果猜到的数字在正确值的差距是 2 或 3，则提示“接近”。
- 如果猜到的数字与正确值的差距超过 3，则提示“不接近”。

22. 假设某粒子作一维随机漫步，它从 $x=0$ 开始，按照每个阶段的均值为一个单位宽度、标准差为两个单位宽度的正态分布向前移动。这种运动类似于布朗运动。如果不写程序，您认为粒子在 100 步后平均会移动多远？然后编写 MATLAB 程序来解决这个问题。计算统计量并绘制直方图。平均运动是您期望的吗？

23. 假设 x 是由 1000 个 0 到 1 之间的均匀分布的数组成。请绘制 y 的直方图，其中(a) $y=e^{-x}$ 并且(b) $y=e^{-10x}$。请比较每种情况下的直方图，并用时间常量来解释结果。

7.4 节

24.* 当缺少一个或多个数据点时，插值很有用。环境测量时常遇到这种情况，如温度测量，因为昼夜连续测量很困难。下面的温度与时间数据表在下午 5 点和晚上 9 点没有数据。请用 MATLAB 进行线性插值来估计这两个时间的温度。

时间(小时，下午)	1	2	3	4	5	6	7	8	9	10	11	12
温度(℃)	10	9	18	24	?	21	20	18	?	15	13	11

25. 下表给出的温度数据以摄氏度为单位，它是某个特定位置一周内每天和每天各时刻的函数。问号(?)标记的条目缺少数据。请用 MATLAB 进行线性插值，来估计缺失点处的温度。

时刻	日期				
	周一	周二	周三	周四	周五
1	17	15	12	16	16
2	13	?	8	11	12
3	14	14	9	?	15
4	17	15	14	15	19
5	23	18	17	20	24

26. 计算机控制的机器可以在制造产品时切割和成形金属或其他材料。这些机器经常用三阶样条来指定要切割的路径或要成形的零件的轮廓。下面的坐标指定了某辆汽车前挡泥板的形状。请用一系列三阶样条拟合到这些点坐标上，并沿着坐标点绘制样条。

x(英尺)	0	0.25	0.75	1.25	1.5	1.75	1.875	2	2.125	2.25
y(英尺)	1.2	1.18	1.1	1	0.92	0.8	0.7	0.55	0.35	0

27. 下列数据是在 $t=0$ 时刻打开热水龙头后，流出的热水的实测温度 T。

a. 请绘制数据，先用直线连接，然后用三阶样条连接。

b. 请分别用线性插值和三阶样条插值方法，估计下列时间的温度值：$t=0.6$、2.5、4.7 和 8.9。

c. 请同时用线性样条插值和三阶样条插值来估计使温度达到以下值的时间：$T=75$、85、90 和 105。

t(秒)	T(华氏度)	t(秒)	T(华氏度)
0	72.5	6	109.3
1	78.1	7	110.2
2	86.4	8	110.5
3	92.3	9	109.9
4	110.6	10	110.2
5	111.5		

28. 美国 1790 年至 1990 年的人口普查数据存储在 MATLAB 提供的文件 census.dat 中。请输入 load census 加载该文件。文件的第一列 cdate 包含年份，第二列 pop 包含以百万计的人口。在第 6 章的问题 T6.2-2 中，我们用三阶多项式来估计 1965 年的人口是 1.89 亿。现在请将其与根据下列方法预测的结果进行比较。(a)线性插值法，(b)三阶样条插值法。

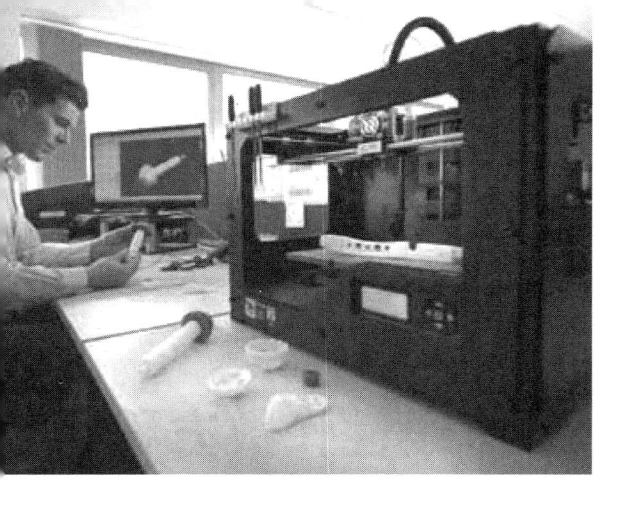

21 世纪的工程学……

增材制造

三维(3D)打印可通过连续铺设多层材料来构建三维物体。该过程由计算机采用实体建模软件控制。最初的工艺是用喷墨打印机在粉体床上沉积一层液体黏合剂，这又被称为黏合剂喷射。除了使用计算机辅助设计(CAD)软件外，还可以用一些更新颖的方法来创建软件。包括在现有部件上使用 3D 扫描仪、小规模模型或雕塑模型等。其他来源使用数码照片和摄影测量软件。

最近的发展产生了多样化技术，现在被称为增材制造(additive manufacturing，AM)。除了黏合剂喷射之外，还有六种类型的增材制造被普遍认可。分别是：定向能储集、材料挤压、材料喷射、粉末床熔接、薄板层压和还原光聚合。

定向能沉积法利用激光等高能热源熔化材料。材料喷射沉积法利用建筑材料的液滴。粉末床熔接利用热能熔接粉末床的某些区域。薄板叠片工艺是将材料片合成一个物体。利用光聚合固化技术，可以通过相邻聚合物链的光敏交联来固化液体光聚合物。

这些技术加快了制造商新研产品进入市场的速度，避免使用昂贵的工具、塑模或冲模，并能根据订单小批量生产。能够生产具有更复杂几何形状和内部功能的部件。因为硬件成本降低，出现了许多小型制造中心，所以运输成本和运输时间大为减少。

MATLAB 可通过多种方式支撑增材制造。MATLAB 文件能将三维曲面数据转换为增材制造中广泛使用的 STL(标准镶嵌语言)文件。MATLAB 还可用于拓扑优化，这是一种在给定设计空间内优化材料布局的数学方法。它为优化承重轴设计提供了一种新途径，能使内部多孔的结构体更轻、更结实，看起来就像骨头。这些结构体用传统方法是无法制造的，但用增材制造却可以实现。

第 8 章

线性代数方程组

内容提要

8.1 线性方程组的矩阵方法
8.2 左除法
8.3 欠定系统
8.4 超定系统
8.5 通用方程组求解程序
8.6 总结
习题

下面的线性代数方程

$$
\begin{aligned}
5x - 2y &= 13 \\
7x + 3y &= 24
\end{aligned}
$$

在许多工程应用中都会出现。例如，电气工程师可以用它们来预测电路的功率需求；土木、机械和航空航天工程师可以用它们来设计结构和机器；化学工程师用它们来计算化学过程中的物质平衡；工业工程师则用它们来设计计划和操作。本章的例题和作业习题涉及上述的某些应用。

线性代数方程可以用铅笔和纸“手工”求解，也可以用计算器或 MATLAB 等软件求解。选择何种解法取决于具体情况。对于只有两个未知变量的方程，手工求解很简单而且完全可以胜任。有些计算器就能求解多变量方程组。然而，能力和灵活性最强大的还是使用软件来求解。例如，MATLAB 可以求解和绘制改变某一个或多个参数时的方程解。

线性方程组已经有系统性的解法。8.1 节将介绍 MATLAB 使用的一些矩阵表示方法，这对于以简单方式表示方程组的解也很有用。然后，将介绍方程组存在解和有唯一解的条件。用 MATLAB 求解方程的方法分四节介绍：8.2 节介绍用左除法求解具有唯一解的方程组。8.3 节介绍没有足够信息求出所有未知变量的方程组的情况。这是欠定(underdetermined)的情况。当方程组的独立方程个数比未知变量多时就出现超定(overdetermined)的情况(参见 8.4 节)。8.5 节将介绍一种通用方程组求解程序。

8.1 线性方程组的矩阵方法

线性代数方程组可以用矩阵表示法表示为单个方程。这种标准而简洁的形式对于表示具有任意多个变量的解和开发相应的软件应用程序非常有用。除非另有说明，该应用中的向量都是列向量。

矩阵表示法使我们能够将多个方程表示成单个矩阵方程形式。例如，考虑以下方程组。

$$2x_1 + 9x_2 = 5$$
$$3x_1 - 4x_2 = 7$$

该方程组可以用向量-矩阵形式表示为

$$\begin{bmatrix} 2 & 9 \\ 3 & -4 \end{bmatrix} \begin{bmatrix} x_1 \\ x_2 \end{bmatrix} = \begin{bmatrix} 5 \\ 7 \end{bmatrix}$$

它还可以表示为下面的精简形式：

$$\boldsymbol{Ax}=\boldsymbol{b} \tag{8.1-1}$$

其中，我们定义了以下的矩阵和向量：

$$\boldsymbol{A}=\begin{bmatrix} 2 & 9 \\ 3 & -4 \end{bmatrix} \quad \boldsymbol{x}=\begin{bmatrix} x_1 \\ x_2 \end{bmatrix} \quad \boldsymbol{b}=\begin{bmatrix} 5 \\ 7 \end{bmatrix}$$

一般情况下，由包含 n 个未知变量的 m 个方程所组成的方程组，都可以表示为(8.1-1)的形式，其中 $\boldsymbol{A}$ 为 $m\times n$ 的矩阵，$\boldsymbol{x}$ 是 $n\times 1$ 的向量，$\boldsymbol{b}$ 是 $m\times 1$ 的向量。

矩阵的逆

如果 $a\neq 0$，那么标量方程 $ax=b$ 的解是 $x=b/a$。标量代数的除法运算与矩阵代数运算类似。例如，要求解矩阵方程(8.1-1)中的 $\boldsymbol{x}$，我们必须以某种方式将 $\boldsymbol{b}$ 除以 $\boldsymbol{A}$。

该过程是从矩阵的逆(matrix inverse)的概念发展而来的。矩阵 $\boldsymbol{A}$ 的逆可以表示为 $\boldsymbol{A}^{-1}$，并具有如下性质：

$$\boldsymbol{A}^{-1}\boldsymbol{A}=\boldsymbol{A}\boldsymbol{A}^{-1}=\boldsymbol{I}$$

$\boldsymbol{I}$ 是单位矩阵。利用这个性质，我们将方程(8.1-1)的两边同时左乘 $\boldsymbol{A}^{-1}$，得到 $\boldsymbol{A}^{-1}\boldsymbol{Ax}=\boldsymbol{A}^{-1}\boldsymbol{b}$。因为 $\boldsymbol{A}^{-1}\boldsymbol{Ax}=\boldsymbol{Ix}=\boldsymbol{x}$，所以得到方程的解为：

$$\boldsymbol{x}=\boldsymbol{A}^{-1}\boldsymbol{b} \tag{8.1-2}$$

只有当矩阵 $\boldsymbol{A}$ 是非奇异方阵时，矩阵 $\boldsymbol{A}$ 的逆才有定义。如果矩阵的行列式$|\boldsymbol{A}|$为零，那么它就是奇异的(singular)。如果 $\boldsymbol{A}$ 是奇异的，则方程(8.1-1)的唯一解不存在。MATLAB 的函数 inv(A)和 det(A)可以分别计算出矩阵 $\boldsymbol{A}$ 的逆矩阵和行列式。如果将函数 inv(A)应用于奇异矩阵，MATLAB 将对此发出相应的警告。

> 奇异矩阵

病态(ill-conditioned)方程组是十分接近奇异的方程组。矩阵的病态状态取决于求解方程组的精度。当 MATLAB 所用的内部数值精度无法满足求解要求时，它就会发出消息，指出矩阵接近病态奇异值，结果可能不准确。

> 病态

对于 2×2 矩阵 $\boldsymbol{A}$：

$$\boldsymbol{A}=\begin{bmatrix} a & b \\ c & d \end{bmatrix} \qquad \boldsymbol{A}^{-1}=\frac{1}{ad-bc}\begin{bmatrix} d & -b \\ -c & a \end{bmatrix}$$

其中 det(A)$=ad-bc$。因此，如果 $ad-bc=0$，那么 $\boldsymbol{A}$ 是奇异的。

例题 8.1-1　矩阵求逆法

用矩阵的逆求解下列方程。

$$2x_1 + 9x_2 = 5$$
$$3x_1 - 4x_2 = 7$$

■　**解**

定义矩阵 $\boldsymbol{A}$ 和向量 $\boldsymbol{b}$ 如下。

$$\boldsymbol{A}=\begin{bmatrix} 2 & 9 \\ 3 & -4 \end{bmatrix} \qquad \boldsymbol{b}=\begin{bmatrix} 5 \\ 7 \end{bmatrix}$$

相应的会话是：

```
>>A = [2,9;3,-4]; b = [5;7];
>>x = inv(A)*b
x =
   2.3714
   0.0286
```

解是 $x_1=2.3714$ 和 $x_2=0.0286$。MATLAB 没有发出警告，所以得到的解是唯一的。

在实际应用中很少用 $\boldsymbol{x}=\boldsymbol{A}^{-1}\boldsymbol{b}$ 来求解多个方程的方程组的数值解，因为计算矩阵的逆可能会比后面将介绍的左除法引入更大的数值误差。

您学会了吗？

T8.1-1　请求出下列方程组在两种情况下的 c。(a)当方程组有唯一解时；(b)当方程组有无穷多个解时，求出此两种情况下 x_1 与 x_2 之间的关系。

$$6x_1 + cx_2 = 0$$
$$2x_1 + 4x_2 = 0$$

(答案：(a) $c \neq 12, x_1 = x_2 = 0$; (b) $c = 12, x_1 = -2x_2$)

T8.1-2　请用矩阵求逆法求解下列方程组。

$$3x_1 - 4x_2 = 5$$
$$6x_1 - 10x_2 = 2$$

(答案：$x_1 = 7, x_2 = 4$)

T8.1-3　请用矩阵求逆法求解下列方程组。

$$3x_1 - 4x_2 = 5$$
$$6x_1 - 8x_2 = 2$$

(答案：无解)

解的存在性和唯一性

矩阵的秩

如果方程组没有唯一解，那么矩阵求逆法会警告我们，但它不能告诉我们是无解还是有无穷多个解。此外。该方法仅限于矩阵 $\boldsymbol{A}$ 为方阵的情况，即方程个数等于未知变量个数的情况。因此，下面将介绍一种新方法，使我们能够很容易地确定方程组是否有解，以及是否有唯一解。在学习该方法前，先要掌握矩阵的秩(rank of matrix)的概念。

考虑 3×3 的行列式：

$$|\boldsymbol{A}| = \begin{vmatrix} 3 & -4 & 1 \\ 6 & 10 & 2 \\ 9 & -7 & 3 \end{vmatrix} = 0 \tag{8.1-3}$$

如果我们消去行列式中的一行和一列，就会得到一个 2×2 的行列式。根据我们要消除行和列的不同，可以得到 9 种可能的 2×2 行列式。这些都称为子行列式(subdeterminant)。例如，如果我们消除第二行和第三列，就得到了：

$$\begin{vmatrix} 3 & -4 \\ 9 & -7 \end{vmatrix} = 3(-7) - 9(-4) = 15$$

子行列式可用于定义矩阵的秩(rank)。矩阵秩的定义如下。

子行列式

矩阵秩的定义

一个 $m \times n$ 矩阵 $\boldsymbol{A}$ 的秩(rank)r ≥ 1，当且仅当 $|\boldsymbol{A}|$ 包含一个非零的 $r \times r$ 行列式并且所有包含 $r+1$ 行及

超过 $r+1$ 行的方阵子行列式都为零。

例如，式(8.1-3)中 $\boldsymbol{A}$ 的秩是 2，因为$|\boldsymbol{A}|=0$，但是$|\boldsymbol{A}|$至少包含一个非零的 2×2 子行列式。在 MATLAB 中，要想求矩阵 $\boldsymbol{A}$ 的秩，可以输入 rank(A)。如果 $\boldsymbol{A}$ 是 $n\times n$ 的矩阵，那么当 $\det(\boldsymbol{A})\neq0$ 时它的秩就是 n。

增广矩阵

我们可以用下面的测试来确定方程组 $\boldsymbol{Ax}=\boldsymbol{b}$ 是否存有解，以及解是否唯一。测试要求我们首先形成增广矩阵(augmented matrix)$[\boldsymbol{A}\ \boldsymbol{b}]$。

解的存在性和唯一性

含有 m 个方程和 n 个未知变量的方程组 $\boldsymbol{Ax}=\boldsymbol{b}$，当且仅当(1)$\text{rank}(\boldsymbol{A})=\text{rank}([\boldsymbol{A}\ \boldsymbol{b}])$时有解。令 $r=\text{rank}(\boldsymbol{A})$。如果满足条件(1)，并且如果 $r=n$，那么解是唯一的。如果满足条件(1)，但是 $r<n$，那么解的个数是无限的，并且 r 个未知变量可以表示为其他 $n-r$ 个未知变量的线性组合，它们的值是任意的。

齐次的情况

齐次方程组 $\boldsymbol{Ax}=0$ 是 $\boldsymbol{b}=0$ 的特例。对于这种情况，总有 $\text{rank}(\boldsymbol{A})=\text{rank}([\boldsymbol{A}\ \boldsymbol{b}])$，因此方程组总有平凡解 $\boldsymbol{x}=0$。当且仅当 $\text{rank}(\boldsymbol{A})<n$ 时有非零解(其中至少有一个未知变量不等于零)。如果 $m<n$，那么齐次方程组总有非零解。

这个测试意味着，如果矩阵 $\boldsymbol{A}$ 是 $n\times n$ 的方阵，那么 $\text{rank}([\boldsymbol{A}\ \boldsymbol{b}])=\text{rank}(\boldsymbol{A})$；如果 $\text{rank}(\boldsymbol{A})=n$，那么任何 $\boldsymbol{b}$ 都有唯一解。

8.2　左除法

高斯消元法

MATLAB 提供了左除法，用于求解方程组 $\boldsymbol{Ax}=\boldsymbol{b}$。该方法基于高斯消元法(Gauss elimination)。要用左除法求解 $\boldsymbol{x}$，可以输入 x=A\b。如果$|\boldsymbol{A}|=0$，或者方程的数量不等于未知变量的个数，就要用稍后介绍的其他方法。

例题 8.2-1　用左除法求解三个未知变量

用左除法求解下列方程组。

$$
\begin{aligned}
3x_1 + 2x_2 - 9x_3 &= -65 \\
-9x_1 - 5x_2 + 2x_3 &= 16 \\
6x_1 + 7x_2 + 3x_3 &= 5
\end{aligned}
$$

■ **解**

矩阵 A 和 b 是

$$
\boldsymbol{A}=\begin{bmatrix}3 & 2 & -9\\ -9 & -5 & 2\\ 6 & 7 & 3\end{bmatrix}\qquad \boldsymbol{b}=\begin{bmatrix}-65\\ 16\\ 5\end{bmatrix}
$$

相应的会话如下：

```
>>A = [3,2,-9;-9,-5,2;6,7,3];
>>rank(A)
ans =
   3
```

由于 $\boldsymbol{A}$ 是 3×3 的矩阵，并且 $\text{rank}(\boldsymbol{A})=3$，它等于未知变量的个数，所以方程组有唯一解，并可由下列会话求得：

```
>>b = [-65;16;5];
>>x = A\b
x =
```

```
    2.0000
   -4.0000
    7.0000
```

答案给出向量 $\boldsymbol{x}$，对应于解 $x_1=2$，$x_2=-4$，$x_3=7$。

对于解 $\boldsymbol{x}=\boldsymbol{A}^{-1}\boldsymbol{b}$，向量 $\boldsymbol{x}$ 与向量 $\boldsymbol{b}$ 成正比，当方程右边都乘以标量时，我们可以利用这个线性性质来求得一个更通用的代数解。例如，假设矩阵方程是 $\boldsymbol{Ay}=\boldsymbol{b}c$，其中 c 是标量。解是 $\boldsymbol{y}=\boldsymbol{A}^{-1}\boldsymbol{b}c=\boldsymbol{x}c$。因此，如果我们得到 $\boldsymbol{Ax}=\boldsymbol{b}$ 的解，那么 $\boldsymbol{Ay}=\boldsymbol{b}c$ 的解由 $\boldsymbol{y}=\boldsymbol{x}c$ 给出。

例题 8.2-2　计算缆绳的张力

如图 8.2-1 所示，质量为 m 的质量块由 3 根缆绳悬吊在 B、C、D 点。令 T_1，T_2 和 T_3 分别是 AB、AC、AD 三条缆绳的张力。如果质量块 m 是静止的，那么在 x、y 和 z 方向上的张力分量之和必须为零。这样就得出以下三个方程：

$$\frac{T_1}{\sqrt{35}}-\frac{3T_2}{\sqrt{34}}+\frac{T_3}{\sqrt{42}}=0$$

$$\frac{3T_1}{\sqrt{35}}-\frac{4T_3}{\sqrt{42}}=0$$

$$\frac{5T_1}{\sqrt{35}}+\frac{5T_2}{\sqrt{34}}+\frac{5T_3}{\sqrt{42}}-mg=0$$

请求出由不确定的重量 mg 所表示的 T_1、T_2 和 T_3。

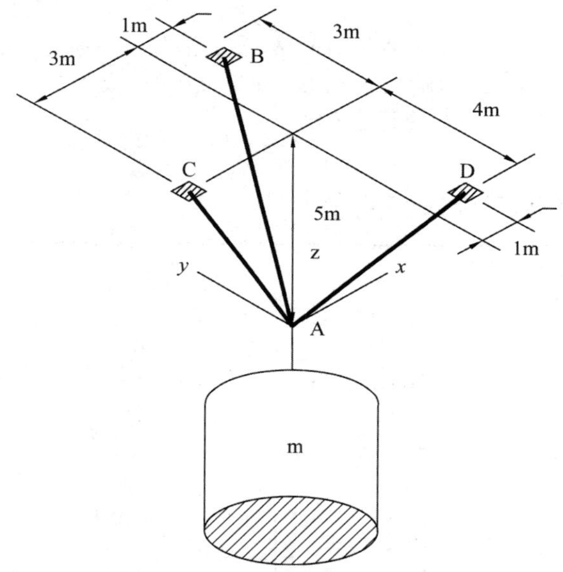

图 8.2-1　由三根缆绳悬挂的质量块

■　解

如果我们令 $mg=1$，那么方程的形式为 $\boldsymbol{AT}=\boldsymbol{b}$。其中

$$\boldsymbol{A}=\begin{bmatrix}\frac{1}{\sqrt{35}} & -\frac{3}{\sqrt{34}} & \frac{1}{\sqrt{42}}\\ \frac{3}{\sqrt{35}} & 0 & -\frac{4}{\sqrt{42}}\\ \frac{5}{\sqrt{35}} & \frac{5}{\sqrt{34}} & \frac{5}{\sqrt{42}}\end{bmatrix}\qquad \boldsymbol{T}=\begin{bmatrix}T_1\\T_2\\T_3\end{bmatrix}\qquad \boldsymbol{b}=\begin{bmatrix}0\\0\\1\end{bmatrix}$$

求解这个系统的脚本文件如下。

```
% File cable.m
s34 = sqrt(34); s35 = sqrt(35); s42 = sqrt(42);
A1 = [1/s35, -3/s34, 1/s42];
A2 = [3/s35, 0, -4/s42];
A3 = [5/s35, 5/s34, 5/s42];
A = [A1; A2; A3];
b = [0; 0; 1];
rank(A)
rank([A, b])
T = A\b
```

当键入 cable 执行此文件时，就会发现 rank($\boldsymbol{A}$)=rank([$\boldsymbol{A}$ $\boldsymbol{b}$])=3，并得到 T_1=0.5071，T_2=0.2915，且 T_3=0.4416。由于 $\boldsymbol{A}$ 是 3×3 矩阵并且 rank($\boldsymbol{A}$)=3，即等于未知变量的个数，因此解是唯一的。利用线性性质，将这些结果乘以 mg，得到通解 T_1=0.5071 mg，T_2=0.2915 mg 和 T_3=0.4166 mg。

线性方程在许多工程领域都很有用。很多电路的模型都是线性方程。电路设计者必须会求解这些方程，以预测出电路中的电流，从而根据这些信息来确定其中的电源需求。

例题 8.2-3　电阻网络

图 8.2-2 所示的电路有五个电阻和两个外加电压。假设电流的正方向为图中所示的方向，根据基尔霍夫电压定律，电路中每个回路的电压满足：

$$\begin{aligned} -v_1 + R_1 i_1 + R_4 i_4 &= 0 \\ -R_4 i_4 + R_2 i_2 + R_5 i_5 &= 0 \\ -R_5 i_5 + R_3 i_3 + v_2 &= 0 \end{aligned}$$

在电路的每个节点运用电荷守恒定理，可得：

$$\begin{aligned} i_1 &= i_2 + i_4 \\ i_2 &= i_3 + i_5 \end{aligned}$$

您可以用前三个方程消除上两个方程里的 i_4 和 i_5，结果是：

$$\begin{aligned} (R_1 + R_4)i_1 - R_4 i_2 &= v_1 \\ -R_4 i_1 + (R_2 + R_4 + R_5)i_2 - R_5 i_3 &= 0 \\ R_5 i_2 - (R_3 + R_5)i_3 &= v_2 \end{aligned}$$

因此，我们得到的三个方程共有三个未知变量 i_1、i_2 和 i_3。

编写 MATLAB 脚本文件，用给定的外加电压值 v_1 和 v_2 以及给定的五个电阻值来求解电流 i_1、i_2 和 i_3。请使用该程序，求解 R_1=5kΩ，R_2=100kΩ，R_3=200kΩ，R_4=150kΩ，R_5=250kΩ，并且 v_1=100 和 v_2=50V 时的电流(注：1kΩ=1000Ω)。

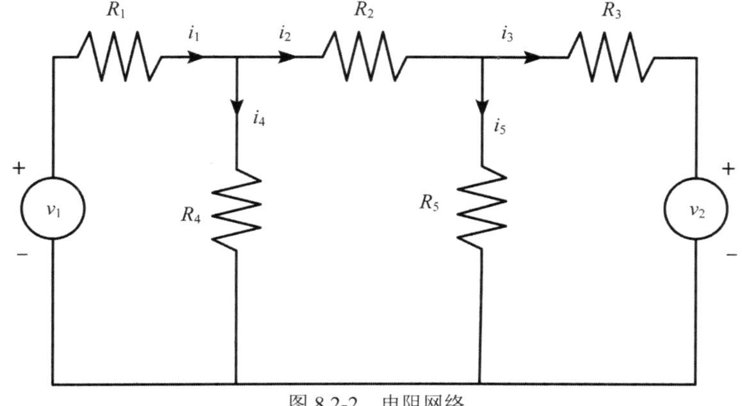

图 8.2-2　电阻网络

■ 解

因为未知变量与方程个数同样多，如果$|\boldsymbol{A}|\neq 0$ 则有唯一解；此外。如果$|\boldsymbol{A}|=0$，左除法将生成一条错误消息。下面的脚本文件名为 resist.m，它用左除法求解这三个方程得到 i_1、i_2 和 i_3。

```
% File resist.m
% Solves for the currents i_1, i_2, i_3
R = [5,100,200,150,250]*1000;
v1 = 100; v2 = 50;
A1 = [R(1) + R(4), -R(4), 0];
A2 = [-R(4), R(2) + R(4) + R(5), -R(5)];
A3 = [0, R(5), -(R(3) + R(5))];
A = [A1; A2; A3];
b=[v1; 0; v2];
current = A\b;
disp('The currents are:')
disp(current)
```

定义的行向量 A1、A2 和 A3，避免了在一行中键入 A 的冗长表达式。该脚本从命令提示符执行的结果如下：

```
>>resist
The currents are:
   1.0e-003*
   0.9544
   0.3195
   0.0664
```

因为 MATLAB 没有生成错误消息，所以解是唯一的。电流 $i_1=0.9544$，$i_2=0.3195$，且 $i_3=0.0664$ mA，其中 1mA＝1 毫安＝0.001 安。

例题 8.2-4　乙醇生产

食品和化学工业的工程师在许多过程中都使用发酵。下面的方程描述了烘焙师的酵母发酵过程。

$$\begin{gathered}a(C_6H_{12}O_6)+b(O_2)+c(NH_3)\\ \rightarrow C_6H_{10}NO_3+d(H_2O)+e(CO_2)+f(C_2H_6O)\end{gathered}$$

变量 $a, b, \ldots, f$ 表示参与反应的物料的质量。在这个公式中，$C_6H_{12}O_6$ 代表葡萄糖，$C_6H_{10}NO_3$ 代表酵母，C_2H_6O 代表乙醇。该反应除了水和二氧化碳之外还产生了乙醇。

我们要确定乙醇 f 的产量。左边的 C、O、N 和 H 原子数量必须与等式右边的原子数量保持平衡。从而得到四个方程：

$$\begin{aligned}6a &= 6+e+2f\\ 6a+2b &= 3+d+2e+f\\ c &= 1\\ 12a+3c &= 10+2d+6f\end{aligned}$$

该发酵罐配有氧传感器和二氧化碳传感器。从而能够计算出呼吸商 R：

$$R=\frac{CO_2}{O_2}=\frac{e}{b}$$

因此第五个方程是 $Rb-e=0$。酵母产量 Y(消耗每克葡萄糖所产生的酵母克数)与 a 的关系如下：

$$Y=\frac{144}{180a}$$

其中 144 是酵母的分子量，180 是葡萄糖的分子量。通过测量酵母产量 Y，就可以计算出：$a=144$、$80Y$。这是第六个方程。

编写自定义函数计算 f(乙醇产量)，并把 R 和 Y 作为函数的参数。测试两种情况下的函数，其中 Y 的测量值为 0.5：(a) $R=1.1$；(b) $R=1.05$。

■　**解**

首先注意，方程组中只有 4 个未知变量。因为第 3 个方程直接给出 $c=1$，而根据第 6 个方程直接给出 $a=144/180Y$。将这些方程写成矩阵形式，令 $x_1=b, x_2=d, x_3=e$ 且 $x_4=f$，则方程组可以写成：

$$
\begin{aligned}
-x_3-2x_4 &= 6-6(144/180Y)\\
2x_1-x_2-2x_3-x_4 &= 3-6(144/180Y)\\
-2x_2-6x_4 &= 7-12(144/180Y)\\
Rx_1-x_3 &= 0
\end{aligned}
$$

写出矩阵形式是：

$$
\begin{bmatrix} 0 & 0 & -1 & -2\\ 2 & -1 & -2 & -1\\ 0 & -2 & 0 & -6\\ R & 0 & -1 & 0 \end{bmatrix}
\begin{bmatrix} x_1\\ x_2\\ x_3\\ x_4 \end{bmatrix}
=
\begin{bmatrix} 6-6(144/180Y)\\ 3-6(144/180Y)\\ 7-12(144/180Y)\\ 0 \end{bmatrix}
$$

函数文件如下所示。

```
function E = ethanol(R,Y)
% Computes ethanol produced from yeast reaction.
A = [0,0,-1,-2;2,-1,-2,-1;...
    0,-2,0,-6;R,0,-1,0];
b = [6-6*(144./(180*Y));3-6*(144./(180*Y));...
    7-12*(144./(180*Y));0];
x = A\b;
E = x(4);
```

相应的会话如下：

```
>>ethanol(1.1,0.5)
ans =
      0.0654
>>ethanol(1.05,0.5)
ans =
      -0.0717
```

在第二种情况下，E 为负值表示乙醇被消耗而不是被生产。

您学会了吗？

T8.2-1　用左除法求解下列方程组：

$5x_1-3x_2=21$

$7x_1-2x_2=36$

(答案：$x_1=6, x_2=3$)

T8.2-2　用 MATLAB 求解下列方程组：

$6x-4y+3z=5$

$4x+3y-2z=23$

$2x+6y+3z=63$

(答案：$x=3, y=7, z=5$)

8.3　欠定系统

欠定系统(underdetermined system)包含的信息不足以确定所有未知变量，通常是因为它的方程个数比未知变量个数少。因此，欠定系统有无穷多个解，其中一个或多个未知变量依赖于剩余未知变量。左除法适用于方阵和非方阵 ***A***。然而，如果矩阵 ***A*** 不是方阵，那么左除法求得的答案可能被误解。我们将介绍如何正确地解释 MATLAB 的计算结果。

当方程个数比未知变量个数少时，左除法求出的某些未知变量的解可能为 0，但这不是通解。当$|\boldsymbol{A}|=0$ 时，即使方程的个数等于未知变量的个数，也可能存在无穷多个解。对于这类系统，左除法会产生错误消息，它会警告我们矩阵 ***A*** 是奇异的。这种情况下，使用伪逆方法 x=pinv(A)*b 给出一个解，被称为最小范数解。在有无穷多个解的情况下，函数 rref 可用于按剩余未知变量(其大小为任意值)来计算部分未知变量。

伪逆方法

即使某个方程组的方程数与未知变量个数一样多，它也可能是欠定的。如果有些方程不独立，就会发生这种情况。手工确定所有方程是否独立并不容易，特别是当方程组包含很多方程时。但在 MATLAB 中，就很容易做到。

最小范数解

例题 8.3-1　含有三个方程和三个未知变量的欠定方程组

请证明下列方程组没有唯一解。它有多少未知变量是欠定的？请用左除法解释结果。

$$\begin{aligned} 2x_1 - 4x_2 + 5x_3 &= -4 \\ -4x_1 - 2x_2 + 3x_3 &= 4 \\ 2x_1 + 6x_2 - 8x_3 &= 0 \end{aligned}$$

■　**解**

用 MATLAB 求解矩阵秩的会话如下：

```
>>A = [2,-4,5;-4,-2,3;2,6,-8];
>>b = [-4;4;0];
>>rank(A)
ans =
  2
>>rank([A, b])
ans =
  2
>>x = A\b
Warning: Matrix is singular to working precision.
ans =
   NaN
   NaN
   NaN
```

由于矩阵 ***A*** 和[***A b***]的秩是相等的，所以存在一个解。但是，因为未知变量的个数是 3，它比 ***A*** 的秩大 1，所以方程组中有一个未知变量是欠定的。该方程组有无穷多个解，我们只能用第三个未知变量来求解其他两个未知变量。因为该方程组的独立方程个数小于三，因此它是欠定的；第三个方程可由前两个表示。要证明这一点，可将第一个和第二个方程相加，得到$-2x_1 - 6x_2 + 8x_3 = 0$，正好等于第三个方程。

请注意，因为矩阵 ***A*** 的秩小于 3，所以我们还可以说矩阵 ***A*** 是奇异的。如果用左除法求解该方程组，MATLAB 就会返回消息，警告该方程组是奇异的，并且得不到答案。

函数 pinv 和欧几里得范数

函数 pinv 可用于求解欠定方程组的解。要使用 pinv 函数求解方程组 $\boldsymbol{Ax}=\boldsymbol{b}$，只需要输入 x=pinv(A)*b。函数 pinv 能求出欧几里得范数(Euclidean norm)的最小值，即解向量 ***x*** 的模。在三维空间中，向量 ***v*** 包含分量 x、y、z，其模的大小是$\sqrt{x^2+y^2+z^2}$。这可以用矩阵乘法和转置来计算：

$$\sqrt{\mathbf{v}^T\mathbf{v}} = \sqrt{[x\ y\ z]^T\begin{bmatrix} x \\ y \\ z \end{bmatrix}} = \sqrt{x^2+y^2+z^2}$$

将这个公式推广到 n 维向量 v，得到该向量的模等于欧几里得范数 N。因此：

$$N = \sqrt{\boldsymbol{v}^T \boldsymbol{v}} \tag{8.3-1}$$

MATLAB 函数 norm(v)可以计算欧几里得范数。

例题 8.3-2　一个静不定问题

请确定三等距支架支撑灯具的力。已知支架相距 5 英尺，灯具重 400 磅且质心距右侧端点 4 英尺。请用 MATLAB 的左除法和伪逆方法求解。

■　解

图 8.3-1 展示了灯具和自由体图，其中 T_1、T_2 和 T_3 是支架中的拉力。为使灯具处于平衡状态，必须抵消其垂直力，并且任意定点——比如右侧端点——的总力矩必须为零。根据这些条件可以得出两个方程：

$$T_1 + T_2 + T_3 - 400 = 0$$
$$400(4) - 10T_1 - 5T_2 = 0$$

或者

$$T_1 + T_2 + T_3 = 400 \tag{8.3-2}$$
$$10T_1 + 5T_2 + 0T_3 = 1600 \tag{8.3-3}$$

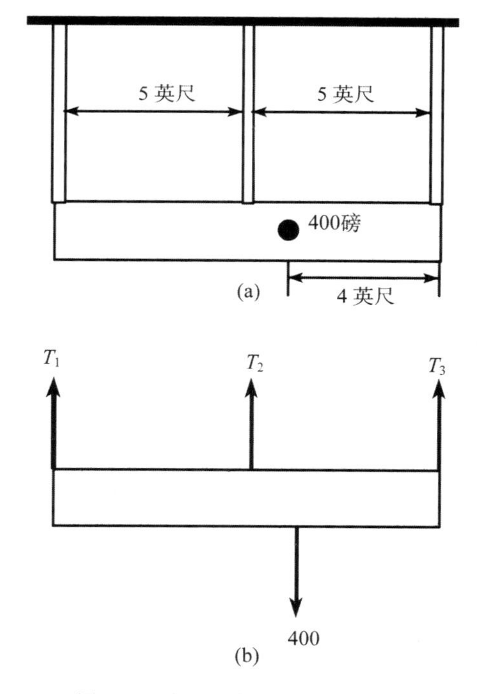

图 8.3-1　灯具及其自由体的示意图

因为未知变量的个数比方程个数多，所以这个方程组是欠定的。因此，我们无法确定力的唯一解。对于像这样的静态方程没有给出足够多方程的问题，称之为静不定(statically indeterminate)。这些方程可写成矩阵形式 $\boldsymbol{AT}=\boldsymbol{b}$，如下所示：

静不定

$$\begin{bmatrix} 1 & 1 & 1 \\ 10 & 5 & 0 \end{bmatrix} \begin{bmatrix} T_1 \\ T_2 \\ T_3 \end{bmatrix} = \begin{bmatrix} 400 \\ 1600 \end{bmatrix}$$

MATLAB 会话是：

```
>>A = [1,1,1;10,5,0];
>>b = [400;1600];
>>rank(A)
ans =
  2
>>rank([A, b])
ans =
  2
>>T = A\b
T =
   160.0000
   0
   240.0000
>>T = pinv(A)*b
T =
   93.3333
   133.3333
   173.3333
```

左除法的计算结果分别是 $T_1=160$，$T_2=0$，$T_3=240$。这说明了 MATLAB 左除法运算符面对未知变量个数多于方程个数的方程组时，如何计算一个或多个变量为零的方程的解。

因为矩阵 $\boldsymbol{A}$ 和$[\boldsymbol{A}\ \boldsymbol{b}]$的秩都是 2，因此解存在，但并不唯一。因为未知变量的个数是 3，并且比 **A** 的秩大 1，因此该方程组有无限多个解。我们只能用第三个未知变量来求解另外两个未知变量。

伪逆法解得的结果分别是 $T_1=93.3333$，$T_2=133.3333$，$T_3=173.3333$。这是变量实数值的最小范数解。最小范数解由使得下式的 N 最小的 T_1、T_2 和 T_3 的实数值组成：

$$N=\sqrt{T_1^2+T_2^2+T_3^2}$$

要理解 MATLAB 的计算过程，请注意，我们可以求解式(8.3-2)和(8.3-3)得到用 T_3 表示的 T_1 和 T_2，分别是 $T_1=T_3-80$ 和 $T_2=480-2T_3$。然后，欧几里得范数可以表示为：

$$N=\sqrt{(T_3-80)^2+(480-2T_3)^2+T_3^2}=\sqrt{6T_3^2-2080T_3+236\ 800}$$

通过绘制 N 与 T_3 的关系曲线，或者通过微积分，可以求出使 N 最小的 T_3 的实数值。答案是 $T_3=173.3333$，这与伪逆方法求得的最小范数解相同。

当解的个数无限多时，我们必须确定左除法和伪逆法给出的解是否适用于应用。这必须在特定应用的上下文中确定。

您学会了吗？

T8.3-1　请求出下列方程组的两个解：

$$x_1+3x_2+2x_3=2$$
$$x_1+x_2+x_3=4$$

(答案：最小范数法得到的解是：$x_1=4.33, x_2=-1.67, x_3=1.34$。
左除法得到的解是：$x_1=5, x_2=-1, x_3=0$)

化简的行阶梯形

可将欠定方程组中的一些未知变量表示为剩余未知变量的函数的形式。在例题 8.3-2 中，我们用第三个未知变量表示两个未知变量的解：$T_1=T_3-80$ 和 $T_2=480-2T_3$。这两个方程等价于：

$$T_1-T_3=-80 \qquad T_2+2T_3=480$$

表示为矩阵形式则是：

$$\begin{bmatrix}1 & 0 & -1\\0 & 1 & 2\end{bmatrix}\begin{bmatrix}T_1\\T_2\\T_3\end{bmatrix}=\begin{bmatrix}-80\\480\end{bmatrix}$$

上述方程组的增广矩阵$[\boldsymbol{A}\ \boldsymbol{b}]$为：

$$\begin{bmatrix}1 & 0 & -1 & -80\\0 & 1 & 2 & 480\end{bmatrix}$$

请注意，由前两列构成了 2×2 的单位矩阵。这就说明该方程组可以通过用 T_3 表示来直接求解 T_1 和 T_2。

我们总可通过将欠定方程组的方程乘以合适的因子，并添加结果方程来消除未知变量，从而化简欠定方程组。MATLAB 的函数 rref 可将方程组化简为这种形式，称为化简的行阶梯形(reduced row-echelon form)。其语法为 rref([Ab])。其输出是增广矩阵$[\boldsymbol{C}\ \ \boldsymbol{d}]$，对应于方程组 $\boldsymbol{Cx}=\boldsymbol{d}$。这个方程组就是化简的行阶梯形。

例题 8.3-3 三个方程和三个未知变量(续)

例题 8.3-1 分析了下列欠定方程组。结果表明该方程组有无穷多个解。请使用函数 rref 求解。

$$\begin{aligned}2x_1 - 4x_2 + 5x_3 &= -4\\-4x_1 - 2x_2 + 3x_3 &= 4\\2x_1 + 6x_2 - 8x_3 &= 0\end{aligned}$$

■ **解**

对应的 MATLAB 会话是：

```
>>A = [2,-4,5;-4,-2,3;2,6,-8];
>>b = [-4;4;0];
>>rref([A, b])
ans =
    1   0   -0.1   -1.2000
    0   1   -1.3   0.4000
    0   0     0        0
```

结果对应的增广矩阵是$[\boldsymbol{C}\ \boldsymbol{d}]$，其中：

$$[\mathbf{C}\quad \mathbf{d}]=\begin{bmatrix}1 & 0 & -0.1 & -1.2\\0 & 1 & -1.3 & 0.4\\0 & 0 & 0 & 0\end{bmatrix}$$

该矩阵对应于矩阵方程 $\boldsymbol{Cx}=\boldsymbol{d}$，或者：

$$\begin{aligned}x_1+0x_2-0.1x_3 &= -1.2\\0x_1+x_2-1.3x_3 &= 0.4\\0x_1+0x_2-0x_3 &= 0\end{aligned}$$

对于 x_1 和 x_2，可以很容易地用 x_3 表示为：$x_1=0.1x_3-1.2$，$x_2=1.3x_3+0.4$。这是该问题的通解，其中 x_3 是任意变量。

补充欠定系统

如果描述应用的线性方程是欠定的，那么通常是因为没有指定足够的信息来确定未知变量的唯一值。这种情况下，我们可能能够收集其他信息、目标或约束，以找到唯一的解。我们可以用 rref 命令减少问题中的未知变量的数量，具体如下面两个示例所示。

例题 8.3-4　生产计划

下表显示了反应器 A 和 B 生产 1 吨、2 吨和 3 吨化学产品所需的时间。这两个反应堆每周分别可以运行 40 小时和 30 小时。请确定每个产品每周分别可以生产多少吨。

小时数	产品 1	产品 2	产品 3
反应器 A	5	3	3
反应器 B	3	3	4

■ **解**

设 x、y、z 分别为一周内产品 1、2、3 的可生产吨数。利用反应堆 A 的数据，一周内工作时间的公式如下：

$$5x + 3y + 3z = 40$$

根据反应堆 B 的数据同样可以得出：

$$3x + 3y + 4z = 30$$

这个系统是欠定的。方程 $\boldsymbol{Ax}=\boldsymbol{b}$ 对应的矩阵分别是：

$$\boldsymbol{A} = \begin{bmatrix} 5 & 3 & 3 \\ 3 & 3 & 4 \end{bmatrix} \qquad \boldsymbol{b} = \begin{bmatrix} 40 \\ 30 \end{bmatrix} \qquad \boldsymbol{x} = \begin{bmatrix} x \\ y \\ z \end{bmatrix}$$

这里，rank($\boldsymbol{A}$)＝rank([$\boldsymbol{A}$ $\boldsymbol{b}$]) ＝2，它小于未知变量的个数。因此方程组有无穷多个解，我们可以用第三个变量来确定其他两个变量。

请用 rref 命令 rref([A b])，其中 A＝[5, 3, 3; 3, 3, 4]和 b＝[40; 30]，我们得到以下增广矩阵：

$$\begin{bmatrix} 1 & 0 & -0.5 & 5 \\ 0 & 1 & 1.8333 & 5 \end{bmatrix}$$

该矩阵给出了化简方程组为：

$$\begin{aligned} x - 0.5z &= 5 \\ y + 1.8333z &= 5 \end{aligned}$$

从中可以很容易地解得：

$$x = 5 + 0.5z \tag{8.3-4}$$

$$y = 5 - 1.8333z \tag{8.3-5}$$

其中，z 是任意的。然而，为确保解是有意义的，z 不可能是完全任意的。例如，变量的负值在这里没有意义；因此我们要求 $x \geqslant 0$，$y \geqslant 0$，$z \geqslant 0$。根据方程(8.3-4)可知，当 $z \geqslant -10$ 时，$x \geqslant 0$。根据方程(8.3-5)可知，$y \geqslant 0$ 时，$z \leqslant 5/1.8333 = 2.727$。因此，根据方程(8.3-4)和(8.3-5)得出的有效解是 $0 \leqslant z \leqslant 2.737$ 吨。z 在这个范围内的选择必须基于其他因素(比如利润)。

例如，假设产品 1、2 和 3 的利润分别为每吨 400 美元、600 美元和 100 美元。那么总利润 P 为：

$$\begin{aligned} P &= 400x + 600y + 100z \\ &= 400(5 + 0.5z) + 600(5 - 1.8333z) + 100z \\ &= 5000 - 800z \end{aligned}$$

因此，为使利润最大化，我们应该选择 z 作为可能的最小值，即 $z=0$。从而得出 $x=y=5$ 吨。

然而，如果每个产品的利润分别是 3000 美元、600 美元和 100 美元，那么总利润将是 $P=18\,000+500z$。因此，我们应该选择 z 取其允许的最大值，即 $z=2.727$ 吨。根据方程(8.3-4)和(8.3-5)可得 $x=6.36$，$y=0$ 吨。

例题 8.3-5 交通工程

交通工程师想知道仅用进出路网的交通流量是否足以预测网络中每条街道的交通流量。例如，考虑如图 8.3-2 所示的单向街道交通网。显示的数字表示每小时车流量的测量值。假设网络内没有任何车辆停靠。如果可能，则请计算交通流量 f_1、f_2、f_3 和 f_4。如果不可能，则给出如何获得其他必要信息的建议。

■ 解

流入交叉口 1 的流量必须等于流出交叉口的流量。从而得到：

$$100+200=f_1+f_4$$

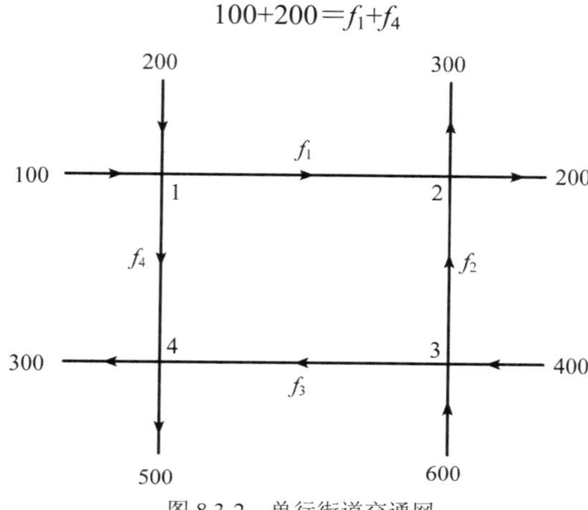

图 8.3-2 单行街道交通网

类似地，对于其他三个交叉点，我们可得到：

$$f_1+f_2=300+200$$
$$600+400=f_2+f_3$$
$$f_3+f_4=300+500$$

将上述方程放到矩阵 $\boldsymbol{Ax}=\boldsymbol{b}$ 中，可得到：

$$\boldsymbol{A}=\begin{bmatrix}1 & 0 & 0 & 1\\1 & 1 & 0 & 0\\0 & 1 & 1 & 0\\0 & 0 & 1 & 1\end{bmatrix} \quad \boldsymbol{b}=\begin{bmatrix}300\\500\\1000\\800\end{bmatrix} \quad \boldsymbol{x}=\begin{bmatrix}f_1\\f_2\\f_3\\f_4\end{bmatrix}$$

首先，用 MATLAB 的函数 rank 检查矩阵 $\boldsymbol{A}$ 和[$\boldsymbol{A}$ $\boldsymbol{b}$]的秩。两者的秩都是 3，比未知变量个数少 1。于是，我们可以用第四个未知变量来确定其他三个未知变量。因此，我们不能根据已知的测量值确定所有的交通流量情况。

用函数 rref([A b])生成增广矩阵：

$$\begin{bmatrix}1 & 0 & 0 & 1 & 300\\0 & 1 & 0 & -1 & 200\\0 & 0 & 1 & 1 & 800\\0 & 0 & 0 & 0 & 0\end{bmatrix}$$

对应的化简系统为：

$$f_1+f_4 = 300$$
$$f_2-f_4 = 200$$
$$f_3+f_4 = 800$$

可以很容易地求出方程组的解：$f_1=300-f_4, f_2=200+f_4,$ 和 $f_3=800-f_4$。如果我们能测得一条内部道路上的流量(如 f_4)，就可以计算其他流量。所以我们建议工程师安排做这个补充测量。

您学会了吗?

T8.3-2 请用函数 rref、pinv 和左除法求解下面的方程组：

$$\begin{aligned}3x_1 + 5x_2 + 6x_3 &= 6\\ 8x_1 - x_2 + 2x_3 &= 1\\ 5x_1 - 6x_2 - 4x_3 &= -5\end{aligned}$$

(答案：有无穷多个解。函数 rref 求得的结果是 $x_1=0.2558-0.3721x_3$，$x_2=1.0465-0.9767x_3$，x_3 可为任意值。函数 pinv 求得的结果是 $x_1=0.0571$，$x_2=0.5249$，$x_3=0.5340$。左除法会报告错误消息)

T8.3-3 请用函数 rref、pinv 和左除法求解下列方程组。

$$\begin{aligned}3x_1 + 5x_2 + 6x_3 &= 4\\ x_1 - 2x_2 - 3x_3 &= 10\end{aligned}$$

(答案：有无穷多个解。函数 rref 得到的结果是 $x_1=0.2727x_3+5.2727$，$x_2=-1.3636x_3-2.2626$，x_3 是任意值。左除法得到的解是 $x_1=4.8000$，$x_2=0$，$x_3=-1.7333$。伪逆法得到的结果是 $x_1=4.8394$，$x_2=-0.1972$，$x_3=-1.5887$)

8.4 超定系统

超定系统 (overdetermined system)是独立方程比未知变量个数多的方程组。某些超定系统有精确解，可用左除法 x＝A\b 得到。还有些超定系统没有精确解；一些情况下，左除法无法求出答案，而其他情况下只能在“最小二乘”意义上满足方程组的答案。我们将在下一个例题中展示具体含义。当 MATLAB 给出超定方程组的答案时，它不会告诉我们答案是否为精确解。我们必须自行确定这些信息，下面将展示如何做到这一点。

例题 8.4-1 最小二乘法

假设有以下三对数据点，我们想找到一条直线 $y=c_1x+c_2$ 能在某种意义上最好地拟合这些数据。

x	y
0	2
5	6
10	11

(a) 请用最小二乘准则求系数 c_1 和 c_2。(b) 请用左除法从这三个方程(每对数据点对应一个方程)中求出两个系数，即未知变量 c_1 和 c_2。并将结果与(a)部分的答案进行比较。

■ **解**

最小二乘法

(a) 因为两点定义一条直线，除非我们非常幸运，否则这三对数据对应的点通常不在同一直线上。要获得能够最好地拟合数据的直线，一个常见标准是最小二乘(least-square)准则。根据这一准则，使 J 值最小的直线(所谓 J 值，即直线与数据点垂直距离差的平方和)是“最佳”拟合。这里 J 等于：

$$J=\sum_{i=1}^{i=3}(c_1x_i+c_2-y_i)^2=(0c_1+c_2-2)^2+(5c_1+c_2-6)^2+(10c_1+c_2-11)^2$$

如果您熟悉微积分，就知道，令偏导 $\partial J/\partial c_1$ 和 $\partial J/\partial c_2$ 为零，即可求出使 J 最小的 c_1 和 c_2 的值。

$$\frac{\partial J}{\partial c_1}=250c_1+30c_2-280=0$$

$$\frac{\partial J}{\partial c_2} = 30c_1 + 6c_2 - 38 = 0$$

解是 $c_1=0.9$，$c_2=11/6$。最小二乘意义上的最佳直线是 $y=0.9x+11/6$。

(b) 求出方程 $y=c_1x+c_2$ 在每个数据点的值，得到以下三个方程，由于方程的个数大于未知变量的个数，因此这些方程是超定的。

$$0c_1 + c_2 = 2 \tag{8.4-1}$$
$$5c_1 + c_2 = 6 \tag{8.4-2}$$
$$10c_1 + c_2 = 11 \tag{8.4-3}$$

这些方程可以写成矩阵形式 $\boldsymbol{Ax}=\boldsymbol{b}$，如下所示：

$$\boldsymbol{Ax} = \begin{bmatrix} 0 & 1 \\ 5 & 0 \\ 10 & 1 \end{bmatrix} \begin{bmatrix} c_1 \\ c_2 \end{bmatrix} = \begin{bmatrix} 2 \\ 6 \\ 11 \end{bmatrix} = \boldsymbol{b}$$

其中：

$$[\boldsymbol{A} \;\; \boldsymbol{b}] = \begin{bmatrix} 0 & 1 & 2 \\ 5 & 1 & 6 \\ 10 & 1 & 11 \end{bmatrix}$$

要用左除法求解本题，相应的 MATLAB 会话是：

```
>>A = [0,1;5,1;10,1];
>>b = [2;6;11];
>>rank(A)
ans =
  2
>>rank([A, b])
ans =
  3
>>x = A\b
x =
   0.9000
   1.8333
>>A*x
ans =
  1.833
  6.333
  10.8333
```

$\boldsymbol{x}$ 的结果与之前用最小二乘法得到的解一致：$c_1=0.9$，$c_2=11/6=1.8333$。矩阵 $\boldsymbol{A}$ 的秩是 2，而矩阵 $[\boldsymbol{A}\,\boldsymbol{b}]$的秩是 3，所以 c_1 和 c_2 没有精确解。请注意，A*x 给出了直线 $y=0.9x+1.8333$ 在 $x=0$、5、10 所对应的 $\boldsymbol{y}$ 值。这和原来的(8.4-1)到(8.4-3)三个方程的右边不一样。这并不出人意料，因为最小二乘法求得的解并不是方程的精确解。

有些超定系统有精确解。左除法有时也能求出超定系统的解，但不能保证答案精确。我们要先检查矩阵 $\boldsymbol{A}$ 和$[\boldsymbol{A}\,\boldsymbol{b}]$的秩，才能知道答案是否精确。接下来的例子将说明这种情况。

例题 8.4–2　超定方程组

请求解下列方程组，并讨论 $c=9$ 和 $c=10$ 两种情况下的解。

$$x_1 + x_2 = 1$$
$$x_1 + 2x_2 = 3$$
$$x_1 + 5x_2 = c$$

■ 解

本题的系数矩阵和增广矩阵分别是：

$$A=\begin{bmatrix}1 & 1\\ 1 & 2\\ 1 & 5\end{bmatrix} \qquad [A\ \ b]=\begin{bmatrix}1 & 1 & 1\\ 1 & 2 & 3\\ 1 & 5 & c\end{bmatrix}$$

在 MATLAB 中计算时，我们发现当 $c=9$ 时，rank(***A***)=rank([***A b***])=2。因此系统有解，并且由于未知变量的个数(2)等于矩阵 ***A*** 的秩，所以方程组有唯一解。利用左除法 ***A\b*** 可以求出这个解，即 $x_1=-1$ 和 $x_2=2$。

当 $c=10$ 时，我们发现 rank(***A***)=2，但是 rank([***A b***])=3。因为 rank(***A***)≠rank([***A b***])，所以无解。然而，左除法 ***A\b*** 得到了 $x_1=-1.3846$ 和 $x_2=2.2692$，这不是精确解！通过将这些值代入原始方程组就可以验证。该答案是方程组在最小二乘意义下的解。也就是说，这组 x_1 和 x_2 的值使 J 最小，即等式左边和右边的差的平方和最小。

$$J=(x_1+x_2-1)^2+(x_1+2x_2-3)^2+(x_1+5x_2-10)^2$$

要正确解释 MATLAB 求得的超定系统的答案，首先检查矩阵 ***A*** 和[***A b***]的秩，看它是否有精确解；如果没有，我们就知道左除法求得的答案是最小二乘解。第 8.5 节将开发一个通用程序，用于检查矩阵的秩并求解一般的线性方程组。

您学会了吗？

T8.4-1 求解下列方程组。

$$\begin{aligned} x_1-3x_2 &= 2\\ 3x_1+5x_2 &= 7\\ 70x_1-28x_2 &= 153 \end{aligned}$$

(答案：有唯一解：根据左除法可得 $x_1=2.2143$，$x_2=0.0714$)

T8.4-2 请说明为什么下面的方程组无解。

$$\begin{aligned} x_1-3x_2 &= 2\\ 3x_1+5x_2 &= 7\\ 5x_1-2x_2 &= -4 \end{aligned}$$

8.5 通用方程组求解程序

在本章，您已经看到了含有 m 个方程和 n 个未知变量的线性代数方程组 ***Ax***=***b***，当且仅当(1)rank[***A***]=rank[***A b***]时有解。令 r=rank[***A***]。如果条件(1)满足，且 $r=n$，则解是唯一的。如果条件(1)满足但是 $r<n$，则有无穷多个解；此外，r 个未知变量可以表示为其他 $n-r$ 个未知变量(其值是任意的)的线性组合。这种情况下，我们可使用 rref 命令来查找变量之间的关系。表 8.5-1 中的伪代码概述了编写实际代码前的求解程序。

图 8.5-1 是压缩的流程图。根据该图或伪代码，就可以编写出表 8.5-2 所示的脚本文件。该程序根据已知的数组 ***A*** 和数组 ***b*** 来检查秩条件；如果存在唯一解，则采用左除法求解；如果有无穷多个解，则用 rref 方法求解。请注意未知变量的个数等于矩阵 ***A*** 的列数(列数可由 size_A 的第二个元素 size_A(2)求出)。请注意，矩阵 ***A*** 的秩不可能大于矩阵 ***A*** 的列数。

您学会了吗？

T8.5-1 请输入表 8.5-2 所示的脚本文件 lineq.m，针对下面几种情况运行该脚本。然后通过手工计算检查答案。

a. A=[1,-1; 1,1]，b=[3; 5]

b. A=[1, -1; 2, -2]，b=[3; 6]

c. A=[1, -1; 2, -2]，b=[3; 5]

表 8.5-1　线性方程组求解程序的伪代码

如果矩阵 ***A*** 的秩等于[***A b***]的秩，那么：
检查矩阵 ***A*** 的秩是否等于未知变量的个数。如果是，则方程组有唯一解，可以用左除法来计算。显示结果并停止。
否则，从增广矩阵中可以求得无穷多个解。显示结果并停止。
否则(如果矩阵 ***A*** 的秩不等于[***A b***]的秩)，那么方程组没有解。
显示此消息并停止。

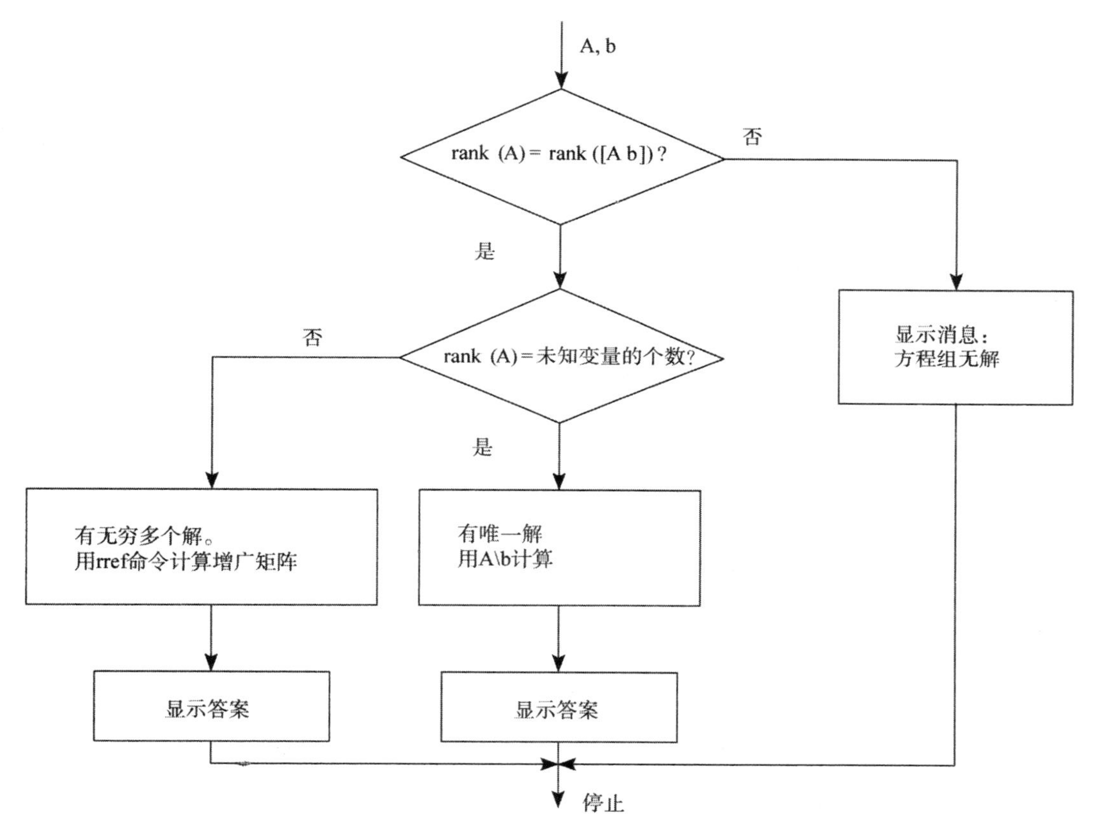

图 8.5-1　线性方程组求解程序的流程图

表 8.5-2　求解线性方程的 MATLAB 程序

```
%Script file lineq.m
% Solves the set Ax = b, given A and b.
% Check the ranks of A and [A b].
if rank(A) == rank([A b])
   % The ranks are equal.
   size_A = size(A);
   % Does the rank of A equal the number of unknowns?
   if rank(A) == size_A(2)
      % Yes. Rank of A equals the number of unknowns.
      disp('There is a unique solution, which is:')
```

(续表)

```
      x = A\b % Solve using left division.
   else
      % Rank of A does not equal the number of unknowns.
      disp('There is an infinite number of solutions.')
      disp('The augmented matrix of the reduced system is:')
      rref([A b]) % Compute the augmented matrix.
   end
else
   % The ranks of A and [A b] are not equal.
   disp('There are no solutions.')
end
```

8.6 总结

如果方程组中方程的个数等于未知变量个数，那么 MATLAB 提供了两种求解方程组 ***Ax***=***b*** 的方法：矩阵求逆法，即 x=inv(A)*b，和矩阵左除法，x=A\b。如果在使用其中某种方法过程中，MATLAB 没有发出错误消息，则该方程组有唯一解。您总是可以通过输入 Ax 看看结果是否等于 b 来验证 x。如果收到了错误消息，则方程组是欠定的(即使它所含方程的个数可能等于未知变量的个数)，它也可能无解，或者不止一个解。

对于欠定的方程组，MATLAB 提供了三种处理方程组 ***Ax***=***b*** 的方法(请注意，矩阵求逆法永远无法处理此类方程组)：

(1) 矩阵左除法(给出了一个具体的解，但不是通解)。

(2) 伪求逆法。通过输入 x=pinv (A)*b 来求解 x，得到的是最小范数解。

(3) 简化的行阶梯形(RREF)方法。该方法用 MATLAB 命令 rref，以其他未知变量表示部分未知变量的形式给出了方程组的通解。

表 8.6-1 是对这四种方法的总结。您应该能够确定方程组有唯一解、无穷多个解或无解。您还可以用第 8.1 节末尾介绍的存在性和唯一性测试做到这一点。

有些超定系统具有精确解，并且用左除法就可以得到，但是该方法不能说明解是精确的。要确定这一点，首先检查矩阵 ***A*** 和[***A b***]的秩，看看方程组是否有解：如果无解，我们就知道左除法的解是最小二乘意义下的解。

表 8.6-1　求解线性方程组的矩阵函数和命令

函数	描述
det(A)	计算数组 ***A*** 的行列式
inv(A)	计算矩阵 ***A*** 的逆矩阵
pinv(A)	计算矩阵 ***A*** 的伪逆
rank(A)	计算矩阵 ***A*** 的秩
rref([A b])	计算增广矩阵[***A b***]对应的化简行阶梯形
x=inv(A)*b	用矩阵逆求解矩阵方程 ***Ax***=***b***
x =A \ b	用左除法求解矩阵方程 ***Ax***=***b***

关键术语

增广矩阵，8.1 节

欧几里得范数，8.3 节

高斯消元法，8.2 节

超定系统，8.4 节

伪逆方法，8.3 节

矩阵的秩，8.1 节

病态，8.1 节
最小二乘法，8.4 节
左除法，8.2 节
矩阵的逆，8.1 节
最小范数解，8.3 节
奇异矩阵，8.1 节
静不定，8.3 节
子行列式，8.1 节
欠定系统，8.3 节

习题

您可以在本书结尾找到标有星号的习题的答案。

8.1 节

1. 用矩阵求逆法求解下列问题，并通过计算 $\boldsymbol{A}^{-1}\boldsymbol{A}$ 检查您的答案。

a.
$$\begin{aligned} 2x + y &= 5 \\ 3x - 9y &= 7 \end{aligned}$$

b.
$$\begin{aligned} -8x - 5y &= 4 \\ -2x + 7y &= 10 \end{aligned}$$

c.
$$\begin{aligned} 12x - 5y &= 11 \\ -3x + 4y + 7x_3 &= -3 \\ 6x + 2y + 3x_3 &= 22 \end{aligned}$$

d.
$$\begin{aligned} 6x - 3y + 4x_3 &= 41 \\ 12x + 5y - 7x_3 &= -26 \\ -5x + 2y + 6x_3 &= 16 \end{aligned}$$

2.* a. 从下列矩阵方程中求出矩阵 $\boldsymbol{C}$。

$$\boldsymbol{A}(\boldsymbol{BC}+\boldsymbol{A})=\boldsymbol{B}$$

b. 计算下列情况下从 a 部分求得的解。

$$\boldsymbol{A} = \begin{bmatrix} 7 & 9 \\ -2 & 4 \end{bmatrix} \qquad \boldsymbol{B} = \begin{bmatrix} 4 & -3 \\ 7 & 6 \end{bmatrix}$$

3. 请用 MATLAB 求解以下问题。

a.
$$\begin{aligned} -2x + y &= -5 \\ -2x + y &= 3 \end{aligned}$$

b.
$$\begin{aligned} -2x + y &= 3 \\ -8x + 4y &= 12 \end{aligned}$$

c.
$$\begin{aligned} -2x + y &= -5 \\ -2x + y &= -5.00001 \end{aligned}$$

d.
$$\begin{aligned} x_1 + 5x_2 - x_3 + 6x_4 &= 19 \\ 2x_1 - x_2 + x_3 - 2x_4 &= 7 \\ -x_1 + 4x_2 - x_3 + 3x_4 &= 30 \\ 3x_1 - 7x_2 - 2x_3 + x_4 &= -75 \end{aligned}$$

8.2 节

4. 图 P4 所示的电路有五个电阻和一个外加电压。将基尔霍夫电压定律应用到所示电路中的每个回路，从而可得：

$$v-R_2i_2-R_4i_4=0$$
$$-R_2i_2+R_1i_1+R_3i_3=0$$
$$-R_4i_4-R_3i_3+R_5i_5=0$$

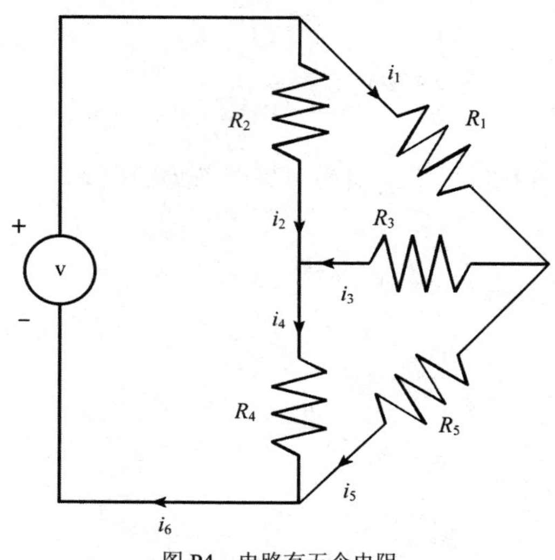

图 P4　电路有五个电阻

在电路中的每个节点，根据电荷守恒定理，可得：

$$i_6=i_1+i_2$$
$$i_2+i_3=i_4$$
$$i_1=i_3+i_5$$
$$i_4+i_5=i_6$$

a. 请编写 MATLAB 脚本文件，使用已知的电压 v 值和五个电阻值，求出六个电流值。

b. 请用 a 部分开发的程序，求当 $R_1=1, R_2=5, R_3=2, R_4=10, R_5=5\text{k}\Omega$，并且 $v=100\text{V}$ 时电流。注意，$1\text{k}\Omega=1000\Omega$。

5.* a. 请用 MATLAB 求解下列方程中的 x、y、z 相对于参数 c 的函数。

$$x-5y-2z=11c$$
$$6x+3y+z=13c$$
$$7x+3y-5z=10c$$

b. 在同一个图上画出 x、y、z 相对于 c 在 $-10\leqslant c\leqslant 10$ 时的解。

6. 管网中的液体流动，可以用类似于电阻网络的方法进行分析。图 P6 显示了一个包含三个管道的网络。管道内的液体流量分别为 q_1、q_2 和 q_3。管端压强分别为 p_a、p_b 和 p_c。已知节点处的压强 p_1。在一定条件下，管道内的压力-流量关系与电阻上的电压-电流关系具有相同的形式。因此，针对三条管子，可以依次得到：

$$q_1=\frac{1}{R_1}(p_a-p_1)$$
$$q_2=\frac{1}{R_2}(p_1-p_b)$$
$$q_3=\frac{1}{R_3}(p_1-p_c)$$

其中，R_i 是管道电阻。根据质量守恒定律可得，$q_1=q_2+q_3$。

a. 已知压强 p_a、p_b 和 p_c 和电阻 R_1、R_2、R_3 的大小，请以矩阵 $\boldsymbol{Ax}=\boldsymbol{b}$ 的形式建立方程，以适于求解流量 q_1、q_2 和 q_3 以及压强 p_1。请求出 $\boldsymbol{A}$ 和 $\boldsymbol{b}$ 的表达式。

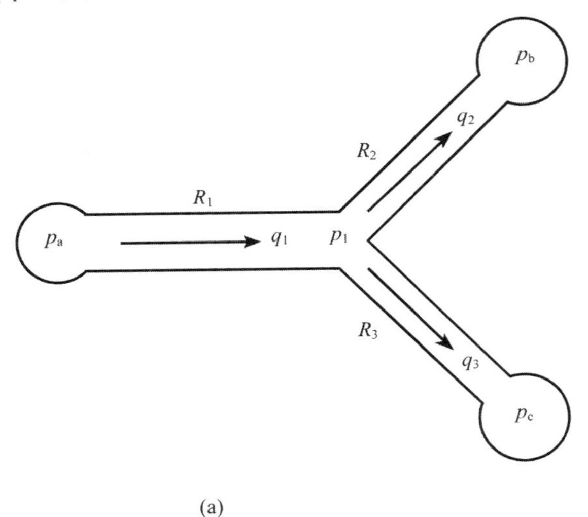

(a)

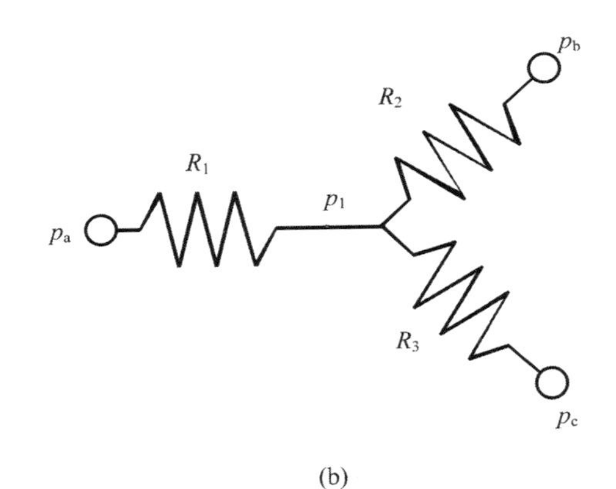

(b)

图 P6　分析图

b. 请用 MATLAB 求解 a 部分得到的矩阵方程。已知 $p_a=4320\ \text{lb/ft}^2$，$p_b=3600\ \text{lb/ft}^2$，$p_c=2880\ \text{lb/ft}^2$。它们分别对应于 30psi、25psi 和 20psi(注：1psi＝1 lb/in^2，大气压是 14.7psi)。已知电阻值 $R_1=10\ 000$，$R_2=14\ 000\ \text{lb sec/ft}^5$。这些数值对应于燃油分别通过 2 英尺长、直径分别为 2 英寸和 1.4 英寸的管道时的情况。答案中，流量单位为 ft^3/sec，压强单位为 lb/ft^2。

7. 图 P7 所示的机器臂，有两个由双“关节”连接的“链接”——一个肩膀或基础关节和一个肘关节。每个关节都有一台电机。关节角分别是 θ_1 和 θ_2。在手臂末端的手的坐标(x, y)是：

$$x=L_1\cos\ \theta_1+L_2\cos(\theta_1+\theta_2)$$
$$y=L_1\sin\ \theta_1+L_2\sin(\theta_1+\theta_2)$$

其中 L_1 和 L_2 是链接的长度。

机器人的运动控制使用到多项式。如果初始速度和加速度都是零，那么下面的多项式可用于生成要发送给关节电机控制器的命令：

$$\theta_1(t)=\theta_1(0)+a_1t^3+a_2t^4+a_3t^5$$
$$\theta_2(t)=\theta_2(0)+b_1t^3+b_2t^4+b_3t^5$$

其中 $\theta_1(0)$和 $\theta_2(0)$是 $t=0$ 时刻的起始值。$\theta_1(t_f)$和 $\theta_2(t_f)$是与手臂在 t_f时刻的预定目标位置相对应的关节角。如果指定了手的开始和结束坐标(x, y)，根据三角函数可以得到 $\theta_1(0)$、$\theta_2(0)$、$\theta_1(t_f)$和 $\theta_2(t_f)$的值。

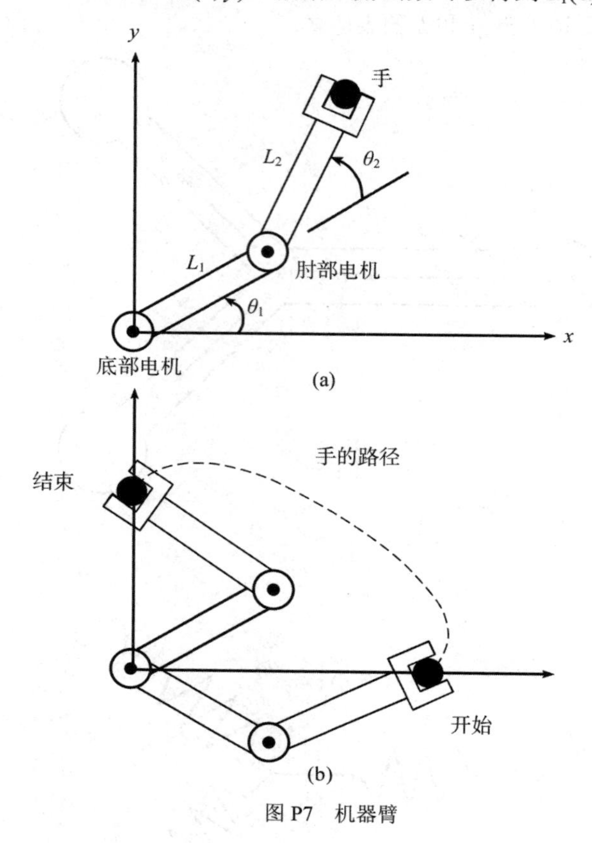

图 P7 机器臂

a. 已知 $\theta_1(0)$、$\theta_1(t_f)$和 t_f的值，请建立系数 a_1、a_2 和 a_3 的矩阵方程。求得类似的方程解出系数 b_1、b_2 和 b_3。

b. 用 MATLAB 求出多项式系数，已知 t_f= 2 sec, $\theta_1(0) = -19°$, $\theta_2(0) = 44°$, $\theta_1(t_f)$=43°和 $\theta_2(t_f)$=151° (这些值对应的机器手起始位置为 $x=6.5$ 英尺，$y=0$ 英尺，并且目标位置为 $x=0$ 英尺，$y=$ 2 英尺，对应的 $L_1=4$ 英尺，$L_2=3$ 英尺)。

c. 用 b 部分的结果绘制机器手的路径。

8.* 工程师要预测建筑物墙壁的热损失速率，以确定供暖系统的要求。他们通过热阻(thermal resistance)R 的概念来实现这一点。热阻 R 将通过材料的热流率 q 与材料之间的温差联系起来：$q=\Delta T/R$。这种关系类似于电阻的电压-电流关系：$i=v/R$。所以热流率起着电流的作用，而温差起着电压差的作用。q 的国际单位是瓦特(W)也就是 1 焦耳/秒(J/s)。

图 P8 所示的墙体由 4 层组成：由内而外依次为 10 毫米厚的石膏层、125 毫米厚的玻璃纤维绝缘层、60 毫米厚的木头层、50 毫米厚的砖层。如果假设内部和外部温度 T_i 和 T_o 保持恒定一段时间，那么各层中储存的热能也是恒定的，因此通过每一层的热流率是相同的。根据能量守恒，可得到下列方程。

$$q=\frac{1}{R_1}(T_i-T_1)=\frac{1}{R_2}(T_1-T_2)=\frac{1}{R_3}(T_2-T_3)=\frac{1}{R_4}(T_3-T_o)$$

固体材料的热阻为 $R=D/k$，其中 D 是材料厚度，k 为材料的导热系数(thermal conductivity)。对于给定的材料，面积 1 平方米的墙体的热阻分别为 $R_1=0.036$K/W，$R_2=4.01$K/W，$R_3=0.408$K/W，$R_4=0.038$K/W。

假设 $T_i=20$℃，$T_o=-10$℃。请求出另外三个温度和热量损失速率 q(单位是瓦特)，并计算面积为 10 平方米墙体的热损失率。

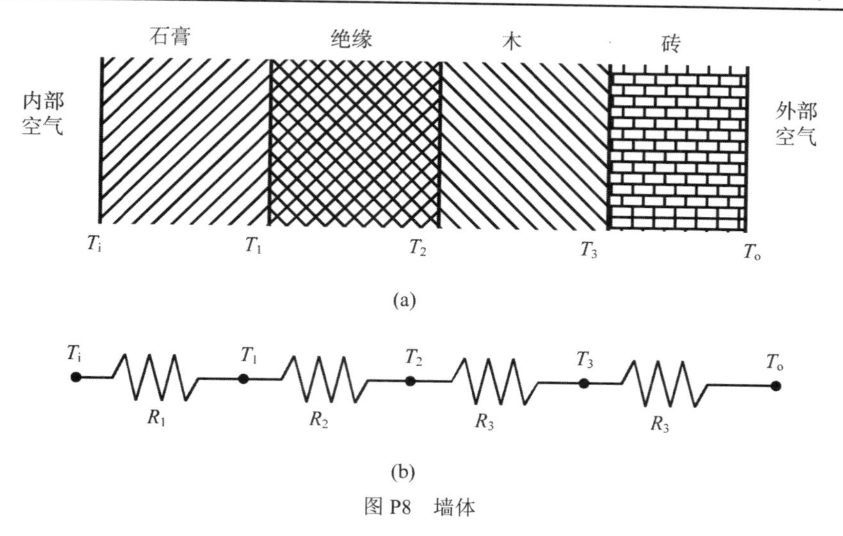

图 P8　墙体

9. 习题 8 中所描述的热阻概念还可以用来求解图 P9(a)所示的平板的温度分布。

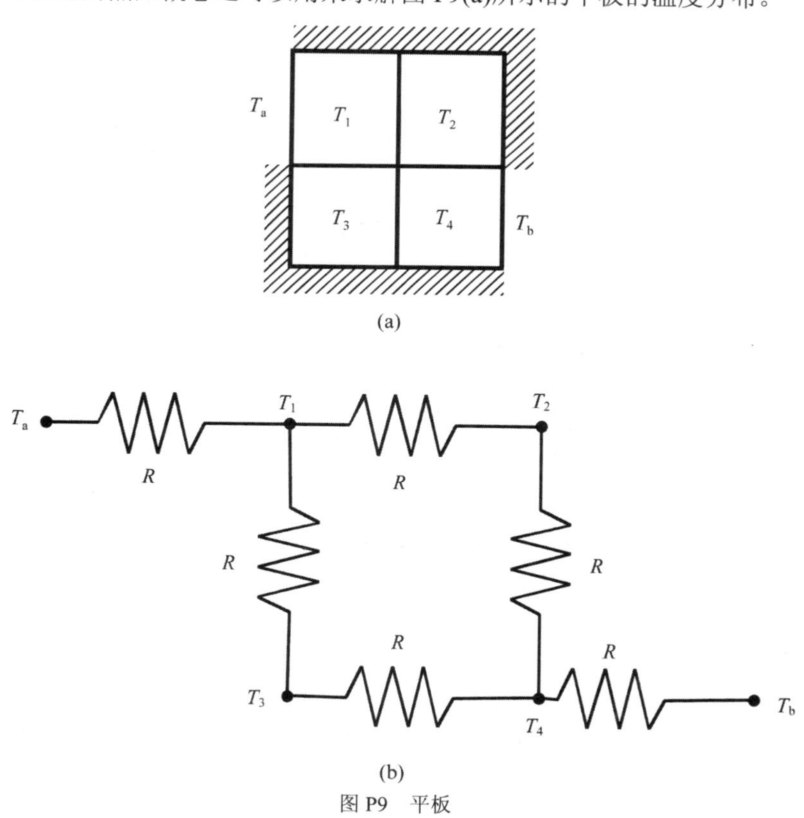

图 P9　平板

板的边缘是隔热的，所以没有热量散失。将平板边缘的两个点分别加热到温度 T_a 和 T_b。整个板块的温度都在变化，所以无法用某一点来描述整块板的温度。一种估计温度分布的方法是，假设平板由四个子方格组成，然后计算每个子方格的温度。设 R 为相邻子方格中心间的材料的热阻。然后我们可以把这个问题看作电阻器的网络，如图(b)所示。设 q_{ij} 为温度为 T_i 和 T_j 的两点之间的热流率。如果 T_a 和 T_b 在一段时间内保持不变，那么每个子方格中存储的热能也不变，每个子方格之间的热流率不变。在这些条件下，根据能量守恒定理可知，流入子方格的热流等于流出的热流。将该原理应用到每个子方格中，可得到如下方程组。

$$q_{a1} = q_{12} + q_{13}$$

$$q_{12} = q_{24}$$

$$q_{13} = q_{34}$$

$$q_{34} + q_{24} = q_{4b}$$

代入 $q=(T_i-T_j)/R$，我们发现每个方程都可以消去 R，于是这些方程可以表示为：

$$T_1 = \frac{1}{3}(T_a + T_2 + T_3)$$

$$T_2 = \frac{1}{2}(T_1 + T_4)$$

$$T_3 = \frac{1}{2}(T_1 + T_4)$$

$$T_4 = \frac{1}{3}(T_2 + T_3 + T_5)$$

这些方程表明，每个子方格的温度是相邻子方格的平均温度！

请求出 T_a＝150℃，T_b＝20℃时的方程。

10. 根据习题 9 中提出的平均原理，用 3×3 网格，求出图 P10 所示的平板的温度分布。已知 T_a＝150℃, T_b＝20℃。

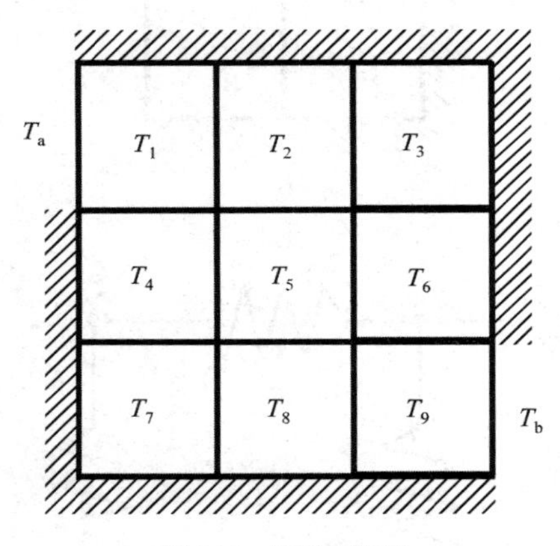

图 P10　平板的温度

11. 考虑 8.2 节中的例题 8.2-3(a)，但现在电压 v_2 是不确定的。假设每个电阻的额定电流不超过 1mA (＝0.001 A)。请求出电压 v_2 的允许取值范围。

12. 两根相隔距离为 D 的锚定缆绳支撑了重量 W(参见图 P12)。已知缆绳长度 L_{AB}，而长度 L_{AC} 可变。每根缆绳能够承受的最大拉力等于 W。为了使重物保持静止，水平合力和垂直合力都必须等于零。根据该原理可得出下列方程：

$$-T_{AB}\cos\theta + T_{AC}\cos\phi = 0$$
$$T_{AB}\sin\theta + T_{AC}\sin\phi = W$$

如果知道角度为 θ 和 ϕ，我们就能求出张力 T_{AB} 和 T_{AC}。根据余弦定理可得：

$$\theta = \cos^{-1}\left(\frac{D^2 + L_{AB}^2 - L_{AC}^2}{2DL_{AB}}\right)$$

根据正弦定理又可得：

$$\phi = \sin^{-1}\left(\frac{L_{AB}\sin\theta}{L_{AC}}\right)$$

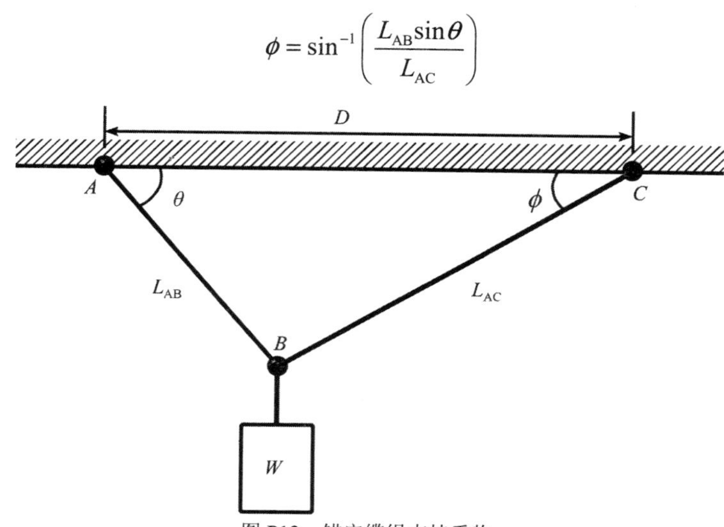

图 P12　锚定缆绳支持重物

已知 D=6 英尺，L_{AB}=3 英尺，W=2000 磅，请在 MATLAB 中用循环语句求出 L_{ACmin}，即 T_{AB} 或 T_{AC} 都不超过 2000 磅条件下的最短 L_{AC}。请注意。L_{AC} 的最大值是 6.7 英尺(对应于 $\theta=90°$)。请在同一张图上绘制拉力 T_{AB} 和 T_{AC} 相对于 L_{AC} 在区间 $L_{ACmin} \leqslant L_{AC} \leqslant 6.7$ 上的曲线。

8.3 节

13.* 求解下列方程组：

$$7x+9y-9z=22$$
$$3x+2y-4z=12$$
$$x+5y-z=-2$$

14. 求解下列方程组：

$$6x-4y+3z=5$$
$$4x+3y-2z=23$$
$$10x-y+z=28$$

15. 下表显示了过程反应器 A 和 B 生产 1 吨化学产品 1、产品 2 和产品 3 所需要的时间(以小时为单位)。这两个反应器每周分别可以运行 35 小时和 40 小时。

小时数	产品 1	产品 2	产品 3
反应器 A	6	2	10
反应器 B	3	5	2

假设 x、y、z 分别为产品 1、产品 2、产品 3 在一周内可生产的吨数。

a. 请根据表中的数据写出以 x、y、z 表示的两个方程。并确定方程组是否存在唯一解。如果没有唯一解，用 MATLAB 求出 x、y、z 之间的关系。

b. 请注意 x、y、z 的负值在这里没有意义。求 x、y、z 的允许取值范围。

c. 假设产品 1、产品 2 和产品 3 的利润分别为 200 美元、300 美元和 100 美元。请求出能使利润最大的 x、y、z 值。

d. 假设产品 1、产品 2 和产品 3 的利润分别为 200 美元、500 美元和 100 美元。请求出能使利润最大的 x、y、z 值。

16. 如图 P16 所示，假设交通网内没有车辆停车，交通工程师想知道能否根据图中所示的实测流量计算出流量 $f_1, f_2, \ldots, f_7$ (以每小时的车辆数为单位)。如果不能，那么请确定还需要安装多少个交通传感器，并得出其他车流量与实测流量之间的关系式。

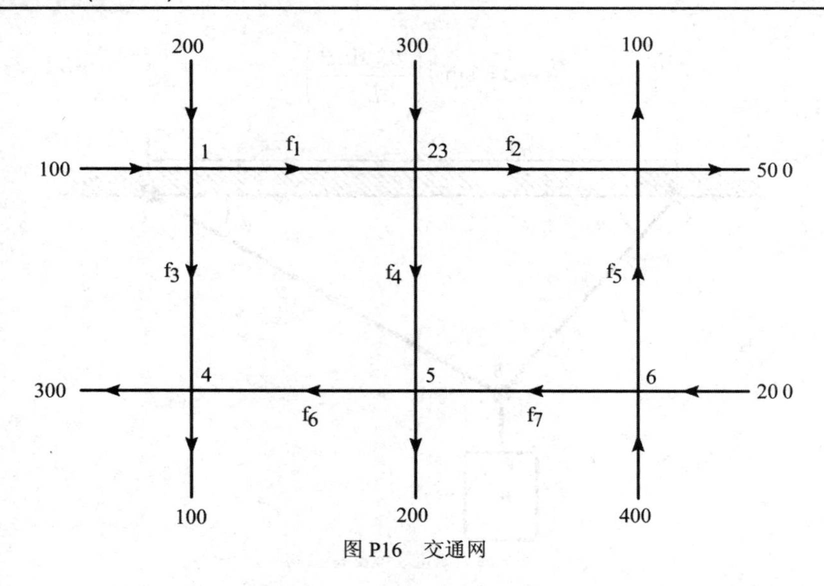

图 P16　交通网

17. 请用 MATLAB 求出经过 4 点(x, y) =(1, 6)，(2, 38)，(4, 310)，(5, 580)的三阶多项式 ax^3+bx^2+cx+d 的系数。

8.4 节

18.* 请用 MATLAB 求解下列问题：

$$x-3y=2$$
$$x+5y=18$$
$$4x-6y=20$$

19. 请用 MATLAB 求解下列问题：

$$x+6y=32$$
$$7x-2y=4$$
$$2x+3y=19$$

20.* 请用 MATLAB 求解下列问题：

$$x-3y=2$$
$$x+5y=18$$
$$4x-6y=10$$

21. 请用 MATLAB 求解下列问题：

$$x+6y=20$$
$$7x-2y=4$$
$$2x+3y=19$$

22. a. 请用 MATLAB 求出经过三点(x, y)=(1, 4)，(4, 73)，(5, 120)的二次多项式 $y=ax^2+bx+c$ 的系数。

b. 请用 MATLAB 求出经过 a 部分给出的三点的三次多项式 $y=ax^3+bx^2+cx+d$ 的系数。

23. a. 请用 MATLAB 求出经过三点(x, y)=(1,10)，(3, 30)，(5, 74)的二次多项式 $y=ax^2+bx+c$ 的系数。

b. 请用 MATLAB 求出经过 a 部分给出的三个点的三次多项式 $y=ax^3+bx^2+cx+d$ 的系数。

24. 请用表 8.5-2 所示的 MATLAB 程序求解下列问题：

a. 习题 3d

b. 习题 13

c. 习题 18

d. 习题 20

21 世纪的工程学……

基础设施重建

在经济大萧条时期，为刺激经济发展和促进就业，已开展许多公共工程项目，以改善国家的基础设施。这些项目包括公路、桥梁、供水系统、下水道系统和配电网络等。第二次世界大战后，又一次爆发这种活动，并且在建造州际公路系统时达到极点。如今，大部分的基础设施已经有 40～80 年的历史了，并且正在崩溃或者不再翻新。调查显示，全国超过 25%的桥梁不达标，它们都需要修理或替换。根据 2013 年的研究，估计改善各类基础设施所需的成本约为 3.3 万亿美元，比目前的融资水平高出 1.4 万亿美元。

重建基础设施必须采取不同于过去的工程方法，因为现在的劳动力和材料成本更高，环境和社会问题比以前更突出。基础设施工程师必须充分利用新材料、新检验技术、新施工工艺，以及能够节省人力的机器。

此外，有些基础设施的组件(如通信网络)也需要更换。因为它们已经过时，没有足够的容量或能力应用新技术。另一个例子是信息基础设施，它包括传输、存储、处理和显示声音、数据和图像的各种物理设施。这种改进需要更好的通信和计算机网络技术。

显然，此类工作涉及很多工程学科，MATLAB 的许多工具箱都能为此提供高级编程支持，包括 Financial(金融)、Communications(通信)、Image Processing(图像处理)、Signal Processing(信号处理)、PDE 和 Wavelet(小波)工具箱等。

第 9 章

微积分和微分方程的数值解法

内容提要

9.1 数值积分
9.2 数值微分
9.3 一阶微分方程
9.4 高阶微分方程
9.5 线性微分方程的特殊解法
9.6 总结
习题

本章将介绍计算积分和导数以及求解常微分方程的数值方法。有些积分不能用解析方法计算，而要用近似的方法对它们进行数值计算(参见第 9.1 节)。此外，我们经常需要用数据来估计变化率，这就要对导数进行数值估计(参见第 9.2 节)。最后，许多微分方程无法求得解析解，因此就只能用适当的数值技术来求解它们。9.3 节介绍一阶微分方程，9.4 节又将这些方法推广到高阶微分方程。此外，求解微分线性方程还有更强大的方法，9.5 节会将讨论这些方法。

当您读完这一章的时候，应该能够：

- 用 MATLAB 计算数值积分。
- 用 MATLAB 通过数值方法估计导数。
- 用 MATLAB 的数值微分方程求解器求解方程。

9.1 数值积分

函数 $f(x)$在区间 $a \leqslant x \leqslant b$ 上的积分，可以解释为 $f(x)$的曲线与 x 轴之间的面积，其中边界分别为 $x=a$ 和 $x=b$。如果我们用 A 来表示该面积，那么可以把 A 写成：

定积分

$$A = \int_a^b f(x)\mathrm{d}x \tag{9.1-1}$$

不定积分

广义积分

奇异点

如果积分有确定的积分极限，那么这个积分就称为定积分(definite integral)。不定积分(indefinite integral)没有确定的极限。广义积分(improper integral)可以有无限个值，这取决于它们的积分极限。例如，在大多数积分表中都可以找到以下积分：

$$\int \frac{1}{x-1}\mathrm{d}x = \ln|x-1|$$

但是，如果积分界限包括点 $x=1$，那么这就是个广义积分。所以，即使积分可以在积分表中找到，您也应该检查被积函数的奇异点(singularity)，即被积函数未定义的点。在用数值方法来计算积分时也要注意这些。

离散点的积分

求解曲线下区域面积的最简单方法是将该区域分割成矩形(图 9.1-1a)。如果矩形的宽度足够小，那么它们的面积之和就是积分的近似值。更复杂的方法是使用梯形单元(图 9.1-1b)。每个梯形被称为一个面板(panel)。面板的宽度不必完全相同；为了提高该方法的准确性，您可以在函数变化快的地方用窄面板。当面板宽度根据函数的行为进行调整时，该方法就称为自适应(adaptive)。MATLAB 用函数 trapz 实现梯形积分(trapezoidal integration)。其语法是 trapz(x, y)，其中数组 y 包含了数组 x 所含各点对应的函数值。如果要对单个函数积分，y 就是向量。如果要对多个函数积分，则请将函数值放在矩阵 y 中；这样 trapz(x, y)就能计算出 y 的每一列的积分。

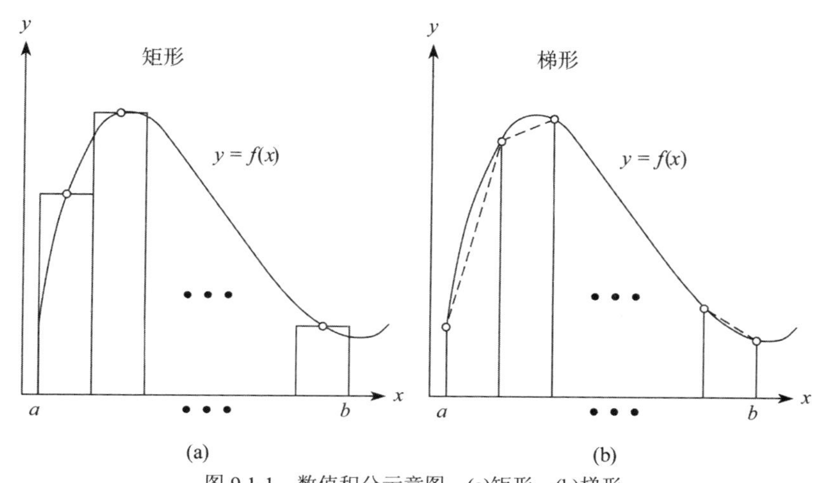

图 9.1-1 数值积分示意图，(a)矩形，(b)梯形

您不能直接指定函数并用 trapz 函数求积分；必须先在数组中计算并存储函数的值，然后才能用 trapz 计算函数的积分。稍后将讨论另一个积分函数——integral 函数，它可以直接对被积函数进行处理。但是，它不能处理值数组。所以这两个函数是互补的。表 9.1-1 是对 trapz 函数的总结。

我们计算下面的积分，以给出 trapz 函数用法的一个简单示例。

$$A=\int_0^{\pi}\sin x\,dx \tag{9.1-2}$$

其精确的答案是 $A=2$。为了研究面板宽度的影响，我们首先以 10 个宽度为 π/10 的面板计算积分。相应的脚本文件为：

```
x = linspace(0,pi,10);
y = sin(x);
A = trapz(x,y)
```

表 9.1-1 数值积分函数的基本语法

命令	描述
integral(fun, a, b)	用自适应辛普森法则计算函数 fun 在 a 和 b 之间的积分。输入为 fun，它代表被积函数 $f(x)$，是被积函数的函数句柄。它必须接受向量参数 x 并返回向量结果 y
integral2(fun, a, b, c, d)	计算函数 $f(x, y)$在区间 $a\le x\le b$ 且 $c\le y\le d$ 上的二重积分。输入 fun 指定用来计算被积函数的函数。它必须接受向量参数 x 和标量 y，并且必须返回向量结果
integral3(fun, a, b, c, d, e, f)	计算函数 $f(x, y, z)$在区间 $a\le x\le b$、$c\le y\le d$ 和 $e\le z\le f$ 上的三重积分。输入 fun 指定计算被积函数的函数。它必须接受向量参数 x、标量 y 和标量 z，并返回向量结果
polyint(p, C)	用可选的用户指定常量 C 来计算多项式 p 的积分
trapz(x, y)	用梯形积分计算 y 关于 x 的积分，其中 y 包含 x 中所含各点的函数值

答案是 $A=1.9797$，相对误差为 100(2-1.9797)/2=1(百分数)。现在尝试用 100 个等宽度的面板；将数组 x 替换为 x=linspace (0, pi, 100)。结果为 $A=1.9998$，相对误差为 100(2-1.9998)/2=0.01%。如果我们检查被积函数 sin x 的图形，就会发现函数在 $x=0$ 和 $x=\pi$ 附近的变化比在 $x=\pi/2$ 附近的变化快。因此，如果在 $x=0$ 和 $x=\pi$ 附近使用更窄的面板，就可以通过使用更少的面板来达到同样的准确度。

当被积函数以表格形式给出时，我们通常使用 trapz 函数。否则，如果被积函数是函数形式，就使用 integral 函数，我们将很快介绍它。

例题 9.1-1 用加速度计测量速度

飞机、火箭和其他车辆上常用加速度计(accelerometer)估计速度和位移。加速度计对加速度信号进行积分，得出速度的估计值，然后对速度估计值进行积分就得到了位移的估计值。假设车辆在 $t=0$ 时刻从静止开始运动，测得的加速度如下表所示。

时间(秒)	0	1	2	3	4	5	6	7	8	9	10
加速度(米/秒 ^{2})	0	2	4	7	11	17	24	32	41	48	51

(a) 估计 10 秒后的速度 v。

(b) 估计 t=1, 2, ..., 10 秒时的速度。

■ **解**

(a) 已知初速度为 0，所以 $v(0)=0$。速度与加速度 $a(t)$的关系为：

$$v(10)=\int_0^{10} a(t)\mathrm{d}t+v(0)=\int_0^{10} a(t)\mathrm{d}t$$

脚本文件如下所示。

```
t = 0:10;
a = [0,2,4,7,11,17,24,32,41,48,51];
v10 = trapz(t,a)
```

10 秒后的速度结果是 v10，它等于 211.5 米/秒。

(b) 以下脚本文件基于速度可以表示为：

$$v(t_{k+1})=\int_{t_k}^{t_{k+1}} a(t)\mathrm{d}t+v(t_k) \qquad k=1, 2, \ ...., 10$$

其中 $v(t_1)=0$。

```
t = 0:10;
a = [0,2,4,7,11,17,24,32,41,48,51];
v(1) = 0;
for k = 1:10
   v(k+1) = trapz(t(k:k+1), a(k:k+1))+v(k);
end
disp([t',v'])
```

结果如下表所示。

时间(秒)	0	1	2	3	4	5	6	7	8	9	10
速度(米/秒)	0	1	4	9.5	18.5	32.5	53	81	117	162	211.5

您学会了吗？

T9.1-1 修改例题 9.1-1(b)部分给出的脚本文件，估计 t=1, 2, ..., 10 秒时的位移。
(部分答案：第 10 秒的位移为 584.25 米)

函数的积分

辛普森法则(Simpson's rule)是另一种数值积分方法，它将积分范围 $b-a$ 分为偶数段，并用不同的二次多项式表示每个面板的被积函数。二次多项式有三个参数，辛普森法则通过要求二次函数曲线通过该函数对应于相邻两个面板的三个点来计算这些参数。为获得更高精度，我们还可以用 2 阶以上的多项式。

MATLAB 函数 integral 是辛普森法则的自适应版本。函数 integral(fun, a, b)能计算函数 fun 在界限 a 和 b 之间的积分。输入参数 fun 代表被积函数 $f(x)$，是被积函数的句柄或是匿名函数的名称。函数 $y=f(x)$ 必须接受向量参数 x 并返回向量结果 y。其基本语法总结见表 9.1-1。

为说明这一点，我们将计算方程(9.1-2)定义的积分。相应的会话是一条命令：A＝integral(@sin, 0, pi)。MATLAB 给出的答案是 A＝2.0000，精确到小数点后四位。

因为 integral 函数使用向量参数调用被积函数，所以在定义函数时必须始终使用数组运算。下面的例题展示了如何实现这一点。

例题 9.1-2　计算菲涅耳余弦积分

有些看起来比较简单的积分并不能用封闭形式求解。比如菲涅耳余弦积分：

$$A=\int_0^b \cos x^2 \mathrm{d}x \tag{9.1-3}$$

(a) 请演示当上限为 $b=\sqrt{2\pi}$ 时，用两种方法计算积分；

(b) 请演示如何使用嵌套函数计算更一般的积分：

$$A=\int_0^b \cos x^n \mathrm{d}x \tag{9.1-4}$$

请分别计算 n＝2 和 n＝3 时的情况。

■　**解**

(a) 被积函数 $\cos x^2$ 显然不包含任何可能给积分函数带来问题的奇异点。我们将演示用两种方法采用 integral 函数进行计算。

1. 用函数文件：以自定义函数定义被积函数，如下面的函数文件所示。

```
function c2 = cossq(x)
c2 = cos(x.^2);
```

以下列方式调用函数 integral：

```
>>A = integral(@cossq,0,sqrt(2*pi))
```

计算结果是 A＝0.6119。

2. 用匿名函数(匿名函数已在 3.3 节中介绍过)，相应的会话是：

```
>>cossq = @(x)cos(x.^2);
>>A = integral(cossq,0,sqrt(2*pi))
  A =
      0.6119
```

这两条命令可以组合为一条：

```
A = integral(@(x)cos(x.^2),0,sqrt(2*pi))
```

使用匿名函数的优点是不需要创建和保存函数文件。然而，对于复杂的被积函数，使用函数文件更为可取。

(b) 因为函数 integral 要求被积函数只能有一个参数，因此下面的代码会有问题。

```
>>cossq = @(x)cos(x.^n);
>>n = 2;
>>A = integral(cossq,0,sqrt(2*pi))
??? Undefined function or variable 'n'.
```

相反地，我们将用带有嵌套函数的参数传递(嵌套函数已在 3.3 节中讨论过)。首先创建并保存下列函数。

```
function A = integral_n(n)
A = integral(@cossq_n,0,sqrt(2*pi));

% Nested function
   function integrand = cossq_n(x)
       integrand = cos(x.^n);
   end
end
```

计算 $n=2$ 和 $n=3$ 时的会话如下。

```
>>A = integral_n(2)
    A =
       0.6119
>>A = integral_n(3)
    A =
       0.7734
```

函数 integral 还有些可选参数，可以用来分析和调整算法的效率和精度。请输入 help integral 查看详细信息。

您学会了吗？

T9.1-2　利用函数 integral 计算积分：

$$A=\int_2^5 \frac{1}{x}\mathrm{d}x$$

并将其与封闭形式解的结果(即 $A=0.9163$)进行比较。

多项式积分

MATLAB 提供的 polyint 函数能计算多项式积分。语法 q=polyint(p, C)返回的多项式 q，表示带有用户指定的积分标量常量 C 的多项式 p 的积分。向量 p 的元素是多项式的系数，按幂指数递减顺序排列。语法 polyint(p)假设积分常量 C 等于零。

例如，多项式$12x^3+9x^2+8x+5$的积分可由 q=polyint([12, 9, 8, 5], 10)算得。答案是 q=[3, 3, 4, 5, 10]，对应的多项式为$3x^4+3x^3+4x^2+5x+10$。由于多项式积分可以从符号公式中算得，因此函数 polyint 并不是数值积分运算。

二重积分

函数 integral2 能计算二重积分。考虑积分：

$$A=\int_c^d \int_a^b f(x,y)\mathrm{d}x\mathrm{d}y$$

基本语法是：

```
A = integral2(fun, a, b, c, d)
```

其中，fun 是定义被积函数 f(x, y)的自定义函数的句柄。该函数只接受向量 x 和标量 y，而且只能返回向量结果，因此必须使用适当的数组运算。其扩展语法还允许用户调整积分的精度。有关详细信息，请参阅 MATLAB 帮助。

例如，用匿名函数计算积分：

$$A=\int_0^1\int_1^3 xy^2\mathrm{d}x\mathrm{d}y$$

只需要输入：

```
>>fun = @(x,y)x.*y.^2;
>>A = integral2(fun, 1, 3, 0, 1)
```

结果是 $A=1.3333$。

前面的积分是在 $1\leqslant x\leqslant 3$，$0\leqslant y\leqslant 1$ 条件所指定的矩形区域上进行的。有些二重积分是在非矩形区域上进行的。这些问题可以通过变量转换来解决。还可以用矩形区域包含非矩形区域，并通过 MATLAB 关系运算符使被积函数在非矩形区域之外为零。例如，可参见习题 16。下面的例题将展示前一种方法。

例题 9.1-3　非矩形区域的二重积分

计算积分：

$$A=\iint_R (x-y)^4(2x+y)^2\mathrm{d}x\mathrm{d}y$$

积分区间是由下列直线包围的区域 R。

$$x-y=\pm1 \qquad 2x+y=\pm2$$

■ **解**

我们必须把这个积分转换成在矩形区域上的积分。为此，令 $u=x-y$ 且 $v=2x+y$。因此，根据雅可比矩阵可得：

$$\mathrm{d}x\mathrm{d}y=\begin{vmatrix}\partial x/\partial u & \partial x/\partial v\\ \partial y/\partial u & \partial y/\partial v\end{vmatrix}\mathrm{d}u\,\mathrm{d}v=\begin{vmatrix}1/3 & 1/3\\ -2/3 & 1/3\end{vmatrix}=\mathrm{d}u\,\mathrm{d}v=\frac{1}{3}\mathrm{d}u\,\mathrm{d}v$$

然后区域 R 被指定为一个由 u 和 v 定义的矩形区域。其边界为 $u=\pm1$ 和 $v=\pm2$，因此积分变为：

$$A=\frac{1}{3}\int_{-2}^{2}\int_{-1}^{1}u^4v^2\mathrm{d}u\,\mathrm{d}v$$

相应的 MATLAB 会话是：

```
>>fun = @(u,v)u.^4*v^2;
>>A = (1/3)*integral2(fun, -1, 1, -2, 2)
```

计算结果是 $A=0.7111$。

三重积分

函数 integral3 能计算三重积分。考虑积分：

$$A=\int_e^f\int_c^d\int_a^b f(x,y,z)\mathrm{d}x\,\mathrm{d}y\,\mathrm{d}z$$

基本语法是：

```
A = integral3(fun, a, b, c, d, e, f)
```

其中，fun 是自定义函数的句柄，定义了被积函数 f(x, y, z)。该函数只接受向量 x、标量 y 和标量 z，并且只能返回向量结果，因此必须使用适当的数组运算。其扩展语法使用户能够调整积分的精度。有关详细信息，请参阅 MATLAB 帮助。

例如，要计算积分：

$$A=\int_1^2\int_0^2\int_1^3\left(\frac{xy-y^2}{z}\right)\mathrm{d}x\,\mathrm{d}y\,\mathrm{d}z$$

您可以输入：

```
>>fun = @(x,y,z)(x.*y-y.^2)./z;
>>A = integral3(fun, 1, 3, 0, 2, 1, 2)
```

计算结果是 $A=1.8484$。

您学会了吗?

T9.1-3 请用 MATLAB 计算下面的二重积分：

$$\int_1^2\int_0^1(x^2+xy^3)\mathrm{d}x\,\mathrm{d}y$$

(答案：2.2083)

T9.1-4 请用 MATLAB 计算下面的三重积分：

$$\int_0^1\int_1^2\int_2^3 xyz\,\mathrm{d}x\,\mathrm{d}y\,\mathrm{d}z$$

(答案：1.875)

9.2 数值微分

函数的导数可以用图形解释为函数的斜率。这种解释引出了计算一组数据导数的各种方法。图 9.2-1 显示了三个表示函数 $y(x)$的数据点。请回顾一下导数的定义：

$$\frac{\mathrm{d}y}{\mathrm{d}x}=\lim_{\Delta x\to 0}\frac{\Delta y}{\Delta x} \tag{9.2-1}$$

数值微分的成功在很大程度上取决于两个因素：数据点的间距和由于测量误差造成的数据分散。间距越大，估计导数就越困难。这里我们假设测量之间的间隔是规则的；也就是说，$x_3-x_2=x_2-x_1=\Delta x$。假设我们要估算出 $\mathrm{d}y/\mathrm{d}x$ 在点 x_2 处的导数。正确答案是经过点(x_2, y_2)的直线的斜率；但是这条直线上没有第二个点，所以我们找不到它的斜率。因此，我们必须用附近的数据点来估计斜率。用图中标记为 A 的直线可以得到一个估计值，其斜率为：

$$m_\mathrm{A}=\frac{y_2-y_1}{x_2-x_1}=\frac{y_2-y_1}{\Delta x} \tag{9.2-2}$$

这个导数估计值被称为后向差分(backward difference)估计值，实际上在 $x=x_1+(\Delta x)/2$处的导数估计值要比在 $x=x_2$ 处更好。从标为 B 的直线可以得到另一个估计值，其斜率为：

后向差分

$$m_\mathrm{B}=\frac{y_3-y_2}{x_3-x_2}=\frac{y_3-y_2}{\Delta x} \tag{9.2-3}$$

这个估计又称为前向差分(forward difference)估计值，它在 $x=x_2+(\Delta x)/2$处的导数估计值比在 $x=x_2$ 处的更好。通过检查这个图，您可能会认为这两个斜率的平均值可以更好地估计 $x=x_2$ 处的导数，这是因为平均值往往能抵消测量误差的影响。m_A 和 m_B 的平均值是：

前向差分

$$m_\mathrm{C}=\frac{m_\mathrm{A}-m_\mathrm{B}}{2}=\frac{1}{2}\left(\frac{y_2-y_1}{\Delta x}+\frac{y_3-y_2}{\Delta x}\right)=\frac{y_3-y_1}{2\Delta x} \tag{9.2-4}$$

这是标记为 C 的直线的斜率，它连接了第一个和第三个数据点。这个导数估计被称为中心差分(central difference)估计。

中心差分

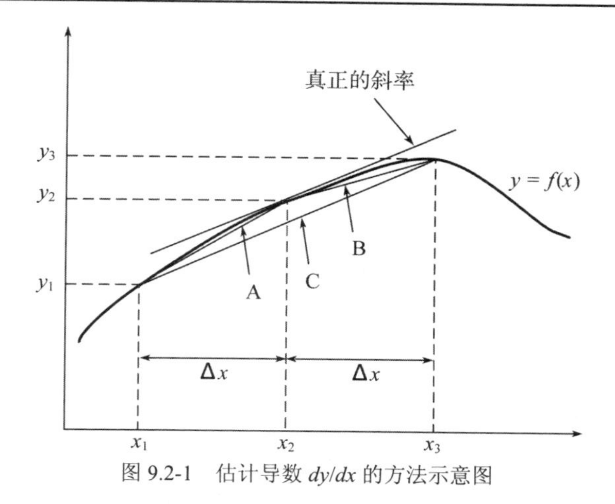

图 9.2-1　估计导数 dy/dx 的方法示意图

diff 函数

MATLAB 提供的函数 diff 能够计算导数估计值。其语法是 d＝diff(x)，其中 x 是值向量，结果是包含 x 相邻元素差值的向量 d。即，如果 x 有 n 个元素，那么 d 就包含 n-1 个元素，其中 d＝[x(2)−x(1), x(3)−x(2)，…，x(n)-x(n-1)]。例如，如果 x＝[5, 7, 12, −20]，那么 diff(x)返回的向量是[2, 5, −32]。导数 dy/dx 可以通过 diff(y)./diff(x)来估计。

下面的脚本文件能求出正弦信号生成的人工数据的后向差分和中心差分，该信号在一个半周期内测量了 51 次。测量误差均匀分布在−0.025 至 0.025 之间。

```
x = 0:pi/50:pi;
n = length(x);
% Data-generation function with +/-0.025 random error.
y = sin(x)+.05*(rand(1,51)-0.5);
% Backward difference estimate of dy/dx.
d1 = diff(y)./diff(x);
subplot(2,1,1)
plot(x(2:n),d1,x(2:n),d1,'o')
% Central difference estimate of dy/dx.
d2 = (y(3:n)-y(1:n-2))./(x(3:n)-x(1:n-2));
subplot(2,1,2)
plot(x(2:n-1),d2,x(2:n-1),d2,'o')
```

您学会了吗?

T9.2-1　请修改之前的程序，用正向差分法估计导数。绘制结果曲线，并与后向差分法和中心差分法的结果进行比较。

多项式的导数

MATLAB 提供的函数 polyder 能够计算多项式的导数。其语法有多种形式，基本形式为 d＝polyder(p)，其中 p 是向量，其元素是多项式的系数，并以降幂顺序排列。输出 d 是包含导数多项式系数的向量。

第二种语法形式是 d＝polyder (p1, p2)。这种形式可计算两个多项式 p1 和 p2 之积(product)的导数。第三种形式是[num, den]＝polyder(p2, p1)。这种形式能够计算两个多项式之商(quotient)p2/p1 的导数。num 是导数分子的系数向量，den 是导数分母的系数向量。

下面是一些使用 polyder 的例子。令 $p_1=5x+2$，$p_2=10x^2+4x-3$，则：

$$\frac{\mathrm{d}p_2}{\mathrm{d}x}=20x+4$$

$$p_1p_2 = 50x^3+40x^2-7x-6$$

$$\frac{\mathrm{d}(p_1p_2)}{\mathrm{d}x}=150x^2+80x-7$$

$$\frac{\mathrm{d}(p_2p_1)}{\mathrm{d}x}=\frac{50x^2+40x+23}{25x^2+20x+4}$$

这些结果可通过下面的程序得到：

```
p1 = [5, 2];p2 = [10, 4, -3];
% Derivative of p2.
der2 = polyder(p2)
% Derivative of p1*p2.
prod = polyder(p1,p2)
% Derivative of p2/p1.
[num, den] = polyder(p2,p1)
```

结果是 der2＝[20, 4]、prod＝[150, 80, −7]、num＝[50, 40, 23]和 den＝[25, 20, 4]。

由于多项式的导数可以从符号公式中计算得到，所以 polyder 函数也不是数值微分运算。

梯度

函数 $f(x, y)$的梯度(gradient)∇f 是指向 $f(x, y)$值增长方向的向量，其定义为：

$$\nabla f=\frac{\partial f}{\partial x}\boldsymbol{i}+\frac{\partial f}{\partial y}\boldsymbol{j}$$

其中 $\boldsymbol{i}$ 和 $\boldsymbol{j}$ 分别是 x 和 y 方向上的单位向量。这个定义可以扩展到含有三个或更多变量的函数。

在 MATLAB 中，可用函数 gradient 来计算一组表示二维函数 f(x, y)的数据的梯度。其语法是[df_dx, df_dy]＝gradient(f, dx, dy)，其中 df_dx 和 df_dy 分别表示$\partial f/\partial x$和 $\partial f/\partial y$，dx 和 dy 是与 f 的数值相关联的 x 和 y 值的步长。该语法可以扩展到包括三个或更多变量的函数。

下面的程序能够绘制下列函数的等值线图和梯度(用箭头表示)：

$$f(x,y)=xe^{-(x^2+y^2)^2}+y^2$$

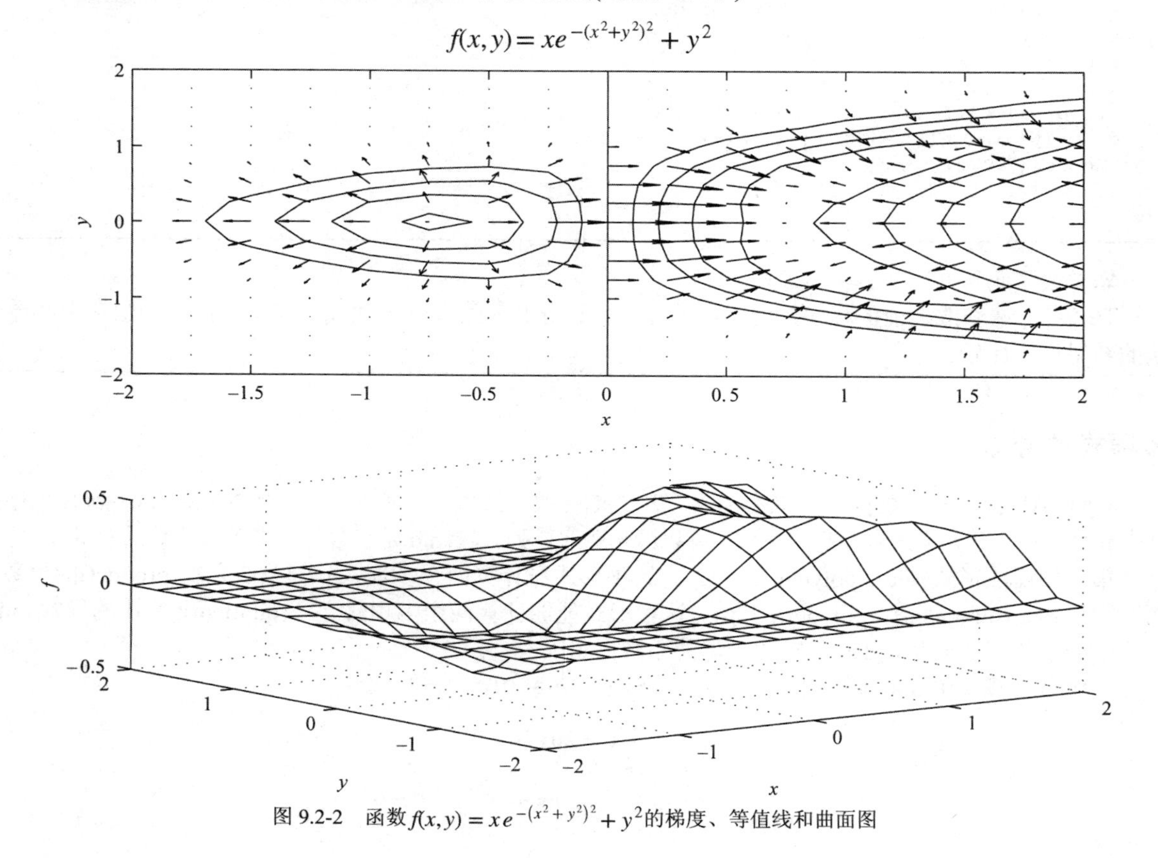

图 9.2-2　函数 $f(x,y)=xe^{-(x^2+y^2)^2}+y^2$的梯度、等值线和曲面图

绘得的图形如图 9.2-2 所示。箭头指向 f 增加的方向。

```
[x,y] = meshgrid(-2:0.25:2);
f = x.*exp(-((x-y.^2).^2+y.^2));
dx = x(1,2) - x(1,1); dy = y(2,1) - y(1,1);
[df_dx, df_dy] = gradient(f, dx, dy);
subplot(2,1,1)
contour(x,y,f), xlabel('x'), ylabel('y'),...
   hold on, quiver(x,y,df_dx, df_dy), hold off
subplot(2,1,2)
mesh(x,y,f),xlabel('x'),ylabel('y'),zlabel('f')
```

拉普拉斯算子

曲率可由二阶导数表达式拉普拉斯算子求出。

$$\nabla^2 f(x,\ y) = \frac{\partial^2 f}{\partial x^2} + \frac{\partial^2 f}{\partial y^2}$$

它可以用函数 del2 计算得到。有关详细信息，请参阅 MATLAB 帮助。

本节讨论的 MATLAB 微分函数都总结在表 9.2-1 中。

9.3　一阶微分方程

本节我们将介绍求解一阶微分方程的数值方法。9.4 节会展示如何将这些技术推广到高阶方程。

常微分方程

常微分方程(ordinary differential equation，ODE)是指包含因变量常导数的方程。含有关于两个或两个以上自变量的偏导数的方程称为偏微分方程(partial differential equation，PDE)。求解偏微分方程的方法是一个高级课题，本书不作讨论。在本章中，我们仅讨论其初始值问题(initial-value problem，IVP)。在这些问题中，常微分方程必须在已知某个初始时刻相对应的一组值时才可解，通常取 $t=0$ 时。其他类型的常微分方程问题将在 9.6 节的末尾部分讨论。

初值问题

表 9.3-1　数值微分函数

命令	描述
d=diff(x)	返回向量 d，它包含了向量 x 中相邻元素之间的差值
[df_dx df_dy]=gradient(f, dx, dy)	计算函数 f(x, y)的梯度，其中 df_dx 和 df_dy 分别表示∂f/∂x 和∂f/∂y，而 dx 和 dy 是与 f 的数值相关的 x 和 y 的步长
d=polyder(p)	返回向量 d，它包含了由向量 p 表示的多项式的导数的系数
d=polyder(p1, p2)	返回向量 d，它包含了一个多项式的系数，而这个多项式是由 p1 和 p2 表示的多项式之积的导数
[num, den]=polyder (p2, p1)	返回向量 num 和 den，其中包含多项式之商 p2/p1 的导数的分子和分母多项式系数，其中 p1 和 p2 是多项式

用以下的缩写符“点”来表示导数更加方便。

$$\dot{y}(t) = \frac{\mathrm{d}y}{\mathrm{d}t} \qquad \ddot{y}(t) = \frac{\mathrm{d}^2 y}{\mathrm{d}t^2}$$

微分方程的自由响应(free response)，有时也被称为齐次解或初始响应解，它是没有激励函数作用下的解。自由响应仅取决于初始条件。激励响应(forced response)是初始条件为零，且由激励函数导致的解。对于线性微分方程，完全或总响应是自由响应与激励响应之和。非线性常微分方程可以通过因变量或其导数是幂函数或超越函数来识别。

例如，方程 $\dot{y} = y^2$ 和 $\dot{y} = \cos y$ 都是非线性常微分方程。

自由响应

数值方法的本质是将微分方程转化为可编程的差分方程。数值算法之间的区别一定程度上在于获得差分方程的特定过程不同。重要的是要了解“步长”的概念，及其对解的精度的影响。为了简单介绍这些问题，我们将考虑最简单的数值方法，分别是欧拉法(Euler method)和预测校正法(predictor-corrector method)。

激励响应

欧拉法

欧拉法(Euler method)是求解微分方程的最简单的算法。考虑下列方程：

$$\frac{dy}{dt} = f(t, y) \qquad y(0) = y_0 \tag{9.3-1}$$

其中 $f(t, y)$是已知函数，y_0 是初始条件，即 $t=0$ 时 $y(t)$的给定值。根据导数的定义，可得：

$$\frac{dy}{dt} = \lim_{\Delta t \to 0} \frac{y(t+\Delta t) - y(t)}{\Delta t}$$

如果选择的时间增量 Δt 足够小，那么导数可以用近似表达式代替为：

$$\frac{dy}{dt} \approx \frac{y(t+\Delta t) - y(t)}{\Delta t} \tag{9.3-2}$$

假设方程(9.3-1)中的函数 $f(t, y)$在时间段$(t + \Delta t)$上保持不变，那么可以用以下的近似式代替方程(9.3-1)：

$$\frac{y(t + \Delta t) - y(t)}{\Delta t} = f(t, y)$$

或者

$$y(t + \Delta t) = y(t) + f(t, y)\,\Delta t \tag{9.3-3}$$

Δt 越小，得到的方程(9.3-3)的两个假设就越精确。用差分方程代替微分方程的方法被称为欧拉法。增量 Δt 被称为步长(step size)。

步长

方程(9.3-3)还可以写成更方便的形式：

$$y(t_{k+1}) = y(t_k) + \Delta t f[t_k, y(t_k)] \tag{9.3-4}$$

其中 $t_{k+1} = t_k + \Delta t$。这个方程可通过将它放入 for 循环中，在 t_k 时刻依次应用。通过减小步长，可以不断提高欧拉法的精度。然而，步长越小需要的运行时间就越长，并且可能因舍入的影响导致大的累积误差。

预测-校正方法

欧拉法在处理变量快速变化的问题时存在严重不足，因为该方法假设变量在时间间隔 Δt 内是常量。一种改进方法是对方程(9.3-1)右边使用更好的近似。假设不用欧拉近似(9.3-4)，而用方程(9.3-1)等式右边在区间(t_k, t_{k+1})上的平均值，则可得：

$$y(t_{k+1}) = y(t_k) + \frac{\Delta t}{2}(f_k + f_{k+1}) \tag{9.3-5}$$

其中

$$f_k = f[t_k, y(t_k)] \tag{9.3-6}$$

这与 f_{k+1}的定义类似。方程(9.3-5)等价于对方程(9.3-1)进行梯形积分。

方程(9.3-5)的难点在于，要先知道 $y(t_{k+1})$才能求出 f_{k+1}，但这正是所需要的量。克服这个困难的方法之一，是先用欧拉公式(9.3-4)求出 $y(t_{k+1})$的初步估计值，然后用这个估计值和方程(9.3-5)来计算 f_{k+i}，以获得所需的 $y(t_{k+1})$。

更改表示法可以澄清方法。令 $h = \Delta t$ 和 $y_k = y(t_k)$，并且假设 x_{k+1} 为由欧拉公式(9.3-4)得到的 $y(t_{k+1})$的估计值。然后，通过从其他方程中消除 t_k 符号，就能得到预测-校正过程的下列描述。

欧拉预测器：

$$x_{k+1} = y_k + hf(t_k,\ y_k) \tag{9.3-7}$$

梯形校正器：

$$y_{k+1} = y_k + \frac{h}{2}[f(t_k,\ y_k) + f(t_{k+1},\ x_{k+1}) \tag{9.3-8}$$

这种算法有时也被称为修正的欧拉法(modified Euler method)。然而，请注意任何算法都可以尝试作为预测器或校正器。因此，还有许多其他方法可以归类为预测-校正器。

修正的欧拉法

龙格-库塔方法

泰勒级数表示形式是求解微分方程的若干方法的基础，包括龙格-库塔方法。泰勒级数可以用 $y(t)$ 及其导数表示解 $y(t+h)$，如下：

$$y(t\ +\ h) = y(t) + h\dot{y}(t) + \frac{1}{2}h^2\ddot{y}(t) + \cdots \tag{9.3-9}$$

级数项的数量决定了它的精度。其中所需的导数可由微分方程计算得到。如果能求得这些导数，方程(9.3-9)就可用于预测未来时刻的值。实际中，高阶导数难以求出，因此级数(9.3-9)就会在某一项上被截断。龙格-库塔方法正是由于导数很难求得而发展起来的。这些方法使用了近似于泰勒级数的几种函数 $f(t, y)$的计算方法。级数中重复项的数量决定了龙格-库塔方法的阶次。因此，四阶龙格-库塔算法将重复泰勒级数到 h^4 项。

MATLAB 的常微分方程求解器

除了已经介绍过的预测-校正算法和龙格-库塔算法的许多变形外，还有使用可变步长的更高级算法。当解变化缓慢时，这些“自适应”算法就会用更大的步长。MATLAB 还提供了被称为求解器(solver)的若干函数，它们采用可变步长实现龙格-库塔和其他方法，其中包括函数 ode45 和 ode15s。函数 ode45 是一种通用的求解器，它采用了四阶和五阶龙格库塔法的组合，而函数 ode15s 则适用于更复杂的、被称为“刚性”的方程，这些解决方案解决本书中的问题绰绰有余。建议您首先尝试使用 ode45，如果方程还难以求解(如求解时间很长或者出现警告和错误消息)，则再使用函数 ode15s。

本节将讨论范围限制在一阶方程。高阶方程的解将在 9.4 节中介绍。当求解方程 $\dot{y} = f(t, y)$时，基本语法为(以函数 ode45 为例)：

```
[t,y] = ode45(@ydot, tspan, y0)
```

其中，@ydot 是函数文件的句柄，其输入必须为 t 和 y，其输出必须为表示 dy/dt 的列向量，即 $f(t, y)$。列向量的行数必须等于方程的阶数。函数 ode15 的语法也是相同的。函数文件 ydot 也可以由字符串指定(即以单引号括起来的文件名)，但最好用函数句柄。

向量 tspan 包含了自变量 t 的初始值和结束值，以及与所需的解对应任意中间值 t(可选)。例如，如果没有指定中间值，则 tspan 为[t0, tfinal]，其中 t0 和 tfinal 是独立参数 t 的期望起始值和结束值。再举一个例子，tspan = [0, 5, 10]告诉 MATLAB 要求解 $t=5$ 和 $t=10$ 时的解。通过设定 t0 大于 tfinal，然后在时间上逆向求解方程。

参数 y0 是初始值 $y(0)$。函数文件的前两个输入参数必须按照 t 和 y 的顺序，甚至对于包含 $f(t, y)$而非 t 的方程也是如此。您不必在函数文件中使用数组运算，因为常微分方程解析器使用参数的标量值调用文件。

首先考虑解为封闭形式的方程，这样就能确保我们正确地使用了方法。

例题 9.3-1　*RC* 电路的响应

图 9.3-1 所示的 *RC* 电路的模型，可由基尔霍夫电压定律和电荷守恒定律得到。即 $RC\dot{y}+y=v(t)$。假设 *RC* 的值为 0.1 秒。请用数值方法求出当施加电压 *y* 为零且初始电容电压 $y(0)=2$ 伏时电路的自由响应，并将结果与解析解 $y(t)=2e^{-10t}$ 进行比较。

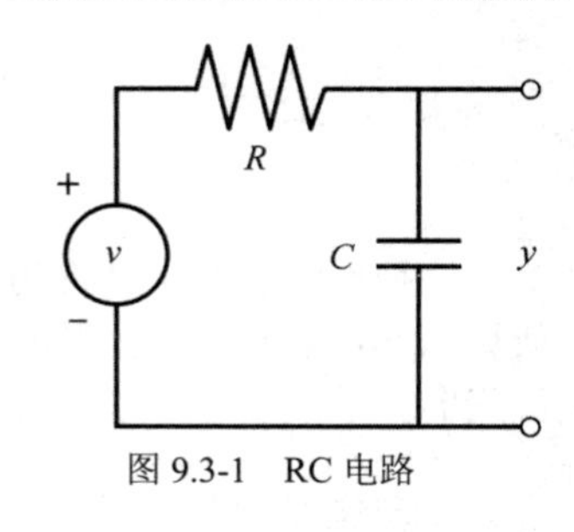

图 9.3-1　RC 电路

■ **解**

电路方程为 $0.1\dot{y}+y=0$。首先解出 *y*：$\dot{y}=-10y$。接下来定义并保存以下函数文件。请注意，输入参数的顺序必须是先 *t* 后 *y*，即使 *t* 并不在方程的右边出现。

```
function ydot = RC_circuit(t,y)
% Model of an RC circuit with no applied voltage.
ydot = -10*y;
```

初始时间 $t=0$，因此设定 t0 为 0。从解析解可知，当 $t\geqslant 0.5$s 时，$y(t)$趋近于 0，所以我们设定 tfinal 为 0.5s。在求解其他问题时，我们通常难以猜测出 tfinal，所以我们必须尝试几个递增的 tfinal 值，直到我们看到图上出现足够的响应。

按如下方式调用函数 ode45，并将数值解与解析解 y_true 绘制在同一张图上。

```
[t, y] = ode45(@RC_circuit, [0 0.5], 2);
y_true = 2*exp(-10*t);
plot(t,y,'o',t,y_true), xlabel('Time(s)'),...
     ylabel('Capacitor Voltage')
```

请注意，我们不需要生成数组 t 来计算 y_true，因为 t 是由函数 ode45 生成的。所得曲线如图 9.3-2 所示。数值解用圆圈表示，解析解用实线表示。显然，数值解给出了准确的答案。请注意，步长的大小是由函数 ode45 自动选择的。

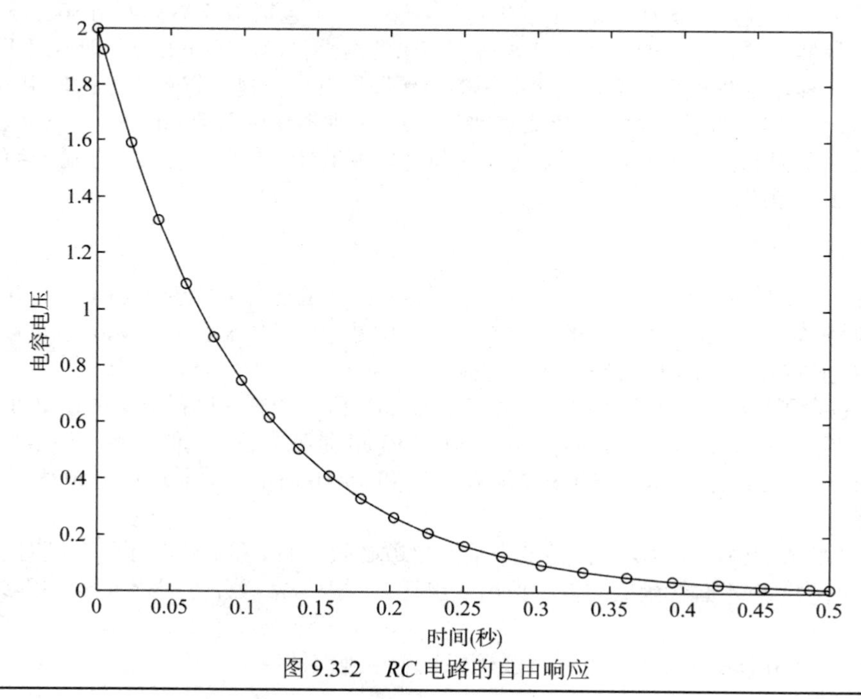

图 9.3-2　*RC* 电路的自由响应

MATLAB 的早期版本要求用单引号将函数名(本例是 RC_circuit)括起来，但在将来的版本中可能不允许这样做。现在推荐使用函数句柄，例如@RC_circuit。正如我们看到的，函数句柄还提供了其他功能。

您学会了吗?

T9.3-1　请用 MATLAB 计算并绘制下列方程的解。

$$10\frac{\mathrm{d}y}{\mathrm{d}t}+y=20+7\sin 2t \qquad y(0)=15$$

当微分方程是非线性的，我们通常没有解析的方法来检验我们的数值结果。这种情况下，可用我们的观察力来防范明显不正确的结果。我们还可以检查方程的奇异性，这也可能会影响数值过程。最后，有时还可以用线性方程近似地代替非线性方程，从而求出线性方程的解析解。虽然线性近似不能给出确切的答案，但可用来检验我们得到的数值解是否“大致正确”。下面的例题示范了这种方法。

例题 9.3–2　球形水箱内的液体高度

图 9.3-3 是一个储水的球形水箱。水从水箱顶部的圆孔流入，从其底部的圆孔排出。如果水箱的半径是 r，可用积分将槽内储水的体积表示为高度 h 的函数：

$$V(h)=\pi rh^2-\pi\frac{h^3}{3} \tag{9.3-10}$$

托里拆利定理表明，通过圆孔的液体流速与高度 h 的平方根成正比。对流体力学的进一步的研究能够更精确地描述这一关系，结果表明，通过圆孔的液体流速为：

$$q=C_\mathrm{d}A\sqrt{2gh} \tag{9.3-11}$$

其中 A 是孔的面积，g 是重力加速度，C_d 是经验值，其大小在一定程度上取决于液体的类型。对于水而言，通常有 $C_\mathrm{d}=0.6$。我们可以用质量守恒定律得到高度 h 的微分方程。对于该水箱，根据该定律可知水箱内液体体积的变化率必须等于流出水箱的流速，即：

$$\frac{\mathrm{d}V}{\mathrm{d}t}=-q \tag{9.3-12}$$

根据方程(9.3-10)可得：

$$\frac{\mathrm{d}V}{\mathrm{d}t}=2\pi rh\frac{\mathrm{d}h}{\mathrm{d}t}-\pi h^2\frac{\mathrm{d}h}{\mathrm{d}t}=\pi h(2r-h)\frac{\mathrm{d}h}{\mathrm{d}t}$$

将上式和方程(9.3-11)代入方程(9.3-12)，可以得到含 h 的方程：

$$\pi(2rh-h^2)\frac{\mathrm{d}h}{\mathrm{d}t}=-C_\mathrm{d}A\sqrt{2gh} \tag{9.3-13}$$

若初始高度为 9 英尺，请用 MATLAB 求解这个方程，计算水箱流空需要多长时间。已知水箱半径为 $r=5$ 英尺，底部圆孔的直径为 1 英寸，$g=32.2$ 英尺/秒 ^{2}。请讨论如何检查解是否准确。

■　**解**

当 $C_\mathrm{d}=0.6$、$r=5$、$g=32.2$ 且 $A=\pi(1/24)^2$ 时，方程(9.3-13)变为：

$$\frac{\mathrm{d}h}{\mathrm{d}t}=-\frac{0.0334\sqrt{h}}{10h-h^2} \tag{9.3-14}$$

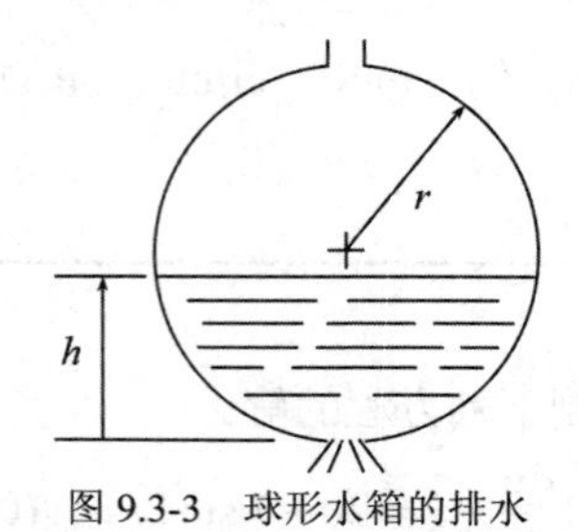

图 9.3-3 球形水箱的排水

我们可以首先检查 dh/dt 表达式的奇异性。除了 $h=0$ 或 $h=10$ 时(分别对应水箱全空和全满)，分母均不为零。因此当 $0<h<10$ 时，就能避免奇异点。

最后，我们可以用下面的近似来估计水箱流空所需的时间。将方程(9.3-14)右侧的 h 替换为其平均值，即(9-0)/2＝4.5 英尺，得到 dh/dt＝−0.00286，解为 $h(t)=h(0)-0.00286t=9-0.00286t$。根据该方程，水箱在 $t=9/0.00286\approx3147$ 秒(即 52 分钟)时变空。我们将用该值作为我们的答案进行“真实性检验”。

基于方程(9.3-14)的函数文件为：

```
function hdot = height(t,h)
hdot = -(0.0334*sqrt(h))/(10*h-h^2);
```

使用 ode45 求解器调用该函数文件，如下：

```
[t, h] = ode45(@height, [0 2475], 9);
plot(t,h),xlabel('Time (sec)'),ylabel('Height (ft)')
```

得到的图形如图 9.3-4 所示。请注意，当水箱接近满或接近空时，高度变化得更快。这是可以预见的，因为这与水箱的曲率有关。水箱在 2475 秒或 41 分钟内就流空了。这个值与我们粗略估计的 52 分钟没有太大区别，所以我们应能接受这个数值结果。最终时间 2475 秒可以通过增加最终时间得到，直到图形显示高度为 0。

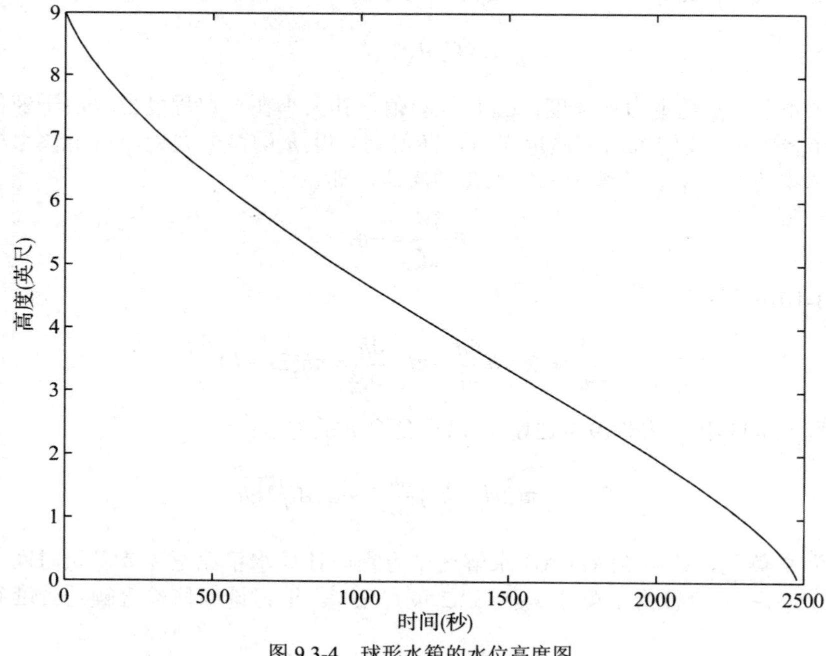

图 9.3-4 球形水箱的水位高度图

9.4　高阶微分方程

要用常微分方程求解器来求解高于 1 阶的方程，首先必须将方程写成一阶微分方程组。这很容易做到。考虑二阶方程：

$$5\ddot{y} + 7\dot{y} + 4y = f(t) \tag{9.4-1}$$

求其最高阶导数：

$$\ddot{y} = \frac{1}{5}f(t) - \frac{4}{5}y - \frac{7}{5}\dot{y} \tag{9.4-2}$$

定义两个新的变量 x_1 和 x_2，分别为 y 及其导数$\dot{y}$。即定义 $x_1=y$ 和 $x_2=\dot{y}$，这意味着：

$$\dot{x}_1 = x_2$$

$$\dot{x}_2 = \frac{1}{5}f(t) - \frac{4}{5}x_1 - \frac{7}{5}x_2$$

这种形式也被称为柯西形式(Cauchy form)或状态变量形式(state-variable form)。

柯西形式

状态变量形式

现在编写函数文件，计算 x_1 和$\dot{x}_2$的值，并将它们存储到列向量中。为此，我们必须首先为$f(t)$指定一个函数。假设$f(t)=\sin t$，那么需要的文件是：

```
function xdot = example_1(t,x)
% Computes derivatives of two equations
xdot(1) = x(2);
xdot(2) = (1/5)*(sin(t)-4*x(1)-7*x(2));
xdot = [xdot(1); xdot(2)];
```

请注意，xdot(1)表示$\dot{x}_1$，xdot(2)表示$\dot{x}_2$，x(1)表示 x_1，x(2)表示 x_2。一旦您熟悉了状态变量形式的表示法，就会发现前面的代码可以替换为下面更简短的形式。

```
function xdot = example_1(t,x)
% Computes derivatives of two equations
xdot = [x(2); (1/5)*(sin(t)-4*x(1)-7*x(2))];
```

假设我们要求方程(9.4-1)在 $0\leqslant t\leqslant 6$ 时的解，初始条件为$x(0)=3$，$\dot{x}(0)=9$。那么向量 $\boldsymbol{x}$ 的初始条件是[3, 9]。要使用函数 ode45，只需要输入：

```
[t, x] = ode45(@example_1, [0 6], [3 9]);
```

向量 $\boldsymbol{x}$ 的每一行对应于列向量 $\boldsymbol{t}$ 返回的时间。如果输入 plot (t, x)，就会得到 x_1 和 x_2 相对于 t 的图。请注意 $\boldsymbol{x}$ 是含两列的矩阵。第一列包含求解器在不同时间生成的 x_1 的值；第二列包含 x_2 的值。因此，若只绘制 x_1，可输入 plot (t, x(:, 1))。若只绘制 x_2，则输入 plot(t,x(:, 2))。

当我们求解非线性方程时，有时可用将方程简化为线性方程的近似法来检验数值结果。下面的例题将用二阶方程示范这种方法。

例题 9.4-1　非线性单摆模型

图 9.4-1 所示的单摆由集中的质量块 m 和质量远小于 m 的连杆组成。杆长度为 L，单摆的运动方程为：

$$\ddot{\theta} + \frac{g}{L}\sin\theta = 0 \tag{9.4-3}$$

假设 $L=1$ m 并且 $g=9.81$ m/s^2。请用 MATLAB 求解下列两种情况的 $\theta(t)$的方程：$\theta(0)=0.5$ 弧度和$\theta(0)=0.8\pi$ 弧度。这两种情况下都有$\dot{\theta}(0)=0$。并讨论如何检查结果的精度。

■　**解**

如果我们用小角度近似 $\sin\theta\approx\theta$，方程就变成如下形式。

$$\ddot{\theta}+\frac{g}{L}\theta=0 \tag{9.4-4}$$

它是线性的。当$\dot{\theta}(0)=0$ 时，其解为：

$$\theta(t)=\theta(0)\cos\sqrt{\frac{g}{L}}t \tag{9.4-5}$$

因此振荡幅度为 $\theta(0)$，周期为 $P=2\pi\sqrt{L/g}=2.006\mathrm{s}$。我们可以用这些信息来选择最终时间，并检查数值法求解结果是否正确。

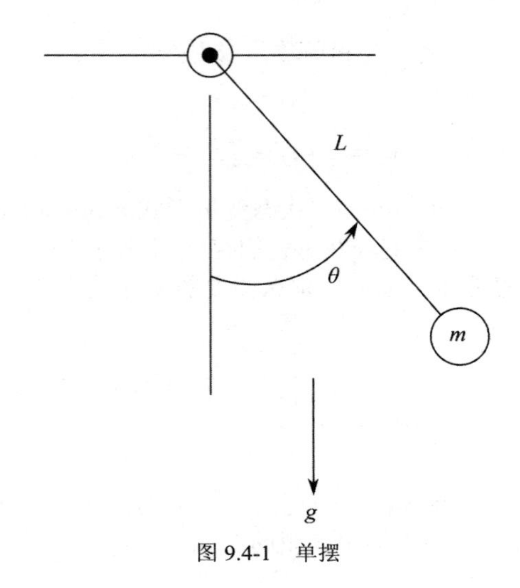

图 9.4-1 单摆

首先将单摆方程(9.4-3)改写为两个一阶方程。为此令 $x_1=\theta$ 且 $x_1=\dot{\theta}$。因此：

$$\begin{aligned}\dot{x}_1 &= \dot{\theta} = x_2\\ \dot{x}_2 &= \ddot{\theta} = -\frac{g}{L}\sin x_1\end{aligned}$$

基于上述两个方程可以编写出下面的函数文件。请记住，输出 xdot 必须是列向量。

```
function xdot = pendulum(t,x)
g = 9.81; L = 1;
xdot = [x(2); -(g/L)*sin(x(1))];
```

该文件的调用方式如下。向量 ta 和 xa 包含 $\theta(0)=0.05$ 时的计算结果。这两种情况下，都有$\dot{\theta}(0)=0$。向量 tb 和 xb 包含 $\theta(0)=0.8\pi$ 时的计算结果。

```
[ta, xa] = ode45(@pendulum, [0 5], [0.5 0]);
[tb, xb] = ode45(@pendulum, [0 5], [0.8*pi 0]);
plot(ta, xa(:,1), tb,xb(:,1)),xlabel('Time (s)'), . . .
    ylabel('Angle (rad)'),gtext('Case 1'),gtext('Case 2')
```

计算结果如图 9.4-2 所示。根据小角度分析预测出振幅保持不变，并且 $\theta(0)=0.05$ 时的周期略大于 2 秒，即根据小角度分析预测出的值。因此，我们可在数值过程中给出一些证据。对于 $\theta(0)=0.8\pi$ 的情况，数值解的周期约为 3.3 秒。这展示了非线性微分方程的一个重要性质。线性方程的自由响应在任何初始条件下的周期都相同；然而，非线性方程的自由响应的形式和周期通常取决于初始条件的特定值。

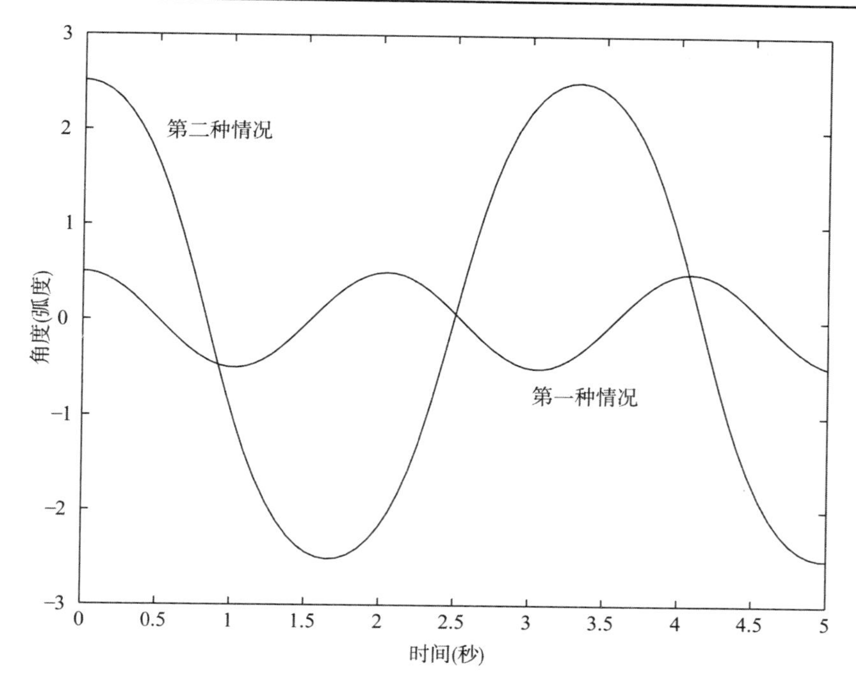

图 9.4-2　在两种起始位置条件下的摆角相对于时间的函数曲线

在本例题中，g 和 L 的值都隐含在函数 pendulum(t, x)中。现在假设您想得到不同长度 L 或不同重力加速度 g 条件下的单摆响应，可以用 global 命令声明 g 和 L 为全局变量，或可通过 ode45 函数中的参数列表传递参数值；但首选方法是使用嵌套函数。嵌套函数已在 3.3 节中讨论过。下面的程序展示了如何做到这一点。

```
function pendula
g = 9.81; L = 0.75; % First case.
tF = 6*pi*sqrt(L/g); % Approximately 3 periods.
[t1, x1] = ode45(@pendulum, [0,tF], [0.4, 0];
%
g = 1.63; L = 2.5; % Second case.
tF = 6*pi*sqrt(L/g); % Approximately 3 periods.
[t2, x2] = ode45(@pendulum, [0 tF], [0.2 0];
plot(t1, x1(:,1), t2, x2(:,1)), . . .
   xlabel ('time (s)'), ylabel ('\theta (rad)')
   % Nested function.
      function xdot = pendulum(t,x)
       xdot = [x(2);-(g/L)*sin(x(1))];
   end
end
```

表 9.4-1 以函数 ode45 为例，总结了常微分方程求解器的语法。

表 9.4-1　常微分方程求解器 ode45 的语法

命令	描述
[t, y]=ode45 (@ydot, tspan, y0, options)	求解由句柄为@ydot 的函数文件所指定的向量微分方程 $\dot{y} = f(t, y)$，输入必须为 t 和 y，输出必须是表示 dy/dt 的列向量，即 f(t, y)。列向量的行数必须等于方程的阶数。向量 tspan 包含自变量 t 的起始值和结束值，以及与需要的解对应的任意中间值 t(可选)。向量 y0 包含初始值。函数文件必须有两个输入参数，即 t 和 y，甚至对于 f(t, y)不是 t 的函数的情况也是如此。参数 options 由函数 odeset 创建。ode15s 的语法与此相同

9.5 线性微分方程的特殊解法

如果微分方程模型是线性的，就可以使用 MATLAB 提供的一些便利工具。尽管有求解线性微分方程解析解的一般方法，但有时用数值方法求解更方便。例如当激励函数是复杂函数或微分方程的阶数大于 2 时，就会出现这种情况。这种情况下，可能并不值得为获得代数解析解付出那么多努力，当主要目标只是绘制解的图形时尤其如此。

矩阵法

我们可以用矩阵运算来减少在导数函数文件中需要键入的命令行数。例如，下面的方程描述了连接到弹簧上的质量块的运动，质量块和地面之间有黏性摩擦。另一个力 $u(t)$也作用于质量块上。

$$m\ddot{y} + c\dot{y} + ky = u(t) \tag{9.5-1}$$

可令 $x_1=y$ 和 $x_2=\dot{y}$，得到柯西形式，即：

$$\dot{x}_1 = x_2$$

$$\dot{x}_2 = \frac{1}{m}u(t) - \frac{k}{m}x_1 - \frac{c}{m}x_2$$

这可以写成一个矩阵方程，如下所示：

$$\begin{bmatrix}\dot{x}_1\\\dot{x}_2\end{bmatrix} = \begin{bmatrix}0 & 1\\-\frac{k}{m} & -\frac{c}{m}\end{bmatrix}\begin{bmatrix}x_1\\x_2\end{bmatrix} + \begin{bmatrix}0\\\frac{1}{m}\end{bmatrix}u(t)$$

其简洁形式为：

$$\dot{\boldsymbol{x}} = \boldsymbol{A}\boldsymbol{x} + \boldsymbol{B}u(t) \tag{9.5-2}$$

其中：

$$\boldsymbol{A}\begin{bmatrix}0 & 1\\-\dfrac{k}{m} & -\dfrac{c}{m}\end{bmatrix} \quad \boldsymbol{B} = \begin{bmatrix}0\\\dfrac{1}{m}\end{bmatrix} \quad \boldsymbol{x} = \begin{bmatrix}x_1\\x_2\end{bmatrix}$$

下面的函数文件展示了如何使用矩阵运算。在本例中，$m=1$、$c=2$、$k=5$，施加的力是 $u(t)=10$。

```
function xdot = msd(t,x)
% Function file for mass with spring and damping.
% Position is first variable, velocity is second variable.
u = 10;
m = 1;c = 2;k = 5;
A = [0, 1;-k/m, -c/m];
B = [0; 1/m];
xdot = A*x+B*u;
```

注意，由于矩阵和向量乘法定义的关系，输出 xdot 是列向量。我们要反复尝试不同的最终时间值，直到我们看到整个响应曲线。当最终时间为 5，初始条件为 $x_1(0)=0$, $x_2(0)=0$ 时，我们调用常微分方程求解器，绘制解曲线：

```
[t, x] = ode45(@msd, [0,5], [0,0]);
plot(t,x(:,1),t,x(:,2))
```

图 9.5-1 显示了编辑后的图形。请注意，我们可以通过将 msd 作为嵌套函数，从而避免嵌入参数 *m*、*c*、*k* 和 *u* 的值，这就像在 9.4 节中使用函数 pendulum 和 pendula 时所做的一样。

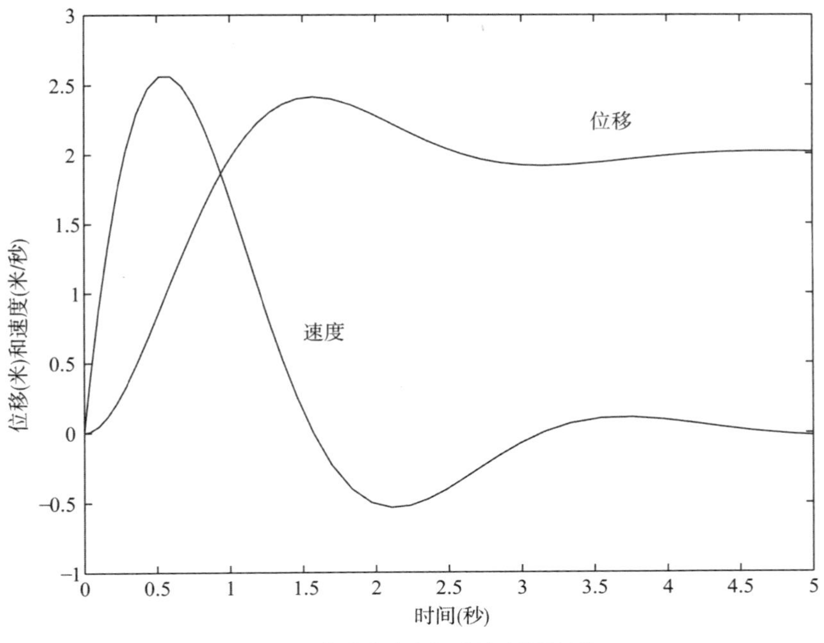

图 9.5-1　位移和速度相对于时间的函数

您学会了吗？

T9.5-1　请绘制弹簧阻尼系统中质量块的位置和速度曲线，已知参数值 $m=2$、$c=3$ 和 $k=7$。施加的外力是 $u=35$，初始位置是 $y(0)=2$，初始速度是 $\dot{y}(0)=-3$。

用函数 eig 求解特征根

如果有特征根的话，线性微分方程的特征根能给出关于响应速度和振荡频率的信息。

MATLAB 提供的 eig 函数，能在模型以状态变量形式给出的条件下，计算出特征根。其语法为 eig(A)，其中 A 为方程(9.5-2)中出现过的矩阵(该函数名是 eigenvalue 的缩写，它是特征根的另一个名称)。例如，考虑方程：

特征值

$$\dot{x}_1 = -3x_1 + x_2 \tag{9.5-3}$$

$$\dot{x}_2 = -x_1 - 7x_2 \tag{9.5-4}$$

这些方程的矩阵 $\boldsymbol{A}$ 是：

$$\boldsymbol{A} = \begin{bmatrix} -3 & 1 \\ -1 & -7 \end{bmatrix}$$

要求出特征根，可输入：

```
>>A = [-3, 1;-1, -7];
>>r = eig(A)
```

于是得到的答案是 r=[−6.7321, −3.2679]。为求时间常量，也就是根的实部的负倒数，可输入 tau = −1./real(r)。求得的时间常量为 0.1485 和 0.3060。支配时间常量的 4 倍，即 4(0.3060)=1.224，就是自由响应衰减到近似为零所需的时间。

控制系统工具箱中的常微分方程求解器

MATLAB 的学生版已涵盖控制系统工具箱(Control System Toolbox)中的大多数函数。其中有些就可以用于求解线性时不变(常系数)微分方程。它们比到目前为止讨论过的常微分方程求解器更便于使用，功能也更强大，还能求得线性时不变方程的通解。这里只讨论其中几个函数。这些函数都总结在表 9.5-1 中。Control System Toolbox 的其他功能需要先进的方法，在这里就不讲了。对这些方法感兴趣的读者可以参阅[Palm, 2014]。

表 9.5-1 LTI 对象函数

命令	描述
sys＝ss(A, B, C, D)	以状态空间形式创建 LTI 对象，其中的矩阵 A、B、C 和 D 对应于模型 $\dot{x} = Ax + Bu$ ， y=Cx+Du
[A, B, C, D]＝ssdata(sys)	提取对应于模型 $\dot{x} = Ax + Bu, y = Cx + Du$ 中的 A、B、C 和 D 的矩阵 A、B、C 和 D
sys＝tf(right, left)	以传递函数形式创建 LTI 对象，其中向量 right 是方程右边的系数向量，按导数降阶排列；向量 left 是方程左边的系数向量，也按导数降阶排列
sys2＝tf (sys1)	从状态空间模型 sys1 创建传递函数模型 sys2
sys1＝ss (sys2)	从传递函数模型 sys2 创建状态空间模型 sys1
[right,left]＝tfdata(sys,'v')	提取传递函数模型 sys 中指定的简化形式模型右侧和左侧系数。当使用可选参数'v'时，系数以向量形式返回，而不是单元数组

LTI 对象(object)可描述线性时不变方程或方程组，这里统称为系统(system)。LTI 对象可以从系统的不同描述中创建，也可以用不同函数进行分析，还可以通过访问它来提供系统的替代描述。例如，方程

$$2\ddot{x} + 3\dot{x} + 5x = u(t) \tag{9.5-5}$$

就是对某个系统的一种描述。这种描述被称为简化形式(reduced form)。下面是对该同一系统的状态空间模型描述：

$$\dot{\boldsymbol{x}} = \boldsymbol{A}\boldsymbol{x} + \boldsymbol{B}u \tag{9.5-6}$$

其中 $x_1 = x, x_2 = \dot{x}$，并且：

$$\boldsymbol{A} = \begin{bmatrix} 0 & 1 \\ -\dfrac{5}{2} & -\dfrac{3}{2} \end{bmatrix} \quad \boldsymbol{B} = \begin{bmatrix} 0 \\ \dfrac{1}{2} \end{bmatrix} \quad \boldsymbol{x} = \begin{bmatrix} x_1 \\ x_2 \end{bmatrix} \tag{9.5-7}$$

这两种模型形式都包含相同的信息。然而，根据分析的目的不同，每种形式都有各自的优点。

因为状态空间模型中有两个或多个状态变量，所以我们需要指定是哪个状态变量，或者是哪些变量的组合作为仿真的输出。例如，模型(9.5-6)和模型(9.5-7)可以表示质量块的运动，其中 x_1 表示质量块的位置，x_2 表示质量块的速度。我们需要指明是想看位置，还是速度，还是两者都要看。输出用向量 y 表示，通常用矩阵 $\boldsymbol{C}$ 和 $\boldsymbol{D}$ 来表示，它们必须与方程相容：

$$\boldsymbol{y}=\boldsymbol{C}\boldsymbol{x}+\boldsymbol{D}\boldsymbol{u}(t) \tag{9.5-8}$$

其中向量 $\boldsymbol{u}(t)$允许多重输入。继续以前面的例子为例，如果我们希望输出是位置 $x=x_1$，则 $y=x_1$，并选择 $\boldsymbol{C}=[1, 0]$和 $\boldsymbol{D}=0$。因此，这种情况下，方程(9.5-8)化简为 $y=x_1$。

要从简化形式(9.5-5)创建 LTI 对象，可使用 tf(right, left)函数，并输入：

```
>>sys1 = tf(1, [2, 3, 5]);
```

其中，向量 right 是方程右边系数的向量，并按照导数降阶排列；向量 left 是方程左边系数的向量，也按导数降阶排列。结果 sys1 是用简化形式描述系统的 LTI 对象，也称为传递函数形式(transfer function form)。该函数的名称 tf 代表 transfer function，它与描述方程左边和右边系数方法等效。

LTI 对象 sys2 是方程的传递函数形式：

$$6\frac{d^3x}{dt^3} - 4\frac{d^2x}{dt^2} + 7\frac{dx}{dt} + 5x = 3\frac{d^2u}{dt^2} + 9\frac{du}{dt} + 2u \tag{9.5-9}$$

可通过输入下列语句创建：

```
>>sys2 = tf([3, 9, 2], [6, -4, 7, 5]);
```

要从状态空间模型创建 LTI 对象，需要使用 ss(A, B, C, D)函数，其中 ss 表示状态空间(state space)。例如，要为方程(9.5-6)到(9.5-8)所描述的系统创建状态空间模型形式的 LTI 对象，需要输入：

```
>>A = [0, 1; -5/2, -3/2]; B = [0; 1/2];
>>C = [1, 0]; D = 0;
>>sys3 = ss(A,B,C,D);
```

用 tf 函数定义的 LTI 对象可用于获得系统的等效状态空间模型描述。要为以传递函数形式创建的 LTI 对象 sys1 描述的系统创建状态空间模型，可输入 ss (sys1)。然后您就会在屏幕上看到生成的矩阵 $\boldsymbol{A}$、$\boldsymbol{B}$、$\boldsymbol{C}$、$\boldsymbol{D}$。要提取并保存这些矩阵，请按如下方式使用 ssdata 函数。

```
>>[A1, B1, C1, D1] = ssdata(sys1);
```

结果是：

$$\boldsymbol{A1}=\begin{bmatrix}-1.5 & -1.25\\ 2 & 0\end{bmatrix}\quad \boldsymbol{B1}=\begin{bmatrix}0.5\\ 0\end{bmatrix}\quad \boldsymbol{C1}=\begin{bmatrix}0 & 0.5\end{bmatrix}\quad \boldsymbol{D1}=[0]$$

当使用 ssdata 将传递函数形式转换为状态空间模型时，请注意，输出 y 是标量，并与简化形式的解变量相同；这种情况下，方程(9.5-1)的解变量是变量 y。要解释状态空间模型，需要把它的状态变量 x_1、x_2 与 y 联系起来。矩阵 **C1** 和 **D1** 的值告诉我们，输出变量 $y=0.5x_2$。这样就得到 $x_2=2y$。另一个状态变量 x_1 与 x_2 的关系是 $\dot{x}_2=2x_1$，因此 $x_1=\dot{y}$。

要将前面以状态空间模型创建的系统 sys3 转换为传递函数描述，需要输入 tfsys3＝tf (sys3)。为了提取并保存简化形式的系数，可按如下方式使用 tfdata 函数：

```
[right, left] = tfdata(sys3, 'v')
```

对于本例而言，返回的向量是 right＝1 和 left＝[1, 1.5, 2.5]。可选参数'v'告诉 MATLAB 将系数作为向量返回；否则，它们将作为单元数组返回。表 9.5-1 是对这些函数的总结。

您学会了吗?

T9.5-2　请根据下列简化形式模型求出状态空间模型：

$$5\ddot{x}+7\dot{x}+4x=u(t)$$

然后将状态空间模型转换回简化形式，看能否得到原先的简化形式模型。

线性常微分方程求解器

Control System Toolbox 针对线性模型提供了若干求解器。这些求解器按照它们可以接受的输入函数的类型可分为：零输入、脉冲输入、阶跃输入和一般输入函数。表 9.5-2 对此进行了总结。

initial 函数　函数 initial 能计算并绘制状态空间模型的自由响应。在 MATLAB 文档中，这有时称为初始条件响应(initial-condition response)或非驱动响应(undriven response)。其基本语法为 initial(sys, x0)，其中 sys 为状态空间模型形式的 LTI 对象，x0 为初始条件向量。解的时间跨度和个数可以自动选择。例如，要求得状态空间模型(9.5-5)到(9.5-8)描述的自由响应，其中 $x_1(0)=5$ 和 $x_2(0)=-2$，首先以状态空间模型的形式定义它。这在前面获得系统 sys3 时已经完成，然后使用 initial 函数，具体过程如下所示。

```
>>initial(sys3, [5, -2])
```

屏幕上将出现图 9.5-2 所示的图形。注意，MATLAB 会自动给图形标上标签，计算稳态响应，并用虚线绘制响应曲线。

表 9.5-2　LTI ODE 求解器的基本语法

命令	描述
impulse(sys)	计算并绘制 LTI 对象 sys 的脉冲响应
initial(sys, x0)	对于向量 x0 指定的初始条件，计算并绘制状态空间模型形式的 LTI 对象 sys 的自由响应
1sim (sys, u, t)	计算并绘制 LTI 对象 sys 对向量 u 指定的输入的响应，时间由向量 t 指定
step(sys)	计算并绘制 LTI 对象 sys 的阶跃响应

请参阅本书有关扩展语法的描述。

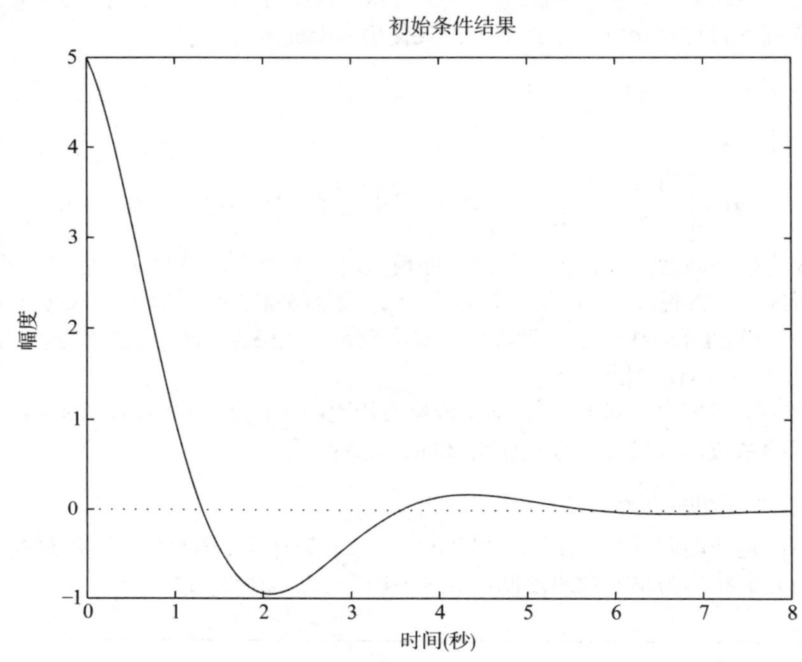

图 9.5-2　$x_1(0)=5$ 且 $x_2(0)=-2$ 时由方程(9.5-5)至(9.5-8)所定义的模型的自由响应

要指定最终时间 tF，可使用语法 initial(sys, x0, tF)。要以向量形式指定，即 t＝0:dt:tF，并以此向量获得解，可使用语法 initial(sys, x0, t)。

当用左手参数调用时，例如[y, t, x]＝initial(sys, x0, …)，则函数返回输出响应 y，用于仿真的时间向量 t，以及在这些时刻求得的状态向量 x。矩阵 y 和 x 的列分别是输出和状态。y 和 x 中的行数等于 length(t)。此命令并不产生图形。语法 initial(sys1, sys2, …, x0, t)能在同一张图上绘制多个 LTI 系统的自由响应，时间向量 t 是可选的。您可指定每个系统曲线的颜色、样式和标记，例如 initial(sys1, 'r', sys2, 'y-- ', sys3, 'gx', x0)。

impulse 函数　在初始条件为零的情况下，impulse 函数能绘制出系统中每一对输入-输出的单位脉冲响应。单位脉冲也被称为狄拉克-德尔塔函数。其基本语法是 impulse(sys)，其中 sys 是 LTI 对象。与 initial 函数不同的是，impulse 函数既可用状态空间模型，也可用传递函数模型。时间间隔和解的点个数也是自动选择的。例如，方程(9.5-5)的脉冲响应可按如下方式求得：

```
>>sys1 = tf(1, [2, 3, 5]);
>>impulse(sys1)
```

impulse 函数的扩展语法与 initial 函数类似。

step 函数　在初始条件为零的情况下，step 函数能绘制出系统中每对输入-输出的单位阶跃响应。单位阶跃函数 u(t)，在 t<0 时等于 0，在 t>0 时等于 1。其基本语法为 step(sys)，其中 sys 为 LTI 对象。step 函数既可以使用状态空间模型，也可以使用传递函数模型。时间间隔和解的点个数也是自动选择的。step 函数的扩展语法与 initial 函数和 impulse 函数类似。

要想求得状态空间模型(9.5-6)至(9.5-8)所描述的系统在零初始条件下的单位阶跃响应，其简化形式的模型为：

$$5\ddot{x} + 7\dot{x} + 5x = 5\dot{f} + f \tag{9.5-10}$$

对应的会话是(假设 sys3 仍然在工作空间中)：

```
>>sys4 = tf([5, 1], [5, 7, 5]);
>>step(sys3,'b',sys4,'- -')
```

结果如图 9.5-3 所示。稳态响应由水平虚线表示。请注意，稳态响应和达到稳态的时间都是自动确定的。

阶跃响应可以用以下参数来表征。

- **稳态值(steady-state value)**：当 $t \to \infty$ 时，响应的极限。
- **建立时间(settling-time)**：响应到达并停留在其稳态值的某个百分比(通常为 2%)以内所需的时间。
- **上升时间(rise time)**：响应从稳态值的 10%上升到 90%所需的时间。
- **峰值响应(peak response)**：响应的最大值。
- **峰值时间(peak time)**：峰值响应对应的时间。

当函数 step(sys)在屏幕上绘图时，您可通过在图形区域内的任何位置单击鼠标右键，用绘得的图计算上述参数。单击右键后会出现菜单，选择其中的 Characteristics(特征)，又出现包含响应特征的子菜单。当您选择某个特征，如 peak response，MATLAB 就会在峰值处加一个大点，并以虚线显示峰值响应值和峰值时间。将光标移到该点上，就可以看到值。您还可采用类似方式使用其他求解器，只是菜单选项有所不同。例如，当使用 impulse(sys)函数时，菜单中有峰值响应和建立时间，但没有上升时间。如果未选择 Characteristics，而是选择 Properties，然后选择 Options 选项卡，就可以更改建立时间和上升时间的默认值(分别为 2%和 10%～90%)。

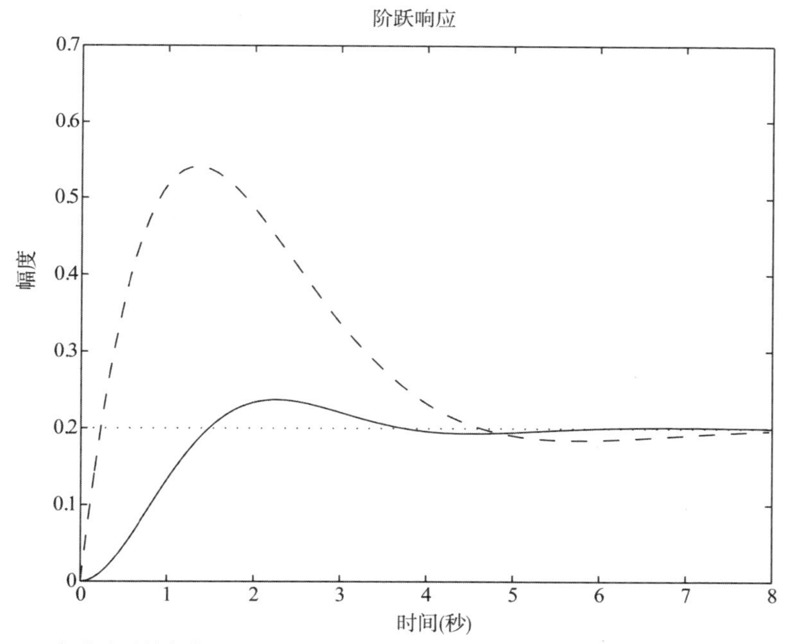

图 9.5-3　初值为零的条件下，由方程(9.5-6)至(9.5-8)描述的模型以及模型(9.5-10)的阶跃响应

使用这种方法，我们就会发现图 9.5-3 中的实线具有以下特征：

- 稳态值：0.2
- 2%建立时间：5.22
- 10%～90%上升时间：1.01
- 峰值响应：0.237

■ 峰值时间：2.26

您还可将光标放在曲线上所需的点上，从曲线的任何部分读取值。您可以沿着曲线移动光标，并在这些值变化时读取这些值。使用该方法，我们就能求出图 9.5-3 中的实线在 t＝3.74 时第二次跨越稳态值 0.2。

假设 sys3 仍然在工作空间中可用，可按如下方式阻止 step 生成图形，并创建自己的图形。

```
[x,t] = step(sys3);
plot(t,x)
```

然后用 Plot Editor(图形编辑器)工具编辑图形。但使用这种方法时，右击图形将不再提供关于 step 响应特征的信息。

假设阶跃输入不是单位(unit)阶跃，而是当 t<0 时为 0、当 t>0 时为 10。有两种方法可以得到这种 10 倍的阶跃信号。以 sys3 为例，可以使用 step(10*sys3)以及：

```
[x,t] = step(sys3);
plot(t,10*x)
```

lsim 函数　函数 lsim 能绘制系统对任意输入的响应。零初始条件的基本语法是 lsim(sys, u, t)，其中 sys 是 LTI 对象，t 是定步长的时间间隔，即 t＝0:dt:tF，u 是矩阵，其列数与输入数量相等，并且第 i 行是 t(i)时刻的输入。为指定非零初始条件下的状态空间模型，可使用语法 lsim(sys, u, t, x0)。这将计算并绘制出总响应(自由响应加激励响应)。右击该图形将显示包含 Characteristics 选项的菜单，尽管只有峰值响应可选。

当用左手参数调用时，[y, t]＝lsim(sys, u, ...)函数返回的输出响应 y 和时间向量 t 用于仿真。矩阵 y 的列是输出，它的行数等于 length(t)。该函数不产生图形。要想获得状态空间模型的状态向量解，可以用语法[y, t, x]＝lsim(sys, u, ⋯)。语法 lsim(sys1, sys2, ⋯, u, t, x0)能在同一张图上绘制多个 LTI 系统的响应曲线。初始条件向量 xo 只有在初始条件非零的情况下才需要使用。您可以指定每个系统曲线的颜色、样式和标记。例如，lsim(sys1, 'r', sys2, 'y- ', sys3, 'gx', u, t)。

稍后将列举 lsim 函数的示例。

用函数实现详细的激励函数

作为高阶方程的最后一个例子，我们现在展示如何编写一个用 lsim 函数实现的详细激励函数。我们以直流电机为应用背景。如图 9.5-4 所示的电枢控制直流电机(如永磁电机)的方程如下，这些方程基于基尔霍夫电压定律和牛顿定律。根据这些定律，可计算出转动惯量。已知电机电流为 i，转速为 ω。

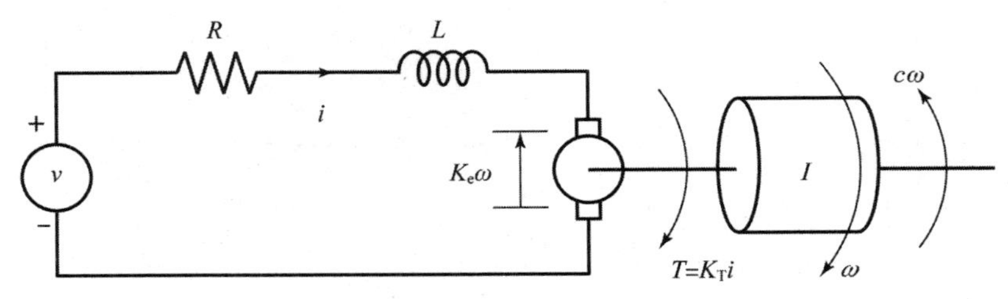

图 9.5-4　电枢控制直流电机

$$L\frac{\mathrm{d}i}{\mathrm{d}t}=-Ri-K_\mathrm{e}(\omega)+v(t) \tag{9.5-11}$$

$$I\frac{\mathrm{d}\omega}{\mathrm{d}t}=K_\mathrm{T}i-c\omega \tag{9.5-12}$$

其中，L、R、I 分别为电机的电感、电阻、惯量；K_T 和 K_e 分别为转矩常量和反电动势常量；c 是黏性阻尼常量；$v(t)$是施加的电压。这些方程可以写成如下矩阵形式，其中 $x_1=i$，$x_2=\omega$。

$$\begin{bmatrix}\dot{x}_1\\ \dot{x}_2\end{bmatrix}=\begin{bmatrix}-\dfrac{R}{L} & -\dfrac{K_e}{L}\\ \dfrac{K_T}{L} & \dfrac{c}{I}\end{bmatrix}\begin{bmatrix}x_1\\ x_2\end{bmatrix}+\begin{bmatrix}\dfrac{1}{L}\\ 0\end{bmatrix}v(t)$$

例题 9.5-1　直流电机梯形截面图

在许多应用中，都希望将电机加速到期望的速度，并允许它在减速到停止之前以该速度运行一段时间。本例题研究具有梯形剖面的外加电压能否达到这一目的。已知 $R=0.6\Omega$，$L=0.002\text{H}$，$K_T=0.04\text{N}\cdot\text{m/A}$，$K_e=0.04\text{V}\cdot\text{s/rad}$，$c=0$ 且 $I=6\times10^{-5}\text{kg}\cdot\text{m}^2$。施加的电压(单位是伏特)为：

$$y(t)=\begin{cases}100t & 0\leqslant t<0.1\\ 10 & 0.1\leqslant t\leqslant 0.4\\ -100(t-0.4)+10 & 0.4<t\leqslant 0.5\\ 0 & t>0.5\end{cases}$$

其曲线如图 9.5-5 的顶部图所示。

■　**解**

下面的程序首先从矩阵 ***A***、***B***、***C*** 和 ***D*** 中创建模型 sys，我们选择合适的 ***C*** 和 ***D***，使得速度 x_2 作为唯一的输出。为了同时获得速度和电流作为输出，我们选择 ***C***=[1, 0; 0, 1]和 ***D***=[0; 0]。该程序使用 eig 函数计算时间常量，然后创建时间数组 time，供 lsim 使用。我们选择时间增量为 0.0001，它是总时间 0.6 很小的一部分。

然后用 for 循环创建梯形电压函数。这可能是最简单的方法，因为 if-elseif-else 结构定义 $v(t)$的方程。初始条件 $x_1(0)$和 $x_2(0)$均为 0，因此不需要在 lsim 函数中指定它们。

```
% File dcmotor.m
R = 0.6; L = 0.002; c = 0;
K_T = 0.04; K_e = 0.04; I = 6e-5;
A = [-R/L, -K_e/L; K_T/I, -c/I];
B = [1/L; 0]; C = [0,1]; D = [0];
sys = ss(A,B,C,D);
Time_constants = -1./real(eig(A))
time = 0:0.0001:0.6;
k = 0;
for t = 0:0.0001:0.6
    k = k + 1;
    if t < 0.1
        v(k) = 100*t;
    elseif t < = 0.4
        v(k) = 10;
    elseif t < = 0.5
        v(k) = -100*(t-0.4) + 10;
    else
        v(k) = 0;
    end
end
[y,t] = lsim(sys, v, time);
subplot(2,1,1), plot(time,v)
subplot(2,1,2), plot(time,y)
```

计算得到的时间常量分别为 0.0041 秒和 0.0184 秒。最大的时间常量表明电机的响应时间约为 4(0.0184)=0.0736 秒。因为这个时间比施加电压达到 10V 所需的时间要少，所以电机应该能够较好地遵循期望的梯形剖面。要想了解确切情况，就必须解出电机的微分方程。结果绘制在图 9.5-5 的底部图中。尽管因为电机的电阻和机械惯量的原因造成一些微小偏差，但电机的转速与预期的梯形曲线一致。

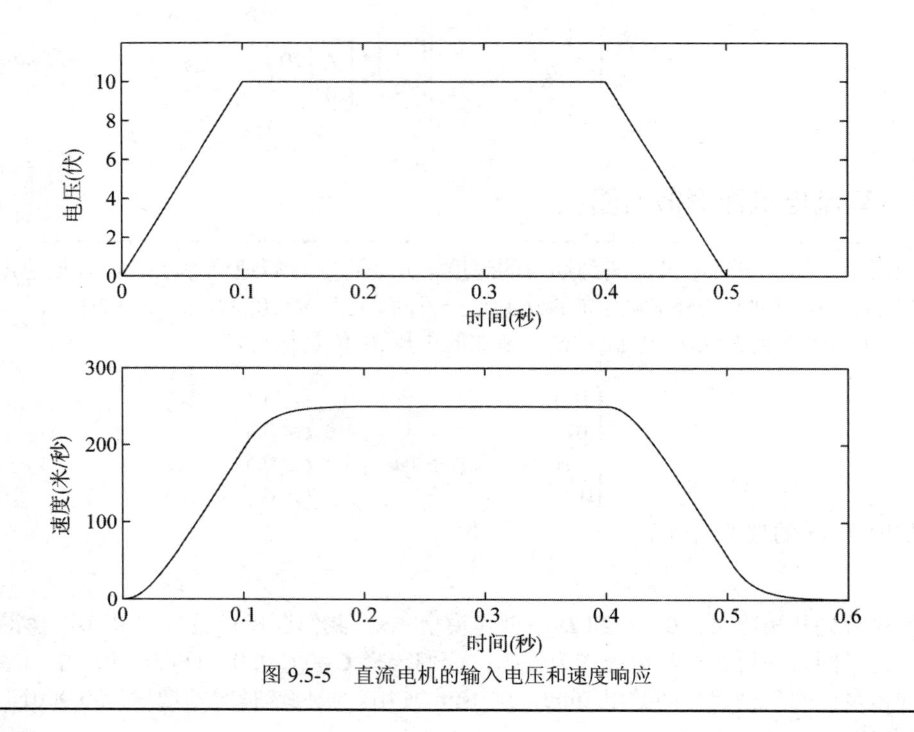

图 9.5-5　直流电机的输入电压和速度响应

线性系统分析仪　Control System Toolbox 中的 Linear System Analyzer(线性系统分析仪)能协助分析 LTI 系统。它提供了一个交互式用户界面，允许您在不同类型的响应图和不同系统分析之间切换查看。通过键入 linearSystemAnalyzer 命令可以调用该工具。有关更多信息，请参阅 MATLAB 帮助。

预定义的输入函数

通过定义包含指定时间的输入函数值的向量，您总能创建出任意复杂的输入函数，并与常微分方程求解器 ode45 或 lsim 函数一起使用，就像在例题 9.5-1 中为梯形剖面所做的那样。然而，MATLAB 还提供了 gensig 函数，能够轻松地构造出周期输入函数。

语法[u, t]＝gensig(type, period)能够生成指定类型为 type、周期为 period 的周期性输入。其中，类型包括以下几种：正弦波(type＝'sin')、方波(type＝'square')和窄脉宽周期脉冲(type＝' pulse')。向量 t 代表时间，向量 u 代表这些时间对应的输入值。所有生成的输入都是单位振幅。语法[u, t]＝gensig(ytpe, period, tF, dt)能够指定输入的时间长度 tF 和时间间隔 dt。

例如，假设将周期为 5 的方波应用于以下的简化形式模型中。

$$\ddot{x} + 2\dot{x} + 4x = 4f \tag{9.5-13}$$

为求系统在零初值条件下，在区间 0 <t < 10 上的响应，可使用 0.01 的步长，相应的会话为：

```
>>sys5 = tf(4,[1,2,4]);
>>[u, t] = gensig('square',5,10,0.01);
>>[y, t] = lsim (sys5,u,t);plot(t,y,u), . . .
   axis([0 10 -0.5 1.5]), . . .
   xlabel('Time'),ylabel('Response')
```

结果如图 9.5-6 所示。

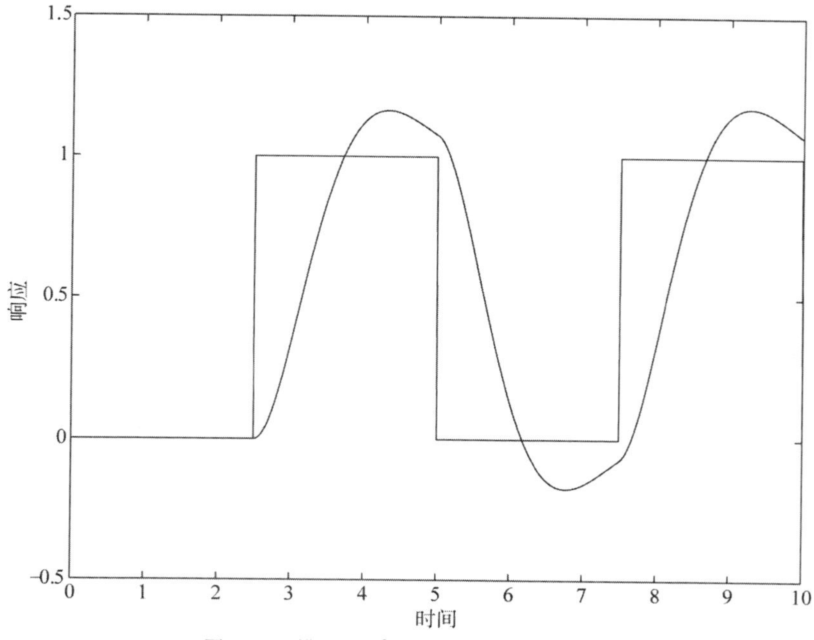

图 9.5-6 模型$\ddot{x}+2\dot{x}+4x=4f$的方波响应

9.6 总结

本章介绍了计算积分、导数以及求解常微分方程的数值方法。既然您已读完本章，那么应该能够完成以下工作。

- 对被积函数的单、双、三重积分进行数值计算。
- 当被积函数是数值形式时，用数值方法求出其单积分。
- 用数值方法估计一组数据的导数。
- 计算给定函数的梯度和拉普拉斯变换。
- 以闭合形式得到多项式函数的积分和导数。
- 用 MATLAB 的常微分方程求解器求解给定初始条件的一阶常微分方程。
- 将高阶常微分方程转化为一阶微分方程组。
- 用 MATLAB 的常微分方程求解器求解给定初始条件下的高阶常微分方程组。
- 用 MATLAB 将模型从传递函数形式转换为状态变量形式，反之亦然。
- 用 MATLAB 线性求解器求解线性微分方程，得到自由响应和任意激励函数作用下的阶跃响应。

我们还没有介绍完 MATLAB 中提供的所有微分方程求解器，而仅限于给出初始条件的常微分方程。MATLAB 提供了解决边界值问题(boundary-value problem，BVP)的算法，例如：

$$\ddot{x}+7\dot{x}+10x=0 \qquad x(0)=2 \qquad x(5)=8 \qquad 0\leqslant t\leqslant 5$$

请参阅函数 bvp4c 的帮助。有些微分方程被隐性地指定为$f(t, y, \dot{y})=0$。此类问题适合采用求解器 ode15i。MATLAB 还可求解延迟微分方程(Delay-Differential Equation，DDE)，比如：

$$\ddot{x}+7\dot{x}+10x+5x(t-3)=0$$

请参阅函数 dde23、ddesd 和 deval 的帮助。函数 pdepe 可以求解偏微分方程。请参阅函数 pdeval 的帮助。此外，MATLAB 还支持分析和绘制求解器的输出。具体可查阅函数 odeplot、odephas2、odephas3 和 odeprint 的帮助。

关键术语

后向差分，9.2 节
柯西形式，9.4 节
中心差分，9.2 节
定积分，9.1 节
特征值，9.5 节
欧拉法，9.3 节
激励响应，9.3 节
前向差分，9.2 节
自由响应，9.3 节
反常积分，9.1 节
不定积分，9.1 节
初值问题，9.3 节
拉普拉斯算子，9.2 节
修正的欧拉法，9.3 节
常微分方程，9.3 节
预测-校正法，9.3 节
奇异点，9.1 节
状态变量形式，9.4 节
步长，9.3 节

习题

您可以在本书结尾找到标有星号的习题的答案。

9.1 节

1.* 物体以速度$v(t) = 5 + 7t^2$米/秒在 $t=2$ 秒时从 $x(2)=5$ 米处开始移动。请求出它在 $t=10$ 秒时的位置。

2. 物体以速度 $v(t)$从 $t=a$ 运动到 $t=b$ 时刻的距离为：

$$x(b) = \int_a^b |v(t)|\, dt + x(a)$$

绝对值$|v(t)|$专门用来处理 $v(t)$为负值的情况。假设某物体从 $t=0$ 时开始移动，速度为 $v(t)=\cos(\pi t)$，请求出 $x(0)=2$ 米，$t=1$ 秒时物体的位置。

3. 已知物体在 $t=0$ 时的初始速度为 3m/s，以加速度 $a(t)=7t$ m/s^2 加速。请求出物体在 4 秒内移动的总距离。

4. 电容两端的电压 $v(t)$相对于时间的函数方程是：

$$v(t) = \frac{1}{C}\left[\int_0^t i(t)\mathrm{d}t + Q_0\right]$$

其中 $i(t)$是施加的电流，Q_0 是初始电荷。某电容器最初是不带电的，其电容量是$C = 10^{-7}$ F。如果施加给电容的电流$i(t) = 0.2[1 + \sin(0.2t)]$ A，请计算零初值条件下，$t=1.2$ 秒时的电压 $v(t)$。

5. 某物体的加速度为$a(t) = 7t\sin 5t$ m/s^2。请计算初始速度为零的条件下，$t=10$ 秒时的速度。

6. 某物体以下表给出的速度 $v(t)$移动。如果 $x(0)=3$，请求出物体在 $t=10$ 秒时的位置 $x(t)$。

时间(秒)	0	1	2	3	4	5	6	7	8	9	10
速度(米/秒)	0	2	5	7	9	12	15	18	22	20	17

7.* 某储水水箱的垂直侧面和底部面积为 100 平方英尺。水箱最初是空的。为填满水箱，按下表中给出的速度从顶部泵入水。请求出 $t=10$ 分钟时的水位高度 $h(t)$。

时间(分钟)	0	1	2	3	4	5	6	7	8	9	10
流速(立方英尺/分)	0	80	130	150	150	160	165	170	160	140	120

8. 锥形纸杯(类似于在饮水器处装水的那种)的半径为 R，高度为 H。如果杯内的水高为 h，那么水的体积为：

$$V = \frac{1}{3}\pi\left(\frac{R}{H}\right)^2 h^3$$

假设杯子的尺寸是 R=1.5 英寸，H=4 英寸。

a. 如果从饮水器到杯子的流速是 2 立方英寸/秒，那么装满一杯水(装到杯口)需要多长时间？

b. 如果从饮水器到杯子的流速为 $2(1-e^{-2t})$立方英寸/秒，那么装满一杯水(装到杯口)需要多长时间？

9. 某物体的质量为 100 千克，它受到 $f(t)=500[2-e^{-t}\sin(5\pi t)]$牛的作用力。物体在 t=0 时刻静止，请求出物体在 t=5 秒时的速度。

10.* 火箭燃烧燃料时质量下降。火箭垂直飞行的运动方程可由牛顿定律得到，即：

$$m(t) = \frac{dv}{dt} = T - m(t)g$$

其中 T 为火箭推力，其质量相对于时间的函数为$m(t) = m_0(1 - rt/b)$。已知火箭的初始质量为 m_0，燃烧时间为 b，r 为燃料占总质量的比例。

请用 T=48 000 N、m_0=2200 kg、r=0.8、g=9.81 m/s^2 和 b=40s 这组数据，计算火箭燃料燃尽时的速度。

11. 电容两端的电压 $v(t)$相对于时间的函数方程为：

$$y(t) = \frac{1}{C} = \left[\int_0^t i(t)dt + Q_0\right]$$

其中 $i(t)$为施加电流，Q_0为初始电荷。假设 $C=10^{-7}$ F 且 Q_0=0，假设施加电流是 $i(t)=0.3+0.1e^{-5}t\sin(25\pi t)$安。请绘制 $0 \leqslant t \leqslant 7$ 秒内的电压 $v(t)$的曲线。

12. 请计算$p(x) = 5x^2 - 9x + 8$的不定积分。

13. 请计算二重积分：

$$A = \int_0^3\int_0^3 (x^2 + 3xy)dxdy$$

14. 请计算二重积分：

$$A = \int_0^4\int_0^\pi x^2 \sin y\, dxdy$$

15. 请用 MATLAB 求下列二重积分：

$$\int_1^2\int_0^3 (1+10xy)\, dxdy$$

16. 请计算二重积分：

$$A = \int_0^1\int_y^3 x^2(x+y)\, dxdy$$

请注意，积分区域位于直线 y=x 的右侧。用这个事实和 MATLAB 关系运算符来消除 y > x 的其他值。

17. 请计算三重积分：

$$A = \int_1^2\int_0^1\int_1^3 xe^{yz}(x+y)\, dx\, dy\, dz$$

18. 请用 MATLAB 计算下列三重积分：

$$\int_0^3\int_0^2\int_0^1 xyz^2\, dx\, dy\, dz$$

9.2 节

19. 根据以下数据绘制导数 dy/dx 的估计值。分别计算前向、后向和中心差分，并比较结果。

x	0	1	2	3	4	5	6	7	8	9	10
y	0	2	5	7	9	12	15	18	22	20	17

20. 在曲线 $y(x)$的相对最大值处，斜率 dy/dx 等于零。请用以下数据估计最大值点处的 x 和 y。

x	0	1	2	3	4	5	6	7	8	9	10
y	0	2	5	7	9	10	8	7	6	4	5

21. 请用从 $x=0$ 到 $x=4$ 之间的 101 个点，比较前向、后向和中心差分法在估计 $y(x)=e^{-x}\sin(3x)$的导数时的性能差异。随机附加误差为±0.01。

22. 请计算 $p_1=5x^2+7$ 和 $p_2=5x^2-6x+7$ 的 dp_2dx、$d(p_1p_2)/dx$ 以及 $d(p_2/p_1)/dx$ 的表达式。

23. 绘制下列函数的等值线图和梯度(用箭头表示)：

$$f(x, y) = -x^2 + 2xy + 3y^2$$

9.3 节

24. 请绘制出下列方程的解：

$$6\dot{y} + y = f(t)$$

当 $t<0$ 时，$f(t)=0$；当 $t\geqslant 0$ 时，$f(t)=15$。初始条件是 $y(0)=7$。

25. RC 电路中电容两端的电压 y 的方程是：

$$RC\frac{dy}{dt} + y = v(t)$$

其中 $v(t)$是施加在电容上的电压。假设 $RC=0.2$ 秒，电容的电压初始值为 2V。再假设施加的电压在 t=0 时刻从 0 变为 10V。请绘制电压 $y(t)$在 $0\leqslant t\leqslant 1$ 秒区间上的曲线。

26. 下式描述了某物体浸入恒温 T_b 液体中的温度变化情况：

$$10\frac{dT}{dt} + T = T_b$$

假设物体的初始温度为 $T(0)=70$℉，浴温为 $T_b=170$℉。

a. 物体温度 T 达到浴温需要多长时间？

b. 物体温度 T 达到 168℉需要多长时间？

c. 绘制物体温度 $T(t)$相对于时间的函数曲线。

27.* 根据牛顿定律，火箭驱动滑车的运动方程是：

$$m\dot{v} = f - cv$$

其中 m 为滑车质量，f 为火箭推力，c 为空气阻力系数。假设 $m=1000$ kg 且 $c=500$ N•s/m。再假设当 $v(0)=0$，$t\geqslant 0$ 时，$f=75\,000$ N。请确定滑车在 $t=10$ 秒时的速度。

28. 下面的方程描述了连接到弹簧的质量块的运动过程，质量块与地面之间有黏性摩擦。

$$m\ddot{y} + c\dot{y} + ky = 0$$

请绘制$y(0) = 10, \dot{y}(0) = 5$条件下的 $y(t)$曲线。其中：

a. $m=3$、$c=18$ 且 $k=102$

b. $m=3$、$c=39$ 且 $k=120$

29. RC 电路中电容两端的电压 y 的方程是：

$$RC\frac{dy}{dt} + y = v(t)$$

其中 $v(t)$是施加电压。假设 $RC=0.2$ 秒，电容电压的初始值 2V。再假设施加的电压是 $v(t)=10[2-e^{-t}\sin(5\pi t)]$V。请绘制电压 $y(t)$在 $0\leqslant t\leqslant 5$ 秒区间上的曲线。

30. 描述底部有排水道的球形水箱的水位高度 h 的方程是：

$$\pi(2rh - h^2)\frac{dh}{dt} = -C_d A\sqrt{2gh}$$

假设水箱半径为 $r=3$ 米，圆形排水孔半径为 2 厘米。再假设 $C_d=0.5$，且初始水位高度为 $h(0)=5$ 米。已知 $g=9.81\ \text{m/s}^2$。

a. 请用近似值来估计水箱清空所需要的时间。

b. 绘制水位高度相对于时间的函数曲线，直到 $h(t)=0$。

31. 下面的方程描述了某稀释过程，其中 $y(t)$是往盛有淡水的容器中加入盐水后的盐浓度。

$$\frac{dy}{dt}+\frac{5}{10+2t}y=4$$

假设 $y(0)=0$。请绘制 $y(t)$在 $0\leqslant t\leqslant 10$ 区间上的曲线。

9.4 节

32. 下式描述了与弹簧相连的某质量块的运动过程，它与地面之间有黏性摩擦：

$$3\ddot{y}+18\dot{y}+102y=f(t)$$

其中 $f(t)$是施加的外力。假设 $t<0$ 时 $f(t)=0$，而 $t\geqslant 0$ 时，$f(t)=10$

a. 绘制 $y(0)=\dot{y}(0)=0$ 条件下的 $y(t)$曲线。

b. 绘制 $y(0)=0$ 且$\dot{y}(0)=10$ 条件下的 $y(t)$曲线。并讨论非零初速度的影响。

33. 下式描述了与弹簧相连的某质量块的运动，质量块与地面之间有黏性摩擦：

$$3\ddot{y}+39\dot{y}+120y=f(t)$$

其中 $f(t)$是施加的外力。假设 t <0 时 $f(t)=0$，而 $t\geqslant 0$ 时，$f(t)=10$。

a. 绘制 $y(0)=\dot{y}(0)=0$ 条件下的 $y(t)$曲线。

b. 绘制 $y(0)=0$ 且$\dot{y}(0)=10$ 条件下的 $y(t)$曲线，并讨论非零初速度的影响。

34. 下面的方程描述了连接到弹簧上的某质量块的运动过程，质量块与地面之间没有摩擦：

$$3\ddot{y}+75y=f(t)$$

其中 $f(t)$是施加的外力。假设施加的力呈正弦变化，频率为 ω rad/s，振幅为 10 牛，即 $f(t)=10\sin(\omega t)$。

假设初始条件是 $y(0)=\dot{y}(0)=0$。请绘制 $y(t)$在 $0\leqslant t\leqslant 20$ 秒区间上的曲线。请分别绘出以下三种情况的曲线，并比较每种情况下的结果。

a. $\omega=1$ rad/s

b. $\omega=5$ rad/s

c. $\omega=10$ rad/s

35. 范德堡方程可以描述许多振荡过程。即：

$$\ddot{y}-\mu(1-y^2)\dot{y}+y=0$$

请绘制初始条件为 $y(0)=5$，$\dot{y}(0)=0$，并且当 $\mu=1$，$0\leqslant t\leqslant 20$ 时 $y(t)$的曲线。

36. 水平加速度为 $a(t)$的单摆的运动方程为：

$$L\ddot{\theta}+g\sin\theta=a(t)\cos\theta$$

假设 $g=9.81\ \text{m/s}^2$、$L=1$ m 并且 $\theta(0)=0$。请绘制当 $0\leqslant t\leqslant 10$ 秒时，$\theta(t)$在以下三种情况下的曲线。

a. 加速度是常量：$a=5\ \text{m/s}^2$ 并且 $\theta(0)=0.5$ rad。

b. 加速度是常量：$a=5\ \text{m/s}^2$ 并且 $\theta(0)=3$ rad。

c. 加速度与时间呈线性关系：$a=0.5t\ \text{m/s}^2$ 并且 $\theta(0)=3$ rad。

37. 范德堡方程为：

$$\ddot{y}-\mu(1-y^2)\dot{y}+y=0$$

当参数 μ 的取大值时，该方程是刚性的。请比较这个方程的 ode45 和 ode15 性能。已知 $\mu=1000$ 并且 $0\leqslant t\leqslant 3000$，初始条件为 $y(0)=2$，$\dot{y}(0)=0$。请绘制 $y(t)$相对于 t 的曲线。

38. 考虑某质量-弹簧阻尼器系统，由于金属疲劳的原因，弹簧元件随时间变弱。假设弹簧常量随时间变化如下。

$$k = 20(1+e^{-t/100})$$

相应的运动方程为：

$$m\ddot{x} + c\dot{x} + 20(1+e^{-t/100})x = f(t)$$

请用 $m=1$、$c=2$ 和 $f=10$ 这组值求解方程，并绘制零初值条件下，$x(t)$在区间 $0 \leqslant t \leqslant 4$ 上的曲线。

39. 如图 P39 所示，有两个类似的机械系统，它们的输入都是基底的位移 $y(t)$，弹簧常量是非线性的，所以微分方程也是非线性的。对于第(a)部分，其运动方程为：

$$m\ddot{x} = c(\dot{y} - \dot{x}) + k_1(y - x) + k_2(y - x)^3$$

对于第(b)部分，其运动方程为：

$$m\ddot{x} = -c\dot{x} + k_1(y - x) + k_2(y - x)^3$$

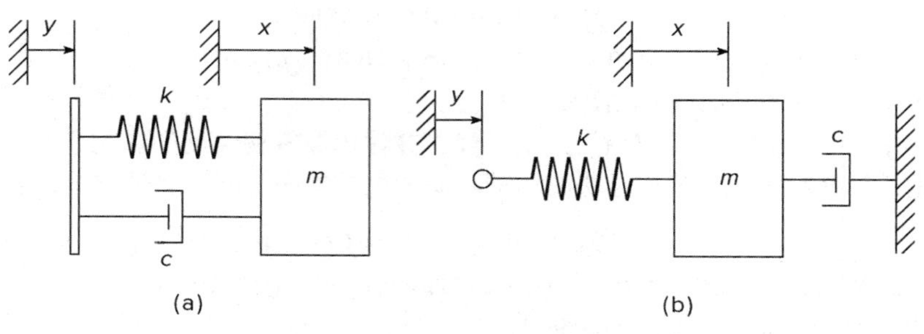

图 P39 两个类似的机械系统

这两个系统之间的唯一区别是，图 P39(a)中的系统的方程中包含输入函数 $y(t)$的导数。阶跃函数在数值法中难以实现，特别是当由于 $t=0$ 处不连续而使得输入导数$\dot{y}$存在时。我们将用函数 $y(t)=1-e^{-t/\tau}$来模拟单位阶跃输入。

与振荡周期和时间常量相比，参数 τ 应该很小，且振荡周期和时间常量都未知。我们可通过令 $k_2=0$ 计算出线性模型的特征根从而估计它。

请用 $m=100$、$c=600$、$k_1=8000$ 和 $k_2=24\ 000$ 这组值。选择参数 τ，使其小于 $k_2=0$ 时线性模型的周期常量和时间常量。请在同一个图上绘制这两个系统的解 $x(t)$的曲线。初始条件为零。

9.5 节

40. 电枢控制直流电机的计算公式如下。电机电流为 i，转速为 ω。

$$L\frac{di}{dt} = -Ri - K_e\omega + v(t) \tag{9.6-1}$$

$$I\frac{d\omega}{dt} = K_T i - c\omega \tag{9.6-2}$$

其中 L、R、I 依次为电机电感、电阻、惯性；K_T 和 K_e 分别为转矩常量和反电动势常量；c 是黏性阻尼常量；$v(t)$是施加的电压。

请使用 $R=0.8\Omega$，$L=0.003$ H，$K_T=0.05$ N • m/A，$K_e=0.05$V • s/rad，$c=0$ 和 $I = 8 \times 10^{-5}\ \text{kg} \cdot \text{m}^2$这组值进行计算。

a. 假设施加的电压是 20V。请绘制电机的速度和电流相对于时间的函数曲线。选择一个足够大的终值时间来显示电机的速度趋于恒定。

b. 假设施加的电压是梯形，如下所示。

$$v(t) = \begin{cases} 400t & 0 \leqslant t \leqslant 0.05 \\ 20 & 0.05 \leqslant t \leqslant 0.2 \\ -400(t-0.2)+20 & 0.2 < t \leqslant 0.25 \\ 0 & t > 0.25 \end{cases}$$

请绘制电机的速度相对于时间的函数在区间 $0 \leqslant t \leqslant 0.3\text{s}$ 上的曲线。并绘制施加电压相对于时间的曲线图。电机转速与梯形剖面有何关系？

41. 计算并绘制下列模型的单位脉冲响应。

$$10\ddot{y} + 3\dot{y} + 7y = f(t)$$

42. 计算并绘制下列模型的单元阶跃响应。

$$10\ddot{y} + 6\dot{y} + 2y = f + 7\dot{f}$$

43. 求下列状态空间模型的简化形式。

$$\begin{bmatrix} \dot{x}_1 \\ \dot{x}_2 \end{bmatrix} = \begin{bmatrix} -4 & -1 \\ 2 & -3 \end{bmatrix} \begin{bmatrix} x_1 \\ x_2 \end{bmatrix} + \begin{bmatrix} 2 \\ 5 \end{bmatrix} u(t)$$

44. 下面的状态空间模型描述了某质量块与弹簧系统的运动过程，质量块与地面之间有黏性摩擦，其中 $m=1$、$c=2$ 且 $k=5$。

$$\begin{bmatrix} \dot{x}_1 \\ \dot{x}_2 \end{bmatrix} = \begin{bmatrix} 0 & 1 \\ -5 & -2 \end{bmatrix} \begin{bmatrix} x_1 \\ x_2 \end{bmatrix} + \begin{bmatrix} 0 \\ 1 \end{bmatrix} f(t)$$

a. 如果初始位置为 5、初始速度为 3，请用 initial 函数绘制质量块的位置 x_1。

b. 请用 step 函数绘制初始值为零条件下，质量块的位置和速度的阶跃响应，其中阶跃输入的幅度为 10。请将您绘制的曲线与图 9.5-1 所示的曲线进行比较。

45. 考虑下面的方程：

$$5\ddot{y} + 2\dot{y} + 10y = f(t)$$

a. 请绘制初始条件为 $y(0)=10$，$\dot{y}(0)=-5$ 的自由响应。

b. 请绘制单位阶跃响应(对应于零初值条件)。

c. 对阶跃输入的总响应是自由响应和阶跃响应的总和。为说明这一点，可绘制 a 和 b 部分解的和，并与初始条件为 $y(0)=10$，$\dot{y}(0)=-5$ 时的总响应进行比较。

46. 如图 P46 所示的 RC 电路模型为：

$$RC\frac{\mathrm{d}v_o}{\mathrm{d}t} + v_o = v_i$$

当 $RC=0.2$ 秒时，从 $t=0$ 开始，绘制施加电压幅度 10V、持续时间 0.4s 的单次方波脉冲时的电压响应 $v_o(t)$。已知电容初始电压为零。

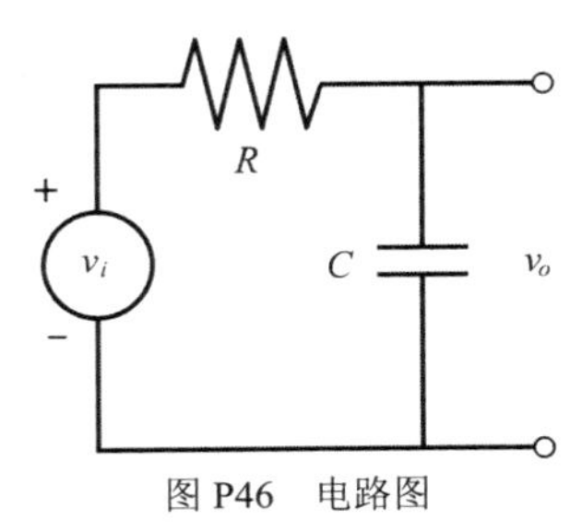

图 P46　电路图

21 世纪的工程学……

嵌入式控制系统

嵌入式控制系统是一个微处理器和传感器套件，被视为产品不可缺少的部分。航空航天和汽车工业使用嵌入式控制器已经有一段时间了，随着部件成本的降低，如今嵌入式控制器可越来越多地应用在消费和生物医学领域。

例如，嵌入式控制器可以大大提高骨科设备的性能。有一款智能假肢能用传感器实时测量行走速度、膝关节角度以及脚和脚踝的负重。控制器根据这些测量值调整活塞的液压阻力，以产生更加稳定、自然和高效的步态。控制器算法是自适应的，因为它可以根据用户个体的特点自行调整，并且可以根据不同的物理活动而改变设置。

发动机在嵌入式控制器的帮助下提高了工作效率。新型主动悬挂系统的嵌入式控制器能用执行器提升仅由弹簧和阻尼器组成的传统被动悬挂系统的性能。这类系统设计阶段之一就是“硬件在回路”(hardware-in-the-loop)测试，测试时，用实时的行为模拟来替换被控对象(发动机或车辆悬挂)。这使得嵌入式系统的硬件和软件测试速度比物理原型更快、成本更低，甚至在制造出原型系统之前即可开展测试。

我们通常用 Simulink 来创建用于“硬件在回路测试”的仿真模型。此外，这些应用中还会用到 Control System(控制系统)工具箱、Signal Processing(信号处理)工具箱，以及 DSP 模块和 Fixed Point(定点)模块集等。

第10章

Simulink

内容提要

10.1 仿真图
10.2 Simulink 简介
10.3 线性状态变量模型
10.4 分段线性模型
10.5 传递函数模型
10.6 非线性状态变量模型
10.7 子系统
10.8 模型的死区时间
10.9 非线性车辆悬挂模型的仿真
10.10 控制系统和“硬件在回路”测试
10.11 总结
习题

Simulink 建立在 MATLAB 基础上，所以必须先安装 MATLAB 才能使用 Simulink。MATLAB 的学生版就包含 Simulink，此外还可以从 MathWorks 公司单独获得。Simulink 在工业领域广泛用于复杂系统和过程建模，这些复杂的系统和过程通常难以用简单的微分方程组进行建模。

Simulink 还提供了一套被称为模块(block)的各种类型元素的图形用户界面，用于建立动态系统的仿真，也就是说，某个动态系统可以用自变量为时间的微分或差分方程建模。例如，有乘法模块，有求和模块，还有积分器。Simulink 的图形界面允许您调整模块的位置和大小、给模块命名、定义模块参数，并且互连模块以描述要进行仿真的复杂系统。

本章从只包含少量模块的简单系统的仿真入手。逐渐地，通过一系列例子，介绍包含更多模块的系统。所选择的应用示例只需要基本的物理知识，以便所有工程或科学领域的读者都可以读懂。当您完成这一章时，就能见识到仿真各种常见应用所需的各类模块。

10.1 仿真图

您可以通过构建图形来开发 Simulink 模型，该图形显示待解决的问题的所有元素。这种图形被称为仿真图(simulation diagram)或者模块图(block diagram)。考虑方程$\dot{y}=10f(t)$，它的解可以用符号的形式表示为：

$$y(t) = \int 10 f(t) \mathrm{d}t$$

模块图

使用中间变量 x 后，其求解过程可分为两步：

$$x(t) = 10 f(t) \text{ 和 } y(t) = \int 10 f(t) \mathrm{d}t$$

求解过程可用形方式按图 10.1-1a 所示的仿真图来表示。箭头表示变量 y、x 和 f，模块表示因果过程。因此，包含数字 10 的模块表示过程 $x(t)=10f(t)$，其中 $f(t)$是原因(输入)，$x(t)$表示结果(输出)。这种类型的模块被称为“乘法器”(multiplier)或“增益模块”(gain block)。

包含积分符号$\int$的模块表示积分过程 $y(t) = \int x(t)\mathrm{d}t$，其中 $x(t)$是原因(输入)，$y(t)$表示结果(输出)。这种类型的模块被称为“积分器模块”(integrator block)。

积分器模块

在仿真图中使用的表示法和符号有些变化。图 10.1-1b 显示了其中一种变化。乘法运算不是用方框表示的，而是用三角形来表示，就像表示电子放大器一样，因此得名“增益模块”。

增益模块

此外，积分器模块中的积分符号已经被运算符 $1/s$ 所取代，符号 $1/s$ 源自拉普拉斯变换表示法(第 11.7 节将讨论该变换)。因此方程$\dot{y}=10f(t)$可用 $sy=10f$ 表示，其解可表示为：

$$y = \frac{10f}{s}$$

或者表示为两个方程：

$$x = 10f \quad \text{和 } y = \frac{1}{s}x$$

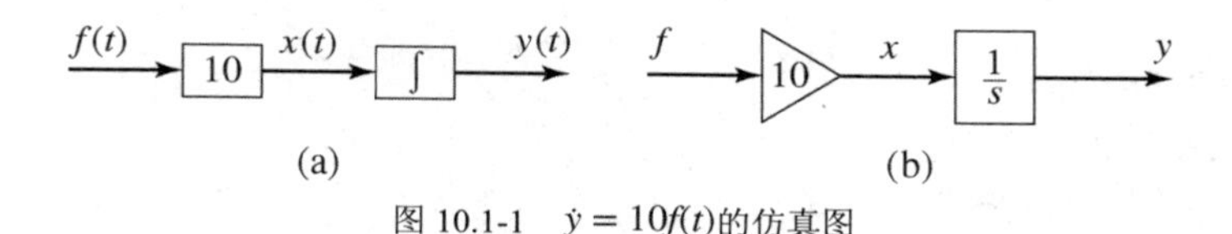

图 10.1-1　$\dot{y} = 10f(t)$的仿真图

加法器

在仿真图中使用的另一个元素是加法器(summer)，尽管它的名字是加法器，但它除了可以求和也可以用做减法。图 10.1-2a 显示了该符号的两个版本。这两种情况下的符号都表示方程 $z=x-y$。请注意，每个输入的箭头旁都需要注明加号或减号。

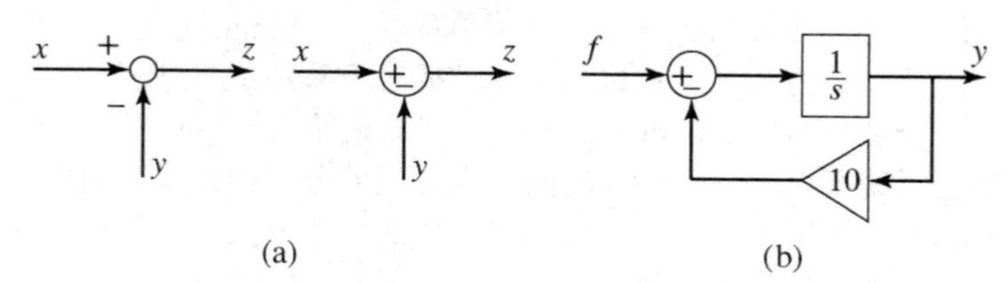

图 10.1-2　(a)加法器元素；(b)方程 $\dot{y} = f(t) - 10y$ 的仿真图

用加法器符号也可用于表示方程 $\dot{y} = f(t) - 10y$，该方程可表示为：

$$y(t) = \int [fx(t) - 10y] \mathrm{d}t$$

或者：

$$y = \frac{1}{s}(f - 10y)$$

您应该研究图 10.1-2b 所示的仿真图，以确定它是否表示上述方程。这个图也为开发 Simulink 模型来求解方程奠定了基础。

10.2 Simulink 简介

在 MATLAB 命令窗口中键入 Simulink，或者单击 HOME 选项卡下的图标，就能启动 Simulink，Start(启动)窗口随之打开。然后，单击 Blank Model，就会打开一个未命名的模型窗口。再单击 View(视图)菜单下的 Simulink Library Browser(Simulink 库浏览器)窗口图标。就会看到图 10.2-1。Simulink 模块位于“libraries(库)”中。这些库显示在图 10.2-1 中的 Simulink 标题下。根据已安装的其他 MathWorks 公司产品的情况，您可能会在这个窗口中看到其他项目，例如 Control System Toolbox(控制系统工具箱)和 Stateflow(状态流图)。它们提供了额外的 Simulink 模块，可通过单击项目左侧的加号来显示这些模块。随着 Simulink 版本的不断更新，有些库会重新命名，还有些模块会被移到其他库，因此这里指定的库可能在以后的版本中发生改变。查找指定模块(已知模块的名称)的最佳方法是在 Simulink Library Browser 顶部的搜索窗格中键入其名称。当您按下 Enter(回车)键时，Simulink 就会带您到该模块的位置。

库浏览器

要想从 Library Browser 中选择某个模块，只需要双击该模块所在的库，然后就会看到该库中的模块列表。

单击模块名或图标，按住鼠标左键不放，将模块拖动到新建的模型窗口，然后释放左键即可。您还可以用鼠标右键单击模块的名称或图标，再从弹出的下拉菜单中选择 Help 选项来查看该模块的帮助。

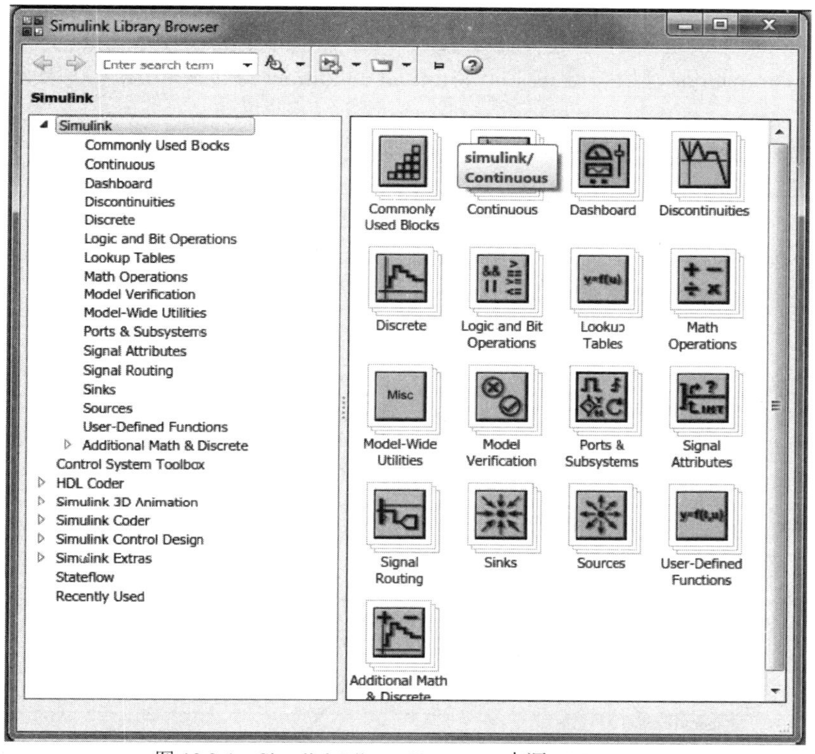

图 10.2-1 Simulink Library Browser。来源：MATLAB

Simulink 模型文件的扩展名为.slx 和.mdl(早期版本的文件)。用模型窗口中的 File(文件)菜单可以打开、关闭和保存模型文件。要想打印模型的模块图，请在 File 菜单中选择 Print(打印)。用 Edit(编辑)菜单可以复制、剪切和粘贴模块。您还可以用鼠标完成上述操作。例如，要删除某个模块，可以先单击它再按下 Delete(删除)键。

开始学习使用 Simulink 最好的途径就是做例题，我们现在就开始给出。

例题 10.2-1　用 Simulink 求解方程 $\dot{y} = 10\sin t$

用 Simulink 求解以下问题，其中 0≤t≤13。

$$\frac{dy}{dt} = 10\sin t \qquad y(0) = 0$$

该方程的精确解是 $y(t) = 10(1 - \cos t)$。

■　解

请按照以下步骤构建仿真模型。具体参见图 10.2-2。图 10.2-3 显示了完成以下步骤后的 Model(模型)窗口。

(1) 像前面描述的那样，启动 Simulink 并打开一个新的模型窗口。

(2) 从 Sources(信号源)库中选择 Sine Wave(正弦波)模块并放置到新建的模型窗口中。双击该模块以打开 Block Parameters(模块参数)窗口，将 Amplitude(放大倍数)设置为 1，Bias(偏置)设置为 0，Frequency(频率)设置为 1，Phase(相位)设置为 0，Sample time(采样时间)设置为 0。然后单击 OK(确定)。

(3) 从 Math Operations(数学运算)库中选择 Gain(增益)模块并放置到新建的模型窗口中，然后双击它，在 Block Parameters(模块参数)窗口中将 Gain(增益)值设置为 10。然后单击 OK(确定)。请注意，此时三角形符号中将出现值 10。要想使该数字更直观，可以单击模块，并拖动其中一个角以放大模块，使得所有文本都可见。

(4) 从 Continuous(连续系统)库中选择 Integrator(积分器)模块并放置到新建的模型窗口中，然后双击该模块打开 Block Parameters(模块参数)窗口，将 Initial condition(初始条件)设为 0(因为 $y(0)=0$)。然后单击 OK(确认)。

(5) 从 Sink(输出)库中选择 Scope(示波器)模块并放置到新建的模型窗口中。

(6) 将各模块放置成图 10.2-2 所示的样子后，接下来要将每个模块上的输入端口连接到前一个模块的输出端口。为此，请将光标移动到输入端口或输出端口上；待光标变为十字时，按住鼠标左键，并将光标拖动到另一个模块的端口上。当您再松开鼠标左键时，Simulink 将用指向输入端口的箭头连接它们。连接好之后的模型应该如图 10.2-2 所示。

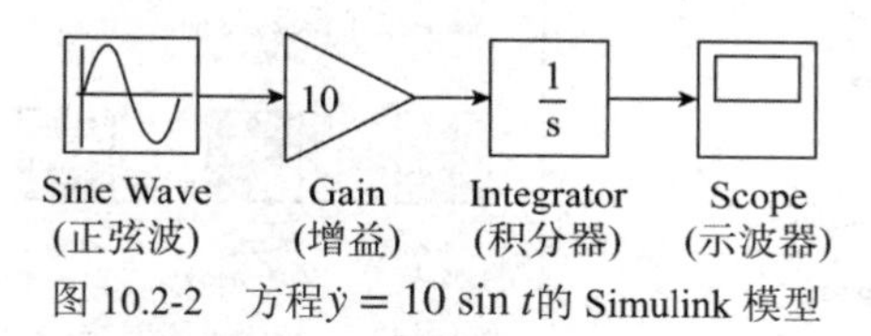

图 10.2-2　方程 $\dot{y} = 10\sin t$ 的 Simulink 模型

(7) 在 Start Simulation(开始仿真)图标(黑色三角形)右边的 Stop time(停止时间)窗口中输入 13。参见图 10.2-3。默认值是 10，可以删除它并更改为 13。

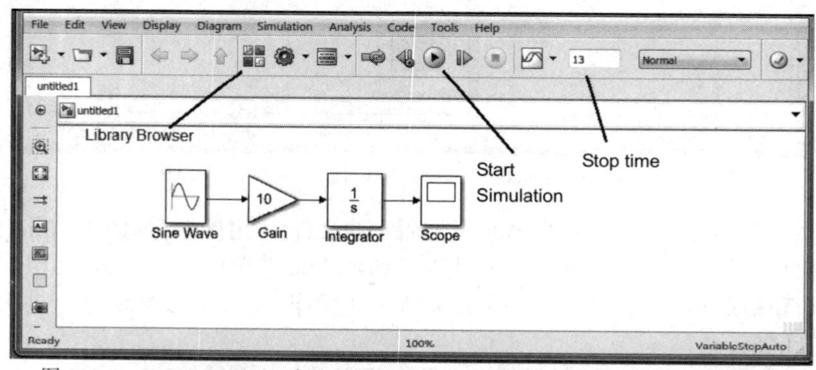

图 10.2-3　Simulink Model 窗口显示了例题 10.2-1 创建的模型。来源：MATLAB

(8) 单击工具栏上的 Start Simulation(开始仿真)图标运行仿真。

(9) 仿真完成后，您将听到铃声。然后双击 Scope 模块查看响应。您应该会看到一个振幅为 10、周期为 2π 的振荡曲线(参见图 10.2-4)。Scope 模块中的自变量为时间 *t*：模块的输入是因变量 *y*。这样就完成了仿真。

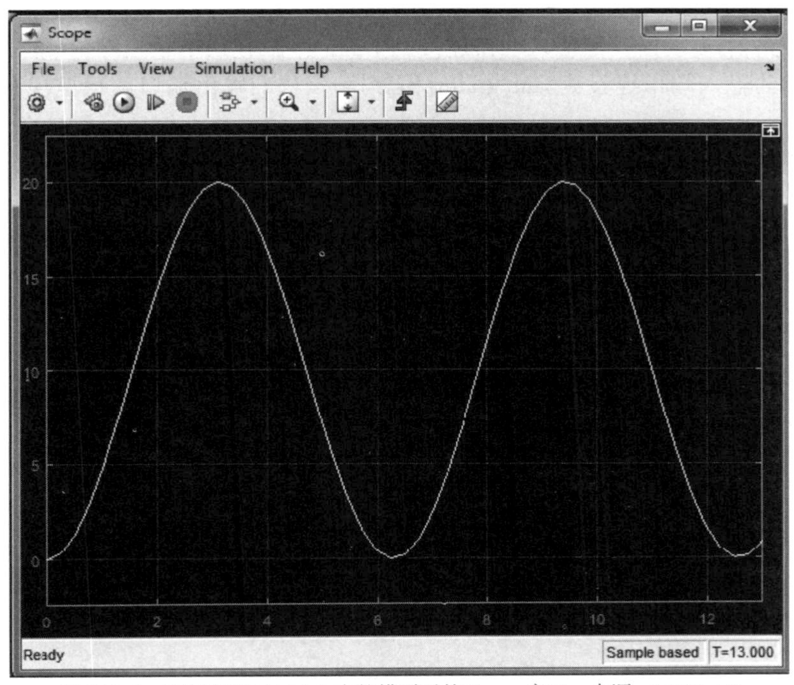

图 10.2-4　运行完例题 10.2-1 中的模型后的 Scope 窗口。来源：MATLAB

要让 Simulink 自动连接两个模块，先选择 Source(信号源)模块，然后按住 Ctrl 键，再用鼠标左键单击 Destination(目标)模块即可。Simulink 还提供了连接多个模块和多条连线的简单方法；单击 Help 即可获取相关信息。

请注意，每个模块都有 Block Parameters(模块参数)窗口，双击模块即可打开该窗口。窗口中包含多项内容，根据模块类型的不同，其数字和性质也不同。通常，除非我们明确指出必须要更改它们，否则就用这些参数的默认值即可。您随时可以在 Block Parameters 窗口中单击 Help 以获得更多相关信息。

当您单击 Apply(应用)按钮时，所有更改都会立即生效，但是窗口仍然是打开的。如果单击 OK(确定)按钮，所有更改也会立即生效，而窗口会立即关闭。

请注意，大多数模块都有默认的标签。您可以通过单击与模块相关联的文本对其进行更改。从 File(文件)菜单中选择 Save(保存)选项即可保存 Simulink 模型。这样，就可以稍后重新加载这些模型文件了。您还可以通过从 File 菜单中选择 Print(打印)选项来打印仿真图。

Scope 模块对于检查结果很有用，但是如果您想要获得带标签和打印的图形，还可以使用 To Workspace(输出到工作空间)模块，我们将在下个例题中介绍。

例题 10.2-2　导出到 MATLAB 工作空间

我们现在演示如何将仿真结果导出到 MATLAB 的工作空间中，进而可以使用各种 MATLAB 函数绘制或分析这些结果。

■ **解**

按照如下步骤修改例题 10.2-1 中构建的 Simulink 模型。结果参见图 10.2-5。

(1) 单击连接在 Scope 模块上的箭头，再按下 Delete 键以删除箭头。以同样的方法删除 Scope 模块。

(2) 从 Sinks(输出)库中选择 To Workspace 模块，并放置到模型窗口中。

(3) 从 Signal Routing(信号路由)库中选择 Mux(合路器)模块并放置到模型窗口中，双击它，将 Number of input(输入通道数)设置为 2。单击 OK(Mux 是 multiplexer 的简写，它是一种将多种信号合成到一起的电子元件)。

(4) 将 Mux(合路器)模块的顶部输入端口连接到 Gain(增益)模块的输出端口。然后使用相同的方法将 Mux 模块底部的输入端口连接到 Integrator(积分器)模块的输出端口。模型现在应该看起来像图 10.2-5 这样。

(5) 双击 To Workspace 模块。您可以指定任何您想用的变量名作为输出；默认是 simout。将它的名字改为 y。输出变量 y 的行数与仿真时间步长数相等，y 的列数与模块的输入量个数相等。y 的第一列是 Gain 模块的输出，第二列是 Integrator 模块的输出。在 To Workspace 模块中，将 Save format(保存格式)设定为 Array(数组)。其余参数都用默认值。单击 OK。

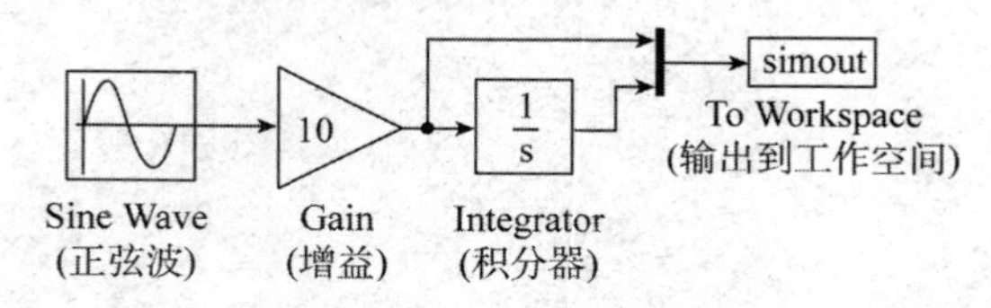

图 10.2-5 采用 Mux 和 To Workspace 模块的 Simulink 模型

(6) 运行仿真后，您可从 MATLAB 的命令窗口用绘制命令绘制 y 的各列(或通常是默认的 simout)。当您使用 To Workspace 模块时，Simulink 还会自动将时间变量 tout 放到 MATLAB 的工作空间中。要绘制这两个输出，请在 MATLAB 的命令窗口中输入：

```
>>plot(tout,y(:,1),tout,y(:,2)),xlabel('t'),ylabel('y')
```

例题 10.2–3 方程 $\dot{y}=-10y+f(t)$ 的 Simulink 模型

构建 Simulink 模型求解方程：

$$\dot{y}=-10y+f(t) \qquad y(0)=1$$

其中在区间 $0\leqslant t\leqslant 3$ 上，$f(t)=2\sin 4t$。

■ **解**

要构建仿真模型，请执行以下步骤。

(1) 您可以使用图 10.2-2 所示的模型，将这些模块重新排列成图 10.2-6 所示的样子。此外，还需要添加一个 Sum(求和)模块。

(2) 从 Math Operations(数学运算)库中选择 Sum(求和)模块并将其放在仿真图中。它的默认设置添加了两个输入信号。要改变这种情况，请双击该模块，在 List of Signs(信号列表)窗口中，键入|+-。符号顺序从顶部逆时针排列。符号“|”是间隔符，这里表示顶部端口为空。

(3) 要想反转 Gain(增益)模块的方向，请用鼠标右键单击该模块，并从弹出的菜单中选择 Format(格式)，然后选择 Flip(翻转)模块。

(4) 当您将 Sum(求和)模块的负输入端口连接到 Gain(增益)模块的输出端口时，Simulink 将尝试绘制最短的直线。为获得如图 10.2-6 所示的更标准的外观，首先从 Sum(求和)模块的输入端口垂直向下延伸这条线。然后松开鼠标按钮，单击线尾并将它延伸到 Gain 模块。结果就得到一条带直角的直线。以同样的方法，将 Gain(增益)模块的输入连接到 Integrator(积分器)和 Scope(示波器)模块的箭头上。出现的小点表明这两条线已经连接成功。这个点称为起飞点(takeoff point)，因为它接受箭头所表示的变量值(这里是变量 y)，并使该值可为另一个模块使用。

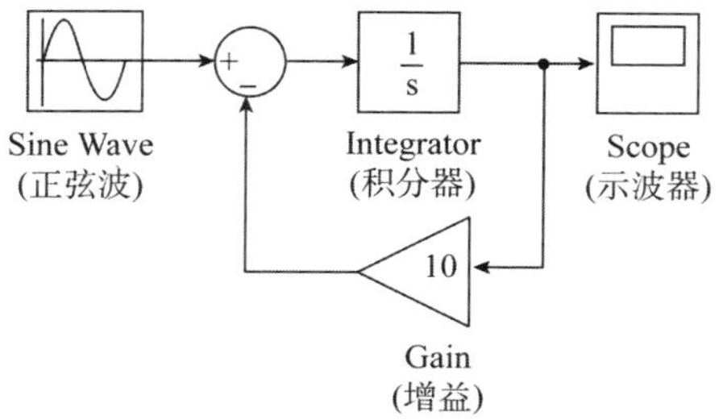

Sine Wave
(正弦波)
Integrator
(积分器)
Scope
(示波器)
10
Gain
(增益)
1
s
图 10.2-6 方程$\dot{y}=-10y+f(t)$的 Simulink 模型

(5) 将 Stop time(停止时间)设置为 3。
(6) 像之前一样运行仿真，并观察 Scope 内的结果。

10.3 线性状态变量模型

与传递函数模型不同，状态变量模型(state-variable model)可以有多个输入和多个输出。Simulink 用 State-Space(状态空间)模块来表示线性状态变量模型 $\dot{\boldsymbol{x}}=\boldsymbol{Ax}+\boldsymbol{Bu}$, $\boldsymbol{y}=\boldsymbol{Cx}+\boldsymbol{Du}$(有关该模型形式的讨论可参见第 9.5 节)。向量 $\boldsymbol{u}$ 代表输入，向量 $\boldsymbol{y}$ 代表输出。因此，当您将多个输入连接到 State-Space 模块时，必须确保连接的顺序正确。将模块的输出连接到另一个模块时，同样也要小心。下面的例题将说明该如何做。

例题 10.3-1 双质量块悬挂系统的 Simulink 模型

图 10.3-1 所示为双质量块悬挂运动系统的模型方程。

$$m_1\ddot{x}_1=k_1(x_2-x_1)+c_1(\dot{x}_2-\dot{x}_1)$$
$$m_2\ddot{x}_2=-k_1(x_2-x_1)-c_1(\dot{x}_2-\dot{x}_1)+k_2(y-x_2)$$

建立该系统的 Simulink 模型，绘制 x_1 和 x_2 的曲线。输入 $y(t)$为单位阶跃函数，初始条件为零。已知系统参数如下：$m_1=250$ kg, $m_2=40$ kg, $k_1=1.5\times10^4$ N/m, $k_2=1.5\times10^5$ N/m 而且$c_1=1917$ N·s/m。

■ 解

该运动方程可以用状态变量形式表示，令$z_1=x_1$，$z_2=\dot{x}_1$，$z_3=x_2$，$z_4=\dot{x}_2$，则运动方程变成：

$$\dot{z}_1=z_2 \quad \dot{z}_2=\frac{1}{m_1}(-k_1z_1-c_1z_2+k_1z_3+c_1z_4)$$
$$\dot{z}_3=z_4 \quad \dot{z}_4=\frac{1}{m_2}[k_1z_1+c_1z_2-(k_1+k_2)z_3-c_1z_4+k_2y]$$

车体
m_1
x_1
悬挂
k_1
c_1
m_2
车轮
x_2
k_2
道路
y
基准面
图 10.3-1 双质量块悬挂系统模型

这些方程以向量-矩阵的形式可表示为：

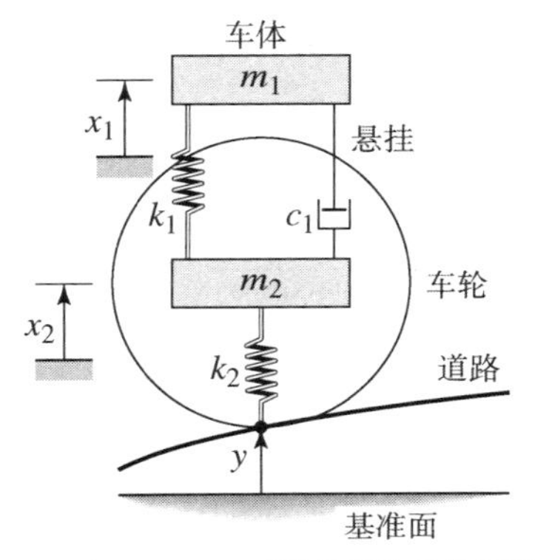

$$\dot{z} = \boldsymbol{A}z + \boldsymbol{B}y(t)$$

其中

$$\boldsymbol{A} = \begin{bmatrix} 0 & 1 & 0 & 0 \\ -\frac{k_1}{m_1} & -\frac{c_1}{m_1} & \frac{k_1}{m_1} & \frac{c_1}{m_1} \\ 0 & 0 & 0 & 1 \\ \frac{k_1}{m_2} & \frac{c_1}{m_2} & -\frac{k_1+k_2}{m_2} & -\frac{c_1}{m_2} \end{bmatrix} \quad \boldsymbol{B} = \begin{bmatrix} 0 \\ 0 \\ 0 \\ \frac{k_2}{m_2} \end{bmatrix}$$

并且

$$z = \begin{bmatrix} z_1 \\ z_2 \\ z_3 \\ z_4 \end{bmatrix} = \begin{bmatrix} x_1 \\ \dot{x}_1 \\ x_3 \\ \dot{x}_2 \end{bmatrix}$$

为了简化表示法，令 $a_1 = k_1/m_1$、$a_2 = c_1/m_1$、$a_3 = k_1/m_2$、$a_4 = c_1/m_2$和 $a_5 = k_2/m_2$并且$a_6 = a_3 + a_5$，则矩阵 $\boldsymbol{A}$ 和 $\boldsymbol{B}$ 变为：

$$\boldsymbol{A} = \begin{bmatrix} 0 & 1 & 0 & 0 \\ -a_1 & -a_2 & a_1 & a_2 \\ 0 & 0 & 0 & 1 \\ a_3 & a_4 & -a_6 & -a_4 \end{bmatrix} \quad \boldsymbol{B} = \begin{bmatrix} 0 \\ 0 \\ 0 \\ a_5 \end{bmatrix}$$

接下来，要为输出方程 $\boldsymbol{y}=\boldsymbol{C}z+\boldsymbol{B}y(t)$中的矩阵选择适当的值。因为我们要绘制 x_1 和 x_2 的曲线，也就是 z_1 和 z_3，所以必须用下面的矩阵来表示 $\boldsymbol{C}$ 和 $\boldsymbol{D}$。

$$\boldsymbol{C} = \begin{bmatrix} 1 & 0 & 0 & 0 \\ 0 & 0 & 1 & 0 \end{bmatrix} \quad \boldsymbol{D} = \begin{bmatrix} 0 \\ 0 \end{bmatrix}$$

请注意，$\boldsymbol{B}$ 的大小告诉 Simulink 只有一个输入。$\boldsymbol{C}$ 和 $\boldsymbol{D}$ 的大小告诉 Simulink 有两个输出。

打开一个新的模型窗口，然后执行以下操作来创建如图 10.3-2 所示的模型。

(1) 从 Source(信号源)库中选择 Step(阶跃)模块并放置到新建的模型窗口中。双击 Step 模块打开 Block Parameters(模块参数)窗口，将 Step Time(阶跃时间)设置为 0，Initial Value(初值)设置为 0，Initial Value(终值)设置为 1。不要更改该窗口中其他任何参数的默认值。单击 OK。Step Time 是阶跃输入开始的时间。

(2) 从 Continues(连续系统)库中选择 State-Space(状态空间)模块并放置到新建的模型窗口中。打开 State-Space 模块的 Block Parameters 窗口，将矩阵 $\boldsymbol{A}$、$\boldsymbol{B}$、$\boldsymbol{C}$ 和 $\boldsymbol{D}$ 设置为以下值。

对于 $\boldsymbol{A}$，输入：

```
[0, 1, 0, 0; -a1, -a2, a1, a2; 0, 0, 0, 1; a3, a4, -a6, -a4]
```

对于 $\boldsymbol{B}$，输入[0; 0; 0; a5]。对于 $\boldsymbol{C}$，输入[1, 0, 0, 0; 0, 0, 1, 0]。对于 $\boldsymbol{D}$，输入[0; 0]。最后将初始条件设置为[0; 0; 0; 0]。单击 OK。

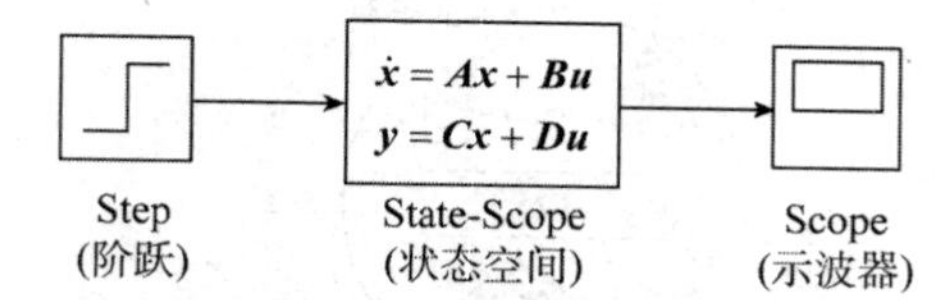

图 10.3-2 包含 State-Space 模块和 Step 模块的 Simulink 模型

(3) 从 Sinks(输出)库中选择 Scope 模块，并放置到新建的模型窗口中。

(4) 将所有的输入和输出端口连接成图 10.3-2 所示的样子，然后保存模型。

(5) 在 Workspace(工作空间)窗口中输入参数值并计算 a_i 常量，如下面的会话所示。

```
>>m1 = 250; m2 = 40; k1 = 1.5e+4;
>>k2 = 1.5e+5; c1 = 1917;
```

```
>>a1 = k1/m1; a2 = c1/m1; a3 = k1/m2;
>>a4 = c1/m2; a5 = k2/m2; a6 = a3 + a5;
```

(6) 以不同的 Stop time(停止时间)值进行实验，直到 Scope 显示系统达到稳态为止。使用这种方法可以发现，Stop time 为 1 秒时即可满足要求。x_1 和 x_2 的曲线都出现在 Scope 中。添加 To Workspace(输出到工作空间)模块后还可以在 MATLAB 中进行绘图。例如，图 10.3-3 就是这样创建的。

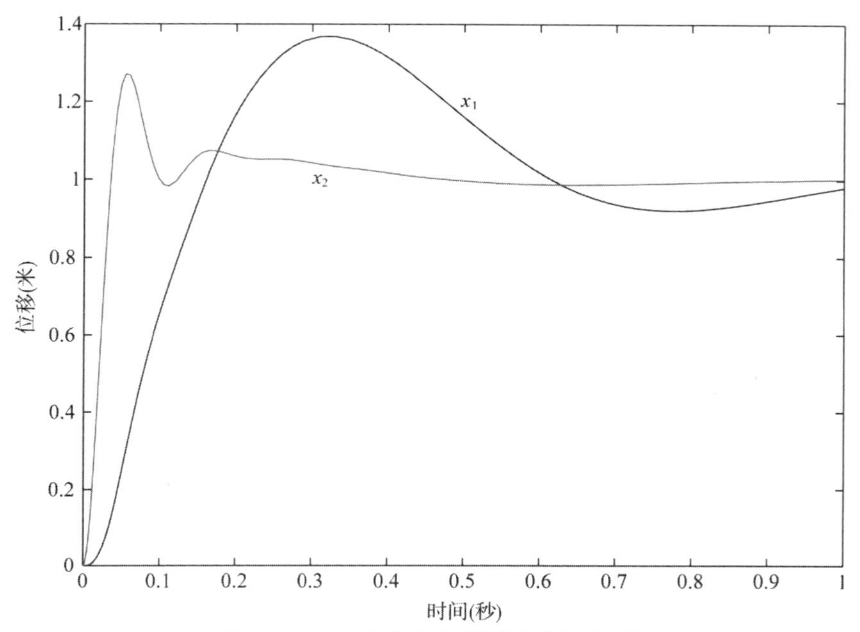

图 10.3-3 双质量块悬挂模型的单位阶跃响应

10.4 分段线性模型

与线性模型不同的是，对于大多数非线性微分方程而言，并没有封闭形式的解。因此，我们只能用数值方法来求解这些方程。非线性常微分方程可通过这样一个事实来辨别，那就是幂指数或超越函数中出现因变量或其导数。例如，下面的方程就是非线性的。

$$y\ddot{y} + 5\dot{y} + y = 0 \qquad \dot{y} + \sin y = 0 \qquad \dot{y} + \sqrt{y} = 0$$

“分段线性模型”(piecewise-linear model)尽管看起来是线性的，但是实际上是非线性的。当满足一定条件时，它们由线性模型组成。在这些线性模型之间来回切换的结果是整个模型都变成非线性的。举一个这种模型的例子，附着在弹簧上的质量块在水平面上滑动时，质量块与地面之间有库仑摩擦。该模型是：

$$m\ddot{x} + kx = \begin{cases} f(t) - \mu mg & \text{if } \dot{x} \geqslant 0 \\ f(t) + \mu mg & \text{if } \dot{x} < 0 \end{cases}$$

这两个线性方程可以表示成一个非线性方程：

$$m\ddot{x} + kx = f(t) - \mu mg\,\text{sign}(\dot{x}) \qquad \text{其中} \qquad \text{sign}(\dot{x}) = \begin{cases} +1 & \text{如果 } \dot{x} \geqslant 0 \\ -1 & \text{如果 } \dot{x} < 0 \end{cases}$$

编程求解包含分段线性函数的模型是非常繁杂的。然而，Simulink 的内置模块表示许多常见函数，比如库仑摩擦。因此 Simulink 对于这样的应用特别有用。其中一个模块是 Discontinuities(非连续系统)库中的 Saturation(饱和)模块。该模块实现了如图 10.4-1 所示的饱和函数。

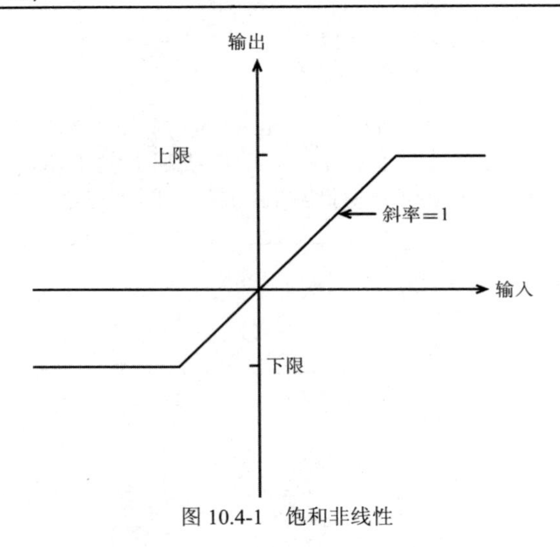

图 10.4-1 饱和非线性

例 10.4-1 火箭推进滑车的 Simulink 模型

图 10.4-2 中所示的轨道上的火箭推进滑车，m 为质量，f 表示施加的火箭推力。火箭最初的推力是水平的。但发动机在点火过程中可能不小心发生转动，并且转动角加速度为 $\ddot{\theta} = \pi / 50\text{rad} / s$。若 $v(0)=0$，请计算在区间 $0 \leqslant t \leqslant 6$ 上的滑车速度 v。已知火箭推力为 4000 牛，滑车质量为 450 公斤。

滑车的运动方程是：

$$450\dot{v} = 4000 \cos\theta(t)$$

要求得 $\theta(t)$，请注意：

$$\dot{\theta} = \int_0^t \ddot{\theta} \mathrm{d}t = \frac{\pi}{50} t$$

并且

$$\theta = \int_0^t \dot{\theta} \mathrm{d}t = \int_0^t \frac{\pi}{50} t \mathrm{d}t = \frac{\pi}{100} t^2$$

因此运动方程就变成：

$$450\dot{v} = 4000 \cos\left(\frac{\pi}{100} t^2\right)$$

或者

$$\dot{v} = \frac{80}{9} \cos\left(\frac{\pi}{100} t^2\right)$$

方程的解表示为：

$$v(t) = \frac{80}{9} \int_0^t \cos\left(\frac{\pi}{100} t^2\right) \mathrm{d}t$$

遗憾的是，对于这个称为菲涅耳余弦积分的积分，没有封闭形式的解。尽管其积分值已经列成表格数值，但是我们还将用 Simulink 再求一次。

(a) 创建 Simulink 模型，在区间 $0 \leqslant t \leqslant 10\text{s}$ 上求解该问题。

(b) 现在假设发动机角度受机械限制停在了 60°，即 π/3 弧度。请创建 Simulink 模型来求解该问题。

■ **解**

(a) 有多种方法可以创建输入函数 $\dot{\theta} = (\pi / 100)t^2$ 的模型。这里我们注意到 $\ddot{\theta} = \pi / 50 \text{ rad} / s$，并且

$$\dot{\theta} = \int_0^t \ddot{\theta} \mathrm{d}t$$

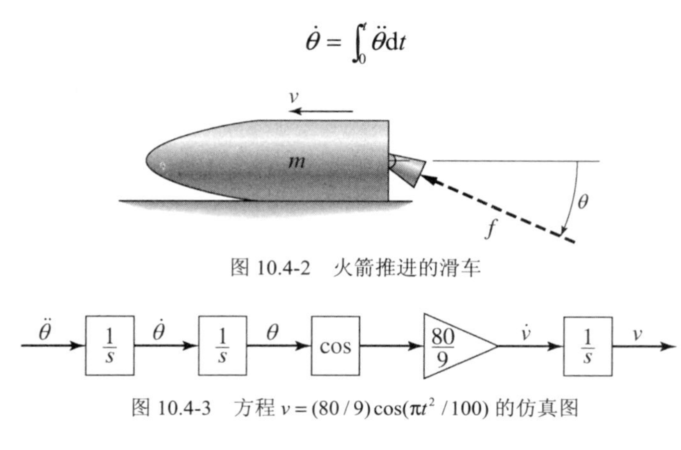

图 10.4-2　火箭推进的滑车

$\ddot{\theta}$ → $\frac{1}{s}$ → $\dot{\theta}$ → $\frac{1}{s}$ → θ → cos → $\frac{80}{9}$ → $\dot{v}$ → $\frac{1}{s}$ → v

图 10.4-3　方程 $v = (80/9)\cos(\pi t^2/100)$ 的仿真图

$$\theta = \int_0^t \theta \mathrm{d}t = \frac{\pi}{100} t^2$$

因此，我们可以通过对常量 $\ddot{\theta} = \pi/50$ 积分两次得到 $\theta(t)$。仿真图如图 10.4-3 所示。根据该图创建的相应 Simulink 模型如图 10.4-4 所示。

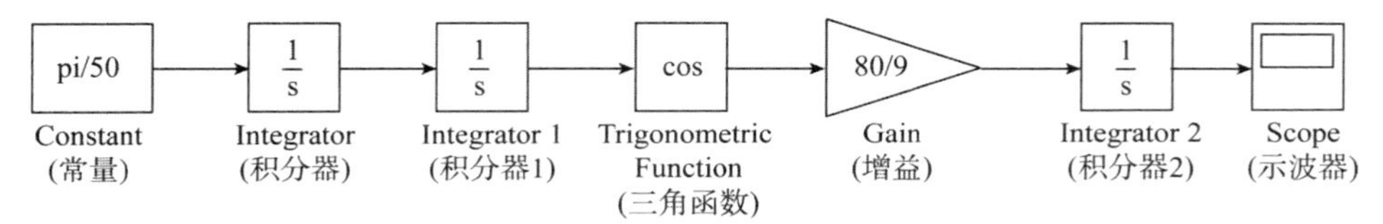

图 10.4-4　方程 $v = (80/9)\cos(\pi t^2/100)$ 的 Simulink 模型

该模型中包含两个新模块。一个是 Sources(信号源)库中的 Constant(常量)模块。将其放在仿真图中后，双击并在其 Constant Value(常量值)窗口中输入 pi/50。

另一个是 Math Operations(数学运算)库中的 Trigonometric Function(三角函数)模块。将其放置在仿真图中后，双击它并在其 Function(函数)窗口中选择 cos。

将 Stop time 设置为 10，运行仿真，并检查 Scope 中显示的结果。

(b) 将图 10.4-4 中的模型修改成图 10.4-5 所示的情形。我们使用 Discontinuities(不连续系统)库中的 Saturation(饱和)模块来限制 θ 不超出 $\pi/3$ 弧度。如图 10.4-5 所示，在放置该模块后，双击它并在其 Upper Limit(上限值)窗口中键入 pi/3。然后在其 Lower Limit(下限值)窗口中键入 0。

如图所示，输入并连接其余元素，然后运行仿真。当发动机角度为 $\theta=0$ 时，上面的 Constant 模块和 Integrator 模块将生成解，这可以作为对我们的结果的核对。当 $\theta=0$ 时，运动方程为 $\dot{v}=80t/9$，解得 $v(t)=80t/9$。

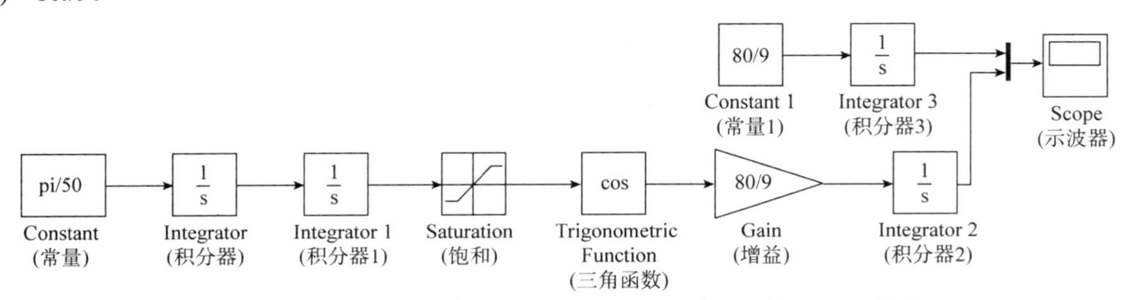

图 10.4-5　含 Saturation 模块的方程 $v = (80/9)\cos(\pi t^2/100)$ 的 Simulink 模型

如果愿意，可以用 To Workspace 模块替换 Scope 模块。然后在 MATLAB 中绘制结果曲线，生成的图如图 10.4-6 所示。

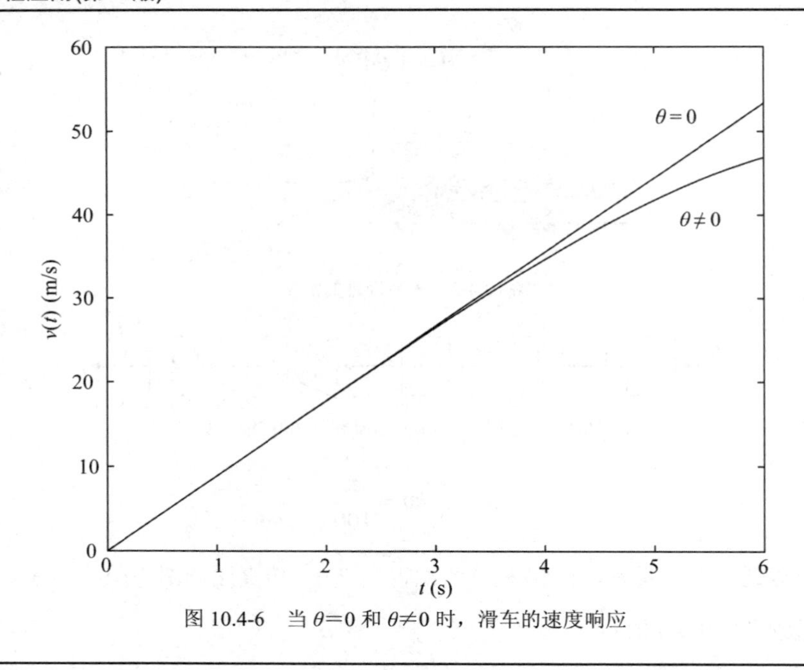

图 10.4-6　当 $\theta=0$ 和 $\theta\neq 0$ 时，滑车的速度响应

Relay(继电器)模块

Simulink 中的 Relay(继电器)模块是一个在 MATLAB 中编程实现比较繁杂，但在 Simulink 中却很容易实现的例子。图 10.4-7(a)是继电器的逻辑图。继电器的输出在图中指定的 *On*(开)和 *Off*(关)两个指定值之间切换。Simulink 将这些值称为“打开时的输出”和“关闭时的输出”。当继电器输出为 *On* 时，它将保持为开启状态，直到输入值下降到 Switch-off point 参数(即图中称为 *SwOff* 点)值以下。当继电器输出 *Off* 时，它将保持关闭状态，直到输入值大于 Switch-on point 参数(图中称为 *SwOn* 点)的值。

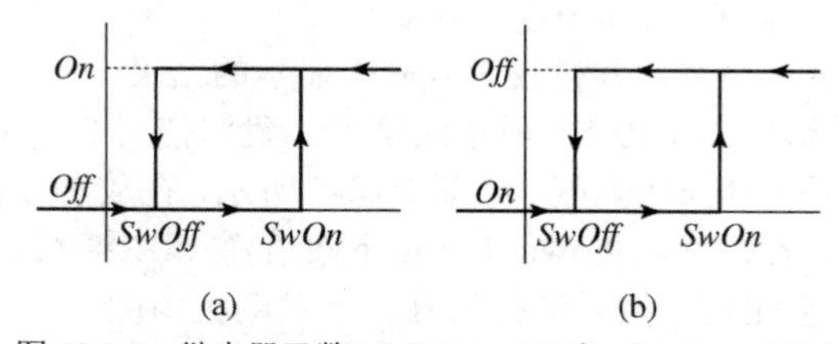

图 10.4-7　继电器函数。(a) *On* > *Off* 时，(b) *On* < *Off* 时

Switch-on point 参数值必须大于或等于 Switch-off point 参数值。请注意，*Off* 的值不一定为零。还要注意，*Off* 的值不一定小于 *On* 的值。图 10.4-7(b)所示就是 *Off* > *On* 的情况。正如我们将在下面的例题中看到的，有时的确会遇到这种情况。

例题 10.4-2　继电器控制电机的模型

第 9.5 节讨论过电枢控制直流电机的模型。如图 10.4-8 所示，其模型为：

$$L\frac{\mathrm{d}i}{\mathrm{d}t}=-Ri-K_{\mathrm{e}}\omega+v(t)$$

$$I\frac{\mathrm{d}\omega}{\mathrm{d}t}=K_{\mathrm{T}}i-c\omega-T_{\mathrm{d}}(t)$$

该模型包括作用于电机轴的扭矩 $T_{\mathrm{d}}(t)$，例如，由于一些不想要和不可预测的输入源，如库仓摩擦或机器臂上施加的外力。控制系统工程师称之为干扰(disturbance)。这些方程可以写成如下的矩阵形式，其

中 $x_1=i, x_2=\omega$。

$$\begin{bmatrix}\dot{x}_1\\ \dot{x}_2\end{bmatrix}=\begin{bmatrix}-\dfrac{R}{L} & -\dfrac{K_e}{L}\\ \dfrac{K_T}{I} & -\dfrac{c}{I}\end{bmatrix}\begin{bmatrix}x_1\\ x_2\end{bmatrix}+\begin{bmatrix}\dfrac{1}{L} & 0\\ 0 & -\dfrac{1}{I}\end{bmatrix}\begin{bmatrix}v(t)\\ T_d(t)\end{bmatrix}$$

其中 $R=0.6\Omega$，$L=0.002\text{H}$，$K_T=0.04\ \text{N}\cdot\text{m/A}$，$K_e=0.04\text{V}\cdot\text{s/rad}$，$c=0.01\text{N}\cdot\text{m}\cdot\text{s/rad}$，并且 $I=6\times10^{-5}\text{kg}\cdot\text{m}^2$。

假设我们有一个测量电机速度的传感器，并用该传感器的信号来激活继电器，使得施加在电机上的电压 $v(t)$在 0 和 100V 之间切换，进而使得电机转速保持在 250～350 rad/s 之间。对应于图 10.4-7b 所示的继电器逻辑，可得 SwOff=250, SwOn=350, Off=100, On=0。试研究当扰动转矩为 0 至 3 牛·米，并且从 $t=0.05$ s 开始出现的阶跃函数时，该方法的有效性。假设系统从静止开始，$\omega(0)=0$ 且 $i(0)=0$。

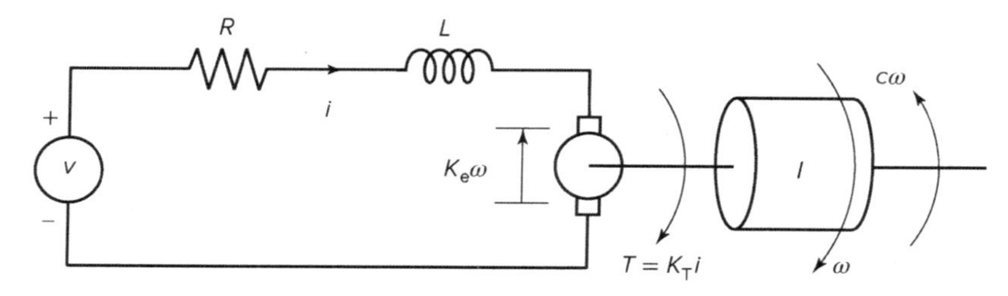

图 10.4-8 电枢控制直流电机

■ **解**

对于已知的参数值：

$$\boldsymbol{A}=\begin{bmatrix}-300 & -20\\ 666.7 & -167.7\end{bmatrix}\qquad \boldsymbol{B}=\begin{bmatrix}500 & 0\\ 0 & -16\,667\end{bmatrix}$$

要想将速度 ω 作为输出，可选择 $\boldsymbol{C}=[0,\ 1]$且 $\boldsymbol{D}=[0,\ 0]$。要想建立该仿真模型，首先要建立新的模型窗口。然后完成下列工作。

(1) 从 Sources 库中选择 Step 模块，并放置在新建的模型窗口中。将它标识为 Disturbance Step(扰动阶跃)，如图 10.4-9 所示。双击它打开 Block Parameters 窗口，将 Step Time 设置为 0.05，Initial value(初值)和 Final value(终值)分别设置为 0 和 3，Sample time(采样时间)设置为 0。单击 OK(确定)。

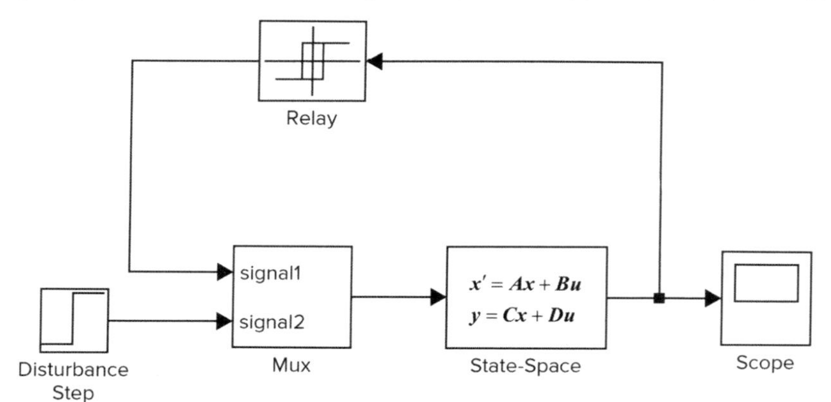

图 10.4-9 继电器控制电机的 Simulink 模型

(2) 从 Discontinuities(非连续系统)库中选择 Relay(继电器)模块，并放置在新建的模型窗口中。双击它，将 Switch-on(开启点)和 Switch-off point(关闭点)分别设置为 350 和 250，将开启时和关闭时的 Output(输出)分别设置为 0 和 100。单击 OK(确定)。

(3) 从 Signal Routing(信号路由)库中选择 Mux(合路器)模块，并放置在新建的模型窗口中。Mux 模块能将两个或多个信号组合成一个矢量信号。双击它，并将 Display option(显示选项)设置为 signals(信号)。

单击 OK。然后在模型窗口中单击 Mux 图标，并拖动其中一个角来放大方框，以便显示所有文本。

(4) 从 Continuous(连续系统)库中选择 State-Space(状态空间)模块，并放置在新建的模型窗口中。双击它，设置 $\boldsymbol{A}$ 为[−300, −20; 666.7, −166.7]，设置 $\boldsymbol{B}$ 为[500, 0; 0, −16667]，设置 $\boldsymbol{C}$ 为[0, 1]，设置 $\boldsymbol{D}$ 为[0, 0]。并输入[0; 0]作为初始条件。单击 OK。请注意，矩阵 $\boldsymbol{B}$ 的大小告诉 Simulink 有两个输入。矩阵 $\boldsymbol{C}$ 和 $\boldsymbol{D}$ 的维数告诉 Simulink 只有一个输出。

(5) 从 Sinks(输出)库中选择 Scope(示波器)模块，并放置在新建的模型窗口中。

(6) 如图所示，放置模块后，就可将每个模块上的输入端口与前一个模块的输出端口相连。最重要的是要将 Mux 模块顶部的输入端口(对应于第一个输入，$v(t)$)与 Relay 模块的输出端口相连；将 Mux 模块底部的输入端口(对应于第二个输入，$T_d(t)$)与 Disturbance Step 模块的输出端口相连。

(7) 将 Stop time(停止时间)设置为 0.1(这只是估计要查看完整响应所需的时间)，运行仿真，并在 Scope(示波器)模块中查看 $\omega(t)$的图形。如果想查看电流 $i(t)$，可以将矩阵 $\boldsymbol{C}$ 改为[1, 0]，然后重新运行仿真。

结果表明，在出现干扰转矩之前，继电器逻辑控制方法能使转速保持在 250 至 350 的期望范围内。当施加电压为零时，就会出现速度振荡，这是因为反电动势和黏性阻尼会导致速度下降。当施加干扰转矩作用后，电机转速会下降到 250 以下，因为此时施加的电压是 0。一旦速度下降到 250 以下，继电器控制器就会将电压切换到 100，但是现在提高速度需要更长的时间，因为电机的转矩必须能够对抗干扰。

请注意，此时速度变为恒定值，而不再振荡。这是因为当 $v=100$ 时，系统满足稳态条件，其中电机转矩等于扰动力矩与黏性阻尼力矩之和。因此加速度为零。

这个仿真的实际用途是确定速度低于 250 这个下限所需的时间。仿真结果表明，该时间约为 0.013 秒。仿真的其他用途还包括求出速度振荡的周期(约为 0.013 秒)和继电器控制器能够容忍的最大干扰转矩值(约为 3.7 牛·米)。

10.5 传递函数模型

质量-弹簧-阻尼系统的运动方程为：

$$m\ddot{y} + c\dot{y} + ky = f(t) \tag{10.5-1}$$

与 Control System(控制系统)工具箱一样，Simulink 可以接受传递函数形式和状态变量形式的系统描述(请参阅第 9.5 节以了解有关这些形式的内容)。如果质量-弹簧系统受到正弦激励函数 $f(t)$的作用，那么就很容易用到目前为止介绍的 MATLAB 命令来求解和绘制响应 $y(t)$。然而，假设力 $f(t)$是通过向液压活塞施加正弦输入电压产生的，而液压活塞由于静摩擦而具有死区(dead-zone)非线性。这就意味着在输入电压超过一定幅度之前，活塞不会产生力，因此系统模型是分段线性的。

死区

图 10.5-1 显示了某个死区非线性图形。当输入(图上的自变量)在−0.5 和 0.5 之

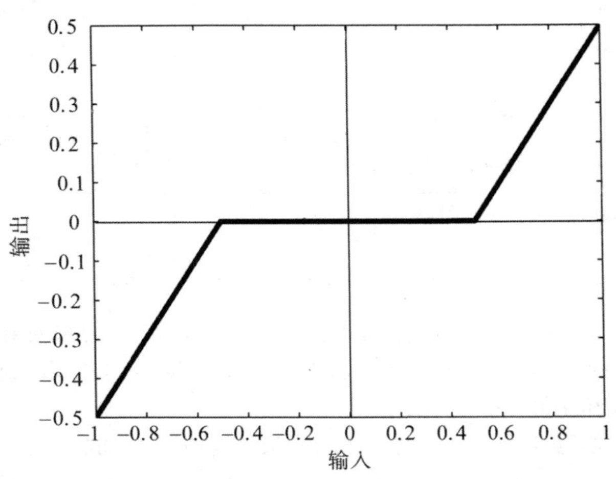

图 10.5-1 死区非线性

间变化，输出为 0。当输入大于或等于上限值 0.5 时，输出等于输入减去上限值。当输入小于或等于-0.5 的下限值时，输出就等于输入减去下限值。在本例中，死区是关于零点对称的，但一般情况下不必如此。

在 MATLAB 中对死区非线性进行仿真在编程上有点复杂，但在 Simulink 中却很容易做到。下面的例题将说明它是如何实现的。

例题 10.5-1 死区响应

用参数值 $m=1$、$c=2$ 和 $k=4$ 创建并运行质量-弹簧阻尼器模型(方程 10.5-1)的 Simulink 仿真。激励函数是 $f(t)=\sin 1.4t$。系统具有图 10.5-1 所示的死区非线性。

■ **解**

要建立仿真模型，请执行以下步骤。

(1) 启动 Simulink 并像前面描述的那样新建模型窗口。

(2) 选择 Sources 库中的 Sine Wave 模块，并放置在新建的模型窗口中。双击它，将 Amplitude(振幅)设为 1，Frequency(频率)设为 1.4，phase(相位)设为 0，Sample time(采样时间)设为 0。单击 OK。

(3) 选择 Discontinuities 库中的 Dead Zone 模块，并放置在新建的模型窗口中。双击它，将 Start of dead zone(死区起始值)设为-0.5，End of dead zone(死区结束值)设为 0.5。单击 OK。

(4) 选择 Continuous(连续系统)库中的 Transfer Fcn(传递函数)模块，并放置在新建的模型窗口中。双击它，将 Numerator(分子)设为[1]，Denominator(分母)设为[1,2,4]。单击 OK。

(5) 从 Sinks(输出)库中选择 Scope(示波器)模块，并放置在新建的模型窗口中。

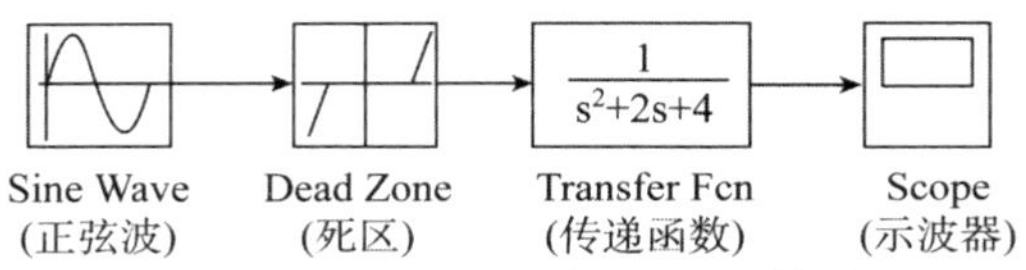

图 10.5-2 死区响应的 Simulink 模型

(6) 放置模块后，将每个模块的输入端口与前一个模块的输出端口相连。您的模型现在应该如图 10.5-2 所示。

(7) 将 Stop time 设置为 10。

(8) 运行仿真。您应该会在 Scope 中看到一条振荡曲线。

在同一个图上绘制 Transfer Fcn 模块的输入和输出与时间的关系非常有用。要做到这一点：

(1) 删除连接 Scope 与 Transfer Fcn 模块的箭头。为此，只需要点击箭头线，然后按下 Delete(删除)键即可。

(2) 从 Signal Routing 库中选择 Mux 模块，并放置在新建的模型窗口中。双击它，并将 Number of inputs(输入数量)设置为 2。单击 OK。

(3) 将 Mux 模块的顶部输入端口连接到 Transfer Fcn 模块的输出端口。然后用相同的方法将 Mux 模块底部的输入端口连接到 Dead Zone 模块的输出端口上。只要记住。从输入端口开始，Simulink 会自动感知箭头并完成连接。连接后您的模型看起来就像图 10.5-3 那样。

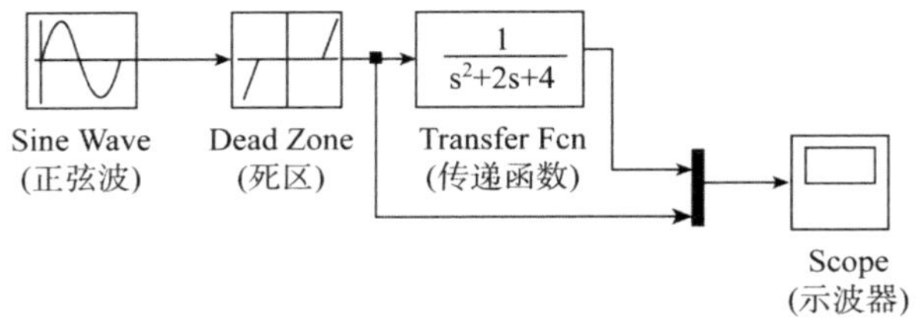

图 10.5-3 修改死区模型，使其包括一个 Mux 模块

(4) 将 Stop time 设置为 10，像之前一样运行仿真，并打开 Scope 显示。您应该会看到图 10.5-4 所示的内容。这张图显示了死区对正弦波的影响。

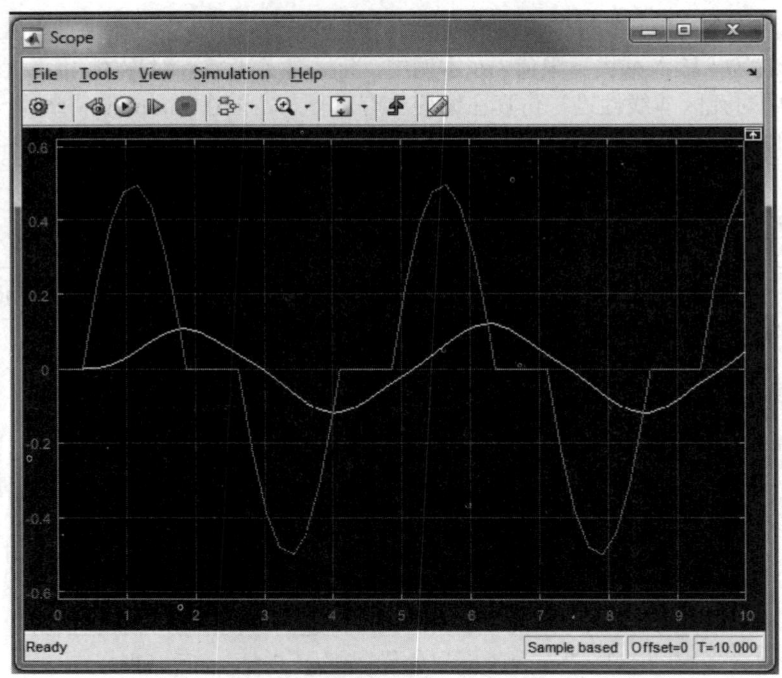

图 10.5-4　死区模型的响应。来源：MATLAB

您还可以用 To Workspace 模块将仿真结果导入 MATLAB 的工作空间。例如，假设我们想通过比较系统是否有死区时的响应来检查死区的影响，就可以用图 10.5-5 所示的模型来实现这一点。要创建这个模型：

(1) 用鼠标右键单击 Transfer Fcn 模块，再按住鼠标不放，将该模块的拷贝拖动到一个新的位置。然后松开按钮。以同样的方式复制 Mux 模块。

(2) 双击第一个 Mux 模块，将其输入数量更改为 3。

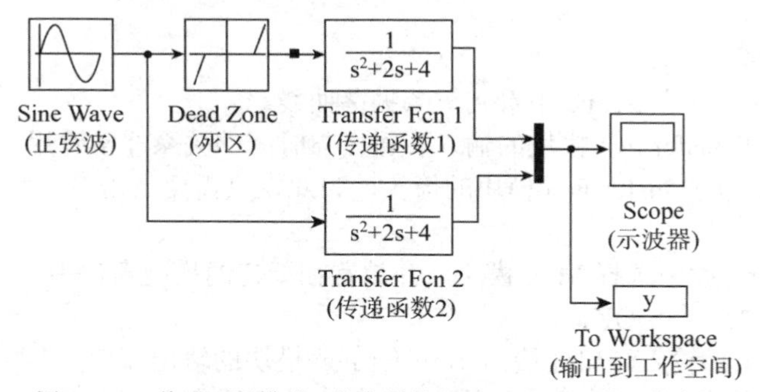

图 10.5-5　修改死区模型，将变量导出至 MATLAB 的工作空间

(3) 按照常规方法完成模型构建并运行仿真。

(4) 要绘制两个系统的响应以及 Dead Zone 模块相对于时间的输出，请输入：

```
>>plot(tout002Cy(:,1),tout,y(:,2))
```

10.6　非线性状态变量模型

非线性模型不能转化为传递函数形式或状态变量形式 $\dot{x} = Ax + Bu$ 。但是，它们也可以在 Simulink 中进行仿真。下面的例题将演示如何做到这一点。

例题 10.6-1　非线性单摆的模型

图 10.6-1 所示的单摆，如果枢轴存在黏性摩擦，且在枢轴上施加力矩 $M(t)$，那么该系统具有如下的非线性运动方程：

$$I\ddot{\theta} + c\dot{\theta} + mgL\sin\theta = M(t)$$

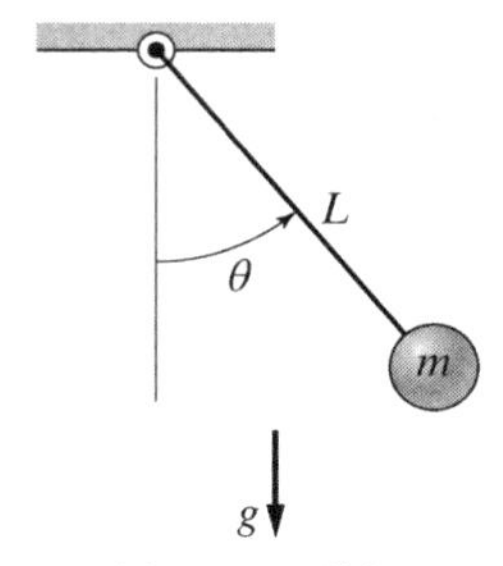

图 10.6-1　单摆

其中 I 是枢轴的质量惯性矩。已知 $I=4$、$mgL=10$、$c=0.8$ 并且 $M(t)$是幅值为 3，频率为 0.5 Hz 的方波，请为这个系统创建 Simulink 模型。假设初始条件为 $\theta(0)=\pi/4$ rad，并且$\dot{\theta}(0)=0$。

■　**解**

为在 Simulink 中仿真该模型，需要定义一组变量，以便将该方程重写为两个一阶方程。因此令 $\omega=\dot{\theta}$。于是该模型就可以写成：

$$\dot{\theta} = \omega$$
$$\dot{\omega} = \frac{1}{I}[-c\omega - mgL\sin\theta + M(t)] = 0.25[-0.8\omega - 10\sin\theta + M(t)]$$

每个方程的两边对时间进行积分，得到：

$$\theta = \int\omega\, dt$$
$$\omega = 0.25\int[-0.8\omega - 10\sin\theta + M(t)]\, dt$$

下面我们将引入四个新的模块来创建这个仿真模型。请打开一个新的模型窗口并执行以下操作。

(1) 从 Continuous 库中选择 Integrator 模块，并放置在新建的模型窗口中，将其标识改为 Integrator 1，如图 10.6-2 所示。您可以通过单击与模块关联的文本并进行编辑。双击模块打开 Block Parameters 窗口，将 Initial condition 设置为 0(即初始条件$\dot{\theta}(0)=0$)。单击 OK。

(2) 将 Integrator 模块复制到图中所示的位置，并将其标签更改为 Integrator 2。在 Block Parameters 窗口中输入 pi/4，将初始条件设置为 π/4。这对应于初始条件$\dot{\theta}(0)=\pi/4$。

(3) 从 Math Operations 库中选择 Gain 模块，并放置在新建的模型窗口中。双击它，并将 Gain value(增益值)设置为 0.25。单击 OK。将其标签改为 1/I。然后单击模块，并拖动其中一个角以扩大该方框，使所有文本都可见。

(4) 复制 Gain 框，将其标识更改为 c，并按图 10.6-2 所示放置。双击它，将 Gain value 设置为 0.8。单击 OK。右键单击模块，选择 Format(格式)，然后选择 Flip(翻转)，使得模块左右翻转。

(5) 从 Sinks(输出)库中选择 Scope 模块，并放置在新建的模型窗口中。

(6) 对于项 10 sin θ，我们不能用 Math Operations(数学运算库)中的 Trigonometric Function(三角函数)模块来建模，因为我们需要将 sin θ 乘以 10。因此，要使用自定义函数库里的 Fcn(函数)模块。选择此模块并放置在图示位置。双击它，在表达式窗口中输入 10*sin(u)。该模块使用变量 u 表示模块的输入。单击 OK。然后翻转模块。

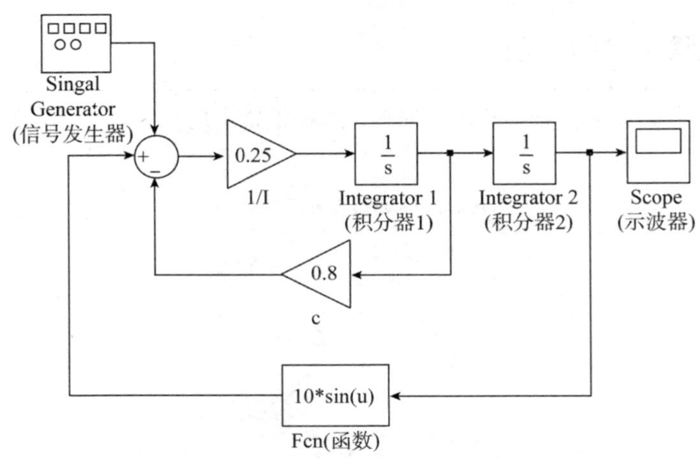

图 10.6-2 非线性单摆运动的 Simulink 模型

(7) 从 Math Operations(数学运算)库中选择 Sum(求和)模块，并放置在新建的模型窗口中。双击它，选择 Icon shape(图标形状)为圆形。在 List of Signs(符号列表)窗口中，键入+--。单击 OK。

(8) 从 Sources(信号源)库中选择 Signal Generator(信号发生器)模块，并放置在新建的模型窗口中。双击它，将 Wave form(波形形状)设为方波，Amplitude(振幅)设为 3，Frequency(频率)设为 0.5，Units(单位)为赫兹。单击 OK。

(9) 放置模块后，连接箭头，结果如图所示。

(10) 将 Stop time(停止时间)设置为 10，运行仿真，并检查 Scope(示波器)内的 $\theta(t)$图形。这样就完成了仿真。

10.7 子系统

图形界面(如 Simulink)的一个潜在缺点是，当仿真复杂系统时，仿真图可能会变得相当大，因此有点麻烦。然而，Simulink 能够创建子系统模块(subsystem block)，其作用类似于编程语言中的子程序。子系统模块实际上是由单个模块表示的 Simulink 程序。一旦创建了子系统模块，就可以在其他 Simulink 程序中使用。我们还将在本节中介绍一些其他的模块。

为了说明子系统模块，我们将使用一个简单的液压系统例子，其模型基于工程师熟悉的质量守恒原理。由于控制方程与其他工程应用(如电子电路和设备)类似，因此从这个例子中获得的经验使您能够在其他应用中使用 Simulink。

液压系统

液压系统中使用的工作液体是不可压缩液体，比如水或硅基油(气动系统使用可压缩流体，如空气)。考虑一个由质量密度为 ρ 的液体箱组成的液压系统(如图 10.7-1 所示)，图中所示箱体的横截面为圆柱形，其底面积为 A。液体以流速 $q_{mi}(t)$向箱体中倾倒液体。箱内液体的总质量是 $m=\rho Ah$，根据质量守恒定律我们得到：

$$\frac{\mathrm{d}m}{\mathrm{d}t}\rho A=\frac{\mathrm{d}h}{\mathrm{d}t}q_{\mathrm{mi}}-q_{\mathrm{mo}} \tag{10.7-1}$$

其中 ρ 和 A 都是常量。

如果出口是一条向大气压 p_a 排放的管道，并且流动阻力与管道两端压力差成正比，则出口流量为：

$$q_{\mathrm{mo}}=\frac{1}{R}[(\rho gh+p_{\mathrm{a}})-p_{\mathrm{a}}]=\frac{\rho gh}{R}$$

其中 R 被称为“流体阻力”(fluid resistance)。将该表达式代入方程(10.7-1)，得到模型：

$$\rho A\frac{\mathrm{d}h}{\mathrm{d}t}=q_{\mathrm{mi}}(t)-\frac{\rho g}{R}h \tag{10.7-2}$$

传递函数为：

$$\frac{H(s)}{Q_{\mathrm{mi}}(s)}=\frac{1}{\rho As+\rho g/R}$$

另一方面，出口也可能是一个阀门或其他限制，并对流体产生非线性阻力。这种情况下，常见的模型是带符号的平方根(SSR)关系：

$$\frac{H(s)}{Q_{\mathrm{mi}}(s)}=\frac{1}{\rho As+\rho g/R}$$

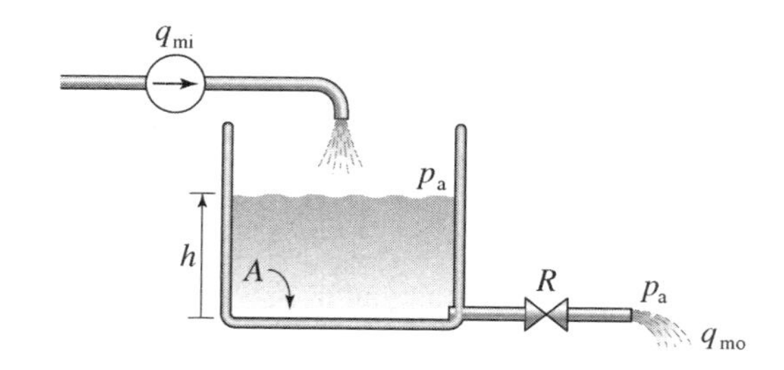

图 10.7-1　带有液体输入源的液压系统

其中 q_{mo} 为出口流量，R 为阻力，Δp为阻力间的压差，并且：

$$\mathrm{SSR}(\Delta p)\begin{cases}\sqrt{\Delta p} & \text{如果}\Delta p\geqslant 0\\ -\sqrt{|\Delta p|} & \text{如果}\Delta p<0\end{cases}$$

请注意，在 MATLAB 中我们可以将 SSR(u)函数表示为：sgn(u)*sqrt(abs(u))。

考虑图 10.7-2 所示的略有不同的系统，它包含一个输入源 q 和两个泵，对应的压强分别为 p_{l} 和 p_{r}。假设系统阻力是非线性的，并且遵循带符号的平方根关系。那么系统的模型变为：

$$\rho A\frac{\mathrm{d}h}{\mathrm{d}t}=q+\frac{1}{R_{\mathrm{l}}}\mathrm{SSR}(p_{\mathrm{l}}-p)-\frac{1}{R_{\mathrm{r}}}\mathrm{SSR}(p-p_{\mathrm{r}})$$

其中 A 是底部面积，并且 $p=\rho gh$。压强 p_{l} 和 p_{r} 是左右两边的仪表压强。仪表压强是绝对压强和大气压强的差值。请注意，由于使用了仪表压强，大气压强 p_{a} 会抵消模型外的压强。

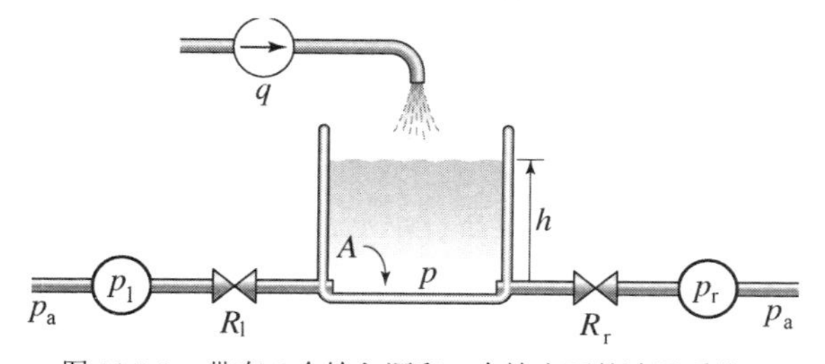

图 10.7-2　带有 1 个输入源和 2 个输出泵的液压系统

我们将使用这个应用来介绍以下 Simulink 元素：

- 子系统模块
- 输入和输出端口

可通过以下两种方法之一来创建子系统模块：将 Subsystem(子系统)模块从模块库拖曳到 Model(模型)窗口中，或者首先创建 Simulink 模型，然后将其“封装”到一个包围框中。本节将采用后一种方法。

我们将为图 10.7-2 所示的液压系统创建一个子系统模块。首先构建如图 10.7-3 所示的 Simulink 模型。

椭圆块是 Input Ports (输入端口)和 Output Ports(输出端口)(In 1 和 Out 1)，它们可在 Ports(端口)和 Subsystems(子系统)库中找到。请注意，在输入四个 Gain(增益)模块的增益时，您可使用 MATLAB 变量和表达式。

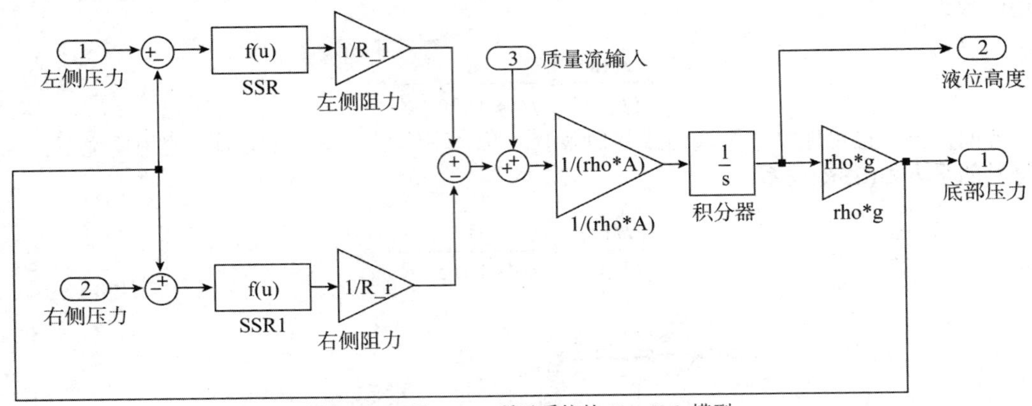

图 10.7-3　图 10.7-2 所示系统的 Simulink 模型

在运行程序之前，我们将在 MATLAB 命令窗口中为这些变量赋值。使用模块中显示的表达式输入四个 Gain 模块的增益。您也可以使用变量作为 Integrator 模块的 Initial condition。请将该变量命名为 h0。

SSR 模块是 Fcn 模块。双击该模块，输入 MATLAB 表达式 sgn(u)*sqrt(abs(u))。请注意，这个模块要求您使用变量 u。模块的输出必须是标量，就像这里的情况一样，您不能在这个块中执行矩阵运算，而且这里本身也不需要这些运算(该模块的另一种替代方法是采用 MATLAB Function(函数)模块，具体将在 10.9 节中介绍)。保存模型并给它一个名称，比如 Tank。

现在，可以在图周围创建一个“包围框”。为此，先将鼠标光标放在仿真图的左上方，然后按住鼠标按钮，并将展开的模块拖到右下方，以包含整个图。接着从 Edit 菜单中选择 Create Subsystem 选项。然后 Simulink 将用一个具有尽可能包含与所需数量一致的输入和输出端口的模块替换原先的图，并分配默认名称。您可以调整子系统模块的大小使标签可读，还可通过双击查看或编辑子系统。结果如图 10.7-4 所示。

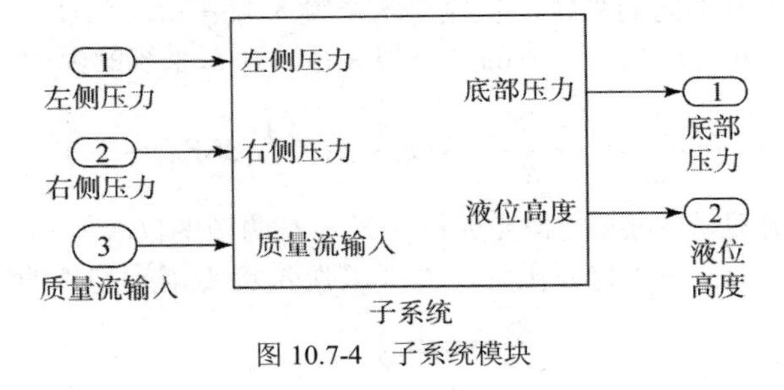

图 10.7-4　子系统模块

连接子系统模块

我们现在创建一个如图 10.7-5 所示的系统仿真模型，其中液体流入速率 q 是阶跃函数。为此，创建图 10.7-6 所示的 Simulink 模型。正方形模块是 Sources(信号源)库中的 Constant(常量)模块。它们提供了恒定的输入(与阶跃函数的输入不同)。

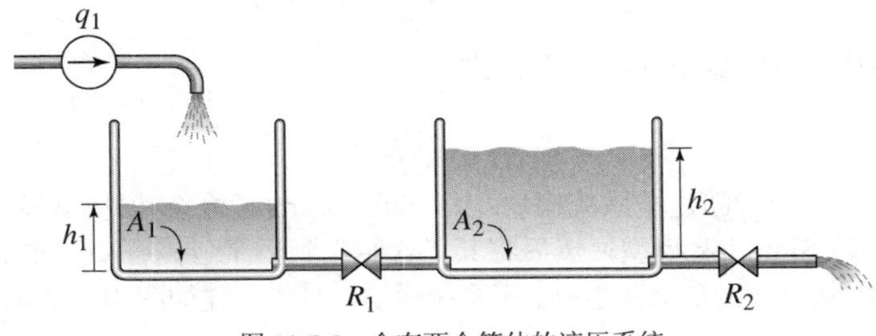

图 10.7-5　含有两个箱体的液压系统

更大的矩形模块是刚创建的两个子系统模块。要将它们插入模型中，需要先打开 Tank 子系统模型，再从 Edit(编辑)菜单中选择 Copy(复制)，然后将其粘贴两次到新建的模型窗口中。连接输入和输出端口并编辑如图所示的标签。然后双击 Tank 1 子系统模块，设置左侧增益 1/R_l 等于 0，右侧增益 1/R_r 等于 1/R_1，增益 1/rho*A 等于 1/rho*A_1。将积分器的初始条件设置为 h10。请注意，将增益 1/R_l 设为 0 等价于 R_l=∞，这表明左侧没有输入。

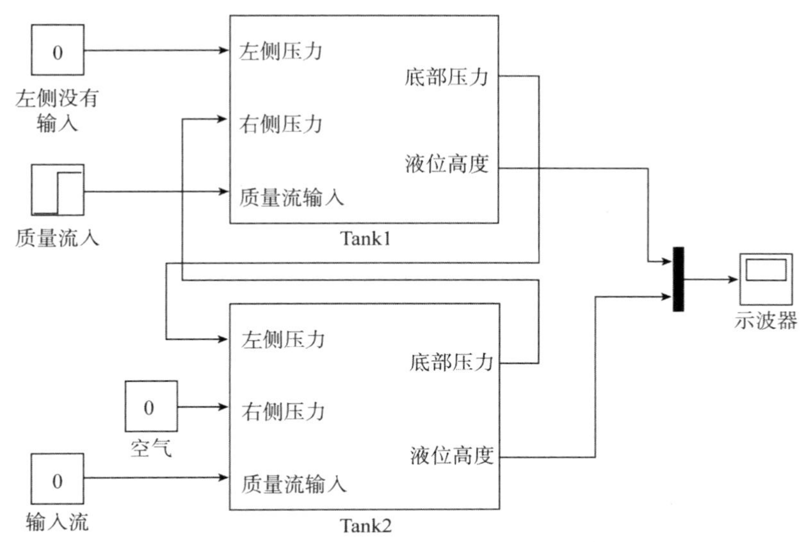

图 10.7-6　图 10.7-5 所示系统的 Simulink 模型

然后双击 Tank 2 子系统模块，设置左侧增益 1/R_l 等于 1/R_1，右侧增益 1/R_r 等于 1/R_2，增益 1/ rho*A 等于 1/rho*A_2。将积分器的 Initial condition(初始条件)设置为 h20。对于 Step(阶跃)模块，将 Step time(阶跃时间)设置为 0，Initial value(初值)设置为 0，Final value(终值)设置为变量 q_1，Sample time(采样时间)设置为 0。将模型保存为 tank 以外的其他名称。

在运行模型前，您应当在命令窗口中为变量赋数值。例如，当液体是水时，您可以在命令窗口中输入以下值，均采用美国的习惯单位。

```
>>A_1 = 2;A_2 = 5;rho = 1.94;g = 32.2;
>>R_1 = 20;R_2 = 50;q_1 = 0.3;h10 = 1;h20 = 10;
```

在选择仿真 Stop time(停止时间)之后，您就可以运行该仿真了。Scope(示波器)将显示高度 h_1 和 h_2 与时间的关系图。

图 10.7-7、图 10.7-8 和图 10.7-9 说明了一些可能应用子系统模块的电气和机械系统。在图 10.7-7 中，子系统模块的基本元素是 *RC* 电路。在图 10.7-8 中，子系统模块的基本元素是连接两个弹性单元的质量块。

图 10.7-9 是电枢控制直流电机的模块图，它可以转换为子系统模块。模块的输入是来自控制器的电压和负载转矩，输出是电机转速。这种模块在包含多个电机(比如机器臂)的仿真系统中非常有用。

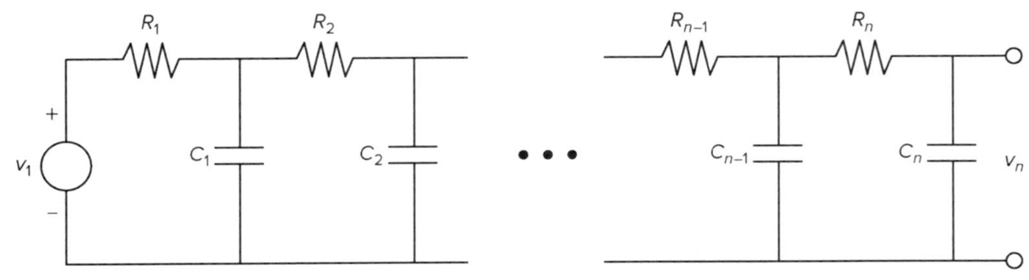

图 10.7-7　*RC* 回路网络

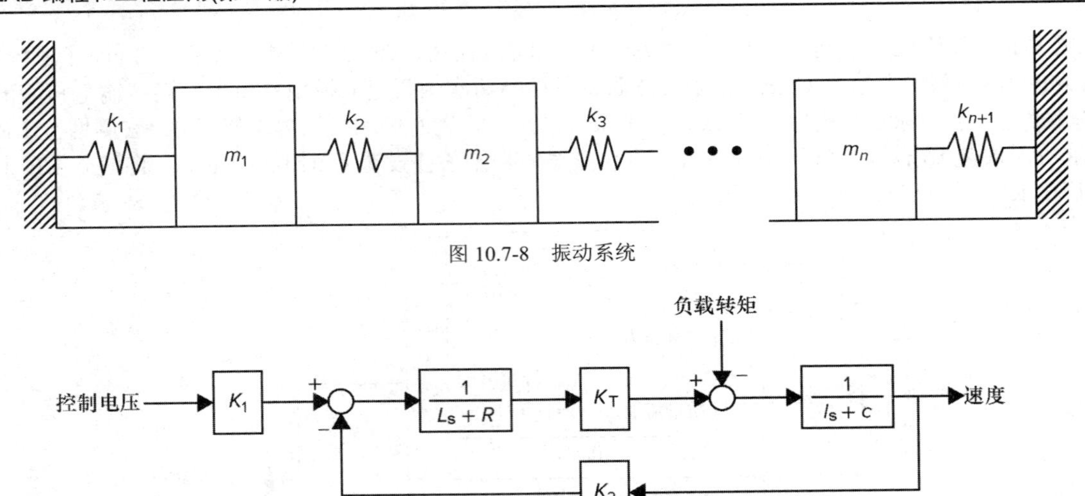

图 10.7-8　振动系统

图 10.7-9　电枢控制直流电机

10.8　模型的死区时间

传输延迟

“死区时间”(Dead Time)，也被称为“传输延迟”(transport delay)，是某个动作与其产生效果之间的时间延迟。例如，当液体流过管道时，就会发生这种情况。如果液体流动速度 v 是常量，管道长度是 L，液体从一端流到另一端需要的时间为 $T=L/v$。这个时间 T 就是死区时间。

令 $\theta_1(t)$表示流入管道的液体温度，$\theta_2(t)$表示流出管道的液体温度。如果没有热量损失，那么 $\theta_2(t)=\theta_1(t-T)$。根据拉普拉斯变换的变换性质可得：

$$\Theta_2(s) = \mathrm{e}^{-Ts}\Theta_1(s)$$

因此，在死区过程的传递函数是 e^{-Ts}。

死区时间可以描述为一个“纯粹的”时间延迟，系统在时间 T 中完全没有响应，这与响应的时间常量相关的时滞正好相反，其中 $\theta_2(t) = (1-\mathrm{e}^{-t/\tau})\theta_1(t)$。

某些系统在元件之间的交互过程中存在不可避免的时间延迟。延迟通常是由元件的物理分离造成的，常见的有执行器信号的变化和它对被控制系统的影响之间的延迟，或者是输出测量的延迟。

另一个可能出人意料的死区时间来自数字计算机计算控制算法所花费的计算时间。在使用廉价且速度较慢的微处理器的系统中，这会是主要的死区时间。

死区时间的存在意味着系统没有有限阶特征方程。事实上，含死区时间的系统有无数个特征根。这可以从 e^{-Ts} 可展开为无穷级数中看出：

$$\mathrm{e}^{-Ts} = \frac{1}{\mathrm{e}^{Ts}} = \frac{1}{1+Ts+T^2s^2/2+\cdots}$$

有无穷多个特征根意味着，对死区过程的分析是很困难的，因此仿真通常是研究这种过程的唯一可行的方法。

含有死区时间元素的系统很容易在 Simulink 中进行仿真。实现死区传递函数 e^{-Ts} 的模块被称为传输延迟(Transport Delay)模块，它位于 Continuous(连续系统)库中。

考虑如图 10.7-1 所示的箱体中液体高度 h 的模型，其输入为质量流速度 q_i。假设在改变阀门开启程度后，输入流量的变化需要一段时间才能到达箱体。因此，T 是死区时间。对于特定的参数值，传递函数有以下形式：

$$\frac{H(s)}{Q_i(s)}=\mathrm{e}^{-Ts}\frac{2}{5s+1}$$

图 10.8-1 显示了该系统的 Simulink 模型。放置 Transport Delay(传输延迟)模块后，需将延迟设置为 1.25。在 Step Function 模块中，设置 Step time(阶跃时间)为 0，Final Value(终值)为 1。接下来讨论模型中的其他模块。

初始条件和传递函数

传递函数的作用在于，一个复杂的传递函数可以通过乘法或除法运算分解成一系列简单的传递函数。然而，这些操作的前提是假设与每个传递函数相关的初始条件都为零。也正是因为这个原因，Simulink 也假设与 Transfer Fcn(传递函数)模块相关的初始条件为零。要指定某个传递函数的初始条件，需要使用 MATLAB 函数 tf2ss，将传递函数转换为它的等效状态空间实现。然后使用 State-Space(状态空间)模块而不是 Transfer Fcn 模块。

饱和模块和限速器模块

假设输入阀门的最小流量和最大流量分别为 0 和 2。这些极限可用 10.4 节介绍过的 Saturation(饱和)模块来模拟。如图 10.8-1 所示，放置该模块后，双击它，在其 Upper limit(上限值)窗口中键入 2，在 Lower limit(下限值)窗口中键入 0。

除了受到饱和的限制外，有些执行器对它们的反应速度也有限制。这种限制可能是由于制造商为避免对设备造成损害而故意对设备进行的限制。流量控制阀门就是一个例子，由限速器控制打开和关闭的速率。Simulink 也有这样的模块，它可以与 Saturation 模块串联使用来模拟阀门的行为。先放置如图 10.8-1 所示的 Rate Limiter(限速器)模块。然后将 Rising slew rate(上升摆动速率)设置为 1，Falling slew rate(下降摆动速率)设为-1。

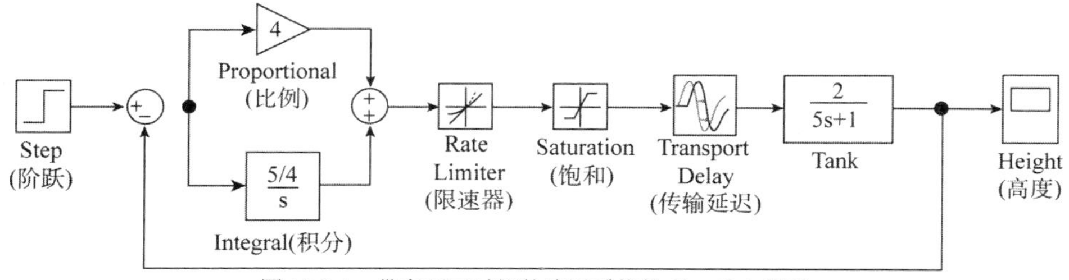

图 10.8-1　带有死区时间的液压系统的 Simulink 模型

控制系统

图 10.8-1 所示的 Simulink 模型是一种特定类型的控制系统，被称为 PI 控制器，其对误差信号 $e(t)$ 的响应 $f(t)$等于误差信号的比例项与积分项之和。即：

$$f(t)=K_p e(t)+K_I\int_0^t e(t)\mathrm{d}t$$

其中 K_P 和 K_I 分别称为比例增益和积分增益。这里的误差信号 $e(t)$是单位阶跃命令代表的期望高度与实际高度之间的差值。在变换表示法中，该表达式变成：

PI 控制器

$$F(s)=K_\mathrm{p}E(s)+\frac{K_\mathrm{I}}{s}E(s)=\left(K_\mathrm{p}\frac{K_\mathrm{I}}{s}\right)E(s)$$

图 10.8-1 中，我们使用了 $K_\mathrm{P}=4$ 和 $K_\mathrm{I}=5/4$。这些值都可以根据控制理论方法计算得到(有关控制系统的讨论，可参阅[Palm, 2014]等)。这样，仿真系统就可以运行了。设置 Stop time 为 50，并观察 Scope 内液位高度 $h(t)$的行为。它是否达到期望的高度 1?

10.9 非线性车辆悬挂模型的仿真

由于对于线性或线性化模型，已经存在强大分析技术，这些模型对于预测动态系统的行为是很有用的，特别是当输入是相对简单的函数(如脉冲、阶跃、斜坡和正弦信号)时。然而，通常在工程系统设计时，我们最终必须处理系统中的非线性以及更复杂的输入，如梯形函数，而这通常要由仿真来完成。

本节我们将介绍 4 个额外的 Simulink 元素，这些元素使我们能够对各种非线性和输入函数进行建模：

- Derivative(导数)模块
- Signal Builder(信号发生器)模块
- Look-Up Table(查找表)模块
- MATLAB Function(函数)模块

作为例子，我们将用图 10.9-1 所示的单质量悬架模型，其中弹簧和阻尼器力 f_s 和 f_d 的非线性模型如图 10.9-2 和 10.9-3 所示。阻尼模型是不对称的，它表示阻尼器在反弹时的力大于在颠簸时的力(目的是在车辆碰撞时能将传递到车厢的力最小化)。路面起伏由图 10.9-4 所示的梯形函数 $y(t)$表示。这个函数大约相当于一辆车以 30 英里/小时的速度在 0.2 米高、48 米长的路面上行驶时所受的力。

根据牛顿定律，系统的模型为：

$$m\ddot{x} = f_s(y-x) + f_d(\dot{y}-\dot{x})$$

其中 m＝400kg，$f_s(y\text{-}x)$是图 10.9-2 所示非线性弹簧函数，$f_d(\dot{y}-\dot{x})$ 是图 10.9-3 所示的非线性阻尼函数。对应的仿真图如图 10.9-5 所示。

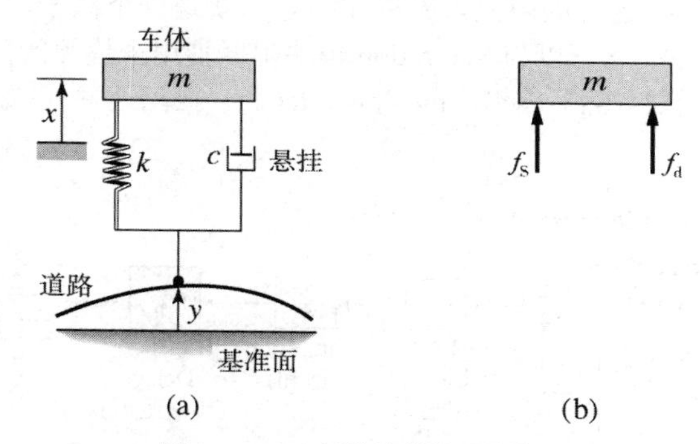

图 10.9-1 车辆悬挂的单质量模型

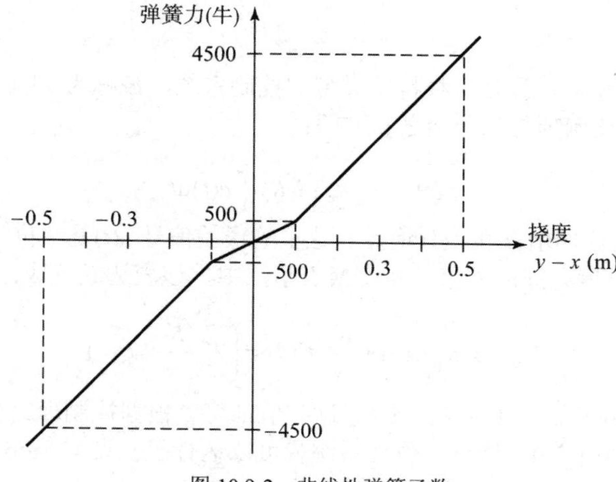

图 10.9-2 非线性弹簧函数

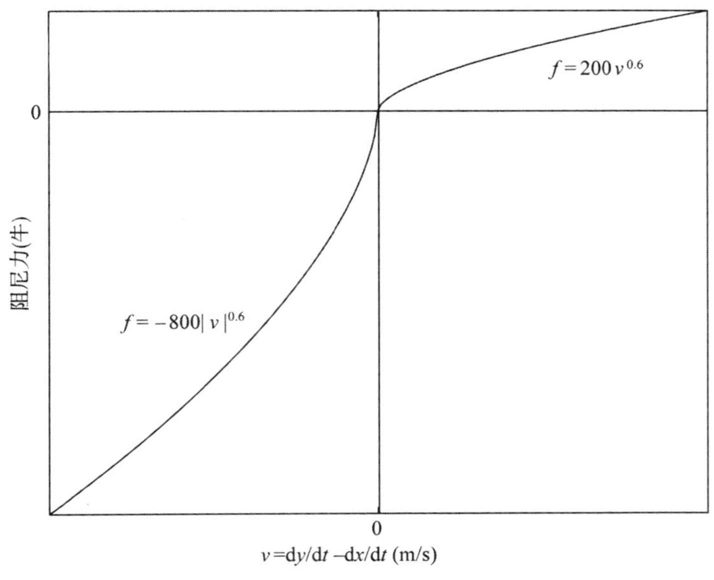

图 10.9-3　非线性阻尼函数

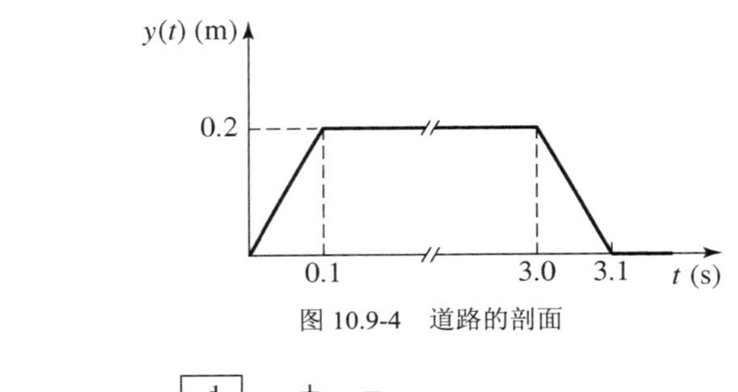

图 10.9-4　道路的剖面

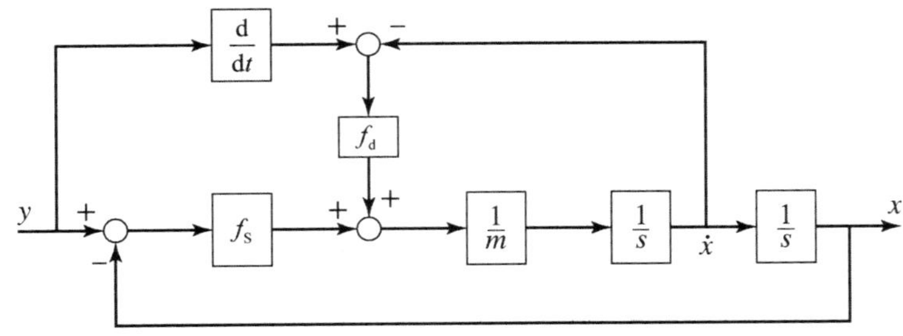

图 10.9-5　汽车悬挂模型的仿真图

Derivative 模块和 Signal Builder 模块

仿真图显示我们需要计算$\dot{y}$。因为 Simulink 使用的是数值方法而不是解析方法，所以它只能用 Derivative(导数)模块近似地计算出导数。在使用快速变化或不连续的输入时，我们必须记住这一点。Derivative 模块没有参数设置，因此只需要将其放在 Simulink 图中即可，如图 10.9-6 所示。

接下来，放置信号发生器(Signal Builder)模块，然后双击它。随之出现一个图形窗口，使您能够放置点来定义输入函数。按照窗口中的指示创建如图 10.9-4 所示的函数。

查找表模块

弹簧函数f_s是用 Look-Up Table(数据查找表)模块创建的。在按如图所示放置后，双击它，输入[-0.5, -0.1, 0, 0.1, 0.5]作为输入值 Vector(向量)，[-4500, -500, 0, 500, 4500]作为输出值 Vector(向量)。其余参数都使用默认设置。

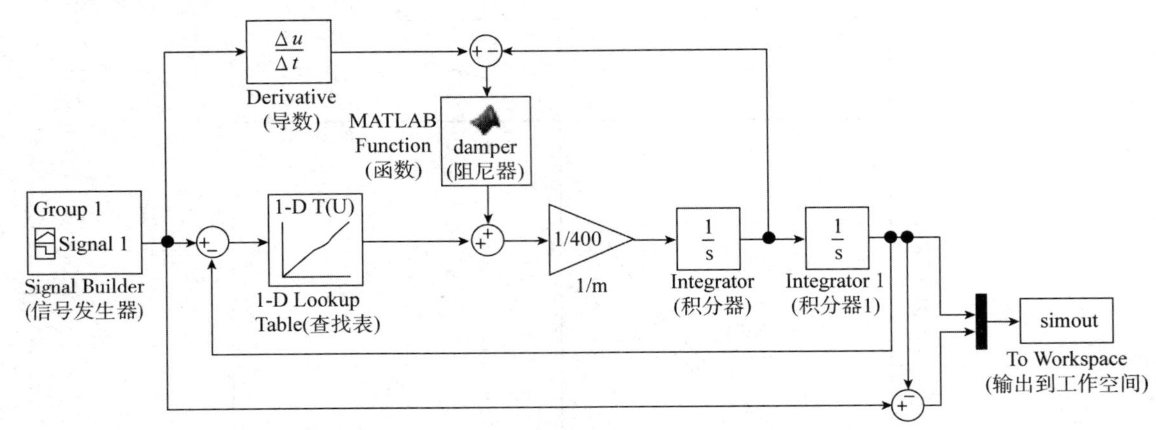

图 10.9-6 汽车悬挂系统的 Simulink 模型

如图所示放置两个积分器，并确保其初值设为 0。然后将 Gain(增益)模块设置为 1/400。To Workspace(输出到工作空间)模块使您能够在 MATLAB 命令窗口中绘制 $x(t)$和 $y(t)$-$x(t)$相对于 t 的曲线。

MATLAB 函数模块

函数模块

在第 10.7 节中，我们用 Fcn(函数)模块来实现有符号平方根函数。但是我们无法使用该模块实现图 10.9-3 所示的阻尼器函数，而只能编写自定义函数来描述它。该函数如下：

```
function f = damper(v)
if v <= 0
   f = -800*(abs(v)).^(0.6);
else
   f = 200*v.^(0.6);
end
```

创建并保存此函数文件。放置 MATLAB Function 模块后，双击它，打开 MATLAB Function 编辑器。输入 damper(阻尼器)的代码。当您关闭此编辑器时，该函数将被自动保存。

Simulink 模型完成后如图 10.9-6 所示。您可以在命令窗口中输入以下命令绘制响应曲线 $x(t)$:

```
>>x = simout(:,1);
>>t = simout(:,3);
>>plot(t,x),grid,xlabel('t (s)'),ylabel('x (m)')
```

结果如图 10.9-7 所示。最大超调为 0.26-0.2＝0.06 m，但是最大欠冲要大得多，为−0.168 米。

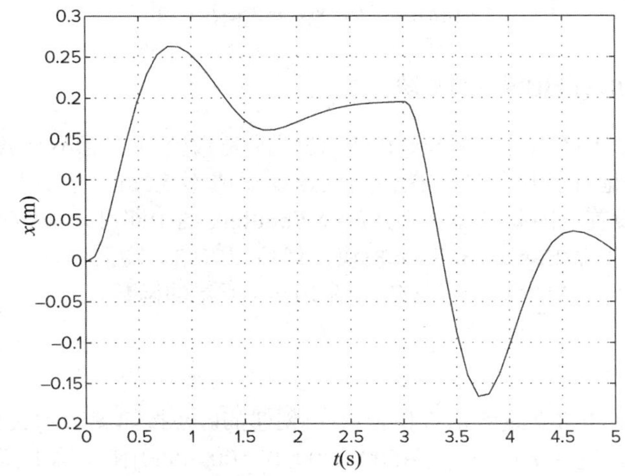

图 10.9-7 图 10.9-6 所示的 Simulink 模型的输出

10.10 控制系统和“硬件在回路”测试

正如在本章的首页中所讨论的，工业领域大量使用嵌入式控制器，而这类系统的一个设计阶段通常涉及“硬件在回路”测试，其中物理控制器，有时是被控制对象(如引擎)，要被替换为对其行为的实时模拟。这使得嵌入式系统硬件和软件能比物理原型更快、更便宜地进行测试，甚至在制造原型之前就可以进行测试。Simulink 通常用于创建用于此类测试的仿真模型。

MathWorks 公司为 LEGO© MINDSTORMS©、Arduino©和 Raspberry Pi©等广受爱好者和研究者欢迎的硬件厂商提供了 Simulink 支持包。这些支持包允许开发和仿真在所支持的硬件上独立运行的算法。它们包括一个 Simulink 模块库，用于配置和访问硬件传感器、执行器和通信接口。在硬件上运行算法时，您还可从 Simulink 模型实时调整参数。MathWorks 支持在线的活动用户社区，在那里您可以看到相关的应用程序并下载文件。

上述应用中不仅包含数据收集，还有很多控制系统的示例。有些控制系统的目标是整定变量，比如温度，还有很多项目是控制机械设备(如机器臂或轮式机器人车)的速度或位置。

很多用户社区都表示需要掌握反馈控制理论的基础知识，本节旨在帮助用户理解这一点。反馈控制系统根据来自传感器的实时测量值，调整要输出到通常被称为“执行器”的设备(如加热器或电机)的输入。在控制计算机上运行的算法会决定如何调整执行器输入以获得被控变量的期望值。例题 10.4-2 给出了一种简单算法，它被称为开关控制(图 10.4-9)。

PID 控制

PID 算法是一种常见的控制算法。典型控制系统的结构如图 10.10-1 所示。这不是 Simulink 图，而是表示物理结构的所谓模块图(block diagram)。对于速度控制系统，命令输入(command input)r 表示请求的速度，控制变量(control variable)c 表示实际速度。执行器(actuator)是电机，而对象(plant)是被控制对象的通用术语(如汽车车轮)。反馈传感器可能是转速计，它能测量车轮的速度。误差信号(error signal)e 是速度期望值与实测值之差；即 $e=r-b$。PID 控制器实现了一种对误差信号 e 进行操作的算法。术语“误差信号”是一种不幸的选择，因为它隐含着错误，但是无论如何这个词仍然在使用；它只表示控制变量的期望值与实际值之差。如果传感器是“完美的”，就有 $b=c$，并且 $e=r-c$。

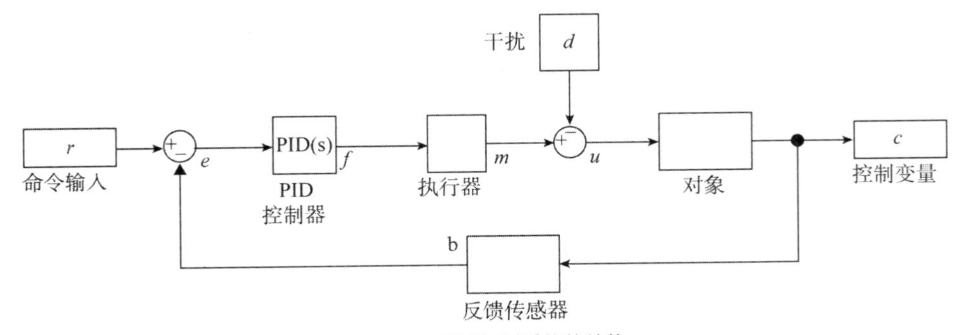

图 10.10-1 反馈控制系统的结构

采用 Simulink 表示法，就得到了并行形式的 PID 算法的数学表达式：

$$f(t)=Pe(t)+I\int_0^t e(x)\mathrm{d}x+D\frac{\mathrm{d}e}{\mathrm{d}t} \tag{10.10-1}$$

$$e(t)=r(t)-b(t) \tag{10.10-2}$$

传递函数形式为：

$$\frac{F(s)}{E(s)}=P+\frac{I}{s}+Ds \tag{10.10-3}$$

因此，我们可以看到，PID 代表比例-积分-导数，而常量 P、I 和 D 分别叫作比例增益、积分增益和导数增益。PID 控制器的并行形式是 Simulink PID Controller(PID 控制器)模块的默认形式，它位于 Continuous(连续系统)库中。在 Simulink 的理想形式(idea form)下，将增益 P 提取出来，并将算法写成：

$$f(t)=P\left(e(t)+I\int_0^t e(x)\mathrm{d}x+D\frac{\mathrm{d}e}{\mathrm{d}t}\right) \tag{10.10-4}$$

PID 控制器模块

PID 控制器模块允许您选择使用哪种形式。有些设计师喜欢使用理想形式，并且初始设置 $P=1$，然后先调整 I 和 D，直到得到期望形状的响应曲线再调整 P。

比例项是最容易理解的，而且经常使用。误差越大，执行器的信号也越大。例如，如果车轮速度太慢，我们就想增加电机扭矩。积分项“永不放弃”；只要误差不为零，它就会一直改变执行器的输出。但这种努力有时会导致受控变量超调期望值并产生振荡。如果是这样的话，我们就需要使用导数项。

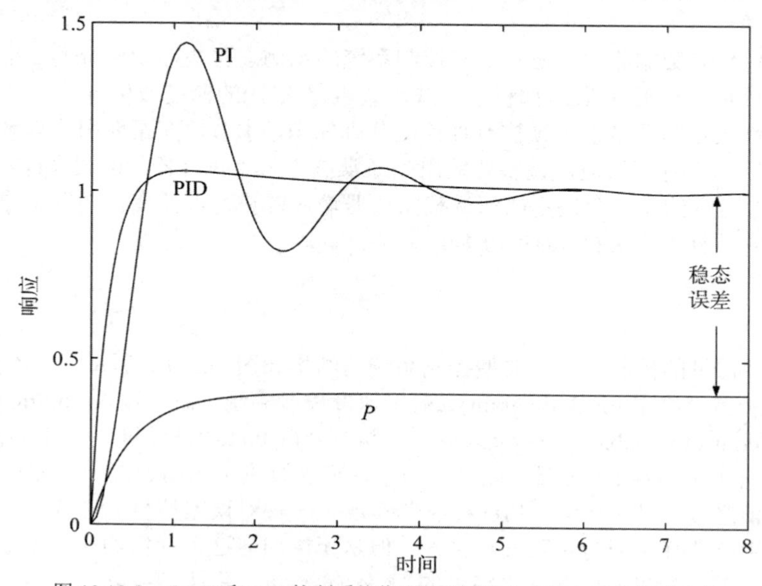

图 10.10-2　P、PI 和 PID 控制系统收到单位阶跃命令输入时的典型响应

比例项和积分项经常用来抵消扰动的影响。例如，如果车辆遇到斜坡，车轮扭矩必须增大以抵消重力的影响。每一项的影响如图 10.10-2 所示，其中命令输入假定为单位阶跃函数。只有 P 控制时，通常会有稳态误差。如果是这样，就要使用 PI 控制，这样就能消除任何稳态误差。如果出现超调或振荡，那么增加 D 项通常会减少或消除超调和振荡。

选择增益值

有时很难为增益选择有效值，原因有以下几点。基于传递函数和微分方程的数学方法是可用的，但这些方法需要电机放大器参数和质量/惯性的值(参见[Palm, 2014]的第 10 章)。对于小型机械设备来说，摩擦力通常大于惯性力，但摩擦力很难计算。如果该设备(通常是小型设备)可以进行测试，那么我们可以测试各种算法和增益值，记住这三个 PID 术语的作用(首先尝试 P 控制，等等)。这就是有关硬件在回路测试的全部内容。

在下面的示例中，我们将假设已知参数值，因此可以计算出增益的近似值。闭环传递函数可以出现在介绍系统动力学和控制系统的书中的方法里面。传递函数的分母是特征多项式(characteristic polynomial)。它的根决定了闭环响应的稳定性、响应时间和振荡频率(如果有)。如果所有的根都是负的或者实部都是负的，系统就是稳定的。如果系统是稳定的，那么它的时间常量(time constant)是实根的负倒数，或者是任何复数根的实部的负倒数。响应时间(response time)可以估计为主导时间常量(最大时间常量)的 4 倍。例如，多项式 $s^2+60s+500$ 的根是 $s=-10$ 和-50。时间常量分别为 0.1 和 0.02，响应时间就是 4(0.1)＝0.4。另一个例子，多项式 s^2+Ps+I 的根是 $s=5\pm4j$，时间常量是 0.2，响应时间为 4(0.2)＝0.8。响应的振动频率是 4 弧度。

如果我们知道所需的响应时间，就可以选择能获得所需响应的增益。例如，假设我们想要达到的响应时间为 0.4，系统的特征多项式如下：s^2+Ps+I。因此主导时间常量必须为 0.1，且至少有一个根的实部必须为-10。第二个根的实部必须小于等于-10。所以我们可以任意地选择第二个根是 $s=-50$。这意味着多项式的因式形式为 $(s+10)(s+50)$，其展开形式为 $s^2+60s+500$。比较系数可得 $P=60$，$I=500$。

选择增益时经常忽略的一个事实是执行器都有局限性；例如，放大器只能产生这么大的电压或电流，而电机只能产生这么大的扭矩。在选择增益时，只看被控制变量的仿真响应很容易走神。在仿真模式下，您还应该在执行器变量 m 上放置一个 Scope(示波器)，或者在执行器模块之后放置一个 Saturation(饱和)模块。这当然需要您对执行器的最大值有所估计。

尽管 Simulink 拥有 PID 控制器模块，但在某些硬件上可能无法实现它。这种情况下，就需要在硬件专用代码中自行编写 PID 算法。以下离散时间版本的 PID 算法就可以用于这种情况。它是根据矩形积分公式的积分项和导数的最简差分公式推导出来的。

$$f(t_k) = Pe(t_k) + IT\sum_{i=0}^{k} e(t_i) + \frac{D}{T}[e(t_k) - e(t_{k-1})] \tag{10.10-5}$$

其中 $t_k=kT$，T 为采样周期。

速度控制

接下来以速度和位置控制为例。温度控制应用在形式上与速度控制例子非常相似，除了执行器是加热器而不是电机而已。永磁电机是一种常用的调速电机，其速度传感器既可以是转速计(它看起来就像电机)，其输出为模拟量电压；也可以是编码器，它由许多槽盘组成，并能输出数字量信号。

考虑最简单的例子。假设我们对质量为 m 的物体施加外力 f，使它从静止开始沿直线运动。假设质量受扰动力 d 的作用，扰动力 d 与 f 作用方向相反。则运动方程为：

$$m\frac{\mathrm{d}v}{\mathrm{d}t} = f - d \tag{10.10-6}$$

其中 v 为速度。转换为传递函数形式，则为：

$$V(s) = \frac{1}{ms}[F(s) - D(s)] \tag{10.10-7}$$

我们注意到转动系统，比如由电机驱动的车轮，也具有相同的形式，其中 v 表示角速度，m 表示质量惯性矩，f 表示电机转矩，d 表示扰动转矩。因此，后续的分析也适用于这样的系统。

使用 PID 控制，并且假设有一个理想的速度传感器，我们就能得到如图 10.10-3 所示的 Simulink 图。采用先进的方法，例如在[Palm, 1014]的第 10 章或者其他关于系统动力学和控制系统的参考文献中介绍的方法，我们可以求得整个系统的特征方程：

$$(m + D)s^2 + Ps + I = 0 \tag{10.10-8}$$

这表明，如果 $D=0$，那么我们就可以通过适当地选择 P 和 I 将两个根放在任何地方，因此 D 并不是必需的。假设 $m=1$，期望的速度为 1，扰动力 $d=10$，并且从 $t=0.4$ 开始作用。为使响应时间等于 0.2，我们选择 $s=-20$、-20，从而得到多项式 $s^2+40s+400$。进而解得并行形式的 PID 控制器参数 $D=0$、$P=40$ 且 $I=400$。在命令窗口中设置 $m=1$ 后，仿真结果表明，经过一定的超调后，速度在 0.3 秒左右达到了期望值 1，控制器的最大输出量为 40。由于有超调，因此响应时间比预期的更长。扰动的影响是在恢复之前使速度暂时降低到 0.8 左右。

在 v 和 PID 模块的输出上放置 Scope(示波器)模块，并实验不同的 P 和 I 值，在 PID 输出不超过 40 的情况下，能减小 v 的超调吗？

例题 10.4-2 中给出的电机模型需要几组电气和机械参数的数值。获得这些值是机器人项目中最难的部分。然而，经验表明，通过一个简单的测试，对电机-质量块系统施加阶跃电压，并绘制其速度，就能得到有用的时间常量 T(电机转速达到稳态的时间为 $4T$)。T 值受阻尼和系统中所有质量(惯性)的影响。该系统的 Simulink 模型如图 10.10-4 所示，其特征方程为：

$$(T+D)s^2+(P+1)s+I=0 \tag{10.10-9}$$

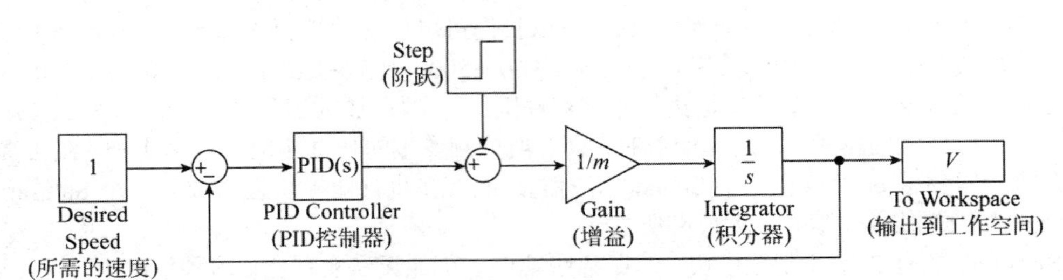

图 10.10-3　最简单的速度控制系统的 Simulink 模型

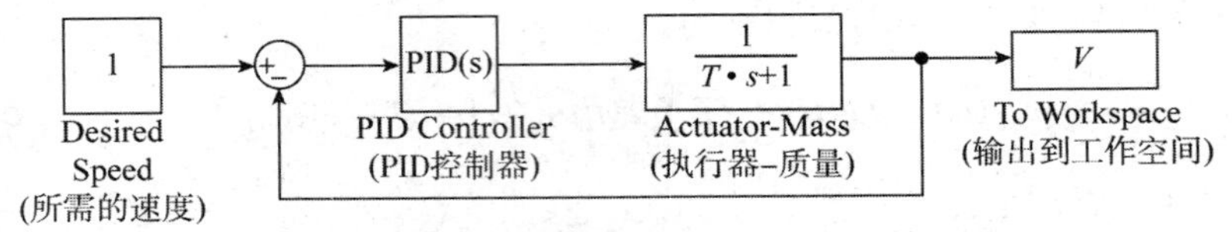

图 10.10-4　采用滑动执行器-质量响应时间的速度控制系统的 Simulink 模型

我们再次看到，如果 $D=0$，就可以通过适当地选择 P 和 I 将两个根放在任意位置。假设实验确定 $T=0.1$(秒)，我们就令 $s=-20$、-20，以使得总响应时间为 0.2(秒)。这就要求 $P=3$、$I=40$、$D=0$。

我们无法利用图 10.10-4 所示的模型研究作用于质量块或执行器输出的扰动(例如，由车辆爬坡时引起的扰动)的影响。图 10.10-5 所示的模型显示了这种影响。需要注意的是，我们现在必须将电机与负载质量分离出来，然后再进行严格测试，从而得到其 T 值。模型的特征方程为：

$$mTs^3+(m+D)s^2+Ps+I=0 \tag{10.10-10}$$

请注意，一般来说，我们现在必须调整所有上述三个增益才能得到任何期望的特征根值。例如，如果 $m=1$，$T=0.1$，要想使响应时间达到 0.8，就应当选择 $s=-5$、-5、-5。从而得到 $P=7.5$、$I=12.5$ 且 $D=0.5$。

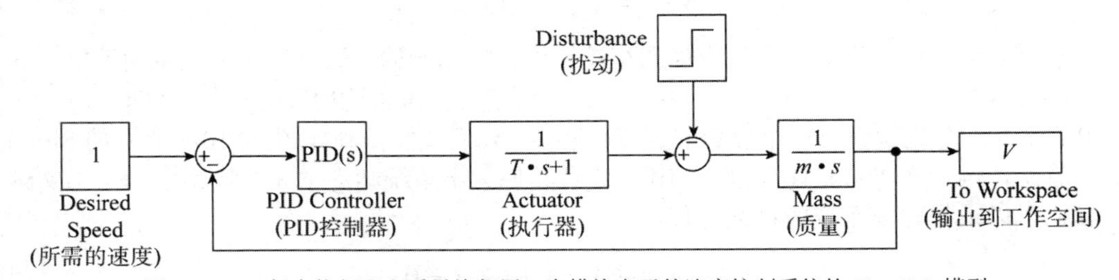

图 10.10-5　每个执行器和质量块都用一个模块表示的速度控制系统的 Simulink 模型

位置控制

因为速度是位移的时间导数，所以我们看到 $dx/dt=v$。可得：

$$m\frac{d^2x}{dt^2}=f-d \tag{10.10-11}$$

再转换为传递函数形式，即为：

$$X(s)=\frac{1}{ms^2}[F(s)-D(s)] \tag{10.10-12}$$

如果我们用二重积分器代替图 10.10-3 中的积分器，就会得到一个简单的位置控制模型，其中 m 和 x 分别表示质量和直线位移，也可以表示惯性和角位移(以弧度为单位)。从而得到图 10.10-6 所示的 Simulink 框图。其特征方程为：

$$ms^3 + Ds^2 + Ps + I = 0 \tag{10.10-13}$$

请注意，我们需要所有这三个增益都为正值来才能确保系统稳定，还要将这三个根放在我们期望的地方。例如，选择 3 个根分别为 s=-1、-1、-1，使得系统响应时间为 4，这就要求 P=3、I=1、D=3。

通过将图 10.10-5 中的传递函数 $1/ms$ 替换为 $1/ms^2$，我们就可以得到更详细的位置控制模型。

伺服电机　到目前为止，我们的例子都假设通过调整输入电压或电流来控制某个设备。有些电机可以通过数字输入来控制，数字输入就可以指定所需的位置，并且有内置的角位置传感器。这些装置通常被称为伺服电机。这些装置通常采用 P 控制，并且其增益是用户无法调节的。遥控领域中经常使用它们来控制遥控车辆的转向或遥控飞机的襟翼。速度控制对这些设备没用。因此，在 Simulink 中对这些设备建模时，我们要假设受控位置处于所需的位置。

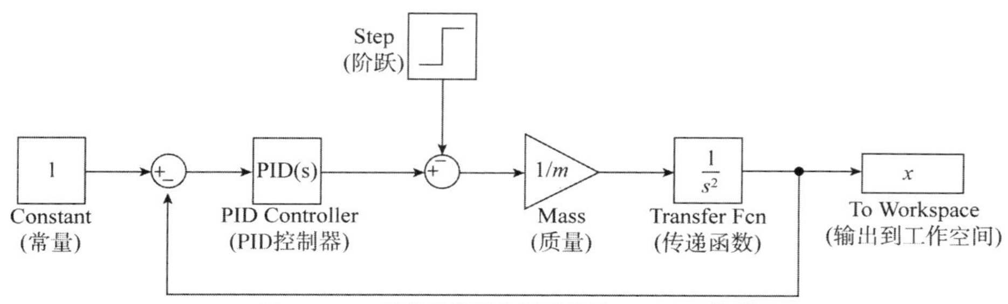

图 10.10-6　简单的位置控制系统的 Simulink 模型

简化的 PID

某些计算机硬件不支持 Simulink 的 PID 控制器模块采用的复杂 PID 算法。这种情况下，可以尝试一种更简单的算法形式，并以硬件专用代码进行编程。以方程 10.10-5 作为指导，下面的 MATLAB 代码实现了一个基本的 PID 算法，其中 $t_k=kT$，并且 T 为采样周期。

```
% Simplified PID algorithm
der(k) = e(k) + e(k-1);
sum(k) = e(k) + sum(k-1);
PID(k) = P*e(k) + I*T*sum(k) + (D/T)*der(k);
```

这个简单的算法可在 Simulink 中实现，如图 10.10-7 所示。MathWorks 网站上的有些应用中已经使用了该模型。

两轮机器人的轨迹控制

速度和位置控制系统需要一个描述期望速度或期望位置的命令输入。例如，如图 10.10-8 所示的两轮机器人车。前面的第三只车轮，只是一个没有驱动且可以自由摆动的转轮。假设两个后轮都由各自的电机和相应的控制系统驱动。车轮之间的距离为 L，以轴中点为参考点建立坐标系(x_1, y_1)。我们可以选择控制每个车轮的转动速度或者转动位移来控制车辆。

如果想让车辆移动到由其(x, y)坐标指定的期望点上，就需要计算每个车轮所需的旋转位移。

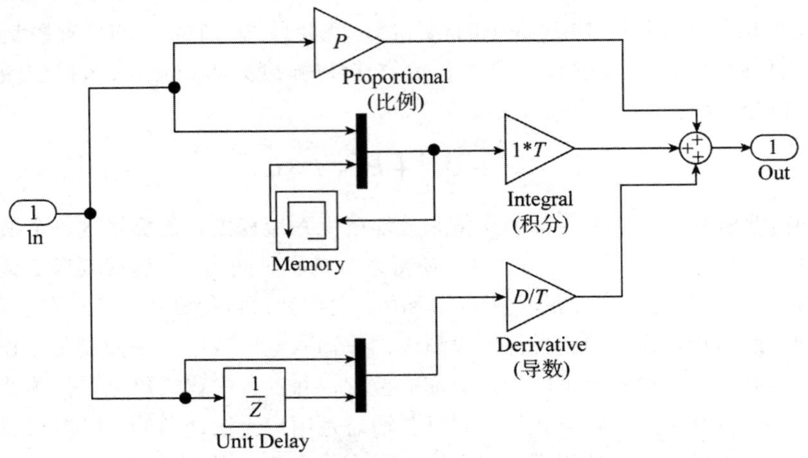

图 10.10-7　简化 PID 算法的 Simulink 框图

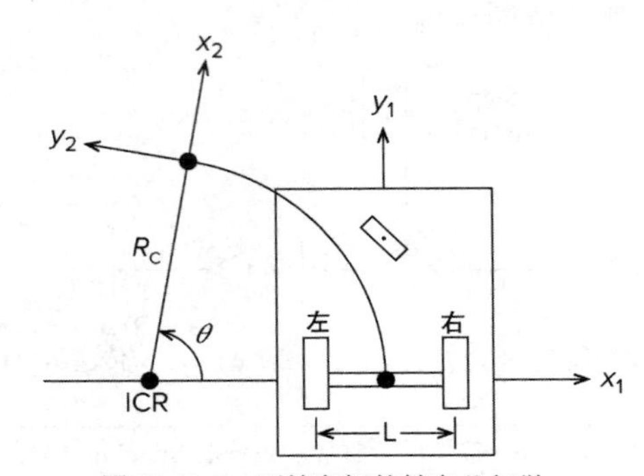

图 10.10-8　两轮车辆的转向几何学

用 φ_L 和 φ_R 分别表示左、右车轮的角度。如果我们想要在 T 时刻完成移动，那么我们将位移除以 T，就得到了所需的车轮转速 $\varphi_L=\varphi_L/T$ 和 $S_R=\varphi_R/T$。每个轮子移动的距离是它的半径乘以它的转向角。用 D_L 和 D_R 分别表示左、右轮的移动距离。如果车轮半径为 R，则有 $D_L=R\varphi_L$，$D_R=R\varphi_R$。因此，我们必须首先设计一种计算 D_L 和 D_R 的方法，然后用这些值来计算 φ_L、φ_L、S_L 和 S_R。

考虑图 10.10-8 所示的圆形转弯的几何学原理。点 ICR 为瞬时旋转中心，R_C 为转弯半径。图 10.10-9 显示了两个轮子和中心点的路径。从圆弧的几何学原理我们可以看出：

$$\frac{D_L}{R_C-L/2}=\frac{D_R}{R_C+L/2}$$

从中可以解得 R_C 如下所示。

$$R_C=\frac{L}{2}\frac{D_L+D_R}{D_R-D_L} \tag{10.10-14}$$

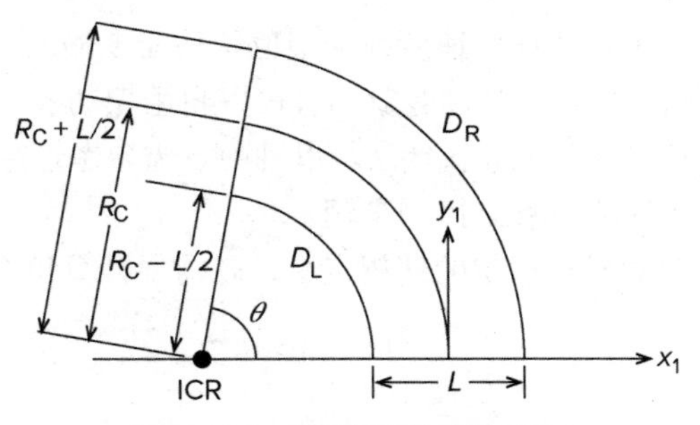

图 10.10-9　圆形转弯的车轮轨迹

从图中还可以看出，转弯角为：

$$\theta = \frac{D_R}{R_C + L/2} \tag{10.10-15}$$

转弯后中心点的位置为：

$$x_C = R_C(\cos\theta - 1) \qquad y_C = R_C\sin\theta \tag{10.10-16}$$

这些方程构成了正向解(forward solution)。现在我们必须求得逆向解(inverse solution)。这将计算车辆放置在指定位置(x_C, y_C)时所需的车轮位移。方程(10.10-16)可合并为如下形式。

$$\frac{1-\cos\theta}{\sin\theta} = -\frac{x_C}{y_C} = A \tag{10.10-17}$$

这是不能用解析法求解 θ 的。但是对于小角度，$\sin\theta \approx \theta$ 并且 $\cos\theta \approx 1 - \theta^2/2$。若是如此，则方程(10.10-17)变为：

$$\theta \approx -2\frac{x_C}{y_C} = 2A \tag{10.10-18}$$

对于大转弯，θ 较大，方程(10.10-18)就不可用。这种情况下，我们必须用数值方法求解方程(10.10-17)。函数文件 turn_angle(A)可实现这一点。最后，根据方程(10.10-14)到(10.10-16)可得：

$$R_C = \frac{y_C}{\sin\theta}$$

$$D_L = (R_C - L/2)\theta \quad D_R = (R_C + L/2)\theta$$

这些方程在函数 wheel_reverse 中实现，它们将调用函数 turn_angle。

```
function [theta,RC,DL,DR] = wheel_inverse(L,xC,yC)
% Two Wheel Drive Inverse Solution
A = -xC/yC;
theta = turn_angle(A);
RC = yC/sin(theta);
DL = (RC - L/2)*theta;
DR = (RC + L/2)*theta;
end

function theta = turn_angle(A)
% Computes turn angle for two wheel vehicle
theta_guess = 2*A;
myfun = @(th,A) (1-cos(th))/sin(th) - A;
theta = fzero(@(th) myfun(th,A),theta_guess);
end
```

这些方程和两个函数既可用于规划车辆轨迹，也可用于产生每个车轮的位置或速度控制系统的命令输入。第 11 章中的例题 11.2-2 将展示如何规划机器手的轨迹，以生成手臂电机的位置命令。类似的方法也可用在机器人车辆上。通过将这些算法添加到本节前面讨论的速度或位置控制模型中，就可以开发出 Simulink 模型。

图 10.10-8 推导出的运动学方程，假设车辆从(x_1, y_1)坐标系的原点出发，并且车轴沿着 x_1 轴运动。要想设计延续的轨迹，必须使用以下坐标变换。

$$\begin{bmatrix} x_2 \\ y_2 \end{bmatrix} = \begin{bmatrix} \cos\theta & \sin\theta \\ -\sin\theta & \cos\theta \end{bmatrix} \begin{bmatrix} x_1 - x_C \\ y_1 - y_C \end{bmatrix}$$

其中(x_C, y_C)是由方程(10.10-16)给出的新的中心点位置的坐标。

10.11 总结

Simulink 模型窗口中还有些菜单项我们尚未介绍。但是，我们已经讨论过的都是刚开始使用时最重要的菜单项。我们只介绍了 Simulink 中少数几个模块，还有一些没有讨论的模块可以处理离散时间系统(是用差分法建模的系统，而不是用微分方程建模的系统)、数字逻辑系统以及其他类型的数学运算。此外，有些模块还有些其他属性我们也没有提到。然而，本章给出的例题将帮助您开始探索 Simulink 的其他功能。有关这些内容的详细信息，请参阅在线帮助。

关键术语

模块图，10.1 节
死区时间，10.8 节
死区，10.5 节
Derivative(导数)模块，10.9 节
Fcn(函数)模块，10.9 节
PID Controller(PID 控制器)模块，10.10 节
分段线性模型，10.4 节
Rate Limiter(限速器)模块，10.8 节
Relay(继电器)模块，10.4 节
Saturation(饱和)模块，10.8 节
Signal Builder(信号发生器)模块，10.9 节
Gain(增益)模块，10.1 节
Integrator(积分器)模块，10.1 节
Library Browser(库浏览器)，10.2 节
Look-Up Table(数据查找表)模块，10.9 节
PI 控制器，10.8 节
仿真图，10.1 节
状态变量模型，10.3 节
Subsystem(子系统)模块，10.7 节
求和器，10.1 节
传递函数模型，10.5 节
传输延迟，10.8 节

习题

10.1 节

1. 绘制下列方程的仿真图。

$$\dot{y}=5f(t)-7$$

2. 绘制下列方程的仿真图。

$$5\ddot{y}=3\dot{y}+7y=f(t)$$

3. 绘制下列方程的仿真图。

$$3\dot{y}+7\sin y=f(t)$$

10.2 节

4. 创建 Simulink 模型绘制下列方程在区间 $0\leqslant t\leqslant 6$ 上的解曲线。

$10\ddot{y}=7\sin 4t+5\cos 3t \qquad y(0)=3 \qquad \dot{y}(0)=2$

5. 弹丸以 100 米/秒的速度在水平面上以 30 度的角度发射。请建立 Simulink 模型来求解弹丸的运动方程，其中 x 和 y 是弹丸的水平和垂直位移。

$$\ddot{x}=0 \qquad x(0)=0 \quad \dot{x}(0)=100\cos 30^\circ$$
$$\ddot{y}=-g \quad y(0)=0 \quad \dot{y}(0)=100\sin 30^\circ$$

用该模型绘制出弹丸在区间 $0\leqslant t\leqslant 10\text{s}$ 上 y 相对于 x 的轨迹。

6. 下面的方程虽然是线性的，但是没有解析解。

$$\dot{x}+x=\tan t \quad x(0)=0$$

其近似解(当 t 较大时，准确度变差)为：

$$x(t)=\frac{1}{3}t^3-t^2+3t-3+3e^{-t}$$

创建 Simulink 模型来解决这个问题，并在区间 $0 \leqslant t \leqslant 1$ 上将它的解与近似解进行比较。

7. 构建 Simulink 模型，绘制下列方程在区间 $0 \leqslant t \leqslant 10$ 上的解：

$$15\dot{x} + 5x = 4u_s(t) - 4u_s(t-2) \quad x(0) = 5$$

其中 $u_s(t)$是单位阶跃函数(在 Step 模块的 Block Parameters 窗口中，将 Step time 设为 0，Initial value 设为 0，Final value 设为 1)。

8. 某侧面垂直的箱体，底部面积为 100 平方英尺，可用于储水。为了注满水箱，将按照下表规定的速度从水箱顶部泵入水。请用 Simulink 求解并绘制水位高度 $h(t)$在区间 $0 \leqslant t \leqslant 10\text{min}$ 上的曲线。

时间(分钟)	0	1	2	3	4	5	6	7	8	9	10
流量(立方英尺/分钟)	0	80	130	150	150	160	165	170	160	140	120

10.3 节

9. 构建 Simulink 模型，并绘制下列方程在区间 $0 \leqslant t \leqslant 2$ 上的解曲线。

$$\dot{x}_1 = -6x_1 + 4x_2$$
$$\dot{x}_2 = 5x_1 - 7x_2 + f(t)$$

其中 $f(t)=3t$。请使用 Sources(信号源)库中的 Ramp(斜坡)模块。

10. 构建 Simulink 模型，绘制出下列方程在区间 $0 \leqslant t \leqslant 3$ 上的解曲线：

$$\dot{x}_1 = -6x_1 + 4x_2 + f_1(t)$$
$$\dot{x}_2 = 5x_1 - 7x_2 + f_2(t)$$

其中 $f_1(t)$是从 $t=0$ 开始、高度为 3 的阶跃函数，$f_2(t)$是从 $t=1$ 开始、高度为-3 的阶跃函数。

10.4 节

11. 请用 Saturation(饱和)模块创建 Simulink 模型，并绘制出下列方程在区间 $0 \leqslant t \leqslant 6$ 上的解曲线。

$$3\dot{y} + y = f(t) \quad y(0) = 3$$

其中：

$$f(t) = \begin{cases} 8 & \text{如果 } 10\sin 3t > 8 \\ -8 & \text{如果 } 10\sin 3t < -8 \\ 10\sin 3t & \text{其他情形} \end{cases}$$

12. 构建下列问题的 Simulink 模型。

$$5\dot{x} + \sin x = f(t) \quad x(0) = 0$$

激励函数是：

$$f(t) = \begin{cases} -5 & \text{如果 } g(t) \leqslant -5 \\ g(t) & \text{如果 } -5 < g(t) < 5 \\ 5 & \text{如果 } g(t) \geqslant 5 \end{cases}$$

其中 $g(t)=10\sin 4t$。

13. 如果质量弹簧系统表面有库仑摩擦而不是黏性摩擦，那么它的运动方程是：

$$m\ddot{y} = \begin{cases} -ky + f(t) - \mu mg & \text{如果 } \dot{y} \geqslant 0 \\ -ky + f(t) + \mu mg & \text{如果 } \dot{y} < 0 \end{cases}$$

其中 μ 是摩擦系数。对于 $m=1$ kg、$k=5$ N/m、$\mu=0.4$ 且 $g=9.8$ m/s^2 的情况，开发 Simulink 模型。对这两种情况进行仿真：(a)施加的外力 $f(t)$是阶跃函数，幅度为 10 牛；(b)施加的外力是正弦的：$f(t)=10\sin 2.5t$。可以用 Math Operations(数学运算)库中的 Sign(符号)模块，或者 Discontinuities(非连续系统)库中的 Coulomb and Viscous Friction(库仑和黏性摩擦)模块，但是由于本问题中没有黏性摩擦，使用 Sign(符号)模块更容易。

14. 某质量块 $m=2\text{kg}$，在水平面上以$\phi = 30°$的角度倾斜移动。它的初速度是 $v(0)=3$ 米/秒；并对它施加f_1=5 牛的外力，且外力的方向与斜面平行并向上；库仑摩擦系数为μ=0.5。请用 Sign 模块并创建 Simulink 模型求解质量块的速度直到质量块静止。用该模型求取质量块停止的时间。

15. a. 建立恒温控制系统的 Simulink 模型，其温度模型为：

$$RC\frac{\mathrm{d}T}{\mathrm{d}t}+T=Rq+T_a(t)$$

其中，T 为室内气温，单位是℉；T_a 为环境(室外)气温，单位是℉；时间 t 以小时为单位；q 为加热系统的输入，单位是 lb-ft/hr；R 为热阻；C 为热容。当温度低于 69℉时，恒温器开关 q 在 q_{max} 值处打开；当温度高于 71℉时，恒温器开关 q 切换到 q=0。q_{max} 值表示加热系统的热量输出。

在 $T(0)$=70℉且 $T_a(t)$=50+10 sin(πt/12)的情况进行仿真。已知 $R=5\times10^{-5}$℉-hr/lb-ft 和 $C=4\times10^4$ lb-ft/℉。对于两种情况：$q_{max}=4\times10^5$lb-ft/hr 和 $q_{max}=8\times10^5$lb-ft/hr，在同一张图上绘制温度 T 和 T_a 相对于 t 在区间 0≤t≤24hr 上的曲线。检查每种情况的有效性。

b. q 随时间的积分是所消耗的能量。绘制 $\int q\,\mathrm{d}t$ 相对于 t 的曲线，并确定 24 小时内要使用多少能量，其中 $q_{max}=8\times10^5$。

16. 参照习题 15，用 $q_{max}=8\times10^5$ 时的仿真比较能源消耗和恒温器在两个温度带循环(69°，71°)和(68°，72°)中的周期频率。

17. 考虑图 10.7-1 所示的液位系统。根据质量守恒定律得到的控制方程为方程(10.7-2)。假设可以通过继电器控制输入流量(在 0 到 50kg/s 之间)进而调整高度 h。当高度小于 4.5 m 时开启流量开关，当高度达到 5.5 m 时关闭流量开关。请用 $A=2\ \mathrm{m}^2$，$R=400\ \mathrm{m}^{-1}\cdot\mathrm{s}^{-1}$, $\rho=1000\ \mathrm{kg/m}^3$ 且 $h(0)$=1m 这组值建立 Simulink 模型，并绘制 $h(t)$曲线。

10.5 节

18. 请用 Transfer Function(传递函数)模块构建 Simulink 模型，并绘制出下列方程在区间 0≤t≤4 上的解曲线。

$$2\ddot{x}+12\dot{x}+10x=5u_s(t)-5u_s(t-2) \quad x(0)=\dot{x}(0)=0$$

19. 请用 Transfer Function(传递函数)模块构建立 Simulink 模型，并绘制下列方程在区间 0≤t≤2 上的解曲线。

$$3\ddot{x}+15\dot{x}+18x=f(t) \quad x(0)=\dot{x}(0)=0$$
$$2\ddot{y}+16\dot{y}+50y=x(t) \quad y(0)=\dot{y}(0)=0$$

其中 $f(t)=75\,u_s(t)$。

20. 请用 Transfer Function(传递函数)模块构建 Simulink 模型，并绘制下列方程在区间 0≤t≤2 上的解曲线。

$$3\ddot{x}+15\dot{x}+18x=f(t) \quad x(0)=\dot{x}(0)=0$$
$$2\ddot{y}+16\dot{y}+50y=x(t) \quad y(0)=\dot{y}(0)=0$$

其中 $f(t)=50u_s$(t)。第一个模块的输出有一个−1≤x≤1 的死区。这将限制到第二个模块的输入。

21. 请用 Transfer Function(传递函数)模块构建 Simulink 模型，并绘制下列方程在区间 0≤t≤2 上的解曲线。

$$3\ddot{x}+15\dot{x}+18x=f(t) \quad x(0)=\dot{x}(0)=0$$
$$2\ddot{y}+16\dot{y}+50y=x(t) \quad y(0)=\dot{y}(0)=0$$

其中 $f(t)=50u_s$(t)。第一个模块的输出有一个饱和器，限制 x 为$|x|$≤1。这将限制到第二个模块的输入。

10.6 节

22. 构建 Simulink 模型，并绘制下列方程在区间 0≤t≤4 上的解曲线。

$$2\ddot{x}+12\dot{x}+10x^2=8\sin 0.8t \quad x(0)=\dot{x}(0)=0$$

23. 创建 Simulink 模型，并绘制下列方程在区间 0≤t≤3 上的解曲线。

$$\dot{x} + 10x^2 = 5\sin 3t \quad x(0) = 1$$

24. 构建下列问题的 Simulink 模型。

$$10\dot{x} + \sin x = f(t) \quad x(0) = 0$$

激励函数是 $f(t)=\sin 2t$。该系统具有图 10.5-1 所示的死区非线性。

25. 下面的模型描述了由非线性硬化弹簧支撑的质量块。单位是 SI(国际单位)。$g=9.81\ \text{m/s}^2$。

$$5\ddot{y} = 5g - \left(900y + 1700y^3\right) \quad y(0) = 0.5 \quad \dot{y}(0) = 0$$

创建 Simulink 模型，并绘制在区间 $0 \leqslant t \leqslant 2$ 上的解。

26. 考虑图 P26 中所示的桅杆提升系统。70 英尺长的桅杆重 500 磅。绞车对缆绳施加 $f=380$ 磅的力。桅杆最初的支撑角为 30°，缆绳在 A 处最初是水平的。桅杆的运动方程如下。

$$25\,400\ddot{\theta} = -17\,500\cos\theta + \frac{626\,000}{Q}\sin(1.33+\theta)$$

其中

$$Q = \sqrt{2020 + 1650\cos(1.33+\theta)}$$

创建并运行 Simulink 模型，求 $\theta(t)$在区间 $\theta(t) \leqslant \pi/2$ rad 上的解。

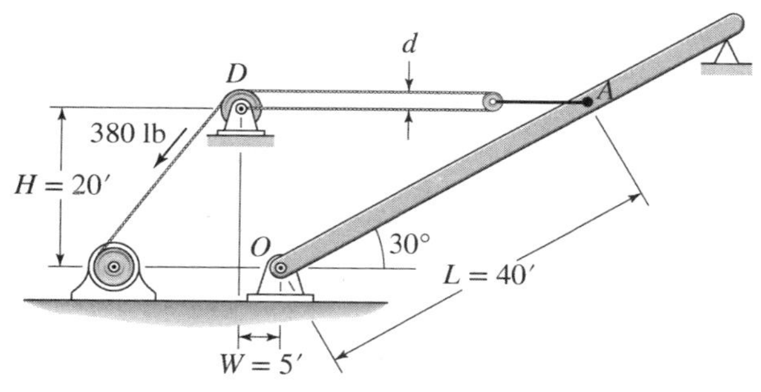

图 P26　桅杆提升系统

27. 描述底部有排水道的球形水箱的水位高度 h 的方程是：

$$\pi(2rh - h^2)\frac{\mathrm{d}h}{\mathrm{d}t} = -C_\mathrm{d}A\sqrt{2gh}$$

假设箱体半径为 $r=3$ 米，面积为 A 的圆形排水孔的半径为 2 厘米。假设 $C_\mathrm{d}=0.5$，初始水位高度是 $h(0)=5$ 米。已知 $g=9.81\text{m/s}^2$。利用 Simulink 求解该非线性方程，将水位高度视作时间的函数，绘制其曲线，直至 $h(t)=0$。

28. 圆锥形纸杯(类似于饮水器处使用的那种)的半径为 R，高度为 H。如果杯中的水位高度为 h，那么水的体积为：

$$V = \frac{1}{3}\pi\left(\frac{R}{H}\right)^2 h^3$$

假设水杯的尺寸为：$R=1.5$ 英寸并且 $H=4$ 英寸。

a. 如果从饮水器到杯子的流量是 2 立方英寸/秒，请用 Simulink 计算将杯子装满到杯沿需要多长时间。

b. 如果从饮水器到杯子的流量是 $2(1-\mathrm{e}^{-2t})$立方英寸/秒，请用 Simulink 计算将杯子装满到杯沿需要多长时间。

10.7 节

29. 如图 10.7-2 所示，假设阻力服从线性关系，因此通过左手阻力的质量流 q_1 为 $q_1=(p_1-p)/R_1$，它与右手阻力的线性关系相似。

a. 创建该箱体的 Simulink 子系统模块。

b. 用子系统模块创建如图 10.7-5 所示的系统 Simulink 模型。假设质量流入速率是阶跃函数。

c. 使用 Simulink 模型求得 $h_1(t)$和 $h_2(t)$的图形，对应的参数值为：$A_1=2\text{m}^2$，$A_2=5\text{m}^2$，$R_1=400\text{m}^{-1}\cdot\text{s}^{-1}$ $R_2=600\ \text{m}^{-1}\cdot\text{s}^{-1}$, $\rho=1000\ \text{kg/m}^3$, q_{mi}=50kg/s，$h_1(0)$=1.5m 并且 $h_2(0)$=0.5m。

30. a. 利用 10.7 节中开发的子系统模块，构建如图 P30 所示的系统的 Simulink 模型。质量流入速率为阶跃函数。

b. 利用 Simulink 模型求得 $h_1(t)$和 $h_2(t)$的图形，参数值如下：$A_1=3\text{ft}^2$，$A_2=5\text{ft}^2$，$R_1=30\text{ft}^{-1}\text{-sec}^{-1}$，$R_2=40\text{ft}^{-1}\text{-sec}^{-1}$，$p=1.94\text{slug/ft}^3$，$q_{\text{mi}}=0.5\text{slug/sec}$，$h_1(0)=2\text{ft}$ 并且 $h_2(0)=5\text{ft}$。

31. 考虑图 10.7-7 中三个 *RC* 回路的值：$R_1=R_3=10^4\Omega$，$R_2=5\times10^4\Omega$，$C_1=C_4=10^{-6}\text{F}$ 并且 $C_2=4\times10^{-6}\text{F}$。

a. 为 *RC* 回路开发子系统模块。

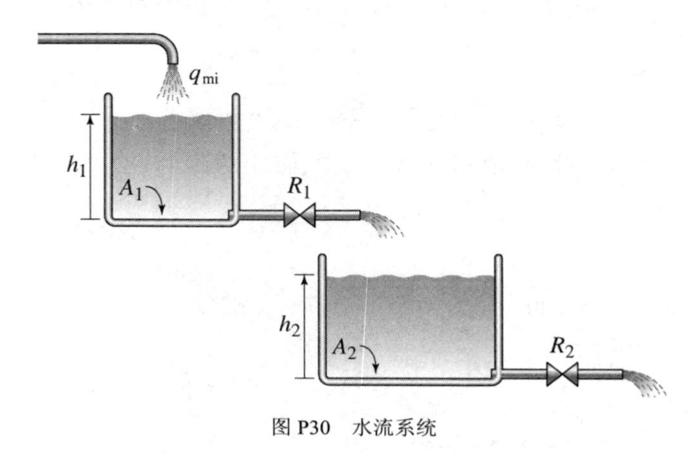

图 P30 水流系统

b. 利用子系统模块构建整个系统三个回路的 Simulink 模型。绘制 $v_3(t)$在区间 $0\leqslant t\leqslant3$ 上的曲线，$v_1(t)=12\sin10t$ V。

32. 考虑图 10.7-8 中有三个质量块的情况。取 $m_1=m_3=10\text{kg}$，$m_2=30\text{kg}$，$k_1=k_4=10^4\text{N/m}$，并且 $k_2=k_3=2\times10^4\text{N/m}$。

a. 请开发含一个质量块的子系统模块。

b. 利用子系统模块构建整个系统的 Simulink 模型。如果 m_1 的初始位移为 0.1 m，请绘制质量块的位移在区间 $0\leqslant t\leqslant2\text{s}$ 上的曲线。

10.8 节

33. 如图 P30 所示，假设在水箱顶部和底部的出入水口之间有 10 秒的死区时间。请用 10.7 节中开发的子系统模块来创建该系统的 Simulink 模型。用习题 30 中给出的参数，绘制高度 h_1 和 h_2 与时间的关系图。

10.9 节

34. 利用图 P34 所示的弹簧关系和输入函数，以及下列阻尼关系，重做 10.9 节中开发的 Simulink 悬挂模型。

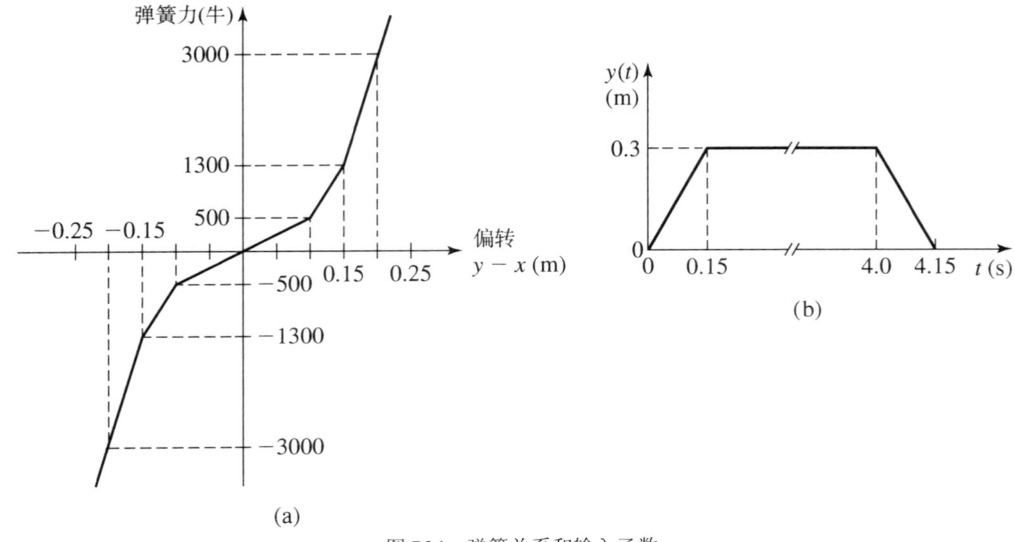

图 P34　弹簧关系和输入函数

$$fd(v) = \begin{cases} -500\,|\,v\,|^{1.2} & v \leqslant 0 \\ 50v^{1.2} & v > 0 \end{cases}$$

请用该仿真绘制响应曲线。计算超调和欠冲。

35. 考虑如图 P35 所示的系统，其运动方程为：

$$m_1\ddot{x}_1 + (c_1 + c_2)\dot{x}_1 + (k_1 + k_2)x_1 - c_2\dot{x}_2 - k_2x_2 = 0$$
$$m_2\ddot{x}_2 + c_2\dot{x}_2 + k_2x_2 - c_2\dot{x}_1 - k_2x_1 = f(t)$$

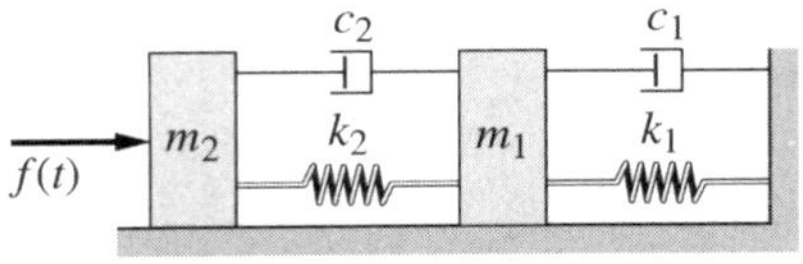

图 P35　系统

假设 $m_1 = m_2 = 1$，$c_1 = 3$，$c_2 = 1$，$k_1 = 1$ 且 $k_2 = 4$。

a. 请开发本系统的 Simulink 模型。在此过程中，考虑是使用状态变量表示还是传递函数表示。

b. 使用 Simulink 模型绘制以下输入的响应 $x_1(t)$。初始条件为零。

$$f(t) = \begin{cases} t & 0 \leqslant t \leqslant 1 \\ 2 - t & 1 < t < 2 \\ 0 & t \geqslant 2 \end{cases}$$

10.10 节

36. 对于图 10.10-3 所示带有单位阶跃命令输入的模型，令 $m=1$。计算要得到根 $s=-50$ 和 -100 所需的 PI 增益。(a)运行仿真并绘制速度图。在给定指定根的情况下，响应时间是否与预期一致？(b)假设扰动是幅度为 100 的阶跃函数，阶跃时间为 0.1。运行仿真并绘制速度曲线。控制器在对抗干扰方面的有效性如何？

37. 对于图 10.10-3 所示的带有单位阶跃命令输入的模型，令 $m=1$。给定 PI 的增益为 $P=150$ 和 $I=5000$，在 PID 模块的输出处放置一个 Scope(示波器)模块。(a)运行仿真直到系统达到稳定状态并绘制速度曲线。PID 模块的最大输出是多少？(b)在 PID 模块后插入 Saturation(饱和)模块，使用限制−50 和 50。再次运行仿真并绘制速度曲线。限值对系统响应有何影响？

38. 对于图 10.10-3 所示带有单位阶跃命令输入的模型，令 $m=1$。计算获得响应时间为 2 所需的 PI 增益。运行仿真并检查速度响应曲线。响应时间是您所期望的吗？

39. 对于图 10.10-3 所示带有单位阶跃命令输入的模型，令 $m=1$。计算要得到特征根 $s=-50\pm50j$ 所需的 PI 增益。运行仿真并绘制速度曲线。在这组特征根的情况下，响应时间是否与期望值一致？

40. 对于图 10.10-4 所示的带有单位阶跃命令输入的模型，令 $T=0.3$。计算在没有振荡的情况下获得响应时间为 2 所需的 PI 增益。运行仿真并检查速度响应曲线。响应时间是您期望的吗？

41. 对于图 10.10-4 所示的带有单位阶跃命令输入的模型，令 $m=1$，$T=0.3$。计算要得到特征根 $s=-50$ 和 -100 所需的 PI 增益。运行仿真并检查速度响应曲线。响应时间是您期望的吗？

42. 对于图 10.10-5 所示带有单位阶跃命令输入的模型，令 $m=1$，$T=0.2$。计算要得到特征根 $s=-10$、-20 和 -20 所需的 PID 增益。运行仿真并检查速度响应曲线。响应时间是您期望的吗？

43. 对于图 10.10-5 所示带有单位阶跃命令输入的模型，令 $m=1$，$T=0.2$。计算要得到特征根 $s=-10$ 和 $-20+20j$ 所需的 PID 增益。运行仿真并检查速度响应。响应时间是您期望的吗？

44. 对于图 10.10-6 所示带有单位阶跃命令输入的模型，令 $m=1$。计算要得到特征根 $s=-10$、-20 和 -20 所需的 PID 增益。运行仿真并检查位置响应曲线。是您期望的响应时间吗？

45. 对于图 10.10-6 所示带有单位阶跃命令输入的模型，令 $m=1$。计算要得到特征根 $s=-10$ 和 $-20\pm20j$ 所需的 PID 增益。运行仿真并检查位置响应曲线。是您期望的响应时间吗？

46. 对于某两轮车辆，轴距为 $L=2$，轮半径为 $R=0.5$。车轮旋转角度为 $\varphi_L=2$ rad 且 $\varphi_R=4$ rad。计算得到的转弯半径 R_C，转弯角 θ，以及车辆参考点的新位置的坐标。

47. 对于某两轮车辆，轴距为 $L=2$，轮半径为 $R=0.5$。要将车辆参考点放在 $x=-0.4$，$y=1.4$ 处。请计算所需的转弯半径 R_C，转弯角 θ，车轮旋转角度 φ_L 和 φ_R。

21 世纪的工程学……

开发可替代能源

目前，美国和世界上的许多其他国家都已经认识到，要减少对天然气、石油、煤炭甚至铀等不可再生能源的依赖。这些燃料最终都会枯竭，并且会对环境造成不利的影响。进口这些能源，还会造成巨大的贸易失衡，损害经济。因此，21 世纪的主要工程挑战之一就是开发可再生能源。

可再生能源包括太阳能(太阳能热力和太阳能电力)、地热能、潮汐和波浪能、风能，以及可以转化为酒精的农作物。在太阳能热力应用中，太阳的热量首先加热液体，而后这些液体又用来加热建筑物或者为发电机(如汽轮机)提供动力。在太阳能电力应用中，太阳光被直接转化为电能。

地热能发电是由地热能或蒸汽通风口获得的。潮汐能是用潮流驱动涡轮机发电而获得的。波浪能是利用波浪引起的水面变化来驱动水通过涡轮机或其他装置带动发电机发电。风能利用风力涡轮机来驱动发电机发电。

大多数可再生能源的应用困难在于它们是分散的，所以必须以某种方式集中能量；而且可再生能源是分散的，因此还需要集中能量的方法。目前，大多数可再生能源系统的效率都不高，因此未来的工程挑战是提高效率。

MATLAB 支持可再生能源系统的工程设计。示例程序包括接入配电系统的 9MW 风电场以及缓解电力传输系统拥塞的通用能流控制器的性能研究软件。此外，在 MATLAB 中已完成大量光伏发电系统研究。

第 11 章

MATLAB 的符号处理

内容提要

11.1 符号表达式和代数
11.2 代数和超越方程
11.3 微积分
11.4 微分方程
11.5 拉普拉斯变换
11.6 符号线性代数
11.7 总结
习题

到目前为止，我们只用 MATLAB 进行过数值运算；也就是说，计算的结果都是数字，而不是表达式。本章将展示如何使用 MATLAB 执行符号运算(symbolic processing)，并获得表达式形式的答案。符号运算是用来描述计算机如何以某种形式对数学表达式进行运算的术语，例如，人类用铅笔和纸做代数运算。通常都尽可能希望得到封闭解，因为它能让我们对问题有更深入的了解。例如，我们经常可以看到如何利用不含具体参数值的数学表达式建模来改进工程设计。然后分析表达式，并确定该对哪些参数值做优化设计。

符号表达式 本章将展示如何在 MATLAB 中定义像 $y=\sin x/\cos x$ 这样的表达式，以及如何用 MATLAB 尽可能简化表达式。例如，前面的函数可简化为 $y=\sin x/\cos x=\tan x$。MATLAB 既可以对数学表达式做加法和乘法运算，也可以计算代数方程的符号解，比如 $x^2+2x+a=0$(其符号解 x 为 $x=-1\pm\sqrt{1-a}$))。MATLAB 还可以做符号微分和积分运算，并求解封闭形式的常微分方程。

要想使用本章的方法，您必须使用符号数学工具箱或学生版 MATLAB。本章使用 8.9 版(R2017b)工具箱。

符号处理是一种较新的计算机应用，并且这类软件正在迅速开发。因此，随着功能的改进和缺陷(bug)的消除，软件升级可能会在性能和语法方面产生变化。出于这个原因，如果您的软件没有按照预期执行或给出错误的结果，就应该检查 MathWorks 网站。MathWorks 网站是 http//www.mathworks.com，从中可以搜索常见问题(FAQ)的答案和技术说明。这些都是按照类别分组的(例如，其中一类就是符号数学工具箱)。您还可用关键词搜索信息。

在本章中，我们将介绍符号数学工具箱功能的一个子集。特别是：

- 符号代数。
- 求解代数方程和超越方程的符号方法。
- 求解常微分方程的符号方法。

- 符号微积分，包括积分、微分、极限和级数。
- 拉普拉斯变换。
- 线性代数中的精选主题，包括计算行列式、矩阵的逆和特征值的符号方法。

拉普拉斯变换是求解微分方程的方法之一，并且通常与微分方程一起讨论，因此本章也特别设立一节介绍拉普拉斯变换。

我们不讨论符号数学工具箱的以下功能：符号矩阵的规范型；可变精度算术，允许将表达式计算到指定的数值精度；更高级的数学函数，如傅里叶变换。有关这些功能的详细信息，可以在在线帮助中找到。

当您读完这一章时，应该能够用 MATLAB：

- 创建符号表达式并对它们进行代数运算。
- 计算代数和超越方程的符号解。
- 进行符号微分和积分运算。
- 用符号求极限和级数。
- 求常微分方程的符号解。
- 求拉普拉斯变换。
- 执行符号线性代数运算，包括求行列式、矩阵的逆和特征值的表达式。

11.1 符号表达式和代数

函数 sym 可在 MATLAB 中创建“符号对象”。如果 sym 的输入参数是字符串，则结果是符号数字或变量。如果输入参数是数值标量或矩阵，则结果是给定数值的符号表示。例如，输入 *x*＝sym('x')将创建名为 x 的符号变量，而输入 y＝sym('y')将创建名为 y 的符号变量。输入 x＝sym ('x', 'real')则让 MATLAB 认为 x 是实数。

syms 命令允许您将多个这样的语句组合成一个语句。例如，输入 syms x 等价于输入 x＝sym('x')，输入 syms x y u v 将创建四个符号变量 x、y、u 和 v。当不带参数时，syms 命令会列出当前工作空间中的符号对象。然而，syms 命令不能创建符号常量；为此，您必须使用 sym 命令。

syms 命令允许指定变量为实数。例如：

```
>>syms x y real
```

或者正实数：

```
>>syms x y positive
```

要清除 x 和 y，可输入：

```
>>syms x y clear
```

还可以用 syms 函数创建符号函数。例如：

```
>>syms x(t)
>>x(t) = t^2;
>>x(3)
   9
```

或者：

```
>>syms f(x,y)
>>f(x,y) = x + 4*y;
>>f(2,5)
   22
```

符号常量 sym 函数可以通过对参数指定数值来创建符号常量。例如，输入 pi＝sym('pi')，或者 syms pi 和 fraction＝sym('1/3')，都可以创建符号常量，从而避免 π 和 1/3 固有的浮点近似。如果以这种方式创建符号常量 pi，它将暂时替换内置的数值常量，并在键入其名称时不再获得数值。例如：

```
>>syms pi
>>b = 4*pi    % This gives a symbolic result.
b =
    4*pi
>>fraction = syms('1/3');
>>c = 5*fraction    % This gives a symbolic result.
c =
    5/3
```

使用符号常量的优点是，在需要数值答案之前，不需要求出它们的值(附带有舍入误差)。

符号常量看起来像数字，但实际上是符号表达式。符号表达式可能看起来像是字符串，但其实是不同的量。可以使用 class 函数来确定某个量是符号、数值还是字符串。稍后将列举 class 函数的示例。

在以这种方式将 MATLAB 浮点数转换为符号常量时，需要考虑舍入误差的影响。可以用 sym 函数的第二个可选参数来指定浮点数的转换技术。有关更多信息，请参阅在线帮助。

符号表达式

您可以在表达式中使用符号变量，并将其用作函数的参数。您还可以像做数值计算一样，使用运算符+-*/^和内置函数。例如，输入：

```
>>syms x y
>>s = x + y;
>>r = sqrt(x^2 + y^2);
```

创建符号变量 s 和 r。表达式 s＝x+y 和 r＝sqrt(x^2+y^2)是符号表达式的两个例子。以这种方式创建的变量 s 和 r 与用户定义的函数文件不同。即，如果您稍后再对 x 和 y 赋值，输入 r 后并不会使 MATLAB 对等式 $r=\sqrt{x^2+y^2}$ 求值。我们将稍后看到如何对符号表达式进行数值计算。

syms 命令允许您指定表达式具有某些特征。例如，在接下来的会话中，MATLAB 将把表达式 w 视为非负数。

```
>>syms x y real
>>w = x^2 + y^2;
```

要清除 x 的实数属性，请输入 syms x clear。

MATLAB 中使用的向量和矩阵表示法也适用于符号变量。例如，您可以创建如下所示的符号矩阵。

```
>>n = 3;
>>syms x
>>A = x.^((0:n)' *(0:n))
A =
     [ 1, 1, 1, 1]
     [ 1, x, x^2, x^3]
     [ 1, x^2, x^4, x^6]
     [ 1, x^3, x ^6, x^9]
```

请注意，没必要用 sym 或 syms 预先声明 A 是符号变量。只要它是用符号表达式创建的，就会自动被识别为符号变量。还要注意，x 后面要紧跟一个句号(点)来实现逐元素求幂。

默认变量　在 MATLAB 中 x 是默认的自变量，但其他变量也可指定为自变量。知道哪个变量是表达式中的自变量这很重要。函数 findsym(E)可用于确定 MATLAB 在指定的表达式 E 中使用的符号变量。

函数 findsym(E)能查找符号表达式或矩阵中的符号变量，其中 E 是标量或矩阵符号表达式，并返回字符串，其中包含了 E 中出现的所有符号变量。返回的变量按照字母顺序排列，并以逗号间隔。如果没有找到符号变量，findsym 就返回空字符串。

相比之下，函数 findsym(E, n)返回 E 中最接近 x 的 n 个符号变量。下面的会话将展示它的用法。

```
>>syms b x1 y
>>findsym(6*b+y)
ans =
     b,y
>>findsym(6*b+y+x) % Note:x has not been declared symbolic.
??? Undefined function or variable 'x'.
>>findsym(6*b+y,1) % Find the one variable closest to x.
ans =
     y
>>findsym(6*b+y+x1,1)
ans =
     x1
>>findsym(6*b+y*i) % Note: i is not symbolic
ans =
     b, y
```

操作表达式

例如，下面的函数可以通过合并幂的系数、展开幂和对表达式做因式分解，以实现表达式操作。

函数 collect(E)能合并表达式 E 中(如幂)的系数。如果有多个变量，应使用可选的形式 collect(E, v)，它能合并变量 v 具有相同幂的所有系数。

```
>>syms x y
>>E = (x-5)^2+(y-3)^2;
>>collect(E)
ans =
    x^2-10*x+25+(y-3)^2
>>collect(E,y)
ans =
    y^2-6*y+(x-5)^2+9
```

函数 expand(E)通过执行幂运算来展开表达式 E。例如：

```
>>syms x y
>>expand((x+y)^2) % Applies algebra rules.
ans =
    x^2+2*x*y+y^2
>>expand(sin(x+y)) % Applies trig identities.
ans =
    sin(x)*cos(y)+cos(x)*sin(y)
ans =
    6
```

函数 factor(n)返回数字 n 的素数因子。但是如果参数为符号表达式 E，那么函数 factor(E)对表达式 E 进行因式分解。例如，

```
>>syms x y
>>factor(x^2-1)
ans =
    (x-1)*(x+1)
```

函数 simplify(E)用于化简表达式 E，例如，

```
>>syms a x y
>>simplify(exp(a*log(sqrt(x))))
ans =
    x^(a/2)
>>simplify(6*((sin(x))^2+(cos(x))^2))
ans =
    6
>>simplify(sqrt(x^2)) % Does not assume that x is non-negative.
ans =
    sqrt(x^2)
```

```
>>simplify(sqrt(x^2),'IgnoreAnalyticConstraints',true)
ans =
    x % Assumes that x is non-negative.
```

函数 simplify(E, 'IgnoreAnalyticConstraints', value)能控制做简化时约束分析的数学严格程度(非负数、零除等)。value 的选项可以是 true 或 false，默认值为 false。若指定 true，则在简化过程中放松数学严格程度。

您可以对符号表达式使用运算符+-*/和^，从而得到新的表达式。下面的会话将说明如何做到这一点。

```
>>syms x y
>>E1 = x^2 + 5   % Define two expressions.
>>E2 = y^3 - 2
>>S1 = E1 + E2   % Add the expressions.
S1 =
   x^2+3+y^3
>>S2 = E1*E2   % Multiply the expressions.
S2 =
   (x^2+5)*(y^3-2)
>>expand(S2)   % Expand the product.
ans =
    x^2*y^3-2*x^2+5*y^3-10
>>E3 =x^3+2*x^2+5*x+10   % Define a third expression.
>>S3 = E3/E1   % Divide two expressions.
     S3 = (x^3+2*x^2+5*x+10)/(x^2+5)
>>simplify(S3)   % See if some terms cancel.
ans =
    x+2
```

函数[num den]=numden(E)返回的两个符号表达式，分别表示表达式 E 的有理表示的分子 num 和分母 den。

```
>>syms x
>>E1 = x^2+5;
>>E4 = 1/(x+6);
>>[num, den] = numden(E1+E4)
num =
    x^3+6*x^2+5*x+31
den =
    x+6
```

函数 double(E)将表达式 E 转换为数值形式。术语“double”代表浮点数、双精度。例如：

```
>>sym_num = sym([pi, 1/3]);
>>double(sym_num)
ans =
    3.1416       0.3333
```

函数 poly2sym(p)将系数向量 p 转换为符号多项式。默认变量为 x。poly2sym(p，'v')生成关于变量 v 的多项式。例如：

```
>>poly2sym([2,6,4])
ans =
     2*x^2+6*x+4
>>poly2sym([5,-3,7],'y')
ans =
    5*y^2-3*y+7
```

函数 sym2poly(E)将表达式 E 转换为多项式系数向量。

```
>>syms x
>>sym2poly(9*x^2+4*x+6)
ans =
```

```
        [9 4 6]
```

函数 subs (E, old, new)将表达式 E 中的 old 替换为 new，其中 old 可以是符号变量或表达式，new 可以是符号变量、符号表达式或符号矩阵，也可以是数值或数值矩阵。例如：

```
>>syms x y
>>E = x^2+6*x+7
>>F = subs(E,x,y)
F =
  y^2+6*y+7
```

如果 old 和 new 是大小相同的单元数组，则将 old 的每个元素替换为 new 的相应元素。如果 E 和 old 是标量，而 new 是数组或单元数组，则将标量扩展到生成数组结果。

如果您想告诉 MATLAB ，f 是变量 t 的函数，则请输入 syms f(t)。此后，f 的行为就像是 t 的函数，您可以通过工具箱命令来对它进行操作。例如，要创建新函数 g(t)=f(t+2) - f(t)，相应的会话是：

```
>>syms f(t)
>>g = subs(f,t,t+2)-f
g =
     f(t+2)-f(t)
```

一旦将 f(t)定义为特定函数，函数 g(t)也就确定了。我们将在第 11.5 节拉普拉斯变换中使用这种技巧。

拉普拉斯变换

要执行多次替换，需要在大括号中包含新元素和旧元素。例如，将 a=x 和 b=2 代入表达式 E=a sinb，相应的会话是：

```
>>syms a b x
>>E = a*sin(b);
>>F = subs(E,{a, b}, {x, 2})
F =
    x*sin(2)
```

表达式计算

在大多数应用中，我们最终希望根据符号表达式获得数值或图形。使用 subs 和 double 函数就能对表达式进行数值计算。首先使用 subs (E,old, new)将 old 替换为数值 new。然后用 double 函数将表达式 E 转换为数值形式。例如：

```
>>syms x
>>E = x^2+6*x+7;
>>G = subs(E,x,2) % G is a symbolic constant.
G =
    23
>>class(G)
ans =
     sym
>>H = double(G) % H is a numeric quantity.
H =
    23
>>class(H)
ans =
     double
```

有时，MATLAB 会显示对表达式求值的所有结果都是 0。而实际上，有些值可能并非为零，只是太小而已，您需要更精确地对表达式求值，以确定它是否为零。这可以使用 digits 和 vpa 函数改变 MATLAB 用于计算表达式求值的位数。在 MATLAB 中，单独的算术运算的精度大约为 16 位，而符号运算可以精确到任意位数。默认为 32 位。输入 digits(d)改变用于 d 的位数。请注意，d 值较大时需要更多的时间和计算机内存来执行操作。输入 vpa(E)计算表达式 E，精度为默认的 32 位或者是 digits 命令设置的位数。输入 vpa(E, d)可计算表达式 E，精度为 d 位(缩写 vpa 代表“可变精度算术”)。

绘制表达式

MATLAB 函数 fplot(E)能够生成符号表达式 E 的图形，它是单变量函数。自变量的默认区间为[−5, 5]，除非该区间包含奇异点。可选的形式 fplot(E, [xmin xmax])能生成范围从 xmin 到 xmax 的图形。当然，您可以通过使用第 5 章中讨论的图形格式命令(如 axis、xlabel 和 ylabel 命令)来增强 fplot 生成的图形。

例如：

```
>>syms x
>>E = x^2-6*x+7;
>>fplot(E,[-2 6])
```

有时自动选择的纵坐标刻度并不合适。为获得-5 至 25 的纵坐标刻度，并在纵坐标上贴上标签。需要输入：

```
>>fplot(E),axis([-2 6 -5 25]),ylabel('E')
```

优先级顺序

MATLAB 并不总是按照我们通常使用的形式来排列表达式。例如，MATLAB 提供的答案形式可能是：−c+b，这不是我们通常习惯的 b-c。我们必须熟记 MATLAB 使用的优先级顺序，以避免误解输出。MATLAB 常用 1/a*b 的形式来表示结果，而我们通常采用 b/a 的形式来表示结果。例如 MATLAB 有时未能将 x ^(1/2)* y ^(1/2)组合成(x*y)^(1/2)；而且经常没有按照习惯取消负号，比如是−a/(−b*c−d)，而不是 a/(b*c+d)。

表 11.1-1 和 11.1-2 总结了用于创建、计算和操作符号表达式的函数。

表 11.1-1　用于创建符号表达式和对符号表达式进行求值的函数

命令	描述
class(E)	返回表达式 E 的类型
digits(d)	设置用于执行可变精度算术的十进制位数。默认为 32 位
double(E)	将表达式 E 转换为数值形式
findsym (E)	求出符号表达式或矩阵中的符号变量，其中 E 是标量或矩阵符号表达式，并返回一个包含 E 中出现的所有符号变量的字符串。如果没有找到符号变量，findsym 返回空字符串
findsym(E,n)	返回 E 中最接近 x 的 n 个符号变量，而不是更接近 z 的符号变量
fplot(E)	生成符号表达式 E 的图形，表达式是单变量函数。自变量的默认取值范围为[-5, 5]，除非这个区间内包含奇异点。可选的形式 fplot (E, xmin xmax])可生成从 xmin 到 xmax 范围的图形
[num den]= numden(E)	返回两个符号表达式，它们代表表达式 E 的有理表示，其中分子表达式为 num，分母表达式为 den
x=sym(‘x’)	创建名为 x 的符号变量。输入 x=sym('x', 'real')，让 MATLAB 假设 x 是实数
syms x y u v	创建符号变量 x、y、u 和 v。如果不带参数，syms 会列出工作空间中的所有符号对象
vpa(E, d)	将计算表达式 E 的精度设置为 d。输入 vpa(E)将使对 E 的求值精度位数设为默认的 32 位或当前设置的位数

您学会了吗？

T11.1-1 已知表达式：$E_1=x^3-15x^2+75x-125$ 和 $E_2=(x+5)^2-20x$，请用 MATLAB：

(*a*) 求出积 E_1E_2，并表示成最简形式。

(*b*) 求出商 E_1/E_2，并表示成最简形式。

(*c*) 分别以符号形式和数字形式计算 E_1+E_2 在 $x=7.1$ 处的和。

(答案：(a) $(x-5)^5$ (b)。$x-5$。(c)符号形式为 13671/1000，数值形式为 13.6710)

表 11.1-2 用于操作符号表达式的函数

命令	描述
collect (E)	合并表达式 E 中(如幂)的系数
expand(E)	通过执行幂运算来展开表达式 E
factor(E)	对表达式 E 做因式分解
poly2sym(p)	将多项式系数向量 p 转换为符号多项式。形式 poly2sym (p, 'v')产生以变量 v 表示的多项式
simplify(E)	化简表达式 E
subs(E, old, new)	在表达式 E 中用 new 替换 old，其中 old 可以是符号变量或表达式，new 可以是符号变量、表达式或矩阵，也可以是数值或数值矩阵
sym2poly(E)	将表达式 E 转换为多项式系数向量

11.2 代数和超越方程

符号数学工具箱可以求解代数和超越方程，以及由这些方程所描述的系统。超越(transcendental)方程是包含一个或多个超越函数(如 sin$x$、e^x或 log x)的方程。函数 solve (E)适合求解这类方程。

函数 solve(E)能求解由表达式 E 表示的符号表达式或方程。如果 E 表示方程，则方程表达式必须用单引号括起来。如果 E 表示表达式，则得到的解为表达式 E 的根；即方程 E＝0 的解。求解多个表达式或方程时可以用逗号将它们分隔开来解决，如 solve(E1, E2,⋯,En)。请注意，在使用 solve 之前，不需要声明 sym 或 syms 函数使用的符号变量。

要求解方程 x+5＝0，第一种方法是：

```
>>syms x
>>solve(x+5==0)
ans =
    -5
```

第二种方法是：

```
>>syms x
>>eqn = x+5==0;
>>solve(eqn)
ans =
     -5
```

可将结果存储在一个已命名的变量中，如下所示：

```
>>syms x
>>x = solve(x+5==0)
x =
   -5
```

要求解方程 $e^{2x}+3e^x=54$，相应的会话是：

```
>>syms x
>>solve(exp(2*x)+3*exp(x)==54)
ans =
    log(9) + pi*1i
    log(6)
```

请注意，第一个答案是 $\ln(9)+\pi i$，这等价于 ln(−9)。要看到这一点，可在 MATLAB 中输入 log(−9)得到 2.1972+3.1416i。所以我们得到两个解，而不是一个。接下来，我们必须确定它们是否都有意义，这取决于生成原始方程的具体应用。如果应用需要实数解，我们就应该选择 log(6)作为答案。

下面的会话提供了这些函数更多的用例。

```
>>syms y
>>eqn1 = y^2+3*y+2==0;
>>solve(eqn1)
ans =
    -2
    -1
>>syms x
>>eqn2 = x^2+9*y^4==0;
>>solve(eqn2)  % x is presumed to be the unknown variable.
ans =
    -y^2*3*i
    y^2*3*i
```

当表达式含有多个变量时，MATLAB 假定在字母表中最接近 x 的变量就是要求的变量。可以使用语法 solve (E, 'v')指定解的变量，其中 v 是解变量。例如：

```
>>syms b c
>>solve(b^2+8*c+2*b==0)  % Solves for c.
ans =
-1*b^2/8-b/4
>> solve(b^2+8*c+2*b==0,b)  % Solves for b.
ans =
-(1-8*c)^(1/2)-1
(1-8*c)^(1/2)-1
```

因此，方程 $b^2+8c+2b=0$ 中 c 的解是 $c=-(b^2+2b)/8$。b 的解是 $b=-1\pm\sqrt{1-8c}$。

通过使用[x, y]=solve (egn1, eqn2)，可将解保存为向量形式。请注意下面示例中输出格式的差异。第一种格式以结构形式给出答案。

```
>>syms x y
>>eqn3 = 6*x+2*y==14;
>>eqn4 = 3*x+7*y==31;
>>solve(eqn3,eqn4)
ans =
    x: [1x1 sym]
    y: [1x1 sym]
>>x = ans.x
x =
    1
>>y = ans.y
y =
  4
>>[x, y] = solve(eqn3,eqn4)
x =
  1
y =
  4
```

解的结构 可将解保存在结构的指定字段中(具体请参阅第 3 章 3.7 节，关于结构和字段的部分)。单个解都保存在字段中。例如，按照如下方式继续上述会话。

```
>>S = solve(eqn3,eqn4)
S =
    x: [1x1 sym]
    y: [1x1 sym]
>>S.x
ans =
    1
>>S.y
ans =
    4
```

您学会了吗？

T11.2-1　请用 MATLAB 求解方程$\sqrt{1-x^2}=x$。(答案是：$x=\sqrt{2}/2$)

T11.2-2　请用 MATLAB 求出含参数 a 的方程组：$x+6y=a$，$2x-3y=9$。(答案：$x=(a+18)/5$，$y=(2a-9)/15$)

例题 11.2-1　两个圆的交点

求两个圆的交点。第一个圆的半径为 2，圆心为 $x=3$，$y=5$。第二个圆的半径为 b，圆心为 $x=5$，$y=3$。具体参见图 11.2-1。

(a) 求出含参数 b 的交点坐标(x, y)。

(b) 计算 $b=\sqrt{3}$时方程的解。

■　解

(a) 从两个圆方程的解中可以找到交点。第一个圆的方程是：

$$(x-3)^2+(y-5)^2=4$$

第二个圆的方程是：

$$(x-5)^2+(y-3)^2=b^2$$

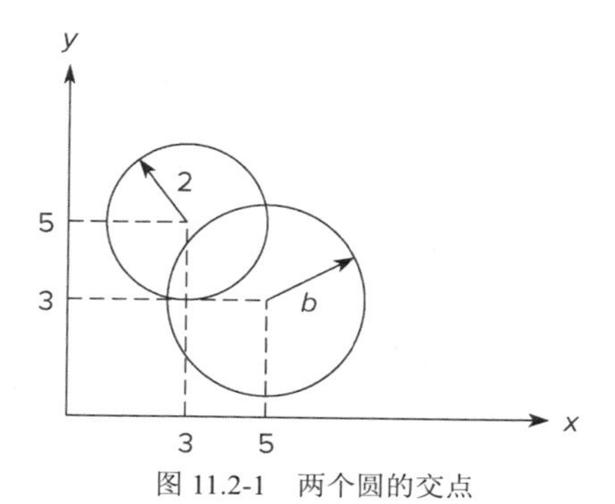

图 11.2-1　两个圆的交点

求解上述方程的会话如下。请注意，结果 x: [2x1 sym]表示 x 有两个解，同样，y 也有两个解。

```
>>syms x y b
>>S = solve((x-3)^2+(y-5)^2-4,(x-5)^2+(y-3)^2-b^2)
ans =
S
    x: [2x1 sym]
    y: [2x1 sym]
>>simplify(S.x)
ans =
    9/2-b^2/8+(-16+24*b^2-b^4)^(1/2)/8
    -(-16+24*b^2- b^4)^(1/2)/8-b^2/8+9/2
```

交点的 x 坐标的解是：

$$x=\frac{9}{2}-\frac{1}{8}b^2\pm\frac{1}{8}\sqrt{-16+24b^2-b^4}$$

通过输入 S.y 可以找到 y 坐标的解。

(b) 将 $b=\sqrt{3}$代入 x 的表达式，继续上述会话。

```
>>subs(S.x,b,sqrt(3));
>>simplify(ans)
ans =
     33/8-47^(1/2)/8
     47^(1/2)/8 +33/8
>>double(ans)
ans =
     3.2680
     4.9820
```

因此，两个交点的 x 坐标分别为 $x=4.982$ 和 $x=3.268$。用类似的方法可以求出 y 坐标。

您学会了吗？

T11.2-3　求例题 11.2-1 中交叉点的 y 坐标。已知 $b=\sqrt{3}$。(答案：$y=4.7320, 3.0180$)

含有周期函数的方程有无穷多个解。这种情况下，solve 函数将解的搜索范围限制为零附近。例如，要求解方程 $\sin 2x-\cos x=0$，相应的会话是：

```
>>solve(sin(2*x)-cos(x)==0)
ans =
     pi/2
     pi/6
```

请注意 $x=-\pi/2$ 和 $x=5\pi/6$ 都是解。

例题 11.2-2　机器人手臂定位

图 11.2-2 显示了一个具有两个关节和两个连杆的机器人手臂。两个关节处电机的旋转角度分别为 θ_1 和 θ_2。根据三角函数，我们可以推导出机器手的坐标(x, y)为下列表达式：

$$y = L_1 \ \sin\theta_1 + L_2 \ \sin(\theta_1 + \theta_2)$$

$$x = L_1 \ \cos\theta_1 + L_2 \ \cos(\theta_1 + \theta_2)$$

假设：两个连杆长度分别为 $L_1=4$ 英尺，$L_2=3$ 英尺。

(a) 计算将机器手放在 $x=6$ 英尺，$y=2$ 英尺位置时所需的电机转动角度。

(b) 机器手沿直线移动，其中 x 为常量 6 英尺，y 在 $y=0.1$ 到 $y=3.6$ 英尺之间变化。请绘出电机转动角度相对于 y 的函数曲线。

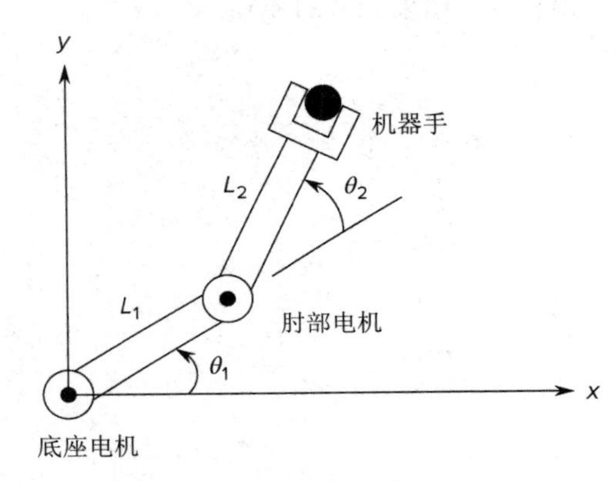

图 11.2-2　有两个关节和两个连杆的机器人手臂

■　**解**

(a) 将 L_1、L_2、x 和 y 的已知值代入上述方程，得到：

$$6 = 4 \ \cos\theta_1 + 3 \ \cos(\theta_1 + \theta_2)$$

$$2 = 4 \ \sin\theta_1 + 3 \ \sin(\theta_1 + \theta_2)$$

下面的会话将求解这些方程。变量 th1 和 th2 分别代表 θ_1 和 θ_2。

```
>> syms th1 th2
>>S = solve(4*cos(th1)+3*cos(th1+th2)==6,...
      4*sin(th1)+3*sin(th1+th2)==2)
S =
    th1:[2x1 sym]
    th2:[2x1 sym]
>>double(S.th1)*(180/pi) % convert to degrees.
ans =
      40.1680
      -3.2981
>>double(S.th2)*(180/pi) % convert to degrees.
ans =
```

```
    -51.3178
    51.3178
```

因此方程有两组解。第一组解是 θ_1=40.168°，θ_2=-51.3178°。这就是所谓的“肘向上”解。第二组解是 θ_1=-3.2981°，θ_2=51.3178°。这被称为“肘向下”解，具体如图 11.2-2 所示。当问题可以用数值法求解时，就像在本例中，就不必用 solve 函数求出符号解。然而，在(b)部分中，将使用 solve 函数的符号求解功能。

(b) 首先根据变量 y 求出电机角度的解，然后求出 y 的数值解，并绘制结果曲线。脚本文件如下所示。请注意，因为问题中有三个符号变量，所以我们必须让 solve 函数知道我们要求解的是 θ_1 和 θ_2。

```
syms y
S = solve(4*cos(th1)+3*cos(th1+th2)==6,...
    4*sin(th1)+3*sin(th1+th2)==y, th1,th2)
yr = 1:0.1:3.6;
th1r = subs(S.th1,y,yr);
th2r = subs(S.th2,y,yr);
th1r = (180/pi)*double(th1r);
th2r = (180/pi)*double(th2r);
subplot(2,1,1)
plot(yr,th1r,2, -3.2981,x,2,40.168,'o'),...
     xlabel('y (feet)'),ylabel('Theta1 (degrees)')
subplot(2,1,2)
plot(yr,th2r,2, -51.3178,'o',2,51.3178,'x'),...
     xlabel('y (feet)'),ylabel('Theta2 (degrees)')
```

结果如图 11.2-3 所示，我们对(a)部分的解进行了标记，以检验符号解的有效性。肘向上的解标为“o”，肘向下的解标为“x”。我们可以把 θ_1 和 θ_2 的解的表达式绘制成 y 的函数，这些表达式难以处理，如果我们只需要图形的话，就没必要求出表达式。

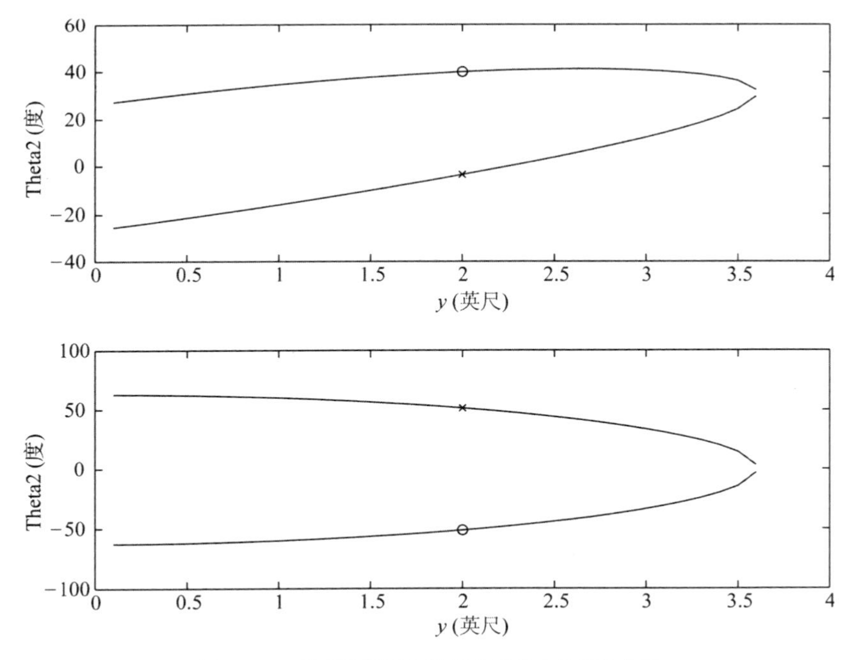

图 11.2-3 机器手沿垂直线移动时的电机转角曲线

MATLAB 强大到足以求解机器手的坐标 (x, y)为任意值的机器人手臂方程。但是，θ_1 和 θ_2 的结果表达式很复杂。

表 11.2-1 是对 solve 函数的总结。

表 11.2-1　求解代数方程和超越方程的函数

命令	描述
solve(E)	求解由表达式 E 表示的符号表达式或方程。如果 E 表示方程，则方程的表达式必须包含等式符号(==)。如果 E 表示表达式，则得到的解就是表达式 E 的根；即方程 E=0 的解
solve(E1,…,En)	求解多个表达式或方程
S=solve(E)	将解保存在结构 S 中

11.3　微积分

第 9 章中讨论了数值微分和数值积分技术；本节将讨论符号表达式的微分和积分，以获得导数和积分的封闭解。

微分

使用 diff 函数能计算符号的导数。虽然该函数与用于计算数值微分的函数同名(参见第 9 章)，但是 MATLAB 可以检测出参数中是否有符号表达式，并指导相应的计算。其基本语法是 diff(E)，返回表达式 E 相对于默认自变量的导数。

比如，下列导数：

$$\frac{\mathrm{d}x^n}{\mathrm{d}x} = nx^{n-1}$$

$$\frac{\mathrm{d}\ln x}{\mathrm{d}x} = \frac{1}{x}$$

$$\frac{\mathrm{d}\sin^2 x}{\mathrm{d}x} = 2\sin x\cos x$$

$$\frac{\mathrm{d}\sin y}{\mathrm{d}y} = \cos y$$

$$\frac{\mathrm{d}[\sin(xy)]}{\mathrm{d}x} = y\cos(xy)$$

是通过以下会话获得的：

```
>>syms n x y
>>diff(x^n)
ans =
    n*x^(n-1)
>>diff(log(x))
ans =
    1/x
>>diff((sin(x))^2)
ans =
    2*cos(x)*sin(x)
>>diff(sin(y))
ans =
    cos(y)
```

如果表达式中包含多个变量，则 diff 函数将作用于变量 x 或者最接近 x 的变量，除非被告知不这样做。当有多个变量时，diff 函数将计算偏导数。例如，如果：

$$f(x,y) = \sin(xy)$$

那么

$$\frac{\partial f}{\partial x} = y\cos(xy)$$

对应的会话为：

```
>>syms x y
>>diff(sin(x*y))
ans =
      y*cos(x*y)
```

diff 函数有三种形式。函数 diff(E,v)返回表达式 E 对变量 v 的导数。例如：

$$\frac{\partial[x\ \sin(xy)]}{\partial y}=x^2\cos(xy)$$

可由下列会话求得：

```
>>syms x y
>>diff(x*sin(x*y),y)
ans =
      x^2*cos(x*y)
```

函数 diff(E, n)返回表达式 E 对默认自变量的 n 阶导数。例如：

$$\frac{d^2(x^3)}{dx^2}=6x$$

是由下列会话求得的：

```
>>syms x
>>diff(x^3,2)
ans =
     6*x
```

函数 diff(E, v, n)返回表达式 E 对变量 v 的 n 阶导数。例如：

$$\frac{\partial^2\left[x\ \sin(xy)\right]}{\partial y^2}=-x^3\ \sin(xy)$$

可由下列会话求得。

```
>>syms x y
>>diff(x*sin(x*y),y,2)
ans =
     -x^3*sin(x*y)
```

表 11.3-1 是对微分函数的总结。

表 11.3-1　符号微积分函数

命令	描述
diff(E)	返回表达式 E 对默认自变量的导数
diff(E,v)	返回表达式 E 对变量 v 的导数
diff(E,n)	返回表达式 E 对默认自变量的 n 阶导数
diff(E、v、n)	返回表达式 E 对变量 v 的 n 阶导数
int(E)	返回表达式 E 对默认自变量的积分
int(E,v)	返回表达式 E 对变量 v 的积分
int(E,a,b)	返回表达式 E 对默认自变量在区间[a, b]上的积分，其中 a 和 b 是数值量
int(E,v,a,b)	返回表达式 E 对变量 v 在区间[a, b]上的积分，其中 a 和 b 是数值量
int(E,m,n)	返回表达式 E 对默认自变量在区间[m, n]上的积分，其中 m 和 n 是符号表达式
limit(E)	当默认自变量趋于零时，返回表达式 E 的极限
limit(E,a)	当默认自变量趋于 a 时，返回表达式 E 的极限
limit(E,v,a)	当变量 v 趋于 a 时，返回表达式 E 的极限
limit(E,v,a,'d')	当变量 v 从 d 指定的方向(可能是“right”，也可能是“left”)趋于 a 时，返回表达式 E 的极限
symsum(E)	返回表达式 E 的符号求和
taylor(f,x,a)	给出表达式 f 定义的函数在 x＝a 处的五阶泰勒级数。如果参数 a 缺失，函数就会返回 x＝0 处的级数

最大最小值问题

导数可以用来求取连续函数如 $f(x)$在区间 $a \leqslant x \leqslant b$ 上的最大值或最小值。局部最大值或局部最小值(不在边界 $x=a$ 或者 $x=b$ 上出现的值)只能出现在临界点(critical point)，即 $df/dx=0$ 或者 df/dx 不存在的点。如果 $d^2f/dx^2>0$，则该点为相对最小值；如果 $d^2f/dx^2 < 0$，则该点为相对最大值。如果 $d^2f/dx^2=0$，则该点既不是最小值也不是最大值，而是拐点(inflection point)。如果存在多个候选项，则必须在每个点对函数进行求值，以确定全局最大值和全局最小值。

例题 11.3-1 飞跃绿色怪兽(Green Monster)

“绿色怪兽”是位于波士顿芬威(Fenway)公园的一堵 37 英尺高的墙。从本垒到左外野线的距离是 310 英尺。假设击球手击打的球高离地 4 英尺，忽略空气阻力，请确定击球手必须以多大的最低击球速度，才能使球飞跃绿色怪物。同时求出必须达到的击球角度(参见图 11.3-1)。

■ **解**

以相对于水平方向的 θ 角和初速度 v_0 发射的弹丸的运动方程为：

$$x(t)=(v_0\cos\theta)t \qquad y(t)=-\frac{gt^2}{2}+(v_0\sin\theta)t$$

其中 $x=0$，$y=0$ 是球被击中时的位置。因为在这个问题中我们不关心球的飞行时间，所以可以消去 t，从而得到 y 关于 x 的方程。为做到这一点，我们可以很容易地解出 x 关于 t 的方程，并把结果代入 y 的方程中得到：

$$y(t)=-\frac{g}{2}\frac{x^2(t)}{v_0^2\cos^2\theta}+x(t)\tan\theta$$

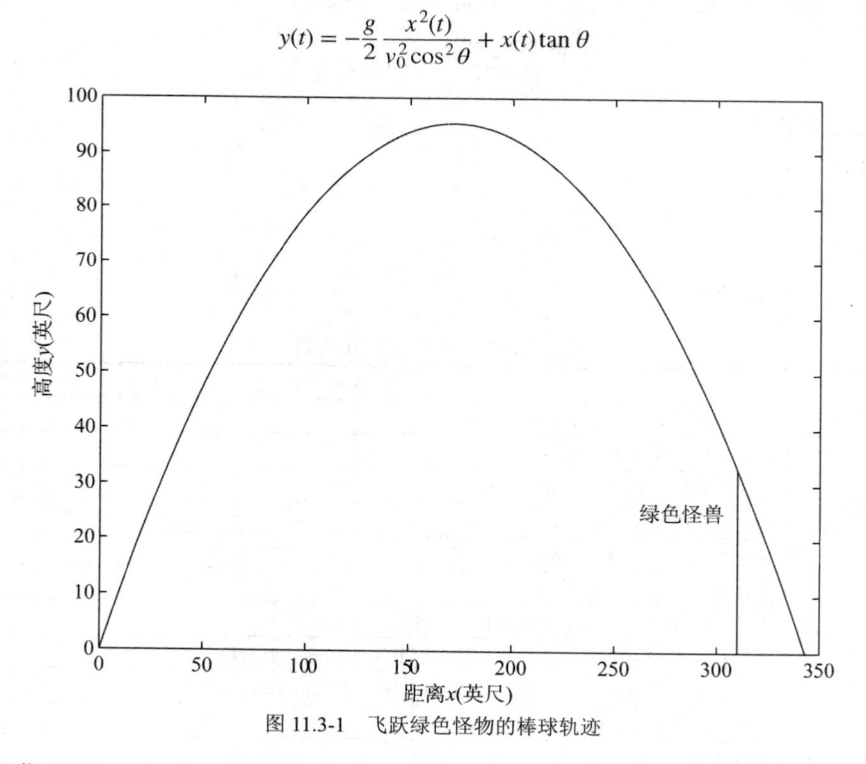

图 11.3-1 飞跃绿色怪物的棒球轨迹

如果愿意，您可用 MATLAB 来完成这个简单的代数运算。接下来我们要用 MATLAB 完成更困难的任务)。

因为球离地 4 英尺，所以球必须升高 37−4=33 英尺才能越过墙。令 h 为墙的相对高度(33 英尺)，d 为到墙的距离(310 英尺)。已知 $g=32.2$ ft/sec^2。令 $x=d$，$y=h$，根据前面的方程可得：

$$h = -\frac{g}{2}\frac{d^2}{v_0^2\cos^2\theta} + d\tan\theta$$

从中可以很容易地求得v_0^2，如下所示。

$$v_0^2 = \frac{g}{2}\frac{d^2}{\cos^2\theta(d\tan\theta - h)}$$

因为 $v_0>0$，最小化v_0^2等价于最小化 v_0。还要注意，$gd^2/2$ 是表达式中v_0^2的乘法因子。因此，θ 的最小值与 g 无关，并可通过求下列函数的最小值得到。

$$f = \frac{1}{\cos^2\theta(d\tan\theta - h)}$$

进行这项工作的会话如下。变量 th 表示球的速度向量与水平方向的夹角 θ。第一步是计算导数 $\mathrm{d}f/\mathrm{d}\theta$，然后从方程 $\mathrm{d}f/\mathrm{d}\theta=0$ 中求出 θ。

```
>>syms d g h th
>>f = (1/(((cos(th))^2)*(d*tan(th)-h)));
>>dfdth = diff(f,th);
>>thmin = solve(dfdth,th);
>>thmin = double(subs(thmin,{d,h},{310,33}))
thmin =
    -0.7324
     2.4092
    -2.3032
     0.8384
```

显然，解必定位于 0 和 π/2 弧度之间，所以唯一的候选解是 $\theta=0.8384$ 弧度，即大约 48 度。要想验证这是最小解，而不是最大解或者拐点，我们可以检查二阶导数 $\mathrm{d}^2f/\mathrm{d}\theta^2$。如果这个导数为正，则说明解是最小值。要检查这一点并找到所需的速度，请按照以下步骤继续完成以下会话。

```
>>second = diff(f,2,th); % Second derivative.
>>second = double(subs(second,{th,d,h},...
      {thmin(4),310,33}))
second =
      0.0321
>>v2 = (g*d^2/2)*f;
>>v2min = subs(v2,{d,h,g},{310,33,32.2});
>>vmin =sqrt(v2min);
>>vmin = double(subs(vmin(1),{th,d,h,g},...
    {thmin(4),310,33,32.2}))
vmin =
     105.3613
```

因为二阶导数(second)为正，证明解是最小值。因此，期望的最低速度(vmin)是 105.3613 英尺/秒，即大约 72 英里/小时。以这样的速度击球，并且击球角度大约为 48 度时，才能越过墙。

您学会了吗？

T11.3-1　已知 $y=\sinh(3x)\cosh(5x)$，请用 MATLAB 求出 $\mathrm{d}y/\mathrm{d}x$ 在 $x=0.2$ 处的值。(答案：9.2288)

T11.3-2　已知 $z=5\cos(2x)\ln(4y)$，请用 MATLAB 求出 $\mathrm{d}z/\mathrm{d}y$。(答案：$5\cos(2x)/y$)

积分

int(E)函数可对符号表达式 E 进行积分。它将求出符号表达式 I，使得 diff(E)=I。这个积分可能没有封闭解，或者即使有，但是 MATLAB 也无法求得它。这种情况下，函数将返回未求值的表达式。

函数 int(E)将返回表达式 E 关于默认自变量的积分。例如，可使用下面所示的会话求得接下来的积分。

$$\int x^n \mathrm{d}x = \frac{x^{n+1}}{n+1} \quad \text{if } n \neq -1$$

$$\int \frac{1}{x} \mathrm{d}x = \ln x$$

$$\int \cos x \mathrm{d}x = \sin x$$

$$\int \sin y \mathrm{d}y = -\cos y$$

```
>>syms n x y
int(x^n)
ans =
    piecewise(n == -1, log(x), n ~= -1, x^(n+1)/(n+1))
>>int(1/x)
ans =
    log(x)
>>int(cos(x))
ans =
    sin(x)
>>int(sin(y))
ans =
    -cos(y)
```

函数和 int (E,v)可返回表达式 E 关于变量 v 的积分，例如，积分：

$$\int x^n \mathrm{d}n = \frac{x^n}{\ln x}$$

可通过下列会话求得：

```
>>syms n x
>>int(x^n,n)
ans =
    x^n/log(x)
```

函数 int (E,a,b)将返回表达式 E 关于默认自变量在区间[a, b]上的积分，其中 a 和 b 是数值表达式。例如，定积分：

$$\int_2^5 x^2 \mathrm{d}x = \left.\frac{x^3}{3}\right|_2^5 = 39$$

可由下列会话求得：

```
>>syms x
>>int(x^2,2,5)
ans =
    39
```

函数 int(E,v,a,b)返回表达式 E 关于变量 v 在区间[a, b]上的积分，其中 a 和 b 是数值量。例如，积分

$$\int_0^5 xy^2 \mathrm{d}y = x\left.\frac{y^3}{3}\right|_0^5 = \frac{125}{3}x$$

可由下列会话求得：

```
>>syms x y
>>int(xy^2,y,0,5)
ans =
    (125*x)/3
```

积分

$$\int_a^b x^2 \mathrm{d}x = \frac{b^3}{3} - \frac{a^3}{3}$$

可由下列会话求得：

```
>>syms a b x
>>int(x^2,a,b)
ans =
    b^3/3-a^3/3
```

函数 init(E, m, n)将返回表达式 E 关于默认自变量在区间[m, n]的积分，其中 m 和 n 是符号表达式。例如：

$$\int_1^t x\mathrm{d}x = \left.\frac{x^2}{2}\right|_1^t = \frac{1}{2}t^2 - \frac{1}{2}$$

$$\int_1^{e^t} \sin x\mathrm{d}x = -\cos\Big|_1^{e^t} = -\cos(e^t) + \cos t$$

可由下列会话求得。

```
>>syms t x
>>int(x,1,t)
ans =
    t^2/2-1/2
int(sin(x),t,exp(t))
ans =
    cos(t)-cos(exp(t))
```

以下会话给出一个无法求得积分的例子。不定积分存在，但当积分限包含 x=1 处的奇异点时，定积分不存在。积分是：

$$\int \frac{1}{x-1}\mathrm{d}x = \ln|x-1|$$

对应的会话是：

```
>>syms x
>>int(1/(x-1))
ans =
    log(x-1)
>>int(1/(x-1),0,2)
    NaN
```

结果 NaN(“不是数字”)表示无法求得解(因为涉及未定义的函数 ln(-1))。

表 11.3-1 是对积分函数的总结。

您学会了吗？

T11.3-3　假设 $y=x\sin(3x)$，请用 MATLAB 求出 $\int y\mathrm{d}x$。(答案：$(\sin(3x)-3x\cos(3x))/9$)

T11.3-4　已知 $z=6y^2\tan(8x)$，请用 MATLAB 求出 $\int z\mathrm{d}y$。(答案：$2y^3\tan(8x)$)

T11.3-5　用 MATLAB 计算积分

$$\int_{-2}^{5} x\sin(3x)\mathrm{d}x$$

(答案：0.6672)

泰勒级数

泰勒定理(Taylor’s theorem)表明函数 $f(x)$可在 $x=a$ 附近用展开式表示为：

$$f(x)=f(a)+\left(\frac{\mathrm{d}f}{\mathrm{d}x}\right)\bigg|_{x=a}(x-a)+\frac{1}{2}\left(\frac{\mathrm{d}^2 f}{\mathrm{d}x^2}\right)\bigg|_{x=a}(x-a)^2+\dots$$
$$+\frac{1}{k!}\left(\frac{\mathrm{d}^k f}{\mathrm{d}x^k}\right)\bigg|_{x=a}(x-a)^k+\dots+R_n \tag{11.3-1}$$

R_n 项是余数，可由下式求得：

$$R_n=\frac{1}{n!}\left(\frac{\mathrm{d}^n f}{\mathrm{d}x^n}\right)\bigg|_{x=b}(x-a)^n \tag{11.3-2}$$

其中 b 位于 a 和 x 之间。

如果 $f(x)$有 n 阶连续导数，那么就有解。如果当 n 增大时 R_n 趋近于 0，那么该展开式就被称为函数 $f(x)$在 $x=a$ 处的泰勒级数，如果 $a=0$，该级数有时也被称为麦克海瑞恩(Maclaurin)级数。

泰勒级数的一些常见例子有：

$$\sin x = x-\frac{x^3}{3!}+\frac{x^5}{5!}-\frac{x^7}{7!}+\cdots,\ -\infty<x<\infty$$

$$\cos x = 1-\frac{x^2}{2!}+\frac{x^4}{4!}-\frac{x^6}{6!}+\cdots,\ -\infty<x<\infty$$

$$\mathrm{e}^x = 1+x+\frac{x^2}{2!}+\frac{x^3}{3!}+\frac{x^4}{4!}+\cdots,\ -\infty<x<\infty$$

在这三个例子中都有 $a=0$。

函数 taylor(f, x)给出了函数 f 在 $x=0$ 处的五阶泰勒级数近似值，而 taylor(f, x, a)则给出 f 在 $x=a$ 处的五阶泰勒级数近似值。要计算 $x=0$ 处的 n-1 阶泰勒级数近似值，需要使用函数 taylor(f, x, 'order', n)。这里列举一些例子。

```
>>syms x
>>f = exp(x);
>>taylor(f,x);
ans =
    x^5/120 + x^4/24 + x^3/6 +x^2/2 + x + 1
```

答案是：

$$1+x+\frac{x^2}{2}+\frac{x^3}{6}+\frac{x^4}{24}+\frac{x^5}{120}$$

继续该会话，我们输入：

```
>>simplify(taylor(f,x,2))
ans =
(exp(2)*(x^5 - 5*x^4 + 20*x^3 - 20*x^2 + 40*x + 8))/120
```

该表达式对应于：

$$\frac{\mathrm{e}^2}{120}\left(x^5-5x^4+20x^3-20x^2+40x+8\right) \tag{11.3-3}$$

实时编辑器对于从代码中提取标准数学表达式非常有用。例如，图 11.3-2 所示为实时编辑器操作生成方程(11.3-3)。

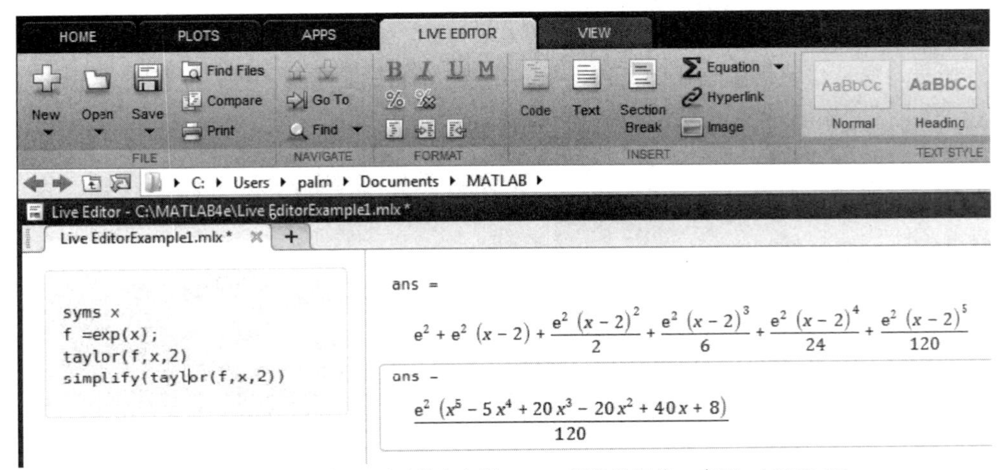

图 11.3-2　实时编辑器显示获取方程(11.3-2)所做的操作。来源：MATLAB

求和

函数 symsum(E)能返回表达式 E 的符号和；即：

$$\sum_{x=0}^{x-1} E(x) = E(0) + E(1) + E(2) + \cdots + E(x-1)$$

函数 symsum (E, a, b)能返回默认符号变量从 a 变化到 b 时的表达式 E 的和。即，如果符号变量是 x，那么 S＝symsum (E, a, b)就返回：

$$\sum_{x=a}^{b} E(x) = E(a) + E(a+1) + E(a+2) + \cdots + E(b)$$

这里举一些例子。下面求和：

$$\sum_{k=0}^{10} k = 0 + 1 + 2 + 3 + \cdots + 9 + 10 = 55$$

$$\sum_{k=0}^{n-1} k = 0 + 1 + 2 + 3 + \cdots + n - 1 = \frac{1}{2}n^2 - \frac{1}{2}n$$

$$\sum_{k=1}^{4} k^2 = 1 + 4 + 9 + 16 = 30$$

可由下列会话求得：

```
>>syms k n
>>symsum(k,0,10)
ans =
    55
>>symsum(k^2, 1, 4)
ans =
    30
>>symsum(k,0,n-1)
ans =
    n*(n-1)/2
```

后一个表达式是结果的标准形式。

极限

函数 limit(E, a)能返回极限。

$$\lim_{x \to a} E(x)$$

其中 x 是符号变量。该语法有几种变体。基本形式 limit (E)是求 x→0 时的极限。例如：

$$\lim_{x \to 0} \frac{\sin(ax)}{x} = a$$

可由下列会话求得：

```
>>syms a x
>>limit(sin(a*x)/x)
ans =
    a
```

函数 limit(E, v, a)能求出 v→a 时的极限。例如：

$$\lim_{x \to 3} \frac{x-3}{x^2-9} = \frac{1}{6}$$

$$\lim_{x \to 0} \frac{\sin(x+h)-\sin(x)}{h}$$

可由下列会话求得：

```
>>syms h x
>>limit((x-3)/(x^2-9),3)
ans =
    1/6
>>limit((sin(x+h)-sin(x))/h,h,0)
ans =
    cos(x)
```

函数 limit (E, v, a, 'right')和 limit(E,v,a,'left')指定了极限的方向。例如：

$$\lim_{x \to 0-} \frac{1}{x} = -\infty$$

$$\lim_{x \to 0+} \frac{1}{x} = \infty$$

可由下列会话求得：

```
>>syms x
>>limit(1/x,x,0,'left')
ans =
    -inf
>>limit(1/x,x,0,'right')
ans =
    inf
```

表 11.3-1 是对级数和极限函数的总结。

您学会了吗?

T11.3-6 用 MATLAB 求出 cos x 的泰勒级数的前三个非零项。(答案：$1 - x^2/2 + x^4/24$)

T11.3-7 用 MATLAB 求出以下求和公式的泰勒级数：

$$\sum_{m=0}^{m-1} m^3$$

(答案：$m^4/4 - m^3/2 + m^2/4$)

T11.3-8 用 MATLAB 求值：

$$\sum_{n=0}^{7} \cos(\pi n)$$

(答案：0)

T11.3-9　用 MATLAB 求值：

$$\lim_{x\to 5}\frac{2x-10}{x^3-125}$$

(答案：2/75)

11.4　微分方程

一阶常微分方程(ode)可写成如下形式：

$$\frac{\mathrm{d}y}{\mathrm{d}t}=f(t,y)$$

其中 t 是自变量，y 是 t 的函数。这样的方程的解是函数 $y=g(t)$，使得 $\mathrm{d}g/\mathrm{d}t=f(t,g)$，这个解包含一个任意常量。当我们对解施加附加条件时(如指定 $t=t_1$ 时的 $y(t)$值)，这些常量就将变成确定值。选择的 t_1 往往是最小值，或是 t 的起始值。因此，也被称为初始条件(通常 $t_1=0$)。这在术语上叫作边界条件(boundary condition)，MATLAB 还允许我们指定初始条件以外的条件。例如，我们可指定因变量在 $t=t_2$ 时的值，其中 $t_2>t_1$。

初始条件

边界条件

第 9 章中已经讨论过微分方程数值的求解方法。然而，我们更倾向于尽可能求得解析解，因为它更通用，因此对设计工程设备或工艺也更有用。

二阶常微分方程的形式如下：

$$\frac{\mathrm{d}^2y}{\mathrm{d}t^2}=f\left(t,y,\frac{\mathrm{d}y}{\mathrm{d}t}\right)$$

它的解含有两个任意常量，一旦指定了两个附加条件就可以确定。这些条件通常是 $t=0$ 时 y 和 $\mathrm{d}y/\mathrm{d}t$ 的指定值。推广到三阶和更高阶的方程是很简单的。

我们偶尔会用下面的缩写来表示一阶和二阶导数。

$$\dot{y}=\frac{\mathrm{d}y}{\mathrm{d}t}\qquad \ddot{y}=\frac{\mathrm{d}^2y}{\mathrm{d}t^2}$$

MATLAB 提供了函数 dsolve 来求解常微分方程。根据它们是否用于求解单个方程或方程组、是否指定边界条件以及是否可接受默认自变量 t，dsolve 函数的形式有所不同。请注意，t 是默认的自变量，而不是其他符号函数的 x。这是因为许多工程应用的常微分模型都将时间 t 作为自变量。

求解单个微分方程

dsolve 函数用于求解单个方程的语法是 dsolve('egn')。该函数返回由符号表达式 egn 指定的常微分方程的符号解。用大写字母 *D* 表示一阶导数；用 *D*2 表示二阶导数，以此类推。在微分算子后面的任何字符都被认为是因变量。因此 *Dw* 表示 *dw*/*dt*。根据这种语法，在使用 dsolve 函数时不能将大写 *D* 作为符号变量。

解中的任意常量可用 *C*1、*C*2 等表示。这些常量的个数与常微分方程的阶次相同。例如，方程

$$\frac{\mathrm{d}y}{\mathrm{d}t}+2y=12$$

的解为：

$$y(t)=6+C_1e^{-2t}$$

该解可以用下面的会话求出：

```
>>syms y(t)
```

```
>>dsolve(diff(y,t)+2*y==12)
ans =
    C1*exp(-2*t)+6
```

方程中可以有符号常量。例如：

$$\frac{dy}{dt}=\sin(at)$$

的解为：

$$y(t)=-\frac{\cos(at)}{a}+C_1$$

可以用下面的会话求得：

```
>>syms y(t) a
>>dsolve(diff(y,t)==sin(a*t))
ans =
    C1-cos(a*t)/a
```

接下来举一个二阶常微分方程的例子：

$$\frac{d^2y}{dt^2}=c^2y$$

其解 $y(t)=C_1e^{ct}+C_2e^{-ct}$ 可由下列会话求得：

```
>>syms y(t) c
>>dsolve(diff(y,t,2)==c^2*y)
ans =
    C1*exp(-c*t)+C2*exp(c*t)
```

解方程组

求解方程组可以用函数 dsolve。相应的语法是 dsolve (egn1,eqn2，…)。该函数返回由符号表达式 eqn1 和 eqn2 指定的方程组的符号解。

例如，方程组

$$\frac{dx}{dt}=3x+4y$$

$$\frac{dy}{dt}=-4x+3y$$

的解为：

$$x(t)=C_1e^{3t}\cos 4t+C_2e^{3t}\sin 4t,\ y(t)=-C_1e^{3t}\sin 4t+C_2e^{3t}\cos 4t$$

相应的会话是：

```
>>syms x(t) y(t)
>>eqn1 = diff(x,t)==3*x+4*y;
>>eqn2 = diff(y,t)==-4*x+3*y;
>>[x, y] = dsolve(eqn1,eqn2)
     x = C1*exp(3*t)*cos(4*t)+C2*exp(3*t)*sin(4*t)
     y = -C1*exp(3*t)*sin(4*t)+C2*exp(3*t)*cos(4*t)
```

指定初始条件和边界条件

将自变量指定值上的解的条件作为 dsolve 函数的第二个参数。dsolve (egn, cond1, cond2,…)返回符号表达式 eqn 指定的常微分方程在表达式指定条件 cond1、cond2 等下的符号解。如果 y 是因变量，令 Dy＝diff(y, t)，D2y＝diff (y, t, 2)等。这些条件分别指定为：cond＝[y(a)＝b, Dy (a)＝c, D2y(a)＝d]等。

它们对应于 $y(a)$、$\dot{y}(a)$、$\ddot{y}(a)$等。如果条件的个数小于方程的阶数，那么返回的解将包含任意常量 C1 和 C2 等。

例如，问题

$$\frac{dy}{dt}=\sin bt,\ \ y(0)=0$$

的解为：

$$y(t)=(1-\cos bt)/b$$

它可由下列会话求得：

```
>>syms y(t) b
>>cond = y(0)==0;
>>eqn = diff(y,t)==sin(b*t);
>>dsolve(eqn, cond)
ans =
    1/b-cos(b*t)/b
```

问题

$$\frac{d^2y}{dt^2}=c^2y,\ \ y(0)=1,\ \ \dot{y}(0)=0$$

的解为：

$$y(t)=(e^{ct}+e^{-ct})/2$$

对应的会话是：

```
>>syms y(t) c
>>eqn = diff(y,t,2)==c^2*y;
>>Dy = diff(y,t);
>>cond = [y(0)==1, Dy(0)==0];
>>dsolve(eqn,cond)
ans =
    1/2*exp(c*t)+1/2*exp(-c*t)
```

任意边界条件，如 $y(0)=c$，都可以使用。例如，问题

$$\frac{dy}{dt}+ay=b,\ \ y(0)=c$$

的解是：

$$y(t)=\frac{b}{a}+\left(c-\frac{b}{a}\right)e^{-at}$$

相应的会话是：

```
>>syms y(t) a b c
>>eqn = diff(y,t)+a*y==b;
>>cond = y(0)==c;
>>dsolve(eqn, cond)
ans =
    (b-exp(-a*t)*(b-a*c))/a)
```

绘制解的曲线

fplot 函数可以像任何其他符号表达式一样来绘制解的曲线，只要不存在 C1 这样的不定常量就可以。例如，问题

$$\frac{dy}{dt}+10y=10+4\sin 4t,\ \ y(0)=0$$

的解是：

$$y(t)=1-\frac{4}{29}\cos 4t+\frac{10}{29}\sin 4t-\frac{25}{29}\mathrm{e}^{-10t}$$

相应的会话是：

```
>>syms y(t)
>>Dy = diff(y,t);
>>eqn = Dy+10*y==10+4*sin(4*t);
>>cond = y(0)==0;
>>y = dsolve(eqn, cond);
>>fplot(y),axis([0 5 0 2]),xlabel('t')
```

您可在命令窗口或实时编辑器中输入上述代码，生成图 11.4-1 所示的图形。

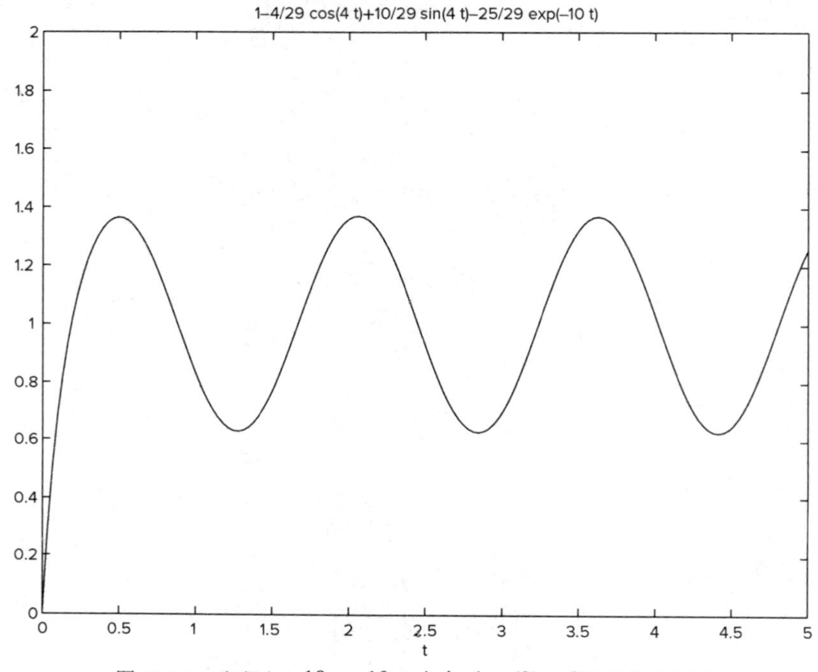

图 11.4-1　方程 $\dot{y}+10y=10+4\sin 4t, y(0)=0$ 的解的示意图

有时 fplot 函数使用的自变量值太少，因此无法生成平滑的曲线。相反，您可使用 subs 函数用一个数组的值替换自变量，然后用 plot 函数对结果进行数值计算。例如，您可在前一个会话后继续如下的会话。

```
>>syms t
>>x = [0:0.05:5];
>>P = subs(y,t,x);
>>plot(x,P),axis([0 5 0 2]),xlabel('t')
```

带有边界条件的方程组

带有边界条件的方程组可以如下求解。函数 dsolve(eqn1, eqn2, .., cond1, cond2, …)返回由符号表达式 eqn1 和 eqn2 等指定的方程组的符号解，其中，初始条件由 cond1 和 cond2 等指定。

例如，问题

$$\frac{\mathrm{d}x}{\mathrm{d}t}=3x+4y,\quad x(0)=0$$

$$\frac{\mathrm{d}y}{\mathrm{d}t}=-4x+3y,\quad y(0)=1$$

的解为：

$$x(t) = \mathrm{e}^{3t}\sin 4t,\ \ y(t) = \mathrm{e}^{3t}\cos 4t$$

相应的会话是：

```
>>syms x(t) y(t)
>>Dx = diff(x,t);
>>Dy = diff(y,t);
>>eqn1 = Dx==3*x+4*y;
>>eqn2 = Dy==-4*x+3*y;
>>cond1 = x(0)==0;
>>cond2 = y(0)==1;
>>S = solve(eqn1,cond1,eqn2,cond2)
ans =
    S.x = sin(4*t)*exp(3*t)
    S.y = cos(4*t)*exp(3*t)
```

不需要只指定初始条件。指定的条件可以是不同的 t 值，例如，要求解下列问题：

$$\frac{\mathrm{d}^2 y}{\mathrm{d}t^2} + 9y = 0,\ \ y(0) = 1,\ \ \dot{y}(\pi) = 2$$

相应的会话是：

```
>>syms y(t)
>>Dy = diff(y,t);
>>D2y = diff(Dy,t);
>>cond1 = y(0)==1;
>>cond2 = Dy(pi)==2;
>>dsolve(eqn,cond1,cond2)
ans =
    cos(3*t)-2*sin(3*t)/3
```

解是：

$$y = \cos 3t - \frac{2}{3}\sin 3t$$

使用其他自变量

虽然默认的自变量是 t，但是也可以用其他自变量。例如，方程

$$\frac{\mathrm{d}v}{\mathrm{d}x} + 2v = 12$$

的解是 $v(x)=6+C_1\mathrm{e}^{-2x}$。相应的会话是：

```
>>syms v(x) x
>>Dv = diff(v,x);
>>eqn = Dv+2*v==12;
>>dsolve(eqn)
ans =
    C1*exp(-2*x)+6
```

您学会了吗？

T11.4-1　用 MATLAB 求解方程

$$\frac{\mathrm{d}^2 y}{\mathrm{d}t^2} + b^2 y = 0$$

然后手工或用 MATLAB 检查答案。
(答案：$y(t) = C_1 \sin bt + C_2 \cos bt$)

T11.4-2　用 MATLAB 求解问题

$$\frac{d^2y}{dt^2}+b^2y=0,\ \ y(0)=1,\ \ \dot{y}(0)=0$$

然后手工或用 MATLAB 检查答案。
(答案：$y(t) = \cos bt$)

求解非线性方程组

MATLAB 可以解决许多非线性一阶微分方程。例如，问题

$$\frac{dy}{dt}+4+y^2 \quad y(0)=1 \tag{11.4-1}$$

可用下面的会话求解。

```
>>syms y(t)
>>Dy = diff(y,t);
>>eqn = Dy==4 + y^2;
>>cond = y(0)==1;
>>dsolve(eqn,cond)
ans =
    2*(tan(2*t+atan(1/2))
```

它等价于：

$$y(t) = 2\ \tan(2t+\phi),\ \ \phi=\tan^{-1}(1/2)$$

并非所有的非线性方程都有封闭解。例如，下面的方程是某单摆的运动方程：

$$\frac{d^2y}{dt^2}+9\sin y=0,\ \ y(0)=1,\ \ \dot{y}(0)=0$$

如果您想用 MATLAB 来求解这个问题，就会得到一条消息，表明找不到解。实际上，从初等函数的角度看，不存在这样的解。但是它有数据表(数值)解，它被称为椭圆积分(elliptic integral)。

表 11.4-1 是对求解微分方程的函数的总结。

表 11.4-1　dsolve 函数

命令	描述
dsolve(eqn)	返回由符号表达式 eqn 指定的常微分方程的符号解。可以用 syms y(t)、Dy＝diff(y, t)、D2y＝diff(y, t, 2)等缩写来表示一阶和二阶导数等
dsolve (eqn1, egn2，　..)	返回由符号表达式 eqn1 和 eqn2 指定的微分方程组的符号解
dsolve(eqn, cond1, cond2, …)	根据 cond1、cond2 等表达式中指定的条件，返回符号表达式 egn 指定的常微分方程的符号解。如果 y 是因变量，这些条件被指定为：y (a)＝b, Dy (a)＝c, D2y (a)＝d，以此类推
dsolve (egn1, eqn2, …, cond1, cond2 ,…)	返回由符号表达式 egn1、eqn2 等指定的方程组的符号解初始条件由表达式 cond1、cond2 等指定

11.5　拉普拉斯变换

本节介绍了如何使用 MATLAB 进行拉普拉斯变换(Laplace transform)。拉普拉斯变换可用于求解某些无法用 dsolve 函数求解的微分方程。拉普拉斯变换的应用可将线性微分方程问题转化为代数问题。通过对得到的量进行适当的代数处理，可以通过反转变换过程得到时间函数，有序地恢复微分方程的解。

我们假设您已经熟悉第 9 章的 9.3 节和 9.4 节中概述的微分方程的基本原理。

拉普拉斯变换　函数 $y(t)$的拉普拉斯变换$\mathscr{L}[y(t)]$可以定义为：

$$\mathscr{L}[y(t)] = \int_0^\infty y(t)\mathrm{e}^{-st}\mathrm{d}t \tag{11.5-1}$$

积分消除了 t 作为变量，因此变换只是拉普拉斯变量 s 的函数，它可能是复数。如果对 s 施加适当的限制，大多数常见的函数积分都存在。另一种表示法是用大写符号表示相应小写符号的转换；即

$$Y(s) = \mathscr{L}[y(t)]$$

阶跃函数　我们用单边(one-sided)变换，它假设变量 $y(t)$在 $t<0$ 时为 0。例如，阶跃函数就是这样。它的名字取自它的图形，看起来就像一级阶梯(参见图 11.5-1)。

台阶的高度是 M，称为幅度(magnitude)。单位阶跃函数(unit-step function)记为 $u_s(t)$其高度 $M=1$，定义为：

$$u_s(t) = \begin{cases} 0 & t<0 \\ 1 & t>0 \\ \text{不确定} & t=0 \end{cases}$$

工程文献通常使用“阶跃函数”一词，而在数学文献中使用的是“亥维赛德(heaviside)函数”。符号数学工具箱中有函数 heaviside(t)，它能产生单位阶跃函数。

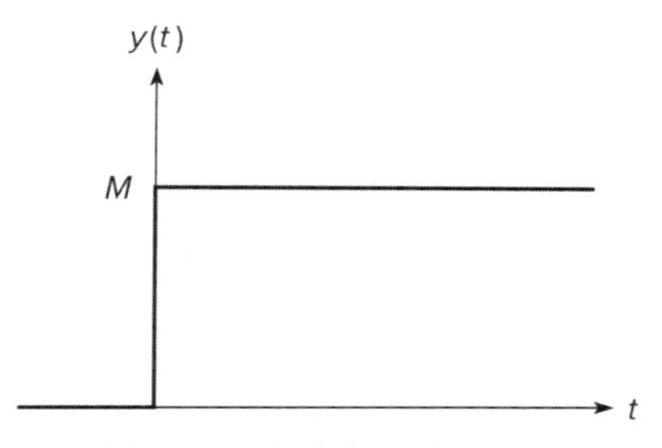

图 11.5-1　幅度为 M 的阶跃函数

高度为 M 的阶跃函数可写成 $y(t)=Mu_s(t)$。其变换为：

$$\mathscr{L}[y(t)] = \int_0^\infty Mu_s(t)\mathrm{e}^{-st}\mathrm{d}t = M\int_o^\infty \mathrm{e}^{-st}\mathrm{d}t = M\left.\frac{\mathrm{e}^{-st}}{S}\right|_0^\infty = \frac{M}{S}$$

其中，我们假设 s 的实部大于 0，所以当 $t\to\infty$时， e^{-st} 的极限存在。类似的积分收敛区域也适用于其他时间函数。但是，这里不需要考虑这个问题，因为所有常见函数的变换都已经计算出来，并制成了表格。

在 MATLAB 中，在符号数学工具箱中输入 laplace(function)就可以得到，其中 function 是方程(11.5-1)中表示函数 y(t)的符号表达式。默认自变量是 t，默认返回 s 函数。可选形式是 syms x y 和 laplace(function, x, y)，其中 function 是 x 的函数，y 是拉普拉斯变量。

下面是一些例子的会话。涉及的函数包括 t^3、e^{-at} 和 $\sin bt$。

```
>>syms b t
>>laplace(t^3)
ans =
    6/s^4
>>laplace(exp(-b*t))
ans =
    1/(s+b)
>>laplace(sin(b*t))
ans =
    b/(s^2+b^2)
```

因为拉普拉斯变换也是积分，因此它具有积分的性质。特别地，它具有线性性质，如果 a 和 b 不是 t 的函数，那么：

$$\mathscr{L}[af_1(t)+bf_2(t)]=a\mathscr{L}[f_1(t)]+b\mathscr{L}[f_2(t)] \tag{11.5-2}$$

拉普拉斯逆变换(inverse Laplace transform)$\mathscr{L}^{-1}[Y(s)]$就是拉普拉斯变换为 $Y(s)$的时间函数 $y(t)$本身，即$y(t)=\mathscr{L}^{-1}[Y(s)]$。逆运算也是线性的。例如，$10/s+4/(s+3)$的逆变换是 $10+4e^{-3t}$。利用 ilaplace 函数可求得逆变换形式。例如：

```
>>syms b s
>>ilaplace(1/s^4)
ans =
    t^3/6
>>ilaplace(1/(s+b))
ans =
    exp(-b*t)
>>ilaplace(b/(s^2+b^2)
ans =
    sin(b*t)
```

导数变换对于求解微分方程很有用。对拉普拉斯变换的定义各部分积分，得到

$$\begin{aligned}\mathscr{L}\left(\frac{dy}{dt}\right)&=\int_0^\infty\frac{dy}{dt}e^{-st}dt=y(t)e^{-st}\Big|_0^\infty+s\int_o^\infty y(t)e^{-st}dt\\&=s\mathscr{L}[y(t)]-y(0)=sY(s)-y(0)\end{aligned} \tag{11.5-3}$$

这个过程可以推广到高阶导数。例如，二阶导数的结果是：

$$\mathscr{L}\left(\frac{d^2y}{dt^2}\right)=s^2Y(s)-sy(0)-\dot{y}(0) \tag{11.5-4}$$

任意阶导数的一般结果是：

$$\mathscr{L}\left(\frac{d^ny}{dt^n}\right)=s^nY(s)-\sum_{k=1}^{n}s^{n-k}g_{k-1} \tag{11.5-5}$$

其中

$$gk-1=\frac{d^{k-1}y}{dt^{k-1}}\bigg|_{t=0} \tag{11.5-6}$$

微分方程的应用

微分方程的导数和线性性质可用于求解微分方程

$$a\dot{y}+y=bv(t) \tag{11.5-7}$$

如果方程两边同时乘以 e^{-st}，并且积分时间从 $t=0$ 到 $t=\infty$，可得：

$$\int_0^\infty(a\dot{y}+y)e^{-st}dt=\int_0^\infty bv(t)e^{-st}dt$$

或者

$$\mathscr{L}(a\dot{y}+y)=\mathscr{L}[bv(t)]$$

再或者，利用线性性质可得：

$$a\mathscr{L}(\dot{y})+\mathscr{L}(y)=b\mathscr{L}[v(t)]$$

利用导数性质和其他变换表示法，可将上述方程写成：

$$a[sY(s)-y(0)]+Y(s)=bV(s)$$

式中 $V(s)$为 v 的变换。该方程是以 $V(s)$和 $y(0)$表示的 $Y(s)$的代数方程。其解为：

$$Y(s)=\frac{ay(0)}{as+1}+\frac{b}{as+1}V(s) \tag{11.5-8}$$

对式(11.5-8)进行逆变换得到：

$$y(t)=\mathscr{L}^{-1}\left[\frac{ay(0)}{as+1}\right]+\mathscr{L}^{-1}\left[\frac{b}{as+1}V(s)\right] \tag{11.5-9}$$

从前面给出的变换可以看出：

$$\mathscr{L}^{-1}\left[\frac{ay(0)}{as+1}\right]=\mathscr{L}^{-1}\left[\frac{y(0)}{s+1/a}\right]=y(0)\,\mathrm{e}^{-t/a}$$

这是自由响应。激励反应是：

$$\mathscr{L}^{-1}\left[\frac{b}{as+1}V(s)\right] \tag{11.5-10}$$

在指定 $V(s)$前，还无法求出这个值。假设 $v(t)$是单位阶跃函数。则 $V(s)=1/s$，方程(11.5-10)就变为：

$$\mathscr{L}^{-1}\left[\frac{b}{s(as+1)}\right]$$

要求出该逆变换，请输入：

```
>>syms a b s
>>ilaplace(b/(s*(a*s+1)))
ans =
    b*(1-exp(-t/a))
```

因此方程(11.5-7)对单位阶跃输入的激励响应为 $b(1-\mathrm{e}^{-t/a})$。

可用 heaviside 函数和 dsolve 函数求出该阶跃响应，但得到的表达式会比用拉普拉斯变换法得到的更复杂。

考虑二阶模型：

$$\ddot{x}+1.4\dot{x}+x=f(t) \tag{11.5-11}$$

对该方程进行变换可得：

$$[s^2X(s)-sx(0)-\dot{x}(0)]+1.4[sX(s)-x(0)]+X(s)=F(s)$$

求出 $X(s)$：

$$X(s)=\frac{x(0)\,s+\dot{x}(0)+1.4x(0)}{s^2+1.4s+1}+\frac{F(s)}{s^2+1.4s+1}$$

得到的自由响应是：

$$x(t)=\mathscr{L}^{-1}\left[\frac{x(0)\,s+\dot{x}(0)+1.4x(0)}{s^2+1.4s+1}\right]$$

假设初始条件是 $x(0)=2$ 和 $\dot{x}(0)=-3$。那么得到的自由响应为：

$$x(t)=\mathscr{L}^{-1}\left(\frac{2s-0.2}{s^2+1.4s+1}\right) \tag{11.5-12}$$

这可以通过输入下列命令求出：

```
>>ilaplace((2*s-0.2)/(s^2+1.4*s+1))
```

自由响应是：

$$x(t) = \mathrm{e}^{-0.7t}\left[2\cos\left(\frac{\sqrt{51}}{10}t\right) - \frac{16\sqrt{51}}{51}\sin\left(\frac{\sqrt{51}}{10}t\right)\right]$$

从中求得的激励响应是：

$$x(t) = \mathscr{L}^{-1}\left[\frac{F(s)}{s^2 + 1.4s + 1}\right]$$

如果 $f(t)$是单位阶跃函数，$F(s)=1/s$，则激励响应为：

$$x(t) = \mathscr{L}^{-1}\left[\frac{1}{s(s^2 + 1.4s + 1)}\right]$$

要求出激励响应，请输入：

```
>>ilaplace(1/(s*(s^2+1.4*s+1)))
```

得到的答案是：

$$x(t) = 1 - \mathrm{e}^{-0.7t}\left[\cos\left(\frac{\sqrt{51}}{10}t\right) + \frac{7\sqrt{51}}{51}\sin\left(\frac{\sqrt{51}}{10}t\right)\right] \tag{11.5-13}$$

输入导数

如图 11.5-2 所示的两个相似的机械系统。这两种情况下，输入都是位移 $y(t)$。它们的运动方程是：

$$m\ddot{x} + c\dot{x} + kx = ky \tag{11.5-14}$$

$$m\ddot{x} + c\dot{x} + kx = ky + c\dot{y} \tag{11.5-15}$$

这些系统之间的唯一区别是图 11.5-2(a)中的系统有一个包含输入函数 $y(t)$导数的运动方程。这两个系统都是一般的微分方程的例子：

$$m\ddot{x} + c\dot{x} + kx = dy + g\dot{y} \tag{11.5-16}$$

如前所述，您也可以用 heaviside 函数和 dsolve 函数求出包含输入导数的方程的阶跃响应，但产生的表达式比用拉普拉斯变换方法得到的更复杂。

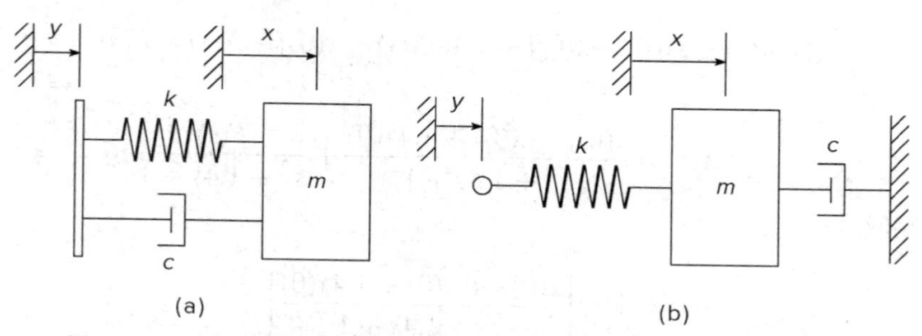

图 11.5-2　两个机械系统：(a)的模型包含输入 $y(t)$的导数；(b)的模型则没有

我们现在演示如何用拉普拉斯变换求出包含输入导数的方程的阶跃响应。假设初始条件为零。然后变换方程(11.5-16)得到：

$$X(s) = \frac{d + gs}{ms^2 + cs + k}Y(s) \tag{11.5-17}$$

接下来比较方程(11.5-16)对两种情况的单位阶跃响应。相应的参数为 $m=1$、$c=1.4$ 和 $k=1$ 的值，初始条件为 0。两种情况分别是 $g=0$ 和 $g=5$。

由于 $Y(s)=1/s$，所以由方程(11.5-17)得出：

$$X(s)=\frac{1+gs}{s(s^2+1.4s+1)} \tag{11.5-18}$$

$g=0$ 时的响应出现得更早。可由式(11.5-13)求出。$g=5$ 时的响应可通过输入下列命令求出：

```
>>syms s
>>ilaplace((1+5*s)/(s*(s^2+1.4*s+1)))
```

得到的响应为：

$$x(t)=1-e^{0.7t}\left[\cos\left(\frac{\sqrt{51}}{10}t\right)+\frac{43\sqrt{51}}{51}\sin\left(\frac{\sqrt{51}}{10}t\right)\right] \tag{11.5-19}$$

图 11.5-3 显示了方程(11.5-13)和(11.5-19)得出的响应。对输入求导的效果是峰值响应增大。

脉冲响应

图 11.5-4(a)所示的冲击函数曲线下的面积 A 称为脉冲强度。如果我们让脉冲持续时间 T 趋近于零，同时保持面积不变，就会得到如图 11.5-4(b)所示的强度为 A 的冲击函数。如果强度是 1，我们就得到了单位脉冲。脉冲可以看作是阶跃函数的导数，是为便于分析系统在突然施加和移开的输入(如锤击的力)时的响应而进行的数学抽象。

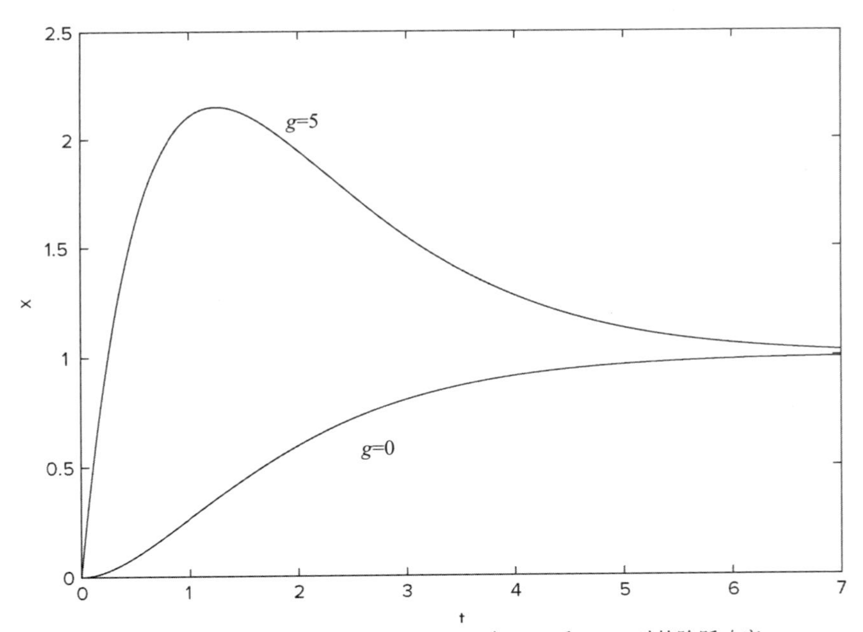

图 11.5-3　模型 $\ddot{x}+1.4\dot{x}+x=u+g\dot{u}$ 在 $g=0$ 和 $g=5$ 时的阶跃响应

工程文献通常使用“冲击函数”这个术语，而在数学文献中通常使用“狄拉克函数”这个名字。符号数学工具箱包含 dirac(t)函数，该函数能返回单位脉冲。当输入函数是脉冲时，可将 dirac 与 dsolve 函数一起使用，但得到的表达式要比用拉普拉斯变换得到的表达式复杂得多。

可以证明，脉冲强度 A 的变换就是 A。因此，例如，为求$\ddot{x}+1.4\dot{x}+x=f(t)$的脉冲响应，其中 $f(t)$ 是强度为 A 的脉冲，在零初始条件下，首先得到变换。

$$X(s)=\frac{1}{s^2+1.4s+1}F(s)=\frac{A}{s^2+1.4s+1}$$

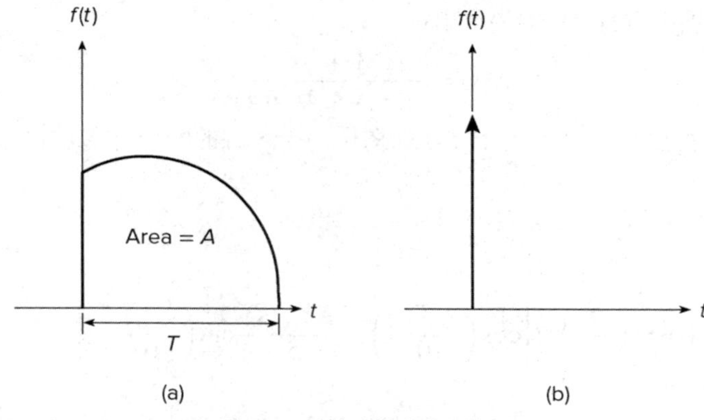

图 11.5-4 脉冲与冲击函数

然后输入：

```
>>syms A s
>>ilaplace(A/(s^2+1.4*s+1))
```

得到的响应为：

$$x(t)=\frac{10A\sqrt{51}}{51}\mathrm{e}^{-0.7t}\sin\left(\frac{\sqrt{51}}{10}t\right)$$

直接法

我们可用 MATLAB 做代数运算，而不是用手工求解响应的变换。接下来将展示 MATLAB 用拉普拉斯变换解方程最直接的方法。这种方法的优点是不需要对导数进行变换。假设求解方程：

$$a\frac{\mathrm{d}y}{\mathrm{d}t}+y=f(t) \tag{11.5-20}$$

其中 $f(t)=\sin t$，$y(0)$的值不确定。下面是相应的会话。

```
>>syms a L s y(t)
>>Dy = diff(y,t);
>>F = sin(t);
>>eqn = a*Dy+y-F==0;
>>E = laplace(eqn,t,s);
>>E = subs(E,laplace(y(t),t,s),L)
E =
  L - 1/(s^2+1)-a*(y(0)-L*s)==0
>>L = solve(E,L)
L =
  (a*y(0)+1/(s^2+1))/(a*s+1)
>>I = ilaplace(L)
I =
(sin(t)-a*cos(t))/(a^2+1)+(exp(-t/a)*(y(0)*a^2+a+y(0)))/(a^2+1)
```

答案是：

$$y(t)=\frac{1}{a^2+1}\left\{\sin t-a\cos t+\mathrm{e}^{-t/a}\left[a^2y(0)+a+y(0)\right]\right\}$$

请注意，上述会话包括以下步骤。

(1) 定义符号变量，包括方程中出现的导数。请注意，在这些定义中，$y(t)$显式地表示为 t 的函数。

(2) 将所有项移到方程左边，并将左边定义为符号表达式。

(3) 对微分方程进行拉普拉斯变换，得到代数方程。

(4) 用符号变量 L 代替代数方程中的表达式 laplace(y(t), t, s)。然后从方程中解出变量 L，也就是解的变换。

(5) 求 L 的反变换，得到关于 t 的函数解。

请注意，该过程也可用于求解方程组。

您学会了吗？

T11.5-1　求出下列函数的拉普拉斯变换：$1-e^{-at}$ 和 $\cos bt$。请使用 ilaplace 函数检查您的答案。

T11.5-2　用拉普拉斯变换求解问题 $5\ddot{y}+20\dot{y}+15y=30u-4\dot{u}$，其中 $u(t)$是单位阶跃函数，而 $y(0)=5$，$\dot{y}(0)=1$。

(答案：$y(t)=-1.6-e^{-3t}+4.6e^{-t}+2$)

表 11.5-1 是对拉普拉斯变换函数的总结。

表 11.5-1　拉普拉斯变换函数

命令	描述
ilaplace(function)	返回 function 的拉普拉斯逆变换
laplace(function)	返回 function 的拉普拉斯变换
laplace(function,x,y)	返回 function 的拉普拉斯变换，它是关于 x 的函数，以拉普拉斯变量 y 的形式表示

11.6　符号线性代数

符号矩阵的操作方法与数值矩阵类似。这里将给出求解矩阵乘积、矩阵求逆、特征值和矩阵特征多项式的例子。

请记住，在后续操作中使用符号矩阵可避免数值不精确。您可采用多种方法从数值矩阵中创建符号矩阵，会话过程如下所示。

```
>>A = sym([3, 5; 2, 7]);
>>syms a b c d
>>B = [a,b; c, d];
>>C = [3, 5; 2, 7];
>>D = sym( C );
```

矩阵 A 表示最直接的方法。矩阵 B 可通过变量 a、b、c 和 d 做进一步的符号操作，矩阵 D 可以用来保持矩阵 C 的符号形式。矩阵 A、B、D 都是符号矩阵。矩阵 C 看起来与 A 和 D 相似，但它是 double 型数值矩阵。

您还可创建一个由函数组成的符号矩阵。例如，在坐标系中相对于坐标(x_1, y_1)逆时针方向旋转角度 a 后得到的坐标(x_2, y_2)为：

$$x_2 = x_1\cos a + y_1\sin a$$
$$y_2 = y_1\cos a - x_1\sin a$$

这些方程可以用矩阵的形式表示为：

$$\begin{bmatrix} x_2 \\ y_2 \end{bmatrix} = \begin{bmatrix} \cos a & \sin a \\ -\sin a & \cos a \end{bmatrix} \begin{bmatrix} x_1 \\ y_1 \end{bmatrix} = \boldsymbol{R}\begin{bmatrix} x_1 \\ y_1 \end{bmatrix}$$

其中旋转矩阵 $\boldsymbol{R}$(a)定义为：

$$\boldsymbol{R}(\mathrm{a}) = \begin{bmatrix} \cos a & \sin a \\ -\sin a & \cos a \end{bmatrix} \tag{11.6-1}$$

在 MATLAB 中，符号矩阵 $\boldsymbol{R}$ 的定义如下：

```
>>syms a
>>R = [cos(a), sin(a); -sin(a), cos(a)]
R =
   [ cos(a), sin(a) ]
   [ -sin(a), cos(a) ]
```

如果我们以相同的角度旋转两次，就会得到第三个坐标系(x_3, y_3)，其结果与单次旋转两倍角度的效果是一样的。让我们看看 MATLAB 是否给出了这个结果。向量矩阵方程是：

$$\begin{bmatrix} x_3 \\ y_3 \end{bmatrix} = \boldsymbol{R} \begin{bmatrix} x_2 \\ y_2 \end{bmatrix} = \boldsymbol{RR} \begin{bmatrix} x_1 \\ y_1 \end{bmatrix}$$

因此，$\boldsymbol{R}(a)\boldsymbol{R}(a)$应该等于 $\boldsymbol{R}(2a)$。继续前面的会话，如下：

```
>>Q = R*R
Q =
   [ cos(a)^2-sin(a)^2, 2*cos(a)*sin(a) ]
   [ -2*cos(a)*sin(a), cos(a)^2-sin(a)^2 ]
>>Q = simplify(Q)
Q =
   [ cos(2*a), sin(2*a) ]
   [ -sin(2*a), cos(2*a) ]
```

正如我们猜想的那样，矩阵 $\boldsymbol{Q}$ 和 $\boldsymbol{R}(2a)$是一样的。

为对矩阵进行数值计算，需要使用 subs 和 double 函数。例如，对于旋转 $a=\pi/4$ 弧度(相当于 45°)，会话如下：

```
>>R = double(subs(R,a,pi/4))
R =
   0.7071 0.0701
   -0.7071 0.0701
```

特征多项式和根

一阶微分方程组可用向量-矩阵形式表示为：

$$\dot{\boldsymbol{x}} = \boldsymbol{Ax} + \boldsymbol{Bf}(t)$$

其中 $\boldsymbol{x}$ 是因变量的向量，$\boldsymbol{f}(t)$是包含激励函数的向量。例如方程组

$$\dot{x}_1 = x_2$$

$$\dot{x}_2 = -kx_1 - 2x_2 + f(t)$$

由与弹簧相连的质量块的运动方程和在具有黏性摩擦的地面上滑动得到。$f(t)$是作用在质量块上的作用力。对于该方程组，向量 $\boldsymbol{x}$ 以及矩阵 $\boldsymbol{A}$ 和 $\boldsymbol{B}$ 是：

$$\boldsymbol{x} = \begin{bmatrix} x_1 \\ x_2 \end{bmatrix}$$

$$\boldsymbol{A} = \begin{bmatrix} 0 & 1 \\ -k & -2 \end{bmatrix} \quad \boldsymbol{B} = \begin{bmatrix} 0 \\ 1 \end{bmatrix}$$

方程$|sI-\boldsymbol{A}|$是模型的特征方程，其中 s 为模型的特征根。函数 charpoly(A)可求得变量幂次递减的特征多项式的系数。例如：

```
>>syms k
>>A = [0 ,1;-k, -2];
>>charpoly(A)
ans =
    [ 1, 2, k]
```

它对应于多项式$x^2 + 2x + k$。

语句 syms s, charpoly(A,s)能求出以符号变量 s 表示的多项式。例如，要求出含弹簧常量 k 的特征方程并且解出根，请使用下面的会话。

```
>>syms k s
>>A = [0 ,1;-k, -2];
>>charpoly(A, s))
ans =
    s^2+2*s+k
```

```
>>solve(ans)
ans =
    -(1-k)^(1/2)-1
    (1-k)^(1/2)-1
```

因此，多项式是$s^2 + 2s + k$，相应的根是$s = -1 \pm \sqrt{1-k}$。

请使用 eig(A)函数直接求出根，而不求特征方程(“eig”表示“特征值”，这是“特征根”的另一个术语)。例如：

```
>>syms k
>>A = [0 ,1;-k, -2];
>>eig(A)
ans =
    -(1-k)^(1/2)-1
    (1-k)^(1/2)-1
```

您可以用 inv (A)和 det (A)函数分别以符号形式求出矩阵的逆和行列式。例如，对于前面会话中提到的矩阵 A，可使用：

```
>>inv(A)
ans =
    [ -2/k, -1/k ]
    [ 1, 0 ]
>>A*ans    % Verify that the inverse is correct.
ans =
    [ 1, 0 ]
    [ 0, 1 ]
>>det(A)
ans =
    k
```

求解线性代数方程

在 MATLAB 中，可以用矩阵法以符号形式求解线性代数方程。如果矩阵的逆存在，则可以用矩阵求逆的方法，或者使用左除法(关于这些方法的讨论，请参阅第 8 章)求出它。例如，用两种方法求解以下方程组：

$$2x - 3y = 3$$
$$5x + 4y = 19$$

相应的会话如下：

```
>>A = sym([2, -3; 5, 4]);
>>b = sym([3; 19]);
>>x = inv(A)*b    % The matrix inverse method.
x =
  3
  1
>>x = A\b    % The left-division method.
x =
  3
  1
```

表 11.6-1 总结了本节中使用的函数。请注意，它们的语法与前面章节使用的数值版本相同。

表 11.6-1　线性代数函数

命令	描述
det (A)	以符号形式返回矩阵 **A** 的行列式
eig (A)	以符号形式返回矩阵 **A** 的特征值(特征根)
inv(A)	以符号形式返回矩阵 **A** 的逆
charpoly(A,s)	用变量 s 的符号形式返回矩阵 **A** 的特征多项式

您学会了吗？

T11.6-1　考虑使用相同角度 a 进行三个连续的坐标旋转。证明式(11.6-1)所定义的旋转矩阵 $\boldsymbol{R}(a)$的积 $\boldsymbol{RRR}$ 等于 $\boldsymbol{R}(3a)$。

T11.6-2　求出下面矩阵的特征多项式和根。

$$\boldsymbol{A}=\begin{bmatrix}-2 & 1\\ -3k & -5\end{bmatrix}$$

(答案：$s^2+7s+10+3k$和$s=(-7\pm\sqrt{9-12k})/2$)。

T11.6-3　用矩阵求逆法和左除法求解下列方程组。

$$-4x+6y=-2$$
$$7x-4y=23$$

(答案：$x=5, y=3$)

11.7　总结

本章专门介绍了符号数学工具箱功能的子集，具体包括：

- 符号代数。
- 求解代数和超越方程的符号方法。
- 求解常微分方程的符号方法。
- 符号微积分，包括积分、微分、极限和级数。
- 拉普拉斯变换。
- 线性代数中的精选主题，包括计算行列式、矩阵的逆和特征值的符号方法。

既然已经学完了本章，您应该能够使用 MATLAB：

- 创建符号表达式，并对它们进行代数操作。
- 求代数和超越方程的符号解。
- 进行符号微分和积分。
- 用符号形式来计算极限和级数。
- 求常微分方程的符号解。
- 求拉普拉斯变换。
- 进行符号线性代数运算，包括计算行列式、矩阵的逆和特征值的表达式。

表 11.7-1 按类别介绍了本章介绍的函数。

表 11.7-1　本章介绍的 MATLAB 命令指南

创建和计算表达式	见表 11.1-1
操作表达式	见表 11.1-2
求代数和超越方程	见表 11.2-1
符号微积分函数	见表 11.3-1
解微分方程	见表 11.4-1
拉普拉斯变换	见表 11.5-1
线性代数	见表 11.6-1
其他函数	
dirac(t)	狄拉克 delta 函数(单位冲击函数 $t=0$)
heaviside(t)	亥维赛德函数(单位阶跃函数，在 $t=0$ 时刻从 0 跃变为 1)

关键术语

冲击函数

边界条件，11.4 节
默认变量，11.1 节
冲击函数，11.6 节
初始条件，11.4 节
拉普拉斯变换，11.1 节
解的结构，11.2 节
阶跃函数，11.5 节
符号常量，11.1 节
符号表达式，11.1 节

习题

11.1 节

1. 用 MATLAB 证明下列等式。

a. $\sin^2 x+\cos^2 x=1$

b. $\sin(x+y)=\sin x\cos y+\cos x\sin y$

c. $\sin 2x=2\sin x\cos x$

d. $\cosh^2 x-\sinh^2 x=1$

2. 用 MATLAB 将 $\cos 5\theta$ 表示为 x 的多项式，其中 $x=\cos\theta$。

3.* 含有变量 x 的两个多项式由系数向量表示为 $\boldsymbol{p}1=[6, 2, 7, -3]$和 $\boldsymbol{p}2=[10, -5, 8]$。

a. 用 MATLAB 求这两个多项式的乘积，并表示为最简形式。

b. 用 MATLAB 求出多项式乘积的值，其中 $x=2$。

4.* 以 $x=0$，$y=0$ 为中心、半径为 r 的圆的方程是：

$$x^2+y^2=r^2$$

请用 subs 和其他 MATLAB 函数求出以 $x=a$，$y=b$ 为圆心、半径为 r 的圆的方程。将方程重新排列为形式 $Ax^2+Bx+Cxy+Dy+Ey^2=F$，并求出含有 a、b、c 的系数的表达式。

5. 在极坐标(r, θ)中，名叫“双纽线”的曲线的方程是：

$$r^2=a^2\cos(2\theta)$$

请用 MATLAB 求出用笛卡儿坐标(x, y)表示的曲线方程，其中 $x=r\cos\theta$ 且 $y=r\sin\theta$。

11.2 节

6.* 三角形余弦定理表明 $a^2=b^2+c^2-2bc\cos A$，其中 a 是角 A 对边的长度，b 和 c 是其他两条边的长度。

a. 请用 MATLAB 求出 b。

b. 假设 $A=60°$，$a=5$m 并且 $c=2$m。请求出 b。

7. a. 用 MATLAB 求出多项式方程 $x^3+8x^2+ax+1=0$ 的 x，并以包含参数 a 的表达式表示。

b. 求出 $a=17$ 时的解。用 MATLAB 检查答案。

8.* 以笛卡儿坐标系(x, y)的原点为圆心的椭圆方程如下。

$$\frac{x^2}{a^2}+\frac{y^2}{b^2}=1$$

其中 a 和 b 是决定椭圆形状的常量。

a. 请根据下式用 MATLAB 求出两个椭圆的交点，并以含参数 b 的表达式来表示。

$$x^2+\frac{y^2}{b^2}=1$$

和

$$\frac{x^2}{100}+4y^2=1$$

b. 设 $b=2$，求出(a)部分得到的解的值。

9. 方程

$$r=\frac{p}{1-\epsilon\cos\theta}$$

描述了以太阳为坐标系原点的轨道的极坐标。如果$\epsilon=0$，则轨道为圆形的；如果 $0<\epsilon<1$，则轨道为椭圆形的。行星轨道近似为圆形；当ϵ接近 1 时，彗星的轨道高度极度拉长。观察一颗彗星或小行星的轨道是否与一颗行星的轨道相交是很有趣的。对于下面的这两种情况，请用 MATLAB 确定轨道 A 和 B 是否相交，如果相交，则请确定交点的极坐标。距离的单位是 AU，其中 1 个 AU 相当于地球到太阳的平均距离。

a. 轨道 A：$p=1$，$\epsilon=0.01$。轨道 B：$p=0.1$，$\epsilon=0.9$。

b. 轨道 A：$p=1$，$\epsilon=0.01$。轨道 B：$p=1.5$，$\epsilon=0.5$。

10. 第 11.2 节的图 11.2-2 所示为含有两个关节和两个连杆的机器臂。电机在两个关节处的旋转角度分别为 θ_1 和 θ_2。根据三角定理，我们可以推导出机器手的下列(x, y)坐标的表达式。

$$x=L_1\cos\theta_1+L_2\cos(\theta_1+\theta_2)$$
$$y=L_1\sin\theta_1+L_2\sin(\theta_1+\theta_2)$$

假设连杆长度分别为 $L_1=3$ 英尺，$L_2=2$ 英尺。

a. 计算将机器手放在 $x=3$ 英尺，$y=1$ 英尺位置处所需的电机角度。

b. 假设想让机器手在 $y=1$ 处沿直线、水平线移动，其中 $2\leqslant x\leqslant 4$。请画出所需的电机旋转角度相对于 x 的函数曲线。标记出肘向上和肘向下的解。

11.3 节

11. 用 MATLAB 求出所有使 $y=3x-2$ 的图形有一条水平切线的 x 值。

12. 用 MATLAB 确定下列函数的所有局部最小值和局部最大值，以及所有 $dy/dx=0$ 的拐点。

$$y=x^4-\frac{16}{3}x^3+8x^2-4$$

13. 半径为 r 的球体的表面积为 $S=4\pi r^2$，体积为 $V=4\pi r^3/3$。

a. 请用 MATLAB 求 dS/dV 的表达式。

b. 气球中注入空气后发生膨胀，气球表面积与体积的增长率是多少？其中气球的体积为 30 立方英寸。

14. 用 MATLAB 求出直线 $y=2-x/3$ 上最接近点 $x=-3$，$y=1$ 的点。

15. 某圆形以原点为中心，半径为 5。请用 MATLAB 求出在点 $x=3$ 和 $y=4$ 与圆相切的直线方程。

16. A 船以每小时 6 英里的速度向北行驶，B 船以每小时 12 英里的速度向西行驶。当 A 船位于 B 船正前方时，两船相距 6 英里。请用 MATLAB 来确定两船最近时的距离。

17. 假设有一根长度为 L 的导线，从中剪出长度为 x 的导线做成正方形，然后用剩下的长度为 $L-x$ 的导线做成圆形。请用 MATLAB 求出长度 x，使得正方形和圆所围的面积之和最大。

18.* 一盏球形街灯向四面八方发光。它安装在高度为 h 的顶点上(见图 P18)。人行道上 P 点的亮度 B 与 $\sin\theta$ 成正比，且与光到 P 点的距离 d 的平方成反比。因此：

$$B=\frac{c}{d^2}\sin\theta$$

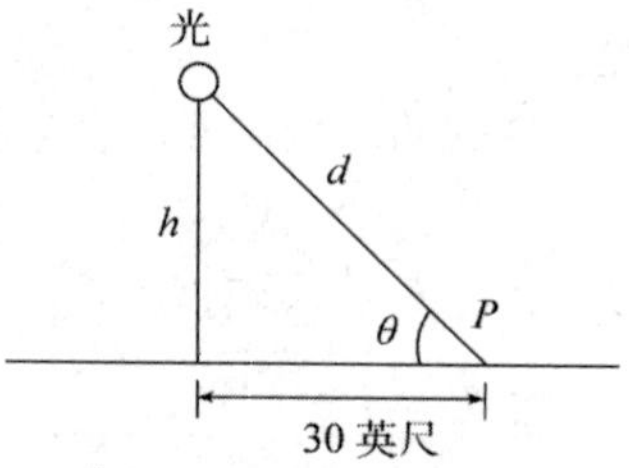

图 P18　发光的街灯

其中 c 是常量。请用 MATLAB 确定 h 应该多高，才能使 P 点的亮度最大。已知点 P 距离顶点 30 英尺。

19.* 某物体的质量 $m=100$ kg，受到 $f(t)=500[2-e^{-t}]\sin(5\pi t)$的力的作用。$T=0$ 时刻，物体静止。请用 MATLAB 计算物体在 $t=5$s 时的速度 v。运动方程是 $m\dot{v}=f(t)$。

20. 火箭在燃烧燃料时其质量会下降。根据牛顿定律，可以得到垂直飞行时火箭的运动方程为：

$$m(t)\frac{\mathrm{d}v}{\mathrm{d}t}=T-m(t)g$$

其中 T 为火箭推力，其质量是时间的函数：$m(t)=m_0(1-rt/b)$。火箭的初始质量是 m_0，燃烧时间是 b，燃料占总质量的比例是 r。已知 $T=48\,000$N、$m_0=2200$kg, $r=0.8$、$g=9.81\mathrm{m/s^2}$ 且 $b=40$s。

a. 用 MATLAB 计算火箭的速度相对于时间的函数，其中 $t\leqslant b$。

b. 用 MATLAB 计算火箭在燃料燃尽时的速度。

21. 通过电容器的电压 $v(t)$相对于时间的函数的方程是：

$$v(t)=\frac{1}{C}\left[\int_0^t i(t)\mathrm{d}t+Q_0\right]$$

其中 $i(t)$是施加在电容上的电流，Q_0 是初始电荷。假设 $C=10^{-7}$ F 且 $Q_0=0$。如果施加的电流为 $i(t)=0.3+0.1e^{-5t}\sin(25\pi t)$，请用 MATLAB 计算并绘制电压 $v(t)$在 $0\leqslant t\leqslant 7$ 秒时的曲线。

22.电阻器 R 以热量的形式耗散能量，其功率 P 是通过电流 $i(t)$的函数，即 $P=i^2R$。能量 $E(t)$是相对于时间的函数，损失的能量等于功率在时间上的积分。因此：

$$E(t)=\int_0^t P(t)\mathrm{d}t=R\int_0^t i^2(t)\mathrm{d}t$$

如果电流的单位是安培，功率是瓦，能量是焦耳(1 瓦＝1 焦耳/秒)。假设电阻上的电流 $i(t)=0.2[1+\sin(0.2t)]$安培。

a. 请确定耗散的能量 $E(t)$相对于时间的函数。

b. 当 $R=1000\Omega$ 时，确定 1 分钟内耗散的能量。

23. 图 P23 所示的 RLC 电路可以用作窄带滤波器。如果输入电压 $v_i(t)$由不同频率的正弦变化电压之和组成，那么窄带滤波器只允许那些频率在狭窄范围内的电压通过。这种滤波器可用于调谐电路，例如 AM 收音机，它们只允许接收所需电台的载波信号。电路的放大倍数 M 等于输出电压 $v_o(t)$的幅值与输入电压 $v_i(t)$的幅值之比。它是输入电压的弧度频率 ω 的函数。根据基础电路课程知识可以推导出 M 的公式。对于这个特定的电路，M 等于：

$$M=\frac{RC\omega}{\sqrt{(1-LC\omega^2)^2+(RC\omega)^2}}$$

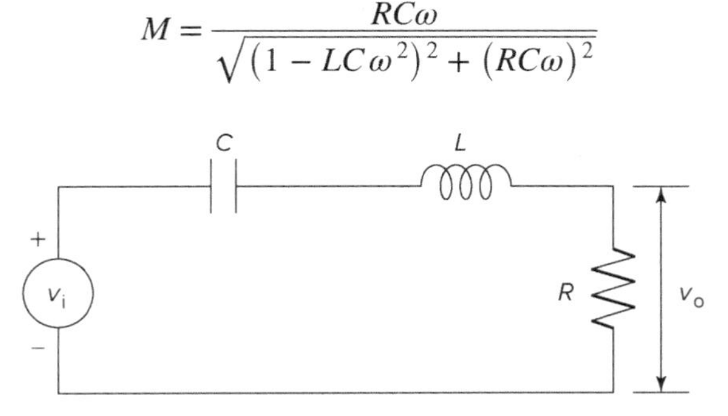

图 P23　RLC 电路

M 等于最大值时的频率是所需载波信号的频率。

a. 确定该频率相对于 R、C 和 L 的函数。

b. 绘制 M 相对于 ω 在两种情况下的曲线。其中 $C=10\times10^{-5}$F 并且 $L=5\times10^{-3}$H。对于第一种情况，$R=1000\Omega$。对于第二种情况，$R=10\Omega$。请评价每种情况下的滤波能力。

24. 悬垂线式的悬索，除了自身重量外没有其他载荷。某缆绳可用悬垂曲线 $y(x)=10\cosh((x-20)/10)$(其

中 $0 \leqslant x \leqslant 50$)表示。其中，$x$ 和 y 是以英尺为单位测量的水平和垂直坐标(参见图 P24)。在重新粉刷桥的过程中，人们希望在缆绳上悬挂塑料薄板来保护行人。请用 MATLAB 来确定需要多少平方英尺的薄板。假设薄板的底部边缘位于 x 轴 $y=0$ 处。

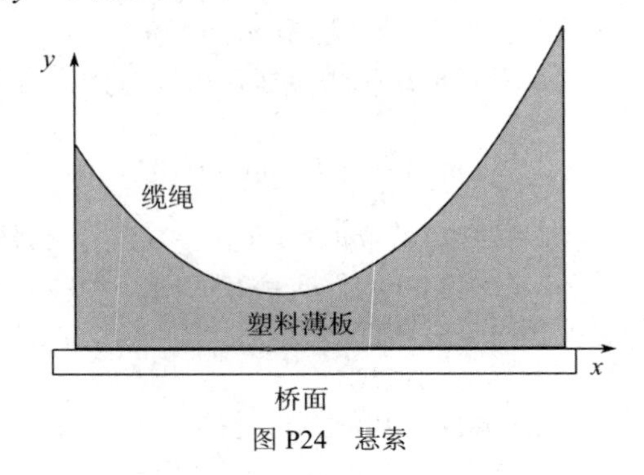

图 P24　悬索

25. 悬垂曲线式的悬索，除了自身重量外没有其他载荷。某缆绳可用悬垂曲线 $y(x)=10\cosh((x-20)/10)$ 表示，其中 $0 \leqslant x \leqslant 50$，$x$ 和 y 都是以英尺为单位测量的水平坐标和垂直坐标。

对于区间 $a \leqslant x \leqslant b$，用 $y(x)$表示的曲线长度 L 可从积分得到：

$$L=\int_a^b \sqrt{1+\left(\frac{\mathrm{d}y}{\mathrm{d}x}\right)^2}\,\mathrm{d}x$$

请确定缆绳的长度。

26. 用函数 e^{ix}、$\sin x$ 和 $\cos x$ 在 $x=0$ 处的泰勒级数的前 5 个非零项来证明欧拉公式 $e^{ix}=\cos x+\sin x$ 的有效性。

27. 用两种方法求出函数 $e^x \sin x$ 在 $x=0$ 处的泰勒级数：(a)将 e^x 的泰勒级数乘以 $\sin x$ 的泰勒级数；(b)用 taylor 函数直接求 $e^x \sin x$ 的泰勒级数。

28. 有时难以求得积分的封闭解，就可以通过用被积函数的级数表示来近似计算。例如，下面的积分可用于一些概率计算(参见第 7 章 7.2 节)。

$$I=\int_0^1 e^{-x^2}\,\mathrm{d}x$$

a. 求 e^{-x^2} 在 $x=0$ 处的泰勒级数，对级数前六个非零项进行积分，得到 I，用第七项估计误差。

b. 将您的答案与用 MATLAB 的 erf(t)函数得到的答案进行比较，该函数定义为：

$$\mathrm{erf}(t)=\frac{2}{\sqrt{\pi}}\int_0^t e^{-x^2}\,\mathrm{d}x$$

29.* 用 MATLAB 计算下列极限。

a. $\lim\limits_{x\to 1}\dfrac{x^2-1}{x^2-x}$

b. $\lim\limits_{x\to -2}\dfrac{x^2-4}{x^2+4}$

c. $\lim\limits_{x\to 0}\dfrac{x^4+2x^2}{x^3+x}$

30. 用 MATLAB 计算下列极限。

a. $\lim\limits_{x\to 0+} x^x$

b. $\lim\limits_{x\to 0+} (\cos x)^{1/\tan x}$

c. $\lim\limits_{x\to 0+} \left(\dfrac{1}{1-x}\right)^{-1/x^2}$

d. $\lim\limits_{x\to 0-} \dfrac{\sin x^2}{x^3}$

e. $\lim\limits_{x\to 5-} \dfrac{x^2-25}{x^2-10x+25}$

f. $\lim\limits_{x\to 1+} \dfrac{x^2-1}{\sin(x-1)^2}$

31. 用 MATLAB 计算下列极限。

a. $\lim\limits_{x\to\infty} \dfrac{x+1}{x}$

b. $\lim\limits_{x\to-\infty} \dfrac{3x^3-2x}{2x^3+3}$

32. 求几何级数和的表达式：

$$\sum_{k=0}^{n-1} r^k$$

其中 $r\neq 1$。

33. 某种特殊的橡胶球掉在地板上时能反弹到原来高度的一半。

a. 如果球从高度 h 开始下落，并允许球继续弹起，请求出球第 n 次着地后所经过的总距离的表达式。

b. 如果球最初是从 10 英尺的高度掉下，在第 8 次击中地板后，它还能飞多远？

11.4 节

34. RC 电路中电容两端的电压 y 的方程是：

$$RC\frac{\mathrm{d}y}{\mathrm{d}t}+y=v(t)$$

其中 $v(t)$是施加的电压。假设 $RC=0.2\mathrm{s}$，并且电容电压初值为 2V。如果施加的电压在 $t=0$ 时从 0 变为 10 V，请用 MATLAB 求解并绘制电压 $y(t)$在区间 $0\leqslant t\leqslant 1$ 秒的曲线。

35. 下式描述了某物体浸入温度为 $T_b(t)$的液池中的温度 $T(t)$。

$$10\frac{\mathrm{d}T}{\mathrm{d}t}+T=T_b$$

假设物体的初始温度为 $T(0)=70$℉，液池温度为 170℉。请用 MATLAB 解答以下问题。

a. 求出 $T(t)$。

b. 物体温度 T 达到 168℉需要多长时间？

c. 绘制物体温度 $T(t)$相对于时间的函数。

36.* 下面的方程描述了与弹簧相连的质量块的运动，要考虑地面有黏性摩擦。

$$m\ddot{y}+c\dot{y}+ky=f(t)$$

其中 $f(t)$是作用力。质量块在 $t=0$ 时的位置和速度分别用 x_0 和 v_0 表示。请用 MATLAB 解答以下问题。

a. $m=3$，$c=18$，$k=102$ 时，x_0 和 v_0 的自由响应是什么？

b. $m=3$，$c=39$，$k=120$ 时，x_0 和 v_0 的自由响应是什么？

37. RC 电路的电容两端电压 y 的方程是：

$$RC\frac{\mathrm{d}y}{\mathrm{d}t}+y=v(t)$$

其中 $v(t)$是施加的电压。假设 $RC=0.2\text{s}$，电容电压的初始值为 2s。如果施加的电压为$v(t)=10[2-e^{-t}\sin(5\pi t)]$，请用 MATLAB 计算并绘制电压 $y(t)$在区间 $0\leqslant t\leqslant 5\text{s}$ 上的曲线。

38. 下面的方程描述了某个特定的稀释过程，其中 $y(t)$是向盛淡水的容器中加入盐水后盐的浓度。

$$\frac{\mathrm{d}y}{\mathrm{d}t}+\frac{2}{10+2t}y=4$$

假设 $y(0)=0$。请用 MATLAB 计算并绘制 $y(t)$在区间 $0\leqslant t\leqslant 10$ 上的曲线。

39. 下面的方程描述了与弹簧相连的质量块的运动，要考虑地面有黏性摩擦。

$$3\ddot{y}+18\dot{y}+102y=f(t)$$

其中 $f(t)$是作用力。假设 $t<0$ 时，$f(t)=0$；$t\geqslant 0$ 时，$f(t)=10$。

a. 当$y(0)=\dot{y}(0)=0$时，用 MATLAB 计算并绘制 $y(t)$。

b. 当 $y(0)=0$ 且 $\dot{y}(0)=10$时，用 MATLAB 计算并绘制 $y(t)$。

40. 下面的方程描述了与弹簧相连的质量块的运动，要考虑地面有黏性摩擦。

$$3\ddot{y}+39\dot{y}+120y=f(t)$$

其中 $f(t)$是作用力。假设 $t<0$ 时 $f(t)=0$；$t\geqslant 0$ 时 $f(t)=10$。

a. 当$y(0)=\dot{y}(0)=0$时，用 MATLAB 计算并绘制 $y(t)$。

b. 当 $y(0)=0$ 且 $\dot{y}(0)=10$时，用 MATLAB 计算和绘制 $y(t)$。

41. 电枢控制直流电机的计算公式如下。电机电流为 i，转速为 ω。

$$L\frac{\mathrm{d}i}{\mathrm{d}t}=-Ri-K_e\omega+v(t)$$

$$L\frac{\mathrm{d}\omega}{\mathrm{d}t}=K_T i-c\omega$$

其中 L、R、I 分别为电机的电感、电阻和惯性，K_T、K_e 分别为转矩常量和反电动势常量，c 为黏性阻尼常量，$v(t)$为施加电压。

请用 $R=0.8\Omega$、$L=0.03\text{H}$、$K_T=0.05\text{N}\cdot\text{m/A}$、$K_e=0.05\text{V}\cdot\text{s/rad}$、$c=0$ 和 $I=8\times10^{-5}\text{ N}\cdot\text{m}\cdot\text{s}^2$ 和这组值。

假设施加的电压是 20 V。使用 MATLAB 计算和绘制电机的速度、电流与时间的关系。选择足够大的终止时间以显示电机转速趋于恒定值。

11.5 节

42. 习题 23 中描述的 RLC 电路，如图 P23 所示，其微分方程模型如下：

$$LC\ddot{v}_o+RC\dot{v}_o+v_o=RC\dot{v}_i(t)$$

请用拉普拉斯变换法求解在零初始条件下 $v_o(t)$的单位阶跃响应，其中：

$C=10\times10^{-5}\text{F}$ 且 $L=5\times10^{-3}\text{H}$。对于第一种情况(宽带滤波器)，$R=1000\Omega$。对于第二种情况(窄带滤波器)，$R=10\Omega$。请比较两种情况的阶跃响应。

43. 某车辆速度控制系统的微分方程模型为：

$$\ddot{v}+(1+K_p)\dot{v}+K_I v=K_p\dot{v}_d+K_I v_d$$

其中实际速度是 v，期望速度是 $v_d(t)$，K_p 和 K_I 是常量，称为“控制增益”。请用拉普拉斯变换法求出单位阶跃响应(即 $v_d(t)$为单位阶跃函数)。假设初始条件为零。请比较下列三种情况下的响应：

a. $K_p=9$，$K_I=50$

b. $K_p=9$，$K_I=25$

c. $K_p = 54$，$K_I = 250$

44. 金属切削工具的特定位置控制系统的微分方程模型为：

$$\frac{d^3x}{dt^3} + (6+K_D)\frac{d^2x}{dt^2} + (11+K_p)\frac{dx}{dt} + (6+K_I)x$$
$$= K_D\frac{d^2x_d}{dt^2} + K_p\frac{dx_d}{dt} + K_I x_d$$

其中，工具的实际位置是 x，期望位置是 $x_d(t)$，K_p、K_I 和 K_D 是常量，被称为“控制增益”。请用拉普拉斯变换法求出单位阶跃响应(即 $x_d(t)$是单位阶跃函数)。假设初始条件为零。请比较下列三种情况下的响应：

a. $K_p = 30$，$K_I = K_D = 0$

b. $K_p = 27$，$K_I = 17.18$，$K_D = 0$

c. $K_p = 36$，$K_I = 38.1$，$K_D = 8.52$

45. 某速度控制系统所需电机转矩 $m(t)$的微分方程模型为：

$$4\ddot{m} + 4K\dot{m} + K^2 m = K^2 v_d$$

其中，期望的速度是 $x_d(t)$，K 是常量，称为“控制增益”。

a. 利用拉普拉斯变换法求出单位阶跃响应(即 $x_d(t)$为单位阶跃函数)。初始条件为零。

b. 在 MATLAB 中用符号操作求出增益 K 的值，使电机必须提供的最大转矩最小。另外，请计算最大转矩值。

11.6 节

46. 证明 $\boldsymbol{R}^{-1}(a)\boldsymbol{R}(a)=\boldsymbol{I}$，其中 $\boldsymbol{I}$ 为单位矩阵，$\boldsymbol{R}$(a)为方程(11.6-1)给出的旋转矩阵。这表明，逆坐标变换将返回到原始坐标系。

47. 证明 $\boldsymbol{R}^{-1}(a)=\boldsymbol{R}(-a)$。这表明，做负角度旋转等价于做逆变换。

48.* 求下列矩阵的特征多项式和根。

$$\boldsymbol{A} = \begin{bmatrix} -6 & 2 \\ 3k & -7 \end{bmatrix}$$

49.* 请用矩阵求逆法和左除法求解下列方程组。

$$4cx + 5y = 43$$
$$3x - 4y = -22$$

50. 在图 P50 所示的电路中，如果所有电阻都等于 R，则电流 i_1、i_2 和 i_3 可由下列方程组描述。

$$\begin{bmatrix} 2R & -R & 0 \\ -R & 3R & -R \\ 0 & R & -2R \end{bmatrix}\begin{bmatrix} i_1 \\ i_2 \\ i_3 \end{bmatrix} = \begin{bmatrix} v_1 \\ 0 \\ v_2 \end{bmatrix}$$

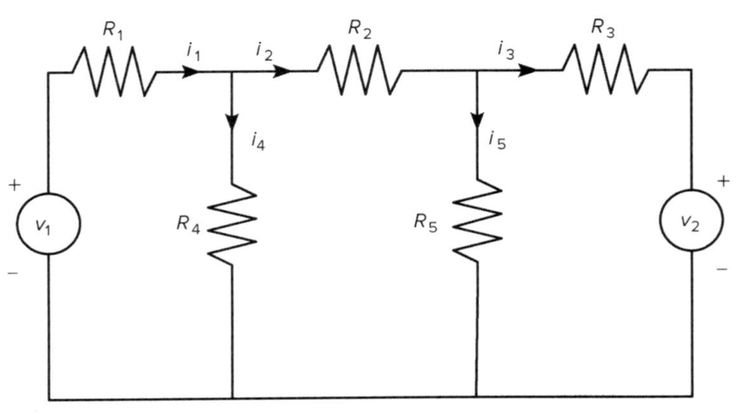

图 P50　电路图

其中 v_1 和 v_2 是施加电压。另外两个电流可从 $i_4=i_1-i_2$ 和 $i_5=i_2-i_3$ 中求出。

a. 利用矩阵求逆法和左除法，分别用电阻 R、电压 v_1 和 v_2 来求解电流。

b. 当 $R=1000\Omega$、$v_1=100\text{V}$ 且 $v_2=25\text{V}$ 时，求出电流的数值。

51. 图 P51 所示电枢控制直流电机的方程如下。电机电流为 i，转速为 ω。

$$L\frac{\mathrm{d}i}{\mathrm{d}t}=-Ri-K_{\mathrm{e}}\omega+v(t)$$

$$I\frac{\mathrm{d}\omega}{\mathrm{d}t}=K_{\mathrm{T}}i-c\omega$$

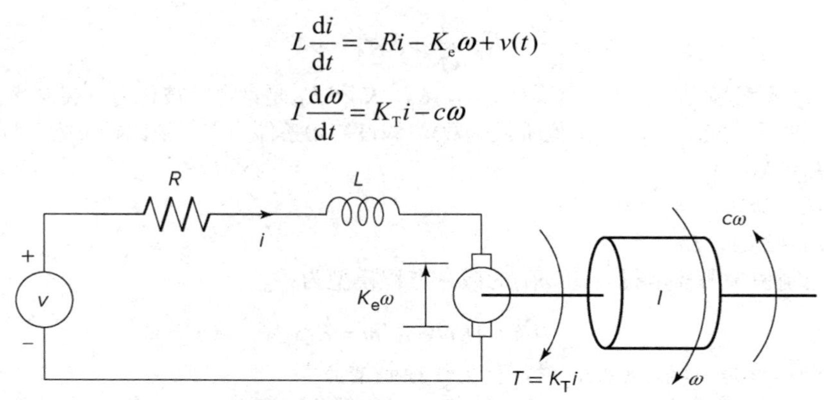

图 P51 电枢控制直流电机

其中 L、R 和 I 分别为电机的电感、电阻和惯性，K_{T} 和 K_{e} 为转矩常量、反电动势常量，c 为粘滞阻尼常量，$v(t)$为施加电压。

a. 求出特征多项式和特征根。

b. 已知 $R=0.8\Omega$、$L=0.003\text{H}$、$K_{\mathrm{T}}=0.05\text{N}\cdot\text{m/A}$、$K_{\mathrm{e}}=0.05\text{V}\cdot\text{s/rad}$ 并且 $I=8\times10^{-5}\ \text{N}\cdot\text{m}\cdot\text{s}^2$。阻尼常量 c 通常很难准确确定。利用上述值求出含 c 的两个特征根的表达式。

c. 利用(*b*)部分的参数值，确定 c 取下列值时的根：$c=0$，$c=0.01$，$c=0.1$ 和 $c=0.2$。对于每种情况，请用特征根来估计电机的速度需要多长时间才能变为常量，并讨论电机速度是否会在变为常量前发生振荡。

附录

本书使用的命令和函数指南

运算符和特殊字符

项目	描述	章节
+	加；加法运算符	1.1 节
-	减；减法运算符	1.1 节
*	标量和矩阵乘法运算符	1.1 节
.*	数组乘法运算符	2.3 节
^	标量和矩阵指数运算符	1.1 节
.^	数组指数运算符	2.3 节
\	左除运算符	1.1 节、2.3 节
/	右除运算符	1.1 节、2.3 节
.\	数组左除运算符	2.3 节
./	数组右除运算符	2.3 节
:	冒号；生成规则间隔的元素并表示整个行或列	1.1 节、2.1 节
()	圆括号；包含函数参数和数组索引；改变优先级	1.1 节、3.2 节
[]	方括号；包含数组元素	1.1 节、2.1 节
{}	花括号；包含单元元素	2.6 节
…	省略号；续行符	1.1 节
,	逗号；分隔语句和数组的一行中的元素	1.1 节
;	分号；分隔数组中的列，抑制显示	1.1 节、2.1 节
%	百分号；指定注释，指定格式	1.4 节、附录 C
‘	引号和转置运算符	2.1 节
.’	非共轭转置运算符	2.1 节
=	赋值(替换)运算符	1.1 节
@	创建函数句柄	3.2 节

逻辑和关系运算符

项目	描述	章节
==	关系运算符：等于	4.1 节
~=	关系运算符：不等于	4.1 节
<	关系运算符：小于	4.1 节
<=	关系运算符：小于或等于	4.1 节
>	关系运算符：大于	4.1 节
>=	关系运算符：大于或等于	4.1 节
&	逻辑运算符：与	4.3 节
&&	短路与	4.3 节
|	逻辑运算符：或	4.3 节
||	短路或	4.3 节
~	逻辑运算符：非	4.3 节

特殊变量和常量

项目	描述	章节
ans	包含最新答案的临时变量	1.1 节
eps	指定浮点精度数据的准确度	1.1 节
i, j	虚数单位 $\sqrt{-1}$	1.1 节
Inf	无穷大	1.1 节
NaN	未定义的数值结果(不是数字)	1.1 节
pi	数字 π	1.1 节

管理会话的命令

项目	描述	章节
clc	清除命令窗口的内容	1.1 节
clear	清除内存中的变量	1.1 节
doc	显示文档	1.5 节
exist	检查文件或变量是否存在	1.1 节
global	声明变量为全局变量	3.2 节
help	在命令窗口中显示帮助文本	1.5 节
lookfor	关键字搜索帮助条目	1.5 节
namelengthmax	返回名称允许的最长字符数	1.1 节
quit	退出 MATLAB	1.1 节
who	列出当前的变量	1.1 节
whos	列出当前变量(长显示)	1.1 节

系统和文件命令

项目	描述	章节
cd	更改当前目录	1.4 节
date	显示当前日期	3.2 节
dir	列出当前目录中的所有文件	1.4 节
importdata	导入几种不同的文件类型	3.4 节
load	从文件加载工作空间变量	1.4 节
path	显示搜索路径	1.4 节
pwd	显示当前目录	1.4 节
readtable	从文件创建表	3.4 节
save	将工作空间变量保存至文件中	1.4 节
what	列出所有 MATLAB 文件	1.4 节
which	显示路径名	1.4 节
xlsread	导入 Excel 工作簿文件	3.4 节
xlswrite	将数组写入 Excel 文件	3.4 节

输入/输出命令

项目	描述	章节
disp	显示数组或字符串的内容	1.4 节
format	控制屏幕显示格式	1.1 节、1.4 节
fprintf	对屏幕或文件执行格式化的写操作	附录 C
input	显示提示符并等待输入	1.4 节、4.4 节
;	抑制屏幕打印	1.1 节

数值显示格式

项目	描述	章节
format short	4 位十进制小数(默认)	1.1 节、1.4 节
format long	16 位十进制数字	1.1 节、1.4 节
format short e	5 位数字加指数	1.1 节、1.4 节
format long e	16 位数字加指数	1.1 节、1.4 节
format bank	2 位十进制小数	1.1 节、1.4 节
format +	正数、负数或零	1.1 节、1.4 节
format rat	有理近似	1.1 节、1.4 节
format compact	抑制部分命令行反馈	1.1 节、1.4 节
format loose	复位至松散显示模式	1.1 节、1.4 节

数组函数

项目	描述	章节
cat	连接数组	2.2 节
find	查找非零元素的索引	2.1 节
length	计算元素的数量	1.3 节、2.1 节
linspace	创建规则间隔的向量	2.1 节
logspace	创建对数间隔向量	2.1 节
max	返回最大元素	2.1 节
min	返回最小元素	2.1 节
ndims (A)	返回 ***A*** 的维数	2.1 节
numel (A)	返回数组 ***A*** 中元素的总数	2.1 节
norm(x)	计算 ***x*** 的几何长度	2.1 节
openvar	打开 Variable Editor(变量编辑器)	2.1 节
size	计算数组的大小	2.1 节
sort	对每列排序	2.1 节、6.2 节
sum	对每列求和	2.1 节

特殊矩阵

项目	描述	章节
eye	创建单位矩阵	2.4 节
ones	创建全为 1 的数组	2.4 节
zeros	创建全为 0 的数组	2.4 节

求解线性方程的矩阵函数

项目	描述	章节
det	计算数组的行列式	8.1 节
inv	计算矩阵的逆	8.1 节
pinv	计算矩阵的伪逆	8.3 节
rank	计算矩阵的秩	8.1 节
rref	计算简化的行阶梯形	8.3 节

指数函数和对数函数

项目	描述	章节
exp(x)	指数；e^x	1.2 节
log(x)	自然对数；$\ln x$	3.1 节
log10(x)	常用对数(以 10 为底数)；$\log x = \log_{10} x$	3.1 节
sqrt(x)	平方根；$\sqrt{x}$	3.1 节

复函数

项目	描述	章节
abs(x)	绝对值	3.1 节
angle(x)	复数 x 的角度	3.1 节
conj(x)	x 的复共轭	3.1 节
imag(x)	复数 x 的虚部	3.1 节
real(x)	复数 x 的实部	3.1 节

数值函数

项目	描述	章节
ceil	向∞近似到最近的整数	3.1 节
fix	向 0 近似到最近的整数	3.1 节
floor	向−∞近似到最近的整数	3.1 节
round	近似到最近的整数	3.1 节
sign	符号函数	3.1 节

使用弧度测度的三角函数

(以角度为单位的函数名称后面都加有 d，如 sind (x)和 asind (x))。

项目	描述	章节
acos(x)	反余弦：$\mathrm{arccos}\,x=\cos^{-1}x$	1.3 节、3.1 节
acot(x)	反余切：$\mathrm{arccot}\,x=\cot^{-1}x$	3.1 节
acsc(x)	反余割：$\mathrm{arccsc}\,x=\csc^{-1}x$	3.1 节
asec(x)	反正割：$\mathrm{arcsec}\,x=\sec^{-1}x$	3.1 节
asin(x)	反正弦：$\arcsin x=\sin^{-1}x$	1.3 节、3.1 节
atan(x)	反正切：$\arctan x=\tan^{-1}x$	1.3 节、3.1 节
atan2(y, x)	四象限反正切	3.1 节
cos(x)	余弦：$\cos x$	1.3 节、3.1 节
cot(x)	余切：$\cot x$	3.1 节
csc(x)	余割：$\csc x$	3.1 节
sec(x)	正割：$\sec x$	3.1 节
sin(x)	正弦：$\sin x$	3.1 节
tan(x)	正切：$\tan x$	3.1 节

双曲函数

项目	描述	章节
acosh(x)	反双曲余弦：$\cosh^{-1}x$	3.1 节
acoth(x)	反双曲余切：$\coth^{-1}x$	3.1 节
acsch(x)	反双曲余割：$\mathrm{csch}^{-1}x$	3.1 节
asech(x)	反双曲正割：$\mathrm{sech}^{-1}x$	3.1 节
asinh(x)	反双曲正弦：$\sinh^{-1}x$	3.1 节
atanh(x)	反双曲正切：$\tanh^{-1}x$	3.1 节
cosh(x)	双曲余弦：$\cosh x$	3.1 节
coth(x)	双曲余切：$\cosh x/\sinh x$	3.1 节
csch(x)	双曲余割：$l/\sinh x$	3.1 节
sech(x)	双曲正割：$1/\cosh x$	3.1 节
sinh(x)	双曲正弦：$\sinh x$	3.1 节
tanh(x)	双曲正切：$\sinh x/\cosh x$	3.1 节

多项式函数

项目	描述	章节
conv	计算两个多项式的乘积	2.5 节
deconv	计算多项式的除法	2.5 节
eig	计算矩阵的特征值	9.5 节
poly	由根计算多项式	2.5 节
polyfit	用多项式拟合数据	6.1 节、6.2 节
polyval	计算多项式	6.2 节
roots	计算多项式的根	2.5 节

逻辑函数

项目	描述	章节
any	如果有任何一个元素不为零，则为真	4.3 节
all	如果所有元素都不为零，则为真	4.3 节
find	搜索非零元素的索引	4.3 节
finite	如果元素是有限的，则为真	4.3 节
ischar	如果元素是字符数组，则为真	4.3 节
isempty	如果矩阵为空，则为真	4.3 节
isinf	如果元素是无穷大，则为真	4.3 节
isnan	如果元素未定义，则为真	4.3 节
isnumeric	如果元素具有数值，则为真	4.3 节
isreal	如果所有元素都是实数，则为真	4.3 节
logical	将数值数组转换为逻辑数组	4.3 节
xor	异或	4.3 节

其他数学函数

项目	描述	章节
cross	计算叉积	2.4 节
dot	计算点积	2.4 节
function	创建自定义函数	3.2 节
nargin	函数输入参数的数量	4.4 节
nargout	函数输出参数的数量	4.4 节

单元和结构函数

项目	描述	章节
cell	创建单元数组	2.6 节
fieldnames	返回结构数组中的字段名	2.7 节
isfield	标识一个结构数组字段	2.7 节
isstruct	标识一个结构数组	2.7 节
rmfield	从结构数组中删除字段	2.7 节
struct	创建结构数组	2.7 节

基本的 *xy* 绘图命令

项目	描述	章节
axis	设置坐标轴限制和其他坐标轴属性	5.1 节
fplot	函数的智能绘图	5.1 节
ginput	读取光标所在位置的坐标	1.3 节
grid	显示网格线	5.1 节
plot	生成 *xy* 图形	1.3 节、5.1 节
print	打印图形或将图形保存到文件中	5.1 节
title	在图形顶部放置文字	5.1 节
xlabel	向 *x* 轴添加文本标签	5.1 节
ylabel	向 *y* 轴添加文本标签	5.1 节

图形增强命令

项目	描述	章节
colormap	设置当前图形的颜色图	附录 B
gtext	允许用鼠标放置标签	5.2 节
hold	冻结当前的图形	5.2 节
legend	用鼠标放置图例	5.2 节
subplot	在子窗口中创建图形	5.2 节
text	在图中放置字符串	5.2 节

特殊的绘图函数

项目	描述	章节
bar	创建柱状图	5.2 节、7.1 节
errorbar	绘制误差柱状图	5.2 节
fimplicit	绘制隐函数	5.2 节
loglog	创建对数-对数坐标图	5.2 节
polarplot	创建极坐标图	5.2 节
publish	创建各种格式的报表	5.2 节
semilogx	创建半对数图(对数横坐标)	5.2 节
semilogy	创建半对数图(对数纵坐标)	5.2 节
stairs	创造阶梯图	5.2 节
stem	创建茎图	5.2 节
yyaxis	允许在左、右轴上绘图	5.2 节

以函数为输入的三维绘图函数

项目	描述	章节
fcontour((f)	创建等值线图	5.4 节
fimplicit3(f)	绘制隐式 3-D 函数	5.4 节
fmesh(f)	创建三维曲面图	5.4 节
fplot3(fx, fy, fz)	创建三维曲线图	5.4 节
fsurf(f)	创建带阴影的三维曲面图	5.4 节

使用数组作为输入的三维绘图函数

项目	描述	章节
contour	创建等值线图	5.4 节
mesh	创建三维网格曲面图	5.4 节
meshc	在 mesh 图基础上叠加等值线图	5.4 节
meshgrid	创建矩形网格	5.4 节
meshz	在 mesh 图基础上叠加垂直线条图	5.4 节
plot3	用点和线创建三维图	5.4 节
shading	指定阴影类型	附录 B
surf	创建带阴影的三维网格曲面图	5.4 节
surfc	在 surf 图基础上叠加等值线图	5.4 节
surfl	在 surf 图基础上叠加灯光	附录 B
view	设置视角	附录 B
waterfall	在 mesh 图基础上叠加一个方向的网格线	5.4 节
zlabel	向 z 轴添加文本标签	5.4 节

程序流程控制

项目	描述	章节
break	终止执行循环	4.5 节
case	在 switch 结构中提供另一种执行路径	4.7 节
continue	将控制权传递给 for 或 while 循环的下一个迭代	4.5 节
else	描述另一个语句块	4.4 节
elseif	条件执行语句	4.4 节
end	终止 for、while 和 if 语句	4.4 节
for	重复执行语句特定次数	4.5 节
if	条件执行语句	4.4 节
otherwise	提供 switch 结构内的可选控制	4.7 节
switch	通过将输入与 case 表达式进行比较来引导程序的执行	4.7 节
while	重复执行语句，但重复的次数不明确	4.6 节

调试命令

项目	描述	章节
dbclear	删除断点	4.8 节
dbquit	退出调试模式	4.8 节
dbstep	执行一行或多行	4.8 节
dbstop	设置断点	4.8 节
echo	跟踪程序执行	4.8 节

优化和寻根函数

项目	描述	章节
fminbnd	求某变量的函数最小值	3.2 节
fminsearch	求多变量函数的最小值	3.2 节
fzero	求函数的零点	3.2 节

直方图函数

项目	描述	章节
bar	创建柱状图	5.2 节、7.1 节
histogram	创建直方图	7.1 节

统计函数

项目	描述	章节
cumsum	计算一行的累积和	7.2 节
erf	计算误差函数 erf(x)	7.2 节
mean	计算平均值	7.1 节、7.2 节
median	计算中值	7.1 节、7.2 节
mode	计算众数	7.1 节
std	计算标准差	7.2 节

随机数函数

项目	描述	章节
rand	生成 0 到 1 之间的均匀分布随机数	7.3 节
randi	生成非唯一的随机整数	7.3 节
randn	生成正态分布随机数	7.3 节
randperm	生成唯一整数的随机排列	7.3 节
rng	初始化随机数生成器	7.3 节

多项式函数

项目	描述	章节
poly	从根计算多项式的系数	2.5 节
polyfit	用多项式拟合数据	6.1 节、6.2 节
polyval	计算多项式并生成误差估计	2.5 节、6.2 节
roots	从系数计算多项式的根	2.5 节

插值函数

项目	描述	章节
interp1	单变量函数的线性插值和三阶样条插值	7.4 节
interp2	双变量函数的线性插值	7.4 节
pchip	用埃尔米特多项式插值	7.4 节
spline	三阶样条插值	7.4 节
unmkpp	计算三阶样条多项式的系数	7.4 节

数值积分函数

项目	描述	章节
integral	单个积分的数值积分	9.1 节
integral2	二重积分的数值积分	9.1 节

(续表)

项目	描述	章节
integral3	三重积分的数值积分	9.1 节
polyint	多项式积分	9.1 节
trapz	用梯形法则进行数值积分	9.1 节

数值微分函数

项目	描述	章节
del2	从数据计算拉普拉斯算子	9.2 节
diff(x)	计算向量 ***x*** 中相邻元素之间的差	9.2 节、9.3 节
gradient	从数据计算梯度	9.2 节、9.3 节
polyder	多项式、多项式乘积或多项式商的微分	9.2 节、9.3 节

常微分方程(ODE)求解器

项目	描述	章节
ode45	非刚性、中阶求解器	9.3 节、9.4 节
ode15s	刚性、可变阶数求解器	9.3 节
odeset	为 ODE 求解器创建积分器选项结构	9.4 节

线性时不变(LTI)对象的函数

项目	描述	章节
ss	以状态空间形式创建 LTI 对象	9.5 节
ssdata	从 LTI 对象中提取状态空间矩阵	9.5 节
tf	以传递函数形式创建 LTI 对象	9.5 节
tfdata	从 LTI 对象中提取方程系数	9.5 节

LTI ODE 求解器

项目	描述	章节
impulse	计算并绘制 LTI 对象的脉冲响应	9.5 节
initial	计算并绘制 LTI 对象的自由响应	9.5 节
linearSystemAnalyzer	调用交互式用户界面来分析 LTI 系统	9.5 节
lsim	计算并绘制 LTI 对象对通用输入的响应	9.5 节
step	计算并绘制 LTI 对象的阶跃响应	9.5 节

预定义输入函数

项目	描述	章节
gensig	生成周期性的正弦波、方波或脉冲输入	9.5 节

用于创建和计算符号表达式的函数

项目	描述	章节
class	返回表达式的类别	11.1 节
digits	设置用来做可变精度算术的小数位数	11.1 节

(续表)

项目	描述	章节
double	将表达式转换为数值形式	11.1 节
findsym	在符号表达式中搜索符号变量	11.1 节
fplot	生成符号表达式的图形	11.1 节、11.4 节
numden	返回表达式的分子和分母	11.1 节
sym	创建符号变量	11.1 节
syms	创建一个或多个符号变量	11.1 节
vpa	设置用于计算表达式的位数	11.1 节

处理符号表达式的函数

项目	描述	章节
collect	在表达式中收集类似幂的系数	11.1 节
expand	通过执行幂运算展开表达式	11.1 节
factor	对表达式做因式分解	11.1 节
poly2sym	将多项式系数向量转换为符号多项式	11.1 节
simplify	化简表达式	11.1 节
subs	替换变量或表达式	11.1 节
sym2poly	将表达式转换为多项式系数向量	11.1 节

代数和超越方程的符号解

项目	描述	章节
solve	求解符号方程	11.2 节

符号微积分函数

项目	描述	章节
diff	返回表达式的导数	11.3 节
dirac	狄拉克-德尔塔函数(单位脉冲)	11.6 节
heaviside	亥维赛德函数(单位阶跃)	11.6 节
int	返回表达式的积分	11.3 节
limit	返回表达式的极限	11.3 节
symsum	返回表达式的符号求和	11.3 节
taylor	返回函数的泰勒级数	11.3 节

微分方程的符号解

项目	描述	章节
dsolve	返回微分方程或方程组的符号解	11.3 节、11.4 节

拉普拉斯变换函数

项目	描述	章节
ilaplace	返回拉普拉斯逆变换	11.5 节
laplace	返回拉普拉斯变换	11.5 节

符号线性代数函数

项目	描述	章节
charpoly	返回矩阵的特征多项式	11.6 节
det	返回矩阵的行列式	8.1 节、11.6 节
eig	返回矩阵的特征值(特征根)	9.5 节、11.6 节
inv	返回矩阵的逆	7.1 节、11.6 节

动画函数

项目	描述	章节
addpoints	为动画线条添加点	附录 B
animatedline	创建和添加动画线到当前轴	附录 B
clearpoints	删除动画线上的点	附录 B
drawnow	初始化立即绘图	附录 B
gca	返回当前轴属性	附录 B
get	返回对象属性的完整列表	附录 B
getframe	在影片帧中捕获当前图形	附录 B
getpoints	从动画线中提取点	附录 B
movie	播放录制的影片帧	附录 B
pause	暂停显示	附录 B
set	用句柄设置对象的属性	附录 B
view	设置视图的角度	附录 B

声音函数

项目	描述	章节
audioplayer	为 WAVE 文件创建句柄	附录 B
audioread	读取 WAVE 文件	附录 B
audiorecorder	记录声音	附录 B
audiowrite	创建 WAVE 文件	附录 B
play	用句柄播放 WAVE 文件	附录 B
recordblocking	保持控制直到完成录音	附录 B
sound	将向量播放为声音	附录 B
soundsc	缩放数据并作为声音播放	附录 B

附录 B

MATLAB 中的动画和声音

B.1 动画

动画可用来显示对象的行为随时间的变化。MATLAB 中的一些演示文件(M 文件)可执行动画。在读完本节(其中包含简单示例)后，您就可以研究更高级的演示文件。在 MATLAB 中可用两种方法来创建动画。第一种方法是使用 movie 函数；第二种方法使用 drawnow 命令。

在 MATLAB 中创建影片

getframe 命令能够捕获或截取当前图形的快照，从而创建为影片的一帧。getframe 函数通常在 for 循环中用于组装一组影片帧。moive 函数能回放已经捕获的影片帧。

要创建影片，请使用以下形式的脚本文件。

```
for k=1:n
    plotting expressions
    M(k)=getframe; % Saves current figure in array M
end
movie(M)
```

例如，下面的脚本文件将创建函数$te^{-t/b}$在区间 $0\leqslant t\leqslant 100$ 上，即由参数 $b=1$ 到 $b=20$ 的 20 帧图形。

```
% Program movie1.m
% Animates the function t*exp(-t/b).
t=0:0.05:100;
for b=1:20
  plot(t,t.*exp(-t/b)),axis([0 100 0 10]),xlabel('t');
  M(:,b)=getframe;
end
```

代码行 M(:,b)=getframe;将获取并保存当前的图形作为矩阵 M 的一列。运行该文件后，可以通过输入 movie(M)将帧作为影片重新播放。该动画将显示函数峰值的位置和高度如何随着参数 b 的增加而变化。

旋转三维曲面

下面的例子通过改变视点旋转一个三维曲面。数据是用内置函数 peaks 创建的。

```
% Program movie2.m
% Rotates a 3D surface.
```

```
[X,Y,Z]=peaks(50);    % Create data.
surfl(X,Y,Z)    % Plot the surface.
axis([-3 3-3 3-5 5])% Retain same scaling for each frame.
axis vis3d off % Set the axes to 3D and turn off tick marks,
               % and so forth.
shading interp    % Use interpolated shading.
colormap(winter)    % Specify a color map.
for k=1:60 % Rotate the viewpoint and capture each frame.
        view(-37.5+0.5*(k-1),30)
        M(k)=getframe;
end
cla    % Clear the axes.
movie(M)    % Play the movie.
```

colormap(map)函数将当前图形的颜色图设置为 map。输入 help graph3d 将查看要为 map 选择的各种彩色颜色图。选择 winter 提供的蓝色和绿色阴影。view 函数能够指定 3D 图形的视角。语法 view(az,el)能够设置观众看到当前 3D 图的视角，其中 az 是方位角或水平旋转角，el 是垂直高程(这两个变量的单位都是角度)。方位角绕 z 轴旋转，正值表示逆时针旋转视角。高程的正值代表沿物体向上移动；负值则代表向下移动。选择 az=-37.5，el=30 是默认的 3D 视图。

函数 movie 的扩展语法

函数 movie (M)能播放一遍数组 M 中的影片，其中 M 必须是影片帧数组(通常用 getframe 获得)。函数 moive(M, n)会将影片播放 n 遍。如果 n 是负的，那么每一次“播放”就是正向播放一次，再反向播放一次。如果 n 是向量，那么第一个元素就代表影片播放的次数，其余元素是在影片中播放的帧列表。例如，如果 M 有 4 帧，那么 n=[10 4 4 2 1]则表示要播放影片 10 遍。影片先播放第 4 帧，接着是第 4 帧，然后是第 2 帧，最后是第 1 帧。

函数 movie(M, n, fps)能够以 fps 帧/秒的速度播放影片。如果省略 fps，默认值为每秒 12 帧。不能达到指定 fps 时，计算机就以最快的速度播放影片。函数 movie (h,…)能在对象 h 中播放影片，其中 h 是图形或轴的句柄。句柄已在第 2.2 节介绍过。

函数 movie (h, M, n, fps, loc)能指定播放影片的位置，该位置对应于对象 h 的左下角，并以像素为单位，而不管对象的 Units 属性值，其中 loc=[x y unused unused]是一个四元素的位置向量，其中只使用 x 和 y 坐标，但所有四个元素都是必需的。影片将以其录制时的宽度和高度值回放。

movie 函数的缺点是，如果存储了许多帧图像或图像复杂，就可能占用太多内存。

drawnow 命令

drawnow 命令会立即执行之前的图形命令。如果没有使用 drawnow 命令，MATLAB 将在执行完其他所有操作后再执行任何图形操作，并且只显示动画的最后一帧。

动画的速度取决于计算机的内在速度，以及绘制的内容和数量。像 o、*或+等符号的绘制速度比直线慢。绘制的点数也会影响动画速度。使用 pause(n)函数可减慢动画的播放速度，该函数将暂停程序执行 n 秒。

命令 animatedline 将创建没有数据的动画线，并将其添加到当前轴中。在循环中向动画线上添加点，即可创建出线动画。用 addpoints、getpoints 和 clearpoints 函数分别可以添加更多的点、提取点和从动画线中清除点。下面的程序说明了这个过程。

```
% animated_line_1.m
h=animatedline;axis([0,10,0,2]),xlabel('t'),ylabel('y')
t=linspace(0,10,500);
y=1+exp(-t/2).*sin(2*t);
for k=1:length(t)
addpoints(h,t(k),y(k));
drawnow
end
```

处理图形

MATLAB 将图形视为由很多层组成。考虑一下您在用手画图时做了什么。首先您选择一张纸，接着在纸上画一组有刻度的坐标轴，然后画图形，例如画一条直线或曲线。在 MATLAB 中，第一层是图形窗口，就像一张纸。MATLAB 在第二层绘制坐标轴，在第三层绘制图形。这就是使用 plot 函数时发生的情况。

该形式的表达式为：

```
p=plot(...)
```

将绘图函数的结果赋给变量 p，这是一个被称为图形句柄(figure handle)的图形标识符。它将存储该图形以供将来使用。句柄可以命名为任何有效的变量名。图形句柄是对象句柄的特殊类型。句柄可以分配给其他类型的对象。例如，稍后将为坐标轴创建一个句柄。

set 函数可与句柄一起使用，以更改对象的属性。该函数的一般格式为：

```
set(object handle, 'PropertyName', 'PropertyValue', ...)
```

如果对象是完整图形，那么其句柄还应包含线条颜色、类型和标记大小的规范。图形的两个属性指定要绘制的数据。它们的属性名分别是 XData 和 YData。下例将展示如何使用这些属性。

MATLAB 中的图形可以用句柄图形来修改。句柄是附加在对象(如图形)上的名称，以便我们可以引用它。我们可以给一个图分配一个句柄，如下面的程序和结果输出所示。

```
>>x=1:10;
>>y=5*x;
>>h=plot(x,y)
h =
   Line with properties:
                 Color: [0 0.4470 0.7410]
             LineStyle: '-'
             LineWidth: 0.5000
                Marker: 'none'
            MarkerSize: 6
       MarkerFaceColor: 'none'
                 XData: [1 2 3 4 5 6 7 8 9 10]
                 YData: [5 10 15 20 25 30 35 40 45 50]
                 ZData: [1×0 double]
```

图形句柄为 h，该句柄引用绘图线。因为我们没有在 plot 函数后面加分号，所以 MATLAB 就会显示出图形的一些属性。如果您输入 get (h)，就会看到一个很长的属性列表。

线条颜色由 RGB 三元组(红、绿、蓝)表示。三元组[0 0 0]表示黑色，[1 1 1]表示白色，[0 0 1]表示蓝色，以此类推。在 R2016b 之前的版本中，绘制的第一行是蓝色的；现在是蓝绿色[0 0.4470 0.7410]。请注意，用于绘制图形的数据保存在数组 XData 和 YData 中。

这个句柄引用的是绘图线。要获得图形窗口的句柄，请使用 figure 函数。如果这是第一张图，则输入 fig_handle=figure(1)。您会看到：

```
  Number: 1
    Name: ''
   Color: [0.9400 0.9400 0.9400]
Position: [1 1 1184 347]
   Units: 'pixels'
```

图形背景包含相同数量的红色、绿色和蓝色，从而呈现出类白色背景。

命令 gca 返回当前图形的当前坐标轴的句柄。例如：

```
>>axes_handle=gca
axes_handle  =
   Axes with properties:
```

```
              XLim: [1 10]
              YLim: [5 50]
            XScale: 'linear'
            YScale: 'linear'
     GridLineStyle: '-'
          Position: [0.1300 0.1100 0.7750 0.8150]
             Units: 'normalized'
```

键入 get(axes_handle)将返回一个非常庞大的坐标轴属性列表。

函数的动画

考虑第一个影片示例中使用的函数 $te^{-t/b}$。利用下面的程序可将该函数随参数 b 变化而产生动画效果。

```
% Program animate1.m
% Animates the function t*exp(-t/b).
t=0:0.05:100;
b=1;
p=plot(t,t.*exp(-t/b));axis([0 100 0 10]),xlabel('t');
for b=2:20
   set(p,'XData',t,'YData',t.*exp(-t/b),...
   axis([0 100 0 10]),xlabel('t');
   drawnow
   pause(0.1)
end
```

在这个程序中，首先计算函数 $te^{-t/b}$，并在区间 0≤t≤100 上绘制 b=1 时的曲线，然后将图形句柄分配给变量 p。这样就为接下来的所有操作建立了图形格式，例如，线型和颜色、标注和轴缩放等。然后对函数 $te^{-t/b}$ 进行计算，让 b=2,3,4…在 for 循环中并依次绘制在区间 0≤t≤100 上的曲线，同时删除前一次的图形。在 for 循环中每调用一次 set 都会绘制出下一组点。

弹丸运动的动画

下面的程序演示了如何在动画中使用自定义的函数和子图。下面是弹丸以速度 s_0、水平夹角 θ 发射时的运动方程，其中 x 和 y 是水平和垂直坐标，g 是重力加速度，t 是时间。

$$x(t) = (s_0 \cos\theta)t \qquad y(t) = -\frac{gt^2}{2} + (s_0 \sin\theta)t$$

通过在第二个表达式中令 $y=0$，我们就可以解出 t，进而得到弹丸飞行最大时间 t_{max} 的表达式。

$$t_{\max} = \frac{2s_0}{g}\sin\theta$$

可以对 $y(t)$的表达式求导，得到垂直速度的表达式：

$$v_{\text{vert}} = \frac{dy}{dt} = -gt + s_0 \sin\theta$$

最大距离 x_{max} 可以从 $x(t_{max})$处计算得到，最大高度 y_{max} 可从 $y(t_{max}/2)$处计算，最大垂直速度出现在 $t=0$ 处。

下面的函数基于这些表达式，其中 s0 是发射速度 s_0，th 是发射角度 θ。

```
function x=xcoord(t,s0,th);
% Computes projectile horizontal coordinate.
x=s0*cos(th)*t;

function y=ycoord(t,s0,th,g);
% Computes projectile vertical coordinate.
y=-g*t.^2/2+s0*sin(th)*t;

function v=vertvel(t,s0,th,g);
% Computes projectile vertical velocity.
```

```
v=-g*t+s0*sin(th);
```

下面的程序使用这些函数在第一个子图中显示弹丸运动的动画，同时在第二子图中显示垂直速度，其中 $\theta=40°$，$s_0=105$ ft/sec 并且 $g=32.2$ ft/sec^2。请注意，xmax、ymax 和 vmax 的值是可以计算出来的，并可用来设置坐标轴的刻度。图形句柄分别为 h1 和 h2。

```
% Program animate2.m
% Animates projectile motion.
% Uses functions xcoord, ycoord, and vertvel.
th=45*(pi/180);
g=32.2; s0=105;
%
tmax=2*s0*sin(th)/g;
xmax=xcoord(tmax,s0,th);
ymax=ycoord(tmax/2,s0,th,g);
vmax=vertvel(0,s0,th,g);
w=linspace(0,tmax,500);
%
subplot(2,1,1)
plot(xcoord(w,s0,th),ycoord(w,s0,th,g)),hold,
h1=plot(xcoord(w,s0,th),ycoord(w,s0,th,g),'o'),...
   axis([0 xmax 0 1.1*ymax]),xlabel('x'), ylabel('y')
subplot(2,1,2)
plot(xcoord(w,s0,th),vertvel(w,s0,th,g)),hold,
h2=plot(xcoord(w,s0,th),vertvel(w,s0,th,g),'s');...
   axis([0 xmax-1.1*vmax 1.1*vmax]),xlabel('x'),...
   ylabel('Vertical Velocity')
for t=0:0.01:tmax
    set(h1,'XData',xcoord(t,s0,th),'YData',ycoord(t,s0,th,g))
    set(h2,'XData',xcoord(t,s0,th),'YData',vertvel(t,s0,th,g))
        drawnow
        pause(0.005)
end
hold
```

您还可以尝试 pause 函数的不同参数值。

数组的动画

到目前为止，我们已经看到了表达式或函数是如何在 set 函数中实现动画的。第三种方法是提前计算要绘制的点并将它们存储在数组中。下面的程序将展示如何在弹丸应用实现这一点。绘制的点都存储在数组 x 和 y 中。

```
% Program animate3.m
% Animation of a projectile using arrays.
th=70*(pi/180);
g=32.2; s0=100;
tmax=2*s0*sin(th)/g;
xmax=xcoord(tmax,s0,th);
ymax=ycoord(tmax/2,s0,th,g);
%
w=linspace(0,tmax,500);
x=xcoord(w,s0,th);y=ycoord(w,s0,th,g);
plot(x,y),hold,
h1=plot(x,y,'o');...
   axis([0 xmax 0 1.1*ymax]),xlabel('x'),ylabel( 'y')
%
kmax=length(w);
for k =1:kmax
    set(h1,'XData',x(k),'YData',y(k))
    drawnow
    pause(0.001)
end
hold
```

B.2 声音

MATLAB 提供很多在计算机上创建、录制和播放声音的函数。本节将简要介绍这些函数。

声音模型

声音是气压波动相对于时间 t 的函数。如果声音是纯音(pure tone)，那么气压 $p(t)$就是在单个频率下的正弦振荡，即：

$$p(t) = A\sin(2\pi ft + \phi)$$

其中 A 是压强的幅度(即“响度”)，f 是声音的频率，单位是周/秒(即 Hz)，而ϕ是相位，单位是弧度。声波的周期是 $P=1/f$。

因为声音是模拟变量(含有无限多个值)，因此在数字计算机上存储和使用前必须先将其转换为有限的一组数据。这种转换过程涉及将声音信号采样(sampling)成离散值，并且量化(quantizing)这些数字，以便将它们表示成二进制形式。当您使用麦克风和模-数转换器捕获真实的声音时，量化是个关键，但是这里不打算讨论它，因为我们只用软件产生模拟的声音。

无论您何时在 MATLAB 中绘制函数，都会用到类似于采样的过程。为了绘制函数曲线，您应当计算足够多的点，以便产生平滑的图形。因此，要想绘制正弦波，我们应当在一个周期内“采样”或者计算很多次。我们在一个周期内计算的频率就是采样频率。因此，如果我们的采样步长是 0.1 秒，那么采样频率就是 10Hz。如果正弦波的周期是 1 秒，那么我们就要在每个周期内对函数“采样”10 次。因此我们将看到，采样频率越高，函数的表现将越好。

在 MATLAB 中创建声音

MATLAB 的函数 sound(sound_vector, Fs)能用计算机扬声器演奏向量 sound_vector 中以采样频率 Fs 产生的信号。MATLAB 自带一些声音文件。例如，载入 MAT 文件 chirp.mat 并且演奏声音，如下所示：

```
>>load chirp
>>sound(y,Fs)
```

请注意声音向量已经以行向量 y 的形式保存在 MAT 文件中，并且采样频率也已经保存在标量 Fs 中。您还可以试试文件 gong.mat 和 handel.mat，它们保存了 Handel’s Messiah 片段。

下面的自定义函数中示范了函数 sound 的用法，这个自定义函数能播放单音节声音。

```
function playtone(freq,Fs,amplitude,duration)
% Plays a simple tone.
% freq=frequency of the tone (in Hz).
% Fs=sampling frequency (in Hz).
% amplitude=sound amplitude (dimensionless).
% duration=sound duration (in seconds).
t=0:1/Fs:duration;
sound_vector=amplitude*sin(2*pi*freq*t);
sound(sound_vector,sf)
```

请以下列参数试试该函数：freq＝1000、Fs＝10000、amplitude＝1 和 duration＝10。函数 sound 截断或者“剪切”了 sound_vector 中的所有-1～+1 范围以外的值。请用 amplitude＝0.1 和 amplitude＝5 试试音量效果。

当然，真正的声音包含了不止一种音调。您可以通过添加从具有不同频率和幅度的两个正弦函数创建的两个向量，来创建包含两种音调的声音。只要确保采样频率和采样个数均相同，并且它们的和位于-1～+1 范围内即可。如果两种不同声音的采样频率相同，您可以先把它们组成行向量，再顺序播放，比如 sound([sound_vector1, sound_vector2], Fs)。您还可以把两种不同的声音组成列向量，然后同步地播放出来以形成立体声，比如 sound([sound_vector1', sound_vector2'], Fs)。例如，要在播放弥赛亚片段后紧接着播放鸟叫声，可以用下面的脚本。请注意，load 命令返回的 y 是行向量。

```
% Program sounds.m
load handel
S=load('chirp.mat')
y1=S.y
Fs1=S.Fs
sound([y',y1'],Fs) % Note that Fs=Fs1 here.
```

相关的函数是 soundsc(sound_vector, Fs)。该函数能将 sound_vector 中的信号放大到-1～+1 范围内，以确保播放出来的声音足够洪亮又不会被剪切。

读取并播放 WAVE 文件

MATLAB 的函数 audiowrite 和 audioread 能创建并且读取扩展名为.wav 的 Microsoft WAVE 文件。例如，要想根据文件 handel.mat 创建出一个 wav 文件，您需要输入：

```
>>load handel.mat
>> audiowrite('handel.wav',y,Fs);
>>[y1, Fs1]=audioread('handel.wav');
>>sound(y1,Fs1)
```

很多计算机都有能播放出铃声、蜂鸣声、钟声等的 WAVE 文件，以便在发生特定动作时提醒您。例如，要载入并播放某 Windows 系统中位于 C:\windows\media 的 WAVE 文件 chimes.wav，您可以输入：

```
>>[y, Fs]=audioread('c:\windows\media\chimes.wav');
>>sound(y, Fs)
```

您还可以用 audioplayer 和 play 函数代替 sound 函数，如下所示：

```
>>p=audioplayer(y, Fs);
>>play(p)
```

sound 函数只允许您以特定的采样频率播放声音，但是 audioplayer 函数允许您不止于此，比如可以暂停、回放和继续，还能设置对象的属性。

录制并写入声音文件

您可以用 MATLAB 录制声音并将声音文件写入某个 WAVE 文件。函数 audiorecoder 能从基于 PC 的音频输入设备录制声音。audiorecoder 函数能保持控制，直到完成录音。默认情况下，audiorecoder 函数将创建采样频率为 8000Hz 的 8 位单通道对象。下面的程序将展示如何录制 5 秒您的声音。函数 recordblocking 能从输入设备上录制指定秒数的声音，并保持控制，直到完成录音。

```
% Record your voice for 5 seconds.
my_voice=audiorecorder;
disp('Start speaking.')
recordblocking(my_voice, 5);
disp('End of Recording.');
% Play back the recording.
play(my_voice);
```

扩展语法 audiorecoder(Fs, nBits, nChannels)设置采样率为 Fs(单位是 Hz)，采样位数为 nBits，通道数为 nChannels。大多数声卡支持的典型采样率为 8000、110 25、22 050、44 100、48 000 和 96 000Hz。例如，要想以 11 025Hz 的采样率记录通道 1 上 5 秒您的声音，请用下面的两行代码替换前面程序的第二行代码。

```
Fs=11025;
my_voice=audiorecorder(Fs,5*Fs, 1);
```

附录 C

MATLAB 中的格式化输出

disp 和 format 命令提供了控制屏幕输出的简单方法。然而，有些用户可能需要对屏幕显示进行更多控制，还有些用户可能希望将格式化输出写入数据文件。fprintf 函数就提供了这种功能。它的语法是 count＝fprintf(fid, format, A, …)，它在指定的字符串 fromat 控制下，对矩阵 A 的实部(以及任何附加的矩阵参数)中的数据进行格式化，并将数据写入与文件标识符 fid 关联的文件中。写入的字节数将返回到变量 count 中。fid 参数是来自 fopen 函数的整数型文件标识符(1 代表标准输出，即输出到屏幕，2 代表标准错误。有关更多信息请参阅 fopen)。

在参数列表中省略 fid 将使输出显示在屏幕上，这与写入标准输出(fid＝1)的效果相同。字符串 format 能指定表示法、对齐方式、有效数字、字段宽度和及输出格式的其他方面。它可以包含普通的字母数字字符、转义字符、转换说明符、其他字符，按照如下面的示例那样组织。表 C.1 总结了 fprintf 函数的基本语法。有关详细信息，请参阅 MATLAB 帮助。

假设变量 Speed 的值为 63.2。若要用 3 位数字显示其值，且小数点右侧只有一位数字，同时有一条消息，则相应的会话为：

```
>>fprintf('The speed is: %3.1f\n',Speed)
The speed is: 63.2
```

这里的“字段宽度”是 3，因为 63.2 中有三位数。您可能想要指定一个足够宽的字段来提供空格空间或容纳一个出乎意料的大数值。%符号告诉 MATLAB 将下面的文本解释为代码。代码\n 则告诉 MATLAB 显示数字后新起一行。

表 C.1　使用 fprintf 函数的显示格式

语法	描述
fprintf('format', A, ..)	根据字符串'format'指定的格式，显示数组 A 的元素和其他任何数组参数。
'format'的排列	%[-] [number1 number2]C，其中 number1 指定最小字段宽度，number2 指定小数点右边的位数，C 包含控制代码和格式代码。方括号中的项是可选的。[-]指定左对齐

控制代码		格式代码	
代码	描述	代码	描述
\n	新起一行	%e	采用小写 e 的科学格式
\r	新的一行的开头	%E	采用大写 E 的科学格式
\b	退格键	%f	定点表示法
\t	Tab 键	%g	e%或者%f，取较短者
''	撇号	%s	字符串
\\	反斜杠		

输出可以有多列，每列可以有自己的格式。例如：

```
>>r=2.25:20:42.25;
>>circum=2*pi*r;
>>y=[r;circum];
>>fprintf('%5.2f %11.5g\n',y)
  2.25     14.137
 22.25     139.8
 42.25     265.46
```

请注意，fprintf 函数显示了矩阵 y 的转置。

格式代码可存放在文本中。例如，请注意代码%6.3f 之后句点在输出中是如何出现在所显示的文本末尾的。

```
>>fprintf('The first circumference is %6.3f.\n',circum(1))The first circumference is 14.137
```

在文本中显示撇号，需要两个单引号。例如：

```
>>fprintf('The second circle''s radius %15.3e is large.\n',r(2))
The second circle's radius     2.225e+001 is large.
```

在所显示的文本中显示百分号也需要两个%符号。否则，单独的%符号将被解释为数据的占位符。例如，输入：

```
fprintf('The inflation rate was %3.2f %%. \n', 3.15)
```

就得到输出：

```
The inflation rate was 3.15 %.
```

格式代码中的减号会使输出在其字段内左对齐。请用下面的输出与之前的示例做比较：

```
>>fprintf('The second circle''s radius %-15.3e is large.\n',r(2))
The second circle's radius 2.225e+001 is large.
```

控制代码可放在格式字符串中。下面的示例采用了 tab 代码(\t)：

```
>>fprintf('The radii are:%4.2f \t %4.2f \t %4.2f\n',r)
The radii are:  2.25   22.25   42.25
```

disp 函数有时显示多余的位数。我们可以通过使用 fprintf 函数而不是 disp 来改进显示。考虑下面的程序：

```
p=8.85; A=20/100^2;
d=4/1000; n=[2:5];
C=((n-1).*p*A/d);
table (:,1)=n';
table (:,2)=C';
disp (table)
```

disp 函数显示由 format 命令指定的小数位数(4 是默认值)。

如果用以下三行替换命令行 disp(table)：

```
E='';
fprintf('No.Plates Capacitance (F) X e12 %s\n',E)
fprintf('%2.0f \t \t \t %4.2f\n',table')
```

显示的内容如下：

```
2             4.42
3             8.85
4             13.27
5             17.70
```

使用空矩阵 E 是因为 fprintf 语句的语法需要指定一个变量。因为第一个 fprintf 只需要显示表的标题，所以我们需要用一个不显示值的变量来欺骗 MATLAB。

请注意，fprintf 命令会截断结果，而不是舍入。还要注意，我们必须用转置运算来交换 table 矩阵的行和列，以便正确地显示它。

fprintf 命令只显示复数的实部。例如：

```
>>z=-4+9i;
>>fprintf('Complex number: %2.2f \n',z)
Complex number:  -4.00
```

相反，您可以将复数显示为行向量。例如，假设 w=-4+9i：

```
>>w=[-4,9];
>>fprintf('Real part is %2.0f.  Imaginary part is %2.0f. \n',w)
Real part is-4.  Imaginary part is 9.
```

MATLAB 还有 sprintf 函数，它为格式化的字符串指定一个名称，而不是将其发送到命令窗口。其语法类似于 fprintf，并可与 text 函数一起使用，以便在图形上放置标签，而不必提前知道确切的措辞。例如，脚本文件可能是：

```
x=1:10;y=(x+2.3).^2;
mean_y=mean(y);
label=sprintf('Mean of y is:%4.0f \n',mean_y);
plot(x,y),text(2,100,label)
```

附录 D

参考文献

[Brown, 1994] Brown, T. L.; H. E. LeMay, Jr.; and B. E. Bursten. *Chemistry: The Central Science*. 6th ed. Upper Saddle River, NJ: Prentice-Hall, 1994.

[Eide, 2008] Eide, A. R.; R. D. Jenison; L. L. Northup; and S. Mickelson. *Introduction to Engineering Problem Solving.* 5th ed. New York: McGraw-Hill, 2008.

[Felder, 1986] Felder, R. M., and R. W. Rousseau. *Elementary Principles of Chemical Processes.* New York: John Wiley & Sons, 1986.

[Garber, 1999] Garber, N. J., and L. A. Hoel. *Traffic and Highway Engineering.* 2nd ed. Pacific Grove, CA: PWS Publishing, 1999.

[Jayaraman, 1991] Jayaraman, S. *Computer-Aided Problem Solving for Scientists and Engineers.* New York: McGraw-Hill, 1991.

[Kreyzig, 2009] Kreyzig, E. *Advanced Engineering Mathematics.* 9th ed. New York: John Wiley & Sons, 1999.

[Kutz, 1999] Kutz, M., editor. *Mechanical Engineers' Handbook.* 2nd ed. New York: John Wiley & Sons, 1999.

[Palm, 2014] Palm, W. *System Dynamics.* 3rd ed. New York: McGraw-Hill, 2014.

[Rizzoni, 2007] Rizzoni, G. *Principles and Applications of Electrical Engineering.* 5th ed. New York: McGraw-Hill, 2007.

[Starfield, 1990] Starfield, A. M.; K. A. Smith; and A. L. Bleloch. *How to Model It: Problem Solving for the Computer Age.* New York: McGraw-Hill, 1990.

部分习题答案

第 1 章

2. (a)−13.3333; (b) 0.6; (c) 15; (d) 1.0323.

12. (a) $x+y$＝−3.0000−2.0000i; (b) xy＝−13.0000−41.0000i; (c) x/y＝−1.7200+0.0400i.

25. x＝−15.685 和 x＝0.8425±3.4008i。

第 2 章

3.

$$A=\begin{bmatrix}0 & 6 & 12 & 18 & 24 & 30\\ -20 & -10 & 0 & 10 & 20 & 30\end{bmatrix}$$

7. (a)长度是 3。绝对值＝[2 4 7]；

(b)与(a)相同；(c) 长度是 3。绝对值＝[5.8310 5.000 7.2801]。

11. (a) 第 1、2、3 层最大的元素分别是 10、9 和 10。整个数组中最大的元素是 10。

15. (a)

$$\boldsymbol{A}+\boldsymbol{B}+\boldsymbol{C}=\begin{bmatrix}-6 & -3\\ 23 & 15\end{bmatrix}$$

(b)

$$\boldsymbol{A}+\boldsymbol{B}+\boldsymbol{C}=\begin{bmatrix}-14 & -7\\ 1 & 19\end{bmatrix}$$

17.

(a) A.*B＝[784,−128; 144, 32]

(b) A/B＝[76,−168;−12, 32]

(c) B.^3＝[2744,−64; 216,−8]

23. (a) F.*D＝[1200, 275, 525, 750, 3000] J; (b) sum(F.*D)＝5750 J

36. (a) A*B＝[−47, −78; 39, 64]

(b) B*A＝[−5, −3, 48, 22]

39. 60 吨的铜，67 吨的镁，6 吨的锰，76 吨的硅，101 吨的锌。

42. 如果 $\boldsymbol{F}$ 的单位是牛顿，$\boldsymbol{r}$ 的单位是米，那么 M＝675 牛·米。

49. [q, r]＝deconv([14, −6, 3, 9], [5,7, −4]), q＝[2.8, −5.12], r＝[0, 0, 50.04, −11.48]。商是 2.8x−5.12，余数是 50.04x−11.48。

50. 2.0458.

第 3 章

1. (a) 3, 3.1623, 3.6056;
   (b) 1.7321i, 0.2848+1.7553i, 0.5503+1.8174i;
   (c) 15+21i, 22+16i, 29+11i;
   (d) −0.4−0.2i, −0.4667−0.0667i, −0.5333+0.0667i.
2. (a) $|xy|=105$，$\angle xy=-2.6$rad.
   (b) $|x/y|=0.84$，$\angle x/y=-1.67$rad.
3. (a) 1.01rad(58°)；(b) 2.13rad(122°)
   (c) −1.01rad(−58°)；(d) −2.13rad(−122°)
7. $F1=197.5217$N.
9. 上升时是 2.7324 秒；下降时是 7.4612 秒。

第 4 章

4. (a) z=1; (b) z=0; (c) z=1; (d) z=1.
5. (a) z=0; (b) z=1; (c) z=0; (d) z=4;
   (e) z=1; (f) z=5; (g) z=1; (h) z=0.
6. (a) z=[0, 1, 0, 1, 1];
   (b) z=[0, 0, 0, 1, 1];
   (c) z=[0, 0, 0, 1, 0];
   (d) z=[1, 1, 1, 0, 1].
11. (a) z=[1, 1, 1, 0, 0, 0];
    (b) z=[1, 0, 0, 1, 1, 1];
    (c) z=[1, 1, 0, 1, 1, 1];
    (d) z=[0, 1, 0, 0, 0, 0].
13. (a) $7300；(b) $5600；(c) 1200 股；(d) $15 800。
29. 最佳位置：$x=9$，$y=16$。最小成本：294.51 美元。只有唯一解。
35. 33 年后，总数为 1 041 800 美元。
37. $W=300$ 和 $T=$[428.5714, 471.4286, 266.6667, 233.3333, 200, 100]。
49. (a)和(b)两种情况下的每周库存量分别为：

周	1	2	3	4	5
库存量(a)	50	50	45	40	30
库存量(b)	30	25	20	20	10
周	6	7	8	9	10
产量(a)	30	30	25	20	10
产量(b)	10	5	0	0	(<0)

第 5 章

1. 当 $Q\geqslant 10^8$gal/yr 时，生产是获利的。利润随 Q 线性增长，所以利润没有上限。
3. $x=-0.4795$、1.1346 和 3.8318。
5. 左手点上方 37.622 米，右手点上方 100.6766 米。
10. 0.54 rad(31°)。
14. y 的稳态值为 $y=1$。当 $t=4/b$ 时，$y=0.98$。
17. (a)球会先上升 1.68 米，然后水平飞行 9.58 米，在 1.17 秒后撞击地面。

第 6 章

2. (a) $y=53.5x-1354.5$;
   (b) $y=3582.1x^{-0.9764}$;
   (c) $y=2.0622\times10^{5}(10)^{-0.0067x}$.
4. (a) $b=1.2603\times10^{-4}$; (b) 836 年。
   (c) 在 760 至 928 年前。
8. 如果不限制穿越原点，那么 $f=0.3998x-0.0294$。如果限制必须穿越原点，那么 $f=0.3953x$。
10. $d=0.0509v^2+1.1054v+2.3571$; $J=10.1786$; $S=57\,550$; $r^2=0.9998$.
11. $y=40+9.6x_1-6.75x_2$。最大百分比误差为 7.125%。

第 7 章

7. (a) 96%; (b) 68%.
11. (a) 托盘的平均重量为 3000 磅。标准差为 10.95 磅；(b)8.55%。
18. 平均年利润是 64 609 美元。最小期望利润是 51 340 美元。最大期望利润是 79 440 美元。年利润的标准差是 5967 美元。
24. 下午 5 点和晚上 9 点的估计温度分别是 22.5 度和 16.5 度。

第 8 章

2. (a) $\boldsymbol{C}=\boldsymbol{B}^{-1}(\boldsymbol{A}^{-1}\boldsymbol{B}-\boldsymbol{A})$.
   (b) $\boldsymbol{C}=[-0.8536, -1.6058; 1.5357, 1.3372]$.
5. (a) $x=3c, y=-2c, z=c$.
   (b) 图形包含 3 条在(0,0)点相交的直线。
8. $T_1=19.7596$℃, $T_2=-7.0214$℃, $T_3=-9.7462$℃，热损耗功率为 66.785 瓦。
13. 有无穷多个解。$x=-1.3846z+4.9231, y=0.0769z-1.3846$.
18. 有唯一解。$x=8$，$y=2$。
20. 最小二乘解；$x=6.0928$，$y=2.2577$。

第 9 章

1. 23 690 m.
7. 13.65 ft.
10. 1363 m/s.
27. 150 m/s.

第 11 章

3. (a) $60x^5-10x^4+108x^3-49x^2+71x-24$; (b) 2546.
4. $A=1, B=-2a, C=0, D=-2b, E=1, F=r^2-a^2-b^2$.
6. (a) $b = c\cos A \pm \sqrt{a^2 - c^2\sin^2 A}$;
   (b) $b = 5.6904$.
8. (a) $x = \pm 10\sqrt{(4b^2-1)/(400b^2-1)}$,
   $y = \pm\sqrt{99/(400b^2-1)}$;
   (b) $x = \pm 0.9685, y = \pm 0.4976$.
18. h=21.2ft　$\theta = 0.6155$ rad (35.26°).
19. 49.6808 m/s.

29. (a) 2; (b) 0; (c) 0.

36. (a) $(3x_0/5+v_0/5)\mathrm{e}^{-3t}\sin 5t+x_0\mathrm{e}^{-3t}\cos 5t$;

(b) $\mathrm{e}^{-5t}(8x_0/3+v_0/3)+(-5x_0/3-v_0/3)\mathrm{e}^{-8t}$.

48. $s^2+13s+42-6k, s=(-13\pm\sqrt{1+24k})/2$.

49. $x=\dfrac{62}{16c+15}\quad y=\dfrac{129+88c}{16c+15}$

麦格劳-希尔教育教师服务表

尊敬的老师：您好！

感谢您对麦格劳-希尔教育的关注和支持！我们将尽力为您提供高效、周到的服务。与此同时，为帮助您及时了解我们的优秀图书，便捷地选择适合您课程的教材并获得相应的免费教学课件，请您协助填写此表，并欢迎您对我们的工作提供宝贵的建议和意见！

麦格劳-希尔教育 教师服务中心

★ 基本信息					
姓		名		性别	
学校			院系		
职称			职务		
办公电话			家庭电话		
手机			电子邮箱		
省份		城市		邮编	
通信地址					
★ 课程信息					
主讲课程-1			课程性质		
学生年级			学生人数		
授课语言			学时数		
开课日期			学期数		
教材决策日期			教材决策者		
教材购买方式			共同授课教师		
现用教材 书名/作者/出版社					
主讲课程-2			课程性质		
学生年级			学生人数		
授课语言			学时数		
开课日期			学期数		
教材决策日期			教材决策者		
教材购买方式			共同授课教师		
现用教材 书名/作者/出版社					
★ 教师需求及建议					
提供配套教学课件 （请注明作者 / 书名 / 版次）					
推荐教材 （请注明感兴趣的领域或其他相关信息）					
其他需求					
意见和建议（图书和服务）					
是否需要最新图书信息	是/否	感兴趣领域			
是否有翻译意愿	是/否	感兴趣领域或 意向图书			

填妥后请选择电邮或传真的方式将此表返回，谢谢！

地址：北京市东城区北三环东路36号环球贸易中心A座702室，教师服务中心，100013

电话：010-5799 7618/7600 传真：010-5957 5582

邮箱：instructorchina@mheducation.com

网址：www.mheducation.com, www.mhhe.com

欢迎关注我们的微信公众号：MHHE0102